S. Cyr. porté.
2.

4866

DU

TRANSPORT

DES BOIS.

DU TRANSPORT,

DE LA CONSERVATION

ET DE LA FORCE

DES BOIS;

OU L'ON TROUVERA DES MOYENS D'ATTENDRIR LES BOIS,

DE LEUR DONNER DIVERSES COURBURES,

SUR-TOUT POUR LA CONSTRUCTION DES VAISSEAUX;

ET DE FORMER DES PIECES D'ASSEMBLAGE

POUR SUPPLÉER AU DÉFAUT DES PIECES SIMPLES:

Faisant la conclusion du TRAITÉ COMPLET DES BOIS ET DES FORETS;

Par *M. DUHAMEL DU MONCEAU*, *de l'Académie Royale des Sciences; de la Société Royale de Londres, de la Société des Arts de la même Ville; de l'Académie Impériale de Petersbourg; de l'Institut de Bologne; des Académies de Palerme & de Besançon; Honoraire de la Société d'Edimbourg, & de l'Académie de Marine; de plusieurs Sociétés d'Agriculture; Inspecteur Général de la Marine.*

OUVRAGE ENRICHI DE FIGURES EN TAILLE-DOUCE.

A PARIS,

Chez L. F. DELATOUR, rue Saint Jacques, à S. Thomas d'Aquin.

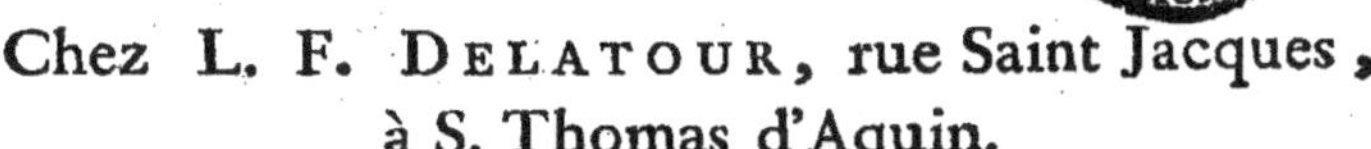

M. DCC. LXVII.

AVEC APPROBATION ET PRIVILEGE DU ROI.

PRÉFACE.

LA PLACE que j'occupe dans la Marine m'ayant donné occasion d'assister à beaucoup de recettes de Bois, & d'en voir employer une immense quantité de différentes especes, je desirai d'acquérir sur ce point le plus de connoissances qu'il me seroit possible. Je trouvois bien dans les Ports & dans les grands ateliers des opinions généralement accréditées, auxquelles on avoit pris une telle confiance qu'il sembloit ridicule de les révoquer en doute : cependant quand j'osois les approfondir, je les trouvois presque toujours dénuées de preuves : elles étoient appuyées sur des raisonnemens vagues qu'on disoit être physiques, quoiqu'ils ne fussent fondés sur aucune démonstration, ni sur des expériences exactes. J'apperçus donc bien-tôt que j'avois peu de lumieres à acquérir dans les endroits même où l'on fait la plus grande consommation de bois, & qu'au contraire je devois chercher un point d'appui pour résister à un courant qui auroit pu me mener bien loin du but où je me proposois d'atteindre ; car on est naturellement porté à suivre les routes déja frayées.

JE cherchai aussi inutilement à m'instruire dans les Livres : si l'on excepte les Ouvrages des Botanistes qui se sont appliqués à faire connoître les différentes especes d'Arbres ; les recherches de quelques Physiciens, tels que Malpighi, Grew, Hales, M. Bonnet ; quelques Dissertations que l'on trouve dans les Mémoires de l'Académie, & qui présentent d'utiles observations sur différents points de l'économie végétale ; enfin quelques Livres de Jardiniers qui ont assez bien traité de la culture des Arbres fruitiers & des Pepinieres ; je n'ai presque retiré aucun secours des autres Auteurs qui n'ont fait que copier ceux qui les avoient précédé, sans entrer dans aucune discussion, & sans chercher à s'assurer de la vérité des faits par de nouvelles expériences ou par des observations exactes. Nous avons encore l'Ordonnance des Eaux & Forêts, où l'on a sagement prescrit quelques formalités pour prévenir la déprédation des Bois ; mais on s'y est beaucoup plus occupé de jetter les fondements d'une nouvelle Jurisprudence, que de ce qui concerne le fond même des Forêts.

Me voyant ainsi presque dénué de tout secours, je pris le parti de traiter la matiere des Forêts comme si personne ne s'en étoit jamais occupé avant moi. Je la regardai comme un terrein qu'on avoit toujours laissé en friche, mais dont le sol étoit bon, & méritoit d'être cultivé.

Je dois cependant avertir que mon but n'a jamais été de taxer de préjugés ridicules les opinions reçues. Mais je me suis fait une loi de n'en adopter aucune qu'après avoir consulté l'expérience, le seul guide qui m'ait paru mériter ma confiance. Je me suis donc proposé de vérifier tous les faits, même ceux qui me paroissoient les plus vraisemblables ; d'éclaircir par de nouvelles expériences ceux que je croirois douteux, & de discuter ainsi les différents sentiments pour mettre les personnes qui s'intéressent à la matiere des Forêts en état de prendre un parti avec connoissance de cause. Voilà le plan que je me formai en commençant mon *Traité complet des Forêts*. Je n'aurois probablement pas été assez hardi pour l'entreprendre, si j'avois fait une sérieuse attention à toute son étendue, si j'avois considéré toutes les difficultés qu'il falloit surmonter, l'immensité d'opérations que je serois obligé d'exécuter & de suivre avec la plus grande assiduité. Mais au lieu de faire ces réflexions, qui m'auroient probablement détourné de l'entreprise, je m'éblouis en quelque façon sur toutes ces difficultés, & je fixai mes regards sur l'utilité de l'objet, qui est assurément des plus intéressants, puisque, outre les agréments qu'on retire des Bois lorsqu'ils sont sur pied, on est obligé de convenir qu'en les abattant, on subvient à des objets d'absolue nécessité. Effectivement n'est-il pas sensible qu'un pays dénué de Bois seroit inhabitable, & que si on n'y avoit pas la ressource de la Houille & de la Tourbe, on ne pourroit se garantir des rigueurs de l'hiver, & faire cuire les aliments ? Mais laissons à part les matieres combustibles, qui sont encore absolument nécessaires pour l'exploitation des Mines, pour les Verreries & beaucoup de Manufactures ; comment former sans bois les charpentes qui soutiennent les couvertures de nos maisons ? Comment construire les Ecluses, les Moulins, & les industrieuses Usines qui multiplient les bras sans occasionner de grandes dépenses ? Comment se procurer ces corps flottants qui sont l'ame du Commerce & le plus solide fondement de la grandeur des Puissances maritimes ? Cependant on se contente de jouir ; & déja dans quelques cantons du Royaume, on est réduit à brûler des herbes seches & les excréments des animaux pour subvenir aux besoins les plus pressants.

La rareté du Bois m'a donc paru une chose si importante à une infinité d'égards, que j'ai eu le courage d'entreprendre & de suivre avec persévérance, je puis
même

même dire, avec opiniâtreté, un travail qui m'occupe
depuis près de quarante ans. On ne sera pas surpris
de ce que je dis de l'étendue de ce travail, quand
on jettera les yeux sur le nombre prodigieux d'expériences qui fait le fond de mon Ouvrage, où j'ai considéré mon objet sous un point de vue que je crois
nouveau. Ce n'est pas ici un édifice établi sur des hy-
pothèses ; toujours en garde contre les vraisemblan-
ces & les probabilités, je ne présente que des observations & des expériences, en un mot des faits bien
constatés.

On pourra me reprocher de n'avoir pas tiré de ce
fond toutes les conséquences possibles. Vous avez,
dira-t-on, rassemblé bien des matériaux ; mais il y en
a une partie que vous avez négligé de mettre en œuvre.
Je l'avoue : mais je prie mes Lecteurs de considérer
que je n'aurois pas pu satisfaire leurs desirs sans alonger
beaucoup ce Traité que j'aurois desiré renfermer dans
des bornes plus étroites ; huit volumes *in-quarto* sur les
Forêts me paroissant un Ouvrage déja trop étendu.

Cependant deux volumes ont été à peine suffisants
pour faire connoître, dans mon *Traité des Arbres &
Arbustes*, tous ceux qu'on peut élever en pleine terre
dans notre climat, & dont on trouve une partie assez
considérable dans nos Bois & dans nos Jardins, où la
plupart viennent aussi bien que dans leur pays naturel.
Comme nos connoissances se sont augmentées sur ce

b

point, je me trouverai inceſſamment obligé de faire
paroître un Supplément à ces deux Volumes.

A L'ÉGARD de la *Phyſique des Arbres*, comment
renfermer en moins de deux volumes toutes les connoiſſances qu'on a ſur l'économie végétale ? Outre
pluſieurs découvertes qui me ſont propres, j'ai raſ-
ſemblé dans ce Traité celles qui avoient été faites
par différents Phyſiciens : mais j'ai tout vérifié, ſoit
pour ma propre inſtruction, ſoit pour me mettre en
état de certifier l'exactitude des faits.

JE n'ai pas pu employer moins d'un volume pour
les *Semis & Plantations* : il s'agiſſoit d'y expoſer toutes
les méthodes que nous avons ſuivies pour élever un
grand nombre d'Arbres en pepiniere, dont les uns
deſtinés à faire des arbres de haute tige ont ſervi à plan-
ter de longues avenues, & les autres tirés jeunes des
pepinieres ont été employés à former des maſſifs, pendant que nous avons ſemé environ 150 arpents de Bois
par petites parties de ſix, de huit ou de dix arpents
pour eſſayer toutes les méthodes poſſibles, & être
en état de fournir aux propriétaires des terres, des
moyens ſûrs de boiſer leurs domaines par des opérations proportionnées à leur fortune & conformes
à leurs vues. Je ſuis cependant parvenu à mettre encore dans le même volume les opérations qui nous
ont réuſſi pour rétablir des Bois qui avoient été né-
gligés ou dégradés.

Sɪ j'avois voulu m'étendre en réflexions, je n'aurois pas pu renfermer en deux volumes toutes les recherches que j'ai faites relativement à l'*Exploitation
des Forêts*, mettre les propriétaires ou les ache-
teurs en état d'eſtimer la valeur d'un Taillis ou
d'une Futaie, fixer ce qu'on peut retirer des Taillis
relativement à leur âge, à la qualité du terrein où
ils ont crû, & à l'eſpece d'Arbre qui y domine,
faire appercevoir le parti qu'on peut tirer des Futaies ſuivant leur groſſeur & l'eſſence de leur bois,
décrire tous les Arts qui ſe pratiquent dans les Forêts,
diſcuter pluſieurs queſtions qui partagent les Praticiens
les plus exercés ; tantôt ſur l'âge où il convient d'abattre les Arbres, tantôt ſur la ſaiſon de l'abattage ou ſur
la cauſe des fentes & des éclats, qui en pluſieurs circonſtances font beaucoup de tort aux Bois exploités.
Nous ſommes parvenus à indiquer des moyens de
prévenir ce dommage en pluſieurs circonſtances. Nous
avons auſſi indiqué comment on doit équarrir les Arbres pour conſerver aux pieces toute la groſſeur qu'elles doivent porter.

Cᴏᴍᴍᴇ il eſt intéreſſant d'avoir de bons bois
pour la Menuiſerie, nous avons expliqué les précautions qu'on doit prendre en refendant les Arbres
en planches pour qu'elles ſoient moins expoſées à ſe
fendre, à ſe déjeter & à ſe retirer. Je n'étendrai pas
davantage l'énumération de ce qui eſt contenu dans

ces deux volumes : ainſi je paſſe au huitieme & dernier que je préſente aujourd'hui au Public. Il s'y agit du *Tranſport des Bois* par terre ou par bateaux ou à flot, & j'eſſaye de faire appercevoir les avantages & les inconvénients de chacune de ces différentes méthodes. Les Marchands y verront comment, faute d'attention, leurs Bois ſont quelquefois uſés, & en partie pourris, avant que d'être livrés à leur deſtination.

J'expose enſuite ce qu'on peut faire dans les Chantiers & les Arcenaux pour le *Deſſéchement* & la *Conſervation des Bois* de différentes eſpeces. Ici ſe préſente une grande queſtion dont je me ſuis beaucoup occupé, ſavoir lequel eſt le plus avantageux de conſerver les Bois dans l'eau douce, ou ſalée, ou renfermés ſous des hangars, ou empilés à l'air ; ſi elle n'eſt pas completement réſolue dans cet Ouvrage, j'eſpere au moins que l'on conviendra que nous avons employé tous les moyens poſſibles pour l'éclaircir. Nous avons enſuite traité expreſſément de la *Conſervation des Bois de Mâture*, ainſi que *des Mâts* travaillés. Comme il eſt ſouvent avantageux, ſur-tout pour la conſtruction des Vaiſſeaux, de pouvoir attendrir les Bois droits pour leur faire prendre différentes courbures, j'ai lieu d'eſpérer qu'on verra avec quelque ſatisfaction le détail des Expériences que nous avons faites relativement à ce point intéreſſant.

CE volume eſt terminé par une recherche très-étendue ſur la *Force des Bois* de différents équarriſſages, ſoit d'un ſeul morceau, ſoit de pluſieurs pieces aſſemblées les unes avec les autres. J'ai beaucoup inſiſté ſur ce point, parce qu'il m'a paru également utile à l'Architecture navale & à l'Architecture civile. On en ſera pleinement convaincu par l'expoſé d'une très-belle opération qui a été faite à Marſeille par feu M. Garavaque. Cet Ingénieur de la Marine, en armant la quille & le courſier d'une Galere arquée & hors de ſervice, parvint à lui faire reprendre ſa tonture, & à la mettre èn état de faire campagne.

DESIRANT reſtraindre mon Ouvrage le plus qu'il me ſeroit poſſible, j'ai mieux aimé beaucoup abréger les raiſonnements que de ſupprimer le détail des expériences qui établiſſent des faits, dont on pourra tirer des conſéquences utiles & appropriées aux circonſtances. J'eſpere qu'on me ſaura gré de m'être chargé de la partie la plus fatigante & la plus diſpendieuſe, & que le ſoin & l'attention que j'ai apporté à mon travail pourra attirer à ſon Auteur l'eſtime des honnêtes gens : c'eſt la récompenſe la plus flatteuſe que je puiſſe m'en promettre.

Nota. *M. de Buffon a fait imprimer dans les Volumes de l'Académie des Sciences, années* 1740 *&* 1741, *une grande* *ſuite* d'Expériences ſur la force des Bois quarrés. *Comme il a ſuivi une autre route que moi, j'aurois deſiré préſenter une idée de ce travail; mais ce huitieme & dernier Volume étant déja fort gros, je me ſuis trouvé obligé de me réduire à l'indiquer.*

TABLE

DES CHAPITRES ET ARTICLES
du Traité du Transport des Bois, &c.

LIVRE SECOND.

Des Bois considérés dans les Magasins ou dans les Chantiers,   *Page* 49

LIVRE TROISIEME.

Du Defféchement des Bois par une chaleur artificielle, & de leur attendriffement par la même Opération, *Page 253*

LIVRE QUATRIEME.

Des Bois deftinés pour les Rames & les Mâtures ; & de la Confervation des Mâts. *Page 369*

LIVRE CINQUIEME.

De la Force des Bois, foit d'une piece, foit d'af- femblage, les uns & les autres de différentes groffeurs, *Page 409*

Fin de la Table.

E R R A T A.

Page 40, *lig.* 16, entre d'autres de 18 pieds ; *lisez,* en tout de 18 pieds.

DU TRANSPORT

DES BOIS,

ET

DE LEUR CONSERVATION.

LIVRE PREMIER.

Du Transport des Bois.

INTRODUCTION.

Il y a un très-grand nombre d'especes de Bois dont on fait usage dans les Arts. Nous n'avons point parlé, & nous ne devons rien dire des Bois étrangers qu'on ne peut naturaliser dans notre climat, quoiqu'ils entrent dans le Commerce & qu'ils soient employés utilement, soit pour les médicaments, soit pour les Teintures ou la Marqueterie, &c. Mais nous avons fuffifamment parlé dans les Volumes précédents (*), des Arbres naturels à notre climat ou qui y ont été naturalifés, tant des Bois durs, comme le Chêne, l'Yeufe, l'Orme, le Noyer, le Hêtre, le Frêne, le faux-Acacia, le Platane, le Micocoulier, le Merifier, le bois de Sainte-Lucie, le Charme, l'Érable, le Mûrier, le Cormier, l'Alifier, le Cornouiller, le Nêflier, les Sauvageons Poirier & Pommier, &c; que des Bois blancs, tendres & légers, tels que le Tilleul, l'Aune, les différentes efpeces de Peupliers, le Bouleau, le Châtaignier, le Marronnier d'Inde, le Saule; & enfin les arbres réfineux, Pins, Sapins ou Picéas, les Melezes, le Cedre du Liban; les vrais Cedres, les Cyprès, l'If, & beaucoup d'autres efpeces d'arbres dont les uns quittent leurs feuilles & les autres les confervent en hiver.

Après avoir fait connoître les différentes efpeces d'arbres & enfeigné leur culture, la façon de les élever, de les multiplier, de les entretenir pendant leur accroiffement, j'ai expliqué à l'occafion de l'exploitation ce qu'on entend par Bois en *peuil* ou *fauchillons*, qui n'ont pas acquis l'âge de trois ans, les Bois *taillis*, qui ont depuis neuf ans jufqu'à trente ans, les Bois dits *hauts-taillis*, *de haut revenu* ou *demi-futaie*, qui ont depuis trente ou quarante ans jufqu'à foixante, les Bois de *haute-futaie*, que l'on compte depuis foixante jufqu'à cent, cent cinquante ans & plus; enfin les *vieilles futaies* en retour ou fur le retour, & qui commencent à dépérir.

J'ai auffi expliqué ce qu'on entend par *Bois mort*, qui eft fans feve & qui ne végete plus, pour le diftinguer de ce qu'on appelle *Mort-Bois*, qui eft le Bois de quelques arbriffeaux de peu de valeur. J'ai auffi parlé des défauts des Arbres fur pied, tels

(*) Dans le Traité des Arbres & Arbuftes; dans celui des Semis & Plantations, & en dernier lieu dans le Traité de l'Exploitation des Forêts.

que ceux qui font *avortés*, *abougris* ou *rabougris*; ceux qui ont
été brûlés fur pied, qu'on nomme *Arfins*; ceux qui ont été ou
rompus ou renverfés par le vent, qu'on nomme *Volis*, *Chablis*,
Chablés ou *Caablés* verfés & *encroués*; les Bois qu'on a fait mou-
rir par délit & forfaiture, qu'on nomme *Bois de condamnation*
ou *Charmés*.

Nous avons dit que les Bois *de touche* ou *Marmanteaux*, font
ceux qui fervent à la décoration des Châteaux & Maifons de
Campagne; que les Bois *en défend*, *défenfables* ou *en réferve* font
ceux qu'il eft expreffément défendu d'abattre ou d'endommager.

Après avoir ainfi confidéré les Bois fur pied, vifs, en état de
végétation, & me propofant de faire connoître le profit qu'on
peut en tirer en les exploitant, je me fuis d'abord renfermé
dans la diftinction des Bois en taillis & futaies. Les taillis fourniffent, fuivant leur grandeur, des harts ou rouettes, des fagots, des échalas de brin, des perchés pour les trains, des
cerceaux, des cotrets, de la corde à charbon & de la corde
parée, des rondins, des ferches pour les cribles, des fourches,
des bâtons pour les écuyers des efcaliers, ou des manches de
houffoirs, qu'on appelle *Bois de pique* parce qu'ils fervent auffi
à faire des hampes de piques & d'efpontons, &c.

Après avoir expliqué comment les Bûcherons doivent abattre
les taillis, nous avons donné la façon d'en faire toutes les différentes marchandifes qui peuvent les rendre utiles aux Propriétaires. Nous avons enfuite paffé à l'exploitation des Bois plus
gros, de ceux qu'on emploie à faire des chevrons de brin,
des ridelles, des limons de charrette, des hêtres refendus en
deux pour en faire des rames pour la navigation, du Bois en
grume pour le Charronnage; enfin du Bois en bûches de compte,
de moule ou de corde, tant en rondins qu'en quartiers. Nous

A ij

avons détaillé enfuite comment on doit abattre les gros arbres, comment on doit les débiter pour le Charronnage ou pour l'ufage de l'Artillerie; la façon de les équarrir pour les ouvrages de Charpente ou de conftruction des Vaiffeaux; les différentes méthodes de les refendre à la fcie de long pour en faire des folives, des chevrons, des planches ou des membrures, &c; la façon de travailler les ouvrages de fente, les perches, les échalas, les gournables, le douvain, le traverfain pour les futailles & barrils; les ferches & enfonçures pour la Boiffelerie; les bardeaux, paliffons, lattes, barreaux de Moulin, &c.

Enfuite nous avons donné la façon d'ouvrer & de travailler tous les Bois qu'on nomme *de Raclerie*, tels font les fabots, les talons de fouliers, les femelles de galoches, les bâts de bêtes de charge, les attelles de colliers, les arçons de felle, panneaux de foufflets, bois de lanterne, lattes pour les fourreaux d'épée, battoirs de leffive, pelles à four, pelles d'écurie, pelles pour remuer les grains, les febilles, moules à fuif, cuillers à pot, égrugeoires, bois de raquettes (*), copeaux pour les Gaîniers, & ceux dont les Marchands de Vin font ufage, &c.

Quand tous les Ouvrages dont nous venons de parler font faits, il eft queftion de les tranfporter, foit aux lieux où on en fait la confommation, foit au bord des rivieres navigables pour les conduire dans les grandes villes où doit s'en faire le débit. C'eft de cet objet que nous allons maintenant nous occuper; mais je crois devoir commencer par donner ici un détail des priviléges qui ont été accordés aux Marchands Ventiers, pour faciliter la tirée de leurs Bois & la vuidange des ventes.

(*) Les meilleurs bois de Raquettes font faits de menus Frênes fendus en deux : ils fe vendent par paquets de groffe & demi-groffe, que les Ouvriers apportent ordinairement eux-mêmes pour les vendre aux Paulmiers.

CHAPITRE PREMIER.

Privileges accordés aux Marchands Ventiers pour faciliter la vuidange des Ventes, & principalement pour favoriser l'Approvisionnement de Paris.

IL EST permis aux Marchands *Ventiers* qui ont à faire tirer & sortir leur bois des Forêts, de faire passer leurs charrettes & harnois sur les terres qui se rencontrent depuis les Forêts jusqu'aux ports des rivieres navigables & flottables, en dédommageant néanmoins les Propriétaires, à dire d'experts : dès que les Marchands ont fait leur soumission de payer le dommage, on ne peut saisir ni arrêter leurs voitures.

Les Marchands de bois flotté sont pareillement autorisés à faire creuser de nouveaux canaux & à se servir des eaux des étangs, en dédommageant les Propriétaires des terres & des étangs, à dire d'experts. Les mêmes Marchands peuvent faire jetter leur bois, à bois perdu, dans les rivieres & ruisseaux, en avertissant dix jours d'avance les Propriétaires qui se trouveront dans l'étendue du flot, par des publications aux Prônes des Paroisses, & en offrant de réparer les dommages qu'ils pourroient causer aux moulins, écluses, chaussées, &c.

Les Propriétaires riverains sont tenus de laisser de chaque côté des rivieres & ruisseaux, un sentier de quatre pieds de largeur, pour le passage des ouvriers qui poussent les bois à val de la riviere.

Il est permis aux Marchands de faire passer leurs bois au travers des étangs & des fossés des Châteaux ; & les Propriétaires sont obligés de tenir leurs parcs ouverts, ainsi que leurs basses-cours, pour le passage des ouvriers, toujours à la charge de dédommagement à dire d'experts.

Comme les Marchands doivent réparer les dommages qu'ils

auroient faits aux chauffées & éclufes des moulins, aux bords des rivieres, &c, ils font tenus d'en faire d'avance conftater juridiquement l'état ; & les Propriétaires obligés de mettre leurs rivieres en état ; à faute de quoi, & de n'avoir pas obéi aux fommations, les Marchands font autorifés à faire les réparations néceffaires, dont ils fe rédiment enfuite fur ce qu'ils auroient à payer aux Propriétaires pour les dommages de leur fait.

Le chommage des moulins en valeur & tournants, eft eftimé au plus à quarante fols par jour.

Il eft permis aux Marchands, de fe fervir des terreins voifins des rivieres flottables ou navigables pour y faire des amas de leur bois, en payant aux Propriétaires dix-huit deniers par corde (*), fi le terrein qu'ils occupent eft en pré, & un fol feulement par corde fi ces terres font en labour ; & ce, pendant chaque année que le bois occupera le terrein : & pour faciliter le payement de ce loyer, les Marchands font obligés d'empiler les bois à leur marque par piles détachées, qui doivent être de huit pieds de hauteur fur quinze toifes de longueur ; moyennant cette fomme, les Propriétaires font obligés de laiffer paffer fur leurs héritages les ouvriers qui font l'empilage ou qui façonnent les traïns, ainfi que les voitures qui apportent les rouettes & les perches.

CHAPITRE II.

Du Tranfport des Bois ouvrés ou non ouvrés qui ne forment pas un gros volume.

IL EST clair que quand les bois font divifés par petites maffes, le tranfport en eft beaucoup plus facile que quand ils forment un gros volume. C'eft pourquoi quand les ventes font fort éloignées du lieu du débit, ou quand les chemins font très-mau-

(*) J'ignore fi cette taxe eft uniforme dans toutes les Provinces du Royaume.

vais, on est obligé de faire ouvrer & travailler dans les Forêts les bois qu'on y exploite ; & c'est du transport de ces sortes de bois que nous allons parler dans les Articles suivants.

ARTICLE I. *Du transport des Ouvrages de Raclerie.*

COMME les Ouvrages de Raclerie ne forment que de petites masses, le transport en est toujours facile. Si, cependant, les chemins sont difficiles, on en charge des bêtes de somme qui les transportent, soit aux villes voisines pour en fournir les ouvriers, soit aux bords des rivieres où on les charge sur des bateaux : quand les chemins sont praticables, il est plus expéditif d'en charger des charrettes à ridelles que de les transporter à somme.

On voit très-fréquemment arriver à Paris, au port de la Greve, des bateaux chargés de pelles, de bâts, d'attelles, de colliers, de panneaux de soufflets, &c. Dans ce transport, on prend la précaution de couvrir les bateaux de genêt, de paille ou de bannes de toile, pour défendre ces ouvrages de la pluie & du hâle, qui les feroient fendre, ce qui porteroit un grand préjudice au Marchand.

ARTICLE II. *Du transport des Ouvrages de Fente.*

COMME les Ouvrages de Fente, tels que les échalas, la latte, les serches & les enfonçures de boisseaux, les cercles des futailles, sont des marchandises plus pesantes que les ouvrages de Raclerie, on les tire, autant qu'il est possible, des Forêts par charrois ; cependant on est quelquefois obligé d'y employer des bêtes de somme (*Pl. I. fig.* 1 & 2). Il suffit de remarquer que quand on transporte ces ouvrages de fente par bateaux, on peut se dispenser de les garantir de la pluie & du hâle, parce qu'ils courent peu de risque d'être endommagés par les fentes.

Article III. *Du transport du Charbon.*

Le Charbon ſe tire ſouvent des Forêts à ſomme; tantôt dans de grands ſacs qui peſent environ 125 liv. & que l'on place en travers ſur le dos des chevaux (*Pl. I. fig. 3*), tantôt dans de plus petits ſacs qu'on empile de long ſur le bât des bêtes de charge (*Pl. I. fig. 4*). Ordinairement ces charges de charbon ſe vendent dans les lieux peu éloignés des Forêts.

Dans les villes où l'on exerce la police ſur cette denrée; on exige que les ſacs, grands ou petits, contiennent juſte une certaine meſure, comme mine, minot ou boiſſeau.

Mais quand il faut voiturer le charbon à des lieux plus éloignés, comme une ville ou un port où on en remplit des bateaux, on charge le charbon dans de grands fourgons garnis de claies (*Pl. I. fig. 5*). Pour que ces voitures en puiſſent contenir beaucoup, on éleve les claies plus haut que les ridelles; & quand on n'a pas à paſſer par des chemins où les ornieres ſoient profondes, on ſupprime l'enfonçure de ces fourgons, & on y forme un fond de claies bombées en deſſous, & retenues par des enlacements de cordes. Suivant l'uſage des pays, ces voitures ſont tantôt à deux roues (*Pl. I. fig. 5*), & tantôt à quatre (*fig. 6*). Pour la fourniture des groſſes forges qui conſomment beaucoup de charbon, on le voiture ordinairement dans des bannes jaugées (*fig. 7 & 8*) qui ſe déchargent par deſſous. On emploie quelquefois de pareilles bannes pour conduire le charbon aux ports, & l'on a, par ce moyen, la facilité de ſavoir plus préciſément, ſoit en poids, ſoit en meſure, la quantité de charbon qu'on tire de la Forêt; car ſouvent une banne de charbon contient 15 à 16 demi-queues de charbon, ce qui revient à 2500 liv. peſant.

Le charbon étant rendu au port d'une riviere navigable, par quelque voiture que ce ſoit, il faut enſuite le charger dans des bateaux. Si ces bateaux ſont grands, on dreſſe tout autour de fortes perches, ou de menues ridelles, qu'on éleve perpendiculairement aux bords (*fig. 9*); on les met à 6 ou 8 pieds de

diſtance

diftance les unes des autres, parce que c'eft la grandeur des claies qui doivent retenir le charbon. On traverfe ces perches verticales avec d'autres perches placées horizontalement, & liées aux premieres par des harts ou des rouettes : de plus, pour éviter que les perches d'un bord ne s'écartent de celles de l'autre par la charge du charbon, on les contient avec des cordes de tilleul qui traverfent le bateau de diftance en diftance, même au travers du charbon, & on les attache aux perches verticales ; enfin, on revêt intérieurement tout ce bâti avec de fortes perches & des claies, après quoi on remplit de charbon toute cette capacité. Les bateaux qui font moins grands, & qui viennent par les canaux, font garnis feulement de perches de bois blanc à la hauteur d'une claie ; &, au lieu des cordes de tilleul, on met dans le charbon des perches de bois blanc.

Les bateaux qui defcendent à Paris par la Seine, l'Oife & la Marne (*Pl. I. fig.* 10), font plus forts que ceux qui y viennent par les canaux, & qu'on nomme de *Loire*. Les grands bateaux ont communément 14 à 15 toifes de longueur fur 5 toifes de largeur : on les charge comble jufqu'à 15 ou 16 pieds de hauteur au-deffus du plat-bord : ils contiennent 2 à 3000 voies de charbon. Ceux des canaux ont 17 à 18 toifes de longueur, & 11 à 12 pieds de largeur par le bas ; on ne les charge qu'à la hauteur d'une claie pour qu'ils puiffent paffer par les éclufes : ceux-ci contiennent 6, 7 à 800 voies de charbon. Le charbon qui remonte la Seine eft chargé dans de plus grands bateaux (*Fig.* 9) que celui qui defcend cette riviere ; ces bateaux font chargés comble.

On amene le charbon à découvert ; le fond des bateaux eft garni d'un plancher pour garantir le charbon de l'humidité, & pour faciliter le travail de la pelle quand on le décharge, ou lorfqu'on le mefure pour le vendre.

On diftingue, à Paris, le charbon de bois par les lieux d'où on le tire : on eftime beaucoup, par exemple, *le charbon d'Yonne* qu'on fait en Bourgogne avec du Cheneau fouvent pelard ; on l'amene à Paris par la riviere d'Yonne dont il prend le nom.

On eftime un peu moins *le charbon de Marne* qu'on fait en Champagne, & qui eft communément de bois de quartier ou de gros rondin.

B

De même, on appelle *Charbon de Loire*, celui qui est fait aux bords de cette riviere, & qui arrive à Paris par le canal de Briare : comme ce charbon est gros, long & fait de toutes sortes de bois, on l'estime peu.

Le *Charbon* qu'on nomme *de-Seine*, parce qu'il est fait aux bords de cette riviere au-dessus de Paris, est à peu près de même qualité que celui de Loire.

A l'égard du charbon qui est fait, soit en Normandie, soit en Picardie, & dont les bateaux remontent la Seine, on le nomme *Charbon de l'Ecole*, à cause du port de ce nom où on le décharge à Paris : il est de même nature que celui de Loire, c'est-à-dire, fait de toutes sortes de bois.

Les charbons qui se font dans la forêt de Crecy-en-Brie, dans les bois de Tournon, d'Auxois, de Ferriere, de Chevreuse, arrivent à Paris par terre, dans des charrettes garnies de claies, ou à somme dans des sacs.

Dans la plûpart des Provinces où l'on n'exerce pas de police sur le charbon, on ne le vend pas dans des bannes jaugées : on le débite dans des sacs de différentes grandeurs, & qui n'ont point de mesure précise : c'est à l'acquéreur à juger, par habitude, de la grandeur de ces sacs, & de ce qu'ils peuvent contenir. Mais à Paris, il faut, comme je l'ai dit, que les sacs contiennent juste une certaine mesure ; tout le charbon qui se vend, ou sur les ports dans les bateaux, ou sur le pavé, est vendu à la mesure. Le *minot* contient huit boisseaux ; le *boisseau*, deux demi-boisseaux ou quatre quarts de boisseau ; les deux minots font une *mine* ; & vingt mines font le *muid :* le minot doit avoir 11 pouces 9 lignes de hauteur en dedans, sur un pied 2 pouces 8 lignes de diametre ; les deux minots, ou la mine, forment un sac qui pese à peu-près 120 livres : c'est ce que l'on appelle *charge* ou *voie de Charbon ;* & c'est ce qu'un homme de force ordinaire peut porter.

Article IV. *Du transport des Perches, Fagots, Cotrets & autres menus Bois.*

Tous ces bois se tirent des Forêts à somme, ou plus communément par charrois ; on les voiture ainsi aux endroits où l'on doit en faire la consommation, ou aux ports des rivieres navigables ; & là on en charge des bateaux.

A l'égard des *échalas* ou *charniers* (*) de brin ou de fente, on arrange les bottes de long dans des charrettes à ridelles : comme cette marchandise est pesante, une charrette remplie de bottes d'échalas jusqu'au dessus des ridelles, fait une charge pour le tirage de 3 ou 4 chevaux.

Les *cotrets* se tirent de la même maniere des Forêts, ou sur des charrettes à deux roues, ou sur des chariots à quatre roues.

A l'égard des *fagots*, comme ils encombrent beaucoup sans faire un grand poids, on en remplit le corps de la voiture entre les ridelles, en les arrangeant de long ; ensuite, quand on est plus élevé que les ridelles ou les roues, on place les fagots en travers, on en forme une pile assez haute, que l'on retient par un cordage qu'on serre le plus qu'il est possible, ou on emploie une forte perche, dont un bout est passé dans une échelette qui est au-devant de la voiture, & le bout opposé est assujetti par une corde. Dans d'autres endroits, pour augmenter l'élévation des ridelles, on dispose en dedans, le long des ridelles, un rang de fagots mis debout ; ces fagots, en s'écartant un peu les uns des autres par le haut, forment une grande cavité qu'on remplit de fagots couchés, suivant la longueur de la voiture. Cette façon de charger les fagots évite d'employer des cordages pour les assujettir ; mais une voiture ordinaire, ainsi chargée, peut à peine contenir de quoi faire le tirage de deux chevaux de moyenne force, pour peu que les chemins soient praticables. La plus grande difficulté qu'il y ait à voiturer les fagots, est que les voitures chargées fort haut sont

(*) Ce qu'on appelle à Paris *Echalas*, se nomme dans l'Orléanois *Charnier*, dans le Bourdelois *Œuvre*, ailleurs *Paisseau*, &c.

très-sujettes à verser lorsque les routes sont étroites, que les ornieres sont profondes, ou quand il faut traverser des fossés.

La maniere de charger les bateaux avec des fagots, est d'en remplir d'abord le fond jusqu'au plat-bord, empilés & placés de long ; ensuite, quand on est parvenu à la hauteur du plat-bord, on met, sur les deux bords, des fagots entassés en travers, de façon qu'ils débordent un peu le bateau des deux côtés ; on remplit le milieu avec des fagots posés en long, ce que l'on continue jusqu'à ce que le bateau entre assez dans l'eau. Comme les fagots sont légers, & qu'il faudroit, pour la charge d'un bateau, les empiler fort haut, souvent on met du bois de corde dans le fond.

Article V. *Du transport des Bois de chauffage par terre.*

On façonne & on corde le bois à brûler dans les Forêts, comme nous l'avons expliqué dans le Traité *de l'Exploitation des Bois* ; mais il faut ensuite l'en tirer pour le voiturer, soit directement aux lieux où il doit être consommé, soit aux bords des rivieres, d'où on le transporte quelquefois fort loin.

Comme le bois à brûler est pesant, on en transporte peu à somme : quelques pauvres gens viennent prendre le plus menu qu'ils transportent sur des ânes, ou de petits mulets, pour aller le vendre dans les lieux peu éloignés. Mais le transport se fait ordinairement par charrois, soit avec des chariots, soit avec d'autres voitures à deux roues, suivant l'usage du pays. Assez souvent ce transport se fait sur des voitures garnies de ridelles ; en ce cas, on arrange en long les morceaux de bois ; &, suivant la longueur de la voiture, & celle du bois qui varie selon l'usage des différentes Forêts, on met bout à bout trois ou quatre bûches, ayant l'attention de mettre à chaque extrémité de la charrette, à l'avant & à l'arriere, une bûche en travers pour élever le bout des bûches qui sont posées dans leur longueur, afin qu'elles ne coulent point dans les montées & les descentes du transport.

Assez souvent les Marchands de bois, ou les Tiérachiens qui entreprennent de tirer les bois des Forêts, se servent de charrettes (*Pl. I. fig.* 11) qui ne sont garnies de ridelles que vers les roues; à cet endroit ils mettent le bois suivant la longueur de la voiture; & à l'avant, ainsi qu'à l'arriere, ils le posent en travers: une chaîne, ou une lieure de corde, ou des ranchées (comme on le voit dans la Figure 11), empêchent que le bois ne s'écroule. Ces sortes de voitures sont ordinairement légeres & fort commodes dans les mauvais chemins, dont elles se tirent mieux que toute autre. De quelque voiture qu'on se soit servi, quand le bois est rendu au bord des rivieres, on en forme des piles séparées les unes des autres, & ces piles doivent toutes avoir 8 pieds de hauteur sur 15 toises de longueur: elles doivent contenir 22 cordes de bois; ce qui est commode, & pour les Marchands qui payent tous leurs ouvriers à la corde, & pour les Propriétaires du terrein, à qui les Marchands sont tenus de payer un droit fixé pour chaque corde de bois, selon l'usage du pays.

Les Forêts qui fournissent le plus de bois à brûler pour Paris, sont celles de Lorraine, de Champagne, de Bourgogne, de Brie, de Picardie & de Normandie.

ARTICLE VI. *Du Bois à brûler qu'on transporte par bateaux.*

ON CHARGE le bois à brûler sur des bateaux comme on y charge les fagots; c'est-à-dire, que quand on a rempli le fond avec des bûches posées de longueur, on en arrange de travers sur les plats-bords des deux côtés, & le milieu se remplit avec des bûches placées en long. On ne les empile pas aussi haut que les fagots, parce qu'il n'en faut pas autant pour faire la charge d'un bateau. Il y a des bateaux qui descendent la riviere en suivant le cours de l'eau (*fig.* 10); & d'autres qui la remontent, à l'aide des chevaux ou des bœufs (*fig.* 9).

Ce bois, arrivé ainsi par bateaux, se nomme, à Paris, *Bois neuf*: on le décharge à l'Isle Louvier, au port de la Tournelle, au port de l'Ecole, &c. Le bois qui arrive par charrois eſt auſſi appellé *Bois neuf*; il eſt ordinairement deſtiné pour des proviſions particulieres.

Quand il arrive un bateau chargé de bois de différentes qualités, les Marchands ſont tenus, en le déchargeant, d'empiler ces bois ſéparément; car il leur eſt défendu de mêler dans le bois qu'ils vendent à la membrure, plus d'un tiers de bois blanc, tel que l'Aune, le Bouleau, le Peuplier, le Tilleul, le Saule: ſi un Marchand ſe trouve ſurchargé de bois blanc, il doit le vendre à part, & à meilleur marché que le bon bois, qui eſt le Hêtre, le Chêne, le Charme, le Frêne, l'Aliſier, les Sauvageons-Poirier & Pommier, &c. L'Orme eſt auſſi regardé comme bois dur parmi celui que l'on vend à la corde ou à la voie. Ce ſont ordinairement les Boulengers, les Rôtiſſeurs, les Pâtiſſiers, les Potiers de terre, les Plâtriers, &c, qui achetent les bois blancs; car quand ces bois tendres ſont ſecs, ils brûlent très-vîte, & donnent une flamme vive qui chauffe beaucoup: les Tourneurs en bois tendre, les ouvriers qui font des talons de ſouliers & des ſemelles de galoches, achetent auſſi cette ſorte de bois pour le travailler.

Le *Bois pelard*, c'eſt-à-dire, celui dont l'écorce a été enlevée ſur pied pour en faire du tan, eſt mis au nombre des bois neufs; il eſt menu, & communément il ſe conſomme par les Cuiſiniers, Pâtiſſiers, Boulengers & par les Rôtiſſeurs. Ce bois, qui eſt fort ſec & de pur chêneau, fait beaucoup de flamme & un feu très-ardent. Tous les bois dont nous venons de parler ſe vendent à la voie, meſurés dans une *membrure* (*Pl. I. fig.* 12), comme nous l'expliquerons dans un inſtant.

Tout le bois neuf, deſtiné à brûler, qui ſe vend à Paris, ſe diſtingue, ſur les ports, en *Bois de compte* & *Bois de corde* (*).

(*) Il ne ſera peut-être pas hors de propos de rapporter ici quelques Obſervations qui ont été faites à l'occaſion du cordage des bois ronds & fendus.

Les dimenſions de la corde de Paris étant de 8 pieds de long & 4 de hauteur, & les bûches ayant 42 pouces de longueur, la corde forme un ſolide de 112 pieds cubes, mais qu'il eſt impoſſible de remplir, ſans vuide, avec des bûches, ſoit rondes, ſoit fendues, telles que ſont les bois à brûler. On n'admet d'ailleurs dans une corde de bois, ſuivant les Réglements des Eaux & Forêts, que des bois d'une certaine groſſeur déterminée

Le *Bois de compte*, qu'on nomme auffi *Bois de moule*, doit avoir au moins 18 pouces de circonférence : il fe mefure dans un anneau de fer, qu'on nomme *le moule*, qui doit avoir 2 pieds 1 pouce de diametre, c'eft-à-dire, 6 pieds 3 pouces de circonférence : il faut, pour former une voie de bois de compte, la quantité de ce que peuvent contenir 3 de ces anneaux, plus 12 bûches, qu'on nomme *témoins*.

Le bois qui a moins de 18 pouces de circonférence, jufqu'à 6, s'appelle *Bois de corde* ; on y mêle alors du *bois de quartier* ou fendu, avec le *rondin* ; le bois qui n'a que 6 pouces de groffeur, eft nommé *taillis* ; le plus menu doit être converti en charbon, ou bien on en fait des perches qu'on vend dans leur longueur, ou qu'on emploie pour en former les trains, comme nous le dirons dans la fuite : on en fait auffi des falourdes & des cotrets.

pour les plus petits morceaux, attendu que ceux au-deffous doivent être convertis en charbon, ou entrer dans les fagots pour en être les parements. A Paris, tous les bois ronds, qui ont 17 pouces de pourtour, ou davantage, peuvent, fuivant l'Ordonnance de la Ville de 1672, être réfervés pour être vendus entre les bois qu'on nomme *de compte* ou *de moule*, qui font plus chers que ceux *de corde*. Dans les Provinces, on ne fait pas cette derniere diftinction ; mais il en réfulte qu'il n'y eft pas facile, comme à Paris, de fe procurer de gros bois à brûler en bûches rondes, parce que tous les Marchands de bois favent pratiquement que les gros bois ronds font ceux qui rempliroient le mieux la corde, ou que le bois de quartier foifonne beaucoup plus à la mefure, &, qu'en conféquence, ils n'en réfervent aucuns à vendre ronds ; &, fuivant des expériences qui ont été faites à Metz, 8 cordes de bois ronds, étant converties en bois fendu, rendent 11 cordes : on apperçoit bien que ces proportions doivent varier fuivant la groffeur des bois.

On pourroit auffi démontrer, en fe fervant du principe de M. de Mairan, fur les piles de bois (*Differt. fur la Glace* 1749. p. 143.) qu'avec tous bois précifément cylindriques, de 3 pouces $\frac{3}{7}$ de diametre, c'eft-à-dire, de la groffeur la plus favorable au rempliffage exact de la corde, il ne feroit pas poffible d'y faire entrer jufqu'à 97 pieds cubes de bois. Si l'on joint à cette donnée le réfultat de l'expérience de Metz, il s'enfuit que c'eft tout au plus s'il peut entrer 70 pieds cubes effectifs de bois dans une corde la mieux mefurée qu'il eft poffible en bois fendu ; & que fur les 112 pieds du cube de la corde, il fe trouve néceffairement au moins 42 pieds de vuide. On fent affez combien la fraude ou mal-façon dans le cordage, & la forme tortueufe des bois, peuvent augmenter ce vuide, au grand préjudice de l'acheteur. Dans quelques Provinces, on croit éviter cet inconvénient en vendant les bois au quintal ; c'eft l'ufage de Marfeille ; mais on n'évite pas abfolument tous les autres : car les bois, en fe deffé-chant, perdent plus de leur poids que de leur groffeur ; &, pour cette raifon, les Marchands effayent de les vendre verds, & nouvellement abattus le plus qu'il eft poffible : outre cela, le poids des bois change beaucoup fuivant que l'air eft fec ou humide ; & les Marchands tâchent de vendre leurs bois dans les circonftances qui fe trouvent leur être plus avantageufes. Cette Note eft tirée, en partie, des Mémoires de M. de Fourcroy, Ingénieur en chef, à Calais.

J'ai dit que tous les bois à brûler se mesuroient d'abord, dans les Forêts, à la corde (*) : cette corde est une pile de 8 pieds de longueur sur 4 de hauteur. Mais tous les bois à brûler qu'on vend à Paris (le bois de moule excepté) doivent se vendre par demi-corde qu'on nomme *voie*, & qui se mesure dans un assemblage de charpente appellé *membrure* (*Pl. I. fig.* 12). Cette mesure doit contenir une pile de 4 pieds de hauteur, sur 4 pieds de largeur. La membrure est composée d'une piece de bois de 6 pouces d'équarrissage, & de 7 à 8 pieds de longueur. Sur cette piece, qui fait la base de la membrure, s'élevent deux pieces de même grosseur, éloignées l'une de l'autre de 4 pieds dans œuvre, assemblées à mortaises dans la piece de la base : ces montants ont 4 pieds de hauteur, & sont affermis par deux liens extérieurs assemblés dans la piece d'en bas & dans les montants.

Lorsque cette membrure est exactement remplie de bois, elle donne ce qu'on nomme *une voie*, &, par conséquent, une demi-corde de 4 pieds de base sur 4 pieds de hauteur. Tout le bois destiné pour la consommation de Paris, doit avoir 3 pieds $\frac{1}{2}$ de longueur.

Le plus beau bois, &, sans contredit, le meilleur à brûler qu'on apporte à Paris, est celui qu'on nomme *Bois d'Andelle*, du nom d'une petite riviere du Vexin Normand, aux bords de laquelle il s'en façonne beaucoup. Ce bois est très-droit, sans nœuds, essence de Hêtre, mêlé d'un peu de Charme : par une exception particuliere, ces bois qui arrivent par les rivieres de Seine & d'Oise, n'ont que 2 pieds 4 pouces de longueur ; la grosseur des bûches n'est point déterminée, & ce bois se mesure à l'anneau ; mais comme il est moins long que tout autre, il en faut 4 anneaux pour former une voie, & 16 bûches en sus pour témoins.

Les Tourneurs, ceux qui font des formes pour les Cordonniers & les Arçonneurs, achetent aussi de ce bois pour le travailler.

Après avoir parlé de la façon de voiturer les bois à brûler

____

(*) Exploitation des Bois, Tome I. p. 199.

par

par charrois & par bateaux, je vais parler du bois qu'on voiture à flot, & qu'on appelle, pour cette raison, *Bois flotté.*

ARTICLE VII. *Du Bois flotté.*

IL Y A, dans certaines Provinces, des bois qu'on ne peut
conduire à Paris, ni par terre, ni par bateaux. Suivant plusieurs Auteurs, un Bourgeois de Paris, nommé *Rouvet*, Marchand de bois, fut le premier qui, en 1449, s'avisa de faire venir à Paris, par la Seine, des bois flottés du Morvant, petite
Province située entre la Bourgogne & le Nivernois. Pour cet
effet il retenoit par éclusées, dans les saisons convenables, l'eau
des petites rivieres qui font au-deſſus de Cravant, dans lesquelles
il faiſoit jetter les bûches à bois perdu; au moyen de quoi
elles ſe rendoient juſquà la riviere d'Yonne; là, on les aſſembloit
par trains pour les conduire à Paris. Cette invention fut ſi bien
reçue, que les habitants de cette ville firent des feux de joie à
l'arrivée de ces trains. Le ſuccès de cette entrepriſe hardie détermina par la ſuite d'autres Marchands à rendre flottables
d'autres petites rivieres; enſuite les ruiſſeaux de l'Iſle, de
Loupy, &c; au moyen deſquels on pouvoit tirer, pour l'ap-
proviſionnement de Paris, des bois de Lorraine, du Bar-
rois, de la Champagne, &c. En 1490, on fit venir du bois
flotté de la Forêt de Lions, par la riviere d'Andelle, qui ſe
jette dans la Seine un peu au-deſſus du Prieuré des deux
Amants : ce bois en a retenu le nom *d'Andelle.* Par ce moyen on
a eu la facilité d'exploiter auſſi avantageuſement les bois qui ſe
ſont trouvés à portée des rivieres flottables, que ceux des environs des rivieres navigables, & d'en conduire à Paris de très-
loin, & avec peu de frais; ce qui a été & eſt encore d'un grand
ſecours pour fournir Paris de bois de chauffage & de bois de
charpente.

Il y a donc deux façons de flotter les bois de chauffage ;
ſavoir, *à bois perdu* & *en train.*

Quand il ne ſe trouve dans les Forêts, ni dans leur voiſinage, aucune riviere navigable, mais ſeulement des ruiſſeaux

C

qui , fans être propres à la navigation , ont cependant un courant d'eau un peu rapide, on voiture, par charrois ou à fomme, les bois des ventes au bord de ces petites rivieres ; les marchands ont foin de marquer toutes les bûches aux deux bouts avec leur marteau ; & , quand ils ont raffemblé fuffifamment de bois pour faire ce qu'ils nomment *un flot*, ils font avertir les Seigneurs ou Propriétaires des rivieres , moulins , éclufes , &c , dix jours avant que de jetter leur bois à l'eau , par des publications aux Prônes des Paroiffes fituées depuis l'endroit où ils doivent jetter leur bois , jufqu'à l'embouchure de ces ruiffeaux dans les rivieres navigables ; après ce terme expiré , les Marchands peuvent jetter leur bois à bois perdu , fur les rivieres & ruiffeaux , fans qu'on puiffe les en empêcher ; ils ont même le droit de traverfer les étangs & foffés des Seigneurs & des Propriétaires, qui font tenus, à cet effet, de faire des ouvertures à leurs parcs & baffes-cours pour la facilité du travail des ouvriers employés par les Marchands : ils peuvent auffi faire de nouveaux canaux, & fe fervir, pour leur flot , des eaux des étangs & foffés, en dédommageant les Propriétaires à dire d'Experts. Nous avons rapporté plus haut les privileges qui ont été accordés aux Marchands pour leur donner toutes les facilités propres au fuccès de ce flottage. Il faut que les Marchands faffent façonner leur bois en faifon convenable , qu'ils le laiffent fécher fur la feuille, qu'ils le faffent voiturer, en tems fec, près des ruiffeaux flottables , & qu'ils examinent s'il eft affez fec & flottant fur l'eau avant de l'y jetter bûche à bûche : car les bois qui tombent au fond de l'eau, & qu'on nomme *fondriers* ou *canards*, doivent être réfervés pour un autre flot , & même pour celui de l'année fuivante ; fans cette attention , la plus grande partie des bûches iroit à fond.

Autrefois, vingt-quatre heures après le flot, les Seigneurs, ou leurs Meûniers, faifoient pêcher ces bois fondriers & fe les approprioient comme *épave* ; maintenant les Marchands ont quarante jours après le flot pour faire pêcher leur bois ; mais les frais néceffaires pour repêcher ces bois, pour le triage ou *tricage* de ceux qui appartiennent à différents Marchands, les encheres que les Marchands mettent les uns sur les autres pour les voitures, toutes ces choses occasionnent des disputes, des procédures & des frais, qui excedent souvent la valeur du bois ; d'ailleurs, ce bois pourrit au bord des rivieres en attendant le jugement de ces différends. C'est pour ces raisons que les Marchands, qui connoissent leurs intérêts, prennent beaucoup d'attention à ce que leurs bois ne deviennent point *fondriers.*

Ceci bien entendu, & après que les Marchands se sont mis en regle vis-à-vis les Propriétaires riverains, ils font jetter leur bois dans l'eau bûche à bûche ; & alors le courant les entraîne vers le bas, pendant que des ouvriers accompagnent le flot pour pousser à val les bois qui pourroient s'arrêter dans des anses, ou dans les endroits où le lit de la riviere se trouveroit embarrassé ; c'est pour la commodité de ce travail, que les Propriétaires sont astreints à laisser aux bords des rivieres un sentier de quatre pieds de largeur.

Pendant ce travail, on fait à l'embouchure de la petite riviere dans la riviere navigable, une estacade ou traverse avec des pieux & des perches, afin d'empêcher que le bois ne passe dans la grande riviere.

Nous avons dit qu'il ne falloit jamais jetter dans l'eau, à bois perdu, des bois nouvellement abattus & remplis de leur seve ; car pour peu que le flottage fût long une partie iroit au fond, & ces bois deviendroient en peu de temps *canards* ou *fondriers,* au lieu que les bois secs restent plus long-temps flottables. Cependant quand les bois secs restent trop long-temps sur l'eau, il arrive quelquefois que la plus grande partie devient *fondrier,* sur-tout lorsque le bois, de sa nature, est de bonne qualité & pesant ; alors les Marchands sont obligés de les tirer à terre avant la fin du flot, pour les y laisser quelque temps se dessécher, après quoi ils les font rejetter à l'eau. Comme cette opération entraîne des frais, on n'y a recours qu'à la derniere extrémité, & après qu'on a apperçu qu'une partie de ce bois est tombée au fond de l'eau ; les Marchands, comme nous l'avons dit, ont le droit de le faire repêcher pendant quarante jours après que le flot est passé ; & s'il arrive que dans l'intervalle de ces quarante jours, d'autres Marchands faſſent paſſer des flots, ce terme de quarante jours ne commence à courir que d'après la paſſée du dernier flot, ſans être tenu d'aucun dédommagement envers les Seigneurs & Propriétaires riverains; mais après ces délais expirés, les Seigneurs & Propriétaires ſont en droit, pour débarraſſer leurs eaux, de faire pêcher les bois fondriers, à la charge de les laiſſer ſur le bord des rivieres, ſans qu'ils puiſſent ſe les approprier, parce que ces bois ſont réputés appartenir aux Marchands dont ils portent la marque, après toutefois qu'ils auront rembourſé les frais de cette pêche, & le loyer des héritages que les bois ont occupés; le tout à dire d'Experts.

De même ſi, pendant le flot, il arrivoit une crûe & un débordement d'eau, les bois qui ſeroient portés dans les champs, hors le lit de la riviere, & qu'on nomme *Bois échappés*, appartiennent aux Marchands dont ils portent la marque; & il eſt défendu à tout autre de ſe les approprier, ſous des peines très-rigoureuſes.

Les bois ainſi jettés dans l'eau dont ils ſuivent le cours, ſe rendent peu à peu à l'embouchure des ruiſſeaux dans les grandes rivieres, où ils ſe trouvent arrêtés par une eſtacade : alors on les tire de l'eau, & on les empile ſur le port, après avoir eu l'attention de ſéparer les bois qui appartiennent à différents Marchands.

Quand les bois n'ont fait qu'un petit trajet à bois perdu, & que, pour les rendre à leur deſtination, on eſt obligé de leur faire remonter les grandes rivieres, les Marchands les chargent dans des bateaux : ces bois, qui ont conſervé toute leur écorce, ſont vendus comme demi-flottés, ou comme *bois de gravier*, qui different peu des bois neufs.

Le plus ordinairement on forme des trains des bois qui ont été flottés à bois perdu, pour les conduire, ſuivant le cours des grandes rivieres, aux grandes villes où ils doivent être conſommés. Je vais expliquer la façon de former les trains.

ARTICLE VIII. *Des Trains de Bois à brûler.*

ON APPELLE fur nos rivieres, *Train*, une efpece de radeau formé d'une certaine quantité de pieces ou morceaux de bois réunis, au moyen de plufieurs longues perches liées ou attachées les uns aux autres par des *harts* ou *rouettes*.

Les trains fuivent toujours le cours de l'eau, & je n'ai pas connoiffance qu'on leur faffe remonter les rivieres, quoique cela ne me paroiffe pas impoffible à pratiquer.

C'eft pour cette raifon que le bois flotté qui arrive à Paris, vient ordinairement d'Auvergne, du Bourbonnois, du Nivernois, de la Bourgogne, du Morvant, de la forêt de Compiegne, de la Lorraine, de Montargis, & d'autres lieux fitués en remontant les rivieres au-deffus de Paris.

On ne fait point de trains de fagots, ni de cotrets; mais on en fait de bois de charpente, de bois de fciage & de bois à brûler: c'eft de ces derniers dont je vais m'occuper maintenant; il fera queftion des autres dans la fuite.

Les trains de bois à brûler font ordinairement compofés de 18 coupons, & chaque coupon eft de 12 pieds de long; la longueur de ces trains eft de 36 toifes, c'eft-à-dire, 216 pieds. On proportionne leur largeur à celle des rivieres & des canaux par où ils doivent paffer; c'eft pour cette raifon qu'il y a des trains qui n'ont de largeur que trois longueurs de bûches, qui font dix pieds & demi; on les nomme *Trains à trois branches*; d'autres ont *quatre branches*, & par conféquent quatorze pieds de largeur (*Planche III. Fig. 4*). Ces grands trains fourniffent ordinairement 25 cordes de bois, c'eft-à-dire 50 voies.

Quand les trains doivent flotter fur des rivieres qui ont beaucoup de fond, ceux à trois branches contiennent autant de bois que ceux à quatre, parce qu'on peut mettre le bois à une plus grande épaiffeur; car l'épaiffeur des trains de bois de chauffage varie depuis 18 pouces jufqu'à 20 & 22.

Les coupons de 3 ou de 4 branches fe font à terre; enfuite on les affemble lorfqu'ils font à flot.

Je le répete, pour faire les coupons, il faut commencer par former les branches, parce que ces coupons font faits de 3 ou 4 branches affemblées les unes à côté des autres.

Pour faire les branches, il faut former une couloire (*Pl. II. Fig.* 1), c'eft-à-dire, un plan incliné, afin de mettre plus aifément le coupon à l'eau. On établit ce plan incliné avec de groffes bûches *b* (*Fig.* 3), qu'on met au bout de la couloire oppofé à la riviere; & à mefure qu'on avance du côté de la riviere, on emploie des bûches de plus en plus petites; & enfin on fe difpenfe d'en mettre quand le terrein fe trouve naturellement incliné, comme on peut le voir (*Fig.* 2). On enfonce un peu ces bûches dans le terrein, afin qu'elles foient folidement affujetties, & qu'elles forment toutes enfemble un plan affez uniforme: on met, fur ce plan incliné, des perches *a a a* (*Pl. II. Fig.* 1, 2 & 3) à la diftance de 6, 7 ou 8 pouces les unes des autres; c'eft fur ces perches que le coupon qu'on va faire doit gliffer pour être mis à flot. Cette couloire doit avoir 15 pieds de largeur fur une pareille longueur, afin qu'on puiffe conftruire deffus quatre branches de 3 pieds & demi de largeur, & en total 14 pieds fur 12 de longueur.

C'eft donc fur la couloire qu'on doit faire les branches; cependant, pour éviter la confufion dans les figures, je vais fuppofer qu'on fait la branche (*Pl. III. Fig.* 1) hors des couloires; il fera aifé d'imaginer qu'elle eft placée deffus. On pofe par terre, ou plutôt fur la couloire, deux perches *B B* (*Fig.* 1, 2 & 3) de 12 à 13 pieds de longueur fur 3 ou 4 pouces de circonférence; on les nomme *le chantier de deffous*; on arrange fur ces perches, le plus réguliérement qu'il eft poffible, des bûches *C C C* &c. (*Fig.* 1, 2, 3 & 4) les groffes & les menues, les unes en rondins, les autres refendues, & on en met ainfi jufqu'à l'épaiffeur de 15, 18 ou 20 pouces. Quand les eaux font baffes, on ne donne que 14 pouces d'épaiffeur aux branches; lorfque les eaux font fortes, leur épaiffeur excede quelquefois 20 pouces.

Quand le lit de bois eft fait, on met par-deffus deux perches *A A* (*Fig.* 1, 2 & 3) pareilles à celles de deffous; on nom-

me celles-ci *le chantier de deſſus ;* enſuite on lie, avec des rouettes ou harts, la perche du chantier de deſſus avec celle du
chantier de deſſous, & on met ces rouettes *DD*, &c. (*Fig.* 1 *&* 2)
environ à 18 pouces les unes des autres : alors la premiere branche ſe trouve faite.

Tout auprès de cette branche, & ſur la même couloire, on
en forme une ſeconde toute pareille, puis une troiſieme, enfin
une quatrieme : on réunit enſuite les quatre branches pour en
faire un coupon que nous allons décrire.

La *Figure* 4 repréſente les quatre branches poſées tout près les
unes des autres : *E E*, *F F*, *G G*, *H H*, ſont les quatre branches
poſées comme elles doivent l'être ſur la couloire : chacune eſt
retenue par les chantiers de deſſous & de deſſus avec des rouettes, comme on le voit (*Fig.* 1). Pour réunir enſemble ces quatre
branches, on prend des perches *I I* (*Fig.* 4) de 14 à 15 pieds de
longueur, on nomme celles - ci *traverſes* ou *traverſins :* on
les poſe ſur les chantiers de deſſus, de façon qu'elles les
croiſent à angle droit; on les lie avec des rouettes dans tous les
endroits où les traverſins croiſent & rencontrent les chantiers ;
& alors un coupon ſe trouve formé. Il faut 18 de ces coupons
pour faire un train ; ils ſont tous faits les uns comme les autres,
excepté qu'on ajoute des *bourraches* ou *nages K* (*Fig.* 2) aux deux
bords du premier coupon de l'avant, qu'on nomme le *coupon de
tête* ; d'autres, au dernier coupon de l'arriere, qu'on appelle
coupon de queue ; & enfin d'autres au coupon du milieu. Cette
nage s'étend de *L* en *M* (*Fig.* 2) où l'on peut voir comment elle
eſt ajuſtée.

La nage *L N O M* eſt liée aux chantiers de deſſous en *L*,
aux chantiers de deſſus en *N*, enfin en *O* & en *M* aux perches
verticales, qui ſont elles-mêmes liées aux deux chantiers,
& qu'on nomme *fauſſes nages*, qui ſervent à affermir la nage ou
la bourrache. Ces nages ſervent à *percher*, c'eſt-à-dire, à donner
un point d'appui à une perche dont le bout inférieur porte au
fond de la riviere & le ſupérieur contre la nage, & qui ſert à
pouſſer le train d'un côté ou d'un autre au moyen d'une ſe-
couſſe que le Marinier donne ; c'eſt la façon la plus ordinaire

de gouverner les trains. A mesure que les coupons sont faits
sur la couloire, on les pousse à l'eau avec des leviers comme on
le voit (*Fig.* 4) ; ce qui s'exécute assez aisément, non-seulement par le moyen du plan incliné, mais encore parce que
le coupon glisse sur les perches qui forment le dessus de la couloire : ces coupons sont assez fortement liés pour ne se point défaire quand, en les mettant à l'eau, la berge est de deux ou
trois pieds plus élevée que l'eau.

Lorsque les bois sont lourds, soit à cause de leur bonne qualité, soit parce qu'ils sont encore chargés d'eau ou de seve, on a
soin, pour soutenir le train à flot, & en faisant les branches
du milieu *F* & *G* (*Pl. III. Fig.* 4), de placer dans l'épaisseur du
bois des demi-muids bien étanches *P* (*Fig.* 3) & vuides : ces
demi-muids doivent être bien serrés entre les chantiers de dessus
& de dessous, afin qu'ils ne se dérangent point : on n'en met
jamais aux branches de la rive.

Quand on a lancé à l'eau deux coupons, on les lie ensemble,
pendant que d'autres ouvriers en forment d'autres : ainsi les coupons sont à flot quand on les lie les uns aux autres. Je vais détailler cette opération.

On choisit de fortes rouettes dont le gros bout soit de la
grosseur d'une bougie des 4 ou des 5 à la livre ; & l'on tord ce
bout auquel on forme une anse ou anneau (*Fig.* 5). Ces rouettes,
ainsi disposées, se nomment *croupieres* ; on les attache aux bords
des coupons, à tous les endroits où les chantiers de dessus sont
croisés par les traversins, comme on le voit en *Q Q* (*Pl. IV*) ;
ensuite on approche les deux coupons l'un de l'autre le plus
qu'il est possible, & l'on passe une piece de bois nommée *l'A-
billot*, dans les anneaux des croupieres qui se répondent, & dont
les unes appartiennent à l'un de ces coupons & les autres à un autre,
comme on le voit représenté (*Pl. III. Fig.* 6) : *a* est la croupiere
d'un des coupons, *b* est celle de l'autre coupon ; *c c* représente
une partie du traversin d'un coupon ; *d d*, le traversin de l'autre
coupon ; *e e*, *l'Abillot* qui fait l'office d'un garot : on voit (*Fig.* 7)
qu'en tournant *l'Abillot e e*, qui est passé dans l'anneau des croupieres *a* & *b*, on peut lier très-exactement les coupons les uns aux
autres,

autres, parce que la queue de ces croupieres eſt attachée aux traverſins *c c d d* (*Planche III*) des deux coupons qu'on doit lier enſemble l'un à l'autre; & comme il y a dix croupieres ſur chaque coupon, les deux ſe trouvent fortement liés l'un à l'autre. On voit dans la *Planche IV* un coupon de quatre branches mis à flot, avec les croupieres *Q Q*, &c, attachées aux traverſins.

Pour un train de bois flotté de 14 coupons à quatre branches, chaque branche compoſée de 60 bûches, il faut 350 perches de dix-huit à vingt pieds de longueur, & trois milliers de liens, harts ou rouettes de dix à douze pieds : ainſi, pour vingt mille voies de bois flotté qui arrivent par an à Paris, on a beſoin de ſept mille perches & de ſoixante mille rouettes qu'on coupe en ſeve afin qu'elles ſoient plus pliantes, ce qui fait une dépré-dation conſidérable dans les taillis : il ſeroit donc à déſirer qu'on plantât dans les lieux voiſins des ports où l'on conſtruit ordinai-rement les trains, des taillis de bois blanc, qui viennent vîte, & que l'on pourroit employer à faire les perches & les rouettes néceſſaires pour aſſembler les trains ; par ce moyen on ména-geroit les taillis de Chêne, de Charme, &c.

Comme il y a huit croupieres ſur chaque bout des coupons de quatre branches, il faut, pour réunir deux coupons, employer huit abillots, & pour un train de 18 coupons, 136 abillots & 288 croupieres. Lorſque tous ces abillots ſont en place, & qu'on a eu l'attention d'employer de bonnes rouettes de Charme, ou de Chêne, pour faire les croupieres, les coupons ſont ſi par-faitement liés les uns avec les autres, qu'on a quelquefois vu employer 30 chevaux à dégager un train engravé, ſans que, par cet effort, il ſe ſoit rompu.

On joint de même, les uns aux autres, les 18 coupons qui doivent faire un train de 36 toiſes de longueur ; & l'on met en avant, pour les coupons de tête, & en arriere, pour ceux de la queue, les coupons auxquels on a ajuſté des bourraches & des *nages* ainſi que je l'ai expliqué plus haut. Le train étant entiére-ment fait, on le pouſſe au courant de l'eau dont il ſuit le fil : la ſeule façon de le conduire eſt, quand il ne ſe trouve pas une trop grande profondeur d'eau, de le diriger avec la perche qu'on fait porter d'un bout au fond de la riviere & de l'autre contre la bourrache, pour donner au train une fecouffe qui le pouffe du côté où l'on veut qu'il prenne fa direction ; & quand les eaux font baffes, comme il faut choifir l'endroit le plus profond du lit de la riviere, ce travail eft quelquefois affez pénible. Lorfque l'eau eft trop profonde pour pouvoir fe fervir des perches, on emploie de longues rames avec lefquelles on le dirige exactement dans le fil du courant. Quand les eaux font bonnes, deux hommes fuffifent pour conduire un train de 25 cordes de bois, fur les rivieres qui affluent à la Seine ; & comme cette riviere eft plus grande, & que la navigation y eft plus dangereufe, fur-tout quand les eaux font fortes, on emploie affez fouvent quatre hommes pour conduire un train. Il y a un accident qui eft fur-tout à craindre, c'eft quand le train fe trouve oblique au courant, & que l'avant va moins vîte que l'arriere, foit qu'il fe trouve dans un courant moins rapide, ou qu'il frotte fur un fond de vafe ; car alors l'arriere, que le courant prend en travers, allant plus vîte que l'avant, le train fe replie, & il fe romproit fi l'on ne fe hâtoit de couper les croupieres à l'endroit où le train eft plié ; alors il fe fépare en deux, & l'on tâche de faire aborder ces deux petits trains au plus prochain rivage pour les rejoindre & continuer la route.

Nous avons dit que quand on a des trains à conduire fur des petites rivieres, on ne les fait quelquefois que de trois branches ; quelquefois auffi on ne leur donne en longueur que neuf coupons ; & après être parvenu dans la grande riviere, on en joint deux au bout l'un de l'autre, ce qui fait 18 coupons. Souvent auffi quand les eaux font bonnes, on joint deux trains à côté l'un de l'autre, c'eft pourquoi on en voit arriver à Paris qui ont huit branches de largeur ; & comme ceux qui font chargés de les conduire font obligés de traverfer fouvent d'un bord des trains à l'autre, pour qu'ils aient moins de chemin à faire, en attachant les deux trains à côté l'un de l'autre, on en fait déborder un à peu près de la moitié de la longueur d'un coupon, comme on le voit *Planche I. Fig.* 13.

Ordinairement on ne flotte point pendant l'hiver ; cependant il arrive quelquefois que les trains font pris par les glaces ; & quand la riviere refte long-temps gelée, on eft obligé de défaire les trains pour empiler le bois au bord de l'eau jufqu'à ce que le dégel foit venu ; non-feulement parce que dans le temps de la débâcle les trains pourroient être brifés, mais encore parce que les bois fe trouveroient tellement imbibés d'eau qu'ils deviendroient *canards*, & il ne feroit plus poffible de les flotter lorfque la riviere feroit libre. Quand la riviere eft débâclée, & quand les bois ont été fuffifamment defféchés, on refait les trains ; quoique cela occafionne des frais confidérables, on préfere cependant de les fupporter pour éviter la perte totale du bois.

Les grandes eaux & les crûes font très-contraires au flottage des trains : on ne peut alors les conduire avec la perche, & fouvent même la rame n'eft pas affez puiffante pour vaincre les courants. Le temps le plus propre pour flotter les trains eft quand il y a dans la riviere 18 pouces, 2 pieds ou 2 pieds $\frac{1}{2}$ d'eau.

Lorfque les trains font arrivés à leur deftination, on les amarre au bord de l'eau avec un cordage qu'on attache fur le train à deux traverfins ; & quand les eaux font fortes, on met quelquefois deux amarres.

Les Marchands ne peuvent avoir que deux trains vis-à-vis leur chantier ; les autres trains doivent refter au-deffus de Paris jufqu'à ce que ceux qui font à port foient débardés ou déflottés, & que le bois foit placé dans le chantier.

Pour défaire les trains, on fait précifément le contraire de ce qu'on a fait pour les former : on coupe les croupieres, on fépare une des branches des coupons en coupant avec une hache (*Planche I. Fig.* 14) les rouettes qui les attachent aux traverfins ; c'eft ce qu'on appelle *débâcler*. Cette hache porte un tranchant d'un côté, & une pointe de l'autre ; elle a un grand manche *c*. On coupe les rouettes avec le tranchant de cet inftrument, & on enfonce la pointe dans les bûches pour les tirer à terre, ce qui s'appelle *débarder*, comme on le voit (*Planche V. Fig.* 3). On tire à terre, le plus qu'il eft poffible, la branche qui a été féparée des autres ; on charge le bois fur des crochets (*Fig.* 1) pour le

D ij

porter au chantier où on le *trique*, c'eſt-à-dire, qu'on trie pour ſéparer le bois blanc d'avec le bois dur, dont on forme des piles différentes : on éleve les piles de fond, ces piles n'ont d'épaiſſeur que la longueur d'une bûche ; quand elles ont 8 à 10 pieds, on joint enſemble toutes les piles de fond, & l'on forme ce qu'on appelle un *Théâtre*.

Les Marchands de bois ont ſoin de commencer à la fois pluſieurs piles de la même eſpece de bois, afin de lui donner le temps de ſe ſécher ; car ſi on l'enfermoit avec d'autres bois humides il ſe pourriroit, les bouts ſe couvriroient de champignons, & le Marchand ſeroit alors obligé de donner le bois dur au même prix que le bois blanc.

La Police oblige les Marchands de bois à laiſſer des routes *a* (*Fig.*2) entre leurs piles, afin qu'on puiſſe les viſiter & en connoître la qualité. Si on élevoit les piles ſimples à 30, 40, 50, 60 pieds de hauteur, elles courroient riſque de s'écrouler ou d'être renverſées par le vent ; les Marchands évitent cet inconvénient en joignant pluſieurs piles enſemble pour en former un théâtre. Il y a même beaucoup d'art à bien faire les piles pour pouvoir élever les théâtres, comme on les voit dans les chantiers, à une très-grande hauteur ſans qu'ils s'écroulent.

On commence & l'on termine les piles par mettre les bûches de façon qu'elles ſe croiſent *b,b,* (*Planche V. Fig.* 2) de ſorte qu'au premier lit les bûches ſont poſées de long, & au lit ſupérieur elles ſont miſes en travers & croiſent les premieres : en continuant toujours de la même façon, on forme aux deux bouts du théâtre des piles quarrées qu'on nomme *Grillons* ou *Roſeaux*, & qui ſervent d'arcboutants *b* au reſte des bûches *c* qu'on met toutes en travers. Il y a de l'art à bien arranger les piles, & de façon qu'il ne reſte que le moins de vuide qu'il eſt poſſible entre les bûches : en obſervant de mettre leur gros bout tantôt d'un ſens & tantôt de l'autre, la pile s'éleve bien perpendiculairement ; & on met d'eſpace en eſpace au bord des piles, des bûches en travers *d*, pour regagner l'aplomb, ſans quoi la pile ſe renverſeroit tout d'une piece. Si l'on s'apperçoit qu'une pile s'incline un peu, on l'arcboute quelquefois contre une pile voi-

fine. Quand on confidere, dans les chantiers, des théâtres élevés jufqu'à 50 & 60 pieds de hauteur, on ne peut s'empêcher
d'admirer l'adreffe de ceux qui les ont faits.

On doit diftinguer quatre fortes de bois flotté : favoir, 1°, Le
bois blanc qu'on met à part; c'eft le plus mauvais;auffi la voie de
ce bois fe vend-elle au-deffous de la taxe ordinaire,aux cuifeurs
de Plâtre, aux Potiers de terre, &c. 2°, Le bois flotté ordinaire, qui contient au moins deux tiers de Chêne, de Charme,
ou de Hêtre : le grand débit de ce bois eft pour l'ufage des cuifines, & on le vend à la voie : on en fait auffi des falourdes liées
de deux ofiers ; elles doivent avoir 26 pouces de circonférence ;
voyez, pour la façon de les faire, le Traité de l'*Exploitation des*
Bois, Partie I. page 201. Ces falourdes fe débitent à ceux qui
ne font pas en état d'acheter une voie ou une demi-voie de bois.
Quoique les ouvriers qui travaillent à défaire les trains aient
la permiffion d'emporter une perche & une hart, il refte encore beaucoup de perches aux Marchands, qui les font couper
de longueur pour en faire des falourdes de menu bois ; elles
doivent avoir 36 pouces de circonférence ; ces perches ne forment ordinairement que le parement de ces falourdes ; le dedans
eft rempli de harts qu'on arrange dans l'intérieur des parements. 3°, On appelle *Bois de gravier* ou *Bois demi-flotté,* celui
que les Marchands achetent aux ports des rivieres navigables,
& dont ils font faire des trains qui arrivent affez promptement
à Paris. Ces bois qui n'ont point été tirés de l'eau à plufieurs
reprifes comme ceux qu'on a jettés à bois perdu dans les petites
rivieres, & qui outre cela ont peu féjourné dans l'eau, ont
confervé leur écorce, & ils font fouvent auffi bons à l'ufage &
auffi durs que les bois neufs : plufieurs perfonnes en font provifion pour brûler dans les appartements. 4°, Il y a encore une
autre efpece de bois flotté qu'on nomme *Bois de traverfe :* celui-
ci eft tout pur Hêtre ou Charme, & eft dépourvu d'écorce ;
comme il brûle bien, qu'il fait une belle flamme & peu de fumée, il eft recherché par les Cuifiniers, les Pâtiffiers, les Boulengers & les Braffeurs : on le vend à la voie ainfi que le bois
de gravier.

CHAPITRE III.

Du Transport des Bois de Charpente.

ON DISTINGUE les Bois de Charpente en *Bois de brin* qui
eſt ſimplement équarri, & *Bois de quartier*, c'eſt-à-dire, qui a
été refendu à la ſcie : les pieces des uns & des autres ſont d'un
poids trop conſidérable pour pouvoir être tranſportées à ſomme.
On n'a recours à ce moyen que pour les plus petites pieces, &
lorſque les chemins ne ſont pas praticables aux autres voitures;
mais quand les pieces ſont trop fortes, on eſt obligé de les charger ſur des voitures, pour les conduire au lieu où elles doivent
être employées, ou juſqu'aux ports des rivieres navigables.

Nous conſidérerons ſeulement trois façons de voiturer les bois
de Charpente relativement à leur eſpece; ſavoir, 1°, lorſqu'il en
faut un certain nombre de pieces pour charger une voiture;
2°, lorſque les pieces ſont aſſez groſſes pour qu'une ſeule faſſe la
charge d'une voiture; 3°, lorſqu'elles ſont trop groſſes pour
pouvoir être tranſportées par une ſeule voiture.

ARTICLE I. *Des Bois dont il faut pluſieurs pieces*
pour charger une voiture.

LORSQUE les pieces de bois ſont courtes, on les charge
dans des charrettes à ridelles, (*Planche I. Fig.* 6),ou ſur des charrettes de roulage & ſans ridelles, ſur leſquelles on les retient
avec des chaînes qui embraſſent ces pieces, paſſent deſſous la
voiture, & ſont ſerrées avec des perches qui font l'office de garrot : on ſe ſert plus communément de ces voitures que de celles
à ridelles. Lorſque les pieces ſont plus longues que les charrettes, comme ſont des chevrons, on les charge de biais ſur la
voiture (*Fig.* 16), enſorte que le gros bout paſſe vers la droite
du limonnier, & que le petit bout qui traverſe diagonalement

l'effieu, excede de beaucoup la voiture : on fait paffer le gros
bout des pieces du côté droit du limonnier, afin que le Charre-
tier qui eft à la gauche puiffe plus facilement conduire fon cheval, fuivant que l'exige la nature du chemin.

Dans quelques Provinces on emploie une autre méthode :
on ajufte à l'avant des charrettes (*Fig.* 15) deux forts ranchers
avec une traverfe, fur laquelle on met le gros bout des chevrons ; & ce bout étant foutenu par le rancher plus haut que la
croupe du cheval, le limonnier fe trouve au-deffous. Cette méthode eft fort bonne dans les chemins où il n'y a pas d'ornieres
profondes ; autrement la premiere eft préférable, parce que les
chevrons font horizontaux, au lieu qu'avec le rancher, ils portent prefque à terre derriere la voiture. Ce que je viens de dire
des chevrons doit s'entendre de toutes les longues pieces de
bois qui n'ont pas trop de groffeur.

Article II. *Des Bois dont une piece fuffit pour charger une voiture.*

On voiture encore de la même façon des poutres de
force ordinaire, favoir de 25 pieds de longueur fur 15 ou 18
pouces d'équarriffage vers le gros bout, en les pofant diagonalement fur la voiture (*Fig.* 16), ou en élevant le gros bout fur
des ranchers (*Fig.* 15) ; mais quand les pieces font trop fortes,
ou lorfque les chemins font impraticables, il faut les traîner de
la façon que je vais expliquer.

Article III. *Dés plus groffes pieces de Bois qui ne peuvent être chargées fur une voiture ordinaire.*

A l'égard des très-groffes pieces de bois, fi elles fe trouvent fur le penchant d'une colline ou d'une montagne, les abat-
teurs ont foin de les faire tomber fur la partie élevée de la montagne, afin que la chûte foit moins forte, & que la piece foit
moins expofée à être endommagée ; enfuite on les fait defcendre peu à peu à bras d'homme & avec des leviers, tantôt en

leur faifant prendre quartier, tantôt en les faifant glifler fur des
pieces de bois qu'on pofe deffous en travers. Quand le terrein
permet d'employer la force des bœufs ou des chevaux, on traîne
ces pieces par terre ; & dans ce cas on doit avoir eu l'attention
de ne les point équarrir exactement, afin qu'on puiffe par la
fuite rafraîchir les endroits qui ont frotté contre le terrein.
Quand le terrein eft à peu près uni, on fe fert de rouleaux, ou
de deux roues montées fur un effieu. Enfin, on emploie toute
forte d'induftrie pour les conduire vers le chemin qu'on a dû
pratiquer à travers la Forêt pour l'évacuation des bois ; & quand
on eft parvenu à ce chemin, on ajufte fous les pieces un avant
& un arriere-train, de forte que le corps de la piece forme une
efpece de charriot. Lorfqu'il eft queftion de prendre un détour,
on tranfporte le derriere de la piece peu à peu avec des crics,
ou des leviers ; & à force de bœufs ou de chevaux, on conduit
la piece, autant que faire fe peut, aux bords d'une riviere. Si
les chemins étoient fans ornieres, on feroit bien d'employer des
voitures femblables à celles qui fervent à Paris à tranfporter
les groffes pieces de bois de charpente (*Planche I. Fig.* 17) ;
ces voitures, qu'on nomme *Fardiers*, font fort longues. Au-
deffous des limons, vers le milieu, il y a une languette
qu'on voit *Figure* 18, où *A* repréfente une portion des limons ; *B*, une des chantignoles qui porte une rainure qui
entre dans la languette des limons, & que l'on affujettit où
l'on veut par des chevilles *C*, comme on le voit en *D*, ce qui
donne la facilité de placer l'effieu à différents points de la longueur des limons. Pour trouver l'équilibre de la piece, on met
fous les limons (*Fig.* 17) en *E*, une courte piece de bois quarré, fur
laquelle appuie le gros bout de la poutre : il y a vers le milieu
de la voiture, ou plus vers l'arriere, un rouleau *F* enveloppé
d'une chaîne qui embraffe la poutre à peu près par fon centre
de gravité, & qui la tient fufpendue au moyen du levier *G* ; le
cordage *H* acheve de la foutenir, en même temps qu'il empêche le rouleau de tourner en fens contraire. Au moyen de la
chantignole mobile, on place l'effieu tantôt au point *I*, tantôt au point *K*, ou même en *L* ; en un mot où il convient pour
que

que le limonnier ne foit point trop chargé. Ces grandes voitures, qui fervent pour tranfporter les bois des chantiers de Paris dans les atteliers, font d'une grande commodité pour charier les bois fur le pavé ou dans les chemins où il n'y a point d'ornieres, & quand on n'a pas befoin de faire tourner ces voitures dans des rues étroites : elles ont, outre cela, la commodité de pouvoir fe charger & décharger très-aifément.

Quand on veut les charger, on met les pieces de bois fur des chantiers où on les raffemble comme on juge qu'elles doivent être fous la voiture ; on a foin de ne pas faire la charge trop épaiffe : car quoique les roues de ces fardiers foient grandes, il faut que les pieces de bois puiffent tenir fous l'effieu fans porter fur le terrein : quand la charge eft difpofée, on l'embraffe avec une chaîne dans un point de la longueur des pieces qui foit tel, que le fardeau foit prefque en équilibre quand les pieces de bois fe trouvent fufpendues à la chaîne. Je dis prefque en équilibre, parce qu'il faut que la charge de ces pieces tende toujours à tomber vers l'arriere, pour que la portion qui eft en devant puiffe s'appuyer fur la courte piece de bois quarré qu'on met en devant fous les limons de la voiture & derriere le limonnier ; outre cela, il faut que les pieces de bois faffent équilibre avec le poids des limons qui eft confidérable, fur-tout quand on porte l'effieu fort en arriere. De plus, il faut toujours mettre le gros bout des pieces vers l'avant, c'eft-à-dire, derriere le limonnier. Cependant, comme les pieces ne peuvent être portées en avant au-delà de la derniere paumelle, on ne peut parvenir à trouver l'équilibre de la charge de la voiture que par la facilité qu'on a de porter les roues plus ou moins vers l'arriere.

Suppofons que la chaîne a été placée à peu près au centre d'équilibre des pieces de bois, on recule le fardier de façon que le gros bout des pieces fe trouve perpendiculairement fous la derniere paumelle ; & alors on juge par eftime où l'on doit placer l'effieu & les roues ; on place fur le fardier, & tout auprès de l'effieu, un fort rouleau qui fait l'office d'un treuil, pour élever les pieces de bois ; on joint l'une à l'autre, au moyen d'un cro-

E

chet, les deux extrémités de la chaîne qui paſſe ſous les pieces; enſuite on rabat le milieu de cette chaîne ſur le rouleau; on paſſe dans la boucle que forme la chaîne un grand & fort levier, qui ſe trouve ainſi embraſſé par la chaîne, & dont le gros bout poſé ſur la circonférence du rouleau du côté de l'arriere du fardier; alors on attele des chevaux à une corde attachée au bout du levier; ces chevaux faiſant force, & étant ſecourus par le rouleau qui fait l'effet d'un treuil, ſoulevent la charge des pieces de bois, dont le gros bout doit appuyer un peu ſous la traverſe de bois quarré qui eſt derriere le limonnier. Si du premier coup on n'a pas atteint l'équilibre convenable, on laiſſe retomber la charge ſur les chantiers, & on avance ou on recule l'eſſieu, le rouleau, & même la chaîne; mais quand on a trouvé l'équilibre, on arrête la corde qui eſt au haut du levier au bout des pieces de bois quarré qui excedent le derriere du fardier; alors la voiture ſe trouve en état d'être conduite à ſa deſtination.

Quand on ne peut gagner qu'une petite riviere qui n'eſt point navigable, on fait flotter les bois par petits radeaux qu'on proportionne à la force de la riviere, pour les conduire juſqu'aux ports des grandes rivieres où on en forme des trains, comme nous allons l'expliquer, ou bien on en charge des bateaux.

ARTICLE IV. *Du Flottage des Bois de Charpente.*

LA NAVIGATION des petits radeaux par les ruiſſeaux eſt ordinairement longue & pénible; & par cette raiſon à leur arrivée aux ports des grandes rivieres, les bois ſe trouvent aſſez pénétrés d'eau pour être devenus *canards* : alors il faut, avant que d'en former des trains, les tirer à terre, & les y laiſſer ſe deſſécher, ce qui altere conſidérablement le bois, non-ſeulement parce que l'eau emporte toujours avec elle les parties les moins fixes du bois, mais encore parce que l'augmentation & la diminution du volume des pieces, par l'eau qui s'y introduit & qui enſuite ſort du bois, produit un mouvement qui en fatigue beaucoup les parties ſolides. Enfin, après ce premier flottage, il ſe forme dans les pieces, des fentes qui, au second flottage, se remplissent d'eau & de vase, ce qui les endommage encore beaucoup.

Les Flotteurs ont différentes méthodes pour construire les
trains : les uns percent les pieces obliquement vers les angles *a*
(*Planche VI. Fig.* 1) de chaque bout pour y passer leurs *riolles* ou
rouettes : les autres font plusieurs trous de 3 ou 4 pouces de profondeur aux extrémités des pieces *b*, dans lesquels ils introduisent un bout de leurs rouettes *c*, & les arrêtent avec des
coins. Cette méthode porte un préjudice considérable aux pieces, parce que les rouettes qui sont d'un bois tendre & spongieux, pompent l'eau qui s'insinue par leur moyen dans le cœur
des pieces ; les bouts des rouettes qui restent dans les trous s'y
pourrissent, & communiquent leur pourriture aux parties voisines ; c'est ce qui fait qu'on trouve quelquefois à l'extrémité des
pieces jusqu'à 8 de ces chevilles pourries, qui font à plus d'un
pied du bout des pieces, ce qui met dans la nécessité de les
rogner de 18 pouces à chaque bout pour trouver le bois
sain. On ménageroit beaucoup de bois, si l'on se servoit de
crampes pour faire ces trains ; mais tout au moins devroit-on
suivre la méthode de ceux qui ne font que deux trous aux angles
vers les extrémités des pieces *a* (*Fig.* 1) ; par cette pratique, les
rouettes ne restent point dans les trous qui demeurent ouverts,
& se dessechent sans qu'il s'y forme de pourriture : nous allons
expliquer en détail cette maniere de faire les trains.

On fait ces trains ou radeaux plus ou moins grands, suivant
la force des rivieres. Lorsque les pieces de bois doivent être
rendues dans un port de mer, on les embarque dans des flûtes
ou des gabares, ce qui est facile au moyen d'un sabord qu'on a
pratiqué à la pouppe, & qui répond dans la cale ; mais pour peu
que les bois doivent rester sur l'eau, il faut avoir grande attention de ne les point renfermer dans la cale des vaisseaux lorsqu'ils sont très-remplis de seve ou très-pénétrés d'eau ; ils s'y
échaufferoient, & pourriroient bientôt. J'ai vu débarquer des
pieces de bois de Chêne pour la construction des vaisseaux, &
de Hêtre pour les rames des galeres, qui, pour cette raison,

E ij

étoient presque pourries : il sortoit de la cale une odeur fétide très-désagréable.

Avant d'expliquer comment on fait les trains de bois de charpente pour les conduire à flot sur les rivieres, je crois devoir faire remarquer que pour traîner ces bois sur des rouleaux, on attache à un des bouts, ou aux deux bouts de chaque piece, un anneau qui passe dans un crampon (*Pl. VI. Fig. 3.*) saisi par un coin qu'on enfonce dans la piece à coups de masse ; comme ce coin fend quelquefois la piece, on a trouvé plus à propos de le former en pas de vis ; mais je trouve encore mieux d'employer un crochet (*Fig. 4*), qui entre dans un trou fait à la piece ; pour peu que le crochet entre à force, il n'échappe point : on attele les chevaux sur l'anneau.

ARTICLE V. *Maniere de faire les Trains de Bois quarré.*

On fait les trains de bois quarré à l'usage des Charpentiers, avec plus de facilité qu'on ne fait les trains de bois à brûler, & ce moyen est fort commode pour les transporter au loin à peu de frais.

Ces trains sont ordinairement formés de 4 *Brelles* B C (*Pl. VI. Fig. 2*) : on appelle ainsi ce qu'on nomme *Coupons* dans les trains de bois à brûler. Chaque brelle a communément 7 toises & demie de longueur ; leur largeur varie plus que la longueur. On tient ces trains étroits quand ils doivent descendre des rivieres qui ont peu de largeur & beaucoup de sinuosités, ou quand ils doivent passer par des écluses. Cependant, suivant l'usage le plus ordinaire, la largeur des brelles sur les grandes rivieres, varie depuis 14 jusqu'à 18 ou 20 pieds ; sur les petites rivieres, on fait quelquefois des brelles qui n'ont que 6 ou 8 pieds de largeur ; mais à l'entrée des grandes rivieres, on en réunit plusieurs à côté les unes des autres, pour en former une seule de la largeur que nous venons de dire : car comme il n'en coûte pas plus aux Marchands de faire conduire un grand train qu'un petit, il est de leur intérêt de les faire aussi grands qu'il est possible.

On forme plus ou moins de brelles, suivant que les bois sont plus ou moins longs. Comme toutes les brelles d'un même train ne font pas de la même longueur, on affortit le mieux qu'il eft poffible, les pieces qui doivent former une brelle, & l'on a foin que les deux côtés foient formés par deux fortes pieces qui aient toute la longueur de la brelle, comme *D E*, *F G* (*Fig.* 2) ; on nomme celles-ci *Gardes*. On choifit encore une affez belle piece *H I* qu'on place au milieu pour y mettre ce qu'on nomme les *Mouffieres*, qui font deux chevilles *H* enfoncées à la tête de cette piece, pour retenir les rames dont on fe fert pour conduire le train ; en conféquence il faut placer une mouffiere à la tête du train, & une autre à la queue.

Toutes les pieces qui doivent former une brelle, doivent être placées à côté les unes des autres, & liées fur des traverfins *K*, *K*, qu'on nomme *Pouliers* : ce font des perches qui ont environ 6 à 7 pouces de groffeur au milieu, & dont la longueur fait la largeur des brelles ; on place cinq pouliers fur chaque brelle, favoir, deux près l'un de l'autre à chaque extrémités, & un dans le milieu.

Pour attacher au moyen des rouettes les pieces de bois quarré qui forment les brelles avec les pouliers qui les traverfent, on perce, avec une tariere, un trou oblique, qui commence à la face fupérieure d'une piece, & qui aboutit à une face verticale *M* (*Fig.* 5) ou *a a* (*Fig.* 1) : il faut encore que ce trou foit tel que l'ouverture de la face fupérieure & horizontale, & celle de la face verticale, foient affez écartées l'une de l'autre pour qu'on puiffe mettre entre deux la perche qu'on nomme *le Poulier* ; de forte qu'en mettant une rouette dans le trou de la face horizontale, elle forte par le trou de la face verticale ; & qu'en embraffant les pouliers *N*, on puiffe faire deffus le nœud ou le maillon qui ferre fortement le poulier contre la piece. On fait la même chofe à l'autre extrémité de la piece ; & ayant ainfi lié très-fermement les cinq pouliers fur toutes les pieces de bois quarré qui forment une brelle, elle fe trouve achevée (*Fig.* 2) ; fur quoi il faut remarquer :

1°, Qu'on ajufte à terre, à côté les unes des autres, toutes les pieces qui doivent former une brelle : on pofe deffus une regle , qui repréfente les pouliers, pour marquer où doivent fe faire les trous , foit fur la face fupérieure & horizontale , foit fur les faces verticales ; & après avoir féparé ces pieces, on perce les trous à terre.

2°, Souvent il n'y a dans une brelle que trois pieces qui aient toute fa longueur, favoir, les deux gardes des bords *D E*, *F G*, & la piece du milieu *H I* (*Fig.* 2), où l'on place les mouffieres.

3°, Les autres pieces qu'on nomme *de rempliffage*, fe trouvant de différentes longueurs, font ajuftées de façon que plufieurs puiffent faire la longueur de la brelle ; & l'on a foin qu'elles foient liées les unes aux pouliers de l'avant, les autres à ceux de l'arriere & à celui du milieu : fi cela ne peut pas être, on perce des trous *O* aux bouts des pieces qui fe touchent, pour les lier les unes aux autres avec des rouettes.

4°, Pour qu'un train puiffe bien fe gouverner à l'eau, il faut qu'il foit plus large par le bout de derriere, que par celui de devant ; c'eft pourquoi on difpofe toutes les pieces de façon que le bout le plus menu foit placé à l'avant de la brelle, & le gros bout vers l'arriere.

5°, A la brelle de l'avant & à celle de l'arriere, on perce, comme je l'ai dit, deux trous dans la piece du milieu, & l'on enfonce dans ces trous deux fortes chevilles ou *Mouffieres H*, qui forment le point d'appui de la rame qui fert à gouverner le train ou radeau.

6°, Quand les bois font lourds, & qu'on juge qu'en peu de temps ils pourroient devenir canards, on a foin de ménager entre les pieces de rempliffage, fur-tout vers l'avant & vers l'arriere, des places vuides dans lefquelles on puiffe mettre des futailles, qu'on y affujettit fermement avec de fortes harts qui paffent dans des trous pratiqués au bout des pieces, & qui embraffent la futaille.

7°, On fait plus ou moins de coupons ou brelles, fuivant que les pieces de bois font plus ou moins longues : le coupon de devant fe nomme coupon ou *Brelle de tête*, & celui de derriere *Brelle de queue*.

8°, On a foin, en établiffant les pieces, qu'elles forment par leur réunion, à peu près un parallélogramme rectangle, dont le deffus doit toujours être de niveau, parce que les faces fupé-rieures des pieces font affujetties par les pouliers ; mais on ne peut obferver la même régularité pour la face inférieure des pieces, parce qu'elles ne font pas toutes d'une même épaiffeur.

9°, On établit fur le rivage, comme nous l'avons dit, tou-tes les pieces qui doivent former une brelle ; on marque les endroits où doivent être placés les trous, qu'on perce auffi à terre ; enfuite on les jette à l'eau pour lier à flot avec des rouettes les pouliers fur les pieces.

10°, Lorfque deux brelles font faites, il faut les lier l'une à l'autre & les joindre de façon qu'il y ait du jeu entre elles ; car il n'en eft pas ici comme des trains de bois à brûler ; ceux-ci étant compofés d'un grand nombre de bûches pofées en travers, ont toujours fuffifamment de jeu pour qu'on puiffe leur faire prendre la courbure des finuofités d'une riviere. Il n'en feroit pas de même des brelles de bois de charpente ; comme elles font roides, elles ne fe prêteroient point aux efforts que fe-roient les Mariniers pour leur faire prendre différents contours, fi les brelles étoient fermement & trop exactement liées les unes au bout des autres ; c'eft pourquoi on fait avec des harts, de forts liens *P, P,* (*Planche VI. Fig. 2*), de 6 ou 8 pieds de longueur, & on les attache par leurs extrémités aux pouliers des deux brelles qu'on veut mettre l'une au bout de l'autre, en laiffant entre elles la diftance d'environ un pied ou deux, ce qui fuffit pour mettre le train en état de prendre différentes inflexions.

11°, Ces trains étant dreffés de la maniere que nous venons de dire, on les conduit de la même façon que ceux de bois à brûler ; on les gouverne avec des perches ou avec deux ra-mes, qu'on place entre les mouffieres de l'avant & celles de l'arriere.

Article VI. *Maniere de faire les Trains de Bois de Sciage.*

Les Trains de bois de sciage se dressent comme ceux de bois à brûler ; c'est-à-dire, qu'on met les planches, les membrures, &c, en travers : comme ces pieces ont ordinairement 12 ou 18 pieds de long, elles font la largeur totale d'un coupon, qu'on appelle ici une *Eclusée* ; au lieu qu'il faut trois ou quatre branches pour faire un coupon de bois à brûler, qui est communément de 14 pieds de largeur. On arrange donc à terre, sur un plan incliné ou sur une couloire, & sur trois ou quatre chantiers posés dessous, & qui ont souvent 12 ou 14 toises de longueur, un lit de grandes planches ou membrures de la longueur & largeur qu'on veut donner à l'éclusée : supposons que ce soit 18 pieds, on arrange sur les chantiers de dessous un lit de planches de 18 pieds ; s'il y a des planches de 6 pieds, on en met trois *p*, (*Fig.* 6) entre d'autres de 18 pieds ; si elles ont 9 pieds, on en met deux bout à bout *q q* pour faire une longueur de 18 pieds, ou une de 9 & une de 6, *r r*, & il reste un vuide de 3 pieds ; on forme ainsi, lit par lit, l'épaisseur entiere de l'éclusée : ainsi, un train qui est composé de deux éclusées, se trouve avoir 24 à 28 toises de longueur. A l'égard de l'épaisseur de ces trains, on met d'ordinaire trois solives l'une sur l'autre, ou trois poteaux, ou cinq membrures, ou 4 chevrons, ou 15 planches d'un pouce d'épaisseur, ou 10 planches d'un pouce & demi, ou 8 de 2 pouces ; de sorte que l'épaisseur des éclusées se trouve être de 15 à 16 pouces, & que le train entier contient à peu près 300 pieces de bois. On finit toujours les éclusées comme on les a commencé, par des pieces qui aient toute la largeur de l'éclusée ; on pose par-dessus les chantiers de dessus, qu'on lie à ceux de dessous avec des rouettes, de la même façon que nous avons dit qu'on lioit les coupons de bois à brûler, & on les pousse de même à l'eau ; on y ajoute encore quelques traversins *T* (*Fig.* 7), pour attacher les harts ; enfin, on attache ensemble les deux éclusées, comme les brelles de bois quarré ; & ces trains se conduisent aussi avec des rames ou des perches.

CHAPITRE

CHAPITRE IV.

Résumé de ce qui a été dit sur le Transport des Bois.

On a vu, par ce que nous venons de dire, que quand les Forêts se trouvent à portée des endroits où les bois doivent être employés, on les y voiture par terre ; c'est sans doute le cas le plus avantageux : mais ce moyen est impraticable quand les Forêts sont éloignées du lieu de la consommation ; & si les chemins sont trop difficiles pour transporter les arbres en entier, on prend le parti de convertir les gros corps en ouvrages de fente, serches de boissellerie, merrain, traversin, lattes, échalas, &c. parce que ces petits ouvrages peuvent être voiturés en détail par des bêtes de somme, ce qui ne seroit pas praticable pour les grosses pieces : on a lieu de regretter les belles & grosses pieces qu'on se trouve forcé de convertir ainsi en menus ouvrages.

Mais quand il se trouve des rivieres flottables ou navigables à portée des Forêts, on peut faire, selon l'occasion, des bouts de chemins pour conduire les grosses pieces au bord de ces rivieres, où on les embarque dans des bateaux dont on proportionne la grandeur à la force des rivieres, ce qui est aussi bon que de les transporter par charrois ; mais le plus souvent, lorsque les rivieres ne portent pas bateau, ou que l'on veut ménager les frais du transport, on en forme des radeaux, ou des trains proportionnés à la force de l'eau & à la largeur des rivieres, comme nous l'avons dit, & on les transporte de cette façon aux endroits où l'on doit les employer : si c'étoit des bois de construction, lorsqu'ils seroient rendus à un port de mer, on les chargeroit sur des flûtes, ou des gabares, qui les rendroient aux ports où l'on construit des vaisseaux.

Il se présente ici deux questions qu'il est à propos de discuter;

l'une confiste à favoir s'il faut laiffer quelque temps les bois dans les ventes après qu'ils ont été équarris ou débités, ou s'il eft préférable de les en tirer fur le champ, & de les voiturer au lieu où l'on doit en faire l'emploi. La feconde queftion, qui eft la plus importante, confifte à favoir lequel eft le plus convenable de voiturer les bois, foit par charrois, foit dans des bateaux, en un mot, à fec; ou bien à flot, comme en trains ou en radeaux, & quel eft le degré d'altération que le flottage occafionne aux bois.

ARTICLE I. *Faut-il tirer les Bois hors des ventes auffi-tôt qu'ils font exploités ?*

SI L'ON fe rappelle ce que nous avons dit dans la feconde Partie, Livre IV, de l'*Exploitation des Bois*, on fera convaincu qu'on ne peut pas tirer trop promptement les bois des Forêts, auffi-tôt qu'ils ont été équarris, ou refendus à la fcie de long, fuivant leurs différentes deftinations ; car en féjournant dans les Forêts, la face qui porte contre terre fe pourrit, celle de deffus fe fend par le hâle, & l'eau qui entre enfuite dans les fentes y occafionne la pourriture. Il arrive encore que dans certaines circonftances, par exemple, dans les années chaudes & humides, les bois font percés par différentes efpeces de vers à fcarabées. En un mot, on eft toujours plus en état de bien conferver les bois dans les chantiers, que dans les Forêts. Cependant comme il faut quelquefois attendre des crûes d'eau pour voiturer les bois par les rivieres, ou un temps fec quand le tranfport doit fe faire par terre, ou qu'enfin il y a telle faifon où les travaux de la terre font manquer de voitures, il faut dans ce cas, faire enforte de raffembler les pieces de bois fur un terrein élevé & fec, les empiler fur des chantiers affez élevés au-deffus du terrein, & de façon que l'air puiffe les traverfer de toute part; enfin faire enforte de couvrir exactement ces tas de pieces avec des croûtes ou doffes qu'on a levé fur les bois de fciage, ou avec de gros copeaux; mais le mieux eft toujours de rendre les bois à leur deftination le plus promptement qu'il fera poffible : nous en avons amplement prouvé la néceffité dans le Traité de l'*Exploitation des Bois*.

ARTICLE II. *Quel est le plus avantageux de voiturer les Bois par charrois ou dans des bateaux ; en un mot, à sec, ou à flot, en Trains ou en Radeaux ?*

CETTE Question tient à une autre très-considérable, que nous discuterons avec tout le soin possible lorsque nous parlerons de la conservation des bois dans les Chantiers ; il s'agira alors d'examiner ce que l'eau douce & l'eau salée peuvent opérer sur les bois. Pour ne point revenir plusieurs fois sur les mêmes objets, je me contenterai de dire ici en général, & comme par anticipation, qu'il seroit avantageux pour les bois de charpente, qu'ils pussent être voiturés au lieu où ils doivent être employés sans avoir été mis dans l'eau ; & que quand, à raison de l'éloignement des Forêts, on est obligé de les conduire à flot, il est à propos de faire ensorte qu'ils n'y séjournent que le moins qu'il est possible, & sur-tout éviter de les remettre dans l'eau à plusieurs reprises. Cet article est des plus intéressants pour les Marchands de bois ; car j'ai vu quantité de pieces qui étoient à moitié usées, & entiérement rebutables, pour avoir resté long-temps, soit dans les Forêts, soit sur les ports, soit aux entre-pôts, où les bois déposés au voisinage de l'eau, sont toujours exposés à des brouillards, à des exhalaisons qui sortent de la terre, en un mot, à une humidité qui produit la pourriture, ou au moins qui les endommage considérablement.

La négligence des Marchands de bois est quelquefois telle, que j'ai vu des pieces qui, à toutes les marées, se trouvoient couvertes d'eau, & alternativement exposées au grand hâle ; assurément rien n'étoit plus propre à les faire pourrir prompte-ment.

Enfin, quand on détruit les trains pour en charger les bois sur des vaisseaux, il faut avoir soin de les laisser se dessécher avant de les enfermer dans la cale, où immanquablement ils s'échaufferoient & s'altéreroient plus ou moins, suivant la lon-gueur du temps de la navigation. C'est ce que j'ai vu arriver bien des fois, & particuliérement à Marseille, où j'étois lorsqu'il arriva de la Lorraine Allemande des pieces de bois de Hêtre pour faire des rames. Ces bois avoient d'abord été flottés dans une riviere, & embarqués ensuite dans un bâtiment avant qu'ils fussent secs. Au déchargement, on sentoit une odeur de pourriture désagréable ; heureusement, comme la traversée n'avoit pas été longue, il ne se trouva, à la plûpart de ces pieces, que la superficie échauffée, sur-tout aux endroits où les pieces se touchoient ; l'altération s'y étendoit jusqu'à deux pouces de profondeur ; l'intérieur se trouva bon, quoiqu'il fût très-chargé d'humidité ; quelques-unes cependant étoient tellement pourries, qu'elles rompoient en les déchargeant.

Au reste, ces propositions générales souffrent des exceptions, & je le ferai voir dans le Chapitre suivant : car il y a tant de ressemblance entre les altérations que les bois souffrent dans le transport, & celles qu'ils éprouvent dans les Chantiers, qu'on ne peut séparer ces deux objets : nous allons donc examiner dans le Livre suivant ce qui arrive aux bois que l'on conserve dans les Chantiers, suivant les méthodes usitées.

EXPLICATION des Planches & des Figures du Livre premier.

PLANCHE PREMIERE.

ELLE est principalement destinée à exposer le transport des bois tant par terre que par eau.

FIGURES *1 & 2.* Des bêtes de charge qui transportent à somme des ouvrages de Raclerie, ou des menus bois, tels que les échalas, les lattes, &c.

Figures 3 & 4, autres qui transportent du charbon dans de grands & de petits sacs.

Figure 5, Fourgon garni de claies par le côté & en dessous pour le transport du charbon.

Figure 6, Voiture à quatre roues, ou chariot en usage dans

plufieurs Provinces pour tirer des ventes le bois & le charbon.
On attelle ces différentes voitures avec des chevaux ou des
bœufs, & quelquefois des mulets.

Figures 7 & 8, Deux Bannes jaugées, une grande & une petite, qui fervent au tranfport du charbon, principalement pour
la fourniture des groffes forges. On voit auprès différents tas de
charbon.

Figure 9, Bateau chargé de charbon qui remonte une riviere
étant tiré par des chevaux.

Figure 10, autre Bateau chargé de charbon qui defcend une
riviere en fuivant le cours de l'eau.

Figure 11, Charrette chargée de bois à brûler, qui n'a de
ridelles que vis-à-vis les roues.

Figure 12, Moule ou membrure dont on fe fert à Paris pour
mefurer le bois par voie.

Figure 13, Train de bois à brûler qui fuit le courant d'une
riviere.

Figure 14, Outil qui fert à remuer les bois & à couper les
harts, pour faire ou défaire les trains.

Figure 15, Charrette chargée de bois long, fuivant l'ufage
de quelques Provinces. On voit que le bout de devant eft foutenu plus haut que le limonier par de forts ranchers.

Figure 16, Charrette fans ridelles en ufage dans d'autres Provinces pour tranfporter des bois longs en les chargeant obliquement fur la voiture.

Figure 17, Voiture nommée *Fardier*, qui fert à Paris pour
tranfporter les gros bois de charpente.

Figure 18, Elle fert à faire comprendre comment on ajufte
les chantignolles fous les limons du Fardier pour changer à volonté la pofition des roues relativement à la longueur du fardier.

P l a n c h e II.

ELLE fert à faire comprendre comment on fait ce qu'on appelle
une *Couloire*; c'eft un chantier formé avec des perches, qui s'incline vers une riviere. Il fert à faire les coupons qu'on met à

l'eau, & qu'on joint les uns avec les autres pour en former des trains.

Figure 1, La couloire vue de face. *A*, la partie élevée de la couloire. *B*, la partie basse qui répond à la riviere.

Figure 2, Coupe de la couloire par la ligne *a b*, pour faire voir sa pente vers la riviere qui est en *b*.

Figure 3, Elle sert à faire voir comment on forme le plan incliné avec des bûches lorsque le terrein est plat.

PLANCHE III.

ELLE est destinée à faire voir comment on forme les branches & les coupons pour les trains de bois à brûler.

Figure 1, Branche vue en perspective. *B B*, le bout des chantiers de dessous ; *A A*, les chantiers de dessus : ces chantiers paroissent en entier dans la Figure 2. Les chantiers de dessus & de dessous sont liés les uns aux autres par des harts ou rouettes qui sont en *D D*, & les bûches sont représentées par *C*.

Figure 2, Coupe de la branche Figure 1 par la ligne *A B* : on voit en *B B*, un chantier de dessous dans toute sa longueur, & en *A A*, un chantier de dessus aussi dans toute sa longueur. *C*, *C*, les bûches vues par le bout ; *D D*, harts ou rouettes qui lient le chantier de dessus avec celui de dessous. *L N O M*, perche courbe qu'on nomme *Bourrache* ; elle sert à donner un point d'appui à la perche avec laquelle on gouverne le train.

Figure 3, Coupe pareille d'une branche de train, pour faire voir comment on assujettit des futailles vuides entre les chantiers de dessus & ceux de dessous pour faire flotter les trains quand les bois sont trop lourds.

Figure 4, Coupon formé de quatre branches liées les unes aux autres par des traversins *I*, *I* ; quand les branches sont ainsi assemblées, & quand un coupon est formé sur la couloire, on le pousse à l'eau, & on joint ensemble à flot plusieurs coupons pour former un train.

Figure 5, Forte rouette ou hart, au bout de laquelle on fait un anneau. Alors on la nomme *Croupiere* à cause de sa forme, ou

Coupiere, parce qu'elle fert à joindre les uns aux autres plufieurs coupons.

Figure 6, Elle fert à faire voir comment on attache les coupons les uns aux autres au moyen des croupieres; elles font attachées aux traverfins *c c*, *d d*, de deux coupons ; on paffe dans les anneaux des croupieres un morceau de bois *e e*, qu'on nomme *Abillot*, & en tournant ce morceau de bois, qui fait l'office de garrot, on roule l'une fur l'autre les deux croupieres, comme on le voit *Figure 7*, & les deux coupons font bien réunis.

PLANCHE IV.

ELLE repréfente deux coupons de quatre branches, garnis de leurs traverfins & de leurs croupieres *Q Q* ; mais nous obferverons qu'on n'a pas, à beaucoup près, donné affez de longueur à la queue des croupieres, leurs anneaux *Q Q*, font trop près des traverfins : en *A A*, eft la jonction de deux coupons, & les abillots font repréfentés en place.

PLANCHE V.

ON Y VOIT comment on défait les trains de bois à brûler, & comment on les empile dans les chantiers.

FIGURE 1, repréfente un ouvrier qui charge les bûches fur le dos des crocheteurs qui les portent au chantier.

Figure 2, Elle eft deftinée à faire voir comment on empile les bois pour former ce qu'on nomme un Théâtre.

Figure 3, eft un homme qui tire à terre les bûches avec un inftrument que nous avons repréfenté *Planche I. Figure 14.*

PLANCHE VI.

ELLE eft deftinée à faire voir comment on réunit les bois quarrés & les bois de fciage pour en faire des trains propres à flotter fur les rivieres.

FIGURE 1, On voit fur cette Figure que pour réunir les pieces de bois quarré avec des harts, les uns font un trou *a a* à l'angle des pieces dans lequel on paſſe une hart : d'autres per-cent un trou au bout de la piece en *b*, y mettent un bout de la hart *c*, qu'ils retiennent par une cheville *b* qui fait l'office d'un coin.

Figure 2, Elle repréſente deux brelles, l'une qu'on voit en entier *H B*, & l'autre feulement en partie *C*; & il faut ſe ſou-venir qu'aux trains de bois quarré on appelle *Brelle* ce qu'on nomme *Coupon* dans les trains de bois à brûler. Les pieces *D E*, *F G*, qui bordent les brelles s'appellent *Gardes*. On voit en *O O O*, comment on arrange les bois de différentes longueurs entre les gardes pour former le train. On met auſſi au milieu de la brelle une belle piece *H I*, au bout de laquelle on met deux fortes chevilles *H* qu'on nomme *Mouſſieres*; elles ſervent à retenir l'aviron avec lequel on gouverne le train : toutes les pieces de bois quarré font retenues par les pouliers ou traverſins *K*, *K*, &c. & on en met deux près l'un de l'autre au bout du train pour y arrêter les croupieres *P*, *P*, qui ſervent à joindre les brelles les unes avec les autres.

Figures 3 & 4, Elles repréſentent un anneau & une crampe de fer qu'on ajuſte au bout des pieces pour y atteller des che-vaux ou des bœufs, lorſqu'on a à les conduire auprès du chan-tier où on fait les trains.

Figure 5, Elle ſert à faire voir encore plus clairement que la Figure premiere, comment on fait les trous aux angles des pieces de bois quarré, & comment les harts qui paſſent dans ces trous font liées ſur les pouliers *M*.

Figure 6, Elle repréſente une écluſée de bois de ſciage ; car pour ces fortes de trains on appelle *Ecluſée* ce que nous avons nommée *Brelle* pour les bois de charpente, & *Coupon* pour les bois à brûler. On retient tous ces bois de ſciage, qui font la largeur de l'écluſée, par des chantiers de deſſus & de deſſous *s*, *t*, & des traverſins *T*, *T*, *T*.

Figure 7, Elle repréſente deux écluſées qu'on réunit l'une à l'autre par les croupieres *V*, *V*, &c. qu'on attache aux traverſins *T*, *T*.

LIVRE

Transport des Bois. Pl. I. Pag. 48.
Fig. 10
Fig. 9
Fig. 8
Fig. 6
Fig. 5
Fig. 7
Fig. 11
Fig. 12
Fig. 13
Fig. 17
Fig. 14
L K I
E
C

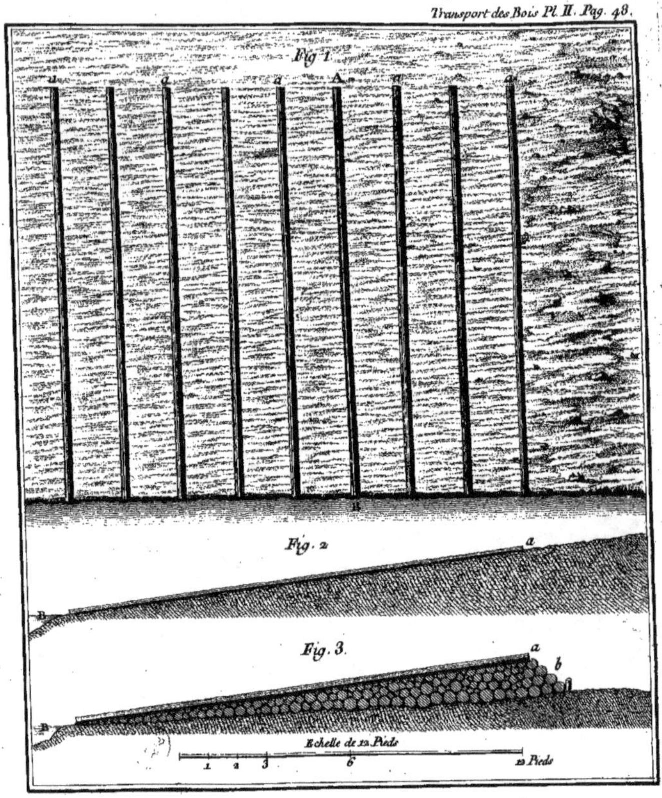

Fig 1.
Fig. 2.
Fig. 3.
Echelle de 12 Pieds
1 2 3   6   12 Pieds

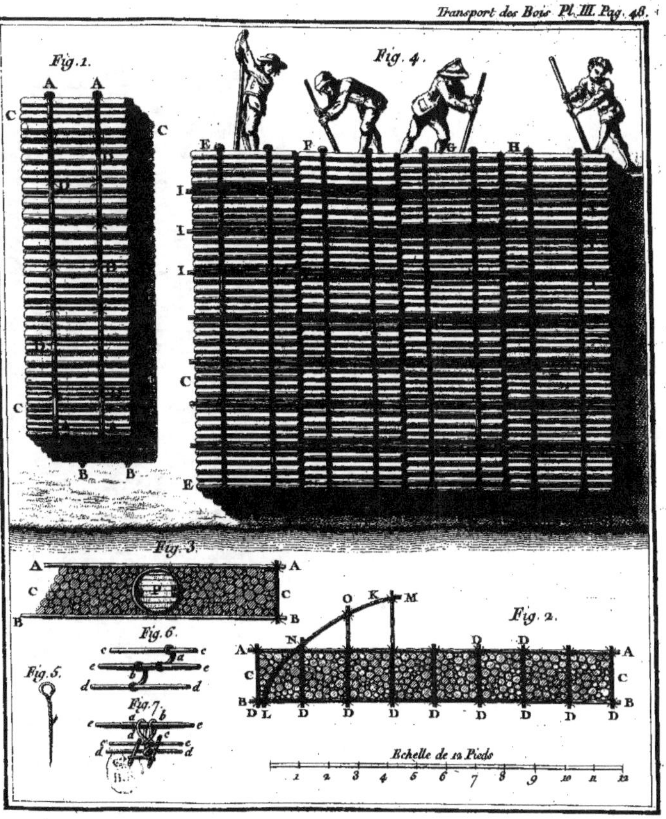

Fig. 1.

Fig. 4.

Fig. 3.

Fig. 6.

Fig. 5.

Fig. 7.

Fig. 2.

Echelle de 12 Pieds

A
A
Echelle de 12 Pieds.
B.B
1 2 3 4 5 6
12 Pieds

Fig. 2.
c
b
b
Fig. 3.
Fig. 1.

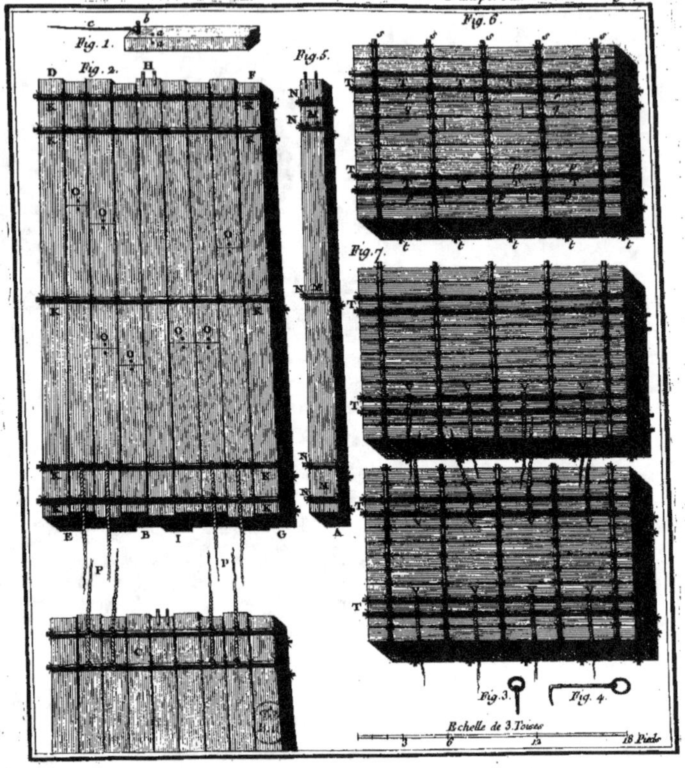

Transport des Bois Pl.VI.Pag.48.
Fig.1.
Fig.2.
Fig.5.
Fig.6.
Fig.7.
Fig.3.
Fig.4.
Echelle de 3 Toises
18 Pieds

LIVRE SECOND.

Des Bois considérés dans les Magasins ou dans les Chantiers.

Nous supposons les Bois tirés des Forêts & rendus à leur destination; dès-lors il se présente plusieurs Questions à résoudre: savoir, quels sont les effets de la seve relativement à la durée des bois? si l'on doit les mettre promptement en œuvre, ou s'il faut auparavant leur laisser perdre, soit leur seve, soit l'humidité qu'ils auront contractée dans le transport lorsqu'ils ont été flottés: ensuite il faudra examiner comment il convient de les disposer dans les Chantiers jusqu'au temps où l'on aura à les employer pour qu'ils ne s'alterent que le moins qu'il sera possible. Voilà en général les objets qui doivent nous occuper dans ce Livre; mais ils nous engageront à discuter bien des Questions subsidiaires, dont l'éclaircissement est important pour la solution du problême physique que nous avons à résoudre.

CHAPITRE PREMIER.

Des effets de la Seve relativement à la durée des Bois.

Ceux qui emploient les Bois à différentes especes d'ouvrages, quelque habiles qu'ils soient dans leur métier, sont la plupart dépourvus des connoissances nécessaires pour en bien traiter; & quand ils parlent de cet objet, on reconnoît toujours ou le langage de la prévention, ou l'abus de certaines traditions remplies d'erreurs. Chaque pays, chaque attelier a

G

fes principes particuliers ; on y cite de prétendues expériences qui fe contredifent, & fur lefquelles ceux qui prétendent les avoir faites, ne peuvent fe concilier, parce que la durée ou le dé-périffement des bois ayant des caufes compliquées, on ne man-que jamais de recourir à celles qui conviennent mieux au fyftê-me favori. On s'habitue à parler de la feve, comme de beau-coup d'autres chofes, fans les entendre : les uns prétendent que la feve eft la caufe de la pourriture des bois, les autres penfent qu'elle contribue à leur confervation : les uns veulent qu'on la laiffe fubfifter en partie, les autres l'excluent abfolument : les uns prétendent qu'il faut la délayer avec de l'eau douce, d'au-tres penfent qu'on doit, autant qu'il eft poffible, préférer l'eau falée à l'eau douce ; d'autres, qu'il eft mieux de deffécher les bois à l'air, parce que la feve s'échappe naturellement, &c. Au-cun de ces avis n'eft fondé fur des raifonnements folides, ni fur des expériences exactes & fuivies, qui puiffent tendre à éclair-cir de quelle nature eft la feve, en quoi elle confifte, & pour-quoi on lui attribue tel ou tel effet.

Quant à moi, je regarde la feve comme une fubftance com-pofée de parties réfineufes, muqueufes, mucilagineufes ou gommeufes, étendues dans beaucoup de phlegme. (Voyez la premiere Partie de l'*Exploitation des Bois* & la *Phyfique des Arbres*). Si ce phlegme eft abondant, la feve tend à la fermen-tation & enfuite à la putréfaction ; mais fi l'humidité a été en grande partie diffipée, les fubftances moins volatiles s'épaif-fiffent, & deviennent un baume confervateur, qui empêche les fibres ligneufes de fe corrompre, ou une efpece de colle qui les fortifie & les unit les unes aux autres. Je ne m'étendrai point fur les parties intégrantes de la feve, & ne m'arrêterai point à fixer exactement jufqu'à quel point elles peuvent influer fur la durée ou la deftruction du bois, parce que j'ai donné dans la premiere Partie de l'*Exploitation des Bois*, Chap. I, des détails que je crois fuffifants fur cette matiere. Mais je dois faire re-marquer, qu'en parlant ici des propriétés de la feve, je fuppofe qu'elle eft bien conditionnée ; car fûrement il y en a telle qui a bien plus de difpofition à fe corrompre que d'autres ; pendant que certaines seves sont si remplies de phlegme qu'elles se dissipent presqu'entiérement, & qu'il ne reste ensuite dans le bois que des fibres arides & très-fragiles. Après ce que j'ai dit ailleurs de la nature de la seve, je crois devoir me borner présentement aux idées générales que je viens de présenter, afin de discuter plusieurs Questions particulieres, qui ont un rapport très-direct à l'objet que je me propose de traiter dans ce Chapitre.

ARTICLE I. *Doit-on employer les Bois lorsqu'ils sont encore remplis de seve, ou pénétrés de l'eau dans laquelle on les aura flottés? ou est-il plus avantageux de ne les employer que quand ils sont secs?*

O N A V U dans la seconde Partie de l'*Exploitation des Bois & des Forêts, page 465 & suiv.* que les bois se tourmentent & se fendent en se desséchant; d'où l'on peut conclure que pour les ouvrages qui demandent de la précision, il faut que les bois soient très-secs avant de les mettre en œuvre ; sans cette précaution, les assemblages de Menuiserie se tourmenteroient, ils se déjetteroient; & comme ils se retirent beaucoup, les joints ne manqueroient pas de s'ouvrir : ainsi tout l'ouvrage seroit bientôt en désordre.

Ces accidents ne sont pas tant à craindre pour les gros ouvrages de Charpenterie où l'on emploie de grosses pieces de bois : ils ne courent pas autant de risque de se déjetter, ou s'ils se déjettent, l'effet en est communément moins dangereux ; mais il en résulte d'autres inconvéniens, lorsque ces bois sont renfermés dans du plâtre, ou même qu'ils sont revêtus de Menuiserie, comme cela se pratique communément quand on fait des pans de bois, des cloisons, des plafonds, &c. A l'égard des membres des vaisseaux & des galeres, comme ils sont renfermés entre les bordages & les vaigres, l'humidité de ces bois, lorsqu'ils sont verds, ne peut se dissiper; cette humidité se concentre entre les différentes pieces de bois; elle s'y corrompt,

& les fait pourrir. Voici une Expérience qui prouve ce que j'avance.

EXPÉRIENCE *relative à cet objet.*

UNE POUTRE faine, tant qu'elle refte dans fon entier & qu'elle eft placée dans un lieu fec, fe defféche fans fe pourrir : on en voit dans les Charpentes des Eglifes, dans des Monafteres & dans de vieux Châteaux, qui font encore très-faines, quoiqu'elles foient en place depuis deux ou trois cents ans. Je dis des poutres faines ; car fi ces pieces euffent été de bois en retour, elles auroient pourri par le centre. J'ai fait refendre & débiter en planches une forte poutre nouvellement abattue, & une autre qui étoit feche : j'ai fait remettre les unes fur les autres les planches qui avoient été tirées à la fcie de chacune de ces poutres; & afin que ces planches fe joigniffent plus exactement, je les avois fait fortement ferrer les unes contre les autres, avec des moifes de bois & des coins (*Planche VII. Fig.* 1) : l'une & l'autre poutre fut dépofée dans un lieu fec. Les planches de la poutre feche fe font confervées en bon état ; mais celles qui avoient été tirées de la poutre nouvellement abattue, & qui étoit encore remplie de feve, s'échaufferent aux endroits où les planches fe touchoient.

La feve qui, dans les poutres entieres, fe feroit échappée par les pores, fortoit de chacune des planches, & s'amaffoit entre elles où elle prenoit une mauvaife odeur ; elle fe corrompoit, & le bois s'altéroit ; quelquefois même il fe formoit des efpeces d'agaric entre les planches.

Cette expérience peut faire comprendre ce qui doit arriver aux bois qui font renfermés & recouverts par des lambris de Menuiferie, ou revêtus de plâtre : la feve qui s'évapore fe trouvant arrêtée, fe corrompt, & porte la pourriture dans les parties voifines.

Cet inconvénient eft peu à craindre pour les charpentes; comme les pieces qu'on y emploie font ifolées & frappées de tous les côtés par l'air, la feve a la liberté de fe diffiper ; & tout ce qu'on pourroit craindre, c'eft que les tenons ne s'échauffassent dans les mortaises, ou l'extrémité des poutres vers leurs portées.

A l'égard des tenons, il ne doit pas en résulter de grands accidents, parce que, comme je le ferai voir dans la suite, la seve, dans le bois qui se desseche, se dissipe en vapeurs légeres qui s'élevent dans la piece en suivant les pores du bois. Mais on éprouve souvent que les poutres se pourrissent, plutôt qu'ailleurs, à la partie qui est renfermée dans les murs qui forment un obstacle à la dissipation de la seve.

Un autre inconvénient qui arrive aux poutres qu'on emploie quand le bois est encore verd, c'est qu'elles plient sous la charge, & qu'elles deviennent courbes ; ce qui les affoiblit à cause de la tension inégale des fibres de la piece.

Il est évident que les membres des vaisseaux sont fort exposés à la pourriture, non-seulement parce qu'ils sont renfermés entre le bordage & les vaigres, mais encore parce qu'ils sont continuellement dans un atmosphere chaud & humide, qui est très-propre à occasionner la pourriture.

Il n'est donc pas douteux qu'il faut, autant qu'il est possible, n'employer que des bois bien secs, soit pour les ouvrages de Menuiserie, si l'on veut éviter qu'ils ne se déjettent, soit lorsqu'il s'agit de charpente, afin qu'ils conservent de la solidité dans leur assemblage, principalement lorsque les pieces ne doivent point être apparentes ; & aussi relativement à la construction des vaisseaux, pour éviter que la seve des bois ne s'amasse & ne séjourne entre les membres.

On a bien senti qu'il seroit avantageux de procurer une issue à l'humidité qui s'échappe des bois, ou, ce qui est la même chose, de leur donner de l'air ; pour cet effet, on a observé de faire un trou au bout des baux des vaisseaux & des poutres des bâtiments ; on a fait des rainures sur la face des membres des vaisseaux aux endroits où ils se touchoient ; on a mis des taquets entre les membres pour les empêcher de se toucher les uns les autres ; mais toutes ces tentatives ont été à-peu-près inutiles : car, en premier lieu, que peut opérer un trou de tariere en comparaison de la grosseur d'un bau ou d'une poutre ? une rai-

nure d'un demi-pouce de largeur par comparaifon à la folidité
des membres des vaiffeaux ? Les taquets paroîtroient plus éffica-
ces ; mais ce qui rend prefque tous ces moyens infuffifants, c'eft
qu'il n'y a dans tout cela aucune caufe phyfique qui puiffe occafionner le renouvellement de l'air qui, demeurant ftagnant, ne
peut, pour cette raifon, diffiper l'humidité qui s'arrête entre
ces bois, & qui y occafionne la pourriture qu'on voudroit
éviter. J'ai vu dans des radoubs, que les trous de tariere qu'on
avoit faits aux bouts des baux pour faciliter la diffipation de
l'humidité, étoient, ainfi que les rainures & les fentes naturelles
du bois, remplis de champignons.

Il feroit beaucoup plus convenable pour les bâtiments civils, de renoncer aux plafonds, & pour les vaiffeaux de ne pas
vaigrer en plein, de ménager de petits fabords au-deffous du
premier pont, d'ouvrir les écoutilles & les fabords quand il
fait un beau temps, & enfin d'opérer le renouvellement de l'air
de la cale par les manches que l'on peut employer comme nous
l'avons dit dans notre *Traité fur la confervation de la fanté des
Equipages en mer.* On a propofé de faire du feu dans la cale,
fur le left : je crois que ce moyen feroit bon & très-propre à
renouveller l'air dans un vaiffeau ; mais il eft trop dangereux
en ce qu'il pourroit occafionner un incendie. Indépendamment
de toutes ces précautions, il eft toujours plus fûr de n'employer
que des bois fecs ; fur quoi il refte à examiner fi les bois trop
defféchés font bons à être employés ; s'il n'y a pas un état moyen
qu'il faille préférer ; & en ce cas, quel eft cet état moyen : c'eft
ce que nous allons difcuter dans l'Article fuivant.

ARTICLE II. *S'il y auroit de l'inconvénient à employer des Bois trop defféchés ; & à quel point
de defféchement il convient de les employer.*

JE PENSE que les bois pourroient parvenir à un tel degré
de defficcation qu'ils feroient altérés autant qu'ils peuvent l'être
par un furcroît d'humidité ; car je vois que tous les corps folides

perdent cette propriété quand ils font privés de toute humidité. Pour rendre ma penfée plus fenfible, je prends pour exemple le mortier que l'on emploie dans les bâtiments : un bon mortier, fait avec de la chaux & du ciment, eft mol, & n'a aucune confiftance ; en fe defféchant peu à peu, il acquiert une folidité comparable à celle de la pierre. J'ai fait de pareil mortier avec du fable bien defféché dans une étuve, & de la chaux qui, fortant du fourneau, étoit fort feche ; j'ai ajouté à ces matieres arides, dont je connoiffois le poids, une quantité d'eau que j'avois auffi pefée : une grande partie de cette eau fe diffipa d'elle-même, & à proportion qu'elle s'évaporoit, le mortier devenoit très-dur : un an après que le mortier fut fait, l'ayant tenu expofé au foleil, à l'abri de la pluie, je le trouvai fort dur : je le pefai, & je reconnus que fon poids excédoit celui de la chaux & du fable que j'y avois employés : il contenoit donc encore de l'eau ? je le mis enfuite dans une étuve échauffée à 50 & 60 degrés du thermometre de M. de Réaumur, fans pouvoir le ramener au poids des matieres dont il étoit compofé ; enfin, après l'avoir expofé fucceffivement à différents degrés de chaleur, je fus obligé de lui faire fubir un feu de calcination pour n'avoir plus que le poids des matieres folides qui formoient ce mortier ; mais alors il n'avoit plus de confiftance, & il fe brifoit aifément ; d'où j'ai conclu que la folidité de ce mortier dépendoit de la petite portion d'eau qu'il avoit retenue.

Il en eft de même du plâtre ; lorfqu'on le tire de la carriere, il n'a que la dureté d'une pierre tendre ; après avoir été calciné, il a perdu fa dureté ; mais il la reprend quand on lui rend de l'eau, & il la perd fi on le fait paffer par une nouvelle calcination, qui fait évaporer totalement l'eau qui avoit été employée pour le gâcher. Les pierres dures, le marbre même, perdent leur dureté quand on en fait de la chaux ; & elles la recouvrent, au moins en partie, lorfqu'on leur reftitue l'eau qu'on leur avoit enlevée par la calcination. Les morceaux de bois que l'on fait bouillir dans l'huile fe defféchent beaucoup, ils perdent confidérablement de leur poids ; alors ils ne fe déjettent, ni ne fe tourmentent plus ; ils ont perdu le fil de leur bois, & peuvent être coupés auffi aifément en travers qu'en fuivant la direction des fibres ; mais auffi ils ont beaucoup perdu de leur force. Tous ces faits prouvent affez bien que, fi la trop grande quantité d'humidité rend les corps tendres, il en faut néanmoins une petite quantité pour qu'ils foient durs ; d'où je conclus que les bois trop fecs ne peuvent être d'un bon fervice. En effet, on voit que les bois extrêmement vieux ont perdu de leur dureté, qu'ils fe rompent aifément, & qu'ils pourriffent promptement quand on les expofe à l'humidité. Une vieille poutre débitée en planches fera une très-bonne menuiferie ; mais fi l'on emploie ce bois à quelque ouvrage qui refte expofé aux injures de l'air, ou qui foit dans un endroit chaud & humide, il pourrira promptement. Si l'on charge une pareille piece, elle rompra fous un poids médiocre. Ceux qui font dans l'ufage d'employer des bois, conviendront de tous ces faits.

Il eft vrai qu'on a peu à craindre que les bois de bonne qualité foient trop fecs ; car il faut bien des années pour qu'ils le deviennent affez. J'ai fait lever à la fcie dans une poutre abattue depuis quinze ans, & qui étoit reftée comme abandonnée à l'air libre, un foliveau de 3 pieds de longueur fur 8 & 10 pouces d'équarriffage. Cette piece de bois, étant feche, n'auroit dû pefer que cent livres & quelque chofe de plus, à en juger par d'autres bois de même qualité : cependant elle fe trouva pefer 134 livres ; & en moins d'un an, elle ne pefa plus que 104 liv. J'ai vu des planches, qui étoient reftées à couvert dans des Magafins depuis une trentaine d'années, qui, malgré cela, fe gauchiffoient quand on les blanchiffoit à la varlope feulement fur une face ; ce qui ne pouvoit venir que de ce qu'elles n'avoient pas encore perdu toute leur humidité du côté où elles avoient été travaillées. On verra par des expériences que je rapporterai dans la fuite, qu'un barreau pris dans le centre d'une groffe piece de démolition, a beaucoup perdu de fon poids après avoir été confervé dans un Magafin fec.

Je ne crois pas, au refte, qu'il foit poffible de fixer au jufte le temps où les bois font devenus affez fecs pour pouvoir être employés utilement à de gros ouvrages ; non-feulement parce que

que les bois se dessechent plus promptement dans les Provinces où le soleil a beaucoup d'action, que dans celles qui sont plus froides ; parce que le desséchement des bois de même qualité, & déposés dans un même lieu, se fait en raison de leur superficie ; mais encore parce que certains bois se dessechent bien plus promptement que d'autres : car il faut beaucoup moins de temps pour dessécher les bois gras qui viennent des vieux arbres en retour, que les bois forts qui viennent d'arbres qui étoient encore dans l'âge de profiter. Cependant, pour ne pas laisser cette question indécise, j'estime que, pour les charpentes, il faut éviter d'employer les bois avant qu'ils aient essuyé deux printemps depuis leur abattage. Mais ce temps ne suffit pas, à beaucoup près, pour ceux qu'on destine à faire de belles menuiseries : ceux-ci ne peuvent jamais être de trop ancienne coupe.

Les besoins pressants empêchent souvent qu'on ne mette entre l'abattage & l'emploi des bois, un temps suffisant pour qu'ils soient devenus assez secs pour être employés : car lorsqu'on entreprend une bâtisse considérable, on est obligé d'abattre une grande partie des bois dont on a besoin, parce qu'ordinairement on n'en trouve pas assez d'anciennement abattus qu'on ait conservés en chantier : il est plus ordinaire de conserver dans les Magasins des bois pour la menuiserie ; cependant il est rare qu'on en soit suffisamment pourvu pour faire des ouvrages solides : enfin les constructions seroient interrompues dans les ports si l'on n'employoit pas, au moins pour certaines pieces rares, des bois de fraîche coupe. Ces raisons ont engagé à chercher les moyens de précipiter le desséchement des bois : ces moyens consistent, ou à exposer les bois à la plus grande ardeur du soleil, ou à les mettre quelque temps flotter dans l'eau pour parvenir à délayer la seve tenace qu'ils contiennent, & qui se dissipe difficilement ; enfin, on a tenté de les dessécher artificiellement par le secours du feu. Je me propose d'examiner séparément ce qu'on peut espérer de ces différentes méthodes ; mais auparavant j'ai cru devoir examiner ce qui arriveroit si l'on formoit quelqu'obstacle à l'évaporation de la seve, en couvrant les bois avec des résines.

H

Article III. *Eſt-il avantageux à la conſervation des Bois de les enduire de peinture à l'huile, ou de goudron, ou de bray, ou de quelqu'autre ſubſtance impénétrable à l'eau ?*

Les enduits dont on peut couvrir les bois, peuvent produire deux effets très-différents : ils peuvent empêcher qu'ils ne ſoient pénétrés par la pluie, ou que l'humidité qui ſeroit dans le bois ne s'en échappe. Examinons ce qui doit réſulter de ces deux propriétés des enduits.

La ſuperficie des bois qui ſont expoſés à la pluie en eſt pénétrée : cette humidité altere peu à peu les bois qu'on voit tomber en pourriture plutôt ou plus tard, ſuivant leur bonne ou leur mauvaiſe qualité. On eſt parvenu à parer en partie à cet inconvénient, en couvrant la ſuperficie des bois avec des enduits impénétrables à l'eau.

Dans l'Inde, on les couvre avec une eſpece de peinture qu'on fait avec de la chaux & une huile qu'on rend plus ſiccative en la faiſant bouillir avec de la litharge. On peut, pour économiſer les matieres, y mêler un peu de ciment très-fin : cet enduit eſt très-bon même en Europe. On a coutume de peindre à l'huile les bois qui ſont expoſés aux injures de l'air : c'eſt quelquefois avec de l'ochre rouge, d'autres fois avec de l'ochre jaune ou avec du blanc de céruſe, ou d'autres ſubſtances, ſuivant la couleur qu'on deſire. Pour rendre ces enduits de plus longue durée, quand on a mis deux couches de peinture, avant que la ſeconde ſoit ſeche, on ſaupoudre deſſus quelque ſable fin, ou du machefer, ou de la limaille de fer ; & ayant ſecoué tout ce qui ne s'eſt pas attaché à la peinture, on donne une troiſieme & derniere couche.

Dans les ports, on couvre les bois avec du goudron, ou avec du bray, ou avec de la réſine fondue dans de l'huile, ou avec un mélange de ſoufre, d'huile, ou de graiſſe & de goudron : toutes ces choſes, & quantité d'autres qu'on pourroit employer, font excellentes pour empêcher que les bois ne foient pénétrés par la pluie, & endommagés par les injures de l'air. On en a des expériences trop fouvent répétées pour qu'on puiffe en douter ; il eft donc certain que ces enduits font tous propres à empêcher que l'eau des pluies ne pénetre & n'endommage les bois qui y font expofés. Mais on a voulu étendre l'ufage de ces enduits ; par exemple, dans la conftruction des Galeres, on a couvert tous les membres de bray à mefure qu'ils étoient travaillés : on pouvoit bien, par cette précaution, prévenir un peu qu'ils ne fe fendiffent ; mais l'intention principale étoit d'empêcher que l'humidité d'une piece ne fe portât fur une autre, & on ne faifoit pas attention que cet enduit de bray, dont on couvroit indiftinctement tous les membres auffi-tôt qu'ils étoient travaillés, pouvoit, dans certains cas, accélérer leur pourriture. En effet, comme dans les grands chantiers de conftruction, on met prefque toujours & indiftinctement en œuvre des bois plus ou moins fecs, il doit arriver que le bray forme un obftacle à la diffipation de l'humidité contenue dans les bois, foit qu'elle dépende de la feve, ou de l'eau douce ou falée dans laquelle on les aura mis flotter. Cette humidité qui ne peut s'échapper, doit exciter une fermentation & occafionner la pourriture, principalement aux pieces qu'on met dans la cale des Vaiffeaux, dans le paillot des Galeres, ou dans d'autres endroits chauds & humides : il fuit delà que les enduits qui font très-propres à préferver les bois fecs des injures de l'air, peuvent précipiter leur altération, lorfqu'on en couvre des bois chargés d'humidité. Et cet effet feroit plus fenfible, fi les fubftances réfineufes s'appliquoient auffi exactement fur les corps humides que fur ceux qui font fecs, parce qu'elles feroient plus d'obftacle à la diffipation des vapeurs humides. Quoi qu'il en foit, voici une Expérience que j'ai faite pour effayer de connoître immédiatement ce qui réfulteroit d'un enduit de bray, appliqué fur des bois fecs & fur des bois humides.

EXPÉRIENCE.

J'ai pris de bons bois dans trois états différents : une piece

H ij

étoit fort seche, une autre étoit nouvellement abattue, & une troisieme étoit pénétrée d'eau de mer.

J'ai fait refendre à la scie chacune de ces pieces, & tous ces morceaux ont été réduits à des poids égaux, de sorte que j'avois de chaque piece deux morceaux qui pouvoient être exactement comparés l'un à l'autre. Je fis ensuite couvrir de bray, le plus exactement qu'il me fut possible, trois moitiés de chacune de ces pieces, & les trois autres resterent sans en être enduites.

Je fis mettre ces six morceaux dans la terre pour y rester jusqu'à ce qu'ils fussent pourris : les bois secs se sont conservés plus sains que ceux qui étoient ou verds, ou chargés de l'eau de la mer ; & le morceau de bois sec, couvert de bray, étoit moins attaqué de la pourriture que celui qui n'en étoit point enduit : au contraire les bois chargés d'humidité, & couverts de bray, ont pourri plus promptement que tous les autres.

Tout cela est d'accord avec les observations répétées une infinité de fois, qui prouvent que les bois secs sur lesquels on applique un enduit qui n'est point perméable à l'humidité, résistent plus long-temps aux injures de l'air que ceux qui sont, sans aucun enduit, exposés au soleil & à la pluie. Mais aussi on trouvera dans la suite, lorsque nous parlerons de l'imbibition, des expériences qui prouvent que le bray n'empêche pas que les bois qu'on tient sous l'eau n'en soient pénétrés à la longue. Or les bois qu'on met dans une terre médiocrement humide, sont peut-être dans une situation plus propre à être pénétrés d'humidité, que ceux qui sont entiérement submergés. L'eau, à la vérité, doit entrer en moindre quantité dans leurs pores ; mais par cette raison-là même, elle doit y occasionner plus promptement la pourriture, parce qu'un peu d'humidité excite la fermentation, & beaucoup d'humidité y forme un obstacle ; ce qui fait que les bois qui sont toujours sous l'eau ne pourrissent jamais.

J'avoue que dans l'exécution de mon Expérience, j'ai négligé une circonstance qui auroit pu devenir intéressante. J'aurois dû faire peser ces pieces de bois en différens temps, pour connoître, au moins à peu près, quel étoit l'obstacle que le bray formoit à l'introduction de l'humidité de la terre ; mais quand on eſt occupé de quantité d'expériences, il eſt impoſſible qu'il n'échappe quelques circonſtances qui auroient jetté du jour ſur les points qu'on ſe propoſoit d'éclaircir.

Avant que d'entamer le fond de la queſtion, je crois devoir rapporter des Obſervations que je penſe ne pouvoir être conteſtées par ceux qui ont quelque connoiſſance des bois ; & on peut les regarder, au moins pour la plûpart, comme des conſéquences des expériences que je viens de rapporter, & de pluſieurs qui ſont dans le Traité de l'*Exploitation des Bois.*

ARTICLE IV. *Diverſes Obſervations ſur la durée des Bois, ou conſéquences qu'on peut tirer des Expériences que nous avons rapportées, ſoit dans le* Traité *de* l'Exploitation, *ſoit dans cet Ouvrage.*

1°, QUAND on forme quelque obſtacle à l'évaporation de la ſeve, le bois tiré d'une Forêt, & qui ſe trouve encore rempli de ſeve, doit avoir peu de durée, & ſe pourrir plus promptement que celui qu'on a laiſſé ſe deſſécher avant que de l'enduire de quelque ſubſtance que ce ſoit qui puiſſe faire obſtacle à l'évaporation de la partie flegmatique de la ſeve : j'ai rapporté ci-devant des Expériences qui le prouvent.

2°, Les pieces de bois verd qu'on charge d'un poids conſidérable, ſe courbent ſous cette charge, & prennent la forme d'un arc, ce qui diminue leur force, parce qu'il ſe trouve alors une tenſion inégale dans les fibres, & que celles qui ſont à l'extérieur de la courbe étant déjà fort tendues, ſe trouvent, par cette courbure, dans un état de dilatation qui doit les affoiblir.

3°, Quand pluſieurs pieces de bois verd ſont ſi près l'une de l'autre qu'elles ſe touchent, elles pourriſſent plus promptement que quand elles ſont renfermées entre des pierres, des briques, &c ; parce que la ſeve des pieces voiſines forme une plus grande ſomme d'humidité, & que cette humidité ſe raſſemble entre les pieces, & augmente la cauſe prochaine de la pourriture.

4°, Les bois extrêmement vieux & fecs fubfiftent fort long-temps, quand on ne les furcharge pas, & quand on les tient à couvert & au fec comme de la menuiferie qui s'emploie dans l'intérieur des maifons; mais ces bois fe détruifent prompte-ment quand ils fe trouvent expofés à un air humide, telles font les portes des éclufes, les fonds des vaiffeaux, &c.

5°, La pourriture fait d'autant plus de progrès, que les corps qui en font fufceptibles font placés dans un lieu chaud & hu-mide; parce que cette pofition eft la plus favorable à la fermen-tation, & par conféquent à la putréfaction.

6°, Les bois tenus au fec & très-expofés au grand air, comme font les charpentes des maifons, font dans une pofition très-favorable pour leur confervation, lorfqu'on a foin d'entretenir les couvertures.

7°, Les bois, au contraire, qui font toujours dans l'eau, ou renfermés dans de la glaife ou du fable humide, ne pourriffent jamais, de quelque qualité qu'ils foient. J'ai vu les pilotis d'un pont qui avoient refté fous l'eau depuis un temps immémorial, & qui étoient encore fort fains: ils paroiffoient très-durs, même étant devenus fecs; mais quand on les travailloit, foit au rabot, foit à la varlope, les copeaux qui en fortoient fe réduifoient en petits fragments.

Rien ne prouve mieux que les bois, même ceux qui font ten-dres, fe confervent pendant un temps très-confidérable dans l'eau ou dans la terre humide, qu'une obfervation que le hazard m'a fournie. En faifant une fouille, on trouva un pilotis de fa-pin qui avoit fervi pour les fondations d'une Eglife tombée de vétufté, & démolie depuis 80 ans : ce pilotis avoit plufieurs fiecles : l'extérieur du bois étoit détruit inégalement, fuivant que les veines s'étoient trouvées plus ou moins tendres; mais l'intérieur étoit parfaitement fain; il avoit la couleur & l'odeur de réfine, comme les pieces que l'on emploie pour les mâtures. La circonftance de cette odeur de réfine qui s'étoit confervée dans un bois auffi vieux, m'a paru une chofe très-finguliere.

8°, Il n'en eft pas de même des bois qui font expofés tantôt au fec, & tantôt à l'humidité : les fibres ligneufes qui ont été

tendues par l'eau, font enfuite refferrées par le fec ; ce mouvement alternatif & continuel les fatigue, & les détruit ; l'eau
emporte avec elle, toutes les fois qu'elle s'évapore, quelques-unes
des parties les moins fixes du bois.

9°, Les bois qui reftent fubmergés, fe réduifent peu à peu à
rien, lorfqu'ils font expofés au cours de l'eau : ce fluide les ufe
imperceptiblement, comme feroit le frottement des corps
folides, quoique plus lentement ; & fouvent même dans l'eau
dormante, la fuperficie en eft détruite par les infectes : il ne
s'agit pas ici des vers à tuyau qui détruifent les digues de Hollande, auffi bien que nos vaiffeaux : j'en parlerai ailleurs ; il
n'eft queftion, pour le préfent, que de certains petits infectes
qui ne pénetrent pas bien avant dans le bois, mais qui en endommagent tellement la fuperficie, qu'il en faut quelquefois
retrancher l'épaiffeur d'un pouce ou deux lorfqu'on veut le
travailler.

10°, Il eft très-important de remarquer que les bois d'excellente qualité fubfiftent fort long-temps dans les pofitions les plus
défavorables à leur durée : j'ai vu des portes d'éclufes qui étoient
encore fort bonnes, quoiqu'elles fuffent très-anciennement
conftruites. Il n'eft pas douteux que les membres des vaiffeaux
doivent pourrir promptement ; 1°, parce qu'ils font renfermés
entre le bordage & le vaigrage ; 2°, parce qu'en bien des endroits les pieces de bois fe touchent ; 3°, parce que ces membres font toujours dans un lieu chaud & humide : cependant j'ai
vifité des vaiffeaux conftruits avec d'excellent bois de Provence, dont les membres étoient encore très-fains, quoiqu'ils
euffent 50 ans de conftruction : on a vu des vaiffeaux mal entre-
tenus, & dans lefquels l'eau de la pluie perçoit jufqu'à la cale,
qui ont cependant fubfifté très-long-temps fans pourrir, ce qui
ne peut dépendre que de l'excellente qualité de leur bois ; & fi
on ne peut pas fixer à 10 ans la durée de la plûpart des vaiffeaux
que l'on conftruit maintenant, on ne doit pas l'attribuer à la
négligence des Officiers qui veillent aux conftructions ou à l'en-
tretien de ces bâtimens ; mais à la mauvaife qualité des gros bois
qu'on eft forcé d'employer aujourd'hui, comme je l'ai prouvé

dans mon Traité de l'*Exploitation des Bois* ; & c'eſt un inconvénient auquel on n'a pas encore pu trouver de remede.

11°, Le bois pourri endommage celui qui ſe trouve dans ſon
voiſinage ; comme c'eſt une eſpece de levain qui excite la fermentation, il faut y remédier en retranchant ce mauvais bois
le plutôt qu'il eſt poſſible.

Je vais parler maintenant des moyens que nous avons employés pour acquérir des connoiſſances ſur l'évaporation de la
ſeve.

CHAPITRE II.

Des Moyens que nous avons employés pour acquérir le plus de connoiſſances qu'il nous ſeroit poſſible ſur l'évaporation de la ſeve & le deſſéchement des Bois.

Avant que d'entamer la diſcuſſion de l'objet qui eſt énoncé au
titre de ce Chapitre ; comme nous aurons ſouvent occaſion de
parler de bois verds & de bois ſecs, de bois durs & de bois
tendres, il m'a paru utile de faire connoître, au moins à peu
près, le poids des bois de différentes qualités & de diverſes
eſpeces, les uns verds & nouvellement abattus, les autres ſecs
& de vieille coupe. Je donnerai enſuite des notions ſur l'évaporation de la ſeve : ce ſont des connoiſſances préliminaires
qui nous mettront en état de traiter des Queſtions plus importantes.

ARTICLE

ARTICLE I. *Du poids du Bois de Chêne de différentes qualités, & de plusieurs autres especes de Bois, les uns nouvellement abattus, & les autres d'ancienne coupe.*

MALGRÉ tous les soins que nous nous sommes donnés pour arriver à la plus grande exactitude, nous ne pouvons donner ici que des à peu près, parce qu'il s'est présenté bien des difficultés que nous n'avons pu surmonter. J'ai pris les bois les plus verds qu'il m'a été possible ; mais comme ils n'étoient arrivés dans les ports que plusieurs mois après qu'ils avoient été abattus, j'ignore ce qu'ils avoient perdu de leur seve. Quand il étoit question de bois secs, je ne pouvois encore connoître quel étoit leur point de desséchement : & dans ce cas j'étois obligé de choisir ceux de la plus ancienne coupe. Enfin, comme il ne m'étoit pas possible de me transporter dans toutes les Provinces, il falloit que je m'en rapportasse à l'exactitude de ceux à qui je m'étois adressé.

1°. Il y a certains bois de Chêne qui, lorsqu'ils sont verds, tombent au fond de l'eau de la mer : de ce genre sont beaucoup de Chênes de Provence ; & comme le pied cube d'eau de mer pese un peu plus de 72 livres, il s'ensuit que le poids d'un pied cube de ces bois excede cette somme.

2°. Le bois qu'on prend dans le pied d'un arbre est plus pesant que celui de la cime ; j'ai prouvé ce fait dans mon Traité de l'*Exploitation des Bois.* Quand on fait travailler des pieds cubes de bois dans les ports, il est souvent difficile de savoir si le bois qu'on fait réduire à ces dimensions a été pris du pied ou de la cime d'un arbre.

3°. Le bois de Provence, verd & nouvellement abattu, s'est trouvé quelquefois du poids de 96 livres, & le sec de 66 liv. cependant on a vu d'excellents bois de Provence, qui étant parfaitement secs, pesoient plus de 80 livres.

4°. Les bois de l'intérieur du Royaume, de la Bourgogne par exemple, pesent, étant encore verds, aux environs de

I

70 livres, & lorfqu'ils font très-fecs, à peu près 53 à 55 liv.

5°. Les bois de Saintonge, verds, pefent 77, quelquefois 80 liv. demi-fecs, 70 liv. & parfaitement fecs, 62 à 63. Ceux d'Efpagne, verds, 85 liv. Ceux de Bayonne, affez fecs pour être employés aux conftructions, 74 à 82, fuivant leur degré de féchereffe. Les bois de Canada, tout nouvellement abattus, fe font trouvés pefer 82 livres, & fecs, environ 56.

6°. Je terminerai cette énumération par des épreuves que j'ai faites à Marfeille avec feu M. REYNOUARD le Cadet, qui étoit alors Conftructeur des Galeres dans ce Port.

Le pied cube le plus rempli de feve qui fût dans l'arfenal, pefoit 87 liv. 10 onces; un an après fa coupe, & en état d'être employé aux conftructions, le même bois pefoit 76 liv. 8 onces.

L'Orme de Provence, verd, 64 livres; au bout d'un an d'abattage, 53 liv.

Le Peuplier de Provence, verd, 55 liv. 10 onces; un an après, 34 liv. 6 onces.

Le Noyer de Provence, verd, 61 livres; un an après, 49 liv. 6 onces.

Le Tilleul de Provence, verd, 50 liv. 10 onces; un an après, 31 liv. 5 onces.

Le Pin blanc de Provence, verd, 60 liv. 3 onces; un an après 49 liv. 4 onces.

Le Pin-Pignier du même endroit, verd, 71 livres; un an après, 60 liv. 4 onces.

Nous avons procédé enfuite à l'examen des bois de Bourgogne : nous entendons par *verds*, ceux de la plus fraîche coupe que nous avons pû avoir.

Le Chêne de Bourgogne, verd, 63 liv. 6 onces; un an après, 52 liv. 12 onces.

L'Orme, verd, 66 livres; un an après, 56 liv. 4 onces.

Le Noyer, verd, 57 livres; un an après, 48 liv. 4 onces.

Le Hêtre, verd, 63 livres; un an après, 48 liv. 7 onces.

Le Pin du Nord, fec, 41 liv. 3 onces.

Le Sapin de Dauphiné, fec, 33 liv.

Le Chêne de Bayonne, sec, 74 à 80 liv.
L'Orme, sec, 52 livres.
Le Pin des Pyrénées, sec, 42 à 43 livres.
Et le Sapin des mêmes montagnes, sec, 37 liv. 9 onces.

Nous venons de donner une idée, à peu près juste, de la différence qui s'est trouvée entre les bois verds & les bois secs de différentes especes. Je dis, à peu près, car dans cette derniere Expérience, que je regarde comme plus exacte que les précédentes ; 1°, nous n'avons pû prendre les bois verds & les bois secs dans la même piece ; tout ce qu'il nous a été possible de faire, a été de choisir dans l'arsenal les bois qui nous ont paru être d'une même qualité : & cela suppose quelque incertitude dans le choix ; car tous les bois d'un même canton ne sont pas toujours aussi bons & aussi parfaits les uns que les autres.

2°, J'ai averti que les bois que nous avons regardés comme verds, avoient été abattus depuis quelques mois ; & comment pouvoir connoître la quantité de seve qu'ils avoient perdue, sur-tout n'ayant pû être informé si les uns n'avoient pas été équarris plutôt que les autres, & s'ils avoient tous été dans la même position, également exposés à l'air, au soleil, au vent, &c. Ces circonstances font cependant des différences très-considérables ; car il s'échappe beaucoup de seve des bois la premiere année après qu'ils ont été abattus, comme on le verra par les deux Expériences suivantes, en attendant que nous en rapportions de beaucoup plus détaillées.

La premiere Expérience fut faite sur un pied cube de bois. Ce pied cube, encore verd, pesoit 87 livres : on le déposa dans un magasin sec, où il étoit frappé de tous les côtés par l'air : au bout d'un an il ne pesoit plus que 66 liv. il avoit perdu plus d'un quart de son poids, quoiqu'il ne fût pas encore parfaitement sec.

Pour la seconde Expérience, on prit un pied cube dans une piece qui n'avoit été abattue que depuis quelques mois : il pesoit 86 livres ; après avoir été conservé pendant un an dans une chambre où l'on faisoit du feu, il ne se trouva peser alors que 68 livres.

Puisque l'occasion s'en présente, je vais rapporter ici d'autres

Expériences, à peu près femblables, que M. COSSIGNI, Directeur des Fortifications, a faites avec beaucoup d'exactitude à Befançon, & dans l'Ifle de France.

Bois du Royaume : Poids d'un pied cube.

	livres.	onces.	gros.	grains
Chêne extrêmement fec	49	10	0	0
Le même, provenant d'un vieux membre de vaiffeau, & pefé à l'Ifle de France	49	4	3	47
Même bois provenant d'un vieux bordage de vaiffeau, & pefé à l'Ifle de France	50	5	6	54
Le poids moyen de ces bois eft	49	12	0	0
Sapin extrêmement fec	29	1	7	24
Même bois provenant d'un vieux mât pefé à l'Ifle de France	30	15	3	49
Même bois provenant d'un vieux bordage, & pefé à l'Ifle de France	32	0	6	4
Le poids moyen de ces bois eft de	30	11	0	0

Bois de l'Ifle de France.

	livres.	onces.	gros.	grains
Bois de Noyer fec	45	5	3	40
Bois de Mûrier d'un an	64	5	2	16
Bois d'Orme de 3 ans	43	9	2	16
Bois de Tilleul de 2 ans	35	9	2	48
Bois de Hêtre de 2 ans	46	5	0	0
Tremble encore verd	37	0	4	32
Bois puant tout verd	36	12	0	0
Bois de Natte fec	66	12	4	64
Colophone fec	53	11	7	56
Tacamacu fec	45	0	0	0
Bois blanc, dit de violon, verd	30	4	5	38
Le même bois pefé fec à Paris	26	8	4	0
Benjoin	65	3	4	34
Bois d'Olive	65	3	1	24
Bois de Pomme	62	2	6	0
Bois de Cannellier	39	12	0	0
Ebene noire	87	4	2	14
Ebene blanche	67	10	6	50

	livres.	onces.	gros.	grains.
Bois de fer..........................	86	12	0	0
Bois de fer, dit de Zagaie..................	92	6	4	58
Bois de ronde...........................	75	2	0	0

Autres Bois de l'Inde.

	livres.	onces.	gros.	grains.
Cochinchine fec........................	64	2	4	51
Bois de Teque de l'Inde..................	46	1	2	0
Almaron de Pondichery	46	0	0	0
Alipé de Pondichery	45	8	0	0
Polchit de Pondichery & de l'Ifle de France.	44	0	5	36
Bois des Ifles des trois Freres..............	66	9	5	0

Nota. Le bois de Cannellier, celui de Pomme & celui d'Olive, n'ont aucune reffemblance avec ceux que nous connoiffons ici fous ces noms.

Voilà donc, à peu près, le poids des différentes fortes de bois choifis les uns verds & les autres fecs. Nous avons cru qu'il étoit encore néceffaire d'étudier avec le plus grand foin, quelle pouvoit être l'évaporation de la feve dans un morceau de bois de bonne qualité.

ARTICLE II. *Expériences faites fur différentes fortes de Bois pour acquérir des connoiffances fur l'évaporation de la feve.*

§ 1. *Expérience pour connoître combien de temps un folide de 512 pouces cubes eft à perdre fa feve, étant tenu dans un lieu fec.*

1°, Les arbres qui ont fourni ces cubes, étoient tirés d'un terrein gras : 2°, on les avoit abattus le 29 Février 1736 : 3°, auffi-tôt qu'ils eurent été abattus, on tira de chacun un cube de 8 pouces de côté, qui formoit par conféquent un folide de 512 pouces cubes : 4°, on les pefa féparément le 14 Mars : 5°, on les dépofa enfuite dans une chambre feche ; & on les pefa réguliérement tous les mois depuis ce temps jufqu'au 11 Janvier 1740 ; ce qui fait quatre années entieres. Un de ces cubes fut numéroté A & l'autre B : voici l'état de toutes ces pesées.

	A		B	
1736.	livres.	onces.	livres.	onces.
Le 14 Mars	24	15	25	2¼
Le 14 Avril	22	11	22	8¼
Le 10 Mai	21	14¾	21	2¼
Le 10 Juin	20	9½	20	8¼
Le 10 Juillet	19	9½	19	7½
Le 11 Août	18	10¼	18	9½
Le 10 Octobre	18	7	18	6
1737.				
Le 14 Février	18	2¼	18	1
Le 8 Avril	17	15½	17	15
Le 7 Mai	17	14¼	17	13¾
Le 10 Août	17	4	17	4
1739.				
Le 10 Janvier	16	12	16	8¼
Le 16 Avril	16	11¾	16	8
1740.				
Le 2 Janvier	16	14	16	10

Ils avoient augmenté de poids à cause de l'humidité de l'air, le temps étant à la pluie.

	A		B	
1740.				
Le 10 Janvier, à midi	16	14	16	9¾

On mit ces deux cubes pendant 5 heures devant le feu, ils se trouverent peser

	A		B	
à 5 heures du soir	16	13½	16	8¾
Et le lendemain 11, à 5 heures du soir	16	13	16	8¼

Comme ces bois faisoient une espece d'hygrometre, augmentant & diminuant de poids suivant que l'air étoit sec ou humide, on les jugea secs, & on mit fin à l'Expérience.

§ 2. REMARQUES *sur cette Expérience.*

1°, CES cubes, quoique de petites dimensions, ont toujours diminué de poids pendant l'espace de trois ans ; c'est-à-dire, depuis le 14 Mars 1736 qu'ils furent équarris, jusqu'au 16 Avril 1739, que leur poids commença de varier selon l'état de l'air, ce qui en faisoit des especes d'hygrometres.

2°, On voit que la plus forte diminution de poids est arrivée dans le courant de la premiere année, pendant laquelle ces solides ont perdu plus d'un tiers de leur poids primitif,

3°, Pendant les deux dernieres années, leur poids n'a diminué que d'un dix-septieme.

4°, D'où l'on peut conclure que le Chêne de bonne qualité, débité dans la dimension de ces cubes, & tenu dans un lieu sec, parvient à un degré de sécheresse propre à être employé dans l'espace d'un peu plus d'une année, & qu'il acquiert une sécheresse entiere dans l'espace d'environ 22 mois, puisqu'alors il augmente ou diminue de poids, suivant que l'air est sec ou humide.

5°, Je n'ai garde d'en conclure, que les gros bois de Charpente & de construction puissent acquérir le même degré de sécheresse dans un pareil espace de temps ; car il est certain que l'humidité ne s'échappe pas aussi promptement d'une grosse piece de bois qu'elle peut le faire d'un petit cube : j'ai même des preuves du contraire ; car ayant fait lever un bout de soliveau de 8 pouces d'équarrissage & de 3 pieds 10 pouces de longueur, dans une grosse poutre qui avoit été abattue il y avoit 14 à 15 ans, ce soliveau, qui pesoit alors 134 livres, se trouva avoir perdu en 2 ou 3 ans près d'un quart de son poids.

6°, On peut conclure de ces Expériences, que le rapport du bois verd au même bois sec, est comme 3 est à 2 ; & qu'ainsi le bois verd diminue d'un tiers de sa pesanteur totale pour être réputé sec au point de produire le même effet qu'un hygrometre.

7°, On peut remarquer, en passant, que le cube B, qui pesoit étant verd 3 onces ½ plus que le cube A, est devenu, dès la premiere pesée, de 2 onces ¼ plus léger ; & que le même cube B, a pesé 3 onces ¼ moins que le cube A : peut-être que celui-là avoit été, avant l'Expérience, déposé dans une place plus humide que le cube A : je ne peux me rappeller cette circonstance.

8°, La proportion de la seve dans un morceau de bois verd, relativement à la partie vraiment ligneuse, varie certainement suivant la qualité du bois, selon son âge, le terrein où il a crû, &c; cependant on peut dire, en général, que les bois verds perdent, en se desséchant, entre le tiers & les deux cinquiemes de leur poids.

9°, Comme on a vu par l'Expérience que nous venons de rapporter que les bois secs se chargent de l'humidité de l'air, il s'ensuit que quand on les pese lorsque l'air est sec, on les trouve plus légers que quand on les pese dans le temps que l'air est humide. Comme cette différence devient assez considérable lorsqu'on pese beaucoup de bois à la fois, elle m'a souvent embarrassé dans l'exécution de mes Expériences, ne sçachant point alors à quoi attribuer l'augmentation de poids dans des bois qui me paroissoient devoir plutôt en perdre.

Continuons d'acquérir le plus de connoissances qu'il sera possible sur l'évaporation de la seve ; & pour cela examinons d'abord si elle se fait en raison des surfaces.

ARTICLE III. *Que l'évaporation de la seve se fait en raison des surfaces.*

IL EST certain que la température de l'air sec ou humide, chaud ou froid, influe beaucoup sur l'évaporation de la seve : il est probable aussi qu'un morceau de bois d'un tissu lâche, & qui contient beaucoup d'humidité, doit en perdre plus dans un temps donné, qu'un autre dont le tissu est serré, & qui par conséquent doit contenir moins de seve ; enfin, on peut voir dans quantité de nos Expériences, qu'il y a des caprices infinis (qu'on me passe le terme) dans le desséchement des bois : par exemple, une piece de bois, encore fort chargée de seve, est plusieurs jours sans presque diminuer de poids ; ou même sans en perdre ;

& tout d'un coup, sans qu'on puisse en attribuer la cause ni au poids de l'atmosphere marqué par le barometre, ni au degré de chaleur qu'indique le thermometre, ni à la sécheresse & à l'humidité de l'air, tout d'un coup, dis-je, cette piece de bois perd considérablement de son poids. Malgré toutes ces variétés, il est plus que probable que, s'il étoit possible d'avoir une parité exacte à tous égards, le desséchement des bois se feroit en raison des surfaces. C'est dans la vue d'être plus certain de ce fait, que j'ai exécuté les Expériences suivantes.

§ 1. *Premiere Expérience.*

Le 11 Mars 1740, je fis abattre un jeune Chêne, qui pouvoit avoir 8 à 9 pouces de diametre. On leva dans le centre du corps de l'arbre un Barreau *a b* (*Planche VII. Fig.* 2), qui avoit deux pouces d'équarrissage, & quelque chose de plus, pour pouvoir remplacer le bois qui devoit être emporté par les traits de la scie dont je parlerai dans la suite : *a* désigne le bout du barreau qui répondoit aux racines, & *b* celui qui aboutissoit aux branches.

On coupa au bout *a* un morceau de bois de deux pouces de longueur ; & par le moyen de trois traits de scie désignés dans la Figure par les lignes ponctuées, on obtint quatre petites planches, qui, posées les unes sur les autres, formoient ensemble un petit cube de deux pouces de côté, 8 pouces de solidité, & 24 pouces de surface, ou 288 lignes de superficie. Mais en composant ce cube de 4 petites planches, on avoit doublé les surfaces ; & ainsi la superficie totale s'est trouvée être de 48 pouces ou de 576 lignes quarrées : ceci est relatif aux cubes cotés 1 & 8.

Les cubes 2 & 7 avoient pareillement deux pouces de côté, 8 de solidité, & 24 de superficie, ou 288 lignes, étant formés chacun de trois petites planches désignées, comme les premieres, par les lignes ponctuées : la superficie se trouve être augmentée de quatre surfaces, ou de quatre fois 48 lignes, qui, multipliées par 4 surfaces, donnent 192 lignes : ainsi la superficie du cube composé de trois planches, étoit de 40 pouces ou de 480 lignes quarrées.   K

Les cubes n°. 3 & 6, de 2 pouces de côté, 8 pouces de solidité, 24 pouces ou 288 lignes de superficie, n'étant formés que de deux planches au moyen du trait de scie désigné par la ligne ponctuée, la superficie n'avoit augmenté que de deux surfaces, ou de deux fois 48 lignes, ce qui fait 96 : ainsi la superficie de chacun de ces cubes composés de deux planches, étoit de 32 pouces ou de 384 lignes.

Ces différents cubes ayant été pris d'un même arbre, & toujours deux correspondants, l'un tiré vers les racines & l'autre du côté des branches, ne différoient que par leur surface. Voyons ce que cette circonstance a produit dans l'évaporation de la seve.

Le 11 Mars 1740 ils pesoient, savoir :

N°.	onces.	gros.	gr.	N°.	onces.	gros.	gr.	
1	6	3	46	8	6	4	60	Gelée.
2	6	4	44	7	6	4	36	
3	6	6	6	6	6	5	6	
4	6	3	2	5	6	2	56	

Le 12 Mars.

N°.	onces.	gros.	gr.	N°.	onces.	gros.	gr.	
1	6	1	15	8	6	2	60	Dégel.
2	6	3	36	7	6	3	24	
3	6	5	12	6	6	4	6	
4	6	2	36	5	6	2	16	

Le 13 Mars.

N°.	onces.	gros.	gr.	N°.	onces.	gros.	gr.	
1	6	0	60	8	6	2	60	Pluie.
2	6	3	0	7	6	3	0	
3	6	4	6	6	6	3	60	
4	6	2	0	5	6	2	0	

Le 14 Mars.

N°.	onces.	gros.	gr.	N°.	onces.	gros.	gr.	
1	6	0	18	8	6	2	4	Beau.
2	6	2	12	7	6	2	4	
3	6	3	50	6	6	3	0	
4	6	1	36	5	6	1	24	

Le 15 Mars.

N°.	onces.	gros.	gr.	N°.	onces.	gros.	gr.	
1	6	0	0	8	6	0	38	Beau.
2	6	1	2	7	6	0	36	
3	6	1	60	6	6	1	36	
4	6	1	30	5	6	1	6	

Le 16 Mars.

N°.	onces.	gros.	gr.	N°.	onces.	gros.	gr.	
1	6	0	0	8	6	0	8	Pluie.
2	6	1	0	7	6	0	12	
3	6	1	36	6	6	1	10	
4	6	1	15	5	6	1	0	

Le 17 Mars.

N°.	onces.	gros.	gr.	N°.	onces.	gros.	gr.	
1	5	7	58	8	6	0	0	Humide.
2	6	0	50	7	6	0	0	
3	6	1	0	6	6	0	50	
4	6	1	0	5	6	0	54	

Le 18 Mars.

N°.	onces.	gros.	gr.	N°.	onces.	gros.	gr.	
1	5	7	4	8	5	7	0	Humide.
2	6	0	0	7	5	7	36	
3	6	0	30	6	6	0	4	
4	6	0	0	5	6	0	0	

Le 19 Mars.

N°.	onces.	gros.	gr.	N°.	onces.	gros.	gr.	
1	5	6	20	8	5	6	10	Beau.
2	5	6	20	7	5	6	50	
3	5	7	0	6	5	7	20	
4	5	7	10	5	5	7	12	

Le 20 Mars.

N°.	onces.	gros.	gr.	N°.	onces.	gros.	gr.	
1	5	4	52	8	5	5	40	Beau.
2	5	5	50	7	5	5	60	
3	5	7	0	6	5	6	50	
4	5	6	50	5	5	6	50	

Le 21 Mars.

No.	onces.	gros.	gr.	No.	onces.	gros.	gr.	
1	5	2	60	8	5	4	36	
2	5	4	50	7	5	4	16	Beau.
3	5	7	0	6	5	5	60	
4	5	5	18	5	5	5	20	

Le 22 Mars.

No.	onces.	gros.	gr.	No.	onces.	gros.	gr.	
1	5	2	4	8	5	3	48	
2	5	3	60	7	5	4	0	Humide.
3	5	6	36	6	5	5	0	
4	5	5	4	5	5	5	0	

Le 23 Mars.

No.	onces.	gros.	gr.	No.	onces.	gros.	gr.	
1	5	2	0	8	5	3	44	
2	5	3	48	7	5	3	50	Humide.
3	5	6	20	6	5	4	48	
4	5	5	0	5	5	4	0	

Le 24 Mars.

No.	onces.	gros.	gr.	No.	onces.	gros.	gr.	
1	5	1	60	8	5	3	20	
2	5	3	0	7	5	3	4	Beau.
3	5	6	0	6	5	4	2	
4	5	4	48	5	5	3	60	

Le 25 Mars.

No.	onces.	gros.	gr.	No.	onces.	gros.	gr.	
1	5	1	20	8	5	3	2	
2	5	2	6	7	5	2	60	Humide.
3	5	5	48	6	5	4	0	
4	5	4	40	5	5	3	45	

Le 26 Mars.

No.	onces.	gros.	gr.	No.	onces.	gros.	gr.	
1	5	1	10	8	5	2	62	
2	5	2	0	7	5	2	44	Humide.
3	5	5	40	6	5	3	49	
4	5	4	34	5	5	3	40	

Le 27 Mars.

No.	onces.	gros.	gr.	No.	onces.	gros.	gr.	
1	5	1	0	8	5	2	48	
2	5	1	6	7	5	2	36	Humide.
3	5	5	32	6	5	3	36	
4	5	4	28	5	5	3	36	

Le 28 Mars.

No.	onces.	gros.	gr.	No.	onces.	gros.	gr.	
1	5	0	60	8	5	2	0	
2	5	1	4	7	5	2	4	Beau.
3	5	4	60	6	5	3	0	
4	5	4	0	5	5	3	2	

Le 29 Mars.

No.	onces.	gros.	gr.	No.	onces.	gros.	gr.	
1	5	0	36	8	5	1	40	
2	5	1	0	7	5	1	60	Beau.
3	5	3	36	6	5	2	36	
4	5	3	48	5	5	2	42	

Le 30 Mars.

No.	onces.	gros.	gr.	No.	onces.	gros.	gr.	
1	5	0	0	8	5	1	4	
2	5	0	53	7	5	1	6	Beau.
3	5	2	0	6	5	2	4	
4	5	2	36	5	5	2	6	

Le 31 Mars.

No.	onces.	gros.	gr.	No.	onces.	gros.	gr.	
1	4	7	46	8	5	0	54	
2	5	0	4	7	5	0	48	Humide.
3	5	2	26	6	5	1	45	
4	5	1	48	5	5	1	36	

Le 1 Avril.

No.	onces.	gros.	gr.	No.	onces.	gros.	gr.	
1	4	7	2	8	5	0	0	
2	4	7	66	7	5	0	0	Beau.
3	5	0	0	6	5	1	0	
4	5	1	4	5	5	1	6	

Le 2 Avril.

No.	onces.	gros.	gr.	No.	onces.	gros.	gr.	
1	4	6	62	8	4	7	64	
2	4	7	66	7	5	0	0	Beau.
3	5	0	0	6	5	1	0	
4	4	1	4	5	5	1	6	

Le 3 Avril.

No.	onces.	gros.	gr.	No.	onces.	gros.	gr.	
1	4	6	25	8	4	7	30	
2	4	7	38	7	4	7	54	Beau.
3	5	0	[illegible]	6	5	0	52	
4	5	0	58	5	5	0	64	

Le 4 Avril.

No.	onces.	gros.	gr.	No.	onces.	gros.	gr.	
1	4	6	0	8	4	6	64	
2	4	7	2	7	4	7	4	Beau.
3	5	0	2	6	5	0	14	
4	5	0	14	5	5	0	18	

Le 5 Avril.

No.	onces.	gros.	gr.	No.	onces.	gros.	gr.	
1	4	5	60	8	4	6	10	
2	4	6	66	7	[illegible]	[illegible]	4	Beau.
3	5	0	0	6	4	7	4	
4	4	7	62	5	4	7	59	

Le 6 Avril.

N°.	onces.	gros.	gr.	N°.	onces.	gros.	gr.	
1	4	5	48	8	4	5	59	
2	4	6	18	7				Beau augment.
3	5	0	0	6	4	7	12	
4	4	7	16	5	4	7	24	

Le 7 Avril.

N°.	onces.	gros.	gr.	N°.	onces.	gros.	gr.	
1	4	5	40	8	4	5	32	
2	4	6	42	7				Beau
3	5	0	0	6	4	7	40 aug.	
4	4	7	12	5	4	7	36 aug.	

Le 8 Avril, point de variation.

Le 9 Avril.

N°.	onces.	gros.	gr.	N°.	onces.	gros.	gr.	
1	4	4	36	8	4	4	64	
2	4	5	64	7	4	5	48	Beau
3	4	7	18	6	4	6	20	
4	4	6	26	5	4	6	12	

Le 11 Avril.

N°.	onces.	gros.	gr.	N°.	onces.	gros.	gr.	
1	4	4	0	8	4	4	60	
2	4	5	10	7	4	4	64	Beau
3	4	6	66	6	4	5	48	
4	4	5	68	5	4	5	58	

Le 13 Avril.

N°.	onces.	gros.	gr.	N°.	onces.	gros.	gr.	
1	4	3	64	8	4	4	48	
2	4	4	62	7	4	4	18	Beau
3	4	6	18	6	4	5	22	
4	4	5	0	5	4	5	10	

Le 15 Avril.

N°.	onces.	gros.	gr.	N°.	onces.	gros.	gr.	
1	4	3	42	8	4	4	30	
2	4	4	6	7	4	4	0	Beau
3	4	6	0	6	4	4	66	
4	4	5	0	5	4	4	66	

Le 18 Avril.

N°.	onces.	gros.	gr.	N°.	onces.	gros.	gr.	
1	4	3	6	8	4	4	30	
2	4	3	64	7	4	3	40	Beau
3	4	5	50	6	4	3	46	
4	4	4	38	5	4	4	54	

§ 2. SECONDE EXPÉRIENCE.

J'AI cru devoir répéter cette Expérience sur un morceau de bois un peu plus gros, ne me proposant pas de la suivre aussi long-temps : pour cela je fis lever dans le centre d'un gros Orme nouvellement abattu, deux cubes qui avoient un peu plus de six pouces de côté. On en scia un en quatre morceaux par trois traits de scie, & ces quatre morceaux numérotés B formoient, étant posés les uns sur les autres, un cube B, de six pouces de côté ; l'autre cube destiné à rester dans son entier, fut réduit à six pouces comme l'autre, on le numérota A.

			livres.	onces.	gros.			livres.	onces.	gros.
Le 11 Mars	A pesoit		9	3	0	—	B	9	1	0
Le 14 Mars	A . . .		9	2	4	—	B	8	14	0
Le 17 Mars	A . . .		9	0	0	—	B	8	12	6
Le 20 Mars	A . . .		8	12	0	—	B	8	5	0
Le 23 Mars	A . . .		8	10	0	—	B	8	3	0
Le 26 Mars	A . . .		8	9	0	—	B	7	15	4

		livres.	onces.	gros.			livres.	onces.	gros.
Le 29 Mars	A . . .	8	7	4	—	B 7	12	0	
Le 1 Avril	A . . .	8	5	0	—	B 7	10	2	
Le 3 Avril	A . . .	8	3	2	—	B 7	8	0	
Le 6 Avril	A . . .	7	15	0	—	B 7	4	0	
Le 9 Avril	A . . .	7	14	0	—	B 7	3	0	
Le 12 Avril	A . . .	7	12	0	—	B 7	2	0	
Le 15 Avril	A . . .	7	12	0	—	B 7	1	0	

§ 3. REMARQUES *sur les Expériences précédentes.*

ON apperçoit dans les Expériences que nous venons de rapporter, qu'il y a bien des variétés dans l'évaporation de la feve, & l'on n'en fera pas furpris après ce que nous avons dit plus haut fur toutes les caufes qui peuvent favorifer l'évaporation de la feve, ou lui faire obftacle.

Ce font ces caufes qui font que rarement l'évaporation de la feve fe fait exactement en raifon des furfaces. Car à l'égard de la premiere fuite d'Expériences dont les cubes n°. 1 & n°. 4 ont leurs furfaces dans le rapport de 2 à 1, il n'y a qu'une femaine où l'évaporation fe trouve à peu près en même raifon, favoir de 380 à 198. Dans la feconde fuite d'Expériences, où le rapport des furfaces eft toujours de 2 à 1, il n'y a dans les douze Expériences qu'une feule qui donne l'évaporation dans la même raifon que les furfaces ; mais toujours eft-il bien établi par nos Expériences, que l'évaporation eft plus grande dans les morceaux qui ont plus de furfaces.

ARTICLE IV. *Que la feve fe diffipe en vapeurs dans les Bois qui fe deffechent.*

POUR continuer à répandre le plus de jour qu'il nous fera poffible fur l'évaporation de la feve, nous allons effayer de connoître fi elle fe fait en vapeurs ou par écoulement.

J'ai reçu quelques Mémoires dans lefquels on m'affuroit qu'il falloit placer les bois debout pour les décharger d'une feve

rouffe qui couloit par en bas, laquelle altéroit la qualité du
bois quand on ne la déchargeoit pas de cette façon. Je crus
devoir répéter cette Expérience que je foupçonnois avoir été
mal faite.

§ I. EXPÉRIENCES.

DANS cette vue, je pris le 4 Avril 1757 neuf foliveaux de
brin, de 9 pieds de longueur fur 6 pouces d'équarriffage, & qui
avoient été abattus l'hiver précédent, de forte qu'étant outre
cela nouvellement équarris, ils étoient remplis de feve. Trois
furent marqués A 1, A 2, A 3; trois autres B 1, B 2, B 3; &
enfin les trois derniers C 1, C 2, C 3. Je les choifis à peu près
de femblable groffeur; & pour donner une idée de leur folidité,
je vais marquer leur poids.

A 1 pefoit 177 liv. A 2, 178. A 3, 171.

B 1 pefoit 147 liv. B 2, 162, & B 3, 187 liv. & demie.

C 1 pefoit 187 liv. & demie, C 2, 162, & C 3, 123 livres
4 onces.

Le même jour, après les avoir pefés, on les mit en équilibre, en les pofant horizontalement fur une lame de fer en couteau, & on marqua d'un trait le lieu où ils étoient en équilibre.

Enfuite (*Planche VII. Fig. 3*) on pofa horizontalement fur
des chantiers les trois foliveaux A. Les trois foliveaux B furent
dreffés verticalement le long d'une muraille, de forte que le
bout qui répondoit à la fouche étoit en haut, & le bout qui répondoit à la cime étoit en bas, où il pofoit fur une planche. Les
trois foliveaux marqués C, étoient auffi placés verticalement le
long d'une muraille; mais dans une fituation contraire, de forte
que le bout qui répondoit à la fouche étoit en bas pofé fur une
planche, & le bout qui répondoit à la cime étoit en haut. Ces
foliveaux étoient à l'abri de la pluie dans une vafte grange, fort
élevée & feche.

Il ne découla jamais aucune feve rouffe de ces folives placées
verticalement: ainfi il falloit que l'Auteur du Mémoire que j'ai
cité, n'eût pas fait attention que l'eau qu'il voyoit au bas de ces
arbres, venoit d'un nœud pourri rempli d'eau qui étoit caché

dans l'intérieur de la piece ; ou de ce que ces arbres étant à l'air, l'eau de la pluie qui étoit tombée dessus, & qui avoit rempli les fentes, avoit pris une teinture rousse que l'Auteur jugea être de la feve : car je puis assurer qu'il n'a jamais découlé de feve de mes foliveaux qui étoient à couvert, non plus que dans beaucoup d'autres Expériences où j'avois posé verticalement des bois remplis de feve.

Quoi qu'il en foit, tous les huit jours, on préfentoit ces foliveaux fur le tranchant de fer, qu'on faifoit répondre au trait qui marquoit leur centre d'équilibre ; & on plaçoit des poids au milieu de la longueur du bras le plus léger. Ils ne changerent point de centre d'équilibre jufqu'au premier Juillet 1757, qu'ils fe trouverent comme il fuit :

Les trois foliveaux A 1, qui étoient reftés horizontaux, étant placés fur le couteau, fe trouverent en équilibre.

B 1, qui étoit refté le bout répondant à la fouche en haut, conferva aussi fon équilibre.

	livres.	onces.	gros.
B 2 étoit diminué par le pied qui étoit en haut, de	1	0	0
B 3 étoit diminué par le même bout, de . .	0	12	0
C 1 étoit diminué par le bout d'en haut qui répondoit à la cime, de	1	4	0
C 2 avoit confervé fon équilibre.			
C 3 étoit diminué par le bout d'en haut qui répondoit à la cime, de	0	12	0

C'eft donc, dans cet examen, les bouts qui étoient en haut qui ont le plus perdu de leur poids, foit qu'un de ces bouts répondît à la cime ou à la fouche. Leur équilibre n'a pas fenfiblement changé jufqu'au premier Août qu'ils fe trouverent comme il fuit :

	livres.	onces.	gros.
A 1, pofé horizontalement, étoit diminué du côté qui répondoit à la fouche, de	1	8	0
A 2 étoit diminué du côté de la fouche, de .	0	8	0
A 3 avoit confervé fon équilibre.			

livres. onces. gros.

B 1, dont le côté qui répondoit à la fouche étoit en haut, avoit diminué de ce bout, de . . 0 8 0

  B 2 étoit diminué par le même bout, de . . . 0 15 0

  B 3 étoit diminué par le même bout, de . . . 0 12 0

  C 1, dont le bout qui avoit répondu à la cime étoit en haut, avoit diminué de 0 12 0

  C 2 étoit diminué par ce même bout, de . . 0 8 0

  C 3 étoit diminué par ce même bout, de . . 0 8 0

C'eft toujours le bout d'en haut qui a le plus perdu de fon poids. L'équilibre de ces foliveaux n'a pas beaucoup changé jufqu'au 24 Août, auquel on les a trouvés ainfi :

A 1 étoit refté dans le même état.

A 2, de même.

livres. onces. gros.

A 3 avoit diminué du côté de la fouche, de . . 1 0 0

B 1 n'avoit pas changé d'état.

B 2 avoit diminué par le bout qui étoit en haut, de 1 0 0

B 3 avoit diminué par le même bout, de . . 0 12 0

C 1, dont le bout qui avoit répondu à la cime, étoit en haut, avoit diminué de ce côté, de. 1 6 0

C 2 avoit confervé fon équilibre.

C 3 avoit diminué par le bout qui étoit en haut, de 0 14 0

Le 4 Septembre.

A 1 étoit diminué du côté de la fouche, de . 1 8 0

A 2 étoit diminué du même bout, de 0 9 0

A 3 étoit diminué du même bout, de 0 2 0

B 1 diminué par le bout qui répondoit à la fouche & qui étoit en haut, de 0 9 0

B 2 diminué au même bout, de 1 0 0

B 3 diminué au même bout, de 0 13 4

C 1 diminué par le bout qui répondoit à la cime & qui étoit en haut, de 0 13 0

C 2

	livres.	onces.	gros.
C 2 diminué au même bout, de	0	9	0
C 3 de même.	0	9	0

Le 16 Novembre.

	livres.	onces.	gros.
A 1 diminué par le bout qui répondoit à la souche, de	1	7	0
A 2 diminué au même bout, de	0	7	0
A 3 diminué au même bout, de	0	1	0
B 1 diminué par le bout qui tenoit à la souche, & qui avoit resté en haut, de	0	8	0
B 2 diminué au même bout, de	0	10	0
B 3 diminué au même bout, de	0	8	0
C 1 diminué par le bout qui répondoit à la cime, & qui étoit en haut, de	0	12	0
C 2 diminué au même bout, de	0	8	0
C 3 diminué au même bout, de	0	8	4

Le 24 Novembre on a trouvé peu de différence.

Le 30 Décembre.

	livres.	onces.	gros.
A 1 diminué par le bout qui répondoit à la souche, de	0	13	0
A 2 diminué au même bout, de	0	14	0
A 3 diminué au même bout, de	0	8	0
B 1 diminué par le bout qui répondoit à la souche, & qui étoit en haut, de	0	8	0
B 2 diminué au même bout, de	0	12	0
B 3 diminué au même bout, de	0	10	0
C 1 diminué par le bout qui répondoit à la cime, & qui étoit en haut, de	1	8	0
C 2 diminué au même bout, de	1	5	0
C 3 diminué au même bout, de	0	5	0

On a peu trouvé de différence le 30 Janvier 1738.

Il a encore été de même le 30 Février.

L

Le 30 Mars 1738.

	livres.	onces.	gros.
A 1 diminué par le bout qui répondoit aux racines, de	0	12	0
A 2 diminué au même bout, de	0	13	0
A 3 diminué au même bout, de . , ...	0	7	0
B 1 diminué par le bout qui répondoit à la souche, & qui avoit toujours été en haut, de .	0	7	0
B 2 diminué par le même bout, de	0	12	0
B 3 diminué au même bout, de	0	10	0
C 1 diminué par le bout qui répondoit à la cime, & qui étoit en haut, de	1	7	0
C 2 diminué par le même bout, de	1	4	0
C 3 diminué par le même bout, de	0	4	0

Le 25 Septembre 1738.

	livres.	onces.	gros.
A 1 point de changement.			
A 2 de même.			
A 3 diminué par le bout qui répondoit à la cime, de	0	1	0
B 1 diminué par le bout qui répondoit à la souche, & qui étoit en haut, de	0	12	0
B 2 diminué au même bout, de	1	3	0
B 3 diminué au même bout, de	1	2	0
C 1 diminué par le bout qui répondoit à la cime, & qui étoit resté en haut, de	1	13	0
C 2 diminué au même bout, de	0	8	0
C 3 diminué au même bout, de	0	15	0

§ 2. REMARQUES *sur ces Expériences.*

1°, On voit qu'il n'a coulé aucune seve par le bout des soliveaux qui étoit en bas.

2°, Que c'est toujours le bout qui étoit en haut, qui a le plus perdu de son poids, soit que ce bout fût la partie qui répondoit à la souche, soit que ce fût celle qui répondoit à la cime, &

cela, apparemment, parce que la feve réduite en vapeurs, s'échappoit par le bout le plus élevé.

3°, Une chose qu'il est peut-être bon de remarquer, c'est que les trois foliveaux A, qui étoient couchés fur des chantiers, pefoient au commencement de l'Expérience 526 liv. & quoiqu'ils fuffent les plus pefants, ils n'ont perdu que 11 liv. 6 onces ; les foliveaux B, dont le bout qui répondoit à la fouche étoit en haut, pefoient 492 livres, & ils ont diminué de 14 liv. 11 onces ; & les foliveaux C, qui étoient dans une fituation contraire, ne pefoient que 472 liv. & ont diminué de 18 liv. 6 onces.

Il est vrai que ces diminutions ne font prifes que fur le changement de l'équilibre, & je me reproche de n'avoir pas pefé les bois à la fin de l'Expérience ; mais elles femblent annoncer que la feve a plus de difpofition à s'échapper quand on tient les arbres dans une pofition verticale, que quand on les tient dans l'horizontale, & qu'elle fe diffipe mieux dans les arbres qu'on tient verticalement dans la même fituation qu'ils avoient fur leur fouche, que quand on les met dans une fituation contraire.

Ces conféquences, je l'avoue, pourroient être conteftées ; mais elles ont quelque vraifemblance. D'abord nos Expériences prouvent que la feve ne s'échappe pas par écoulement, comme plufieurs fe le font imaginé, mais qu'elle fe diffipe par le bout qui est en haut, foit que ce bout foit celui qui répondoit aux racines, ou celui qui répondoit aux branches ; & l'on voit combien étoit peu raifonnable la propofition que j'ai entendu faire de placer (en mettant les bois en œuvre) la partie de l'arbre qui répondoit aux branches en haut, afin, difoit-on, que la feve qui a coutume de s'échapper par le petit bout lorfque l'arbre végete, pût s'écouler par le même bout lorfque l'arbre est abattu. Premiérement, la feve ne s'écoule point : fecondement, elle s'échappe à-peu-près également par l'un & l'autre bout.

Je fens bien qu'on peut dire que, quoique mes bois fuffent dépofés dans un bâtiment très-vafte, fort élevé & fec, cependant les couches d'air, depuis le bas de ce bâtiment jufqu'au haut, pouvoient n'être pas également feches, & que celles d'en bas étant certainement les plus chargées d'humidité , il pouvoit en résulter que la partie de mes pieces qui répondoit à cet air moins sec, devoit se dessécher plus lentement que l'autre ; mais je ne vois pas comment j'aurois pu me mettre à l'abri de cette objection.

CHAPITRE III.

Sur le desséchement des Bois & leur Conservation.

COMME on a attribué à la seve le prompt dépérissement des bois , on en a conclu qu'on ne pouvoit rien faire de plus favorable à leur conservation , & de plus propre à prolonger leur durée, que de précipiter leur desséchement : pour cela, les uns, dans la vue de délayer une seve tenace qu'ils regardoient comme pernicieuse , ont voulu qu'on les flottât ou dans l'eau douce ou dans l'eau salée : d'autres ont soutenu qu'il seroit mieux de les exposer à la grande ardeur du soleil & aux vents hâleux : d'autres, pour prévenir les fentes , ont voulu qu'on les déposât sous des hangars ; enfin, quelques-uns ont prétendu qu'il falloit les dessécher artificiellement dans des étuves. Je me propose de discuter ces différents sentiments les uns après les autres , & je commence par ce qui regarde le flottage des bois.

ARTICLE I. *Est-il avantageux de conduire les Bois à flot au lieu de leur destination, & de les mettre dans l'eau douce ou salée pour les rendre d'un bon service ?*

POUR suivre avec ordre cette discussion , nous examinerons en premier lieu ce que le flottage opere sur les bois à brûler. 2°, son effet sur les planches & les bois refendus ; 3°, enfin ce qu'il peut opérer sur les gros bois de Charpente.

Article II. *Des Bois à brûler.*

Il faut diftinguer les différentes qualités des Bois à brûler : car fur les ports & dans les chantiers de Paris, on met, comme nous l'avons dit, une grande différence entre le *bois neuf*, le *bois de gravier* & le *bois* véritablement *flotté*. Le *bois neuf* eft celui qui n'a été voituré ni en trains, ni à flot. Le *bois de gravier* eft celui qui, difpofé en Trains aux Ports des grandes rivieres navigables, n'en a été tiré que pour être mis dans les chantiers. Les *bois* véritablement *flottés* font ceux qui ont été jettés à bois perdu dans les petites rivieres, & qui ayant été tirés de l'eau à l'embouchure de celles-ci dans les grandes rivieres, ont été mis en Trains après avoir été defféchés. Ces bois étoient originairement de même qualité ; & fi leur prix eft différent à Paris, c'eft que ces derniers ont été plus ou moins endommagés par le flottage.

Les bois neufs font, fans contredit, les meilleurs de tous ; les bois de gravier qui confervent leur écorce, en different peu ; & entre les bois flottés il y en a qui font bien plus altérés les uns que les autres. Ceux qu'on a été obligé de tirer plufieurs fois de l'eau pour les laiffer fe defsécher avant de les mettre en Trains, & ceux qui ont effuyé un long flottage, font bien plus mauvais que ceux qu'on n'a tirés de l'eau qu'une feule fois pour les mettre en trains.

Ceux-là ont perdu toute leur écorce ; ils font extrêmement légers quand ils font fecs : ils font une grande flamme en brûlant ; ils fe confument très-vîte, ne forment point de braife, & il refte très-peu de fels dans leurs cendres & les Leffiveufes les rejettent : ils font, à plufieurs égards, femblables aux bois ufés & en partie pourris, excepté que les bois flottés font une grande flamme & un feu ardent, au lieu que les bois ufés fe confument comme de l'amadou, fans faire ni flamme, ni braife ; mais les cendres des uns & des autres contiennent très-peu de fels.

Ces obfervations qu'on répete tous les jours à Paris, où l'on confomme beaucoup de bois flotté, prouvent inconteftablement que l'eau altere beaucoup la qualité du bois, & qu'elle en extrait toute la feve, non-feulement fa partie flegmatique, mais encore fa partie muqueufe ; ce qui fait qu'il ne refte dans ces bois vraiment flottés qu'une fibre ligneufe, feche & aride comme de la paille ; fur quoi il eft effentiel de remarquer, pour ce que nous avons à dire dans la fuite, 1°, Que les bois s'alterent d'autant plus qu'ils font plus jeunes.

2°, Que le flottage endommage beaucoup plus les bois blancs que les bois durs : le Bouleau, le Peuplier & le Tilleul, perdent prefque toute leur fubftance ; ils deviennent légers comme du liege.

3°, Les bois ufés font beaucoup plus endommagés par le flottage que les bons bois vifs : malheureufément la plûpart des groffes pieces de bois font ufées dans le cœur.

4°, L'effet du flottage fe manifefte plus fur les bois à brûler que fur ceux de fciage & de charpente, parce que communément les bois à brûler font jeunes & très-chargés d'aubier. Mais la déprédation très-fenfible des bois à brûler nous aidera à mieux connoître ce qui arrive aux bois de meilleure qualité, & qui éprouvent des altérations moins aifées à appercevoir.

ARTICLE III. *Comparaifon des Bois de fciage qu'on a voiturés à flot, ou qu'on a mis fous l'eau, avec ceux qu'on a toujours tenus à fec.*

Nous avons dit l'idée que nos recherches nous ont fait prendre de la feve du bois : or quand on met les bois fous l'eau, ce fluide fe mêle avec la feve, & il remplit tous les efpaces qui, dans l'ordre naturel, étoient remplis d'air. Les fibres tendues par la feve & le fluide étranger, reftent dans cet état fans s'altérer ; ce qui fait, comme nous l'avons dit, que les bois durent des fiécles fous l'eau fans s'altérer ; après avoir refté trente ans & plus fous l'eau, la piece paroît être au même état où elle étoit quand on l'a fubmergée. Mais qu'arrive-t-il lorfqu'elle en a été retirée ? l'eau étrangere qui a délayé la fubftance gélati-

neufe de la feve, ayant emporté avec elle une partie de cette fubftance, les bois fe fendent un peu moins, ils fe tourmentent
peu ; mais ils ont un défavantage confidérable fur ceux qui auroient été deflechés & confervés fous des hangars ; parce que
l'eau étrangere a emporté une partie de la fubftance gélatineufe qui contribuoit à la fermeté du bois. Si les bois flottés
fe fendent & fe tourmentent moins que les autres, c'eft par
la même raifon qui fait que les bois tendres & de mauvaife qualité font moins fujets à fe fendre & à fe tourmenter que les
bois forts.

J'ai apperçu fenfiblement, fur les bois qu'on met dans l'eau,
cette diffipation de la fubftance gélatineufe ; car ayant mis flotter
dans une eau pure, & prefque dormante, des bois de fciage
remplis de feve, au bout de quelques jours j'appercevois fur
toute la fuperficie de ces bois une efpece de gelée, qu'on peut
comparer à celle d'un bouillon bien fait ; il eft vrai qu'ayant
voulu ramaffer de cette gelée pour la deflecher, & voir ce
que je pourrois en obtenir, elle fe diffipa prefqu'entiérement ;
mais il refte toujours pour conftant que cette gelée étoit formée
par une fubftance émanée du bois.

Il n'en eft pas de même des bois qu'on laiffe fe deflecher
doucement fous des hangars ; la partie flegmatique de la feve
fe diffipe dans l'air ; la portion gélatineufe qui eft plus fixe demeure dans les pores, & entretient la liaifon des fibres ligneufes ; & quand au bout d'une couple d'années le flegme de la feve s'eft en partie évaporé, la fubftance ligneufe a confervé
toute la bonne qualité qu'elle peut avoir.

Quoique les bois tenus fous les hangars s'éclatent moins
que ceux qu'on laiffe au grand air, néanmoins, quand ils font
de très-bonne qualité, ils fe fendent plus que ceux qu'on a tenus
quelque temps dans l'eau ; mais ceux-ci (je parle toujours des
bois très-forts) fe fendent encore quand, après les avoir tirés de
l'eau, on les expofe au grand hâle pour les fécher promptement ; & pour qu'ils ne fe fendiffent pas, il faudroit qu'ils euffent
fouffert une grande altération.

En attendant que je rapporte des Expériences plus précifes,

je dirai qu'ayant expofé à l'air des pilotis du Pont d'Orléans, qui étoient reftés plufieurs fiecles fous l'eau, il s'eft formé des gerfes à toute leur circonférence.

De plus, ayant à ma difpofition des bois fort fecs, qui avoient des fentes & quelques roulûres, j'en fis mettre dans l'eau douce un morceau qui pefoit 82 livres au commencement d'Octobre; l'ayant retiré à la fin de Décembre, il pefoit 115 livres, ainfi fon poids étoit augmenté de 33 liv. c'eft beaucoup: les affiftants jugeoient que les fentes & les gélivûres étoient anéanties. Elles étoient effectivement refferrées; mais en examinant ce morceau de bois avec attention, j'appercevois bien qu'elles fubfiftoient, & je concevois qu'il ne pouvoit pas en être autrement. L'eau qui avoit gonflé les fibres avoit refferré les fentes; mais il étoit impoffible qu'elle eût réuni les fibres qui étoient féparées. Je fis refendre ce morceau de bois; il fe fépara aux endroits où étoient les fentes & les gélivûres. On en laiffa les morceaux au fec, & ils fe fendirent encore en plufieurs endroits.

Je conviens que les bois tendres & gras qui fe fendent peu quand on les tient fous des hangars, ne fe fendent prefque point lorfqu'on les a tenus un temps affez confidérable dans l'eau; mais c'eft toujours aux dépens de leur qualité, parce qu'on les approche de l'état des bois ufés; & comme nous fuppofons que ces bois font foibles, & de nature à pourrir aifément, il eft dangereux, fur-tout à leur égard, de les altérer par un long flottage. Traitez, comme vous voudrez, de bon Chêne blanc de Provence, il durera: mais il n'en eft pas de même des bois tendres de la Lorraine, de la Bourgogne, &c; quelque attention qu'on y apporte, ils feront de peu de durée; à plus forte raifon fe pourriront-ils encore plutôt, fi on les affoiblit par un flottage long-temps continué.

Je fais que quelques perfonnes qui penfent défavantageufement du flottage, ayant tiré de l'eau des bois qui en fe defféchant fe montroient gelifs, roulés & cadranés, &c; ils prétendoient que ces défauts avoient été produits par le flottage. En effet, j'ai vu des pilotis du Pont d'Orléans qui étoient

pourris

pourris au cœur ; mais sûrement ces défauts exiſtoient dans les pieces avant qu'elles euſſent été miſes dans l'eau ; le gonflement des fibres a fait qu'on ne les a pas apperçus dans les bois nouvellement tirés de l'eau ; mais à meſure que l'eau s'eſt retirée, les gélivûres ſe ſont ouvertes & ſont devenues ſenſibles, ainſi que les roulûres & les cadranûres ; pour la carie, elle eſt devenue tout d'un coup très-ſenſible. L'eau n'a certainement pas pu produire ces défauts ; mais elle ne les a pas corrigés. Elle peut bien en avoir arrêté le progrès ; elle les a même rendu imperceptibles, ou moins ſenſibles, pour les raiſons que je viens de rapporter ; mais ils ſe ſont montrés à meſure que les bois ſe ſont deſſéchés. Voici une Expérience qui le prouve.

Nous prîmes une piece de bon bois fort, qui étant reſtée ſous un hangar au grand air, s'étoit beaucoup fendue ; on tint note de ſes fentes ; nous la mîmes dans l'eau : au bout de quelque temps les fentes diſparurent ; mais cette piece ayant été tirée, on vit, à meſure qu'elle ſe deſſéchoit, les mêmes fentes reparoître, & devenir auſſi conſidérables qu'elles l'étoient quand nous avions mis cette piece dans l'eau.

On remarque aſſez fréquemment qu'un nœud pourri s'étend lorſqu'on laiſſe les pieces affectées de ce défaut dans un lieu un peu humide ; la ſanie dont il eſt imbibé, altere alors le bon bois, au lieu que la pourriture de ce nœud reſte ſans faire de progrès tant que la piece eſt ſous l'eau, parce que l'eau pure qui imbibe la partie pourrie, & qui lave, pour ainſi dire, la plaie, arrête le progrès du mal. Mais quand on tire la piece de l'eau, & qu'on la laiſſe ſe deſſécher, le nœud pourri reparoît. Il eſt vrai que l'eau ayant emporté une partie de la ſeve corrompue, la pourriture fait moins de progrès ; mais on auroit produit un auſſi bon effet, ſi, en laiſſant la piece ſous un hangar, on avoit paré le nœud pourri juſqu'au vif.

Au reſte, les uns condamnent l'eau, les autres s'en déclarent partiſans ; & ſuivant que les uns ou les autres ſont affectés d'une façon de penſer, l'un prétend que tous les déſordres qu'on apperçoit dans les pieces qu'on tire de l'eau, doivent être attribués aux effets de ce fluide ; & les autres, au contraire, attri-

M

buent à l'eau tout ce qui s'apperçoit d'avantageux. Suivant les uns, l'eau a occafionné tout le mal ; fuivant les autres, elle a produit tout ce qui eft bien. Tout le monde a vu des bois d'excellente qualité, qui ont été de longue durée, quoiqu'ils euffent été long-temps expofés aux injures de l'air. J'ai vu de vieux bois d'excellente qualité, qui n'avoient jamais été flottés. Ces obfervations mettent ceux qui font oppofés au flottage, en état de foutenir que la feve n'eft point une liqueur corrofive, toujours prête à fermenter & à fe corrompre ; & elle nous confirme dans l'idée qu'elle eft une liqueur balfamique, qui, quand elle a perdu une partie de fon humidité, peut s'oppofer à la pourriture des fibres ligneufes, & en même temps faire l'effet d'une colle forte qui contribue à la dureté du bois.

Mais d'un autre côté, j'ai vu des bois de Lorraine extrêmement gras pourrir dans les chantiers. On a prétendu les conferver en les renfermant fous des hangars : ils y ont fubfifté plus long-temps ; mais enfin ils s'y font pourris. C'eft alors qu'on a attribué tout le défordre à la feve, toujours prête à fermenter, à fe corrompre & à faire tomber en pourriture les fibres ligneufes ; & comme on remarquoit que la pourriture commençoit toujours par le centre des pieces, au lieu de reconnoître que le mal venoit de ce qu'il y avoit un principe de corruption dans le cœur de ces arbres, comme nous l'avons démontré dans le Traité de l'*Exploitation*, on s'eft perfuadé que l'intérieur des pieces ne pourriffoit que parce que la feve avoit plus de peine à s'en échapper que de la fuperficie. D'après cette idée, on a imaginé qu'il falloit délayer cette feve corrofive, cette liqueur fermentative, en mettant les bois dans l'eau : on les a donc fubmergés dans l'eau pure, ou enfouis dans une vafe très-chargée d'eau ; effectivement, pour les raifons que nous avons rapportées plus haut, ces bois ne fe font point pourris, tant qu'ils ont été dans l'eau, & l'on a cru avoir une preuve décifive de la juftefſe de tous les raifonnements qu'on avoit faits fur la feve. Mais quand on a eu tiré ces bois de l'eau pour les employer, comme cela fe pratique ordinairement, les défauts de ces bois, en apparence fi fains, fe font manifeftés ; ils fe font pourris même si promptement, qu'il a fallu changer des pieces qui tomboient en pourriture avant que l'ouvrage fût fini. Cet événement n'a pas paru singulier ; on a jugé qu'il devoit arriver parce qu'on avoit employé les bois au sortir de l'eau. On a donc jugé à propos de les tirer de l'eau, & de les conserver en chantier pour ne les employer que quand ils seroient bien secs : mais on n'en a presque retiré aucun avantage ; ils se sont pourris comme si on ne les eût jamais mis dans l'eau. Tout ce qu'on avoit gagné, se réduisoit donc à les avoir conservés dix à douze ans sous l'eau où ils n'avoient pas pourri, comme ils auroient fait dans les chantiers ; mais l'eau n'ayant pas fait changer leur nature, ils se sont pourris lorsqu'ils en ont été tirés.

On peut se rappeller que dans les Expériences que j'ai rapportées dans le Traité de l'*Exploitation*, pour connoître quelle étoit la saison la plus favorable pour abattre les arbres, tous les abattages m'ont donné des pieces de bonne qualité qui se corrompoient difficilement, & d'autres qui tomboient promptement en pourriture. Il me paroît donc que le tempérament des arbres est ce qui décide mieux de leur durée ; & si cette différence se remarque sur de jeunes arbres, combien, à plus forte raison, influera-t-elle sur de gros arbres, qui, comme je l'ai prouvé, sont presque tous en retour, & affectés d'un germe de pourriture dans le cœur. Achevons d'exposer, le plus qu'il nous sera possible, l'état de la question qui partage ceux qui sont les mieux instruits de ce qui concerne les bois.

1°, Il est certain que dans les plus anciens édifices on trouve des charpentes & des poutres qui, étant à couvert des injures de l'air, se sont conservés des siecles parfaitement saines, sans qu'on voie dans aucun des ouvrages d'architecture faits dans ces temps reculés, qu'on prît aucune précaution particuliere pour les rendre de longue durée. Ainsi, à moins que d'être bien certain qu'on peut aider la nature par tel ou tel moyen, ce qui ne peut se savoir que par une longue étude fondée sur plusieurs Expériences, on courroit risque de tout gâter, en voulant, d'après de simples conjectures, améliorer les bois.

2°, On admet comme une chose certaine, que la seve se

diffipe plus promptement des bois qui ont féjourné dans l'eau, que de ceux qu'on laiffe fe deffécher à l'air. C'eft pour cette raifon que les Menuifiers & les Tonneliers mettent leurs bois tremper dans l'eau lorfqu'ils n'en ont point de fecs, & qu'ils font preffés de faire quelques ouvrages. En ce cas, ils débitent & corroyent groffiérement leurs bois; puis ils les jettent à l'eau; & s'ils en ont la commodité, ils préferent de les mettre à la chûte d'un moulin, afin d'enlever plus promptement la feve, non pas dans la vue de les empêcher de pourrir; leur intention eft de faire enforte qu'ils ne fe tourmentent point. Mais eft-on affuré, par des expériences bien faites, que les bois imbibés d'eau fe defféchent plus promptement que ceux qui n'ont jamais été flottés ? & fi cela eft, comme on le penfe, cet effet s'o-pere-t-il fur de gros bois comme fur des planches minces? N'eft-il point à craindre que voulant enlever par art, & avec précipitation, cette feve qui a fait la nourriture du bois pendant qu'il étoit fur pied, l'eau n'emporte en même-temps les parties utiles au bois, des fubftances gommeufes, mucilagineufes, mu-queufes, réfineufes, qui étant épaiffies, contribueroient à la bonté du bois ? & fi la fouftraction de ces fubftances eft utile pour des ouvrages qu'on tient à couvert, & qui n'ont pas befoin de beaucoup de force, ne feroit-elle pas défavantageufe aux bois qui doivent être expofés aux injures de l'air, & qui ont à fupporter des efforts confidérables ?

Ainfi, dans certaines circonftances, on voit que la feve fer-mente & qu'elle fe corrompt; dans d'autres, on apperçoit qu'elle contribue à la confervation des bois & à leur force. Si pour certains ouvrages de précifion, il eft avantageux d'extraire la feve pour réduire le bois fort à l'état de bois gras; dans d'autres, il peut être plus avantageux de laiffer la feve s'échapper douce-ment, afin que la partie flegmatique fe diffipe fans détruire les parties fubftantieufes qui contribuent à la bonté du bois; car il y a beaucoup de gros ouvrages où l'on n'a point à craindre que les bois fe tourmentent.

Voilà beaucoup d'incertitudes & quantité de queftions que j'ai effayé d'éclaircir par les Expériences que je vais rapporter.

ARTICLE IV. *Expériences pour connoître si l'eau étrangere qui est dans une piece de Bois qui a long-temps resté sous l'eau, se dissipe promptement.*

§ 1. PREMIERE EXPÉRIENCE.

ON A tiré de l'eau & des vases une piece de bois qui y étant depuis bien des années étoit très-pénétrée de l'eau de la mer : sa solidité étoit de quatre pieds sept pouces cubes. Le 27 Août 1727, que commença l'Expérience, elle pesoit 353 liv. on la mit dans un Magasin sec ; & le 3 Mai 1729, au bout de vingt mois, elle se trouva peser 292 liv. ainsi elle avoit perdu 61 liv. de son premier poids. Le 2 Octobre 1731, au bout de 28 mois, elle pesoit 261 liv. ainsi elle avoit encore perdu 31 liv. de son poids, en tout 92 liv. Chaque pied cube, au commencement de cette Expérience, pesoit 77 liv. & à la fin, ayant diminué de 20 liv. près d'un quart, le pied cube ne pesoit plus que 57 liv. c'est le poids des bois de Chêne de très-médiocre qualité. Je conviens que pour l'exactitude de l'Expérience, il auroit fallu continuer à peser tous les deux jours cette piece de bois pour voir si elle faisoit l'hygrometre ; car c'est ce qui auroit décidé si elle étoit parfaitement seche.

Voici une autre Expérience, faite dans la même vue, pendant que j'étois à Toulon.

§ 2. SECONDE EXPÉRIENCE.

DANS l'année 1732, au mois de Juin, il arriva à Toulon du bois de la forêt d'Arta en Albanie : on le mit sous l'eau de la mer dans le port afin de le conserver, excepté deux pieces qu'on laissa sur des chantiers à terre, afin qu'elles séchassent à l'air. Sur cela j'engageai à faire l'Expérience qui suit.

Le 6 Mars 1736, nous fîmes tirer deux pieces de celles qui étoient à la mer ; nous en fîmes équarrir une pour la réduire à huit pieds de long, dix pouces de large, & neuf pouces d'épaisfeur, ce qui fait 5 pieds cubes. On la porta le même jour à la balance, & elle pefoit 417 liv. 8 onces poids de marc ; par conféquent le pied cube pefoit 83 livres 8 onces.

Le même jour, nous fîmes équarrir une des pieces qu'on avoit laiffé fécher fur les chantiers en plein air depuis près de quatre ans ; on la réduifit aux mêmes dimenfions que la précédente, favoir huit pieds de long, 10 pouces de large, & neuf pouces d'épaiffeur, faifant 5 pieds cubes, qui peferent 297 liv. poids de marc ; par conféquent le pied cube pefoit 59 livres 6 onces 3 gros un tiers.

Le même jour, nous fîmes équarrir la feconde piece qui avoit été tirée de la mer ; on lui donna fix pieds de long, 9 pouces de large, & huit pouces d'épaiffeur, faifant trois pieds cubes : cette piece pefoit 263 liv. 8 onc. par conféquent le pied cube pefoit 87 liv. 13 onces 2 gros 2 grains.

Nous fîmes auffi équarrir la feconde piece qu'on avoit laiffé fécher au grand air : on la réduifit aux mêmes dimenfions de fix pieds de long, neuf pouces de large, & huit pouces d'épaiffeur, faifant trois pieds cubes ; elle pefoit 210 liv. 8 onces, par conféquent le pied cube pefoit 70 liv. 2 onc. 5 gros 1 grain.

Nous fîmes marquer avec un cifeau les pieces qui avoient été à la mer, ARTA, MER.

Et celles qui n'y avoient point été mifes, mais qui avoient féché à l'air fur des chantiers depuis près de quatre ans, ARTA, TERRE.

Le 28 Décembre 1736, nous fîmes retirer ces quatre pieces de bois d'Arta, que nous avions mifes vers la mi-Mars précédente fous les hangars de l'Artillerie ; nous remarquâmes premiérement que celles qui n'avoient point été mifes à la mer étoient plus gerfées que les autres, & les fentes plus du double plus ouvertes ; l'intérieur des fentes étoit de couleur feuille morte pâle, parce qu'elles étoient anciennes & formées avant l'Expérience.

Les pieces qui avoient été mifes à la mer fe fendirent, à la vérité, & fe gerferent en quelques endroits, mais pas la moitié autant que les premieres, tant pour la quantité que pour la

largeur des fentes ; & leur couleur marquoit qu'elles étoient
nouvelles. Ces pieces étoient presque dans le même état que
quand on les déposa sous les hangars ; c'est-à-dire , qu'elles
avoient toujours l'œil vif & sain ; mais il s'en falloit beaucoup
qu'elles ne fussent seches.

		livres.	onc.	gros.	gr.
	Nous fimes peser la grosse de la mer qui cuboit cinq pieds ; & mise dans la même balance que la premiere fois , elle pesoit. . .	338			
I. Piec. Arta, Mer.	Par conséquent le pied cube ne pesoit plus que . . .	67	9	4	4/5
	Il pesoit à la premiere fois . . .	83	8		
	Donc il avoit diminué de poids par chaque pied cube . . .	15	14	3	1/5
	Nous prîmes ensuite la grosse piece qui avoit toujours séché sur terre, & qui cuboit pareillement cinq pieds ; nous la fimes porter à la balance, & elle pesa . .	274			
I. Piec. Arta, Terre.	Par conséquent le pied cube ne pesoit plus que . . .	54	12	6	2/5
	Et il pesoit auparavant . . .	59	6	3	1/5
	Il avoit donc diminué de poids par chaque pied cube de . . .	4	9	4	4/5
	Nous prîmes encore la seconde piece de la mer, qui cuboit trois pieds ; nous la fimes porter à la balance, & elle pesa .	210			
II. Piece, Arta, Mer.	Par conséquent le pied cube ne pesoit que . . .	70	0	0	0
	Et il pesoit le 6 Mars . . .	87	13	2	2
	Donc il avoit diminué par chaque pied cube de . . .	17	13	2	2
	Nous fimes pareillement porter à la balance la seconde piece qui avoit toujours séché sur terre, & elle pesa . . .	192			

II. Pie-
ce.
Arta,
Terre. { Par conséquent le pied cube ne pesoit plus que . . . . **64** (livres, onc. gros, gr)
Et il pesoit le 6 Mars . . . . **70　2　5　1**
Donc il avoit diminué de poids par chaque pied cube de . . . . **6　2　5　1**

Le même jour nous fîmes reporter ces pieces sous les hangars, & le 24 Août 1737, nous les fîmes peser.

livres.

I. Piec.
A. mer. { La grosse piece de la mer ne pesoit plus que . . **310**
Et elle pesoit le 28 Décembre **338**
Par conséquent elle avoit diminué de **28**

I. Piec.
A. terre { La grosse piece de terre ne pesoit plus que . . **264**
Et elle pesoit le 28 Décembre **274**
Par conséquent elle avoit diminué de **10**

II. Pie-
ce, A.
mer. { La petite piece de la mer ne pesoit plus que . . **195**
Et elle pesoit le 28 Décembre **210**
Par conséquent elle avoit diminué de **15**

II. Pie-
ce, A.
terre. { La petite piece de terre ne pesoit plus que . . . **183**
Et elle pesoit le 28 Décembre **192**
Par conséquent elle avoit diminué de **9**

Les fentes de l'une & de l'autre étoient à peu près semblables ; cependant les pieces de la mer n'étoient pas parfaitement seches.

§ 3. *RÉCAPITULATION des poids extrêmes , premier & dernier, de l'Expérience précédente.*

livres. onc.

I. Piec.
A. mer. { Le 6 Mars 1736, la grosse de la mer pesoit . . **417　8**
Le 24 Août 1737, elle ne pesoit plus que. . . . **310**
Donc elle avoit diminué de . . . . **107　8**

Le

		livres.	onc.
I. Piec. A.terre	Le 6 Mars 1736, la grosse de la terre pesoit. .	297	
	Le 24 Août 1737, elle ne pesoit plus que. . . .	264	
	Donc elle avoit diminué de	33	
II. Pie- ce, A. mer.	Le 6 Mars 1736, la petite de la mer pesoit . .	263	8
	Le 24 Août 1737, elle ne pesoit plus que . . .	195	0
	Donc elle avoit diminué de	68	8
III. Pie- ce, A. terre.	Le 6 Mars 1736, la petite de la terre pesoit . .	210	8
	Le 24 Août 1737, elle ne pesoit plus que . . .	183	0
	Donc elle avoit diminué de	27	8

§ 4. *Suite de l'Expérience, & conséquences qui en résultent.*

	livres.
Le 19 Janvier 1739, la grosse piece d'ARTA, MER ne pesoit plus que	293
Et elle pesoit le 24 Août 1737	310
Par conséquent elle avoit encore diminué de . .	17
Le 19 Janvier 1739, la grosse piece d'ARTA, TERRE ne pesoit plus que	256
Et elle pesoit le 24 Août 1737	264
Par conséquent elle avoit encore diminué de. .	8
Le 19 Janvier 1739, la petite piece d'ARTA, MER ne pesoit plus que	184
Et elle pesoit le 24 Août 1737	195
Par conséquent elle avoit encore diminué de. .	11
Le 19 Janvier 1739, la petite piece d'ARTA, TERRE ne pesoit plus que	179
Et elle pesoit le 24 Août 1737	183
Par conséquent elle avoit encore diminué de .	4

Ces pieces, depuis le commencement de l'Expérience, ont

toujours resté sous le hangar de l'Artillerie, où le soleil donne
la moitié de la journée ; car ce hangar n'est fermé que par une
claire-voie.

On voit néanmoins que les pieces qui ont été sorties de
mer n'étoient pas encore seches, à beaucoup près, le 19 Janvier 1739, quand on a fini l'Expérience, puisqu'elles étoient
beaucoup plus pesantes que celles qui n'avoient point été dans
l'eau, & que d'ailleurs elles diminuoient encore beaucoup de
poids, preuve qu'elles continuoient à se dessécher. Je n'étois
plus à Toulon à la fin de l'Expérience ; mais on m'écrivit que
les fentes des pieces qu'on avoit tirées de l'eau, étoient devenues
aussi considérables que celles des pieces qui n'y avoient jamais
été.

Cette Expérience a été trop tôt discontinuée ; quelques-unes
des suivantes seront plus instructives. Cependant on voit que les
bois forts se fendent en se séchant, lors même qu'ils ont passé un
temps considérable dans l'eau de la mer.

ARTICLE V. *Expériences pour reconnoître le temps
nécessaire pour que l'eau de mer, dont un morceau
de bois est imbibé, se dissipe.*

1°, On a pris un pied cube d'une piece de bois qui avoit se-
journé plusieurs années dans la vase & l'eau de la mer. Le
Octobre 1731, au commencement de l'Expérience, ce pied
cube pesoit 76 liv. $\frac{1}{2}$. On le repesa le 23 Septembre 1732 : ce
cube étant resté ces neuf mois dans un bâtiment, il se trouva
ne plus peser que 57 liv. ainsi il avoit perdu 19 liv. $\frac{1}{2}$ de son
premier poids, ce qui fait, comme dans l'Expérience précédente, la différence d'un quart : cependant ce pied cube de bois
n'étoit sûrement pas aussi sec qu'il auroit pu l'être ; l'Expérience précédente le donne à penser, puisqu'il s'est fait encore
une dissipation assez considérable d'humidité la seconde année :
cependant voilà le pied cube réduit au poids de 57 liv. comme
la piece de l'Expérience rapportée dans l'Article IV.

2°, On a pris un pied cube d'une piece qui avoit été tirée de l'eau depuis quelque temps, & qui par conséquent s'étoit déjà desséchée, elle pesoit le 3 Décembre 1731, au commencement de l'Expérience, 70 liv. $\frac{3}{4}$; ainsi elle étoit plus légere que l'autre de 5 liv. $\frac{1}{4}$. L'ayant mise à couvert jusqu'au 3 Septembre 1732, elle se trouva ne plus peser que 61 liv. $\frac{1}{2}$, n'ayant perdu que 9 liv. $\frac{1}{4}$ de son poids. Comme il y avoit déjà quelque temps que ce morceau de bois étoit tiré de l'eau, il n'est pas douteux qu'il s'étoit desséché, & qu'ayant ensuite resté neuf mois à couvert, comme le précédent, il devoit être plus sec; cependant il s'est trouvé peser 4 liv. $\frac{1}{2}$ de plus : ce qui, à la vérité, est peu de chose sur un pied cube ; mais je suis porté à en conclure que la qualité du bois de ce pied cube étoit supérieure à l'autre.

3°, On a fait encore un cube de même dimension avec une piece de bois qui avoit été tirée de l'eau, & conservée à couvert pendant deux ans & demi. Le 3 Décembre 1731, au commencement de l'Expérience, ce pied cube pesoit 68 liv. $\frac{1}{4}$. Neuf mois après, il ne pesoit plus que 58 liv. ainsi, quoique ce bois eût pu se dessécher pendant deux ans, il a encore perdu 10 liv. $\frac{1}{4}$ de son poids : ce qui confirme une Expérience que j'ai rapportée plus haut, pour prouver que les grosses pieces de bois sont bien long-temps à se dessécher parfaitement. Mais la premiere Expérience étoit faite sur des bois neufs, & celle-ci sur des bois qui avoient long-temps séjourné dans l'eau. Au reste, voilà ce cube revenu à 58 liv. ce qui ne fait qu'une livre de différence avec le cube N°. 1.

4°, Pour voir où pouvoit aller le desséchement d'une piece qui n'auroit jamais été dans l'eau, on a tiré un pied cube d'une piece de bois qui avoit resté six ans dans un Magasin : le pied cube pesoit, au commencement de l'Expérience, savoir le 3 Décembre 1731, 59 liv. $\frac{1}{4}$, & le 23 Septembre 1738, il ne pesoit plus que 52 liv. ainsi ce cube qui paroissoit devoir être parfaitement sec, a encore perdu 7 liv. 4 onces de son poids. D'où l'on peut conclure que les autres cubes n'étoient pas parfaitement secs ; & que les grosses pieces, quelque seches qu'elles paroissent, se dessechent encore considérablement quand on

N ij

les réduit en plus petits morceaux ; enfin, qu'il n'eſt point certain, quoiqu'on le penſe aſſez communément, que les bois qui ont reſté dans l'eau ſe deſſechent beaucoup plus promptement que ceux qui n'y ont jamais été. ————

Comme le flottage des bois eſt un point très-intéreſſant, ſoit pour ſavoir ſi l'on doit tranſporter les bois à flot, ſoit pour décider ſi l'on doit conſerver les bois dans l'eau, à l'air ou ſous des hangars, nous avons prodigieuſement multiplié les Expériences pour eſſayer d'éclaircir ce myſtere, & de connoître (s'il étoit poſſible) la vérité. Pour cela j'ai cru devoir prendre l'inverſe : ainſi, je vais commencer par examiner ſi un morceau de bois doit reſter bien long-temps dans l'eau pour en être autant pénétré qu'il peut l'être.

ARTICLE VI. *Expériences ſur l'imbibition des Bois que l'on tient dans l'eau.*

IL S'AGIT ici d'examiner : 1°, Suivant quelle loi les bois ſe chargent de l'eau dans laquelle ils flottent.

2°, Si les bois de différente qualité s'en chargent plus ou moins promptement, & en plus ou moins grande quantité les uns que les autres.

3°, S'ils ſont bien long-temps à s'en charger autant qu'ils peuvent en prendre.

Pour cela j'ai pris de ces petites balances qu'on emploie pour peſer les Louis d'or : elles trébuchoient à un ſixieme de grain ; cependant je ne me propoſois pas d'atteindre à ce degré de préciſion.

Comme la plûpart des bois ſecs ſont ſpécifiquement plus légers que le volume d'eau qu'ils déplacent, & comme il étoit néceſſaire qu'ils allaſſent au fond de l'eau, j'ôtai un des plateaux du côté de *A, Planche VII. Fig.* 4. J'y ſubſtituai une balle de plomb attachée à un crin ; & cette balle de plomb trempant dans l'eau du vaſe *C*, je mis des poids dans le plateau *D*, juſqu'à ce que ce plateau étant dans l'air, & la balle nageant dans l'eau, tout fût en équilibre. Ces poids étoient de fine cendrée de plomb. Pour lors je détachai la balle du bras *A* , & je pesai dans une autre balance les petits prismes de bois E (*Planche VII. Fig.* 5) qui devoient servir pour mes Expériences. Ils avoient tous une base quarrée d'un pouce de côté , & de 2 de hauteur.

Je pris ensuite la balle de plomb que j'avois pesée dans l'eau , & je l'ajustai sous le prisme de bois, E (*Fig.* 5). Au moyen d'un autre crin, j'attachai le prisme au bras *A* de la balance, enfin j'emplis d'eau le vase *C,* qui étoit de crystal.

Comme il y avoit équilibre entre la balle nageante dans l'eau & le plateau *D* dans l'air , l'effet de la balle étoit nul ; de sorte que si le prisme de bois étoit plus pesant que le volume d'eau qu'il déplaçoit, il falloit, pour rétablir l'équilibre, mettre des poids dans le plateau *D* ; & ces poids exprimoient le surcroît de pesanteur du prisme sur l'eau dans laquelle il flottoit. Si , au contraire, le prisme étoit plus léger que son volume d'eau, il falloit ôter du plateau *D* assez des poids qu'on y avoit mis pour faire l'équilibre avec la balle ; & la somme de cette soustraction exprimoit de combien le prisme étoit plus léger que l'eau qu'il déplaçoit.

La substance ligneuse , de quelque espece que soient les bois , est plus pesante que l'eau ; & elle iroit constamment au fond , s'il n'y avoit pas des pores remplis d'air qui la font flotter. Les bois blancs les plus légers , le liége même , se précipitent au fond quand on les réduit en poussiere fine , & quand on en a pompé l'air par la machine pneumatique. Il suit delà que le poids des bois qui trempent dans l'eau doit augmenter à mesure que l'eau s'insinue dans leur intérieur, & qu'elle prend la place de l'air qui remplissoit les pores & qui les faisoit surnager. C'est aussi ce qui arrivoit à mes prismes ; & pour rétablir l'équilibre, j'étois obligé de mettre des poids dans le plateau *D* : ces poids indiquoient la quantité d'eau qui s'insinuoit dans mes prismes.

Comme l'eau ne pénetre que peu à peu les bois, j'étois obligé d'avoir un grand nombre de fort petits poids ; il m'auroit été difficile de me procurer plusieurs milliers de grains, de demi-grains, & de tiers de grains : ce qui me fit prendre le parti d'employer pour poids de ces fines dragées de plomb qu'on nom-

me *de la cendrée*, choififfant la plus fine ; & pour que les grains
fuffent plus réguliérement d'une même groffeur, je paffai cette
cendrée par une paffoire ; enfuite j'en pefai plufieurs gros, &
en ayant compté les grains, je reconnus qu'en prenant une
moyenne fur plufieurs pefées, il falloit cent vingt-cinq grains
pour faire un gros. Ainfi toutes les fois que je dis que j'ai ajouté
ou fouftrait un nombre, il faut imaginer que chaque unité de ce
nombre eft un cent vingt-cinquieme de gros.

Je paffe au détail des Expériences, dont l'exécution a été
bien longue, & a exigé beaucoup d'exactitude & de patience.

§ 1. PREMIERE EXPÉRIENCE.

Je fis venir de Toulon un morceau de Chêne de Provence
bien fain & d'un grain très-ferré : j'en fis former des prifmes fuivant les dimenfions que j'ai rapportées plus haut.

Celui numéroté 1 pefoit dans l'air, le 30 Juin 1737, 1 once
1 gros 16 grains $\frac{1}{2}$.

L'ayant ajufté à la balance hydroftatique comme je l'ai expliqué, il fallut pour le mettre en équilibre, parce qu'il étoit plus
léger que l'eau, ôter du plateau *D* 168 dragées. Les jours fuivants, à mefure que le bois s'imbiboit, je mettois de pareils
poids dans le plateau *D*, & on en ôtoit quand le morceau de
bois diminuoit de poids. Ainfi A, fignifie *ajouté* : S, fignifie
fouftrait : T, *thermometre*. Les Numéros de la premiere colonne
indiquent les jours du mois.

JUIN.

30 T. 20 $\frac{1}{2}$ *beau* A $\begin{cases} \text{le matin. } 23 \\ \text{à midi. } 23 \\ \text{à 4 heures. } 144 \\ \text{le foir. } 11 \end{cases}$

JUILLET.

1 T. 20 *beau* A . . . . . $\begin{cases} \text{matin. } 15 \\ \text{midi. } 4 \\ \text{foir. } 9 \end{cases}$

2 T. 20 *beau* A . . . . . $\begin{cases} \text{matin. } 10 \\ \text{foir. } 13 \end{cases}$

3 T. 22 $\frac{1}{2}$ *pluie* A . . . $\begin{cases} \text{matin. } 6 \\ \text{midi. } 7 \\ \text{foir. } 7 \end{cases}$

JUILLET.

4 T. 22 *beau* A . . . . . matin. 7

5 T. 21 $\frac{1}{2}$ *beau* A . . . . $\begin{cases} \text{midi. } 3 \\ \text{foir. } 5 \end{cases}$

6 T. 22 *pluie* A . . . . . $\begin{cases} \text{matin. } 8 \\ \text{midi. } 3 \\ \text{foir. } 5 \end{cases}$

7 T. 17 *beau* A . . . . . $\begin{cases} \text{matin. } 9 \\ \text{midi. } 0 \\ \text{foir. } 10 \end{cases}$

8 T. 16 *beau* A . . . . . $\begin{cases} \text{matin. } 5 \\ \text{midi. } 5 \\ \text{foir. } 3 \end{cases}$

JUILLET.

9 T. 16 *beau* A..... { matin. 7 / midi. 4 / foir. 2

10 T. 16 *beau* A..... { matin. 5 / midi. 3 / foir. 4

11 T. 16 *beau* A..... { matin. 5 / foir. 5

12 T. 18 *beau* A..... { matin. 3 / foir. 5

13 T. 19 ½ *orage* A.. * { matin. 4 / foir. 7

14 T. 20 *beau*....... { matin. 5 / foir. 5

15 T. 20 ½ *beau*...... { matin. 4 / foir. 5

16 T. 20 *beau*....... { matin. 3 / foir. 8

17 T. 21 *beau*....... { matin. 3 / foir. 5

18 T. 22 ½ *orage*..... { matin. 4 / foir. 3

19 T. 22 *beau*....... { matin. 3 / foir. 3

20 T. 21 ½ *beau*...... { matin. 4 / foir. 4

21 T. 22 *tonnerre*..... { matin. 3 / foir. 2

22 T. 21 ½ *pluie*...... { matin. 2 / foir. 4

23 T. 20 *beau*........ { matin. 4 / foir. 0

24 T. 20 *beau*........ { matin. 4 / foir. 3

25 T. 20 *pluie*....... { matin. 0 / foir. 3

26 T. 18 *humide*..... { matin. 3 / foir. 4

JUILLET.

27 T. 17 ½ *pluie*...... { matin. 3 / foir. 0

28 T. 17 *pluie*........ { matin. 3 / foir. 4

29 T. 17 *humide*..... { matin. 3 / foir. 0

30 T. 19 *orage*...... { matin. 4 / foir. 0

31 T. 19 *orage*....... { matin. 0 / foir. 2

AOUST.

1 T. 17 *beau*....... { matin. 4 / foir. 0

2 T. 18 *orage*...... { matin. 0 / foir. 3

3 T. 16 ½ *vent*...... matin. 3

On n'a plus examiné que les matins.

4 T. 17 *pluie*..............3
5 T. 16 *humide*...........4
6 T. 16 *beau*..............3
7 T. 16 *beau*..............3
8 T. 16 *beau*..............0
9 T. 16 ½ *vent*............6
10 T. 17 *vent*..............0
11 T. 17 *beau*..............4
12 T. 16 *pluie*.............0
13 T. 16 *pluie*.............0
14 T. 16 ½ *orage*..........0
15 T. 16 *vent*..............0
16 T. 15 *pluie*.............1
17 T. 15 *beau*..............0
18 T. 14 *pluie*.............0
19 T. 15 *pluie*.............0
20 T. 15 *pluie*.............6
21 T. 15 *pluie*.............7

* Il faut fuppofer un A par tout où on ne trouvera point S , tant pour cette Expérience que pour les fuivantes ; mais on a mis exactement A & S , à la fin de l'Expérience , lorfque les bois faifoient l'hygrometre.

AOUST.

22	T. 14	pluie	6
23	T. 14	pluie	0
24	T. 16	vent	0
25	T. 14	pluie	4
26	T. 15	sec	1
27	T. 15	pluie	0
28	T. 16 ½	pluie	1
29	T. 16 ½	sec	2
30	T. 16	pluie	0
31	T. 15 ½	pluie	2

SEPTEMBRE.

1	T. 15	sec	2
2	T. 15	sec	0
3	T. 15	humide	0
4	T. 14 ½	humide	2
5	T. 14	humide	0
6	T. 14	sec	0
7	T. 14	pluie	0
8	T. 14	sec	1
9	T. 15	beau	2
10	T. 16	beau	1
11	T. 18	beau	3
12	T. 18	beau	0
13	T. 18	beau	0
14	T. 18	humide	0
15	T. 19	beau	0
16	T. 18 ½	beau	0
17	T. 16	pluie	3
18	T. 17	pluie	0
19	T. 17	sec	0
20	T. 16	humide	0
21	T. 17	beau	0
22	T. 17	humide	1
23	T. 17 ½	humide	0
24	T. 17 ½	sec	0
25	T. 17	sec	1

SEPTEMBRE.

26	T. 16	humide	0
27	T. 15	humide	0
28	T. 15	humide	4
29	T. 14 ½	sec	0
30	T. 14	sec	0

OCTOBRE.

1	T. 14	humide	0
2	T. 14	humide	0
3	T. 13	humide	0
4	T. 13	humide	0
5	T. 13	humide	0
6	T. 13	humide	0
7	T. 14	humide	3
8	T. 13	humide	0
9	T. 13	humide	0
10	T. 13	humide	0
11	T. 13	humide	0
12	T. 11 ½	humide	0
13	T. 11 ½	sec	1
14	T. 11 ½	beau	1
15	T. 11	humide	0
16	T. 11	humide	0
17	T. 10 ½	sec	0
18	T. 10 ½	beau	0
19	T. 10	beau	0
20	T. 10	sec	1
21	T. 10	humide	2
22			1
23			1
24	T. 10	humide	0
25	T. 10	humide	0
26	T. 10	sec	2
27	T. 10	humide	0
28	T. 11	beau	0
29	T. 10 ½	beau	1
30	T. 11	beau	0

On l'a tiré de l'eau ; & l'ayant bien essuyé, il pesoit 1 once

6 gros 50 grains, ainsi il étoit augmenté de 5 gros 33 $\frac{1}{2}$ grains.

On l'a suspendu en l'air par le crin qui le tenoit à la balance, & le 6 Septembre 1738, il s'est trouvé peser 1 once o gros 54 grains, ainsi il étoit plus léger qu'au commencement de l'Expérience de 34 $\frac{1}{4}$ grains. Je remarquerai une fois pour toutes que l'eau se troubloit, & se chargeoit de la substance du bois, surtout quand les bois étoient verds.

§ 2. SECONDE EXPÉRIENCE.

LE Prisme N°. 2 pesoit dans l'air 1 once 1 gros 46 $\frac{1}{2}$ grains ; en le plongeant dans l'eau, il fallut ajouter 99 petits poids pour le mettre en équilibre.

Comme cette Expérience s'est faite en même temps que la précédente, la température de l'air étoit la même.

JUIN, 1737.	JUILLET.	JUILLET.
30 matin.........14	7 matin..........9	soir............4
midi...........22	midi............0	17 matin.........3
à quatre heures.16	soir...........10	soir............3
soir...........10	8 matin..........3	18 matin.........4
JUILLET.	midi............3	soir............5
1 matin.........12	soir............4	19 matin.........3
midi............4	9 matin..........7	soir............4
soir............6	midi............4	20 matin.........2
2 matin.........10	soir............4	soir............3
soir...........11	10 matin.........4	21 matin.........3
3 matin..........8	midi............3	soir............9
midi............5	soir............3	22 matin.........3
soir............5	11 matin.........3	soir............2
4 matin.........10	soir............4	23 matin.........4
midi............6	12 matin.........3	soir............3
soir............9	soir............5	24 matin.........3
5 matin.........12	13 matin.........4	soir............1
midi............5	soir............7	25 matin.........3
soir............7	14 matin.........5	soir............1
6 matin..........6	soir............5	26 matin.........2
midi............3	15 matin.........2	soir............2
soir............0	soir............6	27 matin.........0
	16 matin.........4	soir............4

JUILLET.

28 matin.........0	29 matin.........0	30 matin.........2
soir.............0	soir.........2	soir.........2

AOUST.	SEPTEMBRE.	OCTOBRE.	Comme l'eau étoit devenue épaisse, on l'a changé pour en mettre de nouvelle.	MARS.
1........3	1........0	1........0		3........0
2........3	2........0	2........0		10........0
3........3	3........0	3........0		18.S.....4
4........3	4........0	4........0	**NOVEMBRE.**	26.S....10
5........0	5........0	5........0		**AVRIL.**
6........4	6........0	6........0	7.A....14	
7........3	7........1	7........0	13.S.....7	
8........0	8........8	8........3	21.S.....8	5.S.....6
9........4	9........0	9........0	28.A.....3	11.S.....3
10........0	10........3	10........0		19........0
11........0	11........1	11........0	**DÉCEMBRE.**	
12........0	12........3	12........1		**MAI.**
13........0	13........0	13........1	5.A.....2	
14........2	14........0	14........1	13.S.....2	1.S.....6
15........3	15........0	15........0	20.A.....4	8.S.....1
16........4	16........1	16........0	28.A.....2	15.S.....2
17........2	17........1	17........0		23.A.....3
18........2	18........0	18........0	**JANVIER,**	31.S.....1
19........1	19........4	19........2	**1738.**	
20........1	20........0	20........1		**JUILLET.**
21........1	21........0	21........0	2.A.....1	
22........0	22........2	22........0	16.S....26	3.S.....1
23........0	23........0	23........0	22.A....15	13.A.....8
24........1	24........0	24........0	30.A....15	21.S.....6
25........0	25........2	25........1		28.S.....5
26........1	26........0	26........3	**FÉVRIER.**	
27........3	27........0	27........0		**AOUST.**
28........0	28........0	28........0	8.S.....5	
29........1	29........0	29........0	16.A.....5	5........0
30........2	30........0	30........2	24.A.....3	
31........2				

On l'a retiré de l'eau ; & l'ayant essuyé, il pesoit 1 once 6 gros 5 grains, étant augmenté de 4 gros 30 ½ grains.

§ 3. TROISIEME EXPÉRIENCE.

LE Prisme de Provence N°. 3 , pesoit dans l'air, 1 once 2 gros 48 grains ; en le plongeant dans l'eau , il fallut, pour le mettre en équilibre, ajouter 71 petits poids.

JUIN, 1737.		JUILLET.		JUILLET.
30..............16		soir...........6		soir............3
JUILLET.	9	matin.........3	20	matin.........4
		midi..........4		soir..........4
1 matin........24		soir...........5	21	matin.........3
midi.........16	10	matin.........5		soir..........4
soir..........11		midi..........2	22	matin.........4
2 matin........12		soir...........4		soir..........10
midi..........5	11	matin.........4	23	matin.........3
soir...........9		midi..........3		soir...........3
3 matin.........8		soir...........4	24	matin.........3
soir...........9	12	matin.........3		soir...........0
4 matin.........4		soir...........4	25	matin.........2
midi..........6	13	matin.........4		soir...........3
soir...........4		soir...........6	26	matin.........0
5 matin........17	14	matin.........5		soir...........4
midi..........3		soir...........5	27	matin.........3
soir...........6	15	matin.........0		soir...........4
6 matin.........7		soir...........0	28	matin.........0
midi..........4	16	matin.........3		soir...........0
soir..........11		soir...........5	29	matin.........0
7 matin.........8	17	matin.........3		soir...........2
midi..........4		soir...........6	30	matin.........0
soir...........5	18	matin.........3		soir...........2
8 matin.........7		soir...........4	31	matin.........0
midi..........4	19	matin.........4		soir...........0

AOUST.

1 .matin .4	4..........3	8........5	12........4	16........2
.soir...3	5.........3	9........0	13........0	17........4
2........0	6.........4	10........3	14........0	18........2
3........5	7.........0	11........0	15........2	19........1

AOUST.	13........0	9........0	jours, & on n'a	MARS.
	14........0	10........0	point changé	
20........1	15........0	11........0	l'eau.	3.S.....3
21........0	16........1	12........0		10.S.....3
22........1	17........0	13........2	NOVEMBRE.	18........0
23........1	18........0	14........1		26........0
24........1	19........3	15........0	7.A....3	MAI.
25........2	20........0	16........0	13.A....3	
26........1	21........1	17........0	21.S.....1	1.A.....6
27........0	22........0	18........3	28.A.....2	8.S.....1
28........1	23........1	19........0	DÉCEMBRE.	15.S.....4
29........0	24........1	20........0		23.S.....1
30........0	25........0	21........0	5.A....2	31.A.....1
31........2	26........0	22........0	13.S.....3	JUIN.
SEPTEMBRE.	27........0	23........0	20.A.....8	
	28........0	24........0	28.A.....3	7.A.....1
1........1	29........2	25........0	JANVIER, 1738.	14.A.....2
2........0	30........0	26........1		20.A.....4
3........1	OCTOBRE.	27........2	2.A.....2	28.A.....1
4........0		28........3	16.S.....6	JUILLET.
5........0	1........0	29........0	22.S.....1	
6........2	2........0	30........1	30........0	5.S.....2
7........0	3........0		FÉVRIER.	13.A.....2
8........0	4........0	Comme ce		21........0
9........2	5........0	morceau de bois	8.A.....1	28.S.....4
10........0	6........0	n'imbiboit pres-	16.S.....3	AOUST.
11........1	7........2	que plus, on ne	24........8	5.A.....2
12........2	8........0	l'a plus pesé que		
		tous les huit		

On a tiré ce Prisme de l'eau; & après l'avoir bien essuyé, il pesoit 1 once 7 gros 52 grains. Ainsi il avoit aspiré 5 gros 4 grains d'eau.

§ 4. QUATRIEME EXPÉRIENCE.

UN Prisme de bon bois de Chêne de pareilles dimensions, pesant dans l'air 1 once 1 gros 36 grains, a été ajusté comme les précédents à une balance hydrostatique : il a fallu 72 dragées pour mettre le Prisme à flot. Cet ajustement a été fait le 31 Octobre 1737. Le 4 Novembre, il a fallu 136 dragées pour rétablir l'équilibre ainsi :

NOVEMBRE,	20..A...3	6..A...5	16..A...9	19....0
1737.	21..A...3	7..A...7	22..A...6	MAI.
4..A.136	22..A...3	8..A...6	30..A..13	
5..A..16	23..A...7	9..A...7	FÉVRIER.	1..A...7
6..A..14	24..A...5	10..A...5		8..S....3
7..A...8	25..A...5	11....0	8..A...0	15..A...5
8..A...8	26..A...4	12..A...7	16..A...3	23..S....3
9..A...9	27..A...4	13..A...4	24..A..12	31..A...4
10..A...6	28..A...7	14..A...3	MARS.	JUIN.
11..A...6	29..A...8	15..A...5		
12..A...7	30..A...4	16..A...0	3..S....2	7..A...3
13..A...8	DÉCEMBRE.	17..A...2	10..S....2	14..A...2
14..A..10		18..A...2	18..A..10	20..S....1
15..A...5	1..A...7	26..A..23	26..A...6	28..A...4
16..A...5	2..A...7	JANVIER,	AVRIL.	JUILLET.
17..A...6	3..A...6	1738.		
18..A...5	4..A...7		1....0	5..S....3
19..A...3	5..A...6	2..A...6	11..S....1	13..A...4

Le 6 Septembre on l'a tiré de l'eau ; & l'ayant bien essuyé, il pesoit 1 once 6 gros 21 grains; il s'étoit chargé de 4 gros 57 grains d'eau.

§ 5. CINQUIEME EXPÉRIENCE.

LE 31 Octobre 1737, j'ai pris un Prisme de pareilles dimensions, mais de bois de la Forêt d'Orléans, choisi de bonne qualité : il pesoit 1 once 0 gros 13 grains.

Je l'ai ajusté, comme les précédents, à la balance hydrostatique : il a fallu mettre aux bras de la balance, de son côté, un poids d'environ 2 gros 35 grains pour le faire plonger. Voici son augmentation jour par jour.

NOVEMBRE, 1737.

4..A..126	10.......7	16.......6	22.......5	28.......7
5......20	11.......8	17.......9	23.......9	29.......6
6......15	12......11	18.......7	24.......7	30.......5
7......20	13.......6	19.......6	25.......6	
8.......8	14......11	20.......8	26.......4	
9......12	15.......8	21.......5	27.......5	

DÉCEMBRE.				
	11 0	16 3	18.S 4	23.S . . . 20
	12 9	22 16	26.S 4	31.S 1
1.A . . . 12	13 0	30 12	AVRIL.	JUIN.
2 15	14 4	FÉVRIER.		
3 2	15 4		3 0	8.A . . . 40
4 4	16 2	8 5	11.S 1	14.A . . . 8
5 3	17 0	16 9	19 0	20.A . . . 3
6 4	18 9	24 5	MAI.	28.A . . . 7
7 0	26 21	MARS.		
8 8	JANVIER,		1.A . . . 12	JUILLET.
9 5	1738.	2.S 2	8.A 2	5.A 7
10 5	2 10	10.S 3	15.A . . . 24	

Le 6 Septembre 1738, on l'a tiré de l'eau ; & après l'avoir essuyé, il pesoit 1 once 5 gros 37 grains. Ainsi il étoit plus pesant de 5 gros 24 grains.

§ 6. SIXIEME EXPÉRIENCE.

COMME les bois, quand ils font imbibés à un certain point, font l'hygrometre fous l'eau, & comme ils augmentent & diminuent de poids, j'ai voulu voir fi ces variations feroient les mêmes dans l'air. Pour cela, j'ai fufpendu à une autre petite balance, un prifme de pareilles dimenfions qui étoit auffi de Provence ; mais il refta toujours dans l'air. Quand fon poids diminuoit, j'ôtois des poids du plateau oppofé au Prifme ; & quand le poids du Prifme augmentoit, je mettois des poids dans ce même plateau. Ainfi, quand on voit A, qui fignifie *ajouté*, c'eft figne que le poids du Prifme avoit augmenté ; & quand on voit S qui fignifie *fouftrait*, c'eft figne que le poids du Prifme diminuoit. Il pefoit au commencement de l'Expérience 1 once 1 gros 18 grains.

JUILLET, 1737.

8 matin.S 3	foir.S 2	11 matin 0
midi.S 6	10 matin.S 3	midi.S 3
9 matin.S 5	midi.S 2	foir.S 4
midi.S 3	foir 0	12 matin 0

JUILLET, 1737.

midi.S........2
soir.S........4
13 matin........0
midi........0
soir........0
14 matin........0
soir.S........2
15 matin.A........3
soir.A........1
16 matin.S........1
soir.S........5
17 matin.S........7
soir........0
18 matin.A........1

soir.A........1
19 matin.A........1
soir........0
20 matin........2
soir........0
21 matin.S........2
soir........0
22 matin........0
soir........0
23 matin.A........2
soir.A........1
24 matin.S........2
soir........0
25 matin.S........4

soir........0
26 matin.A........2
soir........0
27 matin........0
soir........0
28 matin.A........1
soir.A........2
29 matin.A........1
soir.A........1
30 matin.A........1
soir........0
31 matin.A........1
soir........0

AOUST.

1 matin.S.4
2.A.....1
3.A.....1
4.A.....1
5........0
6........0
7.A.....1
8........0
9.S.....3
10.A.....3
11.A.....1
12.S.....3
13.A.....1
14.A.....1
15.S.....1
16.S.....1
17.S.....1
18........0
19.A.....2
20.A.....2
21.A.....1
22.S.....1
23.S.....1
24.S.....1
25.S.....2
26.S.....1
27.A.....3
28.A.....1
29.S.....1
30.A.....2
31........0

SEPTEMBRE.

1.S.....2
2.S.....3
3.A.....1
4........0
5........0
6........0
7.A.....1
8.A.....1
9.A.....1
10.A.....3
11.S.....1
12........1
13........0
14........0
15.A.....1
16.S.....1
17........0
18........0
19........0
20........0
21.S.....2
22.S.....1
23.A.....2
24.A.....1
25.A.....1
26........0
27.S.....2
28........0
29........0
30.S.....1

OCTOBRE.

1........0
2.S.....1
3.A.....3
4.A.....2
5.A.....2
6........0
7.S.....3
8........0
9........0
10........0
11.S.....8
12.A.....2
13........0
14.A.....1
15........0
16.A.....1
17.A.....1
18.A.....1
19........0
20.S.....1
21........0
22........0
23........0
24.A.....2
25.S.....1
26.S.....1
27........0
28.A.....1
29.A.....2
30.A.....1
31........0

NOVEMBRE.

1........0
2.S.....2
3........0
4.A.....2
5.S.....1
6.S.....1
7.S.....2
8.S.....2
9.A.....2
10.A.....1
11.S.....1
12.S.....2
13.A.....1
14.S.....2
15........0
16.S.....3
17.A.....1
18.S.....1
19.S.....2
20.S.....1

NOVEMBRE.		JANVIER, 1738.		MARS.
	26.A.....1		16.A.....3	24.S....21
	27.A.....1		22.A.....4	
21.S.....1	28.S.....2		30.A.....9	
22.A.....2	29.A.....1	1.A.....2	FÉVRIER.	3.A....20
23.A.....1	30.S.....1	2.S.....2		10.......0
24.S.....4		3.A.....3	8.S....14	18.A.....3
25.A.....3		4.S.....4	16.A.....7	26.S....15

On a fini les Expériences le 20 Juin, & le Prisme s'est trouvé peser 1 once 1 gros 4 grains. Ainsi, son poids étoit diminué de 14 grains.

§ 7. SEPTIÈME EXPÉRIENCE.

TOUTES les Expériences que j'ai rapportées jusqu'à présent, ont été faites sur du bois de Chêne assez dur : il est bon de savoir ce qui arrive au Bois de Chêne d'un tissu lâche, & que les Ouvriers appellent *bois gras*.

Je pris donc un Prisme de pareilles dimensions que les précédents; mais qui étoit comme l'on dit *gras*, & de ces bois que l'on appelle à Paris *de Hollande* : il ne pesoit dans l'air que 8 gros 63 grains.

Comme ce morceau de bois étoit beaucoup plus léger qu'un pareil volume d'eau, il fallut 3 gros 39 grains pour qu'il entrât dans l'eau.

Il étoit chargé de bouteilles d'air beaucoup plus grosses que les précédentes. Comme on le laissa quatre jours dans l'eau sans le mettre en équilibre, il fallut ajouter le 4 Novembre 163 grains.

NOVEMBRE, 1737.

5...A.19	10......25	15.......8	20.......7	25........8
6.....15	11......21	16.......8	21.......6	26.......7
7.....20	12.......5	17.......9	22.......5	
8.....15	13.......5	18.......7	23.......8	
9.....13	14......11	19.......6	24.......7	

Comme le crin qui soutenoit le Prisme étoit un peu court, je craignis qu'il n'y eût erreur, parce qu'on avoit peine à voir s'il étoit submergé ou non; je le retirai de l'eau; je l'essuyai, & y ajustai

ajuſtai un crin plus long. Après avoir emporté le limon dont il s'étoit couvert, en le mettant dans l'eau, il s'eſt trouvé diminué de 43 grains : & on a continué l'Expérience comme il ſuit :

NOVEMBRE, 1737.		JANVIER, 1738.		
NOVEMBRE,	7......0	JANVIER,	10.S.....5	31.A.....3
1737.	8......7	1738.	18.A...15	JUIN.
Le	9......5	2......24	26.A.....6	
28......7	10......3	16......57	AVRIL.	7.A....4
29......5	11......0	22.......1		14.A...11
30......7	12......9	30......13	3.A.....3	20.A...57
DÉCEMBRE.	13......5	FÉVRIER.	11.......0	28.A...28
	14......0		19.......0	JUILLET.
1......2	15......4	8.S.....9	MAI.	
2......4	16......0	16.S.....3		5.A...18
3......2	17......0	24.A...20	1.A....10	13.A...20
4......5	18......7	MARS.	8.S....18	
5......7	26......11		15.S.....5	
6......3		3.A....6	23.A.....3	

Le 6 Septembre, on le tira de l'eau ; & l'ayant eſſuyé, il peſoit 1 once 5 gros 61 grains ; ſon poids étoit augmenté de 4 gros 70 grains.

§ 8. HUITIEME EXPÉRIENCE.

COMME l'Aubier eſt un bois imparfait, que l'on peut regarder comme un bois extrêmement tendre & d'un tiſſu lâche, j'en fis faire un Priſme de pareilles dimenſions que les précédents : il ne peſoit que 6 gros 43 grains. Ce Priſme étant plus léger que pareil volume d'eau, il fallut 4 gros 7 grains pour le faire entrer dans l'eau. Après avoir reſté dans l'eau depuis le 31 Septembre juſqu'au 4 Novembre, il fallut ajouter 277 grains.

NOVEMBRE, 1737.				DÉCEMBRE.
NOVEMBRE,	10......10	17......5	24......4	DÉCEMBRE.
1737.	11......7	18......4	25......5	1......12
5....A.23	12......8	19......3	26......7	2......15
6......15	13......9	20......6	27......7	3......10
7......13	14......11	21......7	28......7	4......7
8......13	15......10	22......5	29......6	5......6
9......13	16......7	23......6	30......10	6......7

DÉCEMBRE.	16......6	FÉVRIER.	AVRIL.	JUIN.
	17......7			
7......8	18......8	8......37	11......0	7.A....3
8......7	26......22	16......14	19......0	14.A...18
9......9	JANVIER,	24......80	MAI.	20.A....2
10......6	1738.	MARS.		28.A...26
11......11			1.A.....3	JUILLET.
12......10	2......46	3.S....90	8.A.....3	
13......7	16......30	10.S....70	15.A.....2	5.A...26
14......9	22......5	18.S.....3	23.A.....3	13.A...20
15......8	30......26	26.S.....2	31.A....10	

On le tira de l'eau le 6 Septembre : étant essuyé, il pesoit 1 once 4 gros 65 grains : son poids étoit augmenté de 6 gros 22 grains.

§ 9. NEUVIEME EXPÉRIENCE.

LE 18 Mars 1738, je pris un Prisme de mêmes dimensions que les précédents, mais de bois de Chêne qu'on venoit d'abattre, & qui étoit tout rempli de seve. Je le couvris de poix noire le plus exactement qu'il me fut possible : car on sait que la poix ne s'attache pas exactement aux corps humides. Comme mon intention étoit de connoître si, malgré la poix, il se chargeroit de l'eau dans laquelle on le mettroit flotter, je l'ajustai de même que les autres à une balance hydrostatique. Il pesoit dans l'air, tout poissé, 1 once 6 gros 20 grains : & s'étant trouvé plus pesant que pareil volume d'eau, il fallut ajouter des petits poids dans le plateau opposé pour le mettre en équilibre.

A l'égard des Observations météorologiques, on peut consulter l'Expérience des cylindres écorcés ou non écorcés, dans le Traité de l'*Exploitation*.

A désigne qu'il a *augmenté* de poids, & S qu'il est *diminué*.

MARS.	24......0	30.S....1	3.S....4	9......0
	25.A....2	31.S....1	4.S....4	10.S....6
20......0	26......0	AVRIL.	5.S....3	11......0
21......0	27.S....2		6.S....3	MAI.
22.S....13	28......0	1.S....5	7.A....8	
23......0	29......0	2.S....4	8.A....7	1.A....16

MAI.		JUIN.		JUILLET.
	23.S....14	JUIN.	20.A...20	JUILLET.
8.A....4	31.S.....4	7.A.....7	28.A...17	5.A...26
15.S.....1		14.A...20		13.A....8

Le 6 Septembre, je le tirai de l'eau, qui n'étoit point teinte ; la poix bourfouflée s'étoit en plufieurs endroits : elle étoit caffante ; & quand on appuyoit le doigt fur les veffies, elles fe rompoient par petits éclats.

Le Prifme étant effuyé, pefoit 1 once 6 gros 41 grains : ainfi fon poids étoit augmenté de 21 grains, ainfi la poix n'avoit pas fait un obftacle abfolu à l'introduction de l'eau.

§ 10. DIXIEME EXPÉRIENCE.

LE même jour 28 Mars 1738, on prit du même morceau de bois un pareil prifme ; on le couvrit de poix : il pefoit en cet état 1 once 5 gros 4 grains. On l'ajufta à une balance, étant deftiné à refter dans l'air pour voir quel obftacle la poix feroit à l'évaporation de la feve.

MARS.				JUILLET.
	27......0	4.S.....2	8.S.....4	JUILLET.
19......0	28......0	5.S.....1	23.S.....3	
20......0	29.S.....2	6.S.....2	31.S.....2	5.S.....2
21......0	30......0	7.S.....2	JUIN.	13.S.....4
22......0	AVRIL.	8.S.....2		21.S.....6
23.S.....1		9.A.....1	7.S.....5	28.S.....7
24.S.....1	1.S.....1	10......0	14.A.....1	AOUST.
25......0	2.S.....1	MAI.	20.S.....3	
26.S.....2	3.S.....1	1.S.....3	28.A.....5	5.S.....6

Le 6 Septembre, je l'ôtai de la balance : il pefoit 1 once 4 gros 20 grains : ainfi fon poids étoit diminué de 56 grains. La poix n'y avoit pas, à beaucoup près, fait autant de veffies qu'à celui qui étoit dans l'eau, & elle n'avoit pas fait un obftacle abfolu à la diffipation de la feve.

J'ai fait ces Expériences neuvieme & dixieme en grand, & les réfultats ont été les mêmes ; j'ai remarqué que l'eau dans laquelle trempoient les morceaux de bois couverts de poix, avoit pris l'odeur & le goût de cette réfine : ce qui prouve qu'il s'en diffout un peu, & ayant laiffé très-long-temps dans l'eau des morceaux de bois couverts de poix, j'apperçus qu'elle s'étoit décompofée par le long féjour qu'elle avoit fait dans l'eau, & qu'elle étoit prefque comme de la terre.

§ 11. ONZIEME EXPÉRIENCE.

LE 18 Mars 1738, je pris un Prifme de mêmes dimenfions que les précédents, mais d'un bois de Chêne très-fec : je le couvris de poix qui s'étendit mieux que fur le bois verd. Je l'ajuftai à la balance hydroftatique, comme celui de la neuvieme Expérience. Il pefoit dans l'air, étant couvert de poix, 1 once 3 gros. Je le mis tremper dans l'eau.

MARS.			MAI.	
	26.......0	2.A.....2		14.A...80
	27.......0	3.......0	1.A.....7	20.A...86
19......0	28.......0	4.......0	8.A.....4	28.A...50
20......0	29.S.....1	5.......0	15.A.....1	JUILLET.
21......0	30.S.....1	6.......0	23.A.....5	
22......0	31.S.....2	7.A.....1	31.A.....2	5.A...20
23......0	AVRIL.	8.A.....1	JUIN.	13.A...30
24......0		9.......0		
25......0	1.S.....1	10.......0	7.A...50	

Je le tirai de l'eau le 6 Septembre 1738. La poix ne s'étoit pas bourfouflée comme aux Prifmes de bois verd, & l'eau n'avoit pas changé de couleur, quoiqu'elle fe fût fait jour au travers de la poix.

Ce Prifme étant effuyé, pefoit 1 once 4 gros : ainfi fon poids étoit augmenté d'un gros.

§ 12. DOUZIEME EXPÉRIENCE.

LE 18 Mars 1738, j'ajuftai à une balance, un Prifme de bois de Chêne fec & couvert de poix, qui refta dans l'air ; il pefoit, étant couvert de poix, 1 once 2 gros 56 grains.

MARS.				JUILLET.
	27.......0	4........0	8.S.....1	
	28.......0	5........0	15.S.....2	
19.......0	29.......0	6........0	23.S.....2	15.A......1
20.......0	30.......0	7.S.....1	31.A.....1	13.S......1
21.......0	31.......0	8.S.....1	JUIN.	21.......0
22.......0	AVRIL.	9.S.....9		28.A.....2
23.......0		20.A.....3	7.S.....3	AOUST.
24.......0	1........0	MAI,	14.S.....1	
25.......0	2........0		20.A.....2	2.S.....2
26.......0	3........0	1.A.....1	28.S.....1	

Le 6 Septembre 1738, je l'ai ôté de la balance : il pesoit
1 once 2 gros 50 grains ; ainsi il n'étoit diminué que de 6 grains.
Peut-être encore qu'une partie de cette diminution venoit de la
poix qui s'étoit desséchée.

§ 13. *TREIZIEME EXPÉRIENCE.*

Le 18 Avril 1738, je fis tirer de terre une racine d'Orme,
qui avoit quatre pouces de diametre : j'en fis faire deux Prismes
de pareilles dimensions que les précédents.

N°. 1 pesoit 1 once 1 gros 14 grains.
N°. 2 pesoit 1 once 1 gros 24 grains.

On les laissa jusqu'au 6 Septembre 1738 dans un lieu sec ; &
alors ils ne pesoient plus que, savoir :

N°. 1, 5 gros 58 grains, étant diminué de 3 gros 28 grains.
N°. 2, 5 gros 52 grains, étant diminué de 3 gros 44 grains.

Ils s'étoient fort retirés, de sorte qu'ils n'avoient plus que
10 lignes d'équarrissage au lieu de douze.

§ 14. *QUATORZIEME EXPÉRIENCE.*

Pour opérer sur des morceaux de bois un peu plus gros, je
pris un madrier de cœur de Chêne abattu l'hiver précédent : il
avoit 3 pieds de longueur, 6 pouces de largeur, & 3 pouces
d'épaisseur : il pesoit le 18 Juin 1734. 29$^{liv.}$ 1^{once} 0$^{gros.}$

Je le mis flotter dans une baignoire remplie d'eau : après y avoir resté douze heures, on le
retira ; & l'ayant laissé ressuyer un quart d'heure,
il pesoit . . . . 29 4 $4\frac{1}{2}$

Il alloit déjà au fond de l'eau par un bout : on
le remit dans l'eau ; & vingt-quatre heures après
l'avoir laissé ressuyer comme la premiere fois, il
pesoit. 29 11 0

Il n'y avoit encore qu'un de ses bouts qui tombât au fond de l'eau : douze heures après, il y
entroit entiérement, & pesoit 29 12 2

Douze heures après, de même.
Douze heures après 29 13 4
Douze heures après 30 0 0
Dix-huit heures après, de même.
Dix-huit heures après 30 0 4
Vingt-quatre heures après 30 1 0
Vingt-quatre heures après 30 1 4
Vingt-quatre heures après 30 3 0
Vingt-quatre heures après 30 3 6
Vingt-quatre heures après 30 4 6

Ce morceau de bois qui étoit rempli de seve, n'a aspiré de
l'eau de la baignoire que 1 livre 3 onces 6 gros en dix jours.

§ 15. *Quinzieme Expérience.*

Un madrier aussi de Chêne, & de pareilles dimensions que le précédent, mais abattu depuis
deux ans, pesoit au commencement de l'Expérience 19 8 0

Après avoir resté douze heures dans l'eau de la
baignoire, l'ayant laissé ressuyer comme à la treizieme Expérience, il pesoit 20 4 0

Douze heures après 20 8 0

Il n'alloit point au fond de l'eau.

	livr.	onc.	gros.
Douze heures après	20	9	0
Douze heures après	20	12	0
Douze heures après	20	14	0
Douze heures après, de même.			
Dix-huit heures après	20	15	0
Dix-huit heures après	21	2	0
Vingt-quatre heures après.	21	4	0
Vingt-quatre heures après.	21	5	4
Vingt-quatre heures après.	21	8	0
Vingt-quatre heures après.	21	9	2
Vingt-quatre heures après.	21	11	0

Il a aspiré 2 livres 3 onces d'eau en dix jours.

Un madrier de pareilles dimensions, abattu de l'hiver précédent, qui pesoit	25	9	0
ne pesoit plus en Octobre 1742, que	18	2	0

ARTICLE VII. *Résumé des Expériences précédentes.*

ON VOIT par les Expériences que nous venons de rapporter :

1°, Qu'il faut un temps considérable pour que les bois soient en quelque façon rassasiés d'eau, ou qu'ils soient pénétrés de ce fluide autant qu'ils peuvent l'être ; puisque de petits parallélipipedes de deux pouces de hauteur sur un pouce d'équarrissage, ont toujours augmenté de poids pendant six mois. Combien faudroit-il plus de temps pour qu'une grosse poutre fût pareillement pénétrée du fluide dans lequel on la plonge ?

2°, Que quand les bois plongés dans un fluide en font entiérement pénétrés, ils éprouvent dans leur pesanteur des variations suivant les différentes températures de l'air, où ils font, comme je l'ai dit, l'hygrometre.

3°, Cette augmentation & cette diminution que souffre le poids des bois plongés dans l'eau, vient principalement de ce que les fluides contenus dans les pores du bois se dilatent quand la pefanteur de l'air diminue, & fe condenfent quand le poids de l'atmofphere augmente. Le poids du fluide dans lequel les bois font plongés, augmente & diminue auffi fuivant les altérations de l'air; & la pefanteur relative du poids & de l'eau variant, il s'enfuit que les bois doivent fe porter vers le fond ou vers la fuperficie, fuivant les variations.

Ce qui regarde le changement de denfité du fluide, eft précifément comme les petites boules de verre qu'on rend de même pefanteur que le fluide dans lequel on les plonge, & qui fe portent à la fuperficie du fluide, ou tombent au fond, fuivant les altérations de l'atmofphere : & ce qui appartient à la condenfation ou à la raréfaction de l'air contenu dans les pores du bois, eft comme ces petites figures d'émail qu'on fait monter ou defcendre dans l'eau contenue dans une bouteille, en appuyant le pouce fur le goulot.

Après plufieurs jours où les bois avoient peu ou point changé de poids, on les a affez fouvent vu augmenter fubitement d'une quantité confidérable. J'attribue ce fait à ce que quelques bulles d'air, fort adhérentes au bois, s'étoient d'abord gonflées, & avoient, pour cette raifon, diminué le poids des parallélipipedes ; & ces bulles s'étant rompues, ou s'étant détachées du bois, les parallélipipedes étoient tout d'un coup devenus plus pefants. Je foupçonne que cela arrivoit ainfi dans les bois prefque completement chargés d'eau, parce que je l'ai vu fenfiblement dans ceux qui étoient nouvellement plongés dans l'eau.

Les Expériences que je viens de rapporter ont été faites en 1737 & 1738. Je vais en rapporter que M. Dalibard a fuivies en 1746 avec beaucoup de foin & d'application. La principale différence qui fe trouve entre fes Expériences & les miennes, confifte en ce que je me fuis prefque toujours contenté d'obferver la variation de poids de mes parallélipipedes toujours plongés dans l'eau, au lieu que M. Dalibard a toujours tiré ces bois de l'eau pour les pefer dans l'air.

ARTICLE

ARTICLE VIII. *Extrait d'un Mémoire de M. Dalibard, intitulé :* EXPÉRIENCES Physiques fur la Variation de pefanteur des Corps plongés dans différents liquides ; *lû à l'Académie des Sciences les 29 Janvier, 9 & 12 Février 1746* *.

M. DALIBARD entreprend de prouver dans ce Mémoire, par des Expériences fuivies pendant plus d'un an, que les corps plongés dans des liquides capables de les pénétrer, éprouvent, dans leur pefanteur, des variations fuivant les différentes températures de l'air. Il ne donne que les obfervations qu'il a faites fur des bois de différentes efpeces plongés dans l'eau.

Il fit couper au mois d'Avril 1744, trois branches de bois verd, favoir une de Chêne, une de Tilleul & une de Saule, de chacune defquelles il fit tirer quatre parallélipipedes de deux pouces de longueur fur un pouce quarré de bafe. Après avoir réduit chacun des quatre morceaux de Chêne au même poids de 677 grains, & chacun de ceux de Saule à 397 grains, il en mit deux de chaque efpece dans des vafes qu'il remplit d'eau, & conferva les autres dans un lieu fec.

Il fit de même tirer d'une branche du même pied de Chêne, fix parallélipipedes de deux pouces de long fur un pouce de large, & deux lignes d'épaiffeur. Après avoir réduit ces fix morceaux de Chêne au même poids que chacun des premiers, il les mit pareillement dans un vafe rempli d'eau. Il entretint toujours l'eau à la même hauteur d'environ trois pouces dans chacun de ces vafes, defquels il ne retira les bois qu'une fois chaque jour, vers le lever du foleil, pour les pefer. Après avoir ainfi continué de les pefer tous les jours pendant treize mois & huit jours, il a donné le Journal de fes obfervations.

Ce Journal eft partagé en huit colonnes, dont la premiere contient les jours du mois ; la feconde, les hauteurs du mercure dans le barometre ; la troifieme, les degrés du thermometre ; la quatrieme, les degrés de l'hygrometre ; la cinquieme, les

* Savants Etrangers, Tom. 1. page 112.

Q

poids des deux premiers morceaux de Chêne plongés dans l'eau, & diftingués par les lettres *a* & *b*; la fixieme, les poids des deux morceaux de Tilleul, auffi diftingués l'un de l'autre; la feptieme, les poids des deux morceaux de Saule encore diftingués; & enfin la huitieme, les poids des fix derniers morceaux de Chêne minces.

M. D. tire de fon Journal dix Obfervations, qu'il reprend enfuite chacune en particulier pour les comparer aux changements de la température, & reconnoître fi les variations de la pefanteur des bois plongés peuvent fe rapporter à quelque caufe Phyfique.

1°, Les bois plongés dans l'eau ont augmenté de pefanteur par l'introduction de l'eau dans l'intérieur du bois, ce qu'on appelle *imbibition*, & la quantité d'eau introduite eft une addition à la pefanteur abfolue du bois.

2°, L'augmentation de pefanteur eft plus confidérable dans les premiers jours que dans les jours fuivants. Les degrés de l'imbibition vont en décroiffant depuis le moment où le bois eft plongé dans l'eau, jufqu'à ce qu'il en ait pris autant qu'il peut en contenir dans fes pores. M. D. appelle *imbibition parfaite*, non pas la plus grande pefanteur, mais l'état moyen où fe trouve le bois entre l'augmentation & la diminution journaliere de fon poids : cette augmentation journaliere ne fuit aucune regle.

3°, L'augmentation de pefanteur n'eft pas uniformément décroiffante : quelquefois elle eft plus grande, & quelquefois moindre, fuivant les changements de la température.

4°, Le Chêne eft plutôt parvenu à l'imbibition parfaite que les deux autres efpeces de bois, & le Tilleul plutôt que le Saule. Cette Expérience eft d'autant plus furprenante qu'elle eft oppofée au fentiment qui fe préfente naturellement. M. Dalibard, pour rendre raifon de ce fait, propofe une opinion fort vraifemblable. Il regarde le Chêne comme compofé de fibres qui laiffent entr'elles des cavités plus directes & plus ouvertes que celles des bois mous. Ceux-ci, au contraire, font, felon lui, un tiffu de fibres tortueufes, qui laiffent entr'elles une infinité de cellules dont l'entrée eft extrêmement étroite. Suivant cet arrangement, l'eau a plus de facilité à pénétrer le Chêne que les bois mous. M. D. compare les cavités de ces derniers à celle d'un ballon. On éleve, dit-il, un poids très-pesant appuyé sur un ballon vuide, en enflant celui-ci; & on l'éleve d'autant plus facilement, mais plus lentement, que le trou du ballon par lequel on souffle est plus petit. La force du ballon est donc inversement proportionelle à l'ouverture de son orifice; elle l'est pareillement dans les bois mous, comme M. D. le prouve par leur effet dans la méthode usitée pour détacher les pierres meulieres de leurs carrieres.

5°, Les bois les plus mous ont plus augmenté de poids par l'imbibition que les plus durs. Le Chêne a augmenté d'environ un sixieme, le Tilleul de plus d'un demi, & le Saule de près de sept huitiemes. Ces grandes différences viennent de la dureté ou de la mollesse des fibres, de leur roideur ou de leur flexibilité, & de la quantité des espaces vuides qui se trouvent dans l'intérieur du bois, & qui se remplissent par l'imbibition.

6°, Les deux morceaux de bois de chaque espece ont pris l'un plus & l'autre moins d'augmentation dans leur poids. Cette inégalité peut venir de deux causes; la premiere, de ce que l'un étoit d'un tissu plus serré & plus plein que l'autre, & la seconde, de ce que l'un avoit plus perdu que l'autre par la transpiration insensible pendant qu'on les a travaillés.

7°, Tous les bois plongés ont été plus pesants pendant l'été que pendant l'hiver. Cette observation paroît d'abord opposée à la regle générale, savoir que les corps sont plus dilatés dans la chaleur que dans le froid, parce que les particules d'air renfermées dans leur intérieur sont plus raréfiées; M. D. croit que l'excès de pesanteur du bois plongé pendant l'été, vient, non de la chaleur, qui auroit dû produire un effet tout contraire, mais de la substance même du bois, dont il a remarqué qu'une partie s'est dissoute dans l'eau pendant tout le premier été. Il fait observer que cette substance dissoute étoit plus pesante que le volume d'eau, qui, en la dissolvant, s'est mis à sa place dans l'intérieur du bois, puisque cette substance étant sortie, s'est précipitée au fond de l'eau. D'ailleurs il appuie son sentiment sur ce que les bois plongés ont été moins pesants dans l'été de

1745, qu'ils ne l'avoient été même dans l'hiver précédent.

Il reste toujours constant que le bois, même plongé dans l'eau, est plus pesant dans un temps froid que dans un temps chaud. Il faut cependant excepter de cette regle les temps de forte gelée. Quand l'eau vient à se glacer entiérement, le bois qui y est plongé diminue considérablement de pesanteur, & d'autant plus que la gelée est plus forte. Dans ce cas, le froid resserre les fibres ligneuses ; & en les faisant rapprocher les unes des autres, il les oblige à chasser une partie de la liqueur qui en occupoit les intervalles. Plus la contraction de ces fibres est violente, plus est grande la quantité d'eau chassée hors du corps plongé. Cela est prouvé par plusieurs Expériences rapportées dans le Mémoire de M. D.

8°, Après une forte gelée, le bois qui avoit considérablement diminué de poids, revient peu à peu à la même pesanteur qu'il avoit eu avant la gelée. Le relâchement des fibres ligneuses, qui avoient été contractées par la gelée, ne se fait pas aussi promptement lors du dégel que la contraction s'en étoit faite par la gelée. Il suit delà que le bois emploie plus de temps à reprendre ce qu'il avoit perdu, qu'il n'en avoit mis à le perdre.

9°. Tous les bois, après leur premiere & principale imbibition, ont constamment augmenté ou diminué de poids d'un jour à l'autre, tantôt tous ensemble, & tantôt séparément. M. D. regarde cette observation comme la plus importante de son Mémoire, parce que c'est cette variation qu'il avoit en vue de découvrir.

Après s'être assuré du fait par des Expériences suivies avec exactitude pendant plus d'un an, il avoue qu'il est difficile de déterminer quelles sont les causes & les loix de ces variations journalieres. Elles lui paroissent suivre les changemens de la température qui agissent souvent en sens contraire. Il a remarqué ci-devant que la chaleur & le froid contribuent peu sensiblement aux variations de pesanteur des bois plongés dans l'eau, si ce n'est dans des températures éloignées, comme de la *cha*leur de l'été au froid de l'hiver, ou lorsqu'il succede subitement une forte gelée à un froid modéré. Ainsi l'effet de la chaleur

& du froid eſt peu ſenſible d'un jour à l'autre.

Il n'en eſt pas de même des changements de la gravité de l'air; ils cauſent des variations bien ſenſibles dans la peſanteur du bois plongé dans l'eau. L'Auteur de ce Mémoire, après avoir indiqué les jours où ces variations ſont les plus ſenſibles dans ſon Journal, remarque que l'aſcenſion du Mercure dans le baromètre eſt preſque toujours ſuivie de l'augmentation de peſanteur des bois plongés, & que la deſcente du Mercure eſt preſque toujours ſuivie de la diminution de cette peſanteur.

A l'égard des effets de l'humidité & de la ſéchereſſe, M. D. après avoir obſervé & cité les jours où l'hygromètre a le plus varié, en conclut que les bois plongés dans l'eau augmentent ordinairement de poids dans la ſéchereſſe, & diminuent dans l'humidité. Sur quoi il fait remarquer que l'impreſſion de l'humidité n'eſt pas toujours d'auſſi longue durée ſur les bois plongés que ſur l'hygromètre. C'eſt delà qu'il arrive quelquefois, ſuivant M. D. que les bois augmentent de poids quand l'hygromètre ſemble encore annoncer le contraire. J'ajouterai que l'hygromètre n'indique ordinairement l'humidité de l'air que quand elle a ſubſiſté un certain temps, parce qu'il faut du temps pour que cette humidité pénetre les corps ſpongieux qui font les hygromètres. Il faut auſſi du temps pour que ces corps ſpongieux ſe deſſechent: c'eſt pourquoi les hygromètres marquent encore de l'humidité quand l'air eſt devenu ſec.

M. D. a remarqué qu'il arrive auſſi quelquefois que les bois éprouvent de la variation dans leur peſanteur, ſans que les trois inſtruments en marquent aucune dans la température de l'air. Quand cette variation eſt conſidérable & générale dans tous les bois, elle annonce un changement de temps preſque certain; mais ce cas eſt très-rare. La variation des bois ſuit plus fréquemment le changement de temps, qu'elle ne le précede. Elle le ſuit même ſouvent de fort loin, & c'eſt une des plus grandes difficultés pour ſavoir à quel changement de température ſe rapporte telle ou telle variation. D'après ce que je viens de dire des hygromètres, ſi l'on regarde les bois comme de vrais hygromètres, les phénomenes obſervés s'expliqueront très-naturellement.

Enfin les variations du bois plongé fuivent celles de l'air &
qui fe manifeftent dans l'atmofphere : en général plus cet air eft
pefant, fec & froid, plus le bois gagne de poids ; plus l'air perd
de fa gravité, acquiert d'humidité & devient chaud, plus le
bois perd de fa pefanteur : & quand ces propriétés de l'air agiffent
en fens contraire, le bois plongé cede à l'impreffion la plus forte.

Malgré la quantité de preuves que M. D. peut tirer de fon
Journal pour appuyer toutes ces viciffitudes d'augmentation &
de diminution du bois plongé, il convient qu'il n'eft pas poffible d'établir fur ce fujet aucune regle fans exception. Il y a des
jours où quelques-uns des bois ont varié différemment de ce
que la température annonçoit ; d'autres fois il eft arrivé que de
deux morceaux de bois de la même efpece, & plongés dans le
même vafe, l'un a augmenté de poids, pendant que l'autre a diminué. M. Dalibard prétend que ces cas, qui font très-rares, ne
doivent point empêcher de s'en tenir à ce qu'il a avancé : & fon
fentiment s'approche fort de ce que j'ai dit plus haut à l'occafion de mes Expériences.

L'air, dit-il, preffe la fuperficie de l'eau, comme il preffe
la fuperficie du mercure contenu dans le tuyau du barometre,
c'eft-à-dire, avec toute la pefanteur de l'atmofphere. S'il devient
plus pefant, il oblige l'eau à entrer en plus grande quantité dans
les pores du bois, en comprimant les particules d'air qui y
font renfermées, comme il force le mercure à monter dans
le tube du barometre. Si, au contraire, l'air de l'atmofphere
perd de fa gravité, l'eau eft repouffée de l'intérieur du bois par
le reffort des fibres ligneufes, & par la dilatation des particules
d'air renfermées dans leurs intervalles. C'eft ainfi que la variation
de pefanteur du bois plongé eft caufée par la gravité plus ou
moins grande de l'air de l'atmofphere.

Pour ce qui eft des effets de la féchereffe & de l'humidité,
M. D. croit qu'ils font à peu près les mêmes que ceux de la gravité de l'air. Il remarque feulement que l'air éprouve à chaque
inftant, dans fa gravité, des variations qui ne font pas apparentes
fur le barometre, mais qui le font fur l'hygrometre & fur le bois
plongé dans l'eau. Cela fe prouve par l'exemple des orages &

des brouillards, qui, fans faire varier le barometre, produifent un effet bien fenfible fur l'hygrometre *. C'eft delà qu'il juge que, quoique les variations du bois plongé femblent fuivre celles de l'hygrometre, elles ne fuivent cependant que celles du barometre. Ainfi, l'air ne lui paroît agir fur les bois plongés dans l'eau, qu'en vertu de fa gravité & de fa chaleur ; s'il agit fur eux en vertu de fon humidité ou de fa féchereffe, M. D. croit que ce n'eft que relativement à fa gravité, qui en reçoit quelque altération.

Pour les cas d'exception dont il a été parlé, M. D. dit 1°, Que les bois plongés ne fuivent point le changement de la température, quand il n'eft pas d'affez longue durée ; ce qu'il prouve par une obfervation convainquante rapportée à la fin de ce Mémoire. 2°, Que quand la pefanteur diminue dans quelques-uns des morceaux de bois, tandis qu'elle augmente dans les autres, cela vient de ce que n'étant pas ifochrones dans leurs variations, l'un en commence une nouvelle, pendant que l'autre ne fait qu'achever la derniere ; ainfi ces exceptions ne peuvent point tirer à conféquence.

10°, Enfin les fix derniers morceaux de Chêne minces ont été bien plutôt imbibés, & ont pris plus d'augmentation dans leur pefanteur que chacun des deux premiers morceaux du même bois. La durée de l'imbibition de tous ces bois s'eft trouvée, à peu de chofe près, réciproquement proportionnelle à l'étendue de leurs furfaces, comme nous avons fait voir que le defféchement des bois eft à peu près proportionnel aux furfaces.

Ces fix derniers morceaux de Chêne ont éprouvé les mêmes variations que les autres, & fuivant les mêmes loix ; mais 1°, ils ont fubi les variations plutôt que les autres ; 2°, ils en ont éprouvé qui n'ont point du tout été fenfibles fur les autres : cela vient de la différence des furfaces & des épaiffeurs : 3°, ils ont plus augmenté de poids au total, que chacun des deux premiers de même efpece. La différence de ces pefanteurs peut venir de deux caufes : ou de la différence des furfaces, fe trou-

---

* On a fait des Baromettres à aiguille qui font fi fenfibles, qu'un nuage qui paffe fait varier l'éléva-tion du mercure ; mais M. Dalibard s'eft fervi des Baromettres ordinaires.

vant trois fois autant de fibres découvertes dans ces six derniers que dans chacun des deux premiers ; ou du temps qui a été employé à travailler la regle dont ces six derniers ont été tirés, pendant lequel temps ils ont perdu davantage par la tranfpiration infenfible.

Après toutes ces obfervations, M. D. pour avoir une entiere confirmation de l'effet de la chaleur & du froid fur les bois plongés dans l'eau, a imaginé de mettre dans la glace, & en-fuite dans l'eau bouillante, les vafes qui les contenoient. Il a trouvé que tous les bois ont augmenté de poids dans la glace, & qu'ils ont tous diminué confidérablement dans l'eau bouil-lante. Il fait enfuite fur cela deux remarques importantes.

1°, Comme le bois de Saule ne répara qu'en deux jours la perte qu'il avoit faite dans l'eau bouillante, pendant que les autres bois avoient réparé la leur en un jour, il en réfulte que l'imbibition du Saule eft plus long-temps à s'achever que celle des autres efpeces de bois.

2°, L'effet de la chaleur & du froid fur le bois plongé dans l'eau, fe trouve pleinement confirmé. Il refte toujours conftant que le bois dans l'eau doit être plus pefant en hiver qu'en été ; par conféquent ce n'eft point la chaleur qui avoit rendu le bois plus pefant dans l'été de 1744, qu'il ne l'a été dans l'hiver fuivant.

Voulant enfuite comparer l'effet de l'imbibition fur les bois plongés dans l'eau avec l'effet du deffechement fur ceux de même efpece qui avoient été gardés dans un lieu fec, M. D. a mis tous ces bois dans un four qu'il avoit fait chauffer exprès, comme pour cuire le pain. Après les y avoir laiffés deux heures entieres, il les pefa promptement. Les bois qui avoient été imbibés pendant vingt & un mois, avoient beaucoup plus perdu dans cette defficcation forcée que les bois neufs, comme l'Auteur de ce Mémoire s'y étoit attendu. Cette obfervation donne lieu à deux remarques importantes ; l'une fur ce qui a été avancé précédemment, que les bois avoient perdu de leur pro-pre fubftance dans l'imbibition ; & l'autre fur les raifons qui doivent faire préférer le bois neuf au bois flotté. Nous rappor-terons dans la fuite quantité d'Expériences faites en grand, qui prouvent la même chofe.

La

La premiere remarque confirme la raiſon qui a été donnée ſur l'excès de peſanteur des bois dans l'eau pendant l'été de 1744.

La ſeconde eſt que le Chêne flotté contient au moins un ſei-zieme de bois moins que le Chêne qui n'a point été mis dans l'eau. Il s'en faut beaucoup que M. Dalibard regarde cette raiſon comme la ſeule qui doive faire préférer le bois neuf au bois flotté. Il en rapporte pluſieurs autres qui tendent au même but, comme l'épuiſement des ſels & des huiles cauſé par la deſſicca-tion forcée qu'il n'a pas pû évaluer, le peu de valeur de la cen-dre du bois flotté, &c; d'où il conclut qu'il n'a fait cette éva-luation que ſur le moindre pied, en rapportant ce qui ne s'eſt rencontré que comme par hazard ſur ſon chemin.

Enfin l'Auteur trouve que le Chêne a pris dans l'imbibition environ les deux cinquiemes de ce qu'il a perdu dans la deſſic-cation; le Tilleul a gagné à peu près autant qu'il a perdu, & le Saule a gagné environ trois cinquiemes en ſus de ce qu'il a per-du. L'effet de la deſſiccation du Chêne n'a été ſi conſidérable, que parce que c'étoit de l'Aubier.

M. Dalibard rend compte, après cela, de quelques particu-larités qu'il a remarquées en faiſant toutes les obſervations dont nous venons de parler. 1°, Trois jours après qu'il eut mis ſes bois dans l'eau, il apperçut à chaque bout des morceaux de Tilleul une ſubſtance mucilagineuſe qui lui parut ſortir de la moëlle. Il ne doute point que ce ne fût la ſeve qui ſortoit de l'intérieur du bois à meſure que l'eau commençoit à y pénétrer. Quoiqu'il n'ait rien paru de ſemblable aux morceaux de Chêne & de Saule, il n'eſt pas douteux qu'il n'en ſoit auſſi ſorti une bonne quantité de ſubſtance, qui n'a manqué d'être apperçue que parce qu'elle s'eſt en même-temps diſſoute dans l'eau.

2°, Les morceaux de Tilleul & de Saule ſe ſont trouvés en équilibre avec l'eau, quoiqu'ils n'euſſent pas la même peſanteur. Il y avoit 16 à 17 grains de différence entre les deux premiers, & 2 grains entre les derniers. Cela prouve évidemment que ces morceaux contenoient plus de bois les uns que les autres, ſous le même volume.

3°, Les eaux dans leſquelles les bois étoient plongés, ſe

R

font corrompues en croupiffant, mais dans des temps inégaux. Celle du Chêne a commencé la premiere à fentir mauvais, enfuite celle du Tilleul, & enfin celle du Saule. Il eft évident, par cette obfervation, que le Saule contribue moins à infecter l'eau que le Chêne & le Tilleul.

4°, Il s'eft formé fur l'eau où étoit le Tilleul, une pellicule blanchâtre & tranfparente qui s'eft diffipée au bout de deux jours. Il en a paru une nouvelle dix jours après, mais beaucoup plus fine, qui n'a duré qu'un jour. Il n'eft pas douteux que ces deux pellicules fe font formées de la fubftance mucilagineufe dont il a été parlé ci-devant.

5°, Il s'eft de même formé une pellicule de couleur de rouille fur l'eau où étoit le Chêne. Toutes ces pellicules qui n'ont pas duré long-temps, & qui, en fe diffipant, ont rendu les eaux fort troubles, prouvent que les bois ont perdu beaucoup de leur fubftance par la diffolution dans l'eau.

6°, M. D. en faifant ces Expériences, a remarqué qu'un jour le mercure du barometre, qui étoit le matin à 28 pouces, étant defcendu deux heures après à 27 pouces 6 lignes, y refta jufqu'au foir, & qu'il plut tout le refte de la journée. Ayant eu la curiofité de pefer fes bois l'après-midi de ce jour-là, il ne trouva aucune variation dans leurs pefanteurs, ni même le lendemain, quoique l'hygrometre eût eu dans cet intervalle une variation de vingt & un degrés ; il n'y eut que les fix morceaux de Chêne minces dont le poids fe trouva le jour fuivant diminué de trois grains. On ne peut attribuer le défaut de variation des autres bois, qu'au peu de durée du changement de la température. La diminution de pefanteur ne peut fe faire que lentement. Il faut un temps proportionné à l'épaiffeur des folides pour déterminer le reffort des fibres ligneufes à chaffer la quantité d'eau furabondante dans le bois. C'eft un hygrometre qui agit d'autant plus lentement, que le parallélipipede a plus d'épaiffeur. M. D. regarde avec raifon ce retardement, ou ce défaut de variation dans les bois d'une certaine épaiffeur, comme le plus grand obftacle à furmonter pour déterminer au jufte les loix que fuivent les variations des corps plongés.

Toutes les Expériences que je viens de rapporter, tant les miennes que celles de M. Dalibard, ont été faites dans l'eau douce. Dans la suite, nous en rapporterons qui ont été faites dans l'eau de la mer.

CHAPITRE IV.

Expériences exécutées pour parvenir à reconnoître la différente qualité des Bois par leur imbibition & leur desséchement.

Je me suis proposé de m'assurer si l'on pouvoit reconnoître la différente qualité des bois par leur imbibition & leur desséchement, & de savoir si l'eau emporte beaucoup de leur substance. Comme les bois sont fort long-temps à se pénétrer d'eau, dans la vue de précipiter leur imbibition, on les a fait bouillir, & ensuite tremper plusieurs jours, dans de l'eau ; & afin de précipiter aussi leur desséchement, on les a mis dans une étuve échauffée à près de 30 degrés du thermometre de M. de Réaumur, où on les a laissés pendant dix à douze jours.

Article I. *Premiere suite d'Expériences faites sur des Barreaux de bois de différentes especes, ou de différentes qualités.*

Toutes ces Expériences ont été faites sur des barreaux de différentes especes de bois, ou de la même espece de bois, mais de différente qualité. Ils avoient tous deux pieds de longueur, dix lignes d'épaisseur & vingt lignes de largeur, calibrées le plus exactement qu'il a été possible ; ainsi chaque barreau faisoit un solide de 57600 lignes cubes : & afin de parvenir à une plus grande exactitude, on donne ici un résultat

R ij

moyen, pris de plufieurs Expériences faites fur chaque efpece de bois.

Je vais détailler exactement la marche de la premiere Expérience; & comme toutes les autres ont été faites fur le même plan, je les expoferai d'une façon beaucoup plus abrégée.

I. BARREAU de bois de Chêne abattu & débité en planches depuis 60 ou 80 ans, excellent bois, liant, très-dur & fort fec.

Ce Barreau débité comme il a été dit, pefoit 1 liv. 3 onces 2 gros, ou 154 gros.

Quoique ce bois parût fort fec, on le mit paffer trois jours dans l'étuve : après ce temps fon poids fe trouva diminué de $3\frac{1}{2}$ gros.

On le mit paffer fix jours dans une falle, où il reprit fon premier poids.

On le mit bouillir & tremper plufieurs jours dans de l'eau : au fortir de l'eau, ayant été effuyé, il pefoit 1 liv. 10 onc. 4 gros, ou 212 gros : augmenté de 58.

On le remit paffer huit à dix jours dans l'étuve : au fortir, il pefoit 1 liv. 1 onc. $4\frac{1}{2}$ gros, ou $140\frac{1}{2}$ gros : diminué de $13\frac{1}{2}$ gr.

On le remit bouillir & tremper dans l'eau : après y avoir refté plufieurs jours, il pefoit 1 liv. 11 onces $1\frac{1}{2}$ gros, ou 217 gros $\frac{1}{2}$: c'eft-à-dire, $5\frac{1}{2}$ gros plus que la premiere fois.

On le remit pour la troifieme fois dans l'étuve, où il paffa 8 à 10 jours; & fon poids fut réduit à 1 liv. 6 gros, ou 134 gros.

Il avoit perdu 20 gros de fon premier poids.

On voit par cette Expérience : 1°, Que le bois, en bouillant, s'eft chargé d'une plus grande quantité d'eau la feconde fois que la premiere. 2°, Que toutes les fois qu'on le fait fécher après l'avoir pénétré d'eau, il perd toujours de fon premier poids : celui-ci a perdu près d'un huitieme. 3°, Enfin, que les bois les plus fecs perdent de leur humidité quand on les tient quelque temps dans une étuve échauffée à trente degrés ; mais enfuite ils fe chargent de l'humidité de l'air, & reviennent à leur premier poids : ainfi ils font l'hygrometre.

Ces mêmes vérités feront prouvées par les autres barreaux;

mais les quantités varieront fuivant les différentes efpeces de bois, & même fuivant leur différente qualité.

II. BARREAU. Comme le bois du premier étoit très-vieux, quoique de fort bonne qualité, j'ai cru qu'il étoit à propos de foumettre à la même épreuve un barreau de Chêne, bien fec, de bonne qualité, mais qui n'étoit abattu que depuis dix ans.

Il pefoit 1 livre 2 onces $\frac{1}{2}$ gros, ou 144 $\frac{1}{2}$ gros.

Celui-ci, quoique moins vieux que le précédent, étoit plus léger de 9 $\frac{1}{2}$ gros. Il a perdu 3 $\frac{1}{2}$ gros dans l'étuve ; il a repris 1 gros dans la falle baffe, tout comme le Barreau précédent.

Mis à l'eau, lorfqu'il en fortit, il pefoit 1 livre 8 onces 2 $\frac{1}{2}$ gros, ou 194 $\frac{1}{2}$ gros : augmenté de 50.

Remis à l'étuve, lorfqu'il en fortit pour la feconde fois, il pefoit 1 livre 3 gros, ou 131 gros : diminué du premier poids de 12 $\frac{1}{2}$ gros.

Remis à l'eau, lorfqu'on l'en tira pour la feconde fois, il pefoit 1 livre 5 onces 6 gros, ou 174 gros : augmenté du premier poids de 29 $\frac{1}{2}$ gros.

Au fortir de l'étuve pour la troifieme fois, il pefoit 1 livre 1 $\frac{1}{2}$ gros, ou 129 $\frac{1}{2}$ gros.

Il a perdu 15 gros ou près d'un dixieme de fon premier poids.

III. BARREAU. Il étoit auffi de dix ans d'abattage ; mais la piece dont on l'a tiré, avoit paffé quatre mois dans l'eau. Je m'étois propofé d'examiner fi cette circonftance feroit une différence remarquable ; on verra qu'elle a peu changé la nature du bois, & qu'un bois qui n'a féjourné dans une eau dormante que trois ou quatre mois fans en avoir été tiré, n'a point fouffert d'altération fenfible. Au refte, il étoit fort fec, & pefoit 1 livre 2 onces 1 gros, ou 145 gros.

Ayant refté quatre jours dans l'étuve, fon poids a diminué de 2 $\frac{1}{2}$ gros ; & il a repris fon premier poids, après avoir refté fix jours dans une falle baffe.

Ayant bouilli & trempé dans l'eau, il pefoit 1 liv. 7 onces 7 gros, ou 191 gros : augmenté de 46 gros, ou 5 onces 6 gros.

Au fortir de l'étuve pour la feconde fois, il ne pefoit plus que 1 livre 4 gros, ou 132 gros : c'eft 13 gros de diminution de fon premier poids, & 7 onces 3 gros de ce qu'il pefoit au fortir de l'eau.

En fortant de l'eau pour la feconde fois, il pefoit 1 liv. 8 onc. 8 $\frac{1}{2}$ gros, ou 200 $\frac{1}{2}$ gros : augmenté de 55 $\frac{1}{2}$ gros, 9 $\frac{1}{2}$ gros de plus que la premiere fois qu'il avoit été mis dans l'eau.

Lorfqu'il fut tiré de l'étuve pour la troifieme fois, il ne pefoit plus que 15 onces 2 gros, ou 122 gros.

Il a perdu 23 gros, ou plus d'un fixieme.

IV. Barreau. Ayant employé jufqu'à préfent du bois fort, j'ai voulu voir ce qui arriveroit à du bois gras : pour cela j'ai pris de ce bois qu'on emploie pour les belles Menuiferies, & qui eft connu fous le nom de *Bois de Hollande* ou *de Vofges*; au refte il étoit bon dans fon genre.

Il ne pefoit que 11 onces 7 $\frac{1}{2}$ gros, ou 95 $\frac{1}{2}$ gros.

Il a perdu 1 once dans l'étuve, & il a repris fon premier poids dans la falle baffe.

Au fortir de l'eau, il pefoit 1 livre 8 $\frac{1}{2}$ gros, ou 136 $\frac{1}{2}$ gros : ainfi il s'étoit chargé de 41 gros d'eau.

En fortant de l'étuve pour la feconde fois, il pefoit 11 onces ou 88 gros : il a perdu 7 $\frac{1}{2}$ gros de fon premier poids.

En fortant de l'eau pour la feconde fois, il pefoit 1 livre 2 onces 5 gros, ou 149 gros : ainfi il avoit afpiré 53 $\frac{1}{2}$ gros, ou 6 onces 5 $\frac{1}{2}$ gros d'eau.

Enfin, en fortant pour la troifieme fois de l'étuve, il ne pefoit plus que 10 onces, ou 80 gros.

Il a perdu 15 $\frac{1}{2}$ gros, ou plus d'un fixieme de fon premier poids.

V. Barreau. Après avoir fait les Expériences que je viens de rapporter fur le bois de Chêne choifi de différente qualité, j'ai cru devoir les étendre fur différentes efpeces de bois. Le Barreau dont il s'agit, a été pris dans une bille d'Orme à grande feuille, abattu depuis fix ans : il pefoit 1 liv. 1 once 1 $\frac{1}{2}$ gros, ou 137 $\frac{1}{2}$ gros.

Il étoit donc plus léger que les Barreaux de bon Chêne ; mais il pesoit davantage que le Chêne dit de Hollande.

L'ayant mis passer six jours dans l'étuve, il perdit sept gros de son poids. Dans la salle basse, il ne reprit que 2 $\frac{1}{2}$ gros d'humidité.

Au sortir de l'eau, il pesoit 1 livre 10 onces 1 $\frac{1}{2}$ gros, ou 209 $\frac{1}{2}$ gros : ainsi il avoit aspiré 72 gros d'eau.

Au sortir de l'étuve pour la seconde fois, il ne pesoit plus qu'une livre, ou 128 gros, & avoit perdu 9 $\frac{1}{2}$ gros de son premier poids.

En sortant de l'eau pour la seconde fois, il pesoit 1 livre 11 onces 6 $\frac{1}{2}$ gros, ou 222 $\frac{1}{2}$ gros : ainsi il avoit aspiré 85 gros, ou 10 onces 5 gros d'eau.

Au sortir de l'étuve pour la troisieme fois, il ne pesoit plus que 15 onces 2 gros, ou 122 gros.

Il avoit perdu de son premier poids 15 $\frac{1}{2}$ gros, ou 1 once 7 $\frac{1}{2}$ gros.

VI. Barreau. Il étoit de Hêtre, vieux & fort sec ; il pesoit 1 livre 1 once 6 gros, ou 142 gros.

Ayant passé quelques jours à l'étuve, son poids a diminué de 5 gros ; & il a repris son premier poids dans la salle basse.

Au sortir de l'eau, il pesoit 1 livre 14 onces 1 $\frac{1}{4}$ gros ou 241 gros $\frac{3}{4}$, son poids étant augmenté de 99 $\frac{3}{4}$ gros.

Au sortir de l'étuve pour la seconde fois, il ne pesoit plus que 1 livre 3 $\frac{1}{2}$ gros ou 131 $\frac{1}{2}$ gros : diminué de 10 $\frac{1}{2}$ gros.

Au sortir de l'eau pour la seconde fois, il pesoit 1 liv. 14 onc. 7 $\frac{1}{2}$ gros, ou 247 $\frac{1}{2}$ gros ; s'étant chargé de 105 $\frac{1}{2}$ gros d'eau.

Au sortir de l'étuve pour la troisieme fois, il ne pesoit plus que 15 onces 6 gros, ou 126 gros.

Il avoit perdu 16 gros, ou près d'un neuvieme.

VII. Barreau. Il étoit pris dans un jeune Noyer abattu depuis 3 ou 4 ans : il pesoit 13 onces 6 gros, ou 110 gros.

Mis dans l'étuve, son poids diminua de 4 gros ; & ayant séjourné dans la salle basse, il augmenta de 5 $\frac{1}{2}$ gros.

Au sortir de l'eau, il pesoit 1 livre 14 onces 4 gros, ou 244 gros : augmenté de 134 gros.

En sortant de l'étuve pour la seconde fois, il pesoit 12 onces 5 $\frac{1}{2}$ gros, ou 101 $\frac{1}{2}$ gros : diminué de 8 $\frac{1}{2}$ gros.

Etant tiré de l'eau pour la seconde fois, il pesoit 1 livre 14 onces 2 gros, ou 242 gros : augmenté de 132 gros.

Enfin, sortant de l'étuve pour la troisieme fois, il ne pesoit que 12 onces $\frac{1}{2}$ gros, ou 96 gros $\frac{1}{2}$.

Il avoit perdu 13 $\frac{1}{2}$ gros, ou près d'un huitieme de son premier poids.

VIII. Barreau de bois de Tilleul de Forêt bien sec. Il pesoit 11 onces 4 $\frac{1}{2}$ gros, ou 92 $\frac{1}{2}$ gros.

Il diminua de 3 gros à l'étuve, & il reprit 2 $\frac{1}{2}$ gros dans la salle basse.

Au sortir de l'eau, il pesoit 1 livre 12 onces 2 gros, ou 226 gros : augmenté de 133 $\frac{1}{2}$ gros.

En sortant de l'étuve pour la seconde fois, il ne pesoit que 10 onces 5 $\frac{1}{4}$ gros, ou 85 gros $\frac{1}{4}$: diminué de 7 $\frac{1}{4}$ gros.

Au sortir de l'eau pour la seconde fois, il pesoit 1 livre 12 onces 5 gros, ou 229 gros : augmenté de 136 $\frac{1}{2}$ gros.

Enfin, en sortant de l'étuve pour la troisieme fois, il ne pesoit que 10 onces 5 gros, ou 85 gros.

Il avoit perdu 7 $\frac{1}{4}$ gros, ou un peu plus d'un treizieme.

IX. Barreau de Sapin bien sec & peu résineux. Il pesoit 10 onces 6 $\frac{3}{4}$ gros, ou 86 $\frac{3}{4}$ gros.

Il perdit 4 gros de son poids à l'étuve, & il ne reprit dans la salle basse que 3 $\frac{1}{2}$ gros.

Au sortir de l'eau, il pesoit 1 liv. 4 onces 1 $\frac{1}{2}$ gros, ou 161 $\frac{1}{2}$ gros : augmenté de 74 $\frac{1}{4}$ gros.

En le tirant de l'étuve pour la seconde fois, il ne pesoit plus que 9 onces 7 gros : diminué de 7 $\frac{3}{4}$ gros.

Au sortir de l'eau pour la seconde fois, il pesoit 1 livre 7 onces 7 gros, ou 191 gros : augmenté de 124 $\frac{1}{4}$ gros.

Enfin, en le tirant de l'étuve pour la troisieme fois, il ne
pesoit

peſoit plus que 9 onces 4 ½ gros, ou 76 ½ gros.

Il avoit perdu de ſon premier poids 10 ¼ gros, ou un neuvieme.

X. Barreau pris dans une groſſe bille de bois d'Aulne de huit mois d'abattage. Il peſoit 13 onc. 6 ¼ gros, ou 110 ¼ gros.

Il perdit à l'étuve 1 once 6 gros de ſon poids, & n'en reprit dans la ſalle baſſe que 4 gros.

Au ſortir de l'eau, il peſoit 1 liv. 9 onces 5 ½ gros, ou 205 ½ gros : augmenté de 94 ¾ gros.

En ſortant de l'étuve pour la ſeconde fois, il ſe trouva réduit à 11 onces 6 gros, ou 94 gros : diminué de 16 ¾ gros.

Celui-ci a perdu environ ÷ de ſon premier poids.

XI. Barreau pris dans une groſſe bûche de Genévrier abattu depuis plus de 60 ans. Il peſoit 12 onces 1 gros, ou 97 gros.

Il perdit 3 gros de ce poids à l'étuve, & il ne reprit qu'un gros dans la ſalle baſſe.

Au ſortir de l'eau, il peſoit 1 livre 1 once 6 ½ gros : augmenté de 45 ½ gros.

En ſortant de l'étuve pour la ſeconde fois, il ne peſoit que 11 onces 1 ½ gros : diminué de 7 ½ gros.

En ſortant de l'eau pour la ſeconde fois, il peſoit 1 livre 3 onces 1 gros : augmenté de 56 gros.

Et au ſortir de l'étuve pour la troiſieme fois, il ne peſoit que 10 onces 6 ½ gros, ou 86 ½ gros.

Il avoit perdu 10 ½ gros, ou près d'un neuvieme de ſon premier poids.

Remarques ſur ces Expériences.

On voit par ce qui vient d'être rapporté, 1°, Que les bois les plus anciennement abattus & les plus ſecs, perdent de leur poids quand on les tient quelque temps dans une étuve échauffée ſeulement à trente degrés du thermometre de M. de Reaumur ; mais qu'alors ils ſont très-avides de l'humidité de l'air, de ſorte qu'ils s'en chargent quelquefois aſſez pour reprendre leur premier poids.

S

2°, Que ces bois fe chargent de beaucoup d'eau quand on les fait tremper quelque temps dans de l'eau bouillante.

3°, Que quand enfuite on les remet à l'étuve, non-feulement ils perdent cette eau qui leur étoit étrangere ; mais encore une partie plus ou moins grande de leur propre fubftance.

4°, Qu'en les remettant une feconde fois dans l'eau bouillante, ils s'en chargent plus que la premiere fois.

5°, Que fi on les remet à l'étuve, ils perdent non-feulement l'eau dont ils s'étoient chargés, mais encore une plus grande partie de leur fubftance qu'ils n'avoient fait la premiere fois.

ARTICLE II. *Seconde fuite d'Expériences faites fur des Cubes de bois verd.*

CES Expériences ont été faites fur des Cubes de différentes efpeces de bois, chacun ayant trois pouces de côté, & formant un folide de 27 pouces cubiques. On les a traités à peu près comme les Barreaux de la premiere fuite, & les réfultats font peu différents de ceux que nous ont fournis les barreaux. Je vais encore rapporter un réfultat moyen que j'ai conclu de plufieurs cubes femblables ; mais les Barreaux étoient de bois fec, & les Cubes de bois nouvellement abattu, fçavoir, le 10 Septembre, huit jours avant le commencement des Expériences.

Avant que de rapporter le détail de ces Expériences, il eft bon d'obferver qu'un Cube de Chêne, de 4 pouces en quarré, pefoit, étant verd, 2 livres 5 onces ; & qu'après avoir refté longtemps dans l'étuve, fon poids s'eft réduit à 1 livre 7 onces : ainfi ce Cube, qui n'avoit point été dans l'eau, a perdu, en fe deffléchant 14 onces ; ce qui fait près d'un quart de fon poids.

I. CUBE de bois de Chêne : il pefoit 1 livre 2 onces 2 gros, ou 146 gros.

Après avoir refté dix à douze jours dans une étuve, il pefoit 12 onces 1 $\frac{1}{2}$ gros : fon poids étoit diminué de 48 $\frac{1}{2}$ gros.

On l'a mis tremper & bouillir dans l'eau ; au fortir, il pefoit 1 liv. 3 onces 6 $\frac{1}{2}$ gros : fon poids étoit augmenté de 12 $\frac{1}{2}$ gros.

Remis dans l'étuve passer huit à dix jours, il en sortit pesant 11 onces 6 $\frac{1}{2}$ gros : son poids est diminué de 51 $\frac{1}{2}$ gros.

On l'a encore remis bouillir & tremper dans l'eau ; il pesoit 1 livre 3 onces 1 $\frac{1}{2}$ gros : son poids est augmenté de 7 $\frac{1}{2}$ gros.

Après avoir encore passé huit à dix jours dans l'étuve, il pesoit 11 onces 2 gros : son poids est moindre qu'il n'étoit d'abord de 56 gros.

On l'a mis dans une salle basse qui n'étoit point humide ; & trois ans après, il pesoit 12 onces : son poids est augmenté de 6 gros.

Il a perdu 50 gros ou près d'un tiers de son premier poids.

II. Cube de Chêne. Comme on a vu par les Expériences précédentes que l'eau simple dissout une partie de la substance du bois, je me suis proposé de connoître si une lessive de sel alkali n'en emporteroit pas une plus grande quantité.

Ce Cube pesoit 1 livre 1 once, ou 136 gros.

On le mit dans une lessive de sel alkali ; & après y être resté quelques jours, il pesoit 1 livre 2 onces 4 $\frac{1}{2}$ gros : augmenté de 12 $\frac{1}{2}$ gros.

Après avoir passé seulement deux ou trois jours dans l'étuve, il pesoit 1 livre 1 once $\frac{1}{2}$ gros : augmenté d'un demi-gros de son premier poids.

On le mit bouillir & tremper dans l'eau ; il pesoit 1 livre 4 onces 3 $\frac{1}{2}$ gros : augmenté de 27 $\frac{1}{2}$ gros.

Après avoir passé dix à douze jours dans l'étuve, il pesoit 12 onces 4 gros : diminué de 36 gros.

On le remit dans l'eau bouillante ; & après y être resté quelques jours, il pesoit 1 liv. 5 onces $\frac{1}{2}$ gros : augmenté de 32 $\frac{1}{2}$ gros.

On le remit à l'étuve ; au bout de huit à dix jours, il ne pesoit plus que 11 onces 5 gros : diminué de 43 gros.

Au bout de trois ans, son poids étoit un peu augmenté ; mais le bois étoit absolument gâté.

Ce cube a donc perdu plus d'un tiers de son premier poids.

III. Cube de Chêne ; je me suis proposé d'examiner si en frottant d'huile un morceau de bois, on ralentiroit son dessé-

S ij

chement, & fi on le rendroit moins pénétrable à l'eau.

Au commencement de l'Expérience, il pefoit 1 livre 2 gros, ou 130 gros.

On le frotta d'huile, puis on le mit tremper & bouillir dans l'eau; il pefoit 1 livre 4 onces 2 gros : augmenté de 32 gros.

L'ayant tenu dix à douze jours dans l'étuve, il pefoit 12 onces 2 $\frac{1}{2}$ gros : diminué de 31 $\frac{1}{2}$ gros.

On le remit dans l'eau bouillante; & après y avoir resté quelques jours, il pefoit 1 liv. 2 onc. 2 $\frac{1}{2}$ gros : augmenté de 15 $\frac{1}{2}$ gros.

On le remit paffer fept à huit jours dans l'étuve; au fortir, il ne pefoit plus que 11 onces 3 gros : diminué de 39 gros.

Au bout de trois ans, fon poids étoit augmenté; mais la qualité du bois étoit fort altérée.

Ce cube a donc perdu plus d'un cinquieme de fon premier poids.

IV. CUBE de Hêtre : il pefoit 1 liv. 1 once 2 gros, ou 138 gros.

L'ayant mis dans l'eau bouillante, il pefoit 1 livre 7 onces $\frac{1}{2}$ gros : augmenté de 46 $\frac{1}{2}$ gros.

Après avoir resté huit à dix jours à l'étuve, il pefoit 11 onc. 7 $\frac{1}{2}$ gros : diminué de 42 $\frac{1}{2}$ gros.

Au fortir de l'eau bouillante pour la feconde fois, il pefoit 1 livre 6 onces 6 $\frac{1}{2}$ gros : augmenté de 44 $\frac{1}{2}$ gros.

Après avoir resté huit à dix jours à l'étuve, il pefoit 11 onc. 4 gros : diminué de 46 gros.

Au bout de trois ans, on n'en retrouva qu'un, qui ne pefoit que 8 onces 6 gros.

Ce Cube avoit perdu un peu plus de la moitié de fon premier poids.

V. CUBE de Hêtre : il pefoit 1 livre 3 gros.

On le mit bouillir & tremper quelques jours dans une leffive de fel alkali; au fortir, il pefoit 1 livre 10 onces 5 gros : augmenté de 82 gros.

Ayant paffé deux ou trois jours dans l'étuve, il pefoit 1 livre 8 onces 7 $\frac{1}{2}$ gros : augmenté de fon premier poids de 68 $\frac{1}{2}$ gros.

L'ayant mis tremper & bouillir dans l'eau, on l'a pefé; mais le poids ne fe trouve point.

Ayant passé huit à dix jours dans l'étuve, il pesoit 13 onces 4 gros : diminué du premier poids de 23 gros.

Après avoir encore bouilli & trempé dans l'eau, il pesoit 1 livre 6 onces 1 gros : augmenté de 46 gros.

Après avoir passé huit à dix jours dans l'étuve, il ne pesoit plus que 10 onces 5 $\frac{1}{2}$ gros : diminué de 45 $\frac{1}{2}$ gros.

Au bout de trois ans, il pesoit 12 onces, & ne valoit rien.

Il avoit perdu de son premier poids entre un tiers & un quart.

VI. CUBE de Charme : il pesoit 14 onces 6 gros, ou 118 gros.

L'ayant mis tremper dans l'eau bouillante, il pesoit 1 livre 3 onces 5 $\frac{1}{2}$ gros : augmenté de 39 $\frac{1}{2}$ gros.

Au sortir de l'étuve, il pesoit 10 onces 4 $\frac{1}{2}$ gros : diminué de 33 $\frac{1}{2}$ gros.

On le remit dans l'eau bouillante ; & son poids fut de 1 liv. 5 onces 6 $\frac{1}{2}$ gros : augmenté de 56 $\frac{1}{2}$ gros.

On le remit huit à dix jours dans l'étuve, & il ne pesoit plus que 10 onces 4 gros : diminué de 33 gros.

Trois ans après, son poids étoit un peu augmenté & le bois en étoit assez bon.

Il avoit perdu plus d'un tiers de son premier poids.

VII. CUBE d'Érable : il pesoit 15 onces 6 gros, ou 126 gros.

L'ayant mis dans l'eau bouillante, il pesoit 1 livre 5 onces 6 $\frac{1}{2}$ gros : augmenté de 48 $\frac{1}{2}$ gros.

Ayant passé huit à dix jours dans l'étuve, il pesoit 11 onces 6 $\frac{1}{2}$ gros : diminué de son premier poids de 31 $\frac{1}{2}$ gros.

L'ayant remis dans l'eau, il pesoit 1 livre 5 onces 7 $\frac{1}{2}$ gros : augmenté de 49 $\frac{1}{2}$ gros.

Au sortir de l'étuve pour la seconde fois, il pesoit 11 onces 3 gros : diminué de 35 gros.

Au bout de trois ans, il pesoit 12 onces ; son bois étoit assez bon.

Ce Cube a perdu près d'un quart de son premier poids.

VIII. CUBE d'Érable : il pesoit 14 onc. 7 $\frac{1}{2}$ gros, ou 119 $\frac{1}{2}$ gros.

Il fut frotté d'huile ; & après avoir resté huit jours dans l'étuve, il pesoit 11 onces 3 $\frac{1}{2}$ gros : diminué de 28 gros.

Au sortir de l'eau bouillante, il pesoit 1 livre 5 onces 4 gros : augmenté de 52 $\frac{1}{2}$ gros. ————————

Après avoir passé huit à dix jours dans l'étuve, il ne pesoit plus que 11 onces 3 $\frac{1}{2}$ gros : diminué de 28 gros.

Au bout de trois ans, il pesoit 11 onces 2 gros; le bois étoit bon.

Ce Cube avoit perdu près d'un tiers de son premier poids.

IX. Cube de Tremble : il pesoit d'abord 12 onces 3 gros, ou 99 gros.

Après avoir trempé dans l'eau bouillante, il pesoit 1 livre 2 onces 5 gros : augmenté de 50 gros.

Au sortir de l'étuve, il pesoit 7 onces 8 $\frac{1}{2}$ gros : diminué de 34 $\frac{1}{2}$ gros.

On le remit dans l'eau ; au sortir, il pesoit 1 livre 2 onces 8 $\frac{1}{2}$ gros : augmenté de 53 $\frac{1}{2}$ gros.

On le remit huit à dix jours à l'étuve ; & au sortir, il pesoit 7 onces 8 $\frac{1}{2}$ gros : diminué de 34 $\frac{1}{2}$ gros.

Au bout de trois ans, il pesoit 8 onces 4 gros.

Le bois étoit assez bon pour la qualité de ce mauvais bois.

Il avoit perdu environ un tiers de son premier poids.

X. Cube de Tremble : il pesoit 15 onces 4 $\frac{1}{2}$ gros, ou 124 $\frac{1}{2}$ gros.

On le frotta d'huile ; après avoir resté huit à dix jours dans l'étuve, il pesoit 11 onces 2 gros : diminué de 34 $\frac{1}{2}$ gros.

L'ayant mis tremper dans l'eau bouillante, il pesoit 1 livre 1 once 3 gros : augmenté de 14 $\frac{1}{2}$ gros.

Ayant séjourné huit à dix jours dans l'étuve, il pesoit 11 onces : diminué de 36 $\frac{1}{2}$ gros.

Au bout de trois ans, il étoit un peu plus pesant, & son bois étoit assez bon.

Ce Cube avoit perdu entre le tiers & le quart de son premier poids.

XI. Cube de Tremble : il pesoit 12 once, ou 96 gros.

L'ayant mis bouillir dans une leſſive de ſel alkali, il peſoit 1 livre 4 onces 3 gros : augmenté de 67 gros.

Après avoir reſté deux ou trois jours dans l'étuve, il peſoit encore 1 livre 2 onces 3 gros. Il falloit que l'étuve fût peu échauffée, puiſqu'il n'a perdu que 16 gros de ſon humidité ; & pour cette même raiſon, il a aſpiré peu d'eau.

Ayant trempé dans l'eau bouillante, il peſoit 1 livre 2 onces 5 gros.

Ayant reſté huit à dix jours dans l'étuve, il peſoit 8 onces 7 $\frac{1}{2}$ gros : diminué de 24 $\frac{1}{2}$ gros.

On le remit tremper pluſieurs jours dans de l'eau ; après qu'il eut bouilli, il peſoit 1 livre 3 onc. 1 gros:augmenté de 57 gros.

Après avoir reſté huit à dix jours dans l'étuve, il peſoit 7 onces 6 $\frac{1}{2}$ gros : diminué de 33 $\frac{1}{2}$ gros.

Nota. Que les bois qui ont bouilli dans la leſſive ſont toujours humides juſqu'à ce qu'ils ayent trempé dans l'eau douce.

Au bout de trois ans, il peſoit 12 onces.

Le bois n'en valoit rien, quoiqu'il n'eût rien perdu de ſon poids : ce que j'attribue aux ſels de la leſſive.

REMARQUES *ſur ces Expériences.*

Quoique ces Expériences offrent bien des variétés, on ne laiſſe pas d'appercevoir :

1°, Que l'étuve échauffée à 30 degrés du thermometre, fait perdre peu de ſeve au bois verd.

2°, Que l'eau bouillante pénetre en grande abondance & aſſez promptement les bois.

3°, Que cette humidité étrangere ſe diſſipe plus promptement que la ſeve.

4°, Qu'elle emporte avec elle une portion de la ſubſtance du bois.

5°, Que quand, après avoir deſſéché ces bois, on les remet dans l'eau bouillante, ils en prennent ordinairement une plus grande quantité que la premiere fois.

6°, Que cette eau se dissipe assez promptement, & qu'elle emporte avec elle de la substance du bois.

7°, Que les bois de médiocre qualité & les bois tendres sont plus altérés par ces opérations, que les bois durs & de bonne qualité.

On appercevra l'utilité qu'on peut retirer de ces Expériences, lorsque nous parlerons des Etuves.

ARTICLE III. *Troisieme suite d'Expériences faites sur des bouts de Chevrons, pour essayer de connoître la meilleure maniere de dessécher les bois lorsqu'ils sont abattus.*

LES Expériences de cette Suite, sont presque une répétition de celles de la premiere Suite ; mais elles ont été faites plus en grand, & avec des circonstances nouvelles. On prit des bouts de Chevron de trois pouces d'équarrissage, & de trois pieds de longueur ; les uns furent mis dans l'eau d'un vivier aussi-tôt après qu'ils eurent été abattus ; d'autres furent déposés à couvert ; d'autres ont toujours été tenus à l'air ; enfin, d'autres ont été conservés en grume avec leur écorce , ou en rondins écorcés.

Les résultats que je présente ici sont une moyenne prise sur six pieces.

Toutes ont été abattues du 8 au 10 Septembre 1732, équarries & pesées pour la premiere fois, huit jours après qu'elles eurent été abattues.

Ces bouts de Chevrons ont été coupés de longueur, & réduits à leur équarrissage par un Menuisier, le plus exactement qu'il a été possible ; car on sait que les bois verds ne se travaillent pas bien exactement à la varlope.

Quoiqu'on ait usé de la plus grande diligence pour travailler ces bois, il n'est pas douteux qu'ils ont perdu de leur seve pendant les huit jours qui se sont écoulés depuis leur abattage jusqu'à la pesée ; & comme on ne les travailloit pas tous à la

fois,

fois, les uns ont un peu plus perdu que les autres. On avoit bien prévu ce petit inconvénient ; mais il n'a pas été possible de l'éviter.

D'ailleurs les nœuds, les veines de bois blanc ou rouge, changent la pesanteur spécifique des bois. C'est ce qui nous a engagés à prendre une moyenne sur six morceaux différents. Cette précaution diminue les erreurs, mais ne les anéantit pas.

Quelques-uns ont paru augmenter peu de poids étant dans l'eau, parce que, quoique le vivier où on les mettoit, fût assez grand, il y avoit des pieces qui étoient soulevées par celles de dessous ; & celles-là n'étoient pas entiérement submergées. On les avoit chargées avec des pierres ; mais des accidents qu'il est impossible d'éviter dans les Expériences en grand, qui exigent beaucoup de temps, ont occasionné des dérangements qui ont fait flotter plusieurs pieces.

Enfin , (& ceci regarde presque toutes les Expériences) comme ces pieces étoient en assez grande quantité, on les empiloit au lieu où elles devoient rester ; & quoiqu'on eût l'attention de laisser du jour entr'elles, celles qui étoient au milieu & au bas des piles, n'étoient pas autant exposées à l'air que les autres.

I. CHEVRON de Chêne pesant aussi-tôt qu'il fut équarri, 12 livres 13 onces 4 gros.

Après avoir resté six semaines dans l'eau, il pesoit 12 livres 14 onces.

Comme il étoit peu augmenté de poids, parce qu'on l'avoit mis dans l'eau très-chargé de seve, on l'y remit, où il resta 20 mois. On l'en retira le 20 Mai 1734, & l'ayant laissé à l'air, on ne le pesa que le 31 du même mois : il pesoit 12 livres 14 onces 4 gros. Tous les bois qui n'ont été pesés que 8 jours après être tirés de l'eau, se sont beaucoup desséchés pendant ce temps.

Alors on le déposa sous un hangar, où il resta deux ans : ensuite il pesoit 9 livres 14 onces.

Au reste le bois paroissoit bon, & l'aubier sain.

Il a perdu plus d'un quart de son poids.

Nota. Le poids du pied cube de Chêne varie beaucoup : il

T

y en a qui ne pesent pas 65 liv. & d'autres passent au-delà de 73 liv. lorsqu'ils sont nouvellement abattus. Le poids varie aussi quand ils sont secs : les bons bois de la Forêt d'Orléans pesent aux environs de 55 à 58 liv. le pied cube. Il y en a qui ne pesent que 45, 48 liv. & il y a des bois de Provence qui pesent 68 liv. & plus.

II. CHEVRON pareil au précédent, pesant, après avoir été équarri, 12 liv. 10 onc. 5 gros & demi.

Au lieu de le mettre dans l'eau, on le déposa dans un Grenier; après y avoir resté un mois, il pesoit 11 liv. 9 onc. 2 gros & demi.

On le laissa huit jours au grand air & au soleil; il ne pesoit plus, après ce temps, que 9 liv. 15 onc. 5 gros.

On le mit sous un hangar, & deux ans après il pesoit 9 livres 10 onces.

Il a perdu plus d'un quart de son poids.

L'aubier des angles étoit en poussiere ; le bois en étoit bon, mais plus fendu que celui qui avoit été flotté.

III. CHEVRON pareil aux précédens pour les dimensions; mais il ne fut équarri que plus de huit jours après avoir été abattu : il pesoit 11 liv. 14 onc. 5 gros.

On l'empila à l'air ; & après y avoir resté un mois, il pesoit 11 liv. 5 onc.

On le laissa encore huit jours à l'air, le temps étant beau & sec ; il ne pesoit plus que 10 liv. 1 once.

L'ayant laissé pendant deux ans à l'air, son poids étoit réduit à 9 liv. 11 onces.

Son bois étoit assez bon ; mais il étoit très-fendu.

Il n'est pas diminué d'un sixieme ; mais il faut remarquer que si l'on pesoit tous les huit jours les bois, sur-tout ceux qui restent à l'air, on les trouveroit tantôt plus pesants & tantôt plus légers, suivant que l'air auroit été sec ou humide ; & par des expériences répétées, nous avons reconnu que ces différences de poids étoient quelquefois très-considérables : d'ailleurs le Chevron dont il s'agit, avoit déja perdu un peu de sa seve avant la premiere pesée.

IV. Chevron de Chêne pareil aux précédents, excepté qu'il ne fut équarri que 15 jours après avoir été abattu : il pesoit 11 liv. 2 onc. 4 gros & demi.

Pour ralentir l'évaporation, on le frotta d'huile, & on le déposa dans un grenier, où il resta sept mois. On l'exposa en suite à l'air par un beau temps pendant huit jours : alors il pesoit 8 liv. 10 onc.

On le mit ensuite sous un hangar, où il resta deux ans : alors il pesoit 8 liv. 8 onc.

Le bois étoit bon & peu gersé ; mais l'aubier étoit en poussiere. Il est diminué de près d'un cinquieme.

V. Chevron pareil aux précédents. Ayant été couvert de poix ou bray gras, il pesoit 13 liv. 3 gros.

Après avoir resté un mois dans un grenier, il pesoit 12 liv. 14 onces 7 gros. Ainsi, malgré la poix, il s'étoit desséché.

VI. Chevron de Chêne pareil aux précédents : il pesoit tout verd 13 liv. 6 onc. 4 gros.

On le mit dans un caveau : après y avoir resté six semaines, il pesoit 12 liv. 10 onc. 4 gros.

Remis dans le caveau, il y resta vingt mois ; & après avoir passé huit jours à l'air, il pesoit 11 liv. 6 onc. 4 gros.

Placé sous un hangar, son poids, deux ans après, fut de 9 liv. 13 onces.

Il a perdu de son premier poids entre le quart & le tiers.

VII. Chevron de Hêtre tout nouvellement abattu, & débité sur les mêmes dimensions que les précédents : il pesoit 13 liv. 3 onces 5 gros.

Ayant resté six semaines dans l'eau, il pesoit 15 liv. 14 onc.

On l'a remis dans l'eau, où il resta vingt mois ; l'ayant retiré le 20 Mai 1734, on le pesa le 31 du même mois ; son poids étoit de 12 liv. 3 onces.

Et après avoir resté deux ans sous un hangar, 9 liv. 8 onc.

Il a perdu près du tiers de son premier poids.

T ij

Nota. Le poids moyen d'un pied cube de Hêtre nouvelle-ment abattu s'est trouvé d'environ 68 à 70 liv. & sec, de 42 à 45.

VIII. Chevron de Hêtre semblable au précédent, pesant 13 liv. 1 once 2 gros.

On le déposa dans un grenier; & au bout d'un mois, il pe-soit 11 liv. 6 onc. 3 gros & demi.

Après avoir resté dix jours à l'air, il pesoit 9 liv. 15 onc.

Et étant resté deux ans sous un hangar, 9 liv. 9 onc.

Son poids étoit diminué de plus du quart, & pas tout-à-fait du tiers.

IX. Chevron de Hêtre semblable aux précédents : pesant 12 liv. 5 onc. 4 gros & demi.

Pour ralentir l'évaporation de la seve, on le mit dans un caveau : au bout de six semaines, il pesoit 11 liv. 12 onces.

On le remit dans le même caveau, où il resta vingt mois; tiré de-là, on l'exposa à l'air pendant huit jours, il pesoit 11 liv. 4 gros.

Et après avoir resté près de deux ans sous un hangar, 9 liv. 6 onc. 4 gros.

Au reste le bois en étoit de bonne qualité.

Son poids est diminué de près du quart.

X. Chevron de Tremble, mêmes dimensions que les pré-cédents, & abattu dans le même temps : il pesoit 10 liv. 1 once 2 gros.

Après avoir resté un mois dans un grenier, il pesoit 8 liv. 6 onces.

On le remit au grenier : après y avoir resté vingt mois, & de plus huit jours à l'air, il pesoit 7 liv. 13 onces.

Ayant ensuite passé deux ans sous un hangar, 7 liv. 6 onc.

Le bois étoit d'assez bonne qualité pour son espece.

Ce Chevron a perdu presque la moitié de son poids.

Nota. Le pied cube de Tremble, poids moyen, pris sur

plufieurs, eft de 45 à 43 livres lorfqu'il eft nouvellement abattu, & fec de 35 à 37.

XI. Chevron de Tremble femblable au précédent, pefant 8 liv. 11 onc. 6 gros & demi.

Après avoir refté un mois à l'air, il pefoit 7 liv. 14 onces & demi-gros.

On le remit à l'air, où il refta près de deux ans : il pefoit alors 7 liv. 1 once 5 gros.

Enfuite ayant paffé deux ans fous un hangar, 6 liv. 12 onc.

Le bois étoit affez bon, mais très-fendu.

Il n'a pas tout à fait diminué du quart.

XII. Chevron de Tremble femblable aux précédents, pefant 10 liv. 8 onc. 3 gros.

On le mit dans un caveau; fix femaines après, il pefoit 9 liv. 7 onces 4 gros.

On le remit à la cave, où il refta vingt mois ; & après avoir paffé huit jours à l'air, il pefoit 7 liv. 4 onc. 5 gros.

Enfuite étant refté près de deux ans fous un hangar, 6 livres 10 onces 4 gros.

Son bois étoit affez bon.

Ce Chevron a perdu près de la moitié de fon poids.

XIII. Chevron d'Aulne pareil aux précédents, pefant 12 liv. 5 gros.

Après avoir refté un mois à l'air, il pefoit 8 liv. 7 onc. 2 gr.

Ayant refté vingt mois à l'air, il pefoit 6 liv. 15 onces.

Ayant enfuite paffé deux ans fous un hangar, 6 liv. 12 onc.

Ce foliveau a perdu près de la moitié de fon poids.

Nota. Le pied cube d'Aulne nouvellement abattu pefe aux environs de 50 à 55 ; & étant fec, il pefe de 35 à 40.

XIV. Chevron d'Aulne pareil aux précédents, pefant 12 liv. 2 onc. 1 gros.

Ayant resté six semaines dans un caveau, il pesoit 10 liv. 14 onces.

Ayant été remis dans le caveau pendant vingt mois, & après avoir resté huit jours à l'air, il pesoit 8 liv. 4 gros.

Ayant ensuite demeuré deux ans sous un hangar, 6 liv. 15 onces 4 gros.

Son bois étoit assez bon.

Ce Chevron a perdu près de la moitié de son premier poids.

XV. CHEVRON d'Aulne semblable aux précédents, pesant 11 liv. 10 onces.

Après avoir resté un mois dans un grenier, il pesoit 8 liv. 8 onces 4 gros.

Remis au grenier, après y avoir resté vingt mois, & huit jours à l'air, il pesoit 7 liv. 11 onc.

Ayant resté deux ans sous un hangar, 7 livres 6 onces.

Son bois étoit assez bon.

Ce Chevron a perdu près d'un tiers de son poids.

XVI. CHEVRON d'Aulne pareil aux précédents, pesant 11 livres 11 onces.

Après avoir resté six semaines dans l'eau, il pesoit 12 livres 5 onces.

On le remit dans l'eau, où il a flotté pendant vingt mois: l'en ayant retiré, & laissé à l'air pendant huit jours, il ne pesoit plus que 9 livres.

Etant très-léger, il étoit toujours sur l'eau.

Ayant resté deux ans sous un hangar, 7 liv. 7 onces.

Son bois étoit bon ; mais il étoit fendu.

Ce Chevron a perdu entre le tiers & la moitié de son poids.

XVII. CHEVRON d'Erable de mêmes dimensions que les précédents, & abattu dans la même saison : il pesoit 13 liv. 1 onc.

Après avoir resté un mois dans un grenier, il pesoit 11 livres 2 onces.

On le remit pendant vingt mois dans le grenier ; & après avoir passé huit jours à l'air, il pesoit 9 livres 10 onces.

Ayant resté deux ans sous un hangar, 9 liv. 7 onces.

Le bois étoit bon, & l'aubier sain.

Ce Chevron a perdu près de moitié de son premier poids.

Nota. Le pied cube d'Érable nouvellement abattu, pese à peu près de 60 à 64 ; & quand il est sec, 46 à 48 livres.

XVIII. Chevron d'Érable, pareil au précédent, pesant 13 liv. 2 onces.

Après avoir séjourné six semaines dans l'eau, il pesoit 14 liv. 4 onces.

On le remit passer vingt mois dans l'eau ; & ayant resté à l'air pendant huit jours, il pesoit 13 livres 8 onces.

Ayant resté deux ans sous un hangar, 9 liv. 1 onc.

Le bois étoit meilleur que le précédent, qui étoit toujours resté à couvert.

Ce Chevron a perdu près d'un tiers de son premier poids.

XIX. Chevron d'Érable pareil aux précédents, pesant 12 liv. 5 onc. 1 gros.

On le déposa dans un caveau ; & six semaines après, il pesoit 11 livres 6 onces 4 gros.

Ayant encore resté vingt mois dans le même caveau, & huit jours à l'air, il pesoit 10 livres 11 onces.

Et ayant resté deux ans sous un hangar, 9 liv. 6 onces.

Son bois étoit bon & peu fendu.

Ce Chevron a perdu près d'un quart de son premier poids.

XX. Chevron d'Érable pareil aux précédents, pesant 12 liv. 3 onces 2 gros.

Ayant resté un mois à l'air, il pesoit 10 livres 9 onces 2 gros.

On le laissa encore à l'air pendant vingt mois ; alors il pesoit 9 livres 1 once.

Et ayant resté deux ans sous un hangar, 8 liv. 13 onces.

Son bois étoit bon, mais très-fendu.

Ce Chevron a perdu entre le quart & le tiers de son premier poids.

XXI. CHEVRON de Charme de mêmes dimensions, & abattu dans la même saison que les précédents : il pesoit 13 livres 7 onces 7 $\frac{1}{2}$ gros.

Ayant séjourné six semaines dans l'eau, il pesoit 14 liv. 1 gr.

Ayant encore passé vingt mois dans l'eau, & huit jours à l'air, il pesoit 11 liv. 6 onces.

Et après avoir resté deux ans sous un hangar, 8 liv. 15 onces 4 gros.

Le bois étoit assez bon, mais très-fendu.

Ce Chevron a perdu près d'un tiers de son premier poids.

Nota. Le pied cube de Charme nouvellement abattu pese de 65 à 70 livres ; & quand il est sec, de 45 à 50.

XXII. CHEVRON de Charme semblable au précédent, pesant 12 livres 1 once 4 gros.

Après avoir resté un mois à l'air, il pesoit 10 liv. 8 onc. 3 gr.

Et vingt mois après, étant toujours resté à l'air, il pesoit 8 liv. 11 onces 4 gros.

Enfin étant resté deux ans sous un hangar, 8 liv. 5 onc. 4 gr.

Ce Chevron a perdu près d'un tiers de son premier poids.

XXIII. CHEVRON de Charme semblable aux précédents, pesant 13 liv. 9 onc. 6 gros.

Après avoir resté six semaines dans un grenier, il pesoit 11 liv. 10 onces 4 gros.

Remis au grenier, & après y avoir resté vingt mois, & huit jours à l'air, il pesoit 10 liv. 1 once.

Ayant passé deux ans sous un hangar, 9 liv. 10 onces.

Bon bois, mais fort fendu.

Ce Chevron a perdu près de la moitié de son premier poids.

XXIV. CHEVRON de Charme pareil aux précédents ; son poids 12 liv. 5 onc. 1 gros.

On

On l'a mis dans un caveau ; & six semaines après, il pesoit 11 livres 7 onces.

Ayant resté vingt mois dans le même caveau, & huit jours à l'air, il pesoit 9 livres 15 onces 5 gros.

Et ayant passé deux ans sous un hangar, 8 livres 11 onces.

Le bois en étoit bon, mais fort fendu.

Ce Chevron a perdu près d'un tiers de son premier poids.

Article IV. *Quatrieme suite d'Expériences faites sur des Madriers, pour trouver une façon de dessécher les Bois sans qu'ils se fendent beaucoup.*

Ces Expériences ont été faites avec des Madriers de Bois de Chêne, équarris à la scie sur toutes les faces.

Comme, dans mes Regiftres, il y a de l'incertitude sur leurs dimensions, je ne les rapporterai point ; mais il est certain que tous furent réduits par un Menuisier à des dimensions pareilles.

Tous ont été abattus l'hiver de 1732 : ils font restés en grume jusqu'au mois de Mars, qu'on a emporté les dosses à la scie de long, & ensuite on les a réduits à d'exactes dimensions avec la varlope.

Il y aura plus d'égalité dans les poids de ces Madriers, parce qu'étant refendus à la scie, ils étoient plus à vive-arête & sans aubier ; quelques-uns en avoient seulement un peu sur quelques-uns de leurs angles.

I. Madrier pesant 20 liv. 10 onc.

On l'a mis dans un grenier, où après avoir resté six mois on l'a pesé : son poids alors étoit de 15 livres 12 onces.

On l'a remis dans le grenier ; & deux ans après il pesoit 15 liv. 6 onces.

Ainsi son poids étoit diminué de 5 liv. 4 onces.

Ce qui approche d'un quart.

Il étoit très-fendu ; ce qui a empêché de mesurer exactement ce qu'il avoit perdu de son volume : néanmoins ayant égard aux fentes, il paroissoit s'être contracté d'une ligne sur une face, & d'une ligne & demie sur l'autre.

V

II. MADRIER pareil au précédent, pesant 19 livres 8 onces.

On l'a frotté d'huile, & il a été déposé dans le même grenier que le précédent; six mois après, il pesoit 14 liv. 12 onc. 4 gros.

Deux ans après, il pesoit 14 liv. 6 onces 4 gros.

Ainsi il étoit diminué de son premier poids de 5 liv. 1 onc. 4 gros.

Ce qui fait une diminution qui approche d'un quart. Ainsi l'huile n'avoit pas formé un grand obstacle à la dissipation de la seve. Cependant il n'étoit point fendu. Il n'avoit rien perdu sur une de ses dimensions : sur l'autre il avoit perdu une ligne. Un peu d'aubier qui étoit resté sur un angle, étoit plus endommagé qu'au Madrier précédent : on l'emportoit avec l'ongle, quoiqu'il ne fût point piqué de vers.

III. MADRIER pareil aux précédents, pesant 20 liv. 8 onces.

On l'a mis flotter dans une mare bourbeuse & d'eau grasse; l'en ayant retiré six mois après, il pesoit 23 livres 10 onces.

Et étant resté à l'air pendant dix jours, il ne pesoit plus que 20 liv. 13 onces 4 gros.

On l'a déposé dans un grenier, & deux ans après, il pesoit 14 liv. 15 onces.

Il avoit donc perdu de son premier poids 5 liv. 9 onc.

Il n'approche pas tant que l'autre d'un quart.

Au sortir de l'eau, il paroissoit que son volume étoit augmenté d'une ligne dans toutes ses dimensions; mais étant resté dix jours à l'air, il étoit revenu à son premier volume.

Il n'étoit point du tout fendu : néanmoins il paroissoit avoir diminué d'un quart de ligne sur toutes ses dimensions; & comme il avoit été mis dans une eau bourbeuse & grasse, le bois avoit changé de couleur. Au reste, il paroissoit très-bon.

IV. MADRIER pareil aux précédents, pesant 20 liv. 7 onc.

On le mit dans du fumier de vache, qu'on renouvelloit assez fréquemment : au bout de six mois, il pesoit 18 liv. 11 onces 4 gros.

Une couche mince de deſſus paroiſſoit comme brûlée, & elle s'enlevoit aiſément avec le couteau : l'aubier, par comparaiſon au bois, étoit plus blanc qu'à l'ordinaire.

Après avoir reſté deux ans dans un grenier, il peſoit 15 liv.

Ainſi ſon poids étoit diminué de 5 liv. 7 onces.

C'eſt encore aſſez près d'un quart.

Il avoit au milieu une grande fente, & il paroiſſoit avoir diminué d'une ligne dans toutes ſes dimenſions.

V. MADRIER pareil aux précédents, peſant 20 liv. 8 onces.

On l'a mis flotter pendant ſix mois dans de l'eau claire ; au ſortir de l'eau, il peſoit 23 livres 2 onces 3 gros.

Le lendemain, étant reſté ce temps à l'air, il ne peſoit plus que 22 livres 9 onces 7 gros & demi.

Ayant reſté deux ans dans un grenier, il peſoit 15 liv. 10 onc. 4 gros.

Ainſi ſon premier poids étoit diminué de 4 livres 13 onces 4 gros.

Ce qui fait un peu plus d'un quart.

Comme il étoit traverſé de pluſieurs nœuds, il avoit des fentes aſſez conſidérables.

VI. MADRIER pareil aux précédents, peſant 19 livres 9 onc. 6 gros.

L'ayant laiſſé expoſé à l'air & au ſoleil pendant ſix mois, il peſoit 14 livres 10 onces 2 gros.

Et après avoir reſté deux ans dans un grenier, il peſoit 14 liv. 7 onces.

Ainſi ſon poids étoit diminué de 5 liv. 2 onc. 6 gros.

Il avoit donc diminué d'un tiers & au-delà.

Il s'étoit retiré d'une ligne & demie ſur deux de ſes faces, & point ſur les deux autres ; ce qui faiſoit qu'il n'étoit pas fendu.

REMARQUE.

ON PEUT, en ſuivant attentivement le détail de cette ſuite

V ij

d'Expériences, & en comparant leurs réfultats, voir ce que les circonftances d'avoir mis les bois dans l'eau claire ou bourbeufe, fous du fumier, dans un grenier fec, ou à l'air, ont pu produire fur ces Madriers.

ARTICLE V. *Cinquieme fuite d'Expériences faites avec des Planches de Chêne de douze pieds de longueur & de deux pouces d'épaiffeur.*

CES arbres avoient été abattus dans l'hiver de 1732, & refendus à la fcie au printemps 1733 : ainfi ils avoient perdu une partie de leur feve ; mais ils n'étoient pas fecs.

Comme l'intention étoit de reconnoître lequel étoit le plus avantageux de mettre fécher les bois fous un hangar, ou de commencer par les tenir quelque temps dans l'eau, on a toujours fait deux lots des planches qui appartenoient au même arbre : un de ces lots a été dépofé fous un hangar, & l'autre a été jetté dans l'eau. Les planches qui devoient être comparées, & qui appartenoient au même arbre, étoient marquées d'un pareil N°. de plus, celles qui devoient refter fous un hangar, étoient marquées d'une *H*, & celles qui devoient être jettées à l'eau, d'une *F*.

Il eft bon de remarquer pour les planches & les membrures, qu'on ne les a pas réduites à des dimenfions exactement pareilles : on s'eft contenté de mettre en comparaifon deux planches tirées d'un même arbre, & à très-peu près de mêmes dimenfions.

I. La planche N°. I, *H*, pefoit le 10 Avril 1733, 87 liv. 12 onces.

Après avoir refté fous un hangar jufqu'au premier Juin 1734, elle pefoit 68 livres.

Et le 26 Octobre 1742, 66 liv.

Celle du N°. I, *F*, le 10 Avril 1733, pefoit 89 liv. 10 onces 4 gros.

Le premier Juin 1734, ayant été tirée de l'eau, & après

avoir resté huit ou dix jours à l'air pour se ressuyer, elle pesoit 93 livres.

Etant restée sous le hangar jusqu'en Octobre 1742, elle pesoit 65 livres 8 onces.

La planche *F*, qui étoit la plus pesante au commencement de l'Expérience, se trouva la plus légere à la fin.

II. La planche N°. II, *H*, pesoit en Avril 1733, 96 liv. 13 onces.

Au premier Juin 1734, 76 liv. 9 onc.

Et le 26 Octobre 1742, 72 livres 8 onces.

Celle du N°. II, *F*, pesoit en Avril 1733, 97 liv. 6 onces.

Au premier Juin 1734, 100 livres 6 onces.

Et le 28 Octobre 1742, 72 liv. 8 onc.

Quoique la planche *F* fût un peu plus pesante que *H* au commencement, elle étoit de même poids à la fin.

III. La planche N°. III, *H*, en Avril 1733, pesoit 85 liv. 8 onces.

Au premier Juin 1734, 68 liv. 4 onces.

Le 26 Octobre 1742, 64 liv. 8 onc.

Celle du N°. III, *F*, en Avril 1733, 89 liv. 8 onc.

Le premier Juin 1734, 75 liv. 4 onc.

Le 26 Octobre 1742, 62 liv. 8 onc.

La planche *F*, qui au commencement étoit de quatre livres plus pesante que la planche *H*, étoit de deux livres plus légere à la fin.

IV. La planche N°. IV, *H*, en Avril 1733, pesoit 96 liv. 8 onces.

Au premier Juin 1734, 73 livres.

Le 26 Octobre 1742, 69 liv. 8 onc.

Celle du N°. IV, *F*, en Avril 1733, 104 liv. 10 onc. 4 gros.

Au premier Juin 1734, 103 liv.

Le 26 Octobre 1742, 75 liv. 8 onc.

La planche *F*, au commencement, pesoit 8 liv. 2 onc. 4 gros plus que la planche *H;* à la fin elle ne pefoit que 6 liv. de plus. Ainfi elle a perdu 2 liv. 2 onc. 4 gros fur l'avantage de poids qu'elle avoit relativement à l'autre piece ; ce qui s'accorde avec ce qui eft arrivé jufqu'à préfent.

Il falloit que ces planches flottaffent : car elles étoient fou-vent plus légeres en fortant de l'eau à la feconde pefée, qu'à la premiere. Il eft vrai que, comme elles avoient beaucoup de furface, elles fe font confidérablement defféchées pendant les 8 à 10 jours qu'on les a laiffé expofées au grand air pour qu'el-les fe reffuyaffent.

ARTICLE VI. *Sixieme fuite d'Expériences faites fur des Membrures.*

LES Expériences fuivantes ont été faites fur des membrures de Chêne. Les arbres ont été abattus dans l'hiver 1732 , refen-dus à la fcie le 15 Août 1733 , & pefés pour la premiere fois le 30 du même mois. Auffi-tôt on les a mis ou fous le hangar ou dans l'eau. On les en a tirés le 20 Mai 1734 , & on les a pe-fés ; le premier Juin fuivant, on les a tous mis fous le hangar, & on les a pefés pour la derniere fois le 26 Octobre 1742. Ces membrures ont été numérotées comme les planches dont nous venons de parler , & elles étoient plus chargées de feve.

I. N°. V, *H.* Le 30 Août 1733 , pefoit 65 livres 4 onces. Le premier Juin 1734 , 53 liv. 8 onc. Le 26 Octobre 1742 , 48 liv. N°. V, *F.* Le 30 Août 1733 , 68 livres 12 onces. Le premier Juin 1734 , 67 liv. 8 onces. Le 26 Octobre 1742 , 49 livres. La membrure *F* pefoit au commencement de l'Expérience 3 livres 8 onces plus que la membrure *H;* & à la fin elle ne pe-foit qu'une livre de plus.

II. N°. VI , *H.* Le 30 Août 1733 , 62 livres. Le premier Juin 1734 , 37 livres 8 onces.

Le 26 Octobre 1742, 34 livres 4 onces.
N°. VI, F. Le 30 Août 1733, 63 livres.
Le premier Juin 1734, 49 livres 8 onces.
Le 26 Octobre 1742, 35 livres.
Au commencement *F* pesoit une livre de plus que *H*; & à la fin elle n'excédoit que de 12 onces.

III. N°. VII, *H*. Le 30 Août 1733, 64 liv. 4 onc.
Le premier Juin 1734, 50 liv.
Le 26 Octobre 1742, 43 livres 4 onces.
N°. VII, *F*. Le 30 Août 1733, 60 liv. 8 onces.
Le premier Juin 1734, 57 livres 8 onces.
Le 26 Octobre 1742, 40 livres.
Au commencement *H* étoit de 3 livres 12 onces plus pesante que *F*, & à la fin elle n'excédoit que de 3 livres 4 onces.

IV. N°. VIII, *H*. Le 30 Août 1733, 62 liv. 4 onces.
Le premier Juin 1734, 59 livres.
Le 26 Octobre 1742, 42 livres.
N°. VIII, *F*. Le 30 Août 1733, 61 livres 8 onces.
Le premier Juin 1734, 57 liv. 12 onc.
Le 26 Octobre 1742, 41 liv.
Au commencement *H* étoit plus pesante que *F*, de 12 onces; & à la fin *F*, d'une livre plus légere.

V. N°. IX. *H*, Le 30 Août 1733, 62 liv.
Le premier Juin 1734, 51 livres.
Le 26 Octobre 1742, 43 liv.
N°. IX, *F*. Le 30 Août 1733, 58 livres.
Le premier Juin 1734, 55 livres 8 onces.
Le 26 Octobre 1742, 42 livres.
Au commencement *H* étoit plus pesante que *F* de 4 livres; & à la fin *H* n'excédoit *F* que d'une livre. Ainsi la membrure qui avoit été mise dans l'eau, avoit un peu moins perdu de son poids que celle qui étoit toujours restée sous le hangar; ce qui n'arrive pas ordinairement.

Si les membrures qu'on a mises dans l'eau, pesent moins à la seconde pesée qu'à la premiere, c'est qu'il s'est beaucoup dissipé d'humidité depuis le 20 Mai qu'on les a tirées de l'eau jusqu'au premier Juin qu'on les a pesées.

ARTICLE VII. *Septieme suite d'Expériences sur deux Planches & deux croûtes qu'on a tirées d'un même Arbre, & qu'on a mises en comparaison deux à deux.*

POUR les Expériences suivantes, on a refendu des bois quarrés par 3 traits de scie. Ainsi chaque piece a fourni deux planches du bois du cœur & deux épaulieres où il y avoit de l'aubier. On les a distinguées en mettant un *C* sur les planches du cœur, & un *E* sur les épaulieres. Le reste comme pour l'Expérience précédente.

I. N°. X, *H-E.* Le 30 Août 1733, pesoit 75 liv. 12 onc.
Le premier Juin 1734, 63 liv. 8 onces.
Le 26 Octobre 1742, 57 liv.
N°. X, *F-E.* Le 30 Août 1733, 79 liv. 8 onces.
Le premier Juin 1734, 75 livres 8 onces.
Le 26 Octobre 1742, 56 livres 8 onces.
Au commencement de l'Expérience *F* pesoit plus que *H* de 3 livres 12 onces; & à la fin de l'Expérience, *H* pesoit plus que *F* de 8 onces.

II. N°. X, *H-C.* Le 30 Août 1733, 80 livres 8 onces.
Le premier Juin 1734, 66 livres 8 onces.
Le 26 Octobre 1742, 58 livres 8 onces.
N°. X, *F-C.* Le 30 Août 1733, 79 livres.
Le premier Juin 1734, 81 livres.
Le 26 Octobre 1742, 57 livres 8 onces.
Au commencement *H* excédoit *F* de 1 livre 8 onces; & à la fin seulement d'une livre.

III.

III. N°. XI, *H-E.* Le 30 Août 1733, 70 livres.
Le premier Juin 1734, 56 livres 8 onces.
Le 26 Octobre 1742, 51 liv. 8 onces.
N°. XI, *F-E.* Le 30 Août 1733, 61 liv. 8 onces.
Le premier Juin 1734, 57 livres 8 onces.
Le 26 Octobre 1742, 46 livres.
Au commencement *H* excédoit *F* de 8 livres 8 onces; & à la fin son excédent n'étoit que de 5 livres 8 onces.

IV. N°. XI, *H-C.* Le 30 Août 1733, 72 livres 8 onces.
Le premier Juin 1734, 57 livres 4 onces.
Le 26 Octobre 1742, 50 livres 8 onces.
N°. XI, *F-C.* Le 30 Août 1733, 74 livres 8 onces.
Le premier Juin 1734, 71 livres.
Le 25 Octobre 1742, 49 livres 12 onces.
Au commencement *F* pesoit 2 livres plus que *H*; & à la fin *H* pesoit 12 onces plus que *F*.

V. N°. XII, *H-E.* Le 30 Août 1733, 68 livres 12 onces.
Le premier Juin 1734, 58 livres 8 onces.
Le 25 Octobre 1742, 51 livres 4 onces.
N°. XII, *F-E.* Le 30 Août 1733, 65 livres.
Le premier Juin 1734, 62 livres 12 onces.
Le 26 Octobre 1742, 48 livres 12 onces.
Au commencement *H* pesoit 3 livres 12 onces plus que *F*; & à la fin *H* n'excédoit que de 2 livres 8 onces.

VI. N°. XII, *H-C.* Le 30 Août 1733, 71 livres 12 onc.
Le premier Juin 1734, 59 liv. 8 onces.
Le 25 Octobre 1742, 52 livres.
N°. XII, *F-C.* Le 30 Août 1733, 70 livres.
Le premier Juin 1734, 70 livres 5 onces.
Le 26 Octobre 1742, 50 livres.
Au commencement *H* pesoit une livre 12 onces plus que *F*; & à la fin 2 livres de plus : ainsi *H* a moins diminué de 4 onces.

X

VII. N°. XIII, *H-E.* Le 30 Août 1733, 62 livres 4 onces.
Le premier Juin 1734, 54 livres.
Le 25 Octobre 1742, 46 liv. 8 onc.
N°. XIII, *F-E.* Le 30 Août 1733, 63 livres 4 onces.
Le premier Juin 1734, 61 livres 12 onces.
Le 25 Octobre 1742, 48 livres.
Au commencement *F* pesoit 1 livre plus que *H;* & à la fin
1 livre 8 onces.

VIII. N°. XIII, *H-C.* Le 30 Août 1733, 69 livres.
Le premier Juin 1734, 60 livres 4 onces.
Le 25 Octobre 1742, 50 livres 8 onces.
N°. XIII, *F-C.* Le 30 Août 1733, 68 liv. 4 onc.
Le premier Juin 1734, 66 livres 12 onces.
Le 25 Octobre 1742, 50 livres 8 onces.
Au commencement *H* pesoit 12 onces plus que *F;* & à la fin
les deux étoient du même poids.

IX. N° XIV, *H-E.* Le 30 Août 1733, 49 liv. 12 onc.
Le premier Juin 1734, 41 liv. 8 onces.
Le 25 Octobre, 1742, 35 livres.
N°. XIV, *F-E.* Le 30 Août 1733, 41 livres 12 onces.
Le premier Juin 1734, 44 liv.
Le 25 Octobre 1742, 31 livres.
Au commencement *H* pesoit 8 livres plus que *F;* & à la
fin *H* n'excédoit que de 4 livres.

X. N°. XIV, *H-C.* Le 30 Aout 1733, 49 livres 8 onc.
Le premier Juin 1734, 40 livres 8 onces.
Le 25 Octobre 1742, 34 livres 8 onces.
N°. XIV, *F-C.* Le 30 Août 1733, 47 livres.
Le premier Juin 1734, 45 livres 12 onces.
Le 25 Octobre 1742, 33 livres.
Au commencement *H* pesoit 2 livres 8 onces plus que *F;* &
à la fin seulement 1 livre 8 onces.

XI. N°. XV, *H-E.* Le 30 Août 1733, 63 livres.
Le premier Juin 1734, 51 livres.
Le 25 Octobre 1742, 44 livres 4 onces.
N°. XV, *F-E.* Le 30 Août 1733, 68 liv.
Le premier Juin 1734, 58 livres.
Le 25 Octobre 1742, 44 liv. 4 onces.
Au commencement *F* pesoit 5 livres plus que *H*; & à la fin
ils étoient précisément de même poids.

XII. N°. XV, *H-C.* Le 30 Août 1733, 61 livres.
Le premier Juin, 1734, 46 livres 12 onces.
Le 25 Octobre 1742, 41 livres 4 onces.
N°. XV, *F-C.* Le 30 Août 1733, 62 livres 8 onces.
Le premier Juin 1734, 58 livres 6 onces.
Le 25 Octobre 1742, 42 liv. 4 onces.
Au commencement *F* pesoit 1 livre 8 onces plus que *H*; &
seulement 1 livre à la fin.

XIII. N°. XVI, *H-E.* Le 30 Août 1733, 81 livres 4 onces.
Le premier Juin 1734, 74 livres.
Le 25 Octobre 1742, 64 liv.
N°. XVI, *F-E.* Le 30 Août 1733, 93 livres 12 onces.
Le premier Juin 1734, 87 livres 5 onces
Le 25 Octobre 1742, 75 livres 4 onces.
Au commencement *F* pesoit 12 liv. 8 onc. plus que *H*; &
seulement 11 liv. 4 onc. à la fin.

XIV. N°. XVI, *H-C.* Le 30 Août 1733, 85 livres.
Le premier Juin 1734, 80 livres 5 onces.
Le 25 Octobre 1742, 65 livres.
N°. XVI, *F-C.* Le 30 Août 1733, 98 livres 4 onces.
Le premier Juin, 1734, 96 livres 5 onces.
Le 25 Octobre 1742, 72 livres.
Au commencement *F* pesoit 13 livres 4 onc. plus que *H*; &
à la fin seulement 7 livres.
La diminution de *F* est bien considérable : peut-être cette

planche avoit-elle quelques défauts ; mais je dois rapporter les faits comme je les trouve fur mes Regiftres.

R E M A R Q U E.

On voit par le grand nombre d'Expériences que nous venons de rapporter, que les bois qu'on met paffer quelque temps dans l'eau douce, perdent communément plus de leur poids en fe féchant, que ceux qu'on fait fécher à couvert.

Il n'en eft pas tout-à-fait de même des croûtes : celles qui contiennent beaucoup d'aubier perdent moins de leur poids, parce que les vers qui endommagent l'aubier, n'attaquent pas ceux qui ont été flottés ; & comme dans ces croûtes, il y avoit plus ou moins d'aubier, on a apperçu des différences dans les réfultats. Si, d'ailleurs, on remarque quelques pieces qui s'écartent de la regle générale, c'eft parce que quelquefois dans les pieces de bois flotté il s'eft rencontré des nœuds & des veines de bois dur, qui ne fe trouvoient pas dans la piece de comparaifon qu'on avoit confervée fous un hangar. Enfin, comme tous ces bois empilés pouvoient bien n'être pas également expofés au hâle, il a pu fe trouver quelques différences dans leur poids. Toutes ces raifons nous ont obligé de multiplier beaucoup les Expériences.

Article VIII. *Huitieme fuite d'Expériences pour connoître ce que le flottage produit fur les bois fecs par comparaifon avec les bois nouvellement abattus.*

Comme toutes les Expériences que je viens de rapporter ont été faites avec des bois qui contenoient encore beaucoup de feve, j'ai cru devoir mettre en comparaifon des bois fecs avec des bois qui auroient toute leur feve.

J'ai choifi des pieces de Chêne affez feches, abattues depuis trois ans ; & j'en ai fait faire des bouts de Chevron de trois pieds de longueur, & de trois pouces d'équarriffage, femblables, pour les dimenfions, à ceux de la troifieme fuite d'Expériences. Trois ont été marqués du numéro I, trois du numéro II, trois du numéro III, trois du numéro IV, trois du numéro V, & trois du numéro VI.

On les a pefés en Mars ou Avril 1733, après les avoir réduits aux dimenfions qu'ils devoient avoir.

On les a mis auffi-tôt dans l'eau, où ils font reftés jufqu'au 21 Mai 1734. Les ayant laiffés à l'air fe reffuyer une couple de jours, on les a pefés pour la feconde fois.

Enfuite on les a mis fous un hangar, & on les a pefés le 25 Mai 1735; enfin pour la quatrieme & derniere fois, le 5 Juin 1736.

On a fait les mêmes opérations fur d'autres chevrons nouvellement abattus & remplis de leur feve.

Voici le réfultat de ces Expériences.

I. Nº. I, fec. En Mars 1733, pefoit 33 liv. 5 onc. 2 gros.
Mai 1734, 38 liv. 10 onc.
Mai 1735, 30 liv. 4 onc. 6 gros.
Juin 1736, 29 liv. 12 onc. 2 gros.
En flottant dans l'eau fon poids eft augmenté de 5 liv. 4 onc. 6 gros; & à la fin de l'Expérience il étoit diminué de 3 liv. 9 onces.

Nº. I, verd. En Mars 1733, 40 liv. 5 onc. 4 gros.
Mai 1734, 42 liv. 4 onc.
Mai 1735, 31 liv. 12 onc.
Juin 1736, 30 liv. 10 onc. 4 gros.
En flottant dans l'eau fon poids eft augmenté de 1 livre 14 onces 4 gros; à la fin il étoit diminué de 9 livres 11 onces.

II. Nº. II, fec. En Mars 1733, 32 liv. 14 onc. 6 gros.
Mai 1734, 38 liv. 2 onc. 4 gros.
Mai 1735, 31 liv. 7 onc. 2 gros.
Juin 1736, 30 liv. 12 onc.
En flottant dans l'eau fon poids a augmenté de 5 liv. 3 onc. 6 gros; à la fin il étoit diminué de 2 livres 2 onces 6 gros.

N°. II, verd. En Mars 1733, 40 liv. 5 onc. 4 gros.
Mai 1734, 42 liv. 4 onc.
Mai 1735, 31 liv. 12 onc.
Juin 1736, 30 liv. 10 onc. 4 gros.
En flottant dans l'eau son poids a augmenté de 1 liv. 14 onc. 4 gros; à la fin il étoit diminué de 9 liv. 11 onc.

III. N°. III, sec. En Mars 1733, 32 liv. 6 onc. 2 gros.
Mai 1734, 41 liv. 10 onc.
Mai 1735, 30 liv. 12 onc.
Juin 1736, 30 liv. 6 onc.
En flottant dans l'eau son poids a augmenté de 9 liv. 3 onc. 6 gros; à la fin il étoit diminué de 2 liv. 2 gros.
N°. III, verd. En Mars 1733, 37 liv. 11 onc.
Mai 1734, 39 liv. 4 onc.
Mai 1735, 30 liv. 1 onc.
Juin 1736, 29 liv. 2 onc.
En flottant dans l'eau son poids a augmenté de 1 liv. 9 onces; à la fin il étoit diminué de 8 liv. 9 onc.

IV. N°. IV, sec. En Avril 1733, 32 liv. 7 onc. 4 gros.
Mai 1734, 35 liv. 4 onc.
Mai 1735, 31 liv. 14 onc.
Juin 1736, 30 liv. 15 onc.
En flottant dans l'eau son poids a augmenté de 2 liv. 12 onc. 4 gros; à la fin il étoit diminué de 1 liv. 8 onc. 4 gros.
N°. IV, verd. En Avril 1733, 33 liv. 7 onc. 4 gros.
Mai 1734, 35 liv. 4 onc.
Mai 1735, 31 liv. 14 onc.
Juin 1736, 30 liv. 15 onc.
En flottant dans l'eau son poids a augmenté de 1 liv. 12 onc. 4 gros; à la fin il étoit diminué de 2 liv. 8 onc. 4 gros.

V. N°. V, sec. En Mai 1733, 31 liv. 4 gros.
Mai 1734, 39 liv. 4 onc.
Mai 1735, 31 liv. 4 onc.

Juin 1736, 30 liv. 2 onc. 4 gros.

En flottant dans l'eau son poids est augmenté de 8 liv. trois onc. 4 gros; à la fin il étoit diminué de 14 onc.

N°. V, verd. Mai 1733, 38 liv. 4 onc. 4 gros.

Mai 1734, 42 liv. 5 onc.

Mai 1735, 31 liv. 14 onc.

Juin 1736, 30 liv. 10 onc.

En flottant dans l'eau son poids a augmenté de 4 liv. 4 gros; à la fin il étoit diminué de 7 liv. 10 onc. 4 gros.

VI. N°. VI, sec. En Mai 1733, 33 liv. 9 onc. 4 gros.

Mai 1734, 41 liv. 4 onc.

Mai 1735, 32 liv. 8 onc.

Juin 1736, 31 liv. 8 onc.

En flottant dans l'eau son poids a augmenté de 7 liv. 10 onc. 4 gros; à la fin il étoit diminué de 2 liv. 1 onc. 4 gros.

N°. VI, verd. A la fin de Mai 1733, 36 liv. 10 onc. 4 gros.

Mai 1734, 39 liv. 10 onc.

Mai 1735, 30 liv. 3 onc.

Juin 1736, 29 liv. 2 onc.

En flottant dans l'eau son poids est augmenté de 2 liv. 15 onces 4 gros; à la fin il étoit diminué de 7 liv. 8 onc. 4 gros.

RÉSULTAT *des Expériences précédentes.*

Il suit de ces Expériences :

1°, Que les bois secs se chargent de beaucoup plus d'eau que les bois verds ; & cela est naturel, puisqu'ils ont perdu une grande partie de leur seve.

2°, Que les bois verds perdent, en se séchant, beaucoup plus de leur premier poids que les bois secs ; ce qui est encore naturel, puisqu'ils doivent se décharger non-seulement de l'eau qu'ils avoient imbibée, mais encore d'une partie de leur seve.

3°, Que les bois secs qui ont été flottés perdant plus de leur poids que ceux qui n'ont pas été mis dans l'eau, on peut en conclure qu'une portion de leur fubftance ayant été diffoute par l'eau s'eft diffipée avec elle : auffi , comme je l'ai dit, tous les bois qu'on met tremper dans l'eau font-ils, au bout de quel-que temps, couverts d'une fubftance gélatineufe.

4°, Nous ferons obferver que, quoique les bois flottés fe fen-dent ordinairement moins que ceux qui n'ont point été mis dans l'eau, cependant quelques pieces des bois fecs dont nous venons de parler, & qui avoient été flottés, étoient affez con-fidérablement fendues en 1736 quand ils ont été bien fecs.

5°, J'ai averti que les chevrons que je regardois comme fecs contenoient encore de la feve : la preuve en eft qu'ayant tenu quelques-uns de ces chevrons dans un four chaud pendant quatre fois 24 heures avant de les mettre dans l'eau, il s'eft quelquefois trouvé 10 à 11 onces de diminution fur le poids d'un feul, quoique ces bois euffent été abattus trois ans auparavant, & qu'ils paruffent fort fecs. Nous rapporterons fur ce point quantité d'Expériences.

ARTICLE IX. *Neuvieme fuite d'Expériences fur des pieces de bois de même poids, les unes vertes, les autres feches, mifes en comparaifon.*

J'AI cru que rien ne feroit plus propre à faire connoître fi les bois perdent beaucoup de leur fubftance, que de prendre deux moitiés d'un même arbre, de réduire ces deux moitiés à un même poids fans s'embarraffer qu'ils euffent rigoureufement des dimenfions pareilles, de mettre une de ces moitiés fous un hangar & de faire flotter l'autre. Et comme j'avois remarqué que les bois qui reftoient conftamment dans l'eau, s'altéroient moins que ceux qui étoient tantôt dans l'eau, & tantôt à l'air, je me propofai d'en tenir dans ces deux fituations.

En effet, ne voit-on pas fur les ports de Paris, que les bois à brûler qu'on a d'abord jettés à bois perdu fur de petites ri-vieres, & qu'on a enfuite tirés à bord quand ils étoient affez chargés d'eau pour devenir canards : ne voit-on pas, dis-je, que ces

ces bois qu'on tient tantôt dans l'eau & tantôt à l'air, ne font pas à beaucoup près fi bons pour le chauffage, que ceux qu'on met tout d'abord en trains, & qui arrivent à Paris fans être jamais fortis de l'eau. Les bois qu'on nomme *Bois de gravier* ont prefque toute leur écorce, & ils tiennent un milieu entre les *Bois flottés* & les *Bois neufs*. Il eft vrai que communément ils reftent moins long-temps dans l'eau. Mais on remarque auffi qu'un pilotis qui eft enfoncé dans le lit d'une riviere commence par pourrir à l'endroit où le bois eft alternativement expofé à fe fécher & à être mouillé : la partie qui eft toujours au-deffus de l'eau, & que l'eau ne mouille jamais, fubfifte davantage, & celle qui eft toujours fous l'eau ne pourrit point. Maintenant que l'on comprend les vues que je me fuis propofées, lorfque j'ai entrepris cette nouvelle fuite d'Expériences, il faut en expofer les détails.

Dans le mois de Janvier 1737, je fis abattre un Chêne qui me fournit une piece de bois quarré de douze pieds de long fur fept pouces d'équarriffage. Je choifis une autre piece de Chêne de pareilles dimenfions; mais ce Chêne étoit abattu depuis dix à douze ans.

Je fis fcier par les fcieurs de long ces deux pieces par le milieu; ce qui me fournit huit pieces de fix pieds de longueur fur fept pouces de largeur, & trois pouces & demi d'épaiffeur; on les réduifit toutes à un même poids, favoir :

Les quatre pieces de bois fec pefoient chacune 41 liv. 8 onc.

Et les quatre pieces de bois verd pefoient chacune 56 liv. 2 onc.

Les quatre pieces de bois fec furent marquées d'une *S*, & les quatre de bois verd d'un *V*.

De plus on écrivit *pied* fur celles qui étoient près de la fouche, *haut* fur celles qui étoient plus près de la cime ; enfin, on mit une *H* fur celles qui devoient toujours refter fous le hangar, une *F* fur celles qui devoient toujours refter dans l'eau, & *F-E* fur celles qui devoient être tantôt à l'eau & tantôt à l'air.

Les quatre pieces marquées *H* furent mifes fous le hangar ; une de bois fec & une de bois verd marquées *F*, étant deftinées à refter toujours fous l'eau, furent mifes dans l'eau, & chargées

Y

de pierres : les deux autres marquées *F-E*, l'une feche & l'autre verte, furent deftinées à refter alternativement huit jours à
l'eau & huit jours à l'air.

Dans le mois d'Avril 1738, on reconnut ces huit pieces de
bois, & on les laiffa les unes fous le hangar & les autres dans
l'eau, comme il a été dit.

Le 28 Septembre 1738, on retira celles qui étoient dans
l'eau, & on les mit fous le hangar avec les autres.

Le 20 Mai 1742, jugeant que ces bois étoient fecs, on les
pefa tous.

N°. 1. Hangar, du pied, fec pefoit 37 liv. 15 onc.
Ainfi il avoit perdu de fon premier poids 3 liv. 9 onc.
N°. 2. Flotté, du pied, fec pefoit 37 liv. 8 onc.
Il avoit donc perdu de fon premier poids 4 liv. c'eft-à-dire,
7 onc. de plus que N°. 1.
N°. 3. Flotté alternativement & à l'air, du pied, fec, 37 liv.
Il avoit perdu de fon premier poids, 4 liv. 8 onc.
Il a perdu 8 onc. de plus que N°. 2, & 15 onc. plus que N°. 1.
N°. 4. Hangar, du haut, fec pefoit 38 liv. 8 onc.
Il avoit perdu de fon premier poids, 3 liv.
Ainfi il a moins diminué de 9 onc. que le morceau du pied
numéro 1.

N°. 5. Hangar, du pied, verd, 36 liv.
Il avoit perdu de fon premier poids, 20 liv. 2 onc.
N°. 6. Hangar, du haut, verd, 34 liv. 8 onc.
Il avoit perdu de fon premier poids, 21 liv. 10 onc.
C'eft 1 liv. 8 onc. de plus que N°. 5.
N°. 7. Flotté, du haut, verd, 35 liv.
Il a donc perdu de fon premier poids, 21 liv. 2 onc.
C'eft 8 onc. moins que N°. 6.
N°. 8. Flotté & à l'air, du pied, verd, 34 liv. 15 onc.
Ainfi il a perdu de fon premier poids, 21 liv. 3 onc.
Il a perdu 1 liv. 1 onc. plus que N°. 5, & 1 onc. de plus
que N°. 7, quoique celui-ci fût du pied, & N°. 7 de la cime.

RÉSULTAT de ces Expériences.

CETTE suite d'Expériences prouve comme les autres, que les bois qu'on met flotter dans l'eau douce perdent plus de leur poids, que ceux que l'on conserve à couvert ; & que ceux qu'on tient alternativement dans l'eau & à l'air, perdent encore plus de leur poids. On peut regarder cette regle comme générale, quoique quelques-uns s'en écartent, parce qu'une veine de bois blanc, ou un nœud, suffit pour changer les Résultats.

On voit encore que le bois de la cime des arbres perd plus de son poids en séchant, que celui qui est auprès de la souche.

ARTICLE X. *Dixieme suite d'Expériences qui prouvent que les pieces de Bois qui passent un certain temps dans l'eau, sont moins sujettes à être piquées des vers que celles qui sont tenues à sec.*

NOUS avons prouvé, par un grand nombre d'Expériences, que les bois qu'on met dans l'eau perdent un peu de leur substance ; mais elles prouvent de plus que l'aubier des arbres qui ont été flottés se conserve mieux que celui des arbres qui ont toujours été tenus dans un lieu sec. Pour mettre ce fait à l'abri de toute difficulté, j'ai encore fait une Expérience ; & comme les cerceaux qu'on fait pour les futailles sont de bois fort jeune, & presqu'entiérement d'aubier, j'ai choisi des cerceaux de Chêne, afin de connoître plus promptement l'effet que l'eau pourroit produire.

Le 2 Mars 1737, je pris dix-huit rouelles de cercles de Chêne nouvellement travaillées, & pareil nombre d'autres qui, ayant été travaillées en 1736, étoient seches : car ces bois qui ont peu d'épaisseur, sechent promptement. Neuf rouelles de bois verd & neuf de bois sec, furent mises dans un grenier bien sec, le 11 Mars 1737. Le même jour neuf rouelles pareilles de bois verd & neuf de bois sec furent jettées dans l'eau, où elles ont resté huit mois. On les a donc tirées de l'eau le 25 Octobre 1737, & on les a mises, ainsi que les rouelles qui avoient été déposées dans le grenier, sous un même hangar. Dans les mois de Septembre & Octobre 1738, on a employé tous ces cercles à relier des futailles, pour connoître leur différente qualité.

1°, Les cercles de 1736 qu'on avoit mis au grenier, puis sous le hangar, étoient tellement vermoulus, que quand on en soulevoit un par un bout il rompoit sous son propre poids.

2°, Ceux de 1737 n'étoient pas aussi gâtés; cependant aucun n'a pu être employé, & ceux qui étoient au milieu des rouelles, étoient plus gâtés que les autres.

3°, Les rouelles abattues en 1736, & qu'on avoit mises passer huit mois dans l'eau, n'étoient point piquées: elles avoient perdu leur écorce; néanmoins une partie de ces cercles a résisté aux coups de maillet, & a été employée.

4°, Les rouelles abattues en 1736, & qui avoient été mises dans l'eau, avoient perdu leur écorce; mais il n'y avoit aucune piqûre de vers: tous les cercles étoient bons, & ils furent employés.

5°, Neuf rouelles de 1736, que j'avois laissées à l'air, n'étoient pas en aussi bon état que celles qui avoient été flottées: quelques-uns des cercles étoient piqués de vers; mais ils étoient meilleurs que ceux des rouelles qui avoient été tenus au grenier & sous le hangar.

6°, J'en avois aussi mis à la cave, & les cercles étoient à peu près dans le même état que ceux des rouelles qui étoient restées à l'air.

7°, J'ai fait les mêmes Expériences sur des bottes de latte; mais il suffira de dire que celles qui ont toujours été à couvert, avoient leur aubier vermoulu; celles qui avoient séjourné quelque temps dans l'eau, avoient leur aubier sain, & les autres précisément comme ce que nous avons dit des cercles; mais à toutes, le bois du cœur étoit sain, & n'étoit point encore attaqué par les vers. C'est pourquoi je ne parlerai point des Expériences que j'ai faites avec des échalas, parce qu'étant presqu'entiérement de cœur de Chêne, ils ne m'ont fourni aucun sujet d'observations.

Je crois que l'eau fait périr la femence des infeétes ; peut-être auffi a-t-elle altéré la feve du bois, qui probablement convient aux vers, & détermine les infeétes à y dépofer leurs œufs.

Article XI. *Onzieme fuite d'Expériences faites fur des Bois tendres flottés & non flottés.*

Les Expériences que nous venons de rapporter, ont été faites fur du bois de Chêne, qu'on regarde comme du bois dur : j'ai cru devoir donner encore d'autres expériences que j'ai faites dans la même vue fur des bois tendres ; & j'ai choifi l'Aulne, parce qu'on fçait qu'il s'altere plus promptement que le Chêne.

§ 1. *Premiere Expérience.*

1°, On a abattu de gros corps d'Aulne dans le mois d'Octobre 1732 ; on les a fciés par billes de fix pieds de longueur.

Trois de ces billes en grume & dans leur écorce, ont été jettées dans l'eau le 15 Novembre de la même année. On les a refendues en planches en 1735, & le bois s'en eft trouvé très-bon.

2°, Trois billes pareilles qu'on a écorcées avant de les jetter à l'eau, fe font trouvées pareillement très-bonnes en 1735.

3°, Trois billes du même bois, abattu dans le même temps, ont été dépofées, avec leur écorce, fous un hangar le 15 Novembre. En 1735 deux fe font trouvées fort échauffées ; la troifieme l'étoit moins.

4°, Trois pareilles billes ont été écorcées avant de les mettre fous le hangar. En 1735, elles étoient échauffées en quelques endroits, mais moins que les précédentes.

5°, Trois pareilles billes ont été mifes en chantier à l'air avec leur écorce. En 1735, le bois s'eft trouvé très-échauffé, & prefque hors de fervice.

6°, Trois billes pareilles ont été mifes en chantier à l'air comme les précédentes ; mais elles avoient auparavant été écorcées. Quand on les a refendues en planches en 1735, le bois s'eft trouvé moins échauffé que celui des précédentes ; il y en eut même une qui fe trouva affez bonne.

7°, Trois billes pareilles ont été déposées un mois après leur abattage, dans une cave ; on les en a retirées en Juin 1733, & on les a déposées sous un hangar jusqu'en 1735 qu'on les en a tirées pour les débiter en planches. Elles se font trouvées plus ou moins échauffées.

8°. De pareilles billes qu'on avoit écorcées avant de les mettre dans la cave, se font trouvées en 1735 moins échauffées que celles qui avoient leur écorce ; mais elles n'étoient pas saines.

§ 2. SECONDE EXPÉRIENCE.

CETTE Expérience ne differe de la précédente, que parce que les arbres ont été abattus dans le mois de Décembre, au lieu que les autres l'avoient été en Octobre.

Les billes qu'on avoit mises à l'eau, soit avec leur écorce, soit sans leur écorce, se font trouvées très-bonnes en 1735.

Celles qu'on avoit déposées sous le hangar avec leur écorce, étoient fort échauffées en 1735. Celles qui n'avoient point leur écorce, étoient en meilleur état : il y en avoit même une fort bonne.

Celles qu'on avoit mises à l'air avec leur écorce, étoient entiérement pourries : celles qui avoient été écorcées, étoient un peu moins gâtées.

Enfin, celles qu'on avoit mises à la cave, étoient plus ou moins échauffées ; mais celles qui avoient leur écorce, l'étoient plus que celles qui en avoient été dépouillées.

§ 3. TROISIEME EXPÉRIENCE.

CETTE Expérience ne differe des précédentes qu'en ce que les arbres ont été abattus dans le mois de Mai 1733.

Toutes les billes abattues le 24 Mai, & qui ont été jettées à l'eau dans le mois de Juillet suivant, se font trouvées très-bonnes en 1735.

Entre celles qu'on a mises sous un hangar, toutes celles qui étoient écorcées étoient bonnes ; une dans son écorce s'est trouvée bonne ; les deux autres commençoient à s'échauffer.

A l'égard de celles qu'on a laissées à l'air, celles qui avoient leur écorce, étoient ou pourries, ou échauffées.

Entre celles qui avoient été dépouillées de leur écorce, il s'en est trouvé une dont le bois étoit bon ; les deux autres l'avoient un peu échauffé.

Toutes celles qui ont été mises à la cave avec leur écorce, étoient gâtées ; celles qu'on avoit dépouillées de leur écorce, commençoient à s'échauffer.

§ 4. QUATRIEME EXPÉRIENCE.

J'AJOUTE aux Expériences que je viens de rapporter, qu'ayant fait débiter en planches de gros Aulnes en Septembre 1732, le premier Mars 1733, quinze de ces planches furent jettées à l'eau. On les en retira dans le mois de Septembre pour les déposer sous un hangar ; & en 1735, elles se trouverent très-bonnes.

De plus on a abattu des Aulnes ; on les a mis flotter pendant un an ; on les a retirés de l'eau, & on les a laissés cinq à six mois à l'air ; on les a équarris. On les a rejettés à l'eau, où ils ont passé près d'un an. Quelque temps après qu'ils en ont été retirés, on les a travaillés, & on en a fait les solives d'un petit bâtiment de Paysan, où on les a trouvées assez saines au bout de dix-huit ans.

CONSÉQUENCES qu'on peut tirer des Expériences précédentes.

1°, Qu'il y a quelqu'avantage à ne pas laisser long-temps les bois dans leur écorce : souvent aux bois durs de bonne qualité, l'écorce est vermoulue, & les vers ne peuvent pénétrer dans l'intérieur du bois ; mais aux bois tendres, les insectes pénetrent dans la substance ligneuse.

2°, Qu'il vaut mieux tenir les bois sous des hangars, qu'exposés aux injures de l'air.

3°, Qu'il n'est point avantageux de les tenir dans un lieu humide.

4°, Qu'il eſt à propos de mettre les bois qui ſont ſujets à
être piqués des vers paſſer quelque temps dans l'eau auſſi-tôt
qu'ils ſont abattus, préférant de perdre un peu de la force de
ces bois dans la vûe de les préſerver des vers. Cela vient d'être
prouvé dans l'Article X. Il eſt vrai que les Expériences que nous
venons de rapporter ne paroiſſent avoir d'application directe
qu'aux bois tendres, & particuliérement à celui d'Aulne. Quand
cela ſeroit, elles ne ſeroient pas inutiles. Mais elles peuvent
auſſi s'appliquer très-bien aux bois de Chêne, d'Orme, de
Noyer qui ſouvent deviennent la pâture des inſectes, lorſqu'ils ſont de médiocre qualité.

CHAPITRE V.

Des Bois qu'on fait flotter dans l'eau de la Mer.

Il n'a été queſtion juſqu'à préſent que des bois qu'on a
flottés dans l'eau douce : il faut maintenant examiner ce qui
arrive quand on les flotte dans l'eau de la mer ; car quelques-uns
ont cru que le ſel de cette eau pourroit contribuer à leur conſervation. On ſait que l'eau de la mer ſe corrompt au moins
auſſi promptement que l'eau douce : mais il pourroit arriver
que l'eau s'évaporant, le ſel reſteroit dans le bois, & contri-
bueroit à ſa conſervation.

Article I. Suite d'Expériences ſur l'imbibition des Bois plongés dans l'eau de la Mer.

§ 1. Premiere Expérience.

Un parallélipipede de bois de Hollande extrêmement ſec,
qui avoit 20 ½ pouces de longueur, 11 ½ de largeur, & 11
d'épaiſſeur, peſoit 89 liv. 10 onc. d'où il ſuit qu'un pied cube
de

de ce bois auroit pefé 59 liv. 11 onces ⅓. Cette piece fut mife dans l'eau de mer le 10 Décembre au matin; le foir, non-feule-ment elle flottoit, mais de plus elle foutenoit fur l'eau un poids de 24 liv. 5 onc. & une once de plus la faifoit enfoncer dans l'eau.

Le 11 du même mois, elle			Le 31		
foutenoit . . . 21 l.	2	onc.	Le 12 Janvier.	7	10
Le 12 18	7		Le 21 6	1	
Le 14 16	14		Le 1 Février.	4	15
Le 17 16	4		Le 12 4	2	
Le 22 13	9				

Le 31 . . . . 10 l. 15 onc.

Cette piece a toujours refté pendant ce temps dans l'eau, & elle n'étoit pas encore à beaucoup près affez pefante pour aller au fond de l'eau.

§ 2. Seconde Expérience.

Un bout de foliveau fec, de la Forêt de Saint-Germain, qui avoit 7 pouces d'équarriffage fur 2 pieds de longueur, pe-foit 42 liv. 6 onc.

Ainfi le pied cube de ce bois pefoit 62 liv. 4 onc. c'eft 2 liv. 9 onc. de plus que le bois de Hollande.

On l'a mis dans l'eau de mer le 10 Décembre au matin; le foir il foutenoit 10 liv. 14 onc. & une once de plus le faifoit enfoncer dans l'eau.

Le 11 du même mois il fou-			Le 31	7 l.	3 ½
tenoit . . . . 9 l.	6	onc.	Le 12 Janvier.	6	14
Le 12 8	15		Le 21	6	9
Le 14 8	7		Le 1 Février.	6	5
Le 17 8	0		Le 12	6	1 ½
Le 22 7	10				

§ 3. Troisieme Expérience.

Comme je vis qu'il ne m'étoit pas poffible de fuivre cette

Z

Expérience jufqu'à l'imbibition parfaite, je pris un bout de foliveau de bois de Normandie de 2 pieds de longueur fur 7 pouces d'équarriffage ; il étoit retiré de l'eau de la mer depuis huit mois, & il y avoit féjourné plus d'un an ; il pefoit 49 liv. 8 onc. ce qui indique que le pied cube pefoit 72 liv. c'eft 9 liv. 12 onc. de plus que la piece précédente, ce qui pouvoit venir de ce que le bois en étoit de meilleure qualité, ou qu'il étoit moins fec.

Et comme on eftime que l'eau de mer ne pefe gueres plus de 72 liv. je jugeai que le foliveau feroit tout près d'aller au fond de l'eau : cependant il foutint une livre deux onces. On pourroit penfer que l'air adhérent à la furface de la piece, pouvoit contribuer à la faire flotter ; mais le foir elle portoit encore 14 onc. & demie.

Le 11 elle foutenoit. $12\frac{1}{2}$ onc.	il falloit 6 onc. pour la faire flotter.
Le 12 11	
Le 14 . . . . $9\frac{3}{4}$.	Le 12 Janvier . . . 12 onc.
Le 17 . . . . $6\frac{3}{4}$.	Le 21 . . . . $15\frac{1}{2}$
Le 22 1	Le 1 Février. . . . 19
Le 31 elle étoit fondriere, &	Le 12 . . . . . . 1 liv. $8\frac{1}{2}$

CONSÉQUENCES *des Expériences précédentes.*

Par cette Expérience, on étoit bien parvenu à rendre affez promptement ce foliveau fondrier ; mais il auroit fallu la continuer bien long-temps pour parvenir à une parfaite imbibition, on n'en peut pas douter après les Expériences que nous avons rapportées plus haut. Il s'en faut donc beaucoup que ces Expériences ayent été achevées ; cependant j'ai cru devoir les rapporter, parce qu'elles pourront être de quelque utilité à ceux qui font des Radeaux & des Trains, ou d'autres établiffements qui ne flottent que par la légéreté du bois. Car on apperçoit à peu près ce qu'ils perdent de leur légéreté relative à l'eau, dans un temps donné.

§4. QUATRIEME EXPÉRIENCE,
Qui indique à peu près la quantité d'eau de mer dont se peut charger un pied cube de bois de Chêne.

DANS le même temps, nous fîmes tirer de l'eau de la mer un vieux pilotis qui y étoit depuis cinquante ou soixante ans : comme la superficie en étoit couverte de coquillage, & comme elle étoit outre cela rongée par des insectes à la profondeur d'une ou de deux lignes ; nous fîmes enlever cette croûte défectueuse, & la piece de bois se trouva réduite à 22 pouces de longueur sur 7 de largeur. Le bois en paroissoit très-sain : il étoit fort dur sous la coignée ; les copeaux qu'on enlevoit étoient très-solides & plus durs que n'auroient été ceux de bois neuf. Cette piece pesoit 57 liv. 14 onc. ce qui revient à 83 liv. 2 onc. & demie pour le poids d'un pied cube de ce bois ; l'ayant mis dans l'eau de la mer, il fallut 5 liv. 15 onc. pour la ramener à la surface de l'eau. Ainsi un pied cube de ce bois pesoit 9 liv. $\frac{1}{2}$ plus que l'eau de la mer.

En supposant que ce bois étant sec, & avant d'être employé en pilotis, eût pesé 60 liv. le pied cube, ce qui fait le poids ordinaire des bois de Chêne de l'intérieur du Royaume, son poids, par le long séjour qu'il avoit fait dans l'eau, auroit augmenté de 23 liv.

J'aurois fort desiré pouvoir suivre le desséchement de ce morceau de bois, ainsi que l'imbibition des autres ; mais cela ne m'étoit pas possible. Voici des Expériences qui ont été suivies avec plus de soin.

ARTICLE II. *Autre suite d'Expériences sur l'imbibition du Bois plongé dans l'eau de la Mer.*

LES Expériences que j'ai rapportées plus haut, m'ayant convaincu que l'eau est long-temps à pénétrer parfaitement un petit morceau de bois, je me proposai de connoître si la superficie d'une piece de bois peut, pour ainsi dire, se rassasier d'un fluide pen-

Z ij

dant que le centre de cette même piece n'auroit pas encore été pénétré par ce fluide.

§ I. *PREMIERE EXPÉRIENCE.*

UN bout de foliveau de 6 pieds de longueur, de 12 & 11½ pouces d'équarriſſage, franc d'aubier, cubant 5 pieds 9 pouces, chaque pied cube peſoit 69 liv. 12 onc.

Cette piece ayant reſté ſix mois ſubmergée d'eau de mer, chaque pied cube peſoit 71 liv. 2 onc.

Ainſi le poids de chaque pied cube étoit augmenté de 1 liv. 6 onc. pour avoir reſté ſix mois dans l'eau de la mer.

Ayant fait réduire cette piece à 11 & 11 pouces d'équarriſſage, chaque pied cube peſoit 72 liv. 15 onc.

Ainſi, ayant retranché du bois de la ſuperficie, qui naturellement devoit être plus pénétré que l'intérieur, le bois ſe trouvoit néanmoins plus peſant de 1 livre 13 onces par pied cube.

En ſuivant notre Expérience, cette même piece fut réduite à 8 & 8 pouces d'équarriſſage : pour lors chaque pied cube ne peſoit plus que 70 liv. Elle étoit de 2 liv. 15 onc. moins peſante qu'à la précédente peſée. Seroit-ce parce qu'elle auroit été moins pénétrée d'eau ? je le penſois d'abord ; mais l'ayant réduite à 6 & 6 pouces d'équarriſſage, le pied cube auroit dû devenir plus léger, ſi la légéreté de la précédente peſée étoit venue de ce que l'eau n'avoit pas pénétré auſſi avant dans la piece ; mais cette ſuppoſition fut détruite, puiſqu'à cette derniere peſée le pied cube ſe trouva de 70 liv. 8 onc. de ſorte que chaque pied cube étoit de 8 onc. plus peſant qu'à la précédente peſée.

En réfléchiſſant ſur ces variétés de poids, il me parut qu'elles pouvoient dépendre de pluſieurs cauſes, ſavoir, 1°, de l'eau qui s'étoit introduite dans le bois ; 2°, de la différente denſité du bois de la circonférence & de celui du centre, qui, comme je l'ai prouvé dans le Traité de l'*Exploitation des Forêts*, eſt plus peſant dans les jeunes bois, & plus léger dans les vieux ; 3°, de ce que le fluide peut s'inſinuer avec plus de force, & en plus grande abondance, dans des bois plus denses que dans d'autres. Pour essayer d'éclaircir ces doutes, je fis l'Expérience suivante.

§ 2. *Seconde Expérience.*

Pour tenter de parer à ces inconvéniens, & dans la vue de me mettre à portée de distinguer ce qui dépendoit de la quantité d'eau aspirée par le bois, ou de la différente pesanteur des différentes couches ligneuses, je pris deux soliveaux de 6 pieds de longueur, 12 & 12 pouces d'équarrissage, autant qu'il étoit possible, de la même qualité de bois. Un de ces soliveaux numéroté *A*, fut mis dans l'eau de la mer, où il resta cinq mois ; l'autre, numéroté *B*, ne fut point mis dans l'eau.

Le soliveau *A*, avant d'être mis à l'eau, pesoit par pied cube 71 liv. & le soliveau *B*, aussi par pied cube, 70 liv. ; ainsi chaque pied cube de *A*, pesoit 1 liv. plus que chaque pied cube de *B*.

A, ayant resté cinq mois dans l'eau de la mer, pesoit 73 liv. 8 onces, son poids n'étoit donc augmenté que de 2 liv. 8 onc.

A, ayant été réduit à 11 & 11 pouces, le pied cube pesoit 75 liv. ainsi il s'est trouvé augmenté de 1 liv. 8 onc.

B, ayant pareillement été réduit à 11 & 11 pouces, chaque pied cube pesoit 71 liv., c'est-à-dire, une liv. de plus que quand il portoit 12 & 12.

D'où il suit que si l'on étoit certain que le bois des deux soliveaux *A* & *B* eût été absolument pareil, l'augmentation réelle de *A*, après avoir séjourné dans l'eau, ne seroit que de 8 onces.

L'équarrissage de *A* étant réduit à 8 & 8, chaque pied cube pesoit 72 liv. & 12 onc. ; ainsi il étoit de 2 liv. 4 onc. moins pesant que quand il avoit 11 & 11.

L'équarrissage de *B* étant pareillement réduit à 8 & 8 pouces, chaque pied cube s'est trouvé peser 75 liv. c'est 4 liv. de plus que lorsqu'il avoit 11 & 11 d'équarrissage : ce qui ne peut venir que de l'augmentation de densité des couches ligneuses. Apparemment que les couches ligneuses de *A* avoient diminué de densité, pendant que les couches ligneuses de *B* étoient devenues plus denfes; ce qui ne paroîtra pas fingulier fi l'on fe rappelle les Expériences que j'ai rapportées fur la différente denfité des couches ligneufes dans le Traité de l'*Exploitation*.

L'équarriffage du foliveau *A* ayant été réduit à 6 & 6, chaque pied cube pefoit 72 liv. 3 onc. c'eft 9 onc. de moins que quand il portoit 8 & 8.

L'équarriffage de *B*, ayant pareillement été réduit à 6 & 6 pour chaque pied cube, s'eft trouvé pefer 73 liv., c'eft 2 liv. de moins que quand fon équarriffage étoit de 8 & 8 ; ce qui ne peut venir que de ce que les couches ligneufes du centre de cette piece étoient moins denfes que la couronne qu'on a emportée pour la réduire de 8 à 6 ; mais ce bois étoit encore de meilleure qualité que celui de la fuperficie, puifque chaque pied cube pefoit 3 liv. de plus qu'au commencement de l'Expérience: & de même le centre de la piece *A* étoit d'une liv. 3 onc. plus pefant qu'avant qu'il eût été dans l'eau : ce qui me fait penfer que l'eau n'avoit pas pénétré jufqu'à ces couches ligneufes. Je tire cette conféquence de ce que le poids du foliveau *B* a encore plus diminué que celui du foliveau *A*.

Il eft évident que les différentes pefanteurs de ces foliveaux réduits à différentes épaiffeurs, ne viennent point principalement de l'eau dans laquelle le foliveau *A* a trempé, puifqu'elle s'eft pareillement remarquée au foliveau *B*, qui n'avoit point été dans l'eau ; ainfi cette Expérience, intéreffante à plufieurs égards, ne m'a point fourni les lumieres que j'en efpérois.

Article III. *Premiere fuite d'Expériences exécutées en Provence en 1734 fur des Bois de Bourgogne fecs.*

M. D'Héricourt, qui étoit Intendant des Galeres à Marfeille, s'intéreffant beaucoup à mes recherches, me fourniffoit tous les moyens d'exécuter mes Expériences avec précifion & avec toutes les commodités poffibles : il ne pouvoit alors me procurer rien de plus avantageux que d'engager M. Garavaque, Ingénieur de la Marine, à exécuter les Expériences que nous imaginerions pouvoir être propres à notre instruction.

On tira d'un même bordage de Chêne de Bourgogne, qui étoit refendu à la scie depuis deux ans, & qui paroissoit bien sec, quatre morceaux de bois qui avoient chacun bien exactement 2 ½ pieds de longueur, 6 pouces de largeur, & 1 ½ d'épaisseur. Ils pesoient chacun 5 liv. 1 once.

§ 1. Première Opération.

Un de ces morceaux de bois fut déposé dans un Magasin fort aéré le 21 Juillet 1734.

	livr.	onc.	gr.		livr.	onc.	gr.
Le 22 comme le jour précédent	5	1	0	Le 23 de même.			
Le 23 de même.				Le 30	5	0	0
Le 27 de même.				Le 30 Septembre ...	5	0	4
Le 28 de même.				Le 30 Octobre	5	1	0
Le 29 de même.				Le 30 Novembre ...	5	6	0
Le 30 de même.				Le 30 Décembre ...	4	15	2
Le 31 de même.				Le 6 Février 1735.	5	1	2
Le 9 Août	5	0	4	Le 6 Avril	5	1	0
Le 16	5	0	0	Le 6 Mai	4	15	2
				Le 6 Juin.	5	8	0

Résumé.

Ainsi depuis le 21 Juillet 1734 jusqu'au 6 Avril 1735, ce morceau de bois n'avoit point perdu de son poids ; il avoit seulement fait l'hygrometre, augmentant ou diminuant de poids suivant la situation de l'athmosphere : & définitivement le 6 Juin 1735 son poids étoit augmenté de 7 onc. ce qu'on ne peut attribuer qu'aux changements qui arrivoient dans l'athmosphere.

§ 2. Seconde Opération.

Un pareil morceau de bois fut déposé dans un Magasin peu aéré.

	livr.	onc.	gr.		livr.	onc.	gr.
Le 22 Juillet comme le 21..........	5	1	0	Le 30 de même.			
Le 23 de même.				Le 30 Septembre....	5	2	4
Le 27 de même.				Le 30 Octobre......	5	1	4
Le 28 de même.				Le 30 Novembre de même.			
Le 29 de même.							
Le 30..........	5	1	2	Le 30 Décembre....	4	15	0
Le 31 de même.				Le 6 Février 1735..	4	15	6
Le 9 Août........	5	2	0	Le 6 Avril de même.			
Le 16 de même.				Le 6 Mai.........	4	14	0
Le 23 de même.				Le 6 Juin.........	4	15	2

RÉSUMÉ.

Ainsi le poids de ce morceau de bois qui avoit d'abord augmenté d'une once, se trouva, à la fin de l'Expérience, plus léger qu'il n'étoit au commmencement d'une once 6 gros.

§ 3. TROISIEME OPÉRATION.

Un pareil morceau de bois fut mis dans l'eau de la mer; & toutes les fois qu'on le pesoit pour connoître l'augmentation de son poids, on le tiroit de l'eau, & on l'essuyoit pour le peser dans l'air.

	livr.	onc.	gr.		livr.	onc.	gr.
Le 21 Juillet, avant de le mettre dans l'eau, il pesoit comme les autres.....	5	1	0	Le 9 Août........	5	12	4
Le 22 Juillet.......	5	4	0	Le 16............	5	15	2
Le 23............	5	6	0	Le 23............	6	1	0
Le 27............	5	9	0	Le 30............	6	2	2
Le 28 de même.				Le 30 Septembre....	6	7	6
Le 29............	5	9	4	Le 30 Octobre......	6	10	6
Le 30 de même.				Le 30 Novembre....	6	11	2
Le 31............	5	9	0	Le 30 Décembre....	7	5	2
diminué de 4				Le 6 Février 1735..	7	6	2
				Le 6 Avril........	7	7	0
				Le 6 Mai.........	7	4	6
				Le 6 Juin.........	7	3	2

RÉSUMÉ.

R É S U M É.

Ainsi depuis le 21 Juillet 1734 jusqu'au 6 Juin 1735, ce morceau de bois s'est chargé de 2 livres 2 onces 2 gros de l'eau de la mer.

Il ne faut pas être surpris de la diminution qui est arrivée le 31 ; on a vu que cela est arrivé dans l'eau douce, & je crois devoir l'attribuer à des bulles d'air qui se dilatent, & font sortir de l'eau qui étoit dans les pores ; mais quand cet air s'est échappé, il doit s'insinuer beaucoup d'eau dans les pores du bois ; c'est pourquoi on l'a vu beaucoup augmenter de poids immédiatement après. Je me suis étendu ci-dessus sur l'explication de ce fait ; ainsi je n'insisterai pas davantage sur ce point.

§ 4. QUATRIEME OPÉRATION.

ELLE est tout-à-fait la même que la précédente ; excepté que le morceau de bois qui étoit entiérement semblable, a été mis dans de l'eau douce.

	livr.	onc.	gr.		livr.	onc.	gr.
Le 22 Juillet, il pesoit	5	4	4	Le 30.	6	12	4
Le 23	5	5	4	Le 30 Septembre	7	4	2
Le 27	5	8	4	Le 30 Octobre	7	10	0
Le 28	5	9	0	Le 30 Novembre	7	13	0
Le 29	5	10	2	Le 30 Décembre	8	15	8
Le 30	5	10	6	Le 6 Février 1735	9	2	2
Le 31	5	11	4	Le 6 Avril	9	2	6
Le 9 Août	6	2	4	Le 6 Mai	9	1	0
Le 16	6	6	4	Le 6 Juin	9	3	2
Le 23	6	9	0				

R É S U M É.

On voit que ce morceau de bois s'est chargé depuis le 21 Juillet 1734 jusqu'au 6 Juin 1735, de 4 livres 2 onces 2 gros d'eau douce, pendant que celui qui a resté le même temps dans l'eau de la mer ne s'en est chargé que de 2 livres 2 onces 2 gros.

A a

Ce fait mérite qu'on y prête attention : car, comme l'eau de la mer eft plus pefante que l'eau douce, je me ferois attendu à un réfultat tout contraire. Mais on verra dans plufieurs de nos Expériences, que le bois eft plus-intimement pénétré par l'eau douce que par l'eau de la mer.

ARTICLE IV. *Seconde fuite d'Expériences faites avec des Barreaux de bois de Bourgogne plus menus que les précédents.*

CES Expériences ont été faites avec du bois pris dans la même piece que les morceaux de l'Expérience précédente, & elles n'en different que parce qu'elles font faites avec des Barreaux plus menus. Il nous a paru intéreffant de répéter les mêmes Expériences avec des bois qui auroient d'autres dimenfions. Nous ne donnâmes donc à nos Barreaux que 3 pouces d'équarriffage fur 2 pieds ½ de longueur. Ils pefoient chacun 8 livres.

§ I. PREMIERE OPÉRATION.

UN de ces Barreaux fut dépofé le 24 Juillet dans un Magafin fort aéré, où il fe trouvoit expofé au grand hâle.

	livr.	onc.	gr.			livr.	onc.	gr.
Le 26 Juillet, il pefoit	7	15	6	Le 30 Septembre de même.				
Le 27 de même.				Le 30 Octobre......		7	15	3
Le 28 de même.				Le 30 Novembre....		7	15	4
Le 29 de même.				Le 30 Décembre....		7	14	0
Le 30 de même.				Le 6 Février 1735.		7	15	6
Le 31............	7	15	4	Le 6 Avril de même.				
Le 9 Août........	7	15	2	Le 6 Mai........		7	13	2
Le 16............	7	15	0	Le 6 Juin........		7	15	0
Le 23............	7	15	2					
Le 30 de même.								

RÉSUMÉ.

Ainfi ce Barreau fort fec a perdu 1 once de fon poids. Si à la derniere pesée l'air avoit été fort humide, il auroit encore moins perdu.

§ 2. SECONDE OPÉRATION.

UN pareil Barreau, pesant 8 livres comme le précédent, fut déposé dans un Magasin peu aéré.

	livr.	onc.	gr.		livr.	onc.	gr.
Le 26 Juillet, il pesoit	7	15	6	Le 30 Septembre....	8	2	4
Le 27............	8	0	0	Le 30 Octobre......	8	1	4
Le 28 de même.				Le 30 Novembre de même.			
Le 29............	8	0	4				
Le 30............	8	1	0	Le 30 Décembre....	7	15	2
Le 31 de même.				Le 6 Février 1735..	8	1	6
Le 9 Août........	8	1	6	Le 6 Avril........	8	1	0
Le 16............	8	2	2	Le 6 Mai	7	15	2
Le 23 de même.				Le 6 Juin.........	8	1	0
Le 30 de même.							

RÉSUMÉ.

Ainsi le poids de ce Barreau a augmenté de 1 once en se chargeant de l'humidité de l'air de ce Magasin.

§ 3. TROISIEME OPÉRATION.

Un pareil Barreau, pesant aussi 8 livres, a été mis dans l'eau de la mer.

	livr.	onc.	gr.		livr.	onc.	gr.
Le 26 Juillet, il pesoit	8	7	6	Le 30............	9	6	4
Le 27............	8	9	0	Le 30 Septembre....	9	11	4
Le 28............	8	9	4	Le 30 Octobre.....	9	12	4
Le 29............	8	10	2	Le 30 Novembre...	10	0	6
Le 30 de même.				Le 30 Décembre....	11	2	2
Le 31............	8	10	6	Le 6 Février 1735,	11	2	4
Le 9 Août........	9	0	2	Le 6 Avril........	11	5	0
Le 16............	9	3	2	Le 6 Mai.........	11	2	0
Le 23............	9	4	6	Le 6 Juin.........	11	4	2

RÉSUMÉ.

Ce Barreau plongé dans l'eau de la mer s'est chargé de 3 liv. 4 onces 2 gros de cette eau.

§ 4. QUATRIEME OPÉRATION.

UN pareil Barreau, de même poids que les autres, fut mis dans l'eau douce.

	livr.	onc.	gr.		livr.	onc.	gr.
Le 26 Juillet, il pesoit	8	6	6	Le 30.............	9	7	2
Le 27.............	8	7	0	Le 30 Septembre....	9	15	0
Le 28.............	8	8	0	Le 30 Octobre......	10	4	4
Le 29.............	8	8	4	Le 30 Novembre ...	10	6	2
Le 30.............	8	9	4	Le 30 Décembre. ...	11	10	6
Le 31 de même.				Le 6 Février 1735.	11	14	0
Le 9 Août........	8	15	0	Le 6 Avril........	11	15	0
Le 16.............	9	2	6	Le 6 Mai.........	11	12	6
Le 23.............	9	5	0	Le 6 Juin.........	11	15	4

RÉSUMÉ.

Ce Barreau s'est chargé de 3 liv. 15 onc. 4 gros d'eau douce; ainsi au contraire du morceau de bois de la premiere Expérience, il s'est un peu moins chargé d'eau douce que d'eau salée, & cette différence est de 11 onces 2 gros.

ARTICLE V. *Troisieme suite d'Expériences sur des Bois de Bourgogne plus gros que les précédents.*

CETTE Expérience a été faite avec du bois de même qualité; mais c'étoit des bouts de Chevrons refendus dans une grosse piece : ils avoient 2 pieds 6 pouces de longueur & 4 pouces d'équarrissage. Ils pesoient chacun 17 livres.

§ 1. PREMIERE OPÉRATION.

UN de ces Chevrons fut mis dans un Magasin fort aéré le 26 Juillet 1734.

	livr.	onc.	gr.		livr.	onc.	gr.
Le 29 il peſoit......	16	14	2	Le 30 Octobre.....	14	9	0
Le 30...............	16	13	0	Le 30 Novembre....	14	6	2
Le 31...............	16	11	0	Le 30 Décembre....	13	4	6
Le 9 Août.........	16	1	0	Le 6 Février 1735.	13	7	2
Le 16...............	15	11	4	Le 6 Avril.........	13	7	4
Le 23...............	15	8	2	Le 6 Mai...........	13	3	2
Le 30...............	15	5	0	Le 6 Juin..........	13	5	2
Le 30 Septembre....	14	12	0				

R É S U M É.

Ce bout de Chevron, quoique pris dans une piece abattue depuis deux ans & qui paroiſſoit ſeche, a perdu 3 liv. 10 onc. 6 gros de ſon poids, parce qu'il étoit pris dans une groſſe piece. On peut remarquer qu'à la fin de l'Expérience, il faiſoit l'hygrometre : cependant je crois qu'il auroit pu encore diminuer de poids.

§ 2. SECONDE OPÉRATION.

Un pareil bout de Chevron fut mis dans un Magaſin peu aéré.

	livr.	onc.	gr.		livr.	onc.	gr.
Le 29 il peſoit......	17	1	4	Le 30 Octobre......	15	7	4
Le 30 de même.				Le 30 Novembre ...	15	5	6
Le 31...............	17	0	6	Le 30 Décembre....	13	11	6
Le 9 Août.........	16	12	2	Le 6 Février 1735..	13	15	4
Le 16...............	16	10	6	Le 6 Avril.........	13	15	2
Le 23...............	16	9	0	Le 6 Mai.........	13	10	6
Le 30...............	16	7	2	Le 6 Juin..........	13	14	2
Le 30 Septembre ...	16	1	0				

R É S U M É.

Ce Chevron a perdu de ſon premier poids 3 liv. 1 onc. 6 gros : il s'en faut 9 onces qu'il n'ait autant diminué que celui qui étoit dans un Magaſin fort aéré ; il a fait l'hygrometre.

§ 3. *TROISIEME OPÉRATION.*

Un pareil bout de Chevron a été mis dans l'eau de mer le 26 Juillet 1734.

	liv.	onc.	gr.		liv.	onc.	gr.
Le 29 il pesoit......	17	3	4	Le 30 Octobre......	18	11	2
Le 30...............	17	5	2	Le 30 Novembre ...	18	13	2
Le 31...............	17	6	6	Le 30 Décembre....	19	13	2
Le 9 Août........	17	13	2	Le 6 Février 1735..	19	15	2
Le 16...............	18	1	0	Le 6 Avril........	19	15	6
Le 23...............	18	1	2	Le 6 Mai..........	19	11	6
Le 30...............	18	2	6	Le 6 Juin..........	19	15	2
Le 30 Septembre ...	18	7	8				

RÉSUMÉ.

Ce bout de Chevron s'est chargé de 2 livres 15 onces 2 gros d'eau de mer : ainsi son poids n'est pas augmenté d'un cinquieme.

§ 4. *QUATRIEME OPÉRATION.*

Un pareil bout de Chevron a été mis dans l'eau douce le 26 Juillet 1734.

	livr.	onc.	gr.		livr.	onc.	gr.
Le 29 il pesoit	17	7	4	Le 30 Octobre......	20	5	4
Le 30...............	17	11	0	Le 30 Novembre....	20	9	0
Le 31...............	17	13	2	Le 30 Décembre....	22	1	2
Le 9 Août........	18	2	4	Le 6 Février 1735.	22	7	0
Le 16...............	18	11	0	Le 6 Avril........	22	8	4
Le 23...............	18	15	2	Le 6 Mai..........	22	3	4
Le 30...............	19	2	6	Le 6 Juin..........	22	8	2
Le 30 Septembre ...	19	14	0				

RÉSUMÉ.

Ce bout de Chevron s'est chargé de 5 liv. 8 onc. 2 gros d'eau douce, c'est-à-dire, plus d'un tiers de son poids, & 2 liv. 9 onc. de plus que le Chevron qui étoit dans l'eau de mer ; c'est ce qui est arrivé le plus ordinairement.

ARTICLE **VI.** *Quatrieme suite d'Expériences sur des Bois de Provence verds.*

AYANT fait les précédentes Expériences sur des bois de Bourgogne secs, nous nous sommes proposés d'en faire sur des Bois de Provence verds & nouvellement abattus.

On a fait lever à la scie dans une piece de bois nouvellement abattue en 1734, quatre petites pieces de bois de 2 pieds 6 pouces de longueur, 3 pouces d'épaisseur & 3 de largeur qui pesoient chacune 11 livres 8 onces.

§ I. PREMIERE OPÉRATION.

UN de ces morceaux de bois a été mis le 26 Juillet 1734 dans un Magasin fort aéré.

Le 27 il pesoit comme au 26	livr.	onc.	gr.		livr.	onc.	gr.
Le 27 il pesoit comme au 26.........	11	8	0	Le 30 Septembre....	10	1	0
Le 28.............	11	6	6	Le 30 Octobre......	10	0	6
Le 29.............	11	5	0	Le 30 Novembre....	9	14	4
Le 30.............	11	4	0	Le 30 Décembre....	9	2	6
Le 31.............	11	2	2	Le 6 Février 1735..	9	5	2
Le 9 Août.........	10	12	2	Le 6 Avril.........	9	5	0
Le 16.............	10	9	0	Le 6 Mai..........	9	2	2
Le 23.............	10	8	0	Le 6 Juin.........	9	3	2
Le 30.............	10	7	0				

RÈSUMÉ.

Ce morceau de bois a perdu 2 livres 4 onces 6 gros de son premier poids ; c'est à peu près un cinquieme de diminution.

§ 2. SECONDE OPÉRATION

UN pareil morceau de bois a été mis dans un Magasin peu aéré.

Le 27 Juillet comme au 26..................... 11 liv. 8 onc.

	livr.	onc.	gr.		livr.	onc.	gr.
Le 28 Juillet.......	11	6	4	Le 30 Septembre ...	10	14	6
Le 29.............	11	5	0	Le 30 Octobre	10	7	0
Le 30.............	11	4	6	Le 30 Novembre ...	10	6	6
Le 31 de même.				Le 30 Décembre....	9	4	0
Le 9 Août.........	11	3	6	Le 6 Février 1735 .	9	6	4
Le 16.............	11	3	0	Le 6 Avril de même.			
Le 23.............	11	1	6	Le 6 Mai..........	9	3	6
Le 30.............	11	0	6	Le 6 Juin.........	9	5	2

RÉSUMÉ.

Ce morceau de bois a perdu 2 liv. 2 onc. 6 gros de son premier poids ; c'est 2 onces de moins que le précédent.

§ 3. TROISIEME OPÉRATION.

UN pareil morceau de bois a été mis le même jour 26 Juillet 1734 dans l'eau de mer.

	livr.	onc.	gr.		livr.	onc.	gr.
Le 27 il pesoit......	12	0	0	Le 30 Septembre ...	13	2	4
Le 28.............	12	2	4	Le 30 Octobre......	13	7	0
Le 29.............	12	3	2	Le 30 Novembre. ...	13	8	2
Le 30.............	12	4	4	Le 30 Décembre....	13	14	2
Le 31.............	12	5	6	Le 6 Février 1735..	13	14	16
Le 9 Août.........	12	9	2	Le 6 Avril	13	15	0
Le 16.............	12	11	4	Le 6 Mai..........	13	11	4
Le 23.............	12	12	4	Le 6 Juin.........	13	11	6
Le 30.............	12	13	6				

RÉSUMÉ.

Ce morceau de bois s'est chargé de 2 liv. 3 onc. 6 gros d'eau de mer : ainsi son poids n'est pas augmenté d'un cinquieme.

§ 4. QUATRIEME OPÉRATION.

UN pareil morceau de bois a été mis dans l'eau douce le même jour 26 Juillet.

Le

Le 27, il pesoit	11	12	4		Le 30 Septembre	12	10	2
Le 28	11	13	4		Le 30 Octobre	12	12	2
Le 29	11	14	4		Le 30 Novembre	12	13	0
Le 30	11	15	4		Le 30 Décembre	13	4	4
Le 31	11	15	6		Le 6 Février 1735	13	7	6
Le 9 Août	12	3	0		Le 6 Avril	13	8	0
Le 16	12	4	6		Le 6 Mai	13	4	6
Le 23	12	5	6		Le 6 Juin	13	7	6
Le 30	12	7	0					

RÉSUMÉ.

Le poids de ce morceau de bois a augmenté de 1 liv. 15 onc. 6 gros ; c'est 4 onces de moins que le précédent.

ARTICLE VII. *Cinquieme suite d'Expériences sur des Bois de Provence plus gros que les précédents.*

ON a levé dans une grosse piece de bois d'un même arbre, quatre morceaux de bois de 2 pieds 6 pouces de longueur, & 4 pouces d'équarrissage : ils pesoient chacun 32 livres.

§ 1. PREMIERE OPÉRATION.

LE 26 Juillet 1734, on mit un de ces morceaux de bois dans un Magasin fort aéré.

Le 27, il pesoit	31	15	4		Le 30 Septembre	27	5	4
Le 28	31	10	4		Le 30 Octobre	26	12	2
Le 29	31	9	6		Le 30 Novembre	26	6	0
Le 30	31	5	6		Le 30 Décembre	22	14	2
Le 31	31	1	6		Le 6 Février 1735	22	2	6
Le 9 Août	29	15	0		Le 6 Avril	23	0	6
Le 16	29	13	4		Le 6 Mai	22	8	6
Le 23	28	12	6		Le 6 Juin	22	11	2
Le 30	28	6	0					

Bb

RÉSUMÉ.

Le poids de ce morceau de bois a diminué de 9 livres 4 onc. 6 gros.

§ 2. SECONDE OPÉRATION.

Un pareil morceau de bois a été mis dans un Magasin peu aéré le 26 Juillet.

	livr.	onc.	gr.		livr.	onc.	gr.
Le 27, il pesoit......	31	15	4	Le 30 Septembre....	29	13	2
Le 28.............	31	10	6	Le 30 Octobre......	28	2	0
Le 29.............	31	10	0	Le 30 Novembre....	27	13	2
Le 30.............	31	7	2	Le 30 Décembre....	23	8	0
Le 31.............	31	6	6	Le 6 Février 1735..	23	12	4
Le 9 Août........	31	1	6	Le 6 Avril.........	23	9	0
Le 16.............	30	14	4	Le 6 Mai..........	23	0	4
Le 23.............	30	11	2	Le 6 Juin..........	23	3	4
Le 30.............	30	8	0				

RÉSUMÉ.

Ce morceau de bois a perdu 8 livres 12 onc. 4 gros de son poids ; ainsi il a perdu 8 onces 2 gros moins que le précédent.

§ 3. TROISIEME OPÉRATION.

Un morceau de bois pareil aux précédents a été mis dans l'eau de mer le 26 Juillet 1734.

	livr.	onc.	gr.		livr.	onc.	gr.
Le 27, il pesoit.....	32	7	0	Le 30 Septembre....	33	1	0
Le 28.............	32	8	0	Le 30 Octobre......	33	2	2
Le 29.............	32	8	6	Le 30 Novembre....	33	3	4
Le 30.............	32	9	2	Le 30 Décembre....	33	11	6
Le 31.............	32	9	6	Le 6 Février 1735..	33	14	0
Le 9 Août........	32	12	0	Le 6 Avril.........	33	13	6
Le 16.............	32	12	6	Le 6 Mai..........	33	6	6
Le 23.............	32	13	6	Le 6 Juin..........	33	12	6
Le 30.............	32	14	6				

RÉSUMÉ.

Comme ce morceau de bois étoit plein de seve, son poids n'a augmenté que d'une livre 12 onces 6 gros.

§ 4. QUATRIEME OPÉRATION.

Un morceau de bois pareil aux précédents a été mis dans l'eau douce le 26 Juillet.

	livr.	onc.	gr.		livr.	onc.	gr.
Le 27, il pesoit......	32	7	6	Le 30 Septembre....	33	7	4
Le 28..............	32	8	2	Le 30 Octobre.......	32	9	4
Le 29..............	32	8	6	Le 30 Novembre....	33	10	6
Le 30..............	32	9	2	Le 30 Décembre....	33	15	0
Le 31..............	32	9	6	Le 6 Février 1735 .	34	6	2
Le 9 Août........	32	14	0	Le 6 Avril.........	34	6	6
Le 16..............	33	0	0	Le 6 Mai..........	33	14	6
Le 23..............	33	1	4	Le 6 Juin.........	34	5	2
Le 30..............	33	3	2				

RÉSUMÉ.

Le poids de ce morceau de bois a augmenté de 2 livres 5 onces 2 gros ; c'est 8 onces 4 gros de plus que celui qui a été plongé dans l'eau de mer.

ARTICLE VIII. *Sixieme suite d'Expériences faites sur du Bois de Pin.*

Nous avons voulu connoître ce qui arriveroit au bois de Pin : pour cela nous avons fait lever à la scie dans une piece de bois quarré, abattue en 1733, quatre bouts de Chevrons de 2 pieds 6 pouces de longueur, & 3 pouces d'équarrissage. Le 28 Juillet 1734 ils pesoient chacun 4 livres 10 onces.

§ 1. PREMIERE OPÉRATION.

On en mit un dans un Magasin fort aéré.

	livr.	onc.	gr.		livr.	onc.	gr.
Le 29, il pesoit de même............	4	10	0	Le 30 Septembre ...	4	6	0
				Le 30 Octobre......	4	6	6
Le 30.................	4	10	4	Le 30 Novembre....	4	6	2
Le 31.................	4	9	4	Le 30 Décembre....	4	5	2
Le 9 Août.........	4	6	6	Le 6 Février 1735 .	4	6	4
Le 16.................	4	5	6	Le 6 Avril	4	6	2
Le 23 de même.				Le 6 Mai..........	4	4	6
Le 30.................	4	7	2	Le 6 Juin..........	4	5	6

RÉSUMÉ.

Ce bout de Chevron n'avoit donc perdu que 4 onces 2 gros de son premier poids, & on voit que le Pin fait beaucoup plus l'hygrometre que le Chêne : car si l'on partoit de la pesée du 6 Mai, il auroit perdu 5 onces 2 gros de son premier poids.

§ 2. SECONDE OPÉRATION.

On mit dans un Magasin peu aéré un pareil Chevron.

	livr.	onc.	gr.		livr.	onc.	gr.
Le 29 Juillet, il pesoit	4	11	0	Le 30 Octobre......	4	9	6
Le 30.................	4	11	4	Le 30 Novembre....	4	9	2
Le 31.................	4	11	2	Le 30 Décembre....	4	7	2
Le 9 Août.........	4	11	6	Le 6 Février 1735..	4	9	0
Le 16.................	4	11	2	Le 6 Avril	4	8	6
Le 23.................	4	10	6	Le 6 Mai..........	4	7	2
Le 30.................	4	10	4	Le 6 Juin..........	4	8	6
Le 30 Septembre....	4	11	6				

RÉSUMÉ.

Ce morceau de bois, qui a encore plus fait l'hygrometre que le précédent, n'a perdu qu'une once 2 gros de son poids.

§ 3. TROISIEME OPÉRATION.

Un pareil bout de Chevron a été mis dans l'eau de mer.

Le 29 Juillet, il pesoit............................... 5 liv. 2 onc.

	livr.	onc.	gr.		livr.	onc.	gr.
Le 30...............	5	4	0	Le 30 Octobre........	7	5	6
Le 31...............	5	5	2	Le 30 Novembre....	7	12	2
Le 9 Août.........	6	2	2	Le 30 Décembre.....	8	11	4
Le 16..............	6	12	0	Le 6 Février 1735..	8	9	6
Le 23...............	6	14	4	Le 6 Avril.........	8	10	4
Le 30...............	7	1	2	Le 6 Mai..........	8	9	2
Le 30 Septembre de même.				Le 6 Juin.........	8	10	0

RÉSUMÉ.

Ce morceau de bois qui a fait prodigieufement l'hygrometre, s'eft chargé définitivement de 4 livres de l'eau de la mer : ainfi fon poids eft prefque doublé.

§ 4. QUATRIEME OPERATION.

Un pareil Chevron a été mis dans l'eau douce le 28 Juillet.

	livr.	onc.	gr.		livr.	onc.	gr.
Le 29, il pefoit.....	5	5	0	Le 30 Octobre......	8	9	2
Le 30...............	5	8	2	Le 30 Novembre....	8	12	0
Le 31...............	5	10	4	Le 30 Décembre....	10	2	2
Le 9 Août.........	6	12	0	Le 6 Février 1735..	10	3	6
Le 16..............	7	1	4	Le 6 Avril........	10	7	4
Le 23...............	7	3	4	Le 6 Mai..........	10	4	6
Le 30...............	7	5	4	Le 6 Juin.........	10	7	2
Le 30 Septembre ...	8	1	2				

RÉSUMÉ.

Ce morceau de bois s'eft chargé de 5 livres 13 onc. 2 gros d'eau douce ; c'eft 1 livre 13 onces 2 gros de plus que celui qui a été dans l'eau de mer ; & il n'a pas fait l'hygrometre comme l'autre. Son poids eft beaucoup plus que doublé, ce qui n'eft pas arrivé au bois de Chêne.

ARTICLE IX. *REMARQUES fur les fix précédentes fuites d'Expériences.*

1°, Les pieces de la premiere de ces fix fuites d'Expériences étoient quatre morceaux de bois de Bourgogne, de la coupe de 1732 ; tous les quatre refendus dans la même piece, réduits d'égale épaisseur, largeur & longueur, & dont le bois étoit très-sec, parce que la piece dont ils avoient été tirés n'étoit pas épaisse.

2°, Les pieces de la seconde suite d'Expériences ayant été prises des mêmes bordages que celles de la premiere, étoient pareillement très-seches, mais de dimensions différentes & plus minces.

3°, Les morceaux de la troisieme suite d'Expériences, provenants d'une piece de bois quarré plus grosse que les bordages qui avoient fourni les pieces de la premiere & seconde suite, étoient moins secs, quoique de bois de Bourgogne & de la coupe de 1732 ; ce bois, qui avoit perdu une partie de sa seve, n'étoit donc pas aussi sec que celui des premiere & seconde suites d'Expériences.

4°, Les pieces de la quatrieme suite avoient été prises dans les branches d'un Chêne de Provence qu'on venoit d'abattre en 1734, six semaines avant le commencement des Expériences: ils avoient donc presque toute leur seve.

5°, Il en est de même des pieces de la cinquieme suite, excepté qu'on les avoit tirées d'une grosse piece du même arbre.

6°, Les pieces de bois de Pin qui ont servi à la sixieme suite d'Expériences, provenoient d'une piece quarrée qui avoit été abattue en 1733, & dont le bois paroissoit assez sec.

§ I. *RÉSULTAT d'une visite faite à la fin d'Août 1734.*

I. On a remarqué que la piece de la premiere suite d'Expériences mise dans un Magasin aéré, ne s'est trouvée diminuée que d'une once : cependant elle n'avoit qu'un pouce & demi d'épaisseur ; & étant aussi mince, elle auroit dû sécher plus que les pieces plus grosses. Elle n'avoit éprouvé ni gerçure, ni changement notable depuis le commencement de l'Expérience du 21 Juillet jusqu'à la fin d'Août.

On ne dit rien des autres pieces de cette premiere suite qui ont été mifes dans l'eau de mer, & dans l'eau douce, finon, comme on l'a vu dans la Table, que celle qui a été mife dans l'eau douce a prefque toujours pris beaucoup plus d'eau que celle qui a été mife dans l'eau falée ; on ne voyoit d'ailleurs dans ces pieces aucune altération extérieure, fi ce n'eft un petit gonflement dans leurs maffes, mais prefque infenfible à la mefure.

II. Les pieces de la feconde fuite d'Expériences mifes dans le Magafin fort aéré & dans celui qui l'étoit moins, n'ont éprouvé aucun changement notable, parce que le bois en étoit fec ; les femblables dans l'eau de mer & dans l'eau douce, ont augmenté de poids, comme on voit dans la table ; & l'augmentation a été plus grande dans l'eau douce que dans l'eau falée.

III. La piece de la troifieme fuite d'Expériences qui étoit nouvellement refendue dans une groffe piece, avoit, lorfqu'on la mit dans le Magafin aéré, quelques gerçures fur le fil ; mais elle n'en avoit aucune fur le bois debout : les anciennes gerçures fur le bois de fil ont confidérablement augmenté, & il s'en eft formé, fur le bois debout, beaucoup de nouvelles dont une étoit plus large que toutes les autres. Il faut obferver qu'il n'en paroiffoit aucune le 21 Juillet fur le bois debout de cette piece.

Ces gerçures s'étendoient du centre vers la circonférence de la piece, c'eft-à-dire du cœur vers l'écorce, comme on peut voir dans la *Planche VII. Fig. 6, A, B, C, D*, où *A* exprime le centre, *B C D* la circonférence ; les premieres gerçures ont paru fur la furface *C D*, fort peu fur les furfaces *A B* & *A D*, par la raifon que les gerçures prenoient ces faces prefque parallélement, les gerçures qui font en rayons ne coupant point fes faces. Voyez le *Traité de l'Exploitation des Bois, Liv. IV, Chap. II, pag 465*, où l'on trouve l'explication de ces faits.

La piece de cette troifieme fuite, mife dans un Magafin moins aéré, n'a reçu prefque aucune altération notable jufqu'au commençement de Septembre. Les autres pieces femblables qui étoient dans l'eau de mer & dans l'eau douce n'avoient aucune gerçure ; elles prenoient chaque jour de l'eau diverfement, comme on le voit dans les tables.

IV. La piece de la quatrieme fuite d'Expériences, mife dans

un Magasin fort aéré, s'y gerça considérablement; mais les gerçures paroissoient plus sensibles sur le bois debout que sur le bois de fil. On se rappellera qu'elle étoit de bois de branchage de Provence nouvellement abattu.

Il s'étoit fait une très-grande gerçure dans toute la longueur de la piece sur la face AB; elle étoit fort large & alloit jusqu'au centre E de la piece. Sur les autres faces de cette piece (*Planche VII. Fig. 8*), il n'en paroissoit aucune considérable, probablement parce que cette gerçure allant d'un bout à l'autre de la piece, laissoit aux parties du bois la liberté de se resserrer sans l'ouvrir. Il en paroissoit sur la face BC quelques-unes presque insensibles. La face AD en étoit entiérement exempte. A l'égard de la face CD, on n'en pouvoit rien dire à cause qu'elle étoit couverte par l'écorce qu'on y avoit laissée exprès.

L'autre piece de la quatrieme suite, mise dans un Magasin peu aéré, commençoit à se gercer : aussi les gerçures en étoient très-profondes, quoique fort peu ouvertes pour lors; car elles prenoient depuis le centre jusqu'à la circonférence ou à l'écorce, & alloient vers l'écorce en s'élargissant. On remarquoit qu'elles n'étoient pas si larges sur cette piece que sur celle dont nous venons de parler : mais il s'en trouvoit beaucoup sur chacune de ses faces.

Les autres pieces de cette quatrieme suite d'Expériences, mises dans l'eau de mer ou l'eau douce, n'avoient aucune gerçure; elles se chargeoient d'eau diversement, comme on le voit dans la table.

V. La piece de la cinquieme suite d'Expériences, mise dans le Magasin fort aéré, se gerça considérablement, parce que le bois en étoit très-verd; elle étoit prise de la partie du tronc la plus éloignée du cœur de la piece.

La face CD, (*Planche VII. Fig. 7*) étoit gercée tout au long par des gerçures entrecoupées : la face BC, qui avoit deux pieds & demi de longueur, n'étoit point gercée dans la longueur d'un pied; mais l'autre pied & demi l'étoit beaucoup : la raison de cela paroît dépendre de ce que la piece avoit été refendue; de façon que le cœur du tronc E touchoit par l'autre

bout

bout de la piece l'angle *A* de la face oppoſée ; & comme nous voyons que toutes les gerçures ne paroiſſoient point ſur la face *B C* juſqu'à moitié de la longueur de la piece , il ſemble que , par la même raiſon, cette même face *B C* devoit ſe trouver ger-cée depuis le milieu juſques vers l'autre bout.

La face *A B* , étoit gercée environ à un pied de longueur , tirant de ce bout à l'autre ; mais le reſte de la piece n'étoit point gercé ſur cette face , ce qui paroît dépendre encore de l'obliquité de la piece, relativement à l'arbre d'où on l'avoit tirée.

La face *A D* de la longueur de la piece n'étoit point gercée dans l'eſpace d'un pied & demi de longueur ; mais le reſte de la même face avoit deux petites gerçures, prenant la piece en l'ef-fleurant à cauſe de la poſition du centre de l'arbre à l'autre bout de la piece.

La ſeconde piece de cette cinquieme ſuite d'Expériences , miſe dans le Magaſin moins aéré , n'avoit preſque aucune ger-çure conſidérable : quelques-unes commençoient cependant à ſe former ; mais elles étoient preſque inſenſibles.

Les autres pieces ſemblables, miſes dans l'eau de mer & dans l'eau douce , n'avoient aucunes gerçures ; elles ſe char-geoient d'eau diverſement , comme on le voit dans la table.

VI. Les pieces de Pin miſes dans les Magaſins, n'avoient aucunes fentes, parce que ce bois étoit fort ſec ; celles qui étoient dans l'eau douce & ſalée s'en chargeoient diverſement.

§ 2. *O B S E R V A T I O N S ſur les variations des mêmes Pieces , depuis le 30 Août 1734 juſqu'au 6 Juin 1735, fin des précédentes Expériences.*

I. La piece de la premiere ſuite d'Expériences dépoſée dans un Magaſin fort aéré , qui étoit diminuée le 30 Août d'une once , a augmenté de poids, ſavoir le 30 Septembre ſuivant d'une demi-once , & le 30 Octobre d'après , d'une autre demi-once ; de ſorte qu'au lieu d'avoir continué à diminuer , elle avoit augmenté d'une once pendant ces deux mois ; ayant été peſée à la fin d'Octobre, elle ſe trouva revenue à ſon pre-

Cc

mier poids ; à la fin de Novembre elle pefoit 5 onces de plus, en Décembre 1 onc. 6 gros de moins. Enfuite ayant fait prodigieufement l'hygrometre, le 6 Juin 1735, fon poids s'eft trouvé augmenté de 7 onces.

Cette piece n'avoit éprouvé aucune gerçure, ni aucun changement extérieur, étant en Novembre dans le même état qu'elle étoit ci-devant.

La piece de la même fuite d'Expériences, dépofée dans un Magafin moins aéré, pefoit à la fin d'Octobre 4 gros plus qu'elle ne pefoit quand elle avoit été mife en expérience : elle avoit augmenté de poids par gradation jufqu'au 30 Septembre, d'une once & demie ; en Octobre, elle eft revenue à fon premier poids à une demi-once près, puifqu'elle ne pefoit plus que 5 livres 1 once 4 gros, & définitivement le 6 Juin 1735, fon poids étoit diminué de 1 once 6 gros. Au refte cette piece étoit dans le même état que l'autre : elle n'avoit aucune gerçure, ni aucun changement extérieur.

Les deux pieces qui ont été mifes dans l'eau douce & dans l'eau falée, ont toujours augmenté de poids ; mais celle qui étoit dans l'eau douce a augmenté plus que l'autre qui étoit dans l'eau falée, comme on le voit dans la table. On a continué de les y laiffer jufques à ce qu'elles n'ayent plus augmenté.

On peut remarquer que celle qui étoit dans l'eau douce a augmenté en poids de 4 livres 2 onces 2 gros, tandis que celle qui étoit dans l'eau de mer n'a augmenté que de 2 livres 2 onc. 2 gros, d'où l'on doit conclure que l'eau douce pénetre plus facilement le bois que l'eau falée.

On ne voyoit aucune altération fur ces pieces, finon un gonflement dans leurs maffes qui n'étoit prefque pas fenfible à la mefure.

II. La piece de la feconde fuite d'Expériences, qui fut mife dans un Magafin fort aéré le 24 Juillet 1734, n'a diminué que de 4 gros jufqu'en Novembre ; enfuite fon poids a augmenté, puis diminué, comme on voit à la table ; & après avoir fait l'hygrometre, le 6 Juin 1735 elle avoit perdu 1 once de fon premier poids.

Cette variation de poids dans une piece expofée au grand air, ne peut venir que de l'humidité qui étoit répandue dans l'air quand le temps étoit à la pluie, laquelle pénétroit facilement les pores d'un bois qui étoit fort fec. En effet, c'eft précifément dans le temps de l'augmentation de poids qu'il régna pendant des femaines entieres des pluies & des brouillards qui rendoient l'air fort humide.

La piece de cette fuite, dépofée dans un Magafin moins aéré, a fait auffi prodigieufement l'hygrometre; & après avoir augmenté de poids jufqu'à 2 onc. 4 gros, elle a enfuite été de 6 gros plus légere qu'au commencement de l'Expérience; & définitivement le 6 Juin 1735, elle étoit d'une once plus pefante qu'au commencement de l'Expérience : d'où l'on doit conclure que ce Magafin donnoit de l'humidité à ce bois qui étoit fort fec, au lieu de favorifer la diffipation du peu de feve qu'il avoit.

Ces pieces, dans l'un & l'autre Magafin, n'éprouverent aucun changement fenfible ; elles n'avoient aucune gerçure, parce que le bois en étoit très-fec.

Les deux pieces de la même fuite qui ont été mifes dans l'eau de mer & dans l'eau douce, augmenterent de poids diverfement, comme on voit dans la table ; celle qui étoit dans l'eau de mer a augmenté de 3 livres 4 onces 2 gros, & celle qui étoit dans l'eau douce, de 3 livres 15 onces 4 gros : d'où l'on conclut que l'eau douce pénetre le bois bien plus promptement que l'eau falée, comme on l'a vu dans les pieces de la premiere fuite.

III. A l'égard de la piece de la troifieme fuite d'Expériences, dépofée dans un Magafin fort aéré, on a vu dans les dernieres obfervations comprifes dans les remarques du 30 Août 1734, que cette piece avoit quelques gerçures fur le bois debout, comme on le voit (*Planche VII. Fig. 9*).

Les gerçures de cette piece ont augmenté confidérablement en ouverture & en longueur, principalement celles qui étoient marquées *C D*; elles entroient fort avant dans la piece, comme on le voit par le profil *A B C D*, qui repréfente le bois debout

C c ij

de la piece. Il ne paroissoit aucune gerçure sur les autres faces *B C*, *B A* & *A D*; ces gerçures paroissoient un peu lorsqu'elle fut mise en Expérience.

La piece de la même suite, déposée dans un Magasin moins aéré, étoit à peu près dans le même état que son égale; elle n'avoit de gerçures considérables que sur une face, qui étoit la même que la face de la piece ci-dessus, ayant été refendue dans la même piece.

Les deux autres pieces de la même suite, mises dans l'eau de mer & dans l'eau douce, augmenterent de poids diversement, comme on le voit dans la table; on n'y remarqua aucun changement extérieur, sinon un gonflement insensible à la mesure.

On remarqua que la piece qui étoit dans l'eau douce avoit surnagé jusques au 30 Septembre : elle nagea ensuite entre deux eaux jusques au 30 Octobre; en Novembre, elle tomba au fond de l'eau.

IV. La piece de la quatrieme suite d'Expériences, qui a été mise dans un Magasin fort aéré, étoit en Novembre dans le même état qu'elle étoit le 30 Août 1734; cette grande gerçure sur la face *A B* (*Fig. 13*) du fil de la piece qui prenoit toute sa longueur, étoit toujours très-large & alloit en augmentant. On peut croire que cette grande fente avoit fait qu'il ne s'en étoit point formé d'autres sur les autres faces; car il n'en paroissoit aucune en Novembre, peut-être par les raisons rapportées dans les dernieres observations.

La piece (*Planche VII. Fig. 9*) qui étoit dans le Magasin moins exposé à l'air, s'étoit gercée différemment. Il s'étoit formé une grande fente sur la face *A B*, & plusieurs moins considérables sur toutes ses autres faces, comme on le voit dans la *Figure*.

On présume que la raison est que le cœur du bois étoit presque au milieu de la piece (*Fig. 9*), au lieu que dans la piece (*Fig. 13*), il étoit près d'une des faces, ce qui fait que comme il s'étoit ouvert plusieurs fentes sur la piece (*Fig. 9*), elles étoient moins considérables.

Les deux pieces de cette suite qui ont été mises dans l'eau de mer & dans l'eau douce, augmenterent de pesanteur différemment, comme on le voit dans la table.

On a remarqué que celle qui trempoit dans l'eau salée, & à laquelle on avoit laissé exprès toute l'écorce sur une de ses faces, resta sur l'eau sans tomber au fond, au lieu que son égale de même poids tomba au fond dans l'eau douce. Deux raisons faisoient que cette piece surnageoit dans l'eau de mer. 1°, L'écorce qu'elle avoit sur un de ses côtés, & qui la rendoit plus légere par rapport au volume d'eau qu'elle déplaçoit. 2°, La plus grande pesanteur de l'eau salée, par comparaison à celle de l'eau douce.

On remarqua encore que celle qui étoit dans l'eau douce avoit deux petites gerçures fort profondes & très-fines, comme il est marqué dans la *Planche VII. Fig. 14.*

Celles qui paroissoient sur le bois de fil qui répondoient à celles-ci, étoient presque invisibles ; néanmoins elles existoient, & l'on jugeoit que lorsque cette piece seroit tirée de l'eau, les gerces s'ouvriroient & deviendroient aussi considérables que celles des autres pieces, & peut-être en moins de temps.

V. La piece de la cinquieme suite d'Expériences déposée dans un Magasin fort aéré, continua à se gercer considérablement ; ses gerçures s'élargissoient & s'allongeoient notablement sur les deux faces *B C* & *C D* (*Planche VII. Fig. 10*) ; sur la face *A B* de la piece, il s'en forma ensuite quelques-unes qui commençoient à paroître en Novembre.

L'autre face *A D* n'étoit point gercée ; la raison en est que par la disposition du cœur du bois de cette piece, les gerçures prenoient cette face parallélement. Voyez ce que nous avons dit sur les fentes dans le *Traité de l'Exploit. des Forêts, Liv. IV, Chap. II.*

Cette piece n'étoit gercée que jusqu'à moitié sur chaque face ; car la face *A B* n'étoit gercée que de la moitié en haut, & la face *C D* l'étoit de la moitié en bas. La raison de cela vient de ce que le cœur de la piece qui étoit vers l'angle *A* de la piece par un bout, se trouvoit vers l'angle opposé de l'autre.

La piece de cette suite, mise dans un Magasin moins aéré, gerçoit considérablement en Novembre, nonobstant l'humidité qui régnoit dans ce Magasin, & qui avoit fait augmenter de pesanteur les pieces de la premiere & seconde Expériences. Les

gerçures de cette piece s'élargirent & s'allongerent très-confi-
dérablement, & sembloient faire plus de progrès que dans
l'autre piece, quoiqu'elles ne paruffent que depuis le 30 Août
1734 ; elles devinrent plus larges que dans son égale qui
étoit au grand air. Cette piece n'étoit gercée que fur deux faces *B C* & *C D* (*Planche VII. Fig. 1 1*). La troifieme face *A D*
n'avoit qu'une grande gerçure qui alloit tout au long de la piece
vers l'angle *A*, à côté de laquelle il y en avoit d'autres fort petites : la face *A B* étoit tout à fait faine & fans gerçures.

Les deux autres pieces qui avoient été mifes dans l'eau de
mer & dans l'eau douce, avoient en Novembre quelques gerçures très-fines qui commençoient à paroître fur le bois debout;
elles étoient prefque infenfibles fur les faces du fil de la piece;
on les appercevoit au bois debout fur deux côtés, comme on
voit dans la *Planche VII. Fig. 1 2*, qui repréfente le profil de
la piece.

On peut remarquer que les deux pieces de cette fuite qui
ont été à l'air, ont diminué conftamment & prefque uniformément de poids fuivant les dates des Expériences; qu'elles n'ont
jamais augmenté de poids comme les pieces des premiere &
feconde fuites. La raifon en eft que celles-ci étoient du bois
fort verd, & qu'en cet état le bois n'eft guere fufceptible de
l'impreffion de l'air, puifque la diminution qu'elles fouffrent de
leur poids eft plus forte que l'humidité qu'elles reçoivent ac-
cidentellement de l'air en temps de brouillards & de pluies;
l'évaporation de la feve eft feulement plus ou moins confidérable ; au lieu que les pieces des premiere & feconde fuites étant
d'un bois fort fec, & ne diminuant plus de poids, l'humidité
qu'elles recevoient de l'air en temps de brouillards & de pluies,
les pénétroit & augmentoit leur poids. Il eft vrai que cette
humidité prife de l'air s'évapore facilement, comme l'expérience nous le montre.

Ceci fait voir que les bois qui font parvenus jufqu'à un certain point de féchereffe, étant plus fufceptibles de recevoir les
impreffions de l'athmofphere, ne doivent point être expofés au
grand air ; car l'humidité qu'ils reçoivent & qu'ils perdent al-

ternativement dans les divers changements de temps, peuvent avancer leur deſtruction.

VI. Les pieces de la ſixieme ſuite d'Expériences de bois de Pin du Dauphiné, n'avoient éprouvé aucun changement ſenſible, point de gerces à celles qui étoient à l'air, aucune altération à celles qui étoient dans l'eau; mais ce bois étoit trop uſé, pour qu'on pût en tirer aucune lumiere.

Eſſayons maintenant de connoître ſi la circonſtance d'avoir ſéjourné dans l'eau de mer, ou dans l'eau douce, influe ſenſiblement ſur la force des bois.

ARTICLE X. *Expériences faites en Provence ſur du Bois de Chêne de cette Province, pour connoître la force du Bois flotté ou non-flotté.*

ON a pris quatre pieces de jeune bois, de 8 à 9 pouces de diametre, de la coupe de Janvier & Février 1732, on les a ſciées de 5 pieds de longueur chacune ſans les façonner; mais on les a fait refendre à la ſcie par le milieu pour avoir deux pieces de bois ſemblables tirées du même corps d'arbre. On les a peſées ſéparément, & les deux moitiés ou *A A*, ou *B B*, &c. ont été réduites à un même poids, & marquées deux à deux par les lettres *A A*, *B B*, *C C*, *D D*.

Les deux premieres *A A* peſoient 49 liv. chacune; les deux *B B*, 74 liv. 8 onces; les deux *C C*, 65 liv. & les deux *D D*, 77 livres, n'ayant aucun égard à leurs dimenſions.

On mit enſuite la moitié de chacune de ces pieces ſous un hangar aſſez aéré, ouvert comme une remiſe ſeulement du côté du levant, & les autres moitiés dans l'eau de la mer, enchaînées fortement au fond de l'eau. Elles ont reſté dix mois dans cet état, depuis le 13 Août 1733 juſqu'au 11 Juin 1734; enſuite on les a tirées, & on les a repeſées.

La piece *A* du hangar peſoit 46 livres, ayant diminué de 3 livres; l'autre piece *A* de la mer peſoit 67 livres, ayant augmenté de 18 liv.

La piece *B* du hangar peſoit 69 liv. ayant diminué de 5 liv. 8 onces ; l'autre piece *B* de la mer peſoit 87 livres, ayant augmenté de 12 livres 8 onces.

La piece *C* du hangar peſoit 58 liv. ayant diminué de 7 liv. l'autre piece *C* de la mer peſoit 79 liv. ayant augmenté de 14 livres.

La piece *D* du hangar peſoit 72 liv. ayant diminué de 5 liv. l'autre piece *D* de la mer peſoit 92 livres, ayant augmenté de 15 livres.

On les a miſes enſemble dans divers autres endroits, ſavoir :

Les deux moitiés *A A* dépoſées dans un Magaſin fort aéré ; les deux moitiés *B B*, plongées dans l'eau douce ; les deux moitiés *C C*, dépoſées dans un Magaſin peu aéré ; & les deux autres moitiés *D D*, expoſées à la pluie & au ſoleil.

On a obſervé tous les jours leurs poids & les changements qui leur ſont ſurvenus, dont il a été fait des Tables que nous ne rapporterons point ici, parce qu'elles n'apprendroient rien de plus que celles que nous avons inſérées plus haut. Il ſuffira de préſenter des tables particulieres de chacune de ces pieces, de marquer leurs diminutions & leurs augmentations, & de montrer enſuite dans une autre table la force des barreaux provenants de ces mêmes pieces qu'on a fait rompre ſous des poids connus, pour eſſayer de découvrir ſi celles qui avoient été miſes dans l'eau étoient plus fortes ou plus foibles que les autres.

§ I. *Premiere Expérience, ſur les deux pieces A A.*

L'une des deux pieces numérotées *A A*, a été miſe ſous le hangar, & ſa pareille dans la mer le 13 Août 1733, & enſuite elles ont été miſes toutes deux dans un Magaſin fort aéré, où elles ont demeuré juſqu'au 30 Janvier 1736 ; après quoi on en a fait de petits barreaux qu'on a rompus ſous des poids connus,

Poids de ces deux Pieces.

Le 13 Août 1733, avant de mettre ces pieces ſous le hangar

gar & dans la mer, elles peſoient chacune 49 livres.

Le 11 Juin 1734, les ayant tirées du hangar & de l'eau de mer pour les mettre dans le Magaſin, elles ont peſé, ſavoir:

A tirée du hangar, & miſe dans le Magaſin fort aéré.		*A tirée de la mer, & miſe dans le Magaſin fort aéré.*	
	livres.		livre.
Le 11 Juin 1734	46		67
Le 12	46		65
Le 16	46		$61\frac{1}{2}$
Le 17	46		$60\frac{3}{4}$
Le 18	46		60
Le 19	46		$59\frac{3}{4}$
Le 21	$46\frac{1}{2}$		58
Le 22	$46\frac{1}{2}$		$57\frac{3}{4}$
Le 5 Juillet	$46\frac{3}{4}$		$54\frac{1}{2}$
Le 12	$46\frac{3}{4}$		53
Le 19	$46\frac{1}{2}$		$52\frac{1}{2}$
Le 26	$46\frac{1}{2}$		$51\frac{1}{4}$
Le 28 Août	46		49
Le 28 Septembre	$45\frac{1}{2}$		48
Le 29 Novembre	46		48
Le 30 Janvier 1735	$46\frac{1}{2}$		48
Le 28 Novembre	$45\frac{1}{2}$		46
Le 30 Janvier 1736	$46\frac{3}{4}$		$47\frac{1}{4}$

OBSERVATIONS.

La piece A, tirée du hangar & miſe dans le Magaſin fort aéré, ayant diminué ſous le hangar de 3 livres pendant un ſéjour de dix mois, & n'ayant diminué enſuite que d'une demi-livre en dix-ſept mois dans un endroit fort aéré & tout à fait ſemblable au hangar, fait voir,

1°, Qu'elle eſt parvenue au point d'une très-grande ſéchereſſe, puiſqu'elle a ceſſé de diminuer, & que ſon poids a augmenté & diminué ſuivant que le temps étoit plus ou moins ſec ou humide.

D d

D'où l'on peut conclure 2°, que des pieces de bois de mé-diocre groſſeur, refendues par le cœur, & miſes ſous un hangar, acquierent en dix mois un degré de ſéchereſſe convenable pour être miſes en œuvre aux conſtructions & aux charpentes, puiſqu'on voit par la table des poids, que cette piece n'a preſque plus perdu de ſon poids en dix-neuf mois dans un endroit fort aéré.

On voit encore dans la même table que la piece *A* tirée de la mer, & miſe dans le même Magaſin fort aéré, après s'être chargée de dix-huit livres d'eau en dix mois qu'elle avoit été dans l'eau de mer, s'en eſt entiérement déchargée en deux mois & demi ; d'où l'on peut conclure :

1°, Que tout bois de Chêne de cette dimenſion qui a reſté dix mois dans la mer, ſe décharge de toute l'eau qu'il y a priſe en deux mois & demi, & auſſi d'une grande partie de ſa ſeve. Il ne faut pas oublier que cette Expérience a été faite en Provence où l'air eſt fort ſec.

2°, Ce morceau de bois qui a ſéjourné un temps conſidérable dans la mer, eſt reſté un peu plus peſant que l'autre, puiſque l'on voit que cette piece eſt d'une demi-livre plus peſante que ſon égale qui n'a point été dans l'eau ; mais la piece tirée de la mer n'étoit pas auſſi ſeche que l'autre, & ſi on l'avoit conſervée plus long-temps, elle ſeroit devenue ſûrement plus légere que celle à laquelle on la comparoit. Cela eſt bien établi par nombre de nos Expériences. On a ceſſé de la peſer quand on l'a vue ne peſer plus à peu près que le poids de celle à laquelle on la comparoit. J'avoue qu'on auroit dû continuer à la peſer juſqu'à ce qu'elle n'eût plus perdu de ſon poids.

Voyons quelle a été la force de ces deux pieces dans l'état où elles étoient le 30 Janvier 1736.

Examen de la force de ces Bois.

On a refendu ces deux pieces *A*, *A*, pour en former des Barreaux de trois pieds de longueur, un pouce de largeur, & un demi-pouce d'épaiſſeur, & on les a rompus avec les précautions que nous marquerons lorfqu'il s'agira de la force des bois.

PREMIERE OPÉRATION.

BARREAUX provenants de la piece *A* tirée du hangar, & mife dans un Magafin fort aéré.

1. Barreau. Il n'étoit prefque que d'aubier ; il a rompu par grands éclats étant chargé de . . . . 43 liv.

2. Barreau. Il a caffé net dans un endroit où le bois étoit extrême- ment tranché, étant chargé de . . . 61

Ils ont plié de 3 pouces 6 lignes.

Total . 104

On n'a pu tirer que ces deux barreaux de cette piece, parce que le bois étoit extrêmement tranché par des gerces, & que les morceaux fe féparoient en les travaillant.

SECONDE OPÉRATION.

BARREAUX provenants de la piece *A* tirée de la mer, & mife dans le même Magafin fort aéré.

1. Barreau. . . . 59 liv.
2. Barreau. . . . 71
3. Barreau. . . . 47

Ils ont plié de 2 pouces 6 lignes.

Somme. . 177.

RÉSUMÉ.

On ne peut faire aucune comparaifon entre ces deux pieces *A* & *A*, à caufe,

1°, Que la piece *A* tirée du hangar, n'a fourni que deux barreaux, dont un n'étoit prefque que de l'aubier, & le bois de l'autre étoit extrêmement tranché.

2°, Que pour avoir une comparaifon jufte, il faudroit avoir

D d ij

même nombre de barreaux, & qui fuffent tous fans défaut.

Cependant fi l'on retranche un tiers de la force des trois barreaux qui ont été à la mer pour n'avoir que la force de deux
barreaux, pour la comparer à celle des deux barreaux qui ont
toujours été fous le hangar, chaque barreau pris du morceau
de bois qui a été à la mer, porteroit 7 livres de plus que ceux
qui ont toujours été fous le hangar; mais encore un coup on ne
peut compter fur l'exactitude de cette Expérience.

TROISIEME OPÉRATION.

BARREAUX provenants de la piece *A* tirée du hangar, & mife
dans le Magafin fort aéré, de la même longueur que les précédents, mais d'un pouce d'équarriffage.

liv.

Soliveau fans défaut 315
    Il a plié de 2 pouces 6 lignes.
Autre qui a caffé par un nœud vers le milieu de la
    piece, qui tranchoit la moitié des fibres longi-
    tudinales du barreau 140
Autre id. qui étoit en partie d'aubier, & à qui il
    manquoit du bois dans l'épaiffeur 169
    Il a plié d'un pouce 5 lignes.

Somme . . . <u>624</u>

RÉSUMÉ.

On ne peut faire de comparaifon de ces barreaux avec les
autres ci-deffous, à caufe que le fecond barreau *A* a caffé vers
le milieu de la piece par un nœud, & que le troifieme étoit de
l'aubier, à qui il manquoit du bois tant fur l'épaiffeur que fur
la largeur. On pourroit néanmoins faire quelque comparaifon
en y fuppléant de cette maniere.

Puifque le premier barreau *A* fans défaut a porté 315, on
peut fuppofer que les deux autres étoient capables d'une pareille
force, & alors la force des trois feroit de 945 livres.

QUATRIEME OPÉRATION.

BARREAUX d'un pouce en quarré, provenants de la piece *A* tirée de la mer, & mise dans le même Magasin fort aéré.

1. Barreau . . . . . . 240 liv.   Courbure 2 pouc. 2 lign.
2. Barreau 290   2
3. Barreau 270   2   1
               Total . . 800.

RÉSUMÉ.

Ces barreaux n'étoient point tranchés, & n'avoient point de défaut.

Donc les barreaux de la piece tirée du hangar, & qui n'ont point été à la mer, font de 145 livres plus forts que ceux qui en ont été tirés : mais les rectifications laissant des incertitudes, il faut avoir recours aux Expériences suivantes.

§ 2. SECONDE EXPERIENCE, *sur les deux pieces B, B.*

L'UNE des deux pieces *B, B*, a été mise sous le hangar, & fa pareille dans la mer, le 13 Août 1733. Toutes deux ensuite plongées dans l'eau douce jusqu'au 30 Janvier 1736, après quoi on en a fait des barreaux qu'on a fait rompre fous des poids connus.

Poids de ces deux pieces.

Le 13 Août, avant de mettre ces pieces fous le hangar & dans la mer, elles pesoient chacune 74 liv. $\frac{1}{2}$.

Le 11 Juin 1734, les ayant tirées du hangar & de l'eau de la mer pour les plonger dans l'eau douce, elles ont pesé, favoir : celle du hangar diminuée de 5 liv. $\frac{1}{2}$, & celle qui avoit été dans l'eau de la mer, augmentée de 12 liv. $\frac{1}{2}$, l'une & l'autre étant mises dans l'eau douce, ont augmentées, comme il suit.

B *tirée du hangar, & mise dans l'eau douce.*		B *tirée de la mer, & mise dans l'eau douce.*	
	livres.		livr.
Le 11 Juin 1734	69	. . . .	87
Le 12.	69	. . . . .	87
Le 16.	69	. . . . . .	87
Le 17.	69	. . . . . .	87
Le 18.	69	. . . . . .	87
Le 19.	72	. . . . . .	88
Le 21.	75	. . . . . .	88
Le 22.	76 $\frac{1}{2}$	. . . . .	88
Le 5 Juillet	78	. . . . .	89
Le 12.	79 $\frac{3}{4}$	. . . . .	89 $\frac{1}{2}$
Le 19.	80	. . . . .	89 $\frac{3}{4}$
Le 26.	81	. . . .	89 $\frac{3}{4}$
Le 28 Août	83	. . . . .	89 $\frac{1}{4}$
Le 28 Septembre. . . .	84	. . . . . .	90
Le 29 Novembre	87	. . . . . .	92
Le 30 Janvier 1735 . . .	88 $\frac{1}{2}$	. . . . .	92
Le 28 Novembre	90	. . . . . .	92 $\frac{1}{2}$
Le 30 Janvier 1736 . . .	92	. . . . . .	93

OBSERVATIONS.

ON remarque, 1°, Qu'il faut bien peu de temps au bois plongé dans l'eau douce pour en prendre prodigieusement, puisqu'on voit par cette table que cette piece en a pris 10 à 11 liv. dans le premier mois qu'elle y a resté.

2°, Que le bois de Chêne sec & refendu qui séjourne dix-huit mois dans l'eau douce, s'en charge si considérablement que l'eau qu'il y prend égale le tiers du poids de la piece plongée, puisque cette piece a pris 23 livres d'eau, & qu'elle pesoit à la fin 92 liv.

3°, On remarque encore que la piece *B* tirée de la mer, & mise dans l'eau douce, ne prenoit presque plus d'eau de mer, n'en ayant pris qu'une demi-livre dans l'espace de près d'un an; mais qu'elle a pris six livres d'eau douce, outre & par-dessus 12 livres & demie d'eau salée qu'elle avoit pris dans la mer.

A l'égard de la piece *B* qui a été mise dans l'eau douce après avoir resté dix mois sous un hangar, on peut remarquer, 1°, qu'elle n'avoit perdu que 5 liv. $\frac{1}{2}$ de sa seve, & qu'elle a aspiré 23 liv. d'eau douce, c'est-à-dire, 17 liv. $\frac{1}{2}$ de plus que la quantité de seve qu'elle avoit perdu.

2°, Celle qui avoit été dans l'eau de mer, étoit d'une livre plus pesante que l'autre quand on a tiré l'une & l'autre de l'eau. Mais ces deux pieces continuoient à aspirer de l'eau ; leur poids augmentoit, & celle qu'on avoit tirée du hangar se chargeoit plus que l'autre.

Examen de la force de ces Bois.

PREMIERE OPÉRATION.

BARREAUX d'un pouce de largeur & d'un demi-pouce d'épaisseur, provenants de la piece *B*, tirée du hangar & mise dans l'eau douce.

1. Barreau	95 liv.
2. Barreau	92
3. Barreau	103
4. Barreau	69
5. Barreau	96
Somme . . .	455.

RÉSUMÉ.

Tous ces Barreaux ont cassé par longs éclats en se fendant dans leur longueur.

On a observé entre les fibres longitudinales de tous les barreaux de petits grains comme la moëlle du bois tendre ; ces grains sont comme enfermés dans des espaces entre les fibres longitudinales, à peu près comme dans la *Planche VII. Fig. 15.* Sur quoi consultez la *Physique des Arbres, Liv. I, Chap. III, pag. 34.*

SECONDE OPÉRATION.

BARREAUX d'un pouce de largeur & demi-pouce d'épaisseur, provenants de la piece *B*, tirée de la mer & mise ensuite dans l'eau douce.

1. Barreau	53 liv.
2. Barreau qui a cassé en navet	90
3. Barreau qui a cassé par éclats sans bruit. . . .	91
4. Barreau qui a cassé de même.	91
5. Barreau qui a cassé de même.	80
Somme . . .	405.

RÉSUMÉ.

Tous ces barreaux ont cassé sans bruit : on a observé même de la moëlle entre les fibres comme à ceux ci-dessus.

On apperçoit par cette table que la somme des forces des barreaux provenants de la piece tirée du hangar, & mise dans l'eau douce, est plus forte que celle des Barreaux de la piece tirée de la mer, & mise dans l'eau douce.

TROISIEME OPÉRATION.

BARREAUX de trois pieds de longueur & d'un pouce en quarré, provenants de la piece *B*, tirée du hangar & mise dans l'eau douce.

1. Barreau	200 liv. Courbure 2 p. 7 l.
2. Barreau qui a cassé en navet .	175
3. Barreau qui a cassé de même	150
Somme . .	525.

QUATRIEME OPÉRATION.

BARREAUX de trois pieds de long, & d'un pouce en quarré,
provenants

provenants de la piece *B*, tirée de la mer & mise dans l'eau douce.

1. Barreau . . . . 150 liv.
2. Barreau, cassé en navet. 180
3. Barreau, cassé de même 100

Somme . . . 430.

On a observé que le bois de ces barreaux étoit fort mollasse, cassant sans éclats & sans bruit.

R É S U M É.

Cette Expérience faite avec des barreaux plus gros, provenants de la même piece que les barreaux du commencement de l'Expérience, confirme la remarque qu'on vient de faire que le bois tiré du hangar, & mis ensuite dans l'eau douce, est plus fort que le même bois tiré de la mer, & mis de même dans l'eau douce.

§ 3. *Troisieme Expérience, sur les deux Pieces CC.*

UNE des deux pieces *C C*, a été mise sous un hangar, & sa pareille dans la mer, le 13 Août 1733 ; & toutes deux ont été mises dans un Magasin peu aéré jusqu'au 30 Janvier 1736 : après quoi on en a fait des barreaux qu'on a fait rompre sous des poids connus.

Poids de ces deux Pieces.

Le 13 Août, avant que de mettre ces pieces sous le hangar & dans la mer, elles pesoient chacune 65 livres.

Le 11 Juin 1734, les ayant retirées de l'eau de mer pour les mettre toutes deux dans ce Magasin peu aéré, elles ont pesé, savoir :

E e

	C tirée du hangar, & mise dans le Magasin.	C tirée de la mer, & mise dans le Magasin.
	livr.	livr.
Le 11 Juin 1734	58	79
Le 12	58	78
Le 16	58	75
Le 17	58	$74\frac{1}{2}$
Le 18	58	$74\frac{1}{2}$
Le 19	$58\frac{1}{2}$	$73\frac{1}{2}$
Le 21	$58\frac{1}{2}$	$72\frac{1}{4}$
Le 22	$58\frac{1}{2}$	$72\frac{1}{4}$
Le 5 Juillet	58	68
Le 12	58	$67\frac{1}{2}$
Le 19	$57\frac{3}{4}$	$66\frac{1}{2}$
Le 26	58	$65\frac{3}{4}$
Le 28 Août	56	63
Le 28 Septembre	56	62
Le 29 Novembre	$57\frac{1}{4}$	$62\frac{1}{2}$
Le 30 Janvier 1735	$57\frac{1}{4}$	$62\frac{1}{4}$
Le 28 Novembre	$55\frac{1}{2}$	$58\frac{1}{2}$
Le 30 Janvier 1736	$56\frac{1}{2}$	$59\frac{1}{2}$

OBSERVATIONS.

ON remarque, en confirmation de ce qui a été dit de la piece *A*, que le bois de Chêne de Provence de petit échantillon, qui a resté un temps assez considérable dans la mer, se décharge, en moins de deux mois, de toute l'eau qu'il y prend; puisqu'on voit par cette table que cette piece *C* est revenue à son premier poids le 26 Juillet 1734 dans l'espace de quarante-sept jours; & ce qu'elle a perdu depuis, peut être regardé comme faisant partie de sa seve. Cette Expérience sur cette piece *C* confirme tout ce qui a été dit de la piece *A*, savoir : que le bois se décharge en deux mois & demi au plus de toute l'eau qu'il peut prendre dans la mer par un séjour de près d'une année ; car cette piece *C* n'a pas laissé de diminuer de son poids autant que la piece *A*, quoiqu'au fortir de la mer elle ait été dépofée dans un Magafin peu aéré.

On remarque que cette piece pefe trois livres de plus que fon égale qui n'a point été dans l'eau, & que la piece *A* qui a auffi été dans la mer, ne pefe qu'une demi-livre de plus que fon égale qui n'a point été dans l'eau ; mais ni l'une ni l'autre n'étoient parvenues à une fécherefle parfaite.

Refte à expérimenter combien peut influer fur la qualité du bois, cette plus ou moins grande pefanteur des pieces qui étoient ci-devant parfaitement égales de poids.

Cependant j'avoue qu'il auroit été à propos de fuivre plus long-temps cette Expérience, & de la continuer jufqu'à ce que la piece *C* de la mer n'eût plus diminué de poids : car je fuis perfuadé qu'alors elle auroit été plus légere que celle à laquelle on la comparoit.

Examen de la force de ces Bois.

Première Opération.

Barreaux *C* d'un demi-pouce d'épaifleur, provenants de la piece tirée du hangar, & mife dans le Magafin.

1. Barreau	35 liv.	Courbure	4 pouces	10 lignes.
2. Barreau	32		5	9
3. Barreau	35		5	1
4. Barreau	37		5	2
5. Barreau	39		5	0
6. Barreau	43		4	10
7. Barreau	42		5	7
8. Barreau	40		4	3
9. Barreau	32		3	0
Somme	335.			

Somme moyenne, 37 livr. $\frac{1}{3}$ par Barreau.

E e ij

SECONDE OPÉRATION.

BARREAUX *C*, provenants de la piece tirée de la mer, & mise dans le Magasin.

1. Barreau	29 liv. Courbure	3 pouces	0 lignes.
2. Barreau	32	2	6
3. Barreau	25	3	9
4. Barreau	29	2	6
5. Barreau	31	5	2
Somme	146.		

Somme moyenne, 29 livres $\frac{1}{5}$ par Barreau.

RÉSUMÉ.

On voit par cette table que le bois provenant de la piece tirée du hangar est plus fort que celui tiré de la mer ; ce qui confirme ce qui a été dit ci-devant.

TROISIEME OPÉRATION.

BARREAUX *C*, d'un pouce en quarré, provenants de la piece tirée du hangar & mise dans le Magasin.

1. Barreau.	60 liv.

Le bois de ce barreau étoit tout à fait tranché.

2. Barreau.	250
3. Barreau.	189

Il étoit un peu tranché vers le bout.

Somme . . 499.

RÉSUMÉ.

On suppose que la piece tranchée *C* 1, a une force moyenne entre celles des barreaux *C* 2 & *C* 3, qui est de 219 liv. $\frac{1}{2}$.

Ainsi la force totale des 3 barreaux est de 658 liv. $\frac{1}{2}$.

QUATRIEME OPÉRATION.

BARREAUX *C*, d'un pouce en quarré, provenants de la piece tirée de la mer & mise dans le Magasin.

1. Barreau . . . . . 180 liv. Courb. 1 pouc. 2 lig.
   Il a cassé en navet.

2. Barreau . . . . . 210 . . . 1   9
   Il a cassé par longs éclats
   sans bruit.

3. Barreau 140
   Il a cassé par une gerçure
   qui tranchoit la piece
   vers l'extrémité.

Somme totale . 530 livres.

RÉSUMÉ.

On a observé même moëlle entre les fibres, comme aux pieces ci-dessus. Il paroît que cette Expérience dément celle qui a été faite sur les barreaux de la même piece de bois ci-devant; mais en ayant égard au défaut qu'on a remarqué dans le premier barreau qui étoit tout à fait tranché, & en lui supposant une force moyenne entre les deux autres, quoique le dernier fût aussi un peu tranché, on trouveroit néanmoins que le bois des barreaux qui n'a point été dans l'eau, seroit plus fort que celui qui a resté dans la mer.

§ 4. QUATRIEME EXPÉRIENCE, *sur les deux Pieces D D.*

UNE des deux pieces *D D* a été mise sous le hangar, & sa pareille dans la mer, le 13 Août 1733, & ensuite laissées toutes deux au grand air, exposées au soleil & à la pluie jusqu'au 30 Janvier 1736.

Poids de ces deux Pieces.

LE 13 Août 1733, avant de mettre ces pieces sous le hangar & dans la mer, elles pesoient chacune 77 liv.

Le 11 Juin 1734, les ayant retirées du hangar & sorties de l'eau de mer pour les laisser exposées au grand air, elles ont pesé, savoir :

	D tirée du hangar exposée au grand air. livres.	D tirée de la mer exposée au grand air. liv.
Le 11 Juin 1734	72	92
Le 12	72	90
Le 16	72	$85\frac{1}{2}$
Le 17	72	85
Le 18	72	84
Le 19	72	84
Le 21	72	$82\frac{1}{2}$
Le 22	72	$82\frac{1}{2}$
Le 5 Juillet	$74\frac{3}{4}$	81
Le 12	$71\frac{3}{4}$	79
Le 19	$70\frac{3}{4}$	77
Le 26	70	76
Le 28 Août	68	$73\frac{1}{2}$
Le 28 Septembre	$69\frac{1}{4}$	73
Le 29 Novembre	$70\frac{1}{2}$	74
Le 30 Janvier 1735	$70\frac{1}{2}$	$74\frac{3}{4}$
Le 28 Novembre, on ne trouva plus cette piece ; elle fut perdue, & l'on continua de peser sa pareille de la mer.		70
Le 30 Janvier 1736		$70\frac{3}{4}$

OBSERVATIONS.

ON n'a point fait faire de barreaux de cette piece D, provenant de la piece tirée de la mer, à cause qu'on n'avoit point de piece de comparaifon, fon égale étant égarée.

Au refte, voilà l'expofé de quatre Expériences qui ont été fuivies avec beaucoup de foin; fi l'on n'eft pas fatisfait des conféquences que nous en avons tirées, comme on aura les faits fous les yeux, chacun pourra en tirer toutes celles qu'il jugera les plus probables.

§ 5. CINQUIEME EXPÉRIENCE, *faite dans les mêmes vues que la précédente.*

COMME cette Expérience étoit importante pour décider la grande queftion fur les bois qu'on tient dans l'eau & à l'air, nous avions lieu d'être mortifiés de quelques accidents qui étoient arrivés dans l'exécution de celles que nous venons de rapporter; heureufement nous avions jugé convenable d'en faire une autre dans le même goût.

On avoit donc préparé d'autres bois de Chêne pour faire une Expérience pareille, ou à peu près, à celle que nous venons de rapporter; & les ayant tenus fous un hangar & dans l'eau de la mer depuis le 14 Juillet 1734 jufqu'au 15 Juin 1736, lorfqu'on jugea que celles qui étoient dans l'eau de la mer, en étoient à peu près auffi chargées qu'elles pouvoient l'être, on les mit avec les autres fous le hangar; & quand elles furent revenues au poids de celles qui devoient leur fervir de comparaifon, on fit tirer de ces pieces douze barreaux d'un pouce d'équarriffage, fix du bois qui n'avoit jamais été dans l'eau, & fix du bois qui avoit féjourné fous l'eau de la mer un temps confidérable. On les fit rompre, & la force moyenne des barreaux qui n'avoient jamais été dans l'eau fe trouva de . . . . 195 liv.

Celle des barreaux qui avoient refté un an dans l'eau ne fe trouva que de. 175

RÉSUMÉ.

ON peut conclure des Expériences que nous venons de rapporter,

1°, Que le bois de Chêne de Provence, qui a séjourné seulement un an dans l'eau, perd considérablement de sa force & de sa bonne qualité.

2°, Que ce bois parvient dans l'espace de cinq années, étant conservé sous un hangar, à un degré de sécheresse suffisant pour être employé à toutes sortes d'Ouvrages, excepté à la Menuiserie.

3°, Que le bois qu'on tient dans l'eau pendant dix à douze mois, se charge d'une quantité d'eau égale à un quart de son poids.

4°, Qu'il perd une grande partie de cette eau lorsqu'on le tient sous un hangar sec pendant deux ou trois mois.

5°, Que le bois qu'on tire de l'eau se fend presque autant en se séchant que celui qui n'y a pas été.

On voit, dans nos Expériences, que les bois qui ont resté dans l'eau, ont été à la fin plus pesants que les autres ; mais cela vient, je le répete, de ce qu'ils n'étoient pas parfaitement secs. Car 1°, ils continuoient à perdre de leur poids : 2°, nous avons rapporté des Expériences qui prouvent que les bois qui ont été dans l'eau, sont plus légers que les autres, quand ils sont parfaitement secs ; & cela doit être puisqu'ils abandonnent à l'eau une partie de leur substance.

Nous avons rapporté dans la seconde partie de l'*Exploitation*, *Liv. IV, Chap. II*, un nombre d'Expériences, qui prouvent que les bois refendus tout verds sont moins endommagés par les fentes, que ceux qu'on laisse dans leur entier : il convient de réunir toutes ces idées.

ARTICLE XI. *Remarques sur les Expériences précédentes.*

I. Les quatre pieces de bois de Chêne de Provence, mises en Expérience le 13 Août 1733, après avoir été refendues en deux, ont produit chacune huit pieces ; & chaque couple ayant été réduite au même poids, elles ont été mises le même jour, savoir, une de chaque couple dans la mer, & leurs égales sous un hangar fort aéré, & ont pesé chacune séparément, savoir, la

première

premiere couple marquée *A A* ; 49 livres chaque piece ; la seconde couple marquée *B B*, 74 livres ½ chacune ; la troisieme couple marquée *C C*, 65 livres chacune ; & la derniere couple marquée *D D*, 77 livres.

Ces huit pieces, après avoir resté les unes dans l'eau de mer & leurs pareilles sous un hangar, pendant l'espace de dix mois, savoir, depuis le 13 Août 1733 jusques au 11 Juin 1734, en furent tirées ce jour-là & repesées séparément.

La piece *A* du hangar, ne pesa plus que 46 livres, ayant diminué de trois livres ; sa pareille qui avoit été dans l'eau de mer, se trouva peser 67 livres, ayant augmenté de dix-huit livres.

La piece *B* du hangar ne pesa plus que 69 livres, avec diminution de 5 livres ½ ; sa pareille dans l'eau de mer, 87 livres avec augmentation de 12 livres ½.

La piece *C* du hangar, ne pesoit plus que 58 livres, avec diminution de 7 livres ; sa pareille dans l'eau de mer, 79 livres avec augmentation de 14 livres.

La piece *D* du hangar ne pesoit plus que 72 livres, ayant diminué de 5 livres ; sa pareille dans l'eau de mer, 92 livres avec augmentation de 15 livres.

On déposa ensuite ces pieces dans des lieux différents, pour remarquer les changements qui leur surviendroient. Ainsi, on mit le 12 Juin 1734, les deux pieces *A A* dans un Magasin fort aéré ; les deux pieces *B B* furent plongées dans un réservoir d'eau douce ; les deux pieces *C C* furent mises dans un Magasin moins aéré ; & les deux pieces *D D* furent mises au grand air, à découvert, étant exposées au soleil & à la pluie.

II. Ayant ensuite continué de peser toutes ces pieces séparément, suivant les dates marquées dans les tables ci-dessus, jusqu'au 30 Janvier : la piece *A* tirée du hangar, qui avoit séjourné dans ce magasin fort aéré environ sept mois & demi, savoir, depuis le 12 Juin 1734 jusqu'au 30 Janvier 1735, n'avoit point diminué du poids qu'elle avoit lorsqu'on la tira du hangar, puisqu'elle pesoit encore 46 livres comme elle pesoit lorsqu'elle en avoit été retirée ; il est vrai que cette piece avoit eu quelques petites diminutions & augmentations de poids en

F f

certains temps, dans l'intervalle de fon féjour dans ce Magafin, (comme on le voit dans les tables) dont la caufe ne pouvoit être que l'humidité ou la féchereffe de l'air ; mais comme elle n'avoit plus diminué de fon poids dans l'intervalle de plus de fept mois & demi de féjour qu'elle avoit fait dans ce Magafin fort aéré, on voit évidemment que celui qu'elle avoit fait auparavant, fous le hangar, lui avoit fuffi pour atteindre au point de la féchereffe convenable pour le bois que l'on doit mettre en œuvre.

D'où l'on doit conclure que les pieces de bois de Chêne de Provence refendues en deux, ouvertes par le milieu, & de la groffeur de celles-ci, lorfqu'elles ont refté fous un hangar bien aéré pendant l'intervalle de dix mois, acquierent dans cet intervalle toute la féchereffe convenable pour être mifes en œuvre.

La piece *A* tirée de l'eau de mer, qui avoit auffi féjourné avec fon égale dans ce même Magafin fort aéré, depuis le 11 Juin 1734 jufqu'au 30 Janvier 1735, & qui pefoit 67 livres lorfqu'elle fut mife dans ce Magafin, s'eft trouvée réduite, le 28 Septembre 1734, à 48 liv. ayant diminué de 19 livres dans l'intervalle de trois mois & demi.

Cette piece, qui avoit diminué fi confidérablement en fi peu de temps, n'ayant prefque plus diminué depuis le 28 Septembre jufqu'au 30 Janvier 1736, on peut prendre cette date du 28 Septembre 1734, comme le terme de fa diminution totale.

Cependant fon égale qui n'avoit point touché à l'eau, & qui avoit refté fous le hangar, avoit diminué davantage que celle-ci, ne pefant que 46 livres.

On remarque que celle-ci pefant deux livres de plus que fon égale, cette augmentation de poids ne peut provenir que de quelques fubftances étrangeres comme le fel, ou autre matiere dont l'eau de la mer eft imprégnée, lefquelles, mêlées avec l'eau de la mer qui a pénétré les pores du bois, fe trouvent engagées entre fes fibres fans pouvoir en fortir, ou ne permettent pas à l'humidité de fe diffiper ; ce qui rend cette piece plus pefante de deux livres qu'elle n'auroit dû être, fi elle n'avoit point été plongée dans l'eau de mer ; d'où l'on voit que le bois de Chêne de Provence qui a féjourné quelque temps dans la mer, acquiert plus de pefanteur que le même bois qui a refté à l'air. Sur quoi je ferai une réflexion qui prouve que cette piece n'étoit pas fi feche que celle qui n'avoit jamais été dans l'eau. La piece *A* qui n'a jamais été dans l'eau, a perdu trois livres de fon poids ; & ces trois livres étoient la feve qu'elle contenoit. La piece *A* qui a été dans l'eau de mer, s'eft chargée de dix-huit livres d'eau ; à quoi il faut ajouter trois livres de feve qu'elle devoit contenir comme la piece *A* qui a toujours refté fous les hangars. C'eft vingt & une livres qu'elle auroit dû perdre, favoir, trois livres de feve & dix-huit livres d'eau ; elle n'a perdu que dix-neuf livres ; c'eft donc deux livres d'humidité qu'elle avoit retenu, & qu'elle auroit probablement perdu à la longue, à moins que le fel de la mer n'attirât toujours l'humidité de l'air ; car on fait que le linge qu'on a lavé dans l'eau de mer ne feche jamais parfaitement. Mais cette augmentation de poids ne feroit pas avantageufe, fi elle ne réfultoit que de l'eau que le bois auroit retenu, ou de l'humidité qu'il afpireroit continuellement de l'air.

En comparant le temps que cette piece a refté dans l'eau de mer pour fe charger de toute l'eau qu'elle a pu prendre, avec celui qu'elle a refté dans le Magafin pour s'en décharger, on trouve qu'en dix mois cette piece s'eft chargée de dix-huit livres d'eau de mer, & qu'elle s'eft déchargée de toute cette humidité, & d'une livre de plus, dans l'efpace de trois mois & demi qu'elle a été dans un Magafin fort aéré ; d'où l'on peut tirer la conféquence fuivante, en la fuppofant auffi feche que l'autre, ce qui n'eft pas exact.

Que tout bois de Chêne de Provence des dimenfions de nos pieces, quelque féjour qu'il ait fait dans l'eau de mer, s'en décharge entiérement dans l'intervalle de trois mois & demi, & conféquemment qu'il eft en état d'être mis en œuvre ; mais les bois qui fe confervent dans l'eau, ne s'y préparent pas, puifqu'on voit que cette piece auroit dû perdre vingt & une livres au lieu de dix-neuf ; & fi c'eft l'onctuofité de la mer qui a fait obftacle à cette diminution, parce que les corps plongés dans l'eau de mer ne fe deffechent jamais parfaitement, c'eft proba-

F f ij

blement un défavantage. On a vu plus haut, dans les Expériences que j'ai faites, & dans celles de M. Dalibard, que les bois
qui ont été plongés long-temps dans l'eau douce, y ont perdu
de leur poids lorfqu'ils ont été parfaitement defféchés; les bois
à brûler flottés le prouvent encore, & l'eau où l'on plonge les
bois, devenant roufle & bourbeufe, ne laifle aucun doute fur
la diffolution de la fubftance ligneufe par l'eau.

III. La piece *B* tirée du hangar le 11 Juin 1734, où elle a
diminué de 5 livres ½ de fon premier poids, qui étant de
74 livres ½ s'eft trouvée réduit à 69 livres; cette piece ayant
été tirée de ce hangar le 11 Juin, & mife dans de l'eau douce,
où elle étoit encore en Février 1735, on voit, par la table,
qu'elle a toujours augmenté de poids en fe chargeant d'eau douce, de 2, 3 & 4 livres à chaque pefée, enforte qu'à la fin de
l'Expérience elle pefoit 88 livres ½, ayant pris 19 livres ½ d'eau
douce. Mais comme cette piece fe chargeoit toujours d'eau, on
l'a laiffée dans l'eau, & l'on a continué de la pefer jufqu'à ce
qu'elle ne prît plus d'eau.

On a remarqué 1°, Que les gerçures qu'elle avoit lorfqu'elle
fut mife dans l'eau douce, s'étoient beaucoup refferrées, enforte qu'elles ne paroiffoient prefque plus. 2°, Que cette piece
s'étoit fort enflée; mais comme elle étoit fort irréguliere à caufe
qu'elle avoit été fimplement refendue d'une branche d'arbre,
ainfi que toutes les autres pieces de ces premieres Expériences,
on ne put mefurer l'augmentation de fon volume.

La piece *B* fon égale, tirée de la mer le même jour 11 Juin
1734, qui fe trouvoit pefer 87 livres, ayant pris 12 livres ½
d'eau de mer dans les dix mois du féjour qu'elle y avoit fait,
fut mife, avec fon égale, ce même jour dans l'eau douce. Cette
piece a refté avec fon même poids jufqu'au 18 du mois de Juin;
mais le 19 elle prit une livre d'eau douce, & elle en a toujours
pris de plus en plus, comme on le voit dans la table, nonobftant toute l'eau de mer dont elle étoit remplie; enforte que
lorfqu'elle fut pefée, elle fe trouvoit à 92 livres ½, ayant pris
5 livres ½ d'eau douce, outre toute l'eau falée qu'elle avoit; par
où l'on voit que, nonobftant toute l'eau de mer dont une piece de

bois peut être remplie, en séjournant dix mois entiers dans la mer, elle prend encore de l'eau douce considérablement ; en ayant pris cinq livres & demie dans l'intervalle des sept mois & demi du séjour qu'elle y a fait ; ce fait est singulier & digne de remarque. Il montre, comme plusieurs autres de nos Expériences, que l'eau douce pénetre plus puissamment les bois que l'eau salée. On a continué de laisser ces deux pieces dans cette eau jusqu'à ce qu'elles n'en prissent plus ; après quoi on les en a retirées pour les laisser sécher sous un hangar, en observant leurs diminutions, & les autres changements qui survinrent.

IV. La piece *C* mise le 13 Août 1733 sous un hangar, & retirée le 11 Juin 1734 pour être mise dans un Magasin moins aéré, avoit perdu sept livres de son premier poids, ayant été réduite de 65 liv. à 58 : elle n'a diminué dans ce Magasin peu aéré, en sept mois & demi, que de trois quarts de livres, puisqu'elle pesoit encore le 30 Janvier 1735, 57 liv. $\frac{1}{4}$.

La petite diminution survenue sur cette piece confirme dans l'opinion que les bois de petits échantillons ainsi refendus en deux, & partagés dans le cœur, exposés sous un hangar aéré y acquierent en dix mois de séjour toute la sécheresse convenable pour être mis en œuvre ; car on a vu ci-dessus que la piece *A* tirée du hangar, & mise dans un Magasin plus aéré que celui-ci, dans lequel elle auroit dû avoir diminué davantage, a resté néanmoins avec le même poids qu'elle avoit quand on l'y a mise.

La piece *C* son égale, tirée de l'eau de mer & mise dans le même Magasin peu aéré le 12 Juin 1734, étoit augmentée de 14 livres de son premier poids, étant parvenue de 65 jusqu'à 79 liv. mais depuis qu'elle a été mise dans ce Magasin, elle a réguliérement diminué de jour à autre, en sorte qu'à la fin de l'Expérience elle ne pesoit que 62 liv. $\frac{1}{2}$, ce qui donne 16 liv. $\frac{1}{2}$ de diminution.

On voit par-là qu'elle a non seulement perdu toute l'eau de mer qu'elle avoit prise, mais qu'elle s'est encore purgée de deux livres & demie de sa seve, ou de son humeur naturelle ; néanmoins si au lieu d'avoir mis cette piece dans l'eau de mer, on l'avoit mise sous le même hangar, elle auroit diminué comme son égale jusqu'à ne plus peser que 57 liv. $\frac{1}{4}$; d'où il résulte que les cinq livres de poids qu'elle a encore par dessus son égale, ne peuvent être que de sa seve ou de quelques matieres étrangeres qu'elle auroit prises dans la mer, lesquelles sont très-adhérentes au bois, puisque nous voyons que le poids de cette piece n'a plus diminué à la fin de l'expérience. Cela prouve encore que le bois qui a séjourné long-temps dans la mer conserve plus de sa pesanteur que celui qui n'a point touché à l'eau.

Cependant la piece *C* du hangar a resté dix-sept mois sous le hangar, au lieu que la piece *C* de la mer n'y a resté que sept mois ; & nous voyons des bois qui perdent à la longue un peu de leur poids, quoiqu'ils fassent l'hygrometre.

V. La piece *D* pesant 77 livres, qui avoit perdu sous le hangar 5 liv. ayant été exposée le 11 Juin 1734 au grand air, au soleil & à la pluie, a encore perdu 4 livres de son poids dans l'espace de deux mois, ne pesant plus le 28 Août que 68 livres.

Cette piece étoit tout à fait singuliere dans l'ordre de ses poids ; elle conserva son même poids de 72 livres pendant les onze premiers jours qu'elle fut mise au grand air, & ne diminua point du tout jusqu'au 22 Juin, quoiqu'exposée au soleil & au vent où elle auroit dû se dessécher considérablement. Treize jours après, savoir le 5 Juillet, elle se trouva tout à coup augmentée de 2 liv. $\frac{3}{4}$ au lieu d'avoir diminué ; mais sept jours après, savoir le 12, elle perdit toute cette grande augmentation de poids, & se trouva diminuée de 3 livres, ne pesant plus que 71 liv. $\frac{1}{4}$; ensuite elle diminua réguliérement d'une livre ou environ de huit en huit jours, jusqu'au 28 Août suivant, où elle se trouva réduite à 68 liv. Un mois après, savoir le 29 Septembre, elle se trouva encore augmentée d'une livre un quart, & toujours en augmentant de poids au lieu d'aller en diminuant, en sorte qu'elle pesoit à la fin de l'Expérience 70 liv. $\frac{1}{2}$; c'est-à-dire, une livre & demie de moins qu'elle ne pefoit lorfqu'elle fut mife au grand air, & une livre & demie de plus qu'elle ne pefoit le 28 Août, temps où elle fut réduite à fon moindre poids.

Toutes ces grandes variations de poids furvenues à cette piece au grand air, donnent lieu de juger,

1°, Que les bois qui font ainfi à découvert, expofés au foleil & à la pluie, aux rofées, aux exhalaifons de la terre, & à toutes les injures du temps, effuyent des changements fort fubits relatifs à l'inconftance des temps.

2°, Cette ftation du même poids dans l'intervalle de onze jours que cette piece fut expofée au grand air dans le plus fort de l'été, prouve également que la diminution qu'elle effuyoit pendant le jour, par l'action du foleil & du vent, étoit compenfée par la rofée de la nuit ou des pluies qu'elle recevoit ; ainfi elle reprenoit précifément d'un côté ce qu'elle perdoit d'un autre, c'eft-à-dire que la rofée & la pluie lui rendoient ce que l'action du foleil & du vent lui faifoit perdre de fa feve.

3°, Cette grande & fubite augmentation de poids furvenue le 5 Juillet & diffipée le 12, prouve auffi que le bois qui eft une fois parvenu jufqu'à un certain point de féchereffe par l'évaporation de toute fon humeur naturelle, quoiqu'il foit enfuite pénétré d'humidité, s'en décharge très-aifément & en très-peu de temps.

4°, La régularité des diminutions que cette piece a éprouvées enfuite d'environ 1 livre de huit en huit jours, jufqu'au 28 Août où elle fut réduite au moindre poids où elle foit jamais parvenue, montre que pendant cet intervalle elle en a plus perdu par le hâle qu'elle n'en a reçu par les rofées, les brouillards & les pluies ; enforte que les altérations de l'air ont permis fa diminution ou fon deff'échement naturel.

5°, L'augmentation furvenue enfuite d'une livre un quart le 28 Septembre, & d'une autre livre un quart le 29 Novembre, montre encore que pendant l'intervalle de ces deux mois elle a pris plus d'humidité qu'elle n'a perdu de fon humeur naturelle ; en effet les temps pluvieux & les brouillards qui régnerent fréquemment pendant ces deux mois, font la véritable caufe de cette augmentation furprenante.

De tout cela il suit que le bois dans l'état de sécheresse est tout à fait susceptible de l'impression de l'air, & très-capable de grande altération : d'où l'on peut conclure que les bois ne doivent point être exposés au grand air ; car les changements subits de sécheresse & d'humidité ne peuvent que déranger extrêmement son économie naturelle, & précipiter la désunion de ses parties, qui est la cause de leur destruction.

La piece *D* son égale, tirée de la mer le 11 Juin 1734, où elle avoit augmenté de poids depuis 77 livres jusqu'à 92, fut mise ce même jour au grand air, où elle diminua réguliérement de jour à autre depuis le 11 Juin jusqu'au 28 Septembre, qui font trois mois & demi, ensorte qu'elle ne pesoit plus que 73 liv. ce qui donne 19 liv. de diminution, & l'on voit qu'elle a perdu 4 livres de son humeur naturelle. Mais si elle avoit été mise sous le hangar, comme la piece *D* son égale, au lieu d'avoir resté dans la mer, elle auroit diminué jusqu'à 68 livres, d'où il suit qu'elle a encore 5 livres de plus qu'elle ne devroit avoir ; ce qui ne peut venir que de la matiere étrangere, ou d'un reste de sa seve, comme il a été dit de la piece *C*; car cette piece n'a plus diminué depuis le 28 Septembre 1734 jusqu'au 30 Janvier 1736 : d'où l'on tire deux conséquences.

1°, Que le Bois de Provence dans les dimensions de la piece *D*, & qui après avoir séjourné dans l'eau de mer, est ensuite exposé au grand air, au soleil & à la pluie, perd dans l'intervalle de trois ou quatre mois au plus, toute l'eau étrangere dont il s'étoit chargé.

2°, Que ces mêmes bois demeurent plus pesants que ceux qui ont resté à l'air n'ayant point touché à l'eau, & qu'ils parviennent bien difficilement au même degré de sécheresse, que les bois qui ont toujours resté à couvert, ce qui a été pareillement prouvé par les Expériences que nous avons rapportées plus haut.

VI. On a remarqué que toutes les pieces de Chêne de cette Expérience qui ont resté sous le hangar, font un peu plus fendues que celles qui ont séjourné dans la mer ; mais qu'en général celles-ci comme les autres, le font fort peu. Nous croyons
que

que c'eſt par la raiſon que ces pieces ont été refendues par le milieu lorſqu'elles étoient toutes vertes : car dans cet état les parties du bois ont pu s'approcher les unes des autres en ſe déchargeant de leur ſeve ſans ſe déſunir, ni ſe rompre à cauſe de la diſpoſition des gerçures que l'expérience nous montre partir de l'écorce, & aller toutes aboutir vers le cœur du bois qui eſt au centre. En effet le bois étant ainſi ouvert, la partie *A* (*Planche VII. Fig.* 16.) peut s'approcher de la partie *B* & celle-ci de la partie *C*, en entraînant la partie *A B* avec elle ſans former de déſunion ; il en eſt de même de la partie *E* vers la partie *D* & vers *C* : auſſi il ne manque jamais d'arriver (ceci a été remarqué dans le *Traité de l'Exploitation*) que dans toutes les pieces refendues en deux, la coupe *A E* que la ſcie fait toujours en ligne droite, devient courbe comme *a e* quand le bois eſt devenu bien ſec, & toute la ſurface de la piece devient bouge ou convexe, ce qui fait que ces bois ainſi refendus ſe fendent fort peu. Sur quoi conſultez le *Traité de l'Exploitation, Liv. IV, Chap. II*, où il eſt prouvé qu'on peut empêcher le bois de ſe fendre beaucoup en refendant les pieces à la ſcie, dès que les bois ſont arrivés dans les Arcenaux, avant que de les mettre dans des Magaſins ; & autant qu'il eſt poſſible, il faut faire paſſer le trait de la ſcie par le cœur de la piece, ce qui feroit une économie digne d'attention pour tous les bois qui doivent être refendus à la ſcie.

Article XII. *De la durée des Bois flottés & non flottés expoſés à la pourriture.*

Ayant connu, autant qu'il nous a été poſſible, quelle étoit la force des Bois qui avoient ſéjourné dans l'eau par comparaiſon avec ceux de même qualité & tirés du même arbre, qui n'avoient jamais été dans l'eau, je me ſuis propoſé de connoître ſi la circonſtance d'avoir été conſervés ſous un hangar, ou d'avoir été tenus quelque temps ſous l'eau, influeroit ſur leur durée. Dans cette vue, je projettai de les mettre pourrir comme j'avois fait à l'égard des bois abattus en différentes saisons, ainsi que je l'ai rapporté dans le *Traité de l'Exploitation, Liv. III, Ch. V.* Pour précipiter la pourriture de ces bois, nous nous imaginâmes de faire faire un petit caveau dans un raiz de chauffée humide, & d'y déposer les bois dont nous nous proposions d'éprouver la durée ; & comme nous savions que rien n'étoit plus propre à précipiter la fermentation, & par conséquent la pourriture, que d'entretenir dans ce caveau une chaleur humide, nous y fîmes faire une couche de fumier de cheval.

On mit ensuite dans ce caveau, 1°, des bouts de Chevrons de bois de Provence fort verd ; 2°, de bois de la même Province fort sec ; 3°, d'autre pénétré d'eau de mer ; 4°, du Chêne qui avoit été dans l'eau de mer & qui étoit médiocrement sec ; 5°, du bois qui avoit été dans l'eau de mer, & qui étoit fort sec. Ceci fut fait dans le mois de Mai 1736, & M. Garavaque se chargea d'examiner le progrès de la pourriture sur ces différents bois. Nous espérions connoître par ces Expériences les causes qui précipitent la pourriture des bois, & ce qui pourroit les rendre plus sujets à pourrir.

Le 25 Juillet 1736, on visita ces bois ; on n'apperçut aucun changement, & l'on mit en forme de pieux les morceaux de bois de toutes les especes qu'on avoit fait rompre. Toujours dans l'intention de connoître ceux qui pourriroient les premiers, le 10 Octobre, on pesa les bois qui étoient dans le caveau : ils se trouverent augmentés de poids, parce qu'il régnoit beaucoup d'humidité dans ce lieu souterrein. Les bois commençoient à jaunir les uns plus que les autres, & cela nous faisoit espérer que nous aurions bientôt de la pourriture.

Le 26 Octobre 1736, la couleur jaune de la superficie de ces bois augmentoit ; mais comme le fumier ne donnoit pas sensiblement de chaleur humide, on essaya d'exciter un peu de chaleur avec de la cendre chaude, & d'y introduire de la fumée d'eau bouillante.

Le 17 Mai 1737, les progrès de la pourriture étoient bien lents, & nous essayâmes de transporter notre pourrissoir dans une autre place, espérant que l'opération se feroit alors plus promptement.

En 1738, l'eau s'étant introduite dans notre pourrissoir tout fut dérangé, & cette Expérience ne put être conduite à sa fin.

Article XIII. *Principales Conséquences qu'on peut tirer des Expériences que nous venons de rapporter.*

Je ne prétends point m'étendre sur toutes les conséquences qu'on pourroit tirer du grand nombre d'Expériences que je viens de rapporter. Il seroit possible de les combiner d'une infinité de manieres ; mais cela me méneroit trop loin. Ainsi je laisse ce soin à ceux qui s'intéresseront assez à ce qui regarde les bois pour faire une étude suivie de mon Ouvrage, où ils trouveront un grand nombre de faits sur la fidélité desquels ils peuvent compter, mettant toujours à part les petites erreurs qui se glissent nécessairement dans l'exécution d'un aussi grand nombre d'Expériences, & sur-tout dans les différentes copies qu'on a été obligé d'en faire ; car il est presqu'impossible qu'un chiffre ne soit quelquefois écrit au lieu d'un autre ; mettant encore à part les erreurs qui sont inséparables des recherches physiques, comme j'en ai déja prévenu dans le *Traité de l'Exploitation des Forêts*, où j'ai fait remarquer que, dans de grosses piles de bois, il n'est pas possible que toutes les pieces soient également exposées au grand air & au hâle ; & cependant cette seule circonstance doit produire des différences dans les pesées. D'ailleurs puisqu'on voit que les bois se chargent de l'humidité de l'air, & qu'ensuite ils l'abandonnent, il s'ensuit nécessairement que le poids qu'on trouve un jour n'est pas le même que celui qu'on auroit trouvé deux jours auparavant, ou qu'on trouveroit deux jours après. Le moyen qui nous a paru le plus propre pour éviter les erreurs, c'est de multiplier beaucoup les Expériences. Nous les avons donc ainsi multipliées : & ce qui nous engage à y avoir confiance, c'est que, dans la plupart; les réfultats font prefque les mêmes; de forte qu'on peut n'avoir aucun égard à quelques réfultats particuliers qui s'écartent des autres; mais nous ne nous fommes point permis de faire ce retranchement. Nous avons tout rapporté comme nous l'avons trouvé fur nos Journaux, & nous laiffons au lecteur de faire le choix qu'il jugera convenable. Comme nous avons confidéré notre objet fous différents afpects, notre Ouvrage préfente un grand nombre de faits entre lefquels on recueillera ceux que l'on croira préférables. Il eft néanmoins de notre devoir d'épargner aux Obfervateurs le foin & la peine de faire toutes les combinaifons poffibles; & fans nous écarter des bornes que nous nous fommes prefcrites pour ne point faire un Ouvrage trop volumineux, nous devons expofer au moins les conféquences les plus frappantes qu'on peut tirer de nos Expériences.

Pour fuivre conftamment l'ordre que nous avons choifi au commencement de ce Chapitre, nous allons examiner, dans autant d'articles féparés, les avantages & les inconvénients qu'il y a, 1°, A tenir les bois à l'air dans les Chantiers & les Arcenaux de la Marine; 2°, A les tenir fous des hangars; 3°, A les mettre dans l'eau douce, ou dans celle de la mer.

§ 1. *Des Bois confervés en pile à l'air.*

Les bois qu'on tient à l'air, étant expofés au vent & au foleil, fe deffechent très-promptement : cela eft bien établi par nos Expériences, qui prouvent auffi que ces bois fe gercent, fe fendent, s'éclatent & fe tourmentent fi prodigieufement quand ils font de la meilleure qualité, qu'ils deviennent quelquefois hors de fervice. Ce n'eft pas là le feul inconvénient : lorfqu'ils font en partie defféchés, ils font mouillés par la pluie qui les pénetre; cela n'a pas befoin d'être prouvé : mais nos Expériences ont fait voir de plus qu'ils afpirent très-puiffamment l'humidité de l'air, & à plus forte raifon celle des brouillards, des rofées & des exhalaifons qui s'élevent de la terre. Il eft vrai que nos Expériences prouvent aussi que cette humidité étrangere est très-promptement emportée par le vent & le soleil ; mais il résulte de ces alternatives de sécheresse & d'humidité un jeu continuel dans les fibres ligneuses, qui sont gonflées par l'humidité, & qui se resserrent par la sécheresse. Assurément ce jeu doit fatiguer les fibres, user les bois ; & la tension des fibres augmente beaucoup, quand il survient une forte gelée, lorsque les bois sont pénétrés d'eau. Ce n'est pas tout : il suit des Expériences que nous avons faites sur des bois pénétrés d'eau, que l'eau étrangere dissout & emporte avec elle une portion de la substance ligneuse, ce qui réduit les bois à un état d'aridité qui leur est préjudiciable. Ajoutons à cela que l'eau des pluies entrant dans les fentes qui se sont ouvertes y séjourne, s'imbibe dans le bois & y porte la corruption. Tous ces accidents sont beaucoup plus à craindre pour certains bois que pour d'autres. Si une goutte d'eau tombe sur du bois gras, poreux, spongieux, & dépourvu de substance gélatineuse, on la voit s'étendre & s'imbiber dans le bois comme elle feroit sur un papier brouillard, au lieu qu'une pareille goutte d'eau qui tombe sur un bois dur, fort serré, & rempli de substance muqueuse, reste rassemblé en goutte, & souvent ou elle s'écoule, ou elle se desséche sans pénétrer dans le bois. De même on peut remarquer sur des panneaux de Menuiserie, que l'hiver dans de grandes humidités, il y a des planches qui changent de couleur, & qui sont comme si on les avoit mises tremper dans l'eau, pendant que d'autres sont en apparence assez seches. Assurément les bois qui sont les plus pénétrés par l'humidité en sont aussi les plus endommagés. C'est pour cela que les bois vieux & usés, les bois creux qui sont fort gras, pourrissent très-promptement quand on ne les tient pas au sec, pendant que les bons bois forts y subsistent des temps considérables sans tomber en pourriture. La superficie des bois gras qui restent exposés à l'air semble, dans les temps fort humides, être comme convertie en terre ; & dans les temps de grande sécheresse, elle semble comme brûlée.

On doit conclure de ce que nous venons de dire, que

l'humidité qui entre dans les fentes, endommage beaucoup plus les bois gras que les bois forts ; mais elle porte sur-tout un préjudice notable aux bois qui ont des veines blanches ou roufles, & à ceux qui étant en retour ont le bois du cœur altéré, ainfi qu'à ceux qui ont des nœuds pourris. L'eau qui imbibe ces parties déja attaquées de pourriture, les pénetre intimement ; elle s'y corrompt, & elle porte la corruption dans tous les endroits qu'elle a pénétrés. C'eft pour cela que j'ai vu des pieces de bois qui paroiffoient affez faines à la fuperficie, & qui étoient entiérement pourries en dedans.

Pour remédier à ces inconvéniens, on a propofé de mettre les pieces debout au lieu de les empiler à plat comme on le fait ordinairement ; & l'on a prétendu que quand les bois étoient dans cette pofition, ils fe déchargeoient d'une feve roufle qui fuintoit par le bas des pieces : j'ai prouvé dans mes Expériences que cette feve étoit une pure idée ; & fi l'on a vu fuinter quelque chofe des pieces qu'on avoit mifes dans cette pofition, c'étoit de l'eau qui s'étoit amaffée dans quelque nœud pourri ou dans des fentes. Cependant cette fituation me paroît être avantageufe à quelques égards : mal-heureufement on ne peut en faire ufage pour de groffes pieces, fur-tout quand on en a un certain nombre.

Je conviens néanmoins qu'on eft très-fréquemment dans la néceffité abfolue de tenir les bois à l'air : dans ce cas, voici les précautions qu'on peut prendre pour qu'ils foient le moins expofés qu'il eft poffible aux caufes deftructives dont nous venons de parler.

Les exhalaifons qui fortent de la terre, endommagent beaucoup ces bois. J'ai vu des piles où les pieces de deffus étoient trop feches, & celles de deffous remplies de champignons ; & cet inconvénient eft d'autant plus grand que le terrein eft moins élevé au-deffus de l'eau, comme cela arrive fréquemment aux chantiers qui font aux bords des rivieres, & dans les arcenaux qui font au bord de la mer. Pour y remédier, je ne vois pas de meilleur moyen que de paver à chaux & à ciment l'endroit où l'on doit former les piles, &

de lui donner confidérablement de pente pour que l'eau n'y féjourne pas. Enfuite il faudra mettre fur ce pavé des chantiers fort élevés, afin que les bois qu'on mettra deffus, foient deffechés par l'air qui paffera librement par deffous. Il faudra encore faire enforte qu'il y ait du jour entre toutes les pieces, & qu'elles ne fe touchent point dans le fens vertical.

Le premier lit étant fait, on mettra deffus des calles de bois de 4 à 5 pouces d'épaiffeur, fur lefquelles on formera le fecond lit; ce que l'on continuera toujours de même jufqu'à une certaine hauteur; & pour empêcher que les bois ne foient endommagés par le grand hâle & les pluies, on fera enforte qu'un des côtés foit plus élevé que l'autre pour former deffus un toit avec de mauvaifes planches : tout cela fe voit (*Planche VIII. Fig.* 1).

A Rochefort, pour empiler ces pieces promptement & fans peine, on a une pratique qui m'a paru mériter d'être rapportée ici.

Je fuppofe (*Planche VIII. Fig.* 2) qu'ayant formé la pile de bois *A B*, on veuille monter deffus la piece *C D*, on forme un plan incliné avec les pieces *E F* & *G H*, dont un bout *E G* porte fur la pile, & l'autre *F H* par terre. Lorfqu'on a placé la piece *C D* fur le bout des pieces *F H*, on met un crochet ou crampon, au bout *C*, & un autre au bout *D*, avec les cordes *C I* & *D K*; & ayant attelé des bœufs aux bouts *I* & *K*, lorfqu'on les fait tirer, la piece *C D* monte fur le plan incliné toujours parallélement aux pieces de la pile, & elle fe trouve élevée deffus & mife en place très-promptement fans exiger plus de deux hommes qui n'ont aucune fatigue.

A l'égard des bois moins gros, comme font les folives, (*Planche X. Fig.* 1.) on fait enforte que chaque lit fe croife pour qu'il y ait de l'air entre toutes les pieces, & on forme deffus un toit léger avec des doffes ou croûtes : on a feulement foin de faire les piles fort hautes, pour qu'il tienne plus de bois fous un même toit.

On arrange quelquefois de même les chevrons & les planches (*Planche IX. Fig.* 1); mais quand cela fe peut, il vaut mieux les ranger debout le long d'un mur *A B* expofé au Nord (*Planche IX. Fig.* 2) faifant repofer le bas des planches fur des madriers *C D*, & élevant deffus un petit Auvent *E F* pour les garantir de la pluie qui tombe perpendiculairement.

Pour ce qui eft des bois tors, genoux, varangues, alonges, il faut les lotir par efpece, & les arranger le mieux qu'il eft poffible (*Planche IX. Fig.* 3 *&* 4) à peu près comme les bois droits, ayant attention de mettre la courbure en haut, afin que l'eau s'égoutte. Ou pour que les piles fe forment plus réguliérement, on les arrange fur le plat, les pofant fur des chantiers. A l'égard des courbes, courbatons, varangues acculées, (*Planche IX. Fig.* 5) on les arrange le plus réguliérement qu'il eft poffible la branche unique en bas; & pour le mieux, le long d'une muraille, les affortiffant par grandeur; car pour toute efpece de bois, il faut avoir grande attention à les lotir par échantillons femblables, pour éviter des remuemens eonfidérables qui coûtent toujours de la main-d'œuvre.

En Angleterre, on ne fait autre chofe, pour conferver les bois, que de les mettre en pile à l'air, ayant grand foin de les affortir. On les range par claffes: favoir, pour les bois droits, une grande piece, 2 moyennes, & 3 petites. A l'égard des courbes, 4 grandes, & 5 moyennes & petites; le tout difpofé de maniere que, fans faire beaucoup d'embarras, on puiffe retirer les pieces dont on a befoin. Les bois qui fervent de genoux font tenus à part.

Dans les ports que j'ai vus, on ne met point les bois fous des hangars; ils y occuperoient trop de place. On ne les met point non plus dans l'eau; mais quand on a élevé les membres, on les laiffe un tems avant de les couvrir du bordage & du vaigrage, afin qu'ils fe deffechent. Cette pratique eft fort bonne pour Londres : mais en la fuivant en Provence, les bois fe fendroient prodigieufement; & en Ponant, les bois tendres s'altéreroient: c'eft pourquoi on a tenté à Rochefort, d'établir fur les vaiffeaux qui font en conftruction, un toit fort léger qui s'appuie fur les membres même du vaiffeau.

Quelqu'attention qu'on apporte à l'arrangement des bois dans
les

les chantiers, ils ne font pas entiérement à couvert des injures
de l'air. Le petit toit qu'on établit fur les piles, étant fait fort
à la légere, l'eau paſſe par pluſieurs endroits, & tombe fur
les bois. Les bords des piles ne peuvent être à couvert de
l'eau que le vent y porte, non plus que de l'ardeur du foleil :
c'eſt pourquoi on a préféré de les mettre fous des hangars,
comme nous allons l'expliquer.

§ 2. *Des Bois conſervés ſous les hangars.*

Il eſt certain que les bois font beaucoup plus à couvert des
injures de l'air fous les hangars, que fous les appentis dont nous
venons de parler. Cependant on a vu les bois fe pourrir fous des
hangars d'une énorme grandeur qu'on avoit fait conſtruire dans
les ports de mer ; ou dans d'autres cas, fe fendre ſi prodigieuſement que pluſieurs ne pouvoient pas ſervir à leur deſtination.
Rendons ceci plus clair.

On a vu dans nos Expériences, que les bois d'une excellente qualité fe fendent beaucoup plus que les autres, & que
tous les bois qu'on expoſe à un prompt deſſéchement fe fendent plus que ceux dont la diſſipation de la feve fe fait lentement. C'eſt pour cette raiſon que les bois qu'on met fous des
hangars fort aérés en Provence, où la plûpart des bois font
de très-bonne qualité, & où l'air eſt très-fec, fe fendent
énormément : c'eſt donc le cas où il faut défendre les bois d'un
trop grand hâle.

Il n'en eſt pas de même des bois tendres, & qu'on a à conſerver dans des Provinces plus feptentrionales ; ces bois étant
moins ſujets à fe fendre, & l'air plus humide ne précipitant
pas autant leur deſſéchement, il eſt bon qu'ils foient plus expoſés à l'air, fans quoi ils s'échaufferoient & fe pourriroient.
On l'a vu dans nos Expériences, & j'en ai ſouvent fait la remarque dans les ports : car au fond des hangars où il n'y avoit
point de jour, les bois fe pourriſſoient, pendant que fur le
devant où les hangars étoient fort ouverts, ils fe fendoient.

En général il faut éviter de tenir les bois, fur-tout ceux qui

H h

ont encore leur feve, dans un lieu trop renfermé ; & il ne faut pas les entasser immédiatement les uns sur les autres. Il faut, au contraire, ménager assez d'espace entre les pieces, pour que l'humidité qui s'échappe ne se porte pas de l'une sur l'autre, & ne s'amasse pas entr'elles : car on a vu dans nos Expériences qu'elle s'y corromproit & y occasionneroit des champignons. Il suit de-là que, sous les hangars comme en plein air, il faut les empiler sur des chantiers élevés, & mettre de fortes calles entre les pieces.

Quand on fait des hangars pour y conserver des bois, il faut donc éviter, sur-tout dans les pays chauds, de les faire trop ouverts de tous les côtés : les bois s'y fendroient plus qu'en plein air ; mais en même temps il faut donner une issue aux vapeurs humides qui remplissent les endroits où l'on renferme beaucoup de bois.

Le moyen de remplir ces deux intentions, est de ne point se proposer, en faisant des hangars, de construire un beau bâtiment formé d'une suite de belles arcades fort élevées & très-surbaissées, où les bois sont presque comme dehors : il est mieux de renoncer au beau coup d'œil que présentent ces hangars, pour faire un bâtiment moins beau, mais plus utile. On aime toujours à faire de beaux bâtiments, & souvent on ne pense pas assez à les rendre propres à remplir leur objet.

D'abord il faudra intercepter, autant qu'on le pourra, les exhalaisons qui s'élevent du terrein, en faisant dans toute l'étendue du hangar une aire de glaise bien battue, & asseoir dessus un bon pavé à chaux & à ciment. Ensuite on formera une grande halle (*Planche X. Fig. 2 & 3*) dont la charpente soit soutenue par des arcades de pierre de taille, ou des poteaux qui doivent avoir peu d'élévation.

Cette halle sera terminée aux deux bouts par deux grands pignons (*Fig. 2*), qui auront chacun deux grandes portes, & au-dessus une grande fenêtre.

On fera un plancher à jour à la hauteur *L L*, & on jettera sur cette halle un grand toit qui s'étendra jusqu'à 4 ou 5 pieds au-dessus du terrein pour mettre les bois entiérement à l'abri du soleil & du vent; & aux baies des portes & fenêtres du pignon il y aura des ventaux & contrevents, qu'on fermera lorsque les circonstances l'exigeront. Voila les bois à couvert de la pluie & du grand hâle; il faut maintenant donner une issue aux vapeurs: c'est pourquoi j'ai dit qu'il falloit que le plancher *L L* fût à jour; & j'ajoute qu'on fera au haut du toit des lucarnes, ou encore mieux des especes de tuyaux de cheminée *E F*, qu'on tiendra fort larges pour former des ventouses, & donner une issue aux vapeurs, qui étant plus légeres que l'air frais, s'élevent, & trouveront au haut du toit une issue par où elles s'échapperont, en même-temps qu'elles empêcheront le soleil & le vent de porter un trop grand hâle dans l'intérieur de la halle.

On entrera les grosses pieces par les portes *G G*, & on les arrangera au raiz de chaussée sur des chantiers, en mettant entre deux, des calles comme nous l'avons expliqué plus haut; & on mettra au premier étage les petits bois, tels que le merrain, les gournables, les voliches, &c. dont on fera des piles à peu près comme on le voit (*Planche IX. Fig.* 1). C'est à ceux qui veilleront à l'arrangement des bois, à les assortir par espece, pour qu'on puisse tirer les pieces dont on aura besoin, sans être obligé de remuer beaucoup de bois.

Au reste, quand on fait attention aux grands approvisionnements de bois qu'on fait dans les ports, on conçoit qu'il n'est pas possible de tout mettre sous des hangars, & qu'on ne peut y placer que les bordages, les préceintes, les brions, &c. les merrains, les gournables & les pieces les plus précieuses. Or, les pieces qu'il faut conserver avec plus de soin, soit à cause qu'elles se trouvent rarement dans les Forêts, soit parce qu'elles sont plus sujettes à pourrir dans la place qu'elles occupent, soit parce qu'elles entraînent de grandes dépenses quand il faut les changer, sont les fourrures de gouttiere, les alonges d'écubier, les aiguillettes de porques, les gouttieres, toutes les serres, les brions, les ringeots, les étraves, les étambots, les barres d'arcasse, les membres de la flottaison. A l'égard des pieces de quilles, des varangues & des genoux de fond ; comme ces pieces font toujours en deſſous de la ligne de flottaiſon, elles ſont moins ſujettes à pourrir ; mais comme elles ſont rares, il convient de les conſerver ſoigneuſement juſqu'à ce qu'elles ſoient employées. L'impoſſibilité où l'on eſt de conſerver tant de bois ſous des hangars, les inconvénients qu'il y a à les tenir à l'air, ont engagé à les mettre dans l'eau. Réſumons ce que nous avons dit de cette pratique.

§ 3. *Des Bois conſervés ſous l'eau.*

On a vu des bois pourrir ſous des hangars ; & ſans faire attention que ces bois en retour avoient des vices conſidérables dans le cœur, ſans examiner ſi les hangars étoient trop humides, ſans conſidérer qu'il tranſpiroit de leur ſol une quantité d'exhalaiſons, ſans penſer que ces bois entaſſés les uns ſur les autres retenoient une humidité pourriſſante, on s'eſt preſſé de condamner les hangars comme étant la vraie cauſe de tous les déſordres qui arrivoient à ces bois : d'un autre côté voyant que dans les Provinces méridionales, des bois dépoſés dans des endroits à couvert, mais expoſés au ſoleil & aux vents brûlants de ces Provinces, ſe fendoient beaucoup, au lieu d'en conclure qu'il falloit les tenir dans des bâtiments mieux fermés, on s'eſt preſſé de décider que les bois étoient très-mal ſous les hangars, & on a pris le parti de les mettre dans l'eau. C'eſt alors que les ſentiments ſe ſont trouvés très-partagés : les uns aſſuroient que les bois s'altéroient beaucoup dans l'eau ; d'autres penſoient qu'il étoit avantageux de les y laiſſer quelques mois avant de les empiler, ou à l'air, ou ſous des hangars ; d'autres prétendoient que le mieux étoit de les laiſſer toujours dans l'eau. C'eſt cette diverſité de ſentiments qui m'a engagé à faire un grand nombre d'Expériences ſur les bois plongés dans l'eau.

Ces Expériences nous ont fait voir :

1°, Qu'il faut beaucoup de temps pour que les bois ſoient raſſaſiés d'eau.

2°, Que l'eau douce s'insinue plus promptement dans les bois que l'eau de mer.

3°, Qu'un morceau de bois rassasié d'eau de mer se charge encore d'eau douce, quand on le plonge dans ce fluide.

4°, Que ces eaux étrangeres se dissipent assez promptement quand on a exposé au hâle le bois qui en est pénétré.

5°, Que l'eau dissout les parties les plus dissolubles de la seve, & qu'elle en emporte une partie lorsqu'elle se dissipe.

6°, Que les bois pénétrés d'eau de mer ne se dessechent point parfaitement, & qu'ils se chargent beaucoup de l'humidité de l'air.

7°, Que les bois parfaitement secs font l'hygromettre, augmentant ou diminuant de poids suivant que l'air est sec ou humide.

8°, Que les bois rassasiés d'eau font aussi l'hygrometre suivant l'état de l'atmosphere, lors même qu'on les tient sous l'eau.

9°, Que les bois qui ont été flottés, perdent plus de leur poids en se desséchant, que ceux qui ne l'ont point été ; & qu'ils en perdent plus quand ils ont été plongés dans une eau courante, que lorsqu'ils ont été mis dans une eau dormante, & quand ils ont été tantôt dans l'eau & tantôt au sec.

10°, Que les bois tendres & de médiocre qualité, font beaucoup plus altérés par l'eau, que les bois d'une excellente qualité ; & que les bois blancs sont de même plus altérés par l'eau, que les bois durs, comme le Chêne, &c.

11°, Que les bois de Chêne de médiocre qualité font beaucoup moins sujets à se fendre en séchant, quand ils ont été long-temps flottés que quand ils n'ont point été dans l'eau ; ce qui vient de l'altération qu'ils ont soufferte : car les bois se fendent d'autant moins qu'ils font plus tendres, & le bois pourri ne se fend point.

12°, Que les bois d'excellente qualité se fendent en séchant, quoiqu'ils aient resté long-temps dans l'eau.

13°, Que les bois, même les bois blancs, ne s'alterent point tant qu'ils restent dans l'eau, ou dans la terre humide, pourvu qu'ils ne foient point expofés au frottement de l'eau, qui les ufe peu à peu comme feroit un corps dur.

14°, Que l'introduction de l'eau dans le bois fait refermer les fentes ; mais que la folution de continuité fubfifte, enforte que les fentes, les roulures, les cadranures, les gélivures, reparoiffent quand le bois eft defféché.

15°, Que l'eau empêche le progrès de la carie, & préferve de pourriture le bois du cœur qui eft en retour ; mais qu'elle ne remédie pas au mal qui fe manifefte quand les bois tirés de l'eau font defféchés.

16°. J'ai des pilotis de la démolition des Ponts de Saumur & d'Orléans qui fubfiftoient de temps immémorial : ces pilotis étoient de bois de Chêne qui paroiffent avoir été de bonne qualité, parce que les couches annuelles en font très-ferrées : quelques-uns étoient altérés au cœur, & avoient quelques nœuds & quelques gélivures, (*Planche X. Fig. 5.*) mais le refte étoit très-fain. Ayant laiffé fécher ces bois, je les ai fait travailler ; ils étoient durs ; ils fe coupoient bien net fous l'outil : on y reconnoiffoit les pores du Chêne qui étoit devenu noir prefque comme de l'ébene ; & ces bois étant fecs fe font trouvés pefer 60 liv. le pied cube. On voit par-là, comme par nos Expériences, que les défauts qui fe trouvent dans les bois quand on les met dans l'eau, y fubfiftent fans faire de progrès. Le bois refte donc dans l'eau tel qu'on l'y a mis. Pour avoir quelque chofe d'exact fur l'altération de ce bois, il faudroit pouvoir connoître quel étoit fon poids avant d'avoir été employé en pilotis ; mais 60 liv. eft un bon poids pour du bois très-fec, & celui-là l'étoit quand nous l'avons pefé. Dans certaines terres, les bois qui y féjournent long-temps changent de nature ; ils y deviennent pierre, & quelquefois agate ; mais les bois des pilotis des Ponts de Saumur & d'Orléans n'étoient point du tout pétrifiés.

17°, Les bois qui ont paffé quelque temps dans l'eau, font, comme on l'a vu par nos Expériences, beaucoup moins fujets à être piqués de vers, que ceux qu'on a toujours confervés à l'air ; & comme il eft prouvé d'un autre côté que l'eau eft fort long-temps à pénétrer intimement un petit parallélipipede de Chêne d'un pouce quarré sur deux pouces de longueur, il s'en- suit qu'une grosse piece de bois sera peu pénétrée d'eau en sé- journant trois ou quatre mois dans une eau dormante : ainsi elle sera peu altérée par ce flottage, & on aura l'avantage de moins craindre les vers.

Mais, dira-t-on, si par ce flottage on garantit les bois des vers qui les piquent & les moulinent dans l'air, on les expose en même-temps à ces vers aquatiques qui détruisent les digues de Hollande. Je réponds à cela premiérement, que ces vers redoutables n'existent point dans l'eau douce ; & en second lieu, nous ferons voir dans la suite de cet Ouvrage, que ces vers n'attaquent les bois que dans les mois de Juin, Juillet & Août, jusqu'à ce que les fraîcheurs de Septembre se fassent sentir : ainsi on a près de neuf mois à les laisser dans l'eau salée sans rien craindre de ces vers.

Je pense donc, d'après mes Expériences, qu'on peut flotter les bois nouvellement abattus, uniquement pour empêcher qu'ils ne soient piqués des vers ; & comme trois ou quatre mois suffisent pour cela, leur qualité n'en sera point diminuée, sur- tout si on les met dans une eau dormante, & si l'on fait ensorte qu'ils ne flottent point à la surface de l'eau.

Je dis plus : si l'on se proposoit d'employer ces bois refen- dus en planches, ou en membrures pour la menuiserie dans l'intérieur des bâtiments, on feroit bien de les mettre dans une eau courante, même au saut d'un moulin ; parce que dans cette occasion, il ne s'agit pas de ménager la force des bois, mais seulement de les empêcher de se fendre & de se tour- menter : ainsi il faut en quelque sorte les user, & réduire les bois forts à l'état des bois tendres.

Il n'en est pas de même pour les bois de Charpente, à qui il faut ménager toute leur force : le mieux seroit assurément de les tenir sous des hangars avec les précautions que nous avons détaillées. S'ils se pourrissent dans cette position, il ne faudra pas en attribuer la cause, comme on l'a fait, à la seve qui ne peut pas s'échapper d'une grosse piece de bois ; mais au commencement d'altération qu'elle aura eu dans le cœur lorsqu'elle étoit sur pied ; altération dont j'ai amplement parlé dans le *Traité de l'Exploitation , Liv. V , Chap. III.*

Je m'abstiendrai cependant de pousser les choses à l'extrême, & de prétendre qu'on perd les bois en les mettant dans l'eau. Mes Expériences me font croire que l'eau ne remédie point aux vices dont une piece est affectée d'origine : elle empêche que ces défauts ne fassent du progrès, elle les masque ; mais ils reparoissent quand les pieces tirées de l'eau sont parvenues à leur état de sécheresse. D'ailleurs nous avons prouvé que le flottage des bois endommageoit plus les bois tendres que les bois forts, qui, après avoir resté long-temps dans l'eau, se fendent & s'éclatent lorsque ces bons bois viennent à se dessécher. Qu'on traite, comme on voudra, une piece saine de bon Chêne de Provence, il sera de longue durée ; & qu'on s'y prenne, comme on voudra, pour conserver une piece de bois gras en retour, & qui a un commencement d'altération dans le cœur, on ne parviendra pas à la conserver, elle pourrira incessamment. Je conviens, comme je l'ai déja dit, que l'eau empêche le progrès du mal ; mais c'est un petit avantage puisqu'on ne le détruit pas, que les défauts reparoissent dans les bois de mauvaise qualité, & que les bois forts se fendent, lorsqu'étant tirés de l'eau, ils se dessechent.

Je crois cependant qu'il seroit plus avantageux de les tenir dans l'eau, que de les laisser exposés aux injures de l'air sans prendre aucune précaution ; mais si l'on se détermine à les mettre dans l'eau, il faut faire ensorte qu'ils ne flottent point, & sur toute chose qu'ils ne soient point tantôt à l'eau & tantôt à l'air, comme je l'ai vu au bord de la mer, où à toutes les marées ils étoient mouillés, & ils restoient à sec quand la mer étoit retirée. Mes Expériences ont prouvé que c'est le cas où les bois souffrent la plus grande altération.

Il est encore très-important d'éviter d'empiler les bois dans des endroits où ils sont exposés aux exhalaisons qui sortent du terrein, comme cela arrive très-fréquemment, & presque nécessairement au bord de la mer & des rivieres.

J'ai

J'ai vu remuer de ces piles de bois où les pieces de l'intérieur des piles étoient pleines de champignons, pendant que celles du dessus étoient extrêmement fendues; car les bons bois trop exposés au hâle se fendent prodigieusement.

Entre ceux qu'on met sous des hangars, les uns sont sujets à ce défaut, d'autres sont piqués de vers si on ne les a pas mis quelque temps flotter dans l'eau (*). Ceux qu'on met au fond de l'eau, perdent toujours un peu de leur qualité; & si c'est de l'eau salée, ils sont détruits par les vers aquatiques qui endommagent les vaisseaux & les digues de Hollande. Nous rapporterons dans la suite les recherches que nous avons faites pour mettre les bois à couvert des désordres que causent ces insectes; mais en attendant, je vais exposer un moyen que je crois pratiqué en Italie, & que je soupçonne avoir aussi été mis en usage à S. Malo. J'avoue que je ne l'ai point éprouvé : le voici.

Il faut faire sur le terrein où l'on se propose de mettre les bois un lit de gros sable ou de gravier de 3 ou 4 pouces d'épaisseur : on arrange dessus les préceintes & les bordages, de sorte qu'ils ne se touchent point : on met du même gravier qui remplit tous les vuides, & qui recouvre le premier lit de bordages de 2 à 3 pouces d'épaisseur; & faisant alternativement un lit de gravier & un lit de bordages, on éleve la pile à telle hauteur qu'on veut, en garnissant ses bords avec de mauvaises planches pour retenir le sable, & on finit par une épaisse couche de sable. Je crois qu'à S. Malo on les enterre dans du sable humide; mais en Italie, on fait ces piles sous des halles.

(*) Il y a des especes de bois qui sont très-sujets à être piqués par les vers, de sorte que dans un même magasin quelques pieces sont vermoulues pendant que d'autres ne sont point attaquées par les vers. En général l'aubier est plus sujet à être vermoulu que le bois, & quelquefois il est entiérement réduit en poussiere pendant que le bois est très-sain. J'ai remarqué encore qu'il y a certains hangars où ces insectes font beaucoup plus de désordre que dans d'autres, & les bois que l'on conserve à l'air sont moins sujets à la vermoulure que ceux qu'on tient sous les hangars. Ce que j'ai trouvé de meilleur pour préserver les bois de la vermoulure est de les mettre, aussitôt qu'ils sont abattus & débités, passer quelques mois dans l'eau, comme nous l'avons déjà dit en parlant des bois que l'on conserve sous l'eau.

Voilà à peu près à quoi se réduit ce que nous avions à dire sur la Conservation des bois dans les chantiers & les arcenaux : examinons maintenant ce qu'on peut espérer d'un moyen qui a été proposé pour prolonger la durée des bois en les desséchant par la chaleur du feu.

EXPLICATION des Planches & des Figures du Livre second.

PLANCHE VII.

L*A* F*IGURE* *1*, représente un corps d'arbre nouvellement abattu & refendu en planches, qu'on a placées les unes sur les autres dans le même ordre qu'elles étoient dans la piece entiere; & les ayant serrées avec des moises, elles se sont trouvées au bout d'un temps considérablement endommagées, pendant que les planches prises d'un arbre sec ne l'étoient pas.

La Figure 2 représente une piece de bois quarré qu'on a coupé par parallélipipedes 1, 2, 3, 4, &c. le parallélipipede 4 est resté entier; celui 3 a été coupé en deux; celui 2 en 3, & celui 1 en 4, pour reconnoître si l'évaporation de la seve se fait en raison des surfaces.

La Figure 3 représente des pieces de bois qu'on a mis se desséucher, les unes posées verticalement; à quelques-unes le bout des racines en haut, & à d'autres ce bout en bas ; on en a posé aussi horizontalement *D D* sur des chantiers, & de temps en temps on les plaçoit en équilibre comme *E* sur un morceau de fer *F* en couteau.

Les Figures 4 *&* 5 représentent des balances hydrostatiques pour reconnoître l'augmentation & la diminution du poids des parallélipipedes *E* plongés dans l'eau.

La Figure 6 représente la direction des fentes qui se sont formées sur le bout d'une piece de bois refendue à la scie, & dont le cœur *A* de l'arbre étoit à un des angles de la piece.

Les Figures 7, 8, 9, 10, 11, 12, 13 & 14, repréſentent la direction qu'affectent communément les fentes, ſuivant que le centre de l'arbre eſt dedans ou hors la piece.

La Figure 15 ſert à faire voir une ſubſtance grenue qui s'apperçoit entre les fibres ligneuſes dans des barreaux rompus; mais on a augmenté la quantité de cette ſubſtance pour la rendre plus ſenſible qu'elle n'eſt dans le naturel.

La Figure 16 eſt un corps d'arbre refendu en deux pour faire voir comment les fibres ligneuſes ſe rapprochent lorſque les arbres ſe deſſechent.

PLANCHE VIII.

LA FIGURE 1 fait voir comment on doit empiler les bois quarrés qui reſtent à l'air en les plaçant ſur des chantiers, mettant entre les pieces des cales aſſez épaiſſes, & faiſant enſorte que les pieces ne ſe touchent point dans le ſens vertical. On voit auſſi une partie de cette pile de bois couverte d'une eſpece d'auvent pour empêcher que la pluie ne tombe deſſus.

La Figure 2 ſert à faire concevoir comment on peut former les piles *Figure 1,* par le tirage des bœufs, en faiſant gliſſer les pieces *C D* ſur des pieces *E F, G H,* qui forment un plan incliné.

PLANCHE IX.

LA FIGURE 1 repréſente des piles de planches ou de merrain ou de gournables, qui ſont couvertes par un petit toit fait de mauvaiſes planches.

La Figure 2 fait voir comment on peut diſpoſer les planches dans une poſition verticale le long d'un mur, les élevant ſur des chantiers *C D,* & les couvrant d'un petit auvent *E F.*

Les Figures 3 & 4 repréſentent des genoux, ou d'autres bois tors placés ſur des chantiers.

La Figure 5 repréſente des varangues de fond, des courbes ou courbatons qui ſont rangés à peu près par échantillons ſur un endroit pavé & le long d'un mur.

I i ij

La Figure 6 a rapport au Livre III, & repréſente un bordage qu'on attendrit par le feu pour pouvoir le courber ſans le rompre.

PLANCHE X.

La FIGURE *1* repréſente une pile de bois ſur laquelle on a établi un toit avec de mauvaiſes planches.

La Figure 2 eſt une halle pour mettre les bois précieux à couvert; on la voit par le bout ou par le pignon.

La Figure 3 eſt la même halle vue dans ſa longueur. Les eſpeces de cheminées *E F* qu'on voit s'élever au-deſſus du toit, ſont de larges ventouſes qui ſervent à diſſiper l'humidité qui s'échappe des bois.

La Figure 4 eſt le plan de cette halle.

La Figure 5 eſt un tronc d'arbre qui eſt carié au cœur, & qui a un nœud pourri.

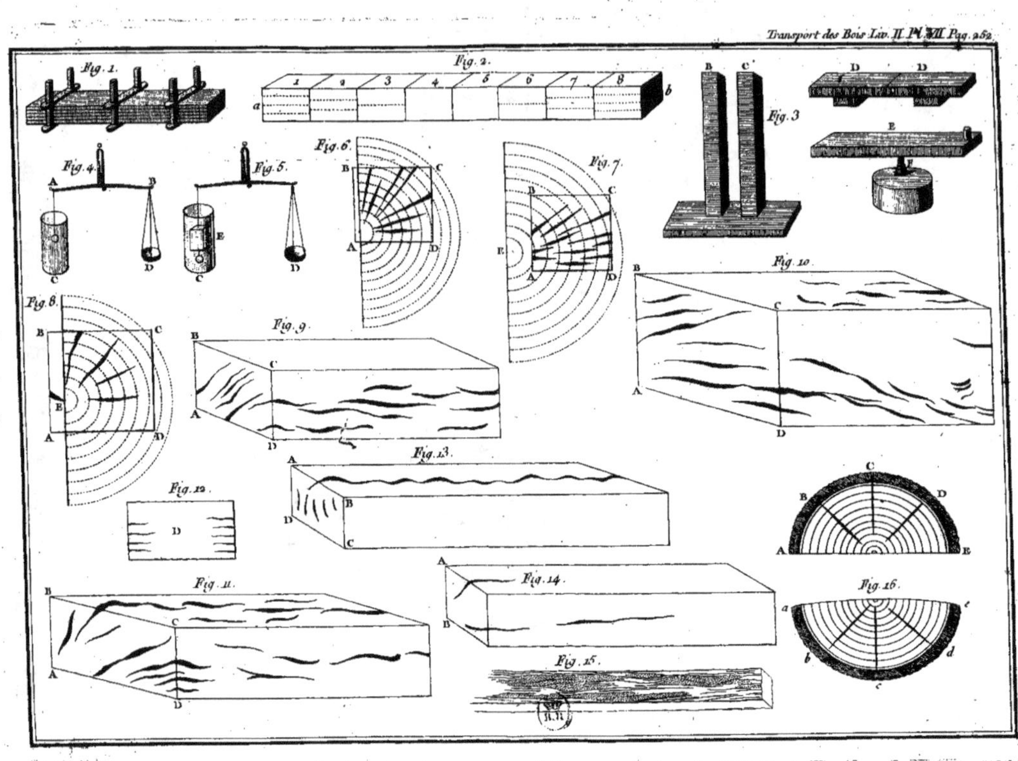
Fig. 1.
Fig. 2.
1 2 3 4 5 6 7 8
a   b
Fig. 3.
B C
D D
E
Fig. 4.
A B
C D
Fig. 5.
A B
C E D
Fig. 6.
B C
A D
Fig. 7.
B C
A D
Fig. 8.
B C
E
A D
Fig. 9.
B C
A D
Fig. 10.
B C
A D
Fig. 11.
B
A C D
Fig. 12.
D
Fig. 13.
A B
D C
Fig. 14.
A B
Fig. 15.
Fig. 16.
C
B D
A E
a c
b d

Fig. 1.
Fig. 2.
K
B
D
H
F
C

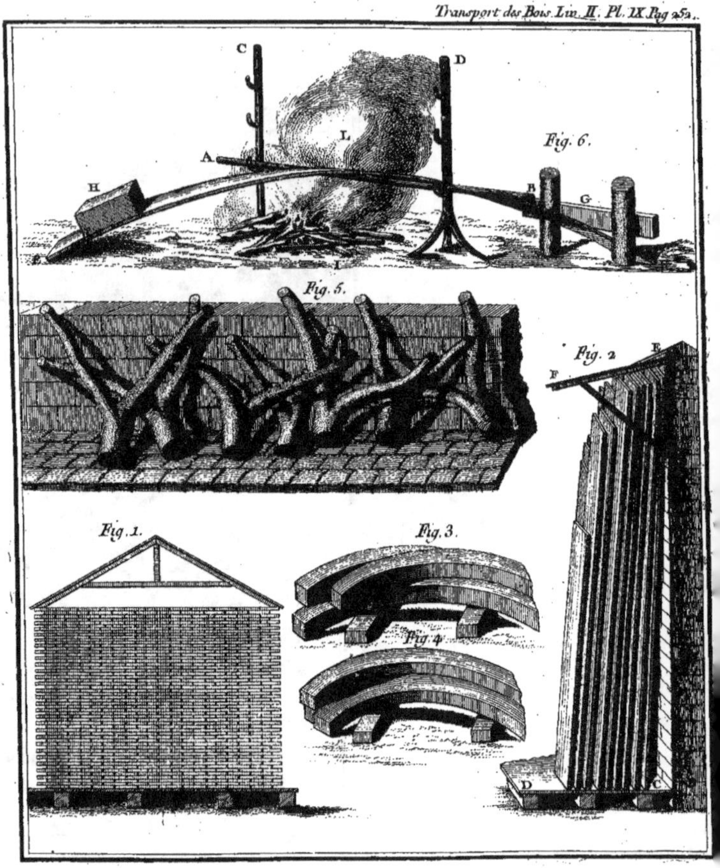

Transport des Bois. Liv. II. Pl. IX. Pag. 252.
Fig. 6.
C
D
A
L
H
B
G
I
Fig. 5.
Fig. 2.
F
E
Fig. 1.
Fig. 3.
Fig. 4.
D
C

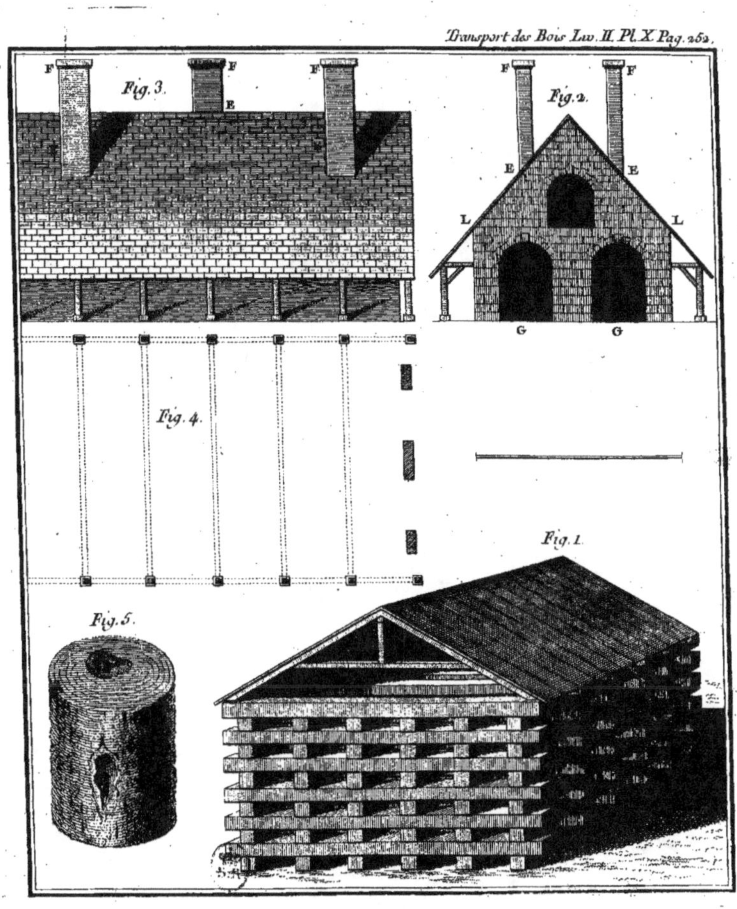
Fig. 3.
F
E
Fig. 2.
F F
E E
L L
G G
Fig. 4.
Fig. 1.
Fig. 5.

LIVRE TROISIEME.

Du Desséchement des Bois par une chaleur artificielle, & de leur attendrissement par la même opération.

Nous avons rapporté beaucoup d'Expériences sur le desséchement naturel des Bois, sur le dommage qu'un trop prompt desséchement peut leur causer par les fentes & les contours bizarres qu'ils prennent, sur les moyens qu'on peut employer pour prévenir ces accidents, ou au moins les diminuer beaucoup. Ces objets ont été amplement discutés dans le *Traité de l'Exploitation*, & nous venons d'examiner ce qui arrive aux bois que l'on conserve sous des hangars.

Dans le Livre précédent nous avons encore rapporté un grand nombre d'Expériences sur l'imbibition des bois, soit dans l'eau salée, soit dans l'eau douce, & sur le temps qui est nécessaire pour que cette eau étrangere se dissipe. Ceux qui se donneront la peine d'étudier attentivement ces Expériences, seront en état d'apprécier l'avantage qu'on peut attendre du flottage des bois, & le préjudice que cette opération peut leur causer.

Comme on s'étoit persuadé que la seve étoit la seule cause de la pourriture, on a proposé de dessécher encore plus les bois qu'ils ne peuvent l'être naturellement, & d'employer pour cela l'action du feu : non seulement on a prétendu y trouver l'avantage de se débarrasser d'une liqueur qu'on regardoit comme corruptible, & comme la source de l'altération des parties solides ; mais encore on a cru que le feu étoit propre à endurcir le bois, & qu'il le rendroit capable d'une plus grande résistance. Je sais que les manches des couteaux communs, qu'on nomme des *Jambettes*, deviennent très-durs &

très-solides par l'opération qu'on leur fait éprouver, qui change tellement l'organisation du bois que j'ai plusieurs fois été embarrassé de reconnoître de quel bois ils étoient faits. M'étant trouvé à S. Etienne en Forest, je vis que ces manches étoient presque tous de Hêtre, & que ce qui augmente leur dureté, vient de ce qu'on les moule entre deux plaques d'acier qu'on fait chauffer, & qu'on place dans une forte presse : la chaleur des plaques fond, ou au moins attendrit beaucoup les fibres ligneuses ; la pression les rapproche les unes des autres, elles s'unissent & se soudent en quelque façon les unes aux autres ; par-là leur densité & leur dureté est beaucoup augmentée. Quand j'ai dit que les fibres ligneuses entroient en quelque façon en fusion, je n'ai rien dit de trop ; puisqu'entre les deux plaques d'acier qui forment le moule, il s'étend des balevres d'un quart de pouce de longueur qui ressemblent aux jets des métaux qu'on jette en moule. Il est certain que cette opération doit rendre le bois bien meilleur ; mais elle n'est praticable que pour de très-petits ouvrages, & je ne la rapporte que pour faire appercevoir le changement le plus notable qui puisse arriver au bois qu'on expose à une chaleur vive.

CHAPITRE PREMIER.

Examen de ce que l'action immédiate du feu peut produire pour augmenter la durée des Bois.

ON S'EST persuadé que la chaleur du feu, indépendamment de l'effet de la presse, durcissoit beaucoup le bois ; & l'on cite pour exemple l'usage où sont les Sauvages qui ne connoissant point les métaux, ont des fleches de bois qu'ils font chauffer jusqu'à en griller le bout pour les endurcir ; mais j'ignore de quel bois elles sont, & quel degré de dureté elles acquierent par ce moyen. Quoi qu'il en foit, c'eft dans cette perfuafion que l'on a coutume de brûler le bout des pieux à la partie qui doit entrer en terre, pour empêcher qu'ils ne pourriffent trop promptement.

On fait que les pieux, dont un bout eft enfoncé dans la terre & le refte eft à l'air, pourriffent très-promptement, furtout au niveau de la terre; & que pour prévenir ce dépériffement, plufieurs ont coutume de brûler la partie des pieux qui doit être en terre jufqu'à un demi-pied au-deffus du terrein. Voici les Expériences que j'ai faites pour effayer de connoître ce qu'on pouvoit efpérer d'avantageux de cette pratique.

ARTICLE I. *Expériences faites fur des pieux pour m'affurer fi le feu prolonge fenfiblement leur durée.*

1°, Je pris un rondin de Chêne abattu en Octobre 1732; je le fis écorcer, & mettre en partie en terre comme fi ç'eût été un poteau : l'ayant vifité fix ans après en Avril 1738, non-feulement l'aubier étoit pourri; mais même le bois étoit fort endommagé.

2°, Un autre rondin pareil s'eft trouvé à très-peu de chofe près dans le même état en 1738; feulement le bois étoit un peu moins altéré.

3°, Un pareil rondin verd & écorcé comme les précédents, fut mis, par le bout qui devoit être en terre, dans un grand brafier pour réduire en charbon la fuperficie de l'aubier. Dans cette opération, il perdit 7 livres 15 onces 4 gros de fon poids : fur le champ, on mit en terre la portion qui étoit grillée. En 1738, la fuperficie de ce pieu paroiffoit faine, parce que la croûte charbonneufe n'avoit fouffert aucune altération. On fait que le charbon eft une fubftance incorruptible. Mais fous cette croûte, l'aubier étoit un peu moins endommagé que celui des pieux premier & fecond qui n'avoient point été grillés : cependant le bois du cœur étoit à très-peu de chofe près dans le même état que celui de la piece N°. 2.

4°, Un pareil rondin verd & écorcé, fut grillé comme celui du N°. 3 ; & dans cette opération, il perdit 6 livres 2 onces de son poids. En 1738, l'aubier & le bois se trouverent un peu en meilleur état qu'au rondin N°. 3.

5°, Pour répéter ces mêmes Expériences sur des bois secs, je fis scier de pareils rondins au pied des ridelles qui avoient été abattues l'année précédente ; je les fis écorcer & griller comme les rondins verds. Le rondin N°. 5 perdit à cette opération 5 livres 8 onces de son poids. En 1738, l'aubier étoit presque réduit en terre ; mais le bois étoit un peu meilleur que celui des bois verds.

6°, Un rondin semblable au précédent, d'un an d'abattage, ne perdit de son poids, en grillant, que 2 livres 11 onces. Il est vrai que, comme il étoit sec, je craignois de le trop brûler. En 1738, la superficie réduite en charbon étoit saine; l'aubier étoit réduit en terre, & le bois étoit un peu meilleur que celui du N°. 5, quoiqu'il fût traversé de veines blanches très-échauffées.

7°, Un rondin pareil aux précédents, abattu depuis un an, fut écorcé, & mis en terre sans l'avoir brûlé. En 1738, l'aubier étoit entiérement détruit, & rempli de fourmis qui y avoient fait leur logement. Il y avoit aussi dans cet aubier de petits cloportes : ces insectes ne se sont rencontrés dans aucun autre rondin. Le bois du cœur avoit encore un peu de solidité.

8°, Un rondin tout pareil, d'un an d'abattage, fut écorcé, & mis en terre sans avoir été brûlé. Son aubier, en 1738, étoit absolument anéanti, & le bois un peu meilleur que celui du N°. 7.

On voit par ces Expériences que l'opération de brûler les pieux, prolonge un peu leur durée : je dis un peu ; car les rondins brûlés étoient très-endommagés : mais quand nous aurions apperçu une différence plus marquée, seroit-il possible de faire usage de ce moyen pour de gros bois ? Si en brûlant l'extrémité d'un pieu, la chaleur pénetre jusqu'au centre, il n'en sera pas de même lorsqu'on exposera au feu une grosse piece.

ARTICLE

Article II. *Expérience faite sur les Baux d'un Vaisseau.*

M. le Vasseur , actuellement Commissaire de la Marine à Bayonne , fit brûler les bouts des baux du Vaisseau *le Ferme* , avant de les mettre en place , de sorte que la surface de ces baux étoit couverte d'une couche de charbon de l'épaisseur de quatre lignes sur les quatre faces. Ces baux brûlés se sont pourris au moins aussi-tôt que ceux qui ne l'avoient point été.

Comme on a toujours pensé que le bois dont la superficie auroit été réduite en charbon , seroit de plus longue durée , on en a fait l'épreuve sur plusieurs vaisseaux ; mais les vaisseaux changeant de département , ceux qui ont fait les épreuves en changeant aussi , & ces Expériences étant fort longues , on a le plus souvent oublié qu'on les eût commencées sur tel vaisseau ; ce qui fait que je n'ai eu connoissance que de celle que je vais rapporter.

Etant à Rochefort , en 1737 ou 1738 , avec quelques Officiers de ce département , qui pensoient que la croûte charbonneuse contribuoit à la conservation du bois , il arriva qu'on délivra des bordages qui avoient été brûlés par le côté qui touchoit aux membres. Effectivement, si l'on s'étoit contenté d'examiner la superficie charbonneuse de ces bordages , on les auroit jugé très-sains ; mais en ayant fait parer plusieurs pour enlever ce qui étoit réduit en charbon , on trouva le bois de dessous cette croûte pourri presque comme à ceux qui n'avoient pas été chauffés.

Il ne faut donc pas croire qu'il y ait un grand avantage à brûler la superficie du bois pour le préserver de la pourriture. Au contraire, on peut regarder tout ce qui a été brûlé comme perdu. Ceci est bien prouvé par mes Expériences , par celle de M. le Vasseur , & par l'Observation que je viens de rapporter.

Article III. *Conséquences des Expériences précédentes.*

On peut conclure de ces Expériences que la substance
K k

charbonneufe qui couvre le bois , n'empêche point que l'humidité ne pénetre dans la piece , & que l'aubier ne pourriffe. Si on a trouvé le bois un peu moins altéré dans les rondins qui ont été brûlés , qu'aux autres , ce n'eft pas à la couche de charbon qui les recouvroit qu'on en eft redevable , mais apparemment à la chaleur qui a pénétré dans le bois. Elle aura peut-être diffipé un peu de fon humidité , ou elle aura mis en fufion la fubftance gélatineufe qui aura durci le bois. Mais ce bon effet qui a été peu confidérable fur des rondins qui n'étoient pas gros , ne s'eft point du tout fait appercevoir fur les baux du vaiffeau *le Ferme* , qui étoient des pieces trop groffes pour que la chaleur eût pu en pénétrer toute la folidité , quoique leur extérieur fût réduit en charbon.

Quoi qu'il en foit , nous avons cru qu'il convenoit d'examiner ce qui arriveroit au bois qu'on n'expoferoit pas à une chaleur vive capable de les brûler ; mais qu'on tiendroit long-temps expofés à une chaleur plus modérée , qui les pénétreroit plus intimement. Cependant avant de rapporter toutes les Expériences que nous avons exécutées , il eft bon de faire remarquer qu'en expofant les bois à la chaleur du feu , on s'eft propofé deux objets : l'un , de favoir s'il feroit poffible , par ce moyen , de prolonger leur durée ; l'autre , de les attendrir par la chaleur pour pouvoir les ployer & les contraindre à prendre la courbure qui feroit néceffaire pour s'ajufter aux contours qu'on auroit à leur faire prendre. Je m'étendrai dans la fuite fur ce dernier article ; mais j'ai cru en devoir avertir d'avance , parce que les Expériences que je vais rapporter auront quelquefois trait à l'un & l'autre objet.

CHAPITRE II.

Des Effets d'une chaleur modérée & long-temps continuée sur plusieurs Pieces de Bois, les unes vertes, les autres seches.

COMME, en exécutant les Expériences que je viens de rapporter, je m'étois apperçu que, quoique le dessus des bois fût réduit en charbon, la chaleur n'avoit pas pénétré jusqu'au centre des pieces qui étoit fort humide, j'ai cru devoir faire usage du feu avec plus de modération, en n'exposant point les bois à l'action immédiate du feu.

ARTICLE I. *Expériences faites sur plusieurs Pieces de Bois séchées à plusieurs reprises, jusqu'à ce que la chaleur les eût pénétrées intimement.*

DANS le mois d'Août 1724, on a pris un morceau de bois de Chêne, de 2 pieds 6 pouces de longueur sur 12 & 12 pouces d'équarrissage, qui étoit de coupe nouvelle : il pesoit 195 liv.

PREMIERE OPÉRATION.

ON l'a mis dans un four chauffé comme pour cuire du pain. Après y avoir resté 24 heures, son poids étoit réduit à . . . . 175 liv.
Il étoit donc diminué de 20
Il s'étoit contracté d'une ligne sur chaque face ; & à un des bouts, il s'étoit formé au cœur une fente de 2 lignes d'ouver-

K k ij

ture, 3 pouces de longueur & 4 pouces de profondeur.

Seconde Opération.

On le remit passer encore 24 heures dans le four échauffé au même point. Au sortir du four il pesoit . . 163 liv. 8 onc.
Ainsi son poids étoit encore diminué de . . 11 . . 8
Point de diminution sensible dans le volume ; aucun changement dans la fente.

Troisieme Opération.

Ayant encore passé 24 heures au four, son poids étoit réduit à . . . . 158 liv. 8 onc.
Diminué de. 5
Ce morceau de bois étoit réduit sur une face à 11 pouces 7 l. & demie, & sur l'autre à 11 pouc. 7 l.
Point de changement sensible dans la fente.

Article II. *Expérience faite sur un bout de Madrier de coupe nouvelle.*

Ce Madrier avoit 2 pieds 6 pouces de longueur sur 1 pied de largeur & 3 pouces d'épaisseur. Il pesoit 44 liv.

Premiere Opération.

Ayant mis ce Madrier dans un four chauffé au degré propre à cuire le pain, 24 heures après il pesoit 34 liv. 3 onc.
Son poids étant diminué de. . . . . . 9 . . 13
Il n'avoit que de très-petites gerces ; mais il s'étoit contracté d'une ligne tant sur la largeur que sur l'épaisseur.

Seconde Opération.

On le remit au four ; & après y avoir resté 24 heures, il

peſoit . . . . 29 liv. 12 onc.
Son poids étant diminué de. . . . . . 4 . . . 7
Sa largeur étoit réduite à 11 pouc. 9 lign. & ſon épaiſſeur à 2 pouc. 11 lignes.
On a apperçu pluſieurs gerces ſur l'épaiſſeur; elles étoient longues & fort étroites.

TROISIEME OPÉRATION.

O N le remit au four; & après y avoir reſté 24 heures, il peſoit . . . . 28 liv. 10 onc.
Ainſi ſon poids étoit diminué de . . 1 . . . 2
Sa largeur étoit de 11 pouc. 9 lignes, & ſon épaiſſeur de 2 pouces 11 lignes.
Les gerces ne s'étoient pas ſenſiblement ouvertes.

ARTICLE III. *Expérience faite ſur un bout de Poteau.*

C E Poteau avoit 2 pieds 6 pouces de longueur ſur 12 & 12 pouces d'équarriſſage; il peſoit 188 liv.

PREMIERE OPÉRATION.

O N le mit paſſer 24 heures dans le four chaud : au ſortir, il peſoit . . . . 167 liv.
Son poids étoit diminué de 21
Sa largeur étoit de 11 pouces 10 lignes, & ſon épaiſſeur de 11 pouces 10 $\frac{1}{2}$ lignes.
On voyoit de très-petites gerces au cœur de la piece.

SECONDE OPÉRATION.

C E Poteau ayant encore paſſé 24 heures dans le four chaud, il peſoit. . . . . 155 liv. 5 onc.
Ainſi il avoit diminué de . . . . . . 11 . . 11
Sa largeur étoit de 11 pouc. 9 lignes, & ſon épaiſſeur de 11 pouces 10 $\frac{1}{2}$ lignes.

Les fentes du cœur s'étoient ouvertes d'une ligne.

Troisieme Opération.

On le remit encore paſſer 24 heures dans le four ; & après ce temps, il peſoit . . . . . . 149 liv. 10 onc.
Il étoit donc diminué de . . . . . 5 . . 11
Sa largeur étoit de 11 pouces 9 lignes, & ſon épaiſſeur de 18 pouces 8 lignes.

Article IV. *Expérience faite ſur un Madrier de deux ans d'abattage.*

Ce Madrier avoit 2 pieds 6 pouces de longueur, 1 pied de largeur, & 3 pouces d'épaiſſeur ; il peſoit 38 liv.

Premiere Opération.

Ce Madrier, qui étoit aſſez ſec, a été mis dans un four chauffé à cuire du pain ; & après y être reſté 24 heures, il peſoit . . . . 31 liv. 4 onc.
Il avoit perdu de ſon poids . . . . . 6 . . 12
Sa largeur étoit de 11 pouc. 9 lignes, & ſon épaiſſeur de 2 pouces 11 $\frac{1}{2}$ lignes.
Il avoit pluſieurs petites fentes.

Seconde Opération.

On remit ce Madrier paſſer 24 heures dans le four chaud ; au ſortir, il peſoit . . . . 28 liv. 7 onc.
Ainſi il étoit diminué de . . . . . 2 . . 13
Les fentes étoient un peu augmentées ; elles avoient trois quarts de pouce de profondeur.

TROISIEME OPÉRATION.

On remit encore ce Madrier paffer 24 heures au four ; au fortir il pefoit . . . . 27 liv. 7 onc.
  Ainfi fon poids étoit diminué de. . . . 1
  Les fentes n'avoient point augmenté.

ARTICLE V. *Remarques fur les Expériences précédentes.*

On peut remarquer à l'égard des Madriers des *Expériences* 2 *&* 4, que celui de nouvelle coupe, *Expér.* 2, a beaucoup plus perdu de fon poids, que celui qui étoit de coupe ancienne, *Expér.* 4 ; ce qui eft naturel, quoiqu'il en ait été autrement à l'égard du morceau de bois de l'*Expérience* 1 : cette différence vient, fans doute, de ce que le morceau de bois de l'*Expérience* 1 étant d'un pied en quarré, il ne s'eft defféché qu'à la fuperficie. Mais le morceau de bois de l'*Expér.* 2, qui a plus perdu d'humeur & de feve, a moins diminué dans fes dimenfions, que celui d'ancienne coupe, *Expér.* 4 ; ce qui n'eft pas dans l'ordre naturel : apparemment que cette différence dépend de la différente qualité de ces deux Madriers ; ce que je ne trouve point indiqué dans mes regiftres : mais j'incline à le penfer, parce qu'il ne s'eft prefque point formé de fentes au Madrier de nouvelle coupe, *Expér.* 2, au lieu qu'il s'en eft formé au Madrier d'ancienne coupe, *Expér.* 4.

Au furplus, il femble qu'on peut regarder les deux Madriers des *Expér.* 2 *&* 4, comme affez privés de leur feve par ces trois opérations, puifqu'ils ont très-peu perdu de leur poids à la derniere, & qu'ils ont été réduits à ne pefer que 47 à 48 liv. le pied cube : cette réduction à moins de 50 liv. le pied cube, eft confidérable. Je fuis fâché de n'avoir pas fait rompre quelques Barreaux de ce bois ainfi defféché.

Bien des circonftances font que les bois perdent plus ou moins de leur volume en fe defféchant : leur qualité différente, le fens dans lequel ils ont été refendus ou parallélement aux couches annuelles , ou perpendiculairement à ces couches. Il paroît que l'extraction de la seve du bois ne doit point leur faire perdre de leur force. Je dis , par exemple , qu'une piece de 12 pouces d'équarriffage , remplie de seve , ne doit pas être plus forte que la même piece réduite par la contraction qui se fait à mesure qu'elle se desseche , & qui la réduit à 11 pouces , puisque la seve du bois ne peut augmenter sa force qui dépend du nombre & de la solidité de ses fibres. Je dis plus : la seve rend les fibres ligneuses plus tendues & plus aisées à rompre ; la piece de bois verd plie sous la charge , les fibres extérieures à la courbure sont plus tendues que les autres ; & cette tension inégale diminue encore la force des pieces. Il ne faut pas cependant que le desséchement soit porté trop loin ; les fibres ligneuses réduites à un état d'aridité en seroient plus aisées à rompre ; j'en ai parlé plus haut.

Cependant on conçoit que si tout étoit égal d'ailleurs , un morceau de bois d'un plus gros volume doit être plus fort qu'un autre d'un moindre volume , par la même raison , qu'une piece méplate eft plus forte quand on la charge sur son côté large , que quand on la charge sur le côté mince. Ce point sera traité expreffément lorsqu'il s'agira de la force des bois.

J'ajouterai que dans ces Expériences , il a paru que les pieces diminuoient d'une ligne , ou d'une ligne & demie sur leur longueur. J'ai prouvé , dans le *Traité de l'Exploitation Liv. IV, Chap. II, Art. III,* que les bois perdoient de leur longueur en se deffechant ; mais c'eft de bien peu de chose , & dans les Expériences que je viens de rapporter , il eft bien difficile d'établir au jufte quelle eft cette diminution , parce qu'elle se fait inégalement dans différentes parties d'un même morceau de bois. On trouve de la diminution sur une face , & point sur les autres ; ce qui fait que je ne l'ai point marqué dans le détail des Expériences.

A l'égard des pieces *Expér.* 1 *&* 3 , comme elles avoient un pied d'équarriffage , il eft certain qu'il s'en faut beaucoup qu'elles ayent perdu toute leur seve ; & cela eft démontré , puisqu'après les trois opérations , elles se font trouvées peser plus de 63 liv. le pied cube. Si elles avoient perdu toute leur seve ;
elles

elles n'auroient pesé que 50 à 55 livres le pied cube, suivant qu'elles étoient plus ou moins compactes, comme on peut le voir par les *Expériences 2 & 4*, faites sur des bois minces qui se sont desséchés au point de ne peser plus que 48 & 50. liv.

On pensera, sans doute, qu'il auroit fallu remettre au four les grosses pieces des *Expériences 1 & 3*, jusqu'à ce que leur poids ne souffrît plus de diminution; mais il nous parut que nous les brûlerions à leur superficie avant d'être parvenus à ce parfait desséchement. Cependant on trouvera dans la suite, que nous avons exécuté cette Expérience: car il nous a paru qu'elle étoit nécessaire pour savoir ce que ces desséchemens artificiels produisent dans le bois, soit en le durcissant, ou en altérant sa qualité, soit en y produisant des fentes qui pourroient le rendre défectueux & hors de service.

Nous aurons soin aussi de laisser des bois se refroidir avant que de les remettre au four : car il m'a paru qu'une piece de bois se fendoit moins quand on la laissoit se dessécher tout de suite, que lorsqu'on la faisoit sécher à plusieurs reprises ; ce qui peut dépendre de ce que c'est la partie extérieure d'une piece qui se desseche la premiere, & que le bois, en se refroidissant, se condensoit & se consolidoit davantage dans les parties de la surface dont la seve étoit déja sortie : de sorte que la seve des parties plus intérieures, qui étoit dilatée par la chaleur, ne trouvant plus de pores ouverts à la superficie pour s'échapper, se portoit aux endroits les plus foibles de la piece, où elle faisoit irruption pour se dissiper.

Au contraire quand on tient continuellement une piece dans un même degré de chaleur, les vapeurs qui transsudent continuellement, empêchent la superficie de se durcir, & les passages restent ouverts ; ce qui facilite la dissipation de l'humidité du cœur, qui se réduit en vapeurs à mesure que la chaleur y pénetre.

Revenons au détail de nos Expériences. Je commence par plusieurs suites exécutées avec soin dans les Ports sur des bois de différents crûs, qui ont été remis au four un bien plus grand nombre de fois que dans les précédentes.

L l

Article VI. *Expérience faite sur un bout de soliveau de Bois de Crecy.*

ON avoit pris ce bois dans un terrein graveleux & marécageux. Il fut abattu en 1726 : il étoit dur sous la hache, d'un beau grain : il avoit au cœur, du côté de la racine, une gélivure de 6 pouces de longueur si étroite, qu'on n'a pas pu mesurer sa profondeur.

La longueur de ce morceau de bois étoit de 2 pieds 6 pouces ; sa largeur & son épaisseur, de 12 pouces. Il pesoit 170 liv, 7 onces.

§ 1. Premiere Opération.

ON l'a mis passer 21 heures dans un four chaud : au sortir du four, sa longueur étoit de 2 pieds 5 pouc. 11 lig. sa largeur, de 11 pouc. 11 lig. son épaisseur, de 11 pouc. 10 $\frac{1}{2}$ lig. Il pesoit 157 liv. 4 onc. son poids étoit diminué de 13 liv. 3 onc. La gélivure s'étoit élargie d'environ 1 $\frac{1}{2}$ ligne : il s'y en étoit formé une nouvelle perpendiculaire à la premiere : elle avoit, comme la premiere, 1 $\frac{1}{2}$ lig. de largeur, & 2 pouces de profondeur, d'où il étoit sorti un peu d'eau rousseâtre. Au cœur de l'autre bout il s'étoit ouvert des fentes qui se croisoient en étoile ; elles avoient 2 pouces de profondeur.

§ 2. Seconde Opération.

ON l'a remis passer 21 heures au four : au sortir, sa longueur étoit de 2 pieds 5 pouc. 11 lig. sa largeur, de 11 pouces 10 $\frac{1}{2}$ lig. son épaisseur, 11 pouc. 10 lig. Il pesoit 153 liv. son poids étoit diminué de 4 liv. 4 onc. La premiere gélivure n'avoit point augmenté de largeur ; mais elle s'étoit étendue, & elle avoit 6 pouces. Les fentes du bout d'en haut étoient considérablement augmentées.

§ 3. TROISIEME OPÉRATION.

ON l'a remis paſſer 21 heures au four. Au ſortir, ſa longueur étoit de 2 pieds 5 pouc. 11 lig. ſa largeur, de 11 pouc. 10 lig. ſon épaiſſeur, de 11 pouc. 9 $\frac{1}{2}$ lig. Il peſoit 145 liv. 14 onc. ſon poids étoit diminué de 7 liv. 2 onc. Les fentes étoient un peu augmentées.

§ 4. QUATRIEME OPÉRATION.

ON l'a remis paſſer 21 heures au four. Au ſortir, ſa longueur étoit de 2 pieds 5 pouc. 11 lig. ſa largeur, 11 pouc. 9 lig. ſon épaiſſeur, 11 pouc. 9 lig. Il peſoit 139 liv. ſon poids étoit diminué de 6 liv. 14 onc. La premiere gélivure avoit peu changé : la perpendiculaire étoit profonde de 5 pouces : l'étoile du bout étoit augmentée, & il s'étoit formé quelques fentes ſur les faces.

§ 5. CINQUIEME OPÉRATION.

ON l'a remis paſſer 21 heures au four. Au ſortir, ſa longueur étoit de 2 pieds 5 pouc. 10 $\frac{1}{2}$ lig. ſa largeur, de 11 pouc. 9 lig. ſon épaiſſeur, de 11 pouc. 8 $\frac{1}{2}$ lig. Il peſoit 134 liv. étant diminué de 5 liv. La premiere gélivure n'avoit point augmenté : les autres s'étoient un peu étendues.

§ 6. SIXIEME OPÉRATION.

ON l'a mis paſſer 39 heures au four. Au ſortir, ſa longueur étoit de 2 pieds 5 pouc. 10 $\frac{1}{2}$ lig. ſa largeur, 11 pouc. 7 $\frac{1}{2}$ lig. ſon épaiſſeur, 11 pouc. 7 lig. Il peſoit 127 liv. 1 onc. ſon poids étoit diminué de 6 liv. 15 onc. Les gélivures & fentes étoient peu augmentées.

§ 7. SEPTIEME OPÉRATION.

ON l'a remis 21 heures au four. Au ſortir, ſa longueur étoit de 2 pieds 5 pouc. 10 ½ lig. sa largeur, 11 pouc. 5 ½ lig. son épaisseur, 11 pouc. 5 ½ lig. Il pesoit 121 liv. 14 onc. son poids étoit diminué de 5 liv. 3 onc. La premiere gélivure tout-à-fait fermée : la fente perpendiculaire n'avoit plus qu'une demi-ligne d'ouverture : l'étoile du bout, ainsi que les autres fentes, étoient diminuées d'ouverture, mais point en profondeur.

§ 8. Huitieme Opération.

On l'a mis passer 21 heures au four. Au sortir, sa longueur étoit de 2 pieds 5 pouc. 10 ½ lig. sa largeur, 11 pouc. 5 lig. son épaisseur, 11 pouc. 4 lig. Il pesoit 118 liv. 7 onc. son poids étoit diminué de 3 liv. 7 onc. Les fentes & gélivures avoient peu changé : il paroissoit quelques nouvelles gerces auprès de la premiere gélivure.

§ 9. Neuvieme Opération.

On a mis le même morceau de bois passer 21 heures au four. Au sortir, sa longueur étoit de 2 pieds 5 pouc. 10 ½ lig. sa largeur, 11 pouc. 4 ½ lig. son épaisseur, 11 pouc. 3 ½ lig. Il pesoit 116 liv. 1 onc. son poids étoit diminué de 2 liv. 6 onc. Il y a eu peu de changement aux fentes : elles diminuoient au lieu d'augmenter.

§ 10. Dixieme Opération.

On l'a remis passer 21 heures au four. Au sortir, sa longueur étoit de 2 pieds 5 pouc. 10 ½ lig. sa largeur, 11 pouc. 3 ½ lig. son épaisseur, 11 pouc. 3 lig. Il pesoit 112 liv. 14 onc. son poids étoit diminué de 3 liv. 3 onc. Les fentes du côté des racines étoient entiérement fermées : celles du côté des branches ne l'étoient pas.

§ 11. Onzieme Opération.

Après avoir resté 29 heures au four, sa longueur étoit de

2 pieds 5 pouces 10 ½ lig. sa largeur, 11 pouc. 3 lig. son épaisseur, 11 pouces 3 lig. Il pesoit 108 liv. 13 onc. son poids étoit diminué de 4 liv. 1 onc. Les fentes du bout qui répondoit aux racines, étoient fermées : celles de l'autre bout étoient un peu resserrées.

§ 12. DOUZIEME OPÉRATION.

APRÈS avoir resté 39 heures au four, sa longueur étoit de 2 pieds 5 pouc. 10 ½ lig. sa largeur, 11 pouc. 3 lig. son épaisseur, 11 pouc. 3 lig. Il pesoit 105 liv. 12 onc. son poids étoit diminué de 3 liv. 1 onc. Il s'est formé du côté des racines deux petites gerces : le côté des branches étoit à peu près dans le même état.

§ 13. TREIZIEME OPÉRATION.

APRÈS avoir resté 21 heures au four, sa longueur étoit de 2 pieds 5 pouc. 10 lig. sa largeur, 11 pouc. 3 lig. son épaisseur, 11 pouc. 2 ½ lig. Il pesoit 103 liv. 6 onc. son poids avoit diminué de 2 liv. 6 onc. Il a paru trois nouvelles fentes du côté des racines : les anciennes étant toujours fermées : le reste à peu près dans le même état.

§ 14. QUATORZIEME OPÉRATION.

APRÈS avoir resté 21 heures au four, sa longueur étoit de 2 pieds 5 pouc. 10 lig. sa largeur, 11 pouc. 2 ½ lig. son épaisseur, 11 pouc. 2 lig. Il pesoit 101 liv. son poids étoit diminué de 2 liv. 6 onc. Point de changement sensible aux fentes.

§ 15. QUINZIEME OPÉRATION.

APRÈS avoir resté 21 heures au four, sa longueur étoit de 2 pieds 5 pouc. 10 lig. sa largeur, 11 pouc. 2 ½ lig. son épaisseur, 11 pouc. 2 lig. Il pesoit 99 liv. 6 onc. son poids étoit diminué de 1 liv. 10 onc. Peu de changement aux fentes.

§ 16. Seizieme Opération.

Après avoir resté 21 heures au four, sa longueur étoit de 2 pieds 5 pouc. 10 lig. sa largeur, 11 pouc. 2 lig. son épaisseur, 11 pouc. 1 ½ lig. Il pesoit 97 liv. 2 onc. son poids étoit diminué de 2 liv. 4 onc. Aucun changement aux fentes ni aux gerces.

§ 17. Dix-septieme Opération.

Après avoir resté 21 heures au four, sa longueur étoit de 2 pieds 5 pouc. 10 lig. sa largeur, 11 pouc. 2 lig. son épaisseur, 11 pouc. 2 lig. Il pesoit 95 liv. 2 onc. son poids étoit diminué de 2 liv. Tout est resté dans le même état, excepté une petite fente qui s'est ouverte sur une des faces.

§ 18. Dix-huitieme Opération.

Après avoir resté 39 heures au four, sa longueur étoit de 2 pieds 5 pouc. 10 lig. sa largeur, 11 pouc. 2 lig. son épaisseur, 11 pouc. 1 ½ lig. Il pesoit 94 liv. 10 onc. son poids étoit diminué de 8 onc. Aucun changement.

§ 19. Dix-neuvieme Opération.

Après avoir resté 21 heures au four, sa longueur étoit de 2 pieds 5 pouc. 10 lig. sa largeur, 11 pouc. 1 ½ lig. son épaisseur, 11 pouc. 1 ½ lig. Il pesoit 93 liv. 8 onc. son poids étoit diminué de 1 liv. 2 onc. Il n'y a point eu de changement, sinon que le bois paroissoit retiré inégalement & les fibres comme crispées.

§ 20. Vingtieme Opération.

Après avoir resté 21 heures au four, sa longueur étoit de 2 pieds 5 pouc. 10 lig. sa largeur, 11 pouc. 1 ½ lig. son épaisseur 11 pouc. 1 lig. Il pesoit 93 liv. 2 onc. son poids étoit diminué de 6 onc. Il y avoit peu de changement dans les fentes.

§ 21. *Vingt et unieme Opération.*

Après avoir resté 21 heures au four, sa longueur étoit de 2 pieds 5 pouc. 10 lig. sa largeur, 11 pouc. 1 lig. son épaisseur, 11 pouc. $\frac{1}{2}$ lig. Il pesoit 92 liv. 6 onc. son poids étoit diminué de 12 onc. Les fentes à peu près dans le même état.

§ 22. *Vingt-deuxieme Opération.*

Après avoir resté 22 heures au four, sa longueur étoit de 2 pieds 5 pouc. 10 lig. sa largeur, 11 pouc. 1 lig. son épaisseur, 11 pouc. $\frac{1}{2}$ lig. Il pesoit 92 liv. 6 onc. son poids n'étoit point diminué.

§ 23. *Vingt-troisieme Opération.*

Après avoir resté 23 heures au four, sa longueur étoit de 2 pieds 5 pouc. 10 lig. sa largeur, 11 pouc. 1 lig. foible; son épaisseur, 11 pouc. $\frac{1}{2}$ lig. Il pesoit 92 liv. 6 onc. son poids n'étoit pas diminué.

§ 24. *Remarques sur l'Expérience précédente.*

Au commencement de l'Expérience, le cube de ce morceau de bois étoit de 2 pieds 6 pouc. & après l'Expérience, ayant resté environ 24 jours dans un four chaud, (car on ne le tiroit du four que pour le peser & chauffer le four; sur le champ, on l'y remettoit) à la fin de l'Expérience, son cube n'étoit plus que de 2 pieds 1 pouce 4 lignes 3 points. Au commencement de l'Expérience, le pied cube pesoit 68 liv. 3 onces, & à la fin seulement 43 liv. 10 onces.

ARTICLE VII. *Expérience faite sur un bout de Bordage de Chêne blanc de Nantes.*

CE Chêne coupé en 1718, étoit très-bon & très-sain. Ce bordage, avant l'épreuve, avoit 2 pieds 6 pouces de longueur, sa largeur étoit de 12 pouc. son épaisseur, 3 pouces. Il pesoit 43 livres 1 once.

§ 1. PREMIERE OPÉRATION.

ON l'a mis passer 21 heures dans un four chaud. Au sortir du four, sa longueur étoit de 2 pieds 5 pouc. 10 $\frac{1}{2}$ lig. sa largeur, 11 pouc. 8 $\frac{1}{2}$ lig. son épaisseur, 3 pouc. Il pesoit 34 liv. 13 onc. son poids étoit diminué de 8 liv. 4 onces.

§ 2. SECONDE OPÉRATION.

MÊME temps dans le four qu'à la premiere. Au sortir du four, sa longueur, 2 pieds 5 pouc. 10 $\frac{1}{2}$ lig. sa largeur, 11 pouces 7 $\frac{1}{2}$ lig. son épaisseur, 2 pouces 11 $\frac{1}{2}$ lig. Il pesoit 33 liv. 10 onc. son poids étoit diminué de 1 liv. 3 onc.

§ 3. TROISIEME OPÉRATION.

AUSSI 21 heures dans le four. Au sortir du four, sa longueur, 2 pieds 5 pouc. 10 lig. sa largeur, 11 pouc. 5 $\frac{1}{2}$ lig. son épaisseur, 2 pouc. 11 $\frac{1}{2}$ lig. Il pesoit 30 liv. 14 onc. son poids étoit diminué de 2 livres 12 onces.

§ 4. QUATRIEME OPÉRATION.

COMME les précédentes. Au sortir du four, sa longueur, 2 pieds 5 pouc. 10 lig. sa largeur, 11 pouc. 4 lig. son épaisseur, 2 pouc. 11 $\frac{1}{2}$ lig. Il pesoit 28 liv. 15 onc. ainsi son poids étoit diminué de 1 livre 15 onces.

§ 5.

§ 5. CINQUIEME OPÉRATION.

MÊME temps au four que dans les précédentes. Au sortir du four, sa longueur étoit de 2 pieds 5 pouc. 10 lig. sa largeur, 11 pouc. 3 lig. son épaisseur, 2 pouc. 11 $\frac{1}{2}$ lig. Il pesoit 28 liv. 4 onc. ainsi son poids se trouve diminué de 11 onc.

§ 6. SIXIEME OPÉRATION.

ON a mis ce bordage au four, où il a passé 39 heures. Au sortir du four, sa longueur étoit de 2 pieds 5 pouc. 10 lig. sa largeur, 11 pouc. 2 $\frac{1}{2}$ lig. son épaisseur, 2 pouc. 10 $\frac{1}{2}$ lig. Ce bordage pesoit alors 27 liv. 12 onc. ainsi son poids se trouve diminué sur celui de la précédente Expérience, de 8 onces.

§ 7. SEPTIEME OPÉRATION.

MIS au four pendant 21 heures. Au sortir du four, sa longueur étoit de 2 pieds 5 pouc. 10 lig. sa largeur, 11 pouc. 1 $\frac{1}{2}$ lig. son épaisseur, 2 pouc. 10 lig. $\frac{1}{4}$. Il pesoit 26 liv. 10 onc. ainsi la diminution du poids est de 1 liv. 2 onc.

§ 8. HUITIEME OPÉRATION.

SEMBLABLE à la 7e. Au sortir du four, sa longueur étoit de 2 pieds 5 pouc. 10 lig. sa largeur, 11 pouc. 1 lig. son épaisseur, 2 pouc. 10 lig. $\frac{1}{4}$. Son poids étoit de 26 liv. 8 onc. ainsi la différence du poids est de 2 onc.

§ 9. Remarques sur l'Expérience précédente.

AU commencement de l'Expérience, avant que ce bordage eût été mis au four, son cube étoit de 6 pouc. 7 lig. 6 points, & pesoit 68 liv. 14 onc. & demi. A la fin de l'Expérience, au sortir du four, son cube n'étoit plus que de 6 pouc. 6 lig. 8 points, & ne pesoit plus que 48 liv. 8 onc.

M m

Ce morceau de bois s'étoit extrêmement tourmenté, & fendu en plufieurs endroits.

Article VIII. *Expérience faite fur un bout de Bordage de bois de Nantes.*

Ce bois avoit été coupé en 1726, & ce morceau étoit de qualité inférieure au précédent ; il renfermoit le cœur de l'arbre. Sa longueur, avant l'épreuve, étoit de 2 pieds 6 pouc. fa largeur, 12 pouc. fon épaiffeur, 3 pouces. Il pefoit 41 liv. 8 onc.

§ 1. Premiere Opération.

On a mis ce bordage au four, où il a paffé 21 heures. Au fortir du four, fa longueur étoit de 2 pieds 5 pouc. 10 lig. fa largeur, 11 pouces 9 lig. fon épaiffeur, 3 pouces. Il pefoit, au fortir du four, 34 liv. ainfi fon poids étoit diminué de 7 liv. 8 onc.

§ 2. Seconde Opération.

Même temps au four. Au fortir, fa longueur, 2 pieds 5 pouc. 10 lig. fa largeur, 11 pouc. 8 ½ lig. fon épaiffeur, 3 pouc. Son poids étoit de 33 liv. 4 onc. ainfi il étoit diminué de 12 onc.

§ 3. Troisieme Opération.

Aussi 21 heures dans le four. Au fortir, fa longueur, 2 pieds 5 pouc. 10 lig. fa largeur, 11 pouc. 7 ½ lig. fon épaiffeur, 3 pouc. Son poids étoit de 30 liv. 14 onc. ainfi il étoit diminué de 2 l. 6 onc.

§ 4. Quatrieme Opération.

Comme la précédente. Au fortir du four, fa longueur étoit de 2 pieds 5 pouc. 10 lig. fa largeur, 11 pouc. 6 ½ lig. fon épaiffeur, 3 pouc. La pefanteur étoit de 28 liv. 12 onc. ainfi le poids étoit diminué de 2 liv. 2 onc.

§ 5. CINQUIEME OPÉRATION.

DE même que les précédentes. Au sortir du four, la longueur, 2 pieds 5 pouces 10 lig. la largeur, 11 pouc. 5 $\frac{1}{2}$ lig. l'épaisseur, 3 pouc. La piece pesoit alors 27 liv. 15 onc. ainsi le poids étoit diminué de 13 onc.

§ 6. SIXIEME OPÉRATION.

CE morceau de bois étant mis au four, & y ayant passé 39 heures; au sortir, sa longueur étoit de 2 pieds 5 pouc. 10 lig. sa largeur, 11 pouc. 5 lig. son épaisseur, 3 pouc. Le poids étoit de 27 liv. 10 onc. ainsi il étoit diminué de 5 onc.

§ 7. SEPTIEME OPÉRATION.

ON a mis ce bordage au four, & il y a passé 21 heures: au bout de ce temps, ayant été tiré du four, la longueur étoit de 2 pieds 5 pouc. 10 lig. la largeur, 11 pouc. 2 $\frac{1}{2}$ lig. l'épaisseur, 2 pouc. 11 $\frac{1}{2}$ lig. Le poids 25 liv. 7 onc. ainsi il étoit diminué de 2 livres 3 onc.

§ 8. HUITIEME OPÉRATION.

MÊME temps au four que pour la septieme. Au sortir du four, longueur du bordage, 2 pieds 5 pouc. 10 lig. largeur, 11 pouc. 2 $\frac{1}{2}$ lig. épaisseur, 2 pouc. 11 $\frac{1}{2}$ lig. Poids de la piece, 25 liv. 6 onc. ainsi son poids étoit diminué d'une once.

§ 9. *Remarques sur l'Expérience précédente.*

AU commencement de l'Expérience, avant qu'on eût mis ce bordage au four, son cube étoit de 7 pouces 6 lignes; il pesoit 66 liv. 6 $\frac{1}{2}$ onc. Au sortir du four, son cube n'étoit plus que de 6 pouc. 10 lig. 5 points, & ne pesoit que 43 liv. 5 onc. ce qui fait une différence de 23 liv. 1 once & demie.

Mm ij

Ce bordage avoit beaucoup travaillé ; il étoit arqué & éclaté par un bout ; & il s'y étoit fait en plusieurs endroits de petites fentes.

ARTICLE IX. *Expérience faite sur un morceau de bois de la Forêt de Belle-Blanche.*

Ce bois avoit été abattu en 1718, dans un terrein gras & marécageux : il étoit assez dur, sans fentes ni gélivûres. Avant l'épreuve, ce morceau avoit 2 pieds 6 pouces de longueur, 12 pouces de largeur, 12 pouces d'épaisseur : il pesoit 177 livres 6 onces.

§ 1. PREMIERE OPÉRATION.

On le mit au four, où il passa 21 heures. Au sortir du four, sa longueur étoit de 2 pieds 5 pouces 11 $\frac{1}{2}$ lig. sa largeur, 11 pouc. 10 $\frac{1}{2}$ lig. son épaisseur, 11 pouces 10 lig. Le poids étoit de 165 liv. 12 onc. ainsi il avoit diminué au four de 11 livres 10 onc.

§ 2. SECONDE OPÉRATION.

Mis comme à la précédente, 21 heures dans le four. Au sortir, sa longueur étoit de 2 pieds 5 pouces 10 $\frac{1}{2}$ lig. sa largeur, 11 pouc. 10 lig. son épaisseur, 11 pouc. 9 lig. Son poids, 161 liv. 4 onc. le poids étoit diminué de 4 liv. 8 onc.

§ 3. TROISIEME OPÉRATION.

Ayant passé le même temps au four, la longueur, 2 pieds 5 pouc. 10 $\frac{1}{2}$ lig. largeur, 11 pouc. 9 lig. épaisseur, 1 pouc. 7 $\frac{1}{2}$ lig. Poids de la piece, 153 liv. 2 onc. diminution, 8 liv. 2 onc.

§ 4. QUATRIEME OPÉRATION.

Même temps au four. La longueur, au sortir du four, 2 pieds 5 pouc. 10 $\frac{1}{2}$ lig. largeur, 11 pouc. 8 lig. épaisseur, 11 pouc.

7 lig. Poids de la piece, 146 liv. 4 onc. diminution de poids, 6 liv. 14 onc.

§ 5. Cinquième Opération.

Longueur de la piece au sortir du four, 2 pieds 5 pouc. 10 ½ lig. largeur, 11 pouc. 7 ½ lig. épaisseur, 11 pouc. 6 lig. Poids de la piece, 141 liv. 2 onc. différence de poids, 5 liv. 2 onc.

§ 6. Sixieme Opération.

On a mis ce morceau de bois au four, & on l'y a laissé 39 heures. Au sortir du four sa longueur étoit de 2 pieds 5 pouc. 10 lig. sa largeur, 11 pouc. 7 lig. son épaisseur, 11 pouc. 5 lig. Le poids de la piece étoit de 133 liv. 10 onc. la diminution, de 7 livres 8 onces.

§ 7. Septieme Opération.

Remis au four pendant 21 heures. Au sortir, longueur, 2 pieds 5 pouc. 10 lig. largeur, 11 pouc. 6 lig. épaisseur, 11 pouc. 4 ½ lig. Le poids de la piece, 127 liv. 6 onc. la diminution étoit de 6 liv. 4 onc.

§ 8. Huitieme Opération.

Même temps au four que dans la précédente. Au sortir, la longueur étoit de 2 pieds 5 pouc. 10 lig. la largeur, 11 pouc. 5 lig. l'épaisseur, 11 pouc. 4 ½ lig. Le poids de la piece, 124 liv. 1 onc. la diminution étoit de 3 liv. 5 onc.

§ 9. Neuvieme Opération.

De même que la précédente. Au sortir du four, longueur, 2 pieds 5 pouc. 10 lig. largeur, 11 pouc. 5 lig. épaisseur, 11 pouc. 3 lig. Poids de la piece, 120 liv. 14 onc. ainsi elle a diminué de 3 liv. 3 onces.

§ 10. *DIXIEME OPÉRATION.*

VINGT & une heures dans le four. Au fortir, la longueur de ce bordage étoit de 2 pieds 5 pouc. 10 lig. la largeur, 11 pouc. 4 $\frac{1}{2}$ lig. l'épaiffeur, 11 pouc. 1 lig. La piece pefoit dans cet état 117 liv. 4 onc. ainfi elle étoit diminuée de 3 liv. 10 onc.

§ 11. *ONZIEME OPÉRATION.*

ON l'a remis paffer 21 heures au four. Au fortir, la longueur étoit de 2 pieds 5 pouc. 9 $\frac{1}{2}$ lig. la largeur, 11 pouc. 4 lig. l'épaiffeur, 11 pouc. Sa pefanteur étoit de 112 liv. 10 onc. ainfi cette piece avoit diminué de 4 liv. 10 onc.

§ 12. *DOUZIEME OPÉRATION.*

CE bordage a été mis au four, où on l'a laiffé 39 heures, comme dans la fixieme Opération. Au fortir, la longueur étoit de 2 pieds 5 pouc. 9 $\frac{1}{2}$ lig. la largeur, 11 pouc. 2 lig. l'épaiffeur, 11 pouc. La pefanteur, 108 liv. 4 onc. la diminution 4 liv. 6 onces.

§ 13. *TREIZIEME OPÉRATION.*

ON l'a remis paffer 21 heures au four. Au fortir, longueur, 2 pieds 5 pouc. 9 $\frac{1}{2}$ lig. largeur, 11 pouc. 1 lig. épaiffeur, 10 pouc. 11 lig. Pefanteur, 105 liv. la diminution étoit de 3 liv. 4 onc.

§ 14. *QUATORZIEME OPÉRATION.*

COMME la précédente, 21 heures dans le four. Au fortir, la longueur étoit de 2 pieds 5 pouc. 9 $\frac{1}{2}$ lig. la largeur, 11 pouc. $\frac{1}{2}$ lig. l'épaiffeur, 10 pouc. 9 lig. La pefanteur, 101 liv. 12 onc. la diminution, 3 liv. 4 onc.

§ 15. *Quinzieme Opération.*

Mis au four comme dans l'opération précédente, 21 heures. Au sortir du four, la longueur étoit de 2 pieds 5 pouc. 9 $\frac{1}{2}$ lig. largeur, 11 pouc. épaisseur, 10 pouc. 8 $\frac{1}{2}$ lig. Poids, 98 liv. 11 onc. diminution, 3 liv. 1 onc.

§ 16. *Seizieme Opération.*

Comme la précédente. Au sortir du four, longueur, 2 pieds 5 pouc. 9 $\frac{1}{2}$ lig. largeur, 10 pouc. 11 $\frac{1}{2}$ lig. épaisseur, 10 pouc. 8 $\frac{1}{2}$ lig. La pesanteur étoit de 95 liv. 2 onc. ainsi ce bordage, étoit diminué de 3 liv. 9 onc.

§ 17. *Dix-septieme Opération.*

Comme la précédente. Au sortir du four, longueur, 2 pieds 5 pouc. 9 $\frac{1}{2}$ lig. largeur, 10 pouc. 11 lig. épaisseur, 10 pouces 8 $\frac{1}{2}$ lig. Pesanteur de la piece, 92 liv. 8 onc. ainsi elle a diminué de 2 liv. 10 onc.

§ 18. *Dix-huitieme Opération.*

On a mis ce bordage au four, & on l'y a laissé passer 39 heures. Au sortir, sa longueur étoit de 2 pieds 5 pouc. 9 lig. sa largeur, 10 pouc. 11 lig. son épaisseur, 10 pouc. 8 lig. Sa pesanteur étoit de 89 liv. 4 onc. ainsi il a diminué de 3 l. 4 onc.

§ 19. *Dix-neuvieme Opération.*

Remis au four où il a passé 21 heures. Au sortir, longueur, 2 pieds 5 pouc. 9 lig. largeur, 10 pouc. 10 $\frac{1}{2}$ lig. épaisseur, 10 pouc. 8 lig. Pesanteur, 87 liv. 8 onc. diminution de poids, une liv. 12 onc.

§ 20. *Vingtieme Opération.*

COMME la dix-neuvieme. Au sortir du four, longueur, 2 pieds 5 pouc. 9 lig. largeur, 10 pouc. 10 $\frac{1}{2}$ lig. épaisseur, 10 pouc. 7 lig. $\frac{1}{4}$. Poids de la piece, 85 liv. 12 onc. ainsi elle a diminué d'une liv. 12 onc.

§ 21. *Vingt et Unieme Opération.*

REMIS au four pendant 21 heures. Au sortir, la longueur, 2 pieds 5 pouc. 9 lig. la largeur, 10 pouc. 10 $\frac{1}{2}$ lig. l'épaisseur, 10 pouc. 7 $\frac{1}{2}$ lig. La pesanteur, 84 liv. 4 onc. ainsi ce bordage a diminué d'une livre 8 onc.

§ 22. *Vingt-Deuxieme Opération.*

AU sortir du four, la longueur étoit de 2 pieds 5 pouc. 9 lig. la largeur, 10 pouc. 10 $\frac{1}{2}$ lig. l'épaisseur, 10 pouc. 7 $\frac{1}{2}$ lig. La pesanteur, 84 liv. la diminution, de 4 onc.

§ 23. *Vingt-Troisieme Opération.*

COMME dans les précédentes, le bordage a été 21 heures dans le four. Au sortir du four, la longueur étoit de 2 pieds 5 pouc. 9 lig. la largeur, 10 pouc. 10 $\frac{1}{2}$ lig. l'épaisseur, 10 pouc. 7 lig. $\frac{1}{4}$. La pesanteur étoit de 83 liv. 14 onc. ainsi la diminution a été de 2 onc.

§ 24. *Remarques sur l'Expérience précédente.*

AVANT qu'on eût mis ce bordage au four, il pesoit 70 liv. 15 onc. & son cube étoit de 2 pieds 6 pouces, A la fin de l'Expérience, ce même cube n'étoit plus que d'un pied 11 pouc. 9 lignes 11 points, & ne pesoit plus que 42 livres 3 onces 6 gros; ce qui fait 28 livres 11 onces 2 gros de diminution.

Ce bordage s'étoit peu tourmenté ou arqué; il s'y étoit fait plusieurs fentes ou crevasses en plusieurs sens, principalement vers les extrémités.

ARTICLE

ARTICLE X. *Expérience fur une piece de Bois de Bretagne.*

CE bois avoit été coupé en 1726 dans un terrein ingrat & montagneux : il étoit roux, facile à travailler, un peu fendu au cœur vers la racine. Cette piece, avant l'épreuve, avoit 2 pieds 5 pouces de longueur, 12 pouces de largeur, 12 pouces d'épaiſſeur; elle peſoit 164 livres 6 onces.

§ 1. PREMIERE OPÉRATION.

ON a mis cette piece au four, & elle y a reſté 21 heures. Au bout de ce temps, on l'a tirée du four, ſa longueur alors s'eſt trouvée de 2 pieds 4 pouc. 11 lig. ſa largeur, 11 pouc. $11\frac{1}{2}$ lig. ſon épaiſſeur, 11 pouc. 11 lig. Sa peſanteur, 151 liv. 8 onc. elle avoit par conféquent diminué de 12 liv. 14 onc.

§ 2. SECONDE OPÉRATION.

COMME la précédente. Au ſortir du four, longueur, 2 pieds 4 pouc. 11 lig. largeur, 11 pouc. $10\frac{1}{2}$ lig. épaiſſeur, 11 pouc. 10 lig. Poids de la piece, 147 liv. diminution, 4 liv. 8 onc.

§ 3. TROISIEME OPÉRATION.

MÊME temps au four. Au ſortir, la longueur étoit de 2 pieds 4 pouc. 11 lig. largeur, 11 pouc. $9\frac{1}{2}$ lig. épaiſſeur, 11 pouc. $8\frac{1}{2}$ lig. Peſanteur, 138 liv. 12 onc. ainſi elle avoit diminué de 8 livres 4 onces.

§ 4. QUATRIEME OPÉRATION.

AU ſortir du four, longueur, 2 pieds 4 pouc. 11 lig. largeur, 11 pouc. $8\frac{1}{2}$ lig. épaiſſeur, 11 pouc. 8 lig. Peſanteur, 131 liv. 8 onc. ainſi elle avoit diminué de 7 liv. 4 onc.

N n

§ 5. CINQUIEME OPÉRATION.

Au fortir de l'étuve, la longueur étoit de 2 pieds 4 pouc. 11 lig. la largeur, 11 pouc. 7 $\frac{1}{2}$ lig. l'épaiffeur, 11 pouc. 6 $\frac{1}{2}$ lig. Le poids de cette piece étoit alors de 126 liv. 2 onc. ainfi la diminution étoit de 5 liv. 6 onc.

§ 6. SIXIEME OPÉRATION.

Cette piece fut mife au four où elle refta 39 heures. Au bout de ce temps elle fut retirée ; fa longueur étoit alors de 2 pieds 4 pouc. 11 lig. fa largeur, 11 pouc. 6 $\frac{1}{2}$ lig. l'épaiffeur, 11 pouc. 5 lig. Le poids étoit de 119 liv. 6 onc. ainfi elle avoit diminué à l'étuve de 6 liv. 12 onc.

§ 7. SEPTIEME OPÉRATION.

On a remis cette piece au four ; mais on a obfervé de ne l'y laiffer que 21 heures. Au fortir du four, la longueur étoit de 2 pieds 4 pouc. 10 $\frac{1}{2}$ lig. la largeur, 11 pouc. 6 lig. l'épaiffeur, 11 pouc. 5 lig. Le poids de la piece étoit de 113 liv. 14 onc. diminution, 5 liv. 8 onc.

§ 8. HUITIEME OPÉRATION.

Même temps que la précédente. Au fortir du four, longueur, 2 pieds 4 pouc. 10 $\frac{1}{2}$ lig. largeur, 11 pouc. 5 lig. épaiffeur, 11 pouc. 3 $\frac{1}{2}$ lig. Poids de la piece, 111 liv. 5 onc. diminution, 2 liv. 9 onc.

§ 9. NEUVIEME OPÉRATION.

Au fortir du four, la longueur étoit de 2 pieds 4 pouc. 10 $\frac{1}{2}$ lig. la largeur, 11 pouc. 4 lig. l'épaiffeur, 11 pouc. 3 lig. Le poids de la piece étoit de 108 liv. 12 onc. la diminution, de 2 liv. 9 onc.

§ 10. DIXIEME OPÉRATION.

Au sortir du four, la longueur de cette piece étoit de 2 pieds 4 pouc. 10 $\frac{1}{2}$ lig. la largeur, 11 pouc. 4 lig. l'épaisseur, 11 pouc. 2 $\frac{1}{2}$ lig. Le poids de la piece, 105 liv. 12 onc. la diminution, de 3 liv.

§ 11. ONZIEME OPÉRATION.

Au sortir de l'étuve, longueur, 2 pieds 4 pouces 10 lig. largeur, 11 pouc. 3 $\frac{1}{2}$ lig. épaisseur, 11 pouces 2 lig. Poids de la pièce, 101 liv. 13 onc. diminution, 3 liv. 15 onc.

§ 12. DOUZIEME OPÉRATION.

Cette piece de bois fut mise au four ; & y ayant resté 39 heures, on la retira : la longueur étoit alors de 2 pieds 4 pouc. 10 lig. la largeur, 11 pouc. 2 $\frac{1}{2}$ lig. l'épaisseur, 11 pouc. 1 $\frac{1}{2}$ lig. Le poids de la piece, 98 liv. 4 onc. ainsi la diminution a été de 3 liv. 9 onc.

§ 13. TREIZIEME OPÉRATION.

On a encore mis cette piece de bois au four : mais elle n'y a demeuré que 21 heures ; & au sortir, sa longueur étoit de 2 pieds 4 pouc. 10 lig. sa largeur, 11 pouc. 2 lig. son épaisseur, 11 pouc. 1 $\frac{1}{2}$ lig. Sa pesanteur, 96 liv. 4 onc. elle avoit diminué au four de 2 liv.

§ 14. QUATORZIEME OPÉRATION.

Comme la précédente. Au sortir du four, la longueur, 2 pieds 4 pouc. 10 lig. la largeur, 11 pouc. 2 lig. l'épaisseur, 11 pouc. 1 lig. Poids de la piece, 93 liv. 10 onc. diminution, 2 liv. 10 onc.

N n ij

§ 15. Quinzieme Opération.

Au fortir du four, longueur, 2 pieds 4 pouc. 10 lig. largeur, 11 pouc. 1 ½ lig. épaiffeur, 11 pouc. 1 lig. Poids, 91 liv. 12 onc. diminution, 1 liv. 14 onc.

§ 16. Seizieme Opération.

Au fortir du four, longueur, 2 pieds 4 pouc. 10 lig. largeur, 11 pouc. 1 ½ lig. épaiffeur, 11 pouc. ½ lig. Poids de la piece, 89 liv. diminution, 2 liv. 12 onc.

§ 17. Dix-Septieme Opération.

Comme les précédentes, 21 heures au four. Au fortir, la longueur étoit de 2 pieds 4 pouc. 10 lig. la largeur, 11 pouc. 1 ½ lig. l'épaiffeur, 11 pouc. Poids de la piece, 86 liv. 14 onc. diminution de poids, 2 liv. 2 onc.

§ 18. Dix-huitieme Opération.

On a mis cette piece de bois au four pendant 39 heures. Au fortir du four, la longueur étoit de 2 pieds 4 pouc. 10 lig. la largeur, 11 pouc. 1 lig. l'épaiffeur, 10 pouc. 11 ½ lig. Le poids de la piece, 85 liv. 1 onc. la diminution, de 1 liv. 13 onc.

§ 19. Dix-neuvieme Opération.

Cette piece de bois mife au four pendant 21 heures. Au fortir du four, longueur, 2 pieds 4 pouc. 10 lig. largeur, 11 pouc. 1 lig. épaiffeur, 10 pouc. 11 lig. Pefanteur de la piece, 83 liv. 14 onc. diminution, 1 liv. 3 onc.

§ 20. *Vingtieme Opération.*

VINGT ET UNE heures au four, comme dans la précédente. Au sortir du four, la longueur étoit de 2 pieds 4 pouc. 10 lig. la largeur, 11 pouc. ½ lig. l'épaisseur 10 pouc. 11 lig. Poids de la piece, 83 liv. 6 onc. diminution, 8 onc.

§ 21. *Vingt et unieme Opération.*

AU sortir du four, longueur, 2 pieds 4 pouc. 10 lig. largeur, 11 pouc. épaisseur, 10 pouc. 11 lig. Pesanteur de la piece, 82 liv. 8 onc. la diminution a été de 14 onc.

§ 22. *Vingt-deuxieme Opération.*

DE même que les précédentes. Au sortir du four, longueur, 2 pieds 4 pouc. 10 lig. largeur, 11 pouc. épaisseur, 10 pouc. 11 lig. Poids de la piece, 82 liv. 8 onc. ainsi il n'y a eu aucune diminution.

§ 23. *Vingt-troisieme Opération.*

CETTE piece de bois ayant encore passé 21 heures dans le four, au sortir la longueur étoit de 2 pieds 4 pouc. 10 lig. la largeur, 11 pouc. l'épaisseur, 10 pouc. 11 lig. Poids de la piece, 82 liv. 6 onc. ainsi elle a diminué de 2 onces.

§ 24. *Remarques sur l'Expérience précédente.*

AVANT que ce morceau de bois passât au four, son cube étoit de 2 pieds 5 pouc. & le pied cube de ce bois pesoit 68 liv. Après avoir subi toutes les différentes épreuves, il ne cuboit plus que 2 pieds 6 points, & le pied cube ne pesoit que 41 liv. 3 onces : c'est 26 livres 14 onces de diminution par pied cube.

Cette piece de bois s'est peu tourmentée ; il ne s'y est fait que quelques fentes peu confidérables, & les bouts fe font arqués médiocrement.

Article XI. *Expérience fur un Bordage de bois de Bretagne.*

Ce Bois coupé en 1726, provenoit d'un terrein montueux & ingrat. Avant l'épreuve, ce bordage avoit 2 pieds 6 pouces de longueur, 12 pouces de largeur, 3 pouces d'épaiffeur. Il pefoit 38 livres 7 onces.

§ 1. Premiere Opération.

On l'a mis au four où il a paffé 21 heures. Au fortir du four, la longueur de ce bordage étoit de 2 pieds 5 pouc. 10 lig. la largeur, 11 pouc. 10 lig. l'épaiffeur, 3 pouc. La pefanteur, 31 liv. 14 onc. ainfi il avoit diminué de 6 liv. 9 onces.

§ 2. Seconde Opération.

Comme la précédente. Longueur, 2 pieds 5 pouc. 10 lig. largeur, 11 pouces 9 lig. épaiffeur, 2 pouces 11 $\frac{1}{2}$ lig. Poids, 31 liv. diminution, 14 onc.

§ 3. Troisieme Opération.

Comme dans les précédentes Expériences, 21 heures dans le four. Au fortir du four, la longueur étoit de 2 pieds 5 pouces 9 $\frac{1}{2}$ lig. la largeur, 11 pouc. 8 $\frac{1}{2}$ lig. l'épaiffeur, 2 pouc. 10 $\frac{1}{2}$ lig. La pefanteur de la piece étoit de 29 liv. ainfi elle a diminué de 2 livres.

§ 4. Quatrieme Opération.

Comme dans les précédentes Opérations. Au fortir du four, la longueur, 2 pieds 5 pouces 9 $\frac{1}{2}$ lig. largeur, 11 pouces 8

lig. épaiſſeur, 2 pouc. 10 lig. Poids, 26 liv. 15 onc. diminution de poids, 2 livres 1 once.

§ 5. C i n q u i e m e O p é r a t i o n.

Vingt et une heures dans le four. Au ſortir, longueur, 2
pieds 5 pouc. $9\frac{1}{2}$ lig. largeur, 11 pouc. 7 lig. épaiſſeur, 2 pouces 10 lig. Poids de la piece, 26 liv. 6 onc. ainſi elle a diminué de 9 onc.

§ 6. S i x i e m e O p é r a t i o n.

On a mis ce bordage au four; & après y avoir reſté 39
heures, on l'a retiré, la longueur étoit alors de 2 pieds 5 pouc.
$9\frac{1}{2}$ lig. la largeur, 11 pouc. 7 lig. l'épaiſſeur, 2 pouc. $9\frac{1}{2}$ lig.
Le poids, 26 liv. la diminution étoit de 6 onc.

§ 7. S e p t i e m e O p é r a t i o n.

Remis au four pour y reſter 21 heures. Au ſortir du four,
la longueur étoit de 2 pieds 5 pouc. 9 lig. la largeur, 11 pouc.
6 lig. l'épaiſſeur, 2 pouc. 9 lig. La peſanteur de la piece, 24
liv. 15 onc. la diminution, 1 liv. 1 onc.

§ 8. H u i t i e m e O p é r a t i o n.

Au four 21 heures comme dans la précédente Opération.
Au ſortir du four, longueur, 2 pieds 5 pouc. 9 lig. largeur,
11 pouc. 6 lig. épaiſſeur, 2 pouc. 9 lig. Poids de la piece, 24
liv. $14\frac{1}{2}$ onc. diminution de poids, une once & demie.

§ 9. *Remarques ſur la précédente Expérience.*

Avant que ce morceau de bois fût mis au four, ſon cube
étoit de 7 pouces 6 lignes, & le pied cube peſoit 61 liv. 8 onc.
Après qu'il fut ſorti du four, le cube étoit de 6 pouc. 6 lig. 8
points, & le pied cube ne peſoit plus que 45 liv. $9\frac{1}{2}$ onc. c'eſt
une diminution de 15 liv. 14 onc. 4 gros.

Ce morceau de bois s'eft tourmenté ; il s'eft arqué ; il s'y eft fait des fentes en différents endroits, & il s'eft éclaté dans un coin.

Article XII. *Expérience faite fur un Soliveau rempli de feve.*

Ce foliveau avoit 3 pieds de longueur, 10 & 8 pouces d'é-quarriffage, cubant 1 pied 6 pouces ; il étoit d'un Chêne de très-bonne qualité, d'un grain fin & ferré, tout verd & rempli de feve, n'ayant été abattu que depuis trois femaines : il n'a-voit ni roulures ni gélivures. Il pefoit 132 liv. ce qui eft à peu près à raifon de 79 livres 3 onces 2 gros le pied cube.

§ 1. *Premiere Opération.*

On mit ce foliveau dans un four chauffé comme pour cuire du pain, le côté qui regardoit le pied de l'arbre étant vers le fond du four, & pofé fur la face qui avoit 8 pouces d'épaiffeur: ayant refté 24 heures dans le four, dont la bouche étoit fermée, il ne pefoit plus que 107 liv. ainfi fon poids étoit diminué de 25 liv. La couleur du bois étoit devenue brune & comme en-fumée ; il s'étoit formé au bout qui regardoit le fond du four, c'eft-à-dire, au pied de l'arbre qui n'avoit aucune gerçure, quinze petites fentes fur les angles s'étendant fur le bout de la piece ; & fur les faces, elles étoient ouvertes de l'épaiffeur d'une lame de couteau, & feulement profondes de 4 à 5 lig.

Il s'eft formé au bout qui regardoit l'entrée du four, une fente de 5 pouces de longueur, d'une $\frac{1}{2}$ lig. d'ouverture, & étant fondée avec un fil de fer fin, elle avoit 4 à 5 pouc. de pro-fondeur. Il ne s'eft formé aucune fente fur les faces, de 10 pouc. de largeur. La piece n'a point diminué fenfiblement de longueur, & elle avoit encore 8 pouc. d'épaiffeur ; mais elle n'avoit plus que 9 pouc. 9 lig. de largeur, au lieu de 10 pouc.

Il étoit forti par la grande fente un écoulement de feve qui s'étoit grillée comme du caramel, & formoit un charbon très-
léger

léger comme de la crême fouettée : on a estimé qu'il y en avoit ce qu'il faudroit pour remplir une petite cuiller.

Quand on a tiré du four ce morceau de bois, il n'étoit pas possible de le manier, tant il étoit chaud.

§ 2. SECONDE OPÉRATION.

ON a remis au four le même bout de soliveau : après l'y avoir laissé 22 heures, on l'en a retiré, & il pesoit 103 l. 8 onc.

Ainsi son poids étoit diminué de   3   8

On n'a apperçu aucun changement aux fentes ni à la longueur, ni à la largeur; mais il avoit perdu 2 lig. de son épaisseur, sur une face seulement, & rien sur la face opposée ; les angles de la piece étoient un peu grillés.

Nota, qu'à cette seconde Opération le four n'étoit pas aussi chaud qu'à la premiere, non plus qu'à celles que nous allons rapporter.

§ 3. TROISIEME OPÉRATION.

ON remit la même piece dans le four ; & après y avoir resté 22 heures, elle ne pesoit plus que . . . . 93 l.

Ainsi son poids étoit diminué de. 10   8 onc.

La grande fente a paru s'être un peu refermée ; elle n'avoit qu'une ligne d'ouverture.

Au reste on n'apperçut aucun changement sensible sur la longueur de la piece, sa largeur étoit diminuée d'une ligne, elle n'avoit plus que 9 pouces 8 lig. elle avoit aussi diminué d'une ligne d'épaisseur sur la face qui n'avoit point diminué à la seconde Opération.

§ 4. QUATRIEME OPÉRATION.

ON a remis le même bout de soliveau dans le four chauffé à l'ordinaire : après y avoir resté 37 heures, il ne pesoit que 84 liv.

Ainsi son poids étoit diminué de   9

La grande fente s'étoit beaucoup refermée, & elle n'avoit

O o

plus qu'un quart de ligne d'ouverture. On voyoit sortir un peu de fumée par cette fente ; ce qui fit juger que la piece n'étoit pas encore parfaitement seche.

Elle n'avoit point diminué sensiblement de longueur ; elle avoit perdu une ligne de largeur, qui n'étoit plus que de 9 pouces 6 lignes : elle avoit aussi perdu de son épaisseur, qui étoit réduite à 7 pouces 10 lignes.

§ 5. Cinquieme Opération.

On remit encore cette même piece dans le four chauffé à l'ordinaire ; & après qu'elle y eut resté 24 heures, elle ne pesoit plus que . . . . 81 liv.

Ainsi son poids étoit diminué de 3

Nulle autre diminution qu'une ligne sur son épaisseur.

§ 6. Remarques sur l'Expérience précédente.

Quoique ce soliveau continuât à perdre de son poids dans le four, on finit l'Expérience, parce qu'il n'étoit pas question de le réduire en charbon.

A la fin de l'Expérience, sa pesanteur étoit de . . . 81 liv.

Il avoit perdu de son premier poids 51

Sa longueur n'avoit point sensiblement varié ; sa largeur de 10 pouces étoit réduite à 9 pouces 6 lig. son épaisseur qui étoit de 8 pouces, étoit réduite à 7 pouces 9 lignes.

On trouvera dans le *Traité de l'Exploitation*, *Liv. IV*, *Chap. II*, pourquoi les fentes diminuent de largeur à mesure que les bois se dessèchent.

Article XIII. *Expérience faite sur du Bois qui avoit perdu une partie de sa seve.*

Cette Expérience est la même que la précédente, excepté que le bout du soliveau qui avoit aussi 3 pieds de longueur, 10 & 8 pouces d'équarrissage, étoit pris d'un arbre qui avoit été abattu l'hiver précédent : ainsi il avoit huit à neuf mois d'abattage. Cependant, après avoir été travaillé, il paroiſſoit auſſi rempli de ſeve que s'il eût été récemment abattu : il peſoit 139 liv. c'eſt à raiſon de 83 liv. 6 onc. 4 gros le pied cube. Il avoit au pied un ſimple trait en forme de croiſſant, ſigne d'une roulure qui devoit ſe manifeſter plus ſenſiblement quand le bois ſeroit ſec ; on appercevoit auſſi cinq traits ſans profondeur, indice des fentes qui ſe formeroient lorſque le bois ſeroit ſec. Ces traits qui n'avoient point de profondeur, partoient d'un même centre. On n'appercevoit aucune gerce ſur les côtés.

§ 1. PREMIERE OPÉRATION.

ON mit ce ſoliveau dans un four échauffé comme pour la premiere Expérience : après y avoir été 24 heures, il ne peſoit plus que. . . . . 111 liv.

Ainſi ſon poids étoit diminué de. 28

La roulure du pied s'étoit ouverte, & elle avoit 7 pouces 6 lignes de profondeur, 4 pouces 6 lignes d'étendue, & 3 lignes d'ouverture.

Un des traits qui annonçoient des fentes à la tête, s'étoit ouvert de 2 lig. & cette fente avoit 2 pouc. de profondeur.

On n'apperçut aucune diminution ni ſur la longueur, ni ſur l'épaiſſeur de la piece : mais elle s'étoit contraĉtée de 2 lignes ſur la largeur, qui n'étoit plus que de 9 pouces 10 lignes.

Il ſortit de la ſeve par les deux bouts à peu près en même quantité qu'à la premiere Expérience.

§ 2. SECONDE OPÉRATION.

ON remit ce même bout de ſoliveau au four ; & 22 heures après il peſoit . . . . 107 liv.

Ainſi il avoit diminué de 4

La roulure du pied ne s'étoit point élargie ; mais on y fit entrer un fil de fer de 13 pouces de longueur.

La fente de la tête avoit 4 pouces 6 lig. de profondeur : les autres traits s'étoient ouverts d'un quart de ligne.

O o ij

On ne remarqua qu'une ligne de diminution sur la largeur qui étoit de 9 pouces 9 lignes.

§ 3. Troisieme Opération.

Le même morceau de bois ayant été remis au four, & y étant resté 22 heures, il ne pesoit plus que . . . 96 liv.

Ainsi il avoit diminué de 11

L'ouverture de la roulure n'étoit point augmentée; mais elle avoit 13 pouces de profondeur : les gerces qui s'étoient ouvertes à la tête, s'étoient refermées, & la principale fente parut un peu diminuée.

On n'apperçut de diminution que sur l'épaisseur, qui n'étoit plus que de 7 pouces 11 lignes.

§ 4. Quatrieme Opération.

Le même morceau de bois ayant resté 37 heures au four, pesoit . . . . 86 liv.

Ainsi son poids étoit diminué de 10

La roulure du pied s'étoit refermée d'une ligne, & elle n'avoit plus que 2 lignes d'ouverture : celle de la tête s'étoit aussi considérablement fermée ; elle n'avoit plus qu'une ligne d'ouverture : les autres gerces étoient fermées entiérement.

La longueur de la piece étoit diminuée de 3 lignes, elle n'étoit plus que de 9 pouces 6 lignes ; son épaisseur étoit diminuée d'une ligne, & n'étoit plus que de 7 pouces 10 lignes.

§ 5. Cinquieme Opération.

Ce morceau de bois ayant resté 24 heures au four, pesoit . . . . 83 liv.

Ainsi son poids étoit diminué de 3

La roulure du pied étoit restée à 2 lignes d'ouverture ; les gerces de la tête étoient refermées, & la grande fente n'étoit plus que d'un quart de ligne d'ouverture.

Il n'avoit point diminué de largeur : son épaisseur ayant diminué d'une ligne, elle n'étoit plus que de 7 pouc. 9 lig. 6 points.

§ 6. *Remarques sur la précédente Expérience.*

CE bout de soliveau pesoit au commencement de l'Expérience . . . . 139 liv.
A la fin. 83
Ainsi son poids étoit diminué de 56

On n'a point apperçu de diminution sur sa longueur qui étoit de 3 pieds. Sa largeur qui étoit de 10 pouces, s'est trouvée réduite à 9 pou. 6 lig. & son épaisseur qui étoit de 8 pou. à 7 pou. 9 lig. 6 points.

Les fentes qui s'étoient ouvertes d'abord, quand le bois a commencé à se dessécher, se sont fermées à mesure qu'il approchoit d'être sec. Nous en avons donné la raison physique dans le *Traité de l'Exploitation, Liv. IV, Chap. II.*

ARTICLE XIV. *Expérience faite sur un bout de Soliveau abattu depuis six ans.*

CE bout de soliveau étoit de pareilles dimensions que les précédents, 3 pieds de longueur, 10 & 8 pouces d'équarrissage, & pareillement de Chêne très-dur & fort sain, mais abattu depuis six ans. Comme il étoit toujours resté à l'air, la superficie en paroissoit grillée par le soleil; cependant après avoir été équarri & réduit aux dimensions que je viens de marquer, il paroissoit contenir encore beaucoup de seve. Il pesoit 133 liv. c'est à raison de 79 liv. 12 onc. 6 gros le pied cube. Il ne paroissoit aucune indice de fente au pied; mais on appercevoit à la tête quatre traits qui indiquoient qu'il se formeroit des fentes à ces endroits.

§ I. PREMIERE OPÉRATION.

CE morceau de bois ayant resté 24 heures au four, pesoit. . . . . 105 liv.

Ainfi il étoit diminué de. . . . . 28 liv.

Il ne s'étoit ouvert aucune fente au pied ; les quatre traits de la tête s'étoient ouverts d'un quart de ligne ; la profondeur de ces fentes étoit de 4 pouces.

Il ne paroiſſoit aucune gerce ſur les faces. Sa largeur étoit diminuée de 2 lig. & avoit 9 pouc. 10 lig. ſon épaiſſeur étoit auſſi diminuée de 2 lig. mais ſeulement du côté du pied.

Il ſortit très-peu de ſeve par le bout de la tête.

§ 2. SECONDE OPÉRATION.

CE morceau de bois ayant reſté 22 heures dans le four, peſoit. . . . . 102 liv.

Ainſi il étoit diminué de 3

Les gerces & fentes étoient dans le même état qu'à la premiere Opération. Sa largeur étoit diminuée d'une ligne, & étoit réduite à 9 pouc. 9 lign. Il avoit auſſi diminué de 2 lignes d'épaiſſeur au bout qui répondoit à la tête, où il n'avoit point diminué à la premiere Opération. Son épaiſſeur étoit de 7 pouc, 10 lig.

§ 3. TROISIEME OPÉRATION.

LE même morceau de bois ayant encore reſté 22 heures au four, il ne peſoit plus que . . . . 92 liv.

Ainſi ſon poids étoit diminué de. 10

Il ne s'étoit point formé de fentes au pied ; les quatre fentes qui s'étoient ouvertes à la tête, étoient refermées entiérement.

Son épaiſſeur étoit diminuée d'une demi-ligne, & étoit de 7 pouces 9 lignes 6 points.

§ 4. QUATRIEME OPÉRATION.

ON a remis ce morceau au four, & après y avoir reſté 37 heures, il peſoit . . . . 84 liv.

Ainſi ſon poids étoit diminué de 8

Sa largeur étoit diminuée de 2 lignes ; elle étoit réduite à

9 pouc. 7 lig. son épaisseur étoit aussi diminuée de 2 lig. & étoit réduite à 7 pouc. 7 ½ lig.

On n'a apperçu aucun changement dans les fentes.

§ 5. CINQUIEME OPÉRATION.

CE même morceau ayant été remis au four pendant 24 heures, il pesoit . . . . 81 liv. 8 onc.

Ainsi il avoit perdu de son poids . . . . 2 . . 8

Sa largeur étoit diminuée d'une ligne, & étoit de 9 pouces 6 lig. son épaisseur étoit diminuée d'une demi-ligne, & étoit de 7 pouces 6 lignes.

§ 6. *Remarques sur la précédente Expérience.*

CETTE piece, au commencement de l'Expérience, pesoit . . . . 133 liv.

A la fin, elle pesoit . . . . 81 . . 8 onc.

Son poids étoit diminué de . . . . . 51 . . 8

Elle n'a point sensiblement diminué de longueur, qui a toujours été de 3 pieds ; sa largeur qui étoit de 10 pouces a été réduite à 7 pouc. 6 lig.

Le 18 Octobre, elle pesoit 82 liv. on la mit dans l'eau douce, où elle est restée jusqu'à la fin de Novembre : alors elle pesoit 115 liv. ainsi en six semaines elle s'étoit chargée de 33 livres d'eau, & il s'en falloit encore 18 qu'elle ne fût revenue au poids qu'elle avoit au commencement de l'Expérience. Mais on a vu plus haut, qu'il faut beaucoup de temps pour que les bois soient autant chargés d'eau qu'ils peuvent l'être.

ARTICLE XV. *Expérience faite sur un bout de Soliveau extrêmement sec.*

CETTE Expérience a été faite avec un bout de soliveau de mêmes dimensions que les précédents, 3 pieds de longueur, 10 pouces de largeur & 8 d'épaisseur ; mais pour l'avoir très-

fec, on l'a pris dans une piece de démolition. Il pefoit 98 liv.
Il avoit fur un de fes côtés une fente de 12 pouc. de longueur, 2 lig. d'ouverture & 15 de profondeur. Le bois étoit
très-fec, fain & de bonne qualité.

§ 1. *Premiere Opération.*

Ce bout de foliveau a été mis au four; & après y avoir
refté 22 heures, il pefoit . . . . 94 liv. 8 onc.
Ainfi fon poids étoit diminué de . . . . 3 . . 8
Ses dimenfions n'avoient fouffert aucune diminution, & il
ne s'étoit formé aucune nouvelle fente.

§ 2. *Seconde Opération.*

On l'a mis paffer 22 heures dans un four échauffé comme
pour toutes les autres Opérations : lorfqu'il en fut tiré, il
pefoit. . . . . 83 liv.
Ainfi fon poids étoit diminué de . . . 11 . . 8 onc.
Sa largeur étoit diminuée d'une ligne : elle n'étoit plus que
de 9 pouc. 11 lig. fon épaiffeur avoit auffi diminué d'une lig.
& étoit de 7 pouc. 11 lig.

§ 3. *Troisieme Opération.*

Le même morceau de bois ayant paffé 37 heures au four,
ne pefoit plus que . . . . 75 liv.
Son poids étoit diminué de. 8
Sa largeur étant diminuée de 2 lig. étoit de 9 pouc. 9 lig. &
fon épaiffeur, auffi diminuée d'une lig. étoit de 7 pouc. 10 lig.
Il ne s'étoit point formé de nouvelles fentes.

§ 4. *Quatrieme Opération.*

Le même morceau ayant refté 24 heures dans le four,
pefoit . . . . 74 liv.
Ain

Ainſi il n'étoit diminué que de . . . . 1 liv.
Sa largeur étoit diminuée d'une ligne; elle étoit de 9 pouc.
8 lignes; ſon épaiſſeur, auſſi diminuée d'une ligne, étoit de
7 pouces 9 lignes.

§ 5. *Remarques ſur l'Expérience précédente.*

Ce bout de ſoliveau peſoit, au commencement de l'Expérience, ... 98 liv.
à la fin 74
Ainſi ſon poids étoit diminué de 24
Sa longueur eſt reſtée de 3 pieds; ſa largeur, qui étoit de
10 pouces, s'eſt réduite à 9 pouces 8 lig. & ſon épaiſſeur, qui
étoit de 8 pouces, à 7 pouces 9 lignes.

Ce morceau de bois qui étoit très-ſec, a beaucoup moins
perdu de ſon poids que ceux des premieres Expériences; &
il auroit encore moins diminué, ſi avant l'Expérience la piece
dont le morceau de bois a été tiré, n'avoit pas reſté à terre,
où probablement elle s'étoit chargée de l'humidité que le
terrein lui fourniſſoit.

Article XVI. *Remarques ſur les quatre*
Expériences précédentes.

Ces Expériences ont été faites ſur quatre pieces de bois
préciſément de mêmes dimenſions, mais de différentes coupes:
on y voit que les bois contiennent beaucoup de ſeve, & qu'ils
la conſervent bien long-temps. La piece qui avoit été abattue
l'hiver précédent, en avoit autant que celle qui venoit de
l'être. Cela n'eſt pas fort étonnant; mais il l'eſt, que la piece
abattue depuis plus de 6 ans, toujours reſtée au grand air, &
dont la ſuperficie étoit grillée à un pouce d'épaiſſeur par les
injures de l'air & par l'ardeur du ſoleil, ſe ſoit trouvée avoir
preſque toute ſa ſeve, quand elle a été équarrie, & réduite
aux proportions des autres. Cela n'étoit pas particulier à cette
piece: car on a formé des madriers de pareilles dimenſions,

P p

tirés de pieces qui étant abattues depuis 15 ans devoient être fort seches, & ils se sont tous trouvés contenir beaucoup de seve ou d'humidité : une de ces pieces, qui avoit 3 pieds de longueur sur 10 & 8 pouces d'équarrissage, pesoit 134 liv. elle n'a pas été desséchée au four ; mais à en juger suivant la nature de son bois, & le poids de celles qui avoient été desséchées, celle-ci n'auroit dû peser que 100 liv. ainsi elle devoit contenir 34 liv. de seve ou d'humidité. Il est vrai que, comme on ne s'attendoit pas à faire ces Expériences, on avoit été obligé de prendre des pieces qui étoient posées sur terre, & qui avoient pu se charger de l'humidité du terrein. Il ne seroit pas non plus hors de toute vraisemblance, qu'en exposant au soleil une piece de gros échantillon, la superficie se desséchât d'abord & précipitamment, & que la dissipation de la seve de l'intérieur en devînt plus difficile, la croûte de bois desséchée mettant à couvert du hâle le bois de l'intérieur, & faisant même peut-être un obstacle à l'évaporation de la seve de l'intérieur : c'est probablement pour ces raisons, que nous avons apperçu dans nos Expériences, que les bois se desséchoient plus complettement & plus promptement sous les hangars aérés, qu'en plein air. L'Expérience que nous allons rapporter sur un bordage, en fournira une preuve.

La piece qui a été prise dans une piece de démolition, qui cependant n'avoit été que 9 ans en place, avoit encore beaucoup d'humidité ; & le pied cube dont nous allons parler, en contenoit encore six livres.

On n'a pas poussé plus loin l'épreuve ; & on s'est contenté de remettre ces pieces cinq fois au four, parce qu'elles avoient beaucoup moins perdu de leur poids dès la 4 & la 5e Opération qu'aux autres, & que les bouts & les arrêtes commençoient à se convertir en charbon.

Les pieces ne se sont point tourmentées au four, à l'exception de celle de l'Art. XI qui s'est un peu déjetée ; les autres étoient dans leur premier état, excepté qu'elles avoient diminué de volume ; & à toutes les pieces, la diminution étoit plus grande sur la largeur, que sur l'épaisseur. On a encore remarqué

que les fentes qui s'étoient ouvertes d'abord, s'étoient refermées
à mesure que le bois se desséchoit. On a vu l'explication de
ces faits dans le *Traité de l'Exploitation, Livre IV, Chap. II.*

Au reste il me paroît qu'il ne seroit pas à propos de pousser
le desséchement à un point extrême. J'en ai dit les raisons dans
un article particulier : & en effet qu'y gagneroit-on ? puisque
nous avons vu que les bois très-desséchés se chargent très-promptement de l'humidité de l'air. Quand il seroit praticable de
dessécher ainsi les bois de service, on ne remédieroit pas aux
défauts qui viennent du retour, ni à cette altération que nous
avons prouvé exister dans l'intérieur des pieces de gros
échantillon.

Article XVII. *Expérience faite sur un pied cube de Bois très-sec.*

Cette expérience a été faite avec un pied cube de bois qui
étoit resté à couvert dans une salle depuis une vingtaine d'années, & qui ne pesoit que 47 livres.

On le fit fendre, & il se trouva très-sec dans l'intérieur. Le
plus gros morceau pesoit 36 livres, & c'est sur cette piece de
bois qu'on a fait les Opérations dont nous allons rendre compte.

§ 1. Première Opération.

Ayant passé 22 heures au four, elle pesoit . . . . 35 liv.

§ 2. Seconde Opération.

Ayant encore passé 22 heures au four, elle pesoit . 33 liv.

§ 3. Troisieme Opération.

Ayant passé 37 heures au four, elle pesoit . 30 liv. 8 onc.

§ 4. Quatrieme Opération.

Enfin ayant encore passé 24 heures au four, elle se trouva du même poids . . . . 30 liv. 8 onc.

§ 5. *Remarques sur l'Expérience précédente.*

Ce morceau de bois pesoit, au commencement de l'Expérience, ... 36 liv.
& à la fin, il ne pesoit plus que . . . . . 30 . . 8 onc.
Ainsi son poids étoit diminué de . . . . . 5 . . 8

Article XVIII. *Expériences dans lesquelles on a ménagé davantage la chaleur. Expérience faite sur un Madrier pris dans un Chêne abattu en 1732.*

Dans toutes les Expériences que nous venons de rapporter, les bois avoient été exposés à une chaleur si vive qu'ils étoient grillés, & trop desséchés pour être d'un bon service.

On a ménagé davantage la chaleur pour les Expériences suivantes.

On a scié sur les quatre faces un Chêne abattu l'hiver 1732, pour n'avoir que le cœur du bois : on en a formé un Madrier qui avoit 3 pieds de longueur, 3 pouces d'épaisseur, & 6 pouces de largeur. Le 21 Juin 1734, il pesoit 19 liv. 10 onc. 4 gr.

§ 1. Premiere Opération.

On le mit passer 5 heures dans un four dont la chaleur étoit semblable à ce qu'elle est quand on tire le pain. Au sortir du four, il pesoit . . . . 18 liv. 5 onc.
Ainsi son poids étoit diminué de   1   5   4 gros.

§ 2. *S E C O N D E O P É R A T I O N.*

L'AYANT mis fous un hangar, il pefoit 12 heures après
. . . . . 18 liv. 5 onc. 4 gr.
Son poids étoit augmenté de. . . . . 4 gr.

§ 3. *T R O I S I E M E O P É R A T I O N.*

L'AYANT encore remis paffer 12 heures fous le même hangar, il pefoit . . . . 18 liv. 6 onc.
Ainfi ce morceau de bois qui n'étoit pas fort chargé de feve
lorfqu'on l'a mis au four, & qui s'y étoit encore defféché, af-
piroit puiffamment l'humidité de l'air, qui ces jours-là étoit
confidérable.

§ 4. *Q U A T R I E M E O P É R A T I O N.*

AYANT chauffé le four au même degré que pour la premiere
opération, on y mit le même Madrier; & y ayant refté 24
heures, il ne pefoit plus que . . 16 liv. 6 onc.
Ainfi fon poids étoit diminué de. . . 2
Il s'étoit formé plufieurs fentes affez confidérables.

§ 5. *C I N Q U I E M E O P É R A T I O N.*

APRÈS avoir refté 48 heures fous le hangar, il pefoit 16 l. 7 on.
Son poids étoit augmenté d'une once.

§ 6. *S I X I E M E O P É R A T I O N.*

CE Madrier ayant encore paffé 24 heures dans le four échauffé
au même degré, il pefoit . . . . 16 liv. 4 onc.
Ainfi il n'avoit perdu que 2 onces du poids qu'il avoit à la
quatrieme Opération.

§ 7. Septieme Opération.

On le mit sous le hangar; & 8 ans après, savoir le 25ᵉ Octobre 1742, il pesoit . . . . . . 16 liv. 12 onc.

§ 8. *Remarques sur l'Expérience précédente.*

On voit que ce morceau de bois étoit très-sec, & peut-être plus qu'il ne convenoit pour être mis en œuvre, puisqu'ayant resté huit ans sous un hangar, son poids, au lieu de diminuer, étoit augmenté de 8 onc.

Article XIX. *Expérience faite sur un Madrier pris dans un Chêne abattu depuis cinq mois.*

Ce Madrier étoit de mêmes dimensions que le précédent, & pareillement de cœur de Chêne; mais n'étant abattu que depuis cinq mois, il étoit très-rempli de seve : il pesoit le 21 Juin 1734, 31 livres.

§ 1. Premiere Opération.

Ayant passé 5 heures dans le four, il pesoit 30 liv. 1 onc.
Ainsi son poids étoit diminué de 15

§ 2. Seconde Opération.

Ayant resté 12 heures sous un hangar, il pesoit
. . . . 29 liv. 13 onc. 4 g.
Ainsi son poids au lieu d'augmenter,
étoit diminué de . . . . . 3 　 4

§ 3. Troisieme Opération.

L'ayant remis sous le même hangar, il pesoit 12 heures

après   .   .   .   .   29 l. 10 onc. 0 gr.
Son poids étant encore diminué de   .   .   3   4

On voit que ce morceau de bois qui étoit tout verd, perdoit de son poids sous le hangar, au lieu d'en augmenter comme ont fait ceux qui étoient secs.

§ 4. QUATRIEME OPÉRATION.

L'AYANT remis passer 24 heures dans le four, il ne pesoit plus que.   .   .   .   .   25 liv. 14 onc.
Ainsi son poids étoit diminué de .   .   3   .   12

§ 5. CINQUIEME OPÉRATION.

L'AYANT laissé 48 heures sous le hangar, il pesoit
.   .   .   .   .   25 liv. 13 onc. 4 gr.
Son poids étoit encore diminué de   .   .   .   4

§ 6. SIXIEME OPÉRATION.

ON le remit passer 24 heures au four; il ne pesoit plus que   .   .   .   .   .   25 liv. 4 onc.
Son poids étoit encore diminué de   .   .   .   9

§ 7. SEPTIEME OPÉRATION.

L'AYANT laissé sous le hangar jusqu'au 25 Octobre 1742, il ne pesoit plus que   .   .   .   .   19 liv. 12 onc.

§ 8. *Remarques sur l'Expérience précédente.*

CE morceau de bois, au commencement de l'Expérience, pesoit   .   .   .   .   .   .   31 liv. 0 onc.
& en sortant pour la dernière fois du four.   .   25   4
Par conséquent il avoit perdu au four 5 liv. 12 onc. de son poids.

Il n'étoit pas à beaucoup près desséché, puisqu'il a encore perdu 5 liv. 8 onc. de son poids, étant resté sous le hangar.

Et en général, on voit que lorsque les bois sont remplis d'humidité, cette humidité réduite en vapeurs continue à se dissiper après que les bois ont été tirés du four; mais quand le desséchement des bois a été porté à un certain point, au lieu de perdre de leur poids sous le hangar, ils se chargent de l'humidité de l'air.

Article XX. *Conséquences qui résultent des Expériences précédentes.*

J'ai déja dit qu'on avoit eu deux intentions en exposant les bois à la chaleur du feu : l'une étoit de les dessécher plus promptement & plus parfaitement; l'autre, de les attendrir pour leur faire prendre la courbure qui convenoit pour l'usage auquel on les destinoit. Il n'étoit gueres possible de séparer ces deux objets dans l'exposé que nous avons fait de nos Expériences : cependant toutes celles que nous avons rapportées jusqu'à présent ne tendent qu'au desséchement du bois, & l'on peut en conclure que la chaleur du feu ne peut être employée pour dessécher les gros bois. Cette même vérité sera encore établie par des Expériences que nous rapporterons dans la suite. Ainsi on ne doit avoir recours à ce moyen que quand on aura à dessécher des bois minces. Nous en avons, par exemple, fait usage avec assez de succès pour dessécher de la voliche que nous destinions à faire des panneaux de Menuiserie.

Il nous reste encore bien des Expériences à rapporter sur le desséchement des bois par la chaleur du feu : mais dans celles-ci nous serons obligés de parler en même temps de l'attendrissement des bois; c'est pourquoi il convient d'exposer dans quelle vue on s'est proposé de les attendrir, & quels moyens on a employés à cet effet.

CHAPITRE

CHAPITRE III.

Réflexions générales sur l'Attendriſſement des Bois, & ſur les divers moyens qui y contribuent.

Nous avons dit dans le *Traité de l'Exploitation, Liv. IV, Chap. III*, que les fendeurs de cerches les expoſoient au feu pour les attendrir, & que par ce moyen elles devenoient aſſez flexibles pour être roulées & miſes en bottes ſans ſe rompre.

Quand les Tonneliers font des futailles avec du bois ſec & un peu gras, ils courroient riſque d'en rompre pluſieurs douves lorſqu'ils les forcent pour leur faire prendre la courbure qu'exige le bouge, s'ils n'employoient pas des moyens pour rendre leurs bois flexibles : ils préviennent la rupture en faiſant dans leurs futailles un feu de copeaux qui attendrit les douves, & par ce moyen elles deviennent aſſez ſouples pour ſe ployer & ſe rendre à la courbure néceſſaire ſans être expoſées à ſe rompre. Les Menuiſiers, les Tourneurs en bois tendres, les Boiſſeliers, les faiſeurs de fourches, &c. ſavent auſſi avec le ſecours du feu redreſſer les bois courbes, ou courber ceux qui ſont droits.

On s'eſt propoſé d'employer le même moyen pour des objets bien plus conſidérables. Perſonne n'ignore que le fond ou la carene des vaiſſeaux forme des courbures tant dans le ſens horizontal, que dans le ſens vertical, dans la partie la plus renflée du vaiſſeau : vers le milieu la courbure étant peu conſidérable, les bordages & les préceintes ont toujours aſſez de ſoupleſſe pour s'y prêter ſans ſe rompre ; mais à des parties de l'avant & de l'arriere, la courbure étant trop grande pour que des planches ou des bordages droits de quatre ou ſix pouces d'épaiſſeur puſſent s'y prêter ſans ſe rompre, on étoit obligé de border ces parties avec des pieces de Gabari ; c'eſt-

Q q

à-dire qu'on cherchoit dans les Forêts des arbres qui euffent naturellement cette courbure ; & avec la fcie, la hache ou l'erminette, on leur faifoit prendre, aux dépens du bois, le contour qu'exigeoit la place où on devoit les mettre. Outre que ces pieces courbes font fort rares, & qu'il eft important de les ménager pour les membres, on faifoit une grande déprédation de bois, & une énorme dépenfe en main d'œuvre ; de plus on étoit forcé d'employer des bois courts qui ne faifoient point une bonne liaifon, & des bois tranchés qui manquoient de force. On s'eft propofé de couvrir ces parties convexes des vaiffeaux avec des bordages droits, & même des préceintes droites, en attendriffant ces bois, quoiqu'affez épais, par la chaleur du feu ; & pour cela, on a employé différents moyens dont nous allons parler.

Les uns ont fait chauffer les bordages fur une barre de fer qu'on foutenoit à une certaine hauteur par des Chenêts, & qu'on chauffoit en deffous avec un feu de copeaux, pendant qu'on les humectoit par deffus avec de l'eau. D'autres les plongeoient dans de l'eau de mer qu'on faifoit chauffer au moyen de fourneaux qu'on établiffoit fous un long coffre de cuivre ; ou bien on les expofoit à la vapeur de l'eau bouillante. Enfin on les a enfouis dans du fable chaud qu'on arrofoit avec de l'eau de mer bouillante. Pour me mettre à portée d'éprouver ces différents moyens, j'ai fait conftruire de ces différentes étuves à Denainvilliers ; & quand on a été décidé fur celles qu'on devoit établir dans les Ports, j'ai été à portée de répéter mes Expériences plus en grand dans les Ports même.

On fait que les bordages font pour la plupart des planches droites & trop épaiffes pour être courbées jufqu'à s'ajufter au contour de plufieurs parties des vaiffeaux, fi l'on ne prenoit foin de les attendrir de quelque maniere que ce puiffe être ; fans cette précaution, ces planches épaiffes, qui font de fciage, & par conféquent de bois tranché, fe romproient infailliblement.

Mais fi l'on fait attention qu'avant que la feve foit convertie

en bois, elle paffe par l'état d'une fubftance réfineufe, ou
gommeufe, ou gélatineufe, capable d'être fort attendrie par la
chaleur & l'humidité, on concevra aifément que, quoique les
fibres ligneufes foient trop endurcies pour être autant amollies
que la portion de la feve qui n'eft pas encore convertie en
bois, elles ne laiffent cependant pas d'être fufceptibles d'acquérir par la chaleur & l'humidité quelque foupleffe. L'Ecaille,
la Corne, les Os fourniffent des exemples de cet attendriffement : ces fubftances ne fe fondent point dans l'eau bouillante ; mais elles s'attendriffent affez pour être redreffées, ou
même pour être moulées. Une piece de bois fec peut donc, en
quelque maniere, être comparée à un morceau de colle forte,
qui fe rompt, quand elle eft feche, plutôt que de fe plier ; mais
qui devient, par le fecours du feu & de l'eau, fufceptible de
toutes les figures qu'on veut lui donner. Auffi la chaleur &
l'humidité font-ils les feuls moyens qu'on ait jufqu'ici employés
pour donner au bois la foupleffe dont il a befoin pour fe ployer
fans fe rompre. Nous l'avons déja dit, tous les Ouvriers qui
veulent redreffer des bois courbes, ou faire prendre quelque
courbure à des bois droits, ufent de cette méthode ; & c'eft
la feule qui ait été en ufage dans tous les Ports tant de France
que d'Angleterre & de Hollande, pour rendre les bordages
des vaiffeaux fufceptibles d'être courbés : toute la différence
confifte dans les moyens qu'on a employés pour chauffer les
bordages & les pénétrer d'eau. Nous allons les expofer.

CHAPITRE IV.

Maniere d'attendrir les Bois par l'action immédiate du feu.

LA MÉTHODE qui a été la premiere en ufage, confiftoit à
pofer les bordages *E F* (*Planche IX, Fig. 6 du Livre II.*) qu'on
vouloit courber, fur un barreau de fer *A B*, foutenu à diffé-

Q q ij

rentes hauteurs par de gros chenêts *C D*. Un des bouts *F* du bordage paſſoit ſous la traverſe *G* ; on plaçoit la partie où devoit être la plus grande courbure ſur le barreau de fer *A B* ; on chargeoit le bout *E* par des poids *H*, qu'on rendoit plus ou moins peſants ſuivant l'épaiſſeur du bordage & l'amplitude de la courbure qu'il devoit prendre. On allumoit deſſous du feu *I* ; & afin qu'il ne brûlât pas les bordages, on avoit ſoin qu'il ne fît pas trop de flamme. On arroſoit le deſſus *L* avec de l'eau. Par cette pratique, qui eſt fort ſimple, non-ſeulement on attendriſſoit le bois, & on le diſpoſoit à ſe courber ſans ſe rompre, mais de plus on commençoit à lui faire prendre par les poids dont on le chargeoit, la courbure qu'il devoit avoir ; le reſte s'achevoit en l'attachant ſur les membres, comme je l'expliquerai dans la ſuite. Je vais rapporter les Expériences que j'ai faites pour connoître ce qu'on pouvoit eſpérer de cette méthode.

1°, Je pris pour mes Expériences des bois verds abattus de l'hiver précédent, & des bois ſecs abattus depuis trois ans, & qui avoient été conſervés depuis ce temps ſous un hangar fort aéré.

2°, Je les fis équarrir à la coignée, comme on le pratique ordinairement ; & je fis lever par des Scieurs de long, des doſſes ou membrures ſur deux de leurs faces pour ne conſerver que le cœur du Chêne.

3°, Je fis enſuite donner un trait de ſcie dans le milieu de ces pieces pour les refendre en deux, afin d'avoir deux pieces qui puſſent être comparées l'une à l'autre avec toute l'exactitude poſſible ; car il eſt à préſumer que deux moitiés d'un même arbre ſe reſſemblent parfaitement. On ſait de plus que les bois qui ſont refendus par le cœur de l'arbre, ſont moins ſujets à ſe fendre que les autres, & que c'eſt le cas où ſe trouvent preſque toujours les bordages.

4°, En faiſant débiter ces bois, j'eus encore ſoin qu'il y eût toujours une piece de bois ſec & une de bois verd, débitées ſur de ſemblables dimenſions, pour qu'elles puſſent être plus aiſément comparées l'une à l'autre, quoique pour faire cette comparaiſon avec encore plus d'exactitude, j'aie réduit

.prefque tous mes bois au pied cube, comme on le verra dans la fuite.

5°, Pour éviter toute confufion, j'ai fait graver fur chaque piece un numéro.

6°, Enfin, comme je l'ai pratiqué pour toutes mes Expériences, j'ai tenu un Journal fur lequel le poids & tous les détails des Expériences étoient marqués.

Article I. *Expérience faite fur des Bois verds abattus de l'hiver précédent.*

§ 1. Premiere Opération *.

Au commencement du mois de Juin 1735, je fis donc équarrir des pieces de bois abattues l'hiver précédent : elles portoient, étant bien frappées fur toutes les faces, 8 à 10 pouces d'équarriffage. Je les fis refendre en deux par les Scieurs de long, & j'en formai des madriers qui avoient 3 pouces d'épaiffeur, 6 pouces de largeur & 6 pieds de longueur. J'eus quatre madriers pareils qui fortoient d'un même arbre ; tous furent marqués de la lettre *A*, & numérotés I, II, III, IV.

N°. I & III pefoient le 13 Juin 1735 ; favoir,

N°. I . . . . 100 liv. 14 onc.
N°. III 102   12

§ 2. Seconde Opération.

Ils furent placés fur des traverfes de fer, & chauffés en deffous avec un feu de copeaux : de temps en temps, on les retournoit pour préfenter fucceffivement leurs quatre faces à la flamme des copeaux. Après avoir été ainfi chauffés pendant fix heures affez vivement pour que la fuperficie commençât à fe griller,

---

(*) *Nota* que dans les Expériences que je vais rapporter, ce fera toujours une moyenne prife fur quatre pieces de bois, quoique l'expofé de mes Expériences foit fait comme s'il ne s'agiffoit que d'une piece : ainfi N°. I indique 4 pieces numérotées I.

N°. I, pesoit   . . . . . .   95 liv.
N°. III, pesoit aussi   95

§ 3. *TROISIEME OPÉRATION.*

ON mit ces madriers numérotés I & III, avec les madriers numérotés II & IV sous un hangar, où ils resterent jusqu'au 26 Octobre 1742.

Observez que le madrier N°. II, qui ne devoit point être exposé au feu, pesoit au commencement de l'Expérience, 86 liv. 8 onc. & N°. IV, qui ne devoit pas non plus être exposé au feu, pesoit 104 liv.

§ 4. *QUATRIEME OPÉRATION.*

LE 26 Octobre 1742 ;
N°. I,   pesoit . . . . .   75 liv.
N°. II,   pesoit   79   8 onc.
N°. III,   pesoit   74
N°. IV,   pesoit   78

§ 5. *Conséquences de l'Expérience précédente.*

ON voit qu'il s'en falloit beaucoup que la chaleur des copeaux eût dissipé toute la seve des madriers qui y avoient été exposés pendant six heures, puisque le madrier N°. I, n'avoit perdu pendant ces six heures que 5 liv. 14 onc. de son poids ; & qu'ensuite, sous le hangar, son poids a encore diminué de 20 liv.

Cependant N°. II, qui a toujours été sous le hangar, n'a perdu que 7 liv. de son premier poids ; il est vrai qu'il avoit moins de masse que les autres.

De même le madrier N°. III, n'a perdu pendant les six heures qu'il a été exposé au feu de copeaux, que 7 liv. 12 onc. & sous le hangar son poids est diminué de 21 liv.

Enfin N°. IV, qui a toujours resté sous le hangar, sans avoir été exposé au feu, & dont la masse étoit à peu près égale aux autres, a perdu 26 liv. de son poids. Il est probable cependant que la chaleur du feu a mis assez la seve en mouvement pour la disposer à s'échapper ensuite plus facilement d'elle-même sous le hangar.

Article II. *Expérience faite avec des Bois secs.*

Cette Expérience a été faite avec du bois qui avoit été abattu depuis trois ans, & conservé pendant tout ce temps sous un hangar.

§ 1. Premiere Opération.

Comme j'ai toujours remarqué que les bois anciennement abattus perdoient de leur poids quand on les avoit débités, je commençai par faire réduire ces madriers aux mêmes dimensions que ceux de l'Expérience précédente ; ils pesoient à raison de 61 liv. 5 onc. $2\frac{1}{3}$ gros le pied cube.

§ 2. Seconde Opération.

Je les fis remettre sous le hangar pour voir si étant débités, ils perdroient encore de leur poids ; & au bout de huit à dix jours, ils se trouverent peser 60 liv. 14 onc. $5\frac{1}{3}$ gros.

Ainsi ils avoient diminué de 6 onc. $5\frac{1}{3}$ gr. par pied cube.

§ 3. Troisieme Opération.

On les exposa au feu comme les précédents ; mais à un feu modéré pour ne point brûler ces bois qui étoient secs ; & après les y avoir laissés cinq heures, ils pesoient 58 liv. 13 onc. $2\frac{1}{3}$ gr.

Ainsi chaque pied cube n'avoit diminué dans cette opération, que de 2 liv. 1 onc. $2\frac{2}{3}$ gros.

§ 4. Quatrieme Opération.

On les remit sous le hangar ; & douze heures après, le temps étant humide, ils se trouverent peser 58 liv. 14 onc. 5 $\frac{1}{3}$ gr.

Ainsi leur poids avoit augmenté de 1 once 2 $\frac{2}{3}$ gr.

Ayant encore resté douze heures sous le hangar, ils pesoient 59 liv.

Douze heures encore après, ils pesoient de même 59 liv.

Ainsi chaque pied cube n'étoit plus léger qu'au commencement de l'Expérience que de 1 liv. 14 onc. 5 $\frac{1}{3}$ gr.

§ 5. CINQUIEME OPÉRATION.

ON les chauffa comme la premiere fois pendant quatorze heures : alors ils ne pesoient plus que 53 liv. 10 onc. 5 $\frac{1}{2}$ gr.

Ainsi ils avoient perdu de leur premier poids 7 liv. 4 onc.

§ 6. SIXIEME OPÉRATION.

ON les remit sous le hangar ; & quarante-huit heures après, ils pesoient 53 liv. 13 onc. 2 $\frac{1}{3}$ gr.

Ainsi leur poids étoit augmenté de 5 $\frac{1}{3}$ gr.

On a vu dans nombre d'Expériences, & on verra encore dans la suite, que les bois continuent à perdre de leur poids quelque temps après être sortis de la chaleur du feu : cependant on voit ici que leur poids est augmenté : sur quoi il est bon de remarquer, 1°, que le temps étoit humide ; 2°, que la diminution qui se fait sous le hangar au sortir de l'étuve, ne dure que peu de temps, sur-tout quand l'air est frais ; ainsi pour l'appercevoir, j'aurois dû peser mes bois quatre ou six heures après les avoir tirés du feu, au lieu que je ne les ai pesés que douze ou vingt-quatre heures après qu'ils ont été mis sous le hangar.

D'ailleurs la différence qu'on apperçoit ici peut venir de ce que les bois de cette Expérience étoient parvenus à un degré assez considérable de sécheresse.

§ 7. SEPTIEME OPÉRATION.

QUOI QU'IL en soit, on les exposa encore à la chaleur d'un
petit

petit feu pendant quatorze heures : enfuite ils pefoient 53 liv.
5 onc. 2 ½ gros.

Ils n'avoient diminué que de 5 onc. 3 gros par pied cube.

Cette diminution eft peu confidérable : cependant ils n'étoient pas parfaitement fecs, quoiqu'il fe fût formé quelques grandes fentes, par lefquelles il s'étoit échappé un peu de feve qui s'étoit grillée, & qui fentoit la pomme cuite ; & quoiqu'on eût ménagé le feu, ils avoient une couleur brune & charbonnée.

Article III. *Expérience faite fur des Bois verds.*

Cette Expérience eft tout-à-fait femblable aux précédentes, excepté qu'au lieu d'employer des bois abattus depuis trois ans, j'ai pris des bois verds qui n'étoient abattus que de l'hiver précédent.

Le pied cube de ces bois verds pefoit, avant que de commencer l'Expérience, 92 liv. 10 onc. 5 ⅓ gros.

§ 1. Premiere Opération.

Après avoir été expofés pendant cinq heures à une chaleur modérée, ils pefoient 90 liv. 2 onc. 5 ⅓ gr.

Ainfi le poids de chaque pied cube n'étoit diminué que de 2 l. 8 onc.

§ 2. Seconde Opération.

On les mit fous un hangar, & douze heures après, ils ne pefoient que 89 liv. 9 onc. 2 ⅔ gr.

Douze heures après, 89 liv.

Douze heures encore après de même, 89 liv.

Ainfi ces bois qui étoient verds, au lieu de fe charger de l'humidité de l'air, ont perdu fous le hangar, 1 liv. 2 onc. 5 ⅓ gr.

§ 3. Troisieme Opération.

On les expofa à une chaleur un peu plus vive : car comme

ils étoient pleins de seve, on appréhendoit moins de les brûler; après y avoir été exposés quatorze heures, ils ne pesoient
que 79 l.

§ 4. *QUATRIEME OPÉRATION.*

ON les mit sous le hangar; & vingt-quatre heures après,
ils pesoient 78 livres 14 onces $5\frac{1}{3}$ gros.

Leur diminution a donc été par pied cube, de 1 onc. $2\frac{2}{3}$ gr.

§ 5. *CINQUIEME OPÉRATION.*

ON les exposa encore pendant quatorze heures à la même
chaleur : ils ne peserent plus que 77 liv. 5 onc. $2\frac{2}{3}$ gros.

§ 6. *Remarque sur l'Expérience précédente.*

MON intention étoit de continuer à exposer ces bois à la
chaleur jusqu'à ce qu'ils ne diminuassent plus de poids ; mais
comme leur superficie devenoit charbonneuse, j'appréhendai de
les brûler.

Je remarquai seulement qu'il se formoit déja beaucoup de petites fentes, & que ces bois avoient une forte odeur de pomme
grillée.

ARTICLE IV. *Conséquences des Expériences précédentes.*

OUTRE les Expériences que je viens de rapporter, comme
il ne m'étoit pas possible de plier ces bois qui avoient peu de
longueur & trois pouces d'épaisseur, j'en chauffai de plus minces que je parvins à plier ; mais il me parut qu'on ne pouvoit
pas espérer d'employer ce moyen pour attendrir les bois jusqu'au point de les plier sans se rompre lorsqu'ils auroient autant d'épaisseur que les bordages & les préceintes des gros
vaisseaux, d'autant qu'il est bien difficile de les chauffer également dans toute leur longueur ; mais je pensai qu'on pouvoit
faire usage de ce moyen pour des bordages moins épais, comme

font ceux des canots & chaloupes : quoiqu'il reste toujours l'inconvénient de consommer beaucoup de copeaux pour entretenir le feu ; cependant ce moyen a été long-temps le seul qu'on ait employé dans les ports, où j'ai vu mettre en place, à des chaloupes, des bordages droits qui s'étendoient de toute la longueur de ces petits bâtiments ; & on les avoit, par ce moyen, assez attendris pour que leurs deux extrémités s'ajustassent au contour de la chaloupe, tant à l'avant qu'à l'arriere.

Article V. *Expérience faite sur des Bois plus longs que ceux qui ont servi pour les Expériences précédentes.*

Cette Expérience a été faite sur une piece de bois médiocrement seche, qui avoit 10 pieds de long, 12 pouces de largeur & 11 pouces d'épaisseur.

Elle pesoit avant l'Expérience, 684 liv.

§ I. Premiere Opération.

Elle fut chauffée vivement sur deux chandeliers à un feu de gros copeaux pendant quatre heures sur toutes les faces, ensuite parée pour ôter la couche charbonneuse : alors elle ne pesoit plus que 554 liv. étant diminuée de 130 liv. Mais cette diminution ne dépendoit pas uniquement de la seve, qui s'étoit évaporée ; elle étoit principalement produite par la couche charbonneuse qu'on avoit ôtée ; c'est pourquoi nous avons examiné combien pesoit le pied cube de cette piece chauffée, & ensuite parée, pour la comparer au poids du pied cube de toute la piece avant l'Expérience. Le calcul étant répété plusieurs fois, nous avons été surpris de trouver que le pied cube de la piece chauffée pesoit trois livres de plus que le pied cube de la piece entiere avant qu'elle fût chauffée.

On crut d'abord que cette Expérience prouvoit que l'humidité d'une piece chauffée se retiroit au cœur, où il y avoit

R r ij

moins de chaleur ; mais je crois plus naturel de penfer que la piece qui s'étoit en partie defféchée avant l'Expérience, avoit perdu feulement l'humidité des couches extérieures qui ont été enlevées ; & pour cette raifon le bois du cœur qui étoit moins fec, devoit être plus pefant. D'ailleurs on fait que dans les bons bois, c'eft toujours le bois du cœur qui eft le plus lourd ; & c'eft celui qu'on avoit confervé.

Au refte cette Expérience prouve que l'action du feu n'avoit pas beaucoup defféché l'intérieur de cette piece, qui au toucher paroiffoit effectivement fort humide, & qui ne s'étoit pas beaucoup fendue : il avoit fuinté par les bouts quelques gouttes de feve.

§ 2. SECONDE OPÉRATION.

ON expofa cette piece au foleil & au vent ; & trois mois après, elle ne pefoit plus que 499 liv.

Ainfi fon poids étoit diminué de 55 liv.

Il s'y étoit formé quelques fentes, quoiqu'elle ne fût pas encore parfaitement feche.

ARTICLE VI. *Expérience faite fur une plus groffe Piece.*

ON prit une piece de 8 pieds de longueur, de 12 & 13 pouces forts d'équarriffage ; elle étoit environ d'un an d'abattage, & pefoit 624 liv. Elle cuboit 9 pieds ; c'eft à raifon de 69 liv. 5 onc. le pied cube.

On la chauffa comme la précédente fur des chandeliers pendant quatre heures, la retournant fur les quatre faces ; plus de deux pouces de la fuperficie de chaque face étoit réduite en charbon.

On emporta cette couche charbonneufe, & l'on réduifit la piece à 7 $\frac{1}{2}$ pieds de long, 8 & 8 pouc. d'équarriffage. Alors elle cuboit 3 pieds 4 pouc. & pefoit 246 liv. c'eft à raifon de 74 liv. 3 onc. le pied cube. Voilà encore le poids du pied cube augmenté.

Je ne répéterai point les remarques que j'ai faites à l'occasion de l'Expérience précédente.

Article VII. *Expérience faite sur une piece de Bois qui avoit été flottée.*

On prit une piece de bois qui avoit resté deux ans dans l'eau ; on la réduisit à 8 pieds de longueur, 12 & 12 pouc. d'équarriffage ; elle pesoit 584 liv. & cuboit 8 pieds, c'est à raison de 73 liv. le pied cube.

Après avoir été chauffée pendant quatre heures comme les autres, on la fit réduire à 7 & 7 pouc. d'équarriffage & 7 pieds de longueur : elle cuboit alors 2 pieds 4 pouces 7 lig. & pesoit 176 liv. c'est à raison de 75 liv. le pied cube à très-peu de chose près. Ainsi le poids de chaque pied cube étoit augmenté de 2 l.

Article VIII. *Remarques sur les Expériences précédentes.*

Cette épreuve nous engage à faire plusieurs remarques.

1°, La piece qui sortoit de l'eau pesoit plus par pied cube que celle qui n'avoit pas été flottée ; ceci est très-naturel.

2°, Pendant l'épreuve où le feu assez violent avoit été continué pendant quatre heures, on ne remarqua qu'une seule goutte d'eau qui eût sorti par le bout de cette piece qui étoit très-humide : ainsi ce qui s'est échappé, s'est diffipé en vapeurs.

3°, Le poids confidérable du bois de l'intérieur pourroit faire penfer que l'humidité fe feroit retirée dans l'intérieur de la piece ; cependant je renvoie à ce que j'ai dit plus haut fur cette différence de poids. Il est bon de remarquer qu'on a brûlé plus de trois milliers de copeaux & de menu bois pour rôtir les deux pieces dont nous venons de parler, & cette manœuvre exige beaucoup de main-d'œuvre.

On a expofé ces pieces au grand air, & il s'est formé peu de fentes ; mais ce n'étoit pas du bois très-dur.

ARTICLE IX. *Expérience faite fur une Membrure qu'on a chauffée avec ménagement.*

CETTE Expérience a été faite fur une membrure de Chêne très-dur, de 10 pieds de longueur, de 11 pouces de largeur, & 3 ½ pouces d'épaiffeur ; elle pefoit 169 liv.

Après avoir été chauffée fur un petit feu de copeaux, elle pefoit 166 liv.

Ainfi fon poids étoit diminué de 3 livres.

On expofa cette membrure au foleil & au grand air : elle y perdit confidérablement de fon poids ; & cependant elle fe fendit très-peu. Comme cette membrure étoit mince, les fibres pouvoient fe rapprocher fans qu'il fe formât beaucoup de fentes.

CHAPITRE V.

Maniere d'attendrir les Bois par l'eau bouillante.

DES Conftructeurs qui faifoient des vaiffeaux pour les vendre, s'étant propofé d'employer des bordages droits aux parties des vaiffeaux où ils devoient prendre beaucoup de courbure, & néanmoins ne voulant point courir rifque de les rompre, ont imaginé de faire faire un grand coffre de cuivre de 18 à 20 pieds de longueur, de 3 ½ de largeur ainfi que de hauteur, *C D* (*Planche XI. Fig.* 2). Ayant monté ce grand coffre fur un fourneau de Maçonnerie (*Fig.* 1), ils l'empliffoient avec de l'eau de la mer, dans laquelle ils mettoient les bordages ; ils recouvroient le coffre avec un couvercle à charniere *E*, (*Fig.* 3) qui étoit de trois à quatre pieces, & ils allumoient deffous deux ou quatre feux *F G H I*, (*Fig.* 1) jufqu'à faire bouillir cette eau. Rien affurément n'étoit plus propre à attendrir les bois. J'ai fait faire un petit coffre femblable pour en éprouver l'ufage : les bois employés au fortir de l'eau bouillante, étoient très-fouples ; ils fe prêtoient avec facilité à tous les contours qu'on vouloit leur faire prendre, fans qu'il s'en détachât aucun éclat : mais l'eau dans laquelle on les faifoit bouillir, devenoit roufle ; les bois expofés au foleil, au fortir de l'eau, perdoient beaucoup de leur poids, & ils fe retiroient beaucoup, ce qui auroit augmenté les joints ; & la qualité du bois paroifloit fort altérée quand ces bois étoient defféchés. Enfin cette mé-thode m'a paru défectueufe ; ce qui fait que je me bornerai à cet expofé général, & que je ne rapporterai point les Expé-riences en détail. Je crois cependant qu'on pourroit en faire ufage pour des ouvrages de peu de conféquence, & qui de-vroient être confervés à l'abri des injures de l'air. Mais il fau-droit commencer par leur faire prendre la courbure qu'ils doi-vent avoir ; & après qu'ils feroient refroidis, former les affem-blages : fans quoi on auroit beaucoup de déjoints.

CHAPITRE VI.

Maniere d'attendrir les Bois par la vapeur de l'eau bouillante.

Suivant cette troifieme méthode, les bordages ne reçoi-vent aucune impreffion immédiate du feu ni de l'eau ; & ils ne courent point rifque d'être brûlés ni pénétrés de l'eau bouillante, qui diffout la fubftance gélatineufe, & altere la qualité des bois.

On prend une grande chaudiere *C* (*Planche XII*, *Fig.* 2 *& 3*) qui contient environ trois pieds cubes d'eau : elle eft montée fur un fourneau de Maçonnerie *D*, (*Fig.* 1) dans lequel on fait du feu : l'ouverture de cette chaudiere eft réduite à 15 ou 18 pouces de diametre, & eft fermée bien exactement par un couvercle *E*, (*Fig.* 1 *& 3*).

A côté de ce couvercle qu'on ouvre pour mettre l'eau dans la chaudiere, eſt un tuyau F (*Fig.* 1) auſſi de cuivre, qui communique dans un grand coffre de bois $G\ H$ d'environ $3\frac{1}{2}$ pieds en quarré ſur 16 à 18 pieds de longueur : celle de ſes extrêmités G, qui eſt du côté de la chaudiere, eſt exactement fermée, recevant ſeulement le tuyau qui vient de la chaudiere; à l'autre bout H eſt une porte à couliſſe I, (*Fig.* 4) qu'on peut élever pour ouvrir la caiſſe, & qu'on abaiſſe pour la fermer.

Cette caiſſe eſt faite de planches de Chêne, de trois pouces d'épaiſſeur, bien jointes & bien liées par des moiſes ou chevrons K, (*Fig.* 1 *&* 2) de 4 à 5 pouces quarrés : ces liens ſont éloignés les uns des autres de 3 à 4 pieds ; ou bien cette caiſſe eſt reliée de ſix cercles de fer.

Il y a dans ce coffre, à un tiers de ſa longueur, pluſieurs petites barres de fer poſées verticalement ſur une même ligne, à deux pouces les unes des autres : c'eſt entre ces barres qu'on met ſur le can les bordages qu'on veut chauffer. Ce coffre eſt élevé ſur des chevalets L, (*Fig.* 1 *&* 4) qui ont environ $5\frac{1}{2}$ pieds de hauteur.

Il eſt évident que quand on fait bouillir l'eau de la chaudiere, la fumée ou vapeur de l'eau paſſe de la chaudiere dans cette caiſſe qui en eſt bientôt pleine.

On remplit donc d'eau la chaudiere juſqu'à un pied ou 18 pouces au-deſſous de l'endroit où eſt ſoudé le tuyau F : on la ferme de ſon couvercle E, (*Fig.* 1) ; on ouvre la couliſſe I, (*Fig.* 4) & on introduit ſur le can les bordages dans la caiſſe par cette extrémité ; on ferme la porte à couliſſe ; on allume le feu dans le fourneau M, (*Fig.* 1) ſous la chaudiere C. Les vapeurs humides ſe communiquent par le tuyau dans l'intérieur de la caiſſe ; & ayant laiſſé les bordages dans cette étuve autant d'heures qu'ils ont de pouces d'épaiſſeur, ils s'attendriſſent aſſez pour ſe prêter aux contours qu'on veut leur faire prendre.

Par cette méthode, on conſomme peu de bois ; & ſitô que les bordages ſont introduits dans la caiſſe, un ſeul Journalier ſuffit pour entretenir le feu ſous la chaudiere.

Je me proposai d'éprouver cette façon d'attendrir les bois : je fis donc faire une petite étuve en établissant une grande caisse de bois dans laquelle répondoit l'embouchure d'une chaudiere de cuivre qui contenoit un demi-muid d'eau ; & comme l'ouverture de cette chaudiere n'étoit pas fermée, & qu'elle répondoit à l'intérieur de la caisse, elle étoit au moins aussi remplie de ces vapeurs humides que la grande étuve dont je viens de donner la description.

ARTICLE I. *Premiere Expérience faite sur des Bois médiocrement secs, abattus depuis trois ans, & conservés pendant tout ce temps sous un hangar fort aéré.*

Je pris des bois à demi-secs, pareils à ceux que j'avois employés pour éprouver l'attendrissement des bois chauffés sur des chandeliers avec des copeaux, *Art. 3 & 4.*

§ 1. PREMIERE OPÉRATION.

Je disposai ces bois dans ma caisse à peu près comme je viens de l'expliquer : je fis allumer le feu sous la chaudiere ; je les laissai exposés à la vapeur chaude & humide de l'eau pendant cinq heures, à compter du temps où l'eau commença à bouillir.

Avant de mettre ma piéce de bois à l'étuve, elle pesoit 62 liv. 4 onc.

Au sortir de l'étuve, elle pesoit 63 liv. 2 onc. 5 $\frac{1}{4}$ gros.

Ainsi son poids étoit augmenté de 14 onc. 5 $\frac{1}{4}$ gros.

§ 2. SECONDE OPÉRATION.

On la mit sous le hangar, & douze heures après être sortie de l'étuve, elle pesoit 62 liv. 2 onc. 5 $\frac{1}{4}$ gros.

Et vingt-quatre heures après 62 liv.

Ainsi voilà ces bois au-dessous de leur premier poids de 4 onc.

La vapeur de l'eau a fait ici quelque chose d'approchant de ce qui se passe dans la machine de Papin ; elle a dissout ce qu'elle a rencontré de plus dissoluble dans le bois ; & en s'échappant, cette partie dissoute s'est dissipée.

§ 3. TROISIEME OPÉRATION.

JE remis cette piece de bois exposée à la vapeur de l'eau pendant huit heures.

Au sortir de l'étuve, elle pesoit 63 liv. 9 onc. $2\frac{2}{3}$ gros.

Ainsi ce bois ayant resté plus long-temps exposé à la vapeur de l'eau, il s'est chargé davantage d'humidité.

Mais douze heures après être sorti de l'étuve, il pesoit 62 l.

Douze heures encore après, 61 liv. 10 onc. $5\frac{1}{4}$ gros.

Enfin vingt-quatre heures après, 61 liv. 2 onc. $5\frac{1}{4}$ gros.

Ainsi, voilà le morceau de bois plus léger qu'il n'étoit au commencement de l'Expérience, de 1 liv. 1 onc. $2\frac{3}{4}$ gros.

Cette piece de bois avoit quelques grandes fentes, quoiqu'elle ne fût pas parfaitement seche ; mais ces fentes peuvent dépendre de la disposition des fibres ligneuses, sur quoi l'on peut consulter l'*Exploitation des Bois*.

ARTICLE II. *Expérience faite avec une piece de Bois abattue l'hiver précédent & très-remplie de seve.*

POUR exécuter sur du bois verd des Expériences pareilles à celles que j'avois faites sur des bois assez secs, je mis dans mon étuve à vapeurs du bois abattu de l'hiver précédent.

§ 1. PREMIERE OPÉRATION.

AVANT d'être mis à l'étuve, il pesoit 82 liv. 6 onc.

Après avoir resté exposé à la vapeur de l'eau pendant cinq heures, il pesoit 83 liv. 1 onc. $2\frac{2}{3}$ gros.

Le voilà augmenté de 11 onc. $2\frac{2}{3}$ gros.

§ 2. *Seconde Opération.*

Ces bois furent mis sous un hangar, & douze heures après, ils pesoient 80 liv. 10 onc. $5\frac{1}{3}$ gros.

Les voilà plus légers qu'au commencement de l'Expérience, de 1 liv. 11 onc. $2\frac{2}{3}$ gros.

Ainsi les 11 onc. 2 gros $\frac{2}{3}$ d'eau dont ces bois se sont chargés, se sont dissipés, & ont emporté avec elle une livre de la seve.

Il est à propos de faire observer qu'il sortoit de l'étuve une odeur très-forte & désagréable ; ce qui marque qu'il se faisoit une évaporation de la substance du bois, dans l'étuve même, quoique ces bois y eussent augmenté de poids ; en effet si l'on regarde la vapeur de l'eau qui pénetre les bois, & la seve de ces mêmes bois, comme deux liqueurs qu'on mêleroit ensemble, & qui auroient différents degrés de volatilité, la liqueur la plus volatile doit naturellement s'échapper la premiere ; ce qui fait apparemment qu'une portion de la seve s'évapore pendant que la vapeur de l'eau, non seulement en prend la place, mais même se loge dans les pores de ces bois au point d'en augmenter sensiblement le poids.

§ 3. *Troisieme Opération.*

On les remit passer encore huit heures dans la même étuve ; & au sortir, ils pesoient 82 liv. 10 onc.

Ainsi ils étoient presque revenus au poids qu'ils avoient quand on les avoit sortis la premiere fois de l'étuve.

§ 4. *Quatrieme Opération.*

Mais après avoir passé douze heures sous le hangar, ils ne pesoient que 80 liv.

Douze heures encore après, 79 liv. 5 onc. $3\frac{1}{3}$ gros.

Quarante-huit heures après, 78 liv. 8 onc.

Ainſi les voilà diminués de 3 liv. 14 onc.

Ils continuoient à perdre de leur poids.

On pourroit appréhender que cette façon d'étuver les bois n'altérât leur qualité, & que les vapeurs brûlantes de l'eau ne détruiſiſſent la ſubſtance gélatineuſe qui paroît leur être avantageuſe. Cet effet paroît prouvé par l'odeur forte & déſagréable qui s'échappoit de l'étuve, & que ces bois ont conſervée aſſez long-temps.

Il s'eſt formé quelques gerces peu conſidérables ; mais auſſi ces bois n'étoient pas à beaucoup près parfaitement deſſéchés.

Article III. *Expérience faite ſur des Bois de Chêne abattus depuis deux ans.*

On a levé à la ſcie quatre doſſes ſur les quatre faces d'une piece de bois pour n'avoir que du bois du cœur, & on a formé un madrier de 6 pieds de longueur, 6 pouces de largeur & 3 pouces d'épaiſſeur.

§ 1. Premiere Opération.

Le 18 Juin 1734, il peſoit 54 liv. 4 onc. 4 gros.

Son bois n'étoit pas exempt de défauts : il avoit des veines blanchâtres.

On le mit paſſer cinq heures à la vapeur de l'eau bouillante : au ſortir, il peſoit 54 livres 12 onces 8 gros.

Ainſi ſon poids étoit augmenté de 8 onc. 4 gros.

§ 2. Seconde Opération.

On le tranſporta ſous un hangar, où il reſta douze heures ; enſuite il peſoit 53 liv. 4 onc.

Et vingt-quatre heures encore après, 53 liv.

§ 3. TROISIEME OPÉRATION.

ON le remit passer huit heures à la vapeur de l'eau : il pesoit 54 liv. 7 onc. 4 gros.

Il fut mis sous le hangar, & douze heures après, il pesoit 52 liv. 8 onc.

On le mit au soleil, & douze heures après, il pesoit 52 liv.

On le remit sous le hangar, & vingt-quatre heures après, il pesoit 51 liv. 6 onc.

Étant resté dix-huit mois sous le hangar, il ne pesoit plus que 39 liv.

On voit par cette Expérience que ce madrier, qui, pour être parfaitement sec, devoit perdre de son premier poids 15 liv. 4 onc. 4 gros, n'avoit perdu par la chaleur qu'il avoit reçue de l'étuve, que 2 liv. 14 onc. 4 gros.

ARTICLE IV. *Expérience faite sur des Bois de Chêne abattus de l'hiver précédent.*

UN madrier de Chêne, de mêmes dimensions que celui dont on vient de parler, 6 pieds de longueur, 6 pouces de largeur, 3 pouces d'épaisseur, mais abattu de l'hiver précédent, pesoit le 18 Juin 1734, 39 livres 3 onces.

§ 1. PREMIERE OPÉRATION.

AYANT été exposé pendant cinq heures à la vapeur de l'eau bouillante, il pesoit 39 liv. 14 onc.

§ 2. SECONDE OPÉRATION.

AYANT resté douze heures sous le hangar, il pesoit 39 liv. 2 onces.

Ayant encore resté vingt-quatre heures sous le hangar, il pesoit 39 liv.

§ 3. TROISIEME OPÉRATION.

ON l'exposa de nouveau huit heures à la vapeur de l'eau bouillante : alors il pesoit 40 liv. 3 onc.

§ 4. QUATRIEME OPÉRATION.

AYANT resté douze heures sous le hangar, il pesoit 39 liv.

§ 5. CINQUIEME OPÉRATION.

ETANT ensuite resté douze heures exposé au soleil, il pesoit 38 livres 12 onces.

§ 6. SIXIEME OPÉRATION.

L'AYANT remis passer quarante-huit heures sous le hangar, il pesoit 38 liv. 6 onc.

ARTICLE V. *Remarques sur les Expériences précédentes.*

COMME depuis les Expériences que je viens de rapporter, on a construit à Brest, & ailleurs, de grandes Etuves à la vapeur de l'eau, on a eu occasion de remarquer que ces étuves étoient bonnes pour attendrir les bordages qui n'avoient pas beaucoup d'épaisseur; mais qu'elles ne suffisoient pas pour les bordages & les préceintes des gros vaisseaux.

Un des principaux défauts de ces étuves est qu'il est impossible d'empêcher que les bois qui forment la caisse dans laquelle on met les bordages, ne se tourmentent & ne se déjoignent; & quand la vapeur de l'eau se dissipe par ces ouvertures, l'action des vapeurs est considérablement diminuée.

CHAPITRE VII.

Des Étuves à ployer les Bordages par le sable chaud & humecté d'eau bouillante.

ON a encore employé une quatrieme méthode pour attendrir les bois, & mettre les bordages en état de prendre les contours des vaisseaux en les enfouissant dans du sable qu'on échauffe par des fourneaux, & qu'on arrose d'eau bouillante.

ARTICLE I. *Idée générale de l'Étuve au sable.*

EN général ces étuves au sable sont formées par deux ou trois fourneaux *C D*, (*Planche XIV, Fig.* 1) dans lesquels on fait du feu : la flamme, la fumée & l'air chaud qui sortent de ces fourneaux passent entre des plaques de fer fondu, *d d*, (*Planche XIII, Fig.* 1) & un massif de Maçonnerie *E E*. Il n'y a entre ce massif & les plaques que 4 à 5 pouces d'espace, de sorte qu'il faut se représenter des tuyaux de cheminée rampants qui sont horizontaux.

Ces tuyaux rampants sont terminés chacun par un tuyau de cheminée vertical *F F*, qui est assez élevé, & qui détermine l'air chaud, la fumée & la flamme, à parcourir le tuyau rampant. Par cette méchanique, deux feux établis au milieu de l'étuve, en chauffent toute la longueur, & communiquent une grande chaleur à une couche de sable *G*, (*Planche XIII, Fig.* 3) de 7 à 8 pouces d'épaisseur, qui est sur les plaques ; c'est dans ce sable qu'on enfouit les bordages qu'on veut attendrir.

Cela ne suffit pas : il faut de plus humecter ces bordages avec de l'eau bouillante dont on arrose le sable. Pour cela, il y avoit d'abord aux deux bouts de l'étuve deux chaudieres ;

remplies d'eau, elles étoient échauffées par la chaleur des fourneaux qui paſſoit ſous les chaudieres avant que d'entrer dans les tuyaux verticaux des cheminées; mais on s'eſt apperçu que l'eau ne chauffoit pas aſſez promptement pour fournir la quantité d'eau bouillante qui étoit néceſſaire pour arroſer le ſable; & comme on a reconnu que l'eau froide rallentiſſoit beaucoup l'effet de l'étuve, on a pris le parti d'établir au milieu de l'étuve, derriere les fourneaux, un petit fourneau ſur lequel eſt monté une grande chaudiere *H*, (*Planche XIII, Fig.* 3) ſemblable à celles des Teinturiers, qui eſt chauffée par un feu particulier.

On enfouit donc les bordages dans le ſable; on allume le feu dans les fourneaux; quand le ſable a pris une certaine chaleur, on l'arroſe avec de l'eau bouillante; & par ce moyen les bordages, & même les préceintes, s'attendriſſent ſuffiſamment pour être courbés comme l'exigent les contours des vaiſſeaux. Voilà une idée générale de l'étuve au ſable; mais il convient d'entrer dans des détails, & de donner des idées plus préciſes; c'eſt ce que nous allons eſſayer de faire à l'aide de pluſieurs figures.

ARTICLE II. *Deſcription de cette Étuve.*

La *Figure* 1, *Planche XIV*, repréſente le profil de l'étuve vue de face, & telle qu'elle paroît dans le lieu où on l'a établie.

a c eſt ſa longueur; en *b* eſt un mur de refend qui ſépare l'étuve en deux ſuivant ſa longueur, ſavoir *b a*, *b c*.

C D ſont deux fourneaux, qui ferment par des portes de fer battu, & au-deſſous, aux deux côtés de *b*, ſont deux cendriers, un pour chaque fourneau : car les deux fourneaux ne communiquent point l'un à l'autre; ils ſont ſéparés par le mur de refend *b*. Le fourneau *D* chauffe la partie *b c*, & la fumée s'échappe par le tuyau *F*.

Le fourneau *C* chauffe la partie *b a*; & la fumée s'échappe par la cheminée *F*.

Le petit tuyau de cheminée qu'on voit au milieu en *f*, eſt
pour

pour décharger la fumée du petit feu qui est destiné à chauffer la chaudiere qui contient l'eau; on ne peut l'appercevoir dans cette Figure, parce que cette chaudiere & son fourneau sont établis derriere l'étuve.

I, K, sont des potences avec des palans ou poulies mou-flées, qui servent à élever les bordages épais & les préceintes qui sont trop lourdes pour être portées à l'étuve sur l'épaule.

Au bout de cette étuve en L doit être un puits avec une pompe qui éleve l'eau dans un réservoir M (Pl. XIV, Fig. 2 & Pl. XIII, Fig. 1), & l'eau de ce réservoir est élevée par une petite pompe, pour la porter dans la chaudiere H (Fig. 3 Plan-che XIII, & Planche XIV, Fig. 2) à mesure qu'elle se vuide.

La Figure 2 (Planche XIII) est une coupe horizontale de l'é-tuve, prise sur la ligne N N (Fig. 1), ou plutôt immédiate-ment au-dessous des plaques de fonte qui soutiennent le sable.

a b & c d (Fig. 2) sont deux murs paralleles qui font la lon-gueur de l'étuve : ils sont joints l'un à l'autre, au bout de l'étuve, par les murs e f.

F F est la coupe des deux cheminées : c'est en C D que sont les deux fourneaux qu'on ne peut appercevoir dans cette figure.

I I, sont les deux potences qui portent les palans pour éle-ver les bordages pesants. K K, les treuils qu'on emploie pour multiplier la force.

H est l'endroit où l'on monte une chaudiere sur un fourneau de brique, afin d'avoir à portée de l'étuve de l'eau bouillante pour arroser de temps en temps le sable dans lequel sont les bordages.

i i (Fig. 2 & 6 Planche XIII), les barres de fer qui soutien-nent les plaques de fer fondu sur lesquelles on met le sable.

O (Fig. 4) représente une des plaques de fer fondu qui sont reçues par les bouts dans la maçonnerie a b & c d (Fig. 2) où l'on a formé une feuillure dans laquelle le bout des plaques entre.

C'est sur ces plaques qu'on met le sable, & les joints des plaques sont recouverts par des lattes P de fer forgé (Fig. 5) comme on le voit (Fig. 2 Planche XIV). Ces lattes empêchent

T t

que le fable ne tombe fous les plaques. Ces plaques étant expofées à un feu continuel, feroient bientôt rompues ou courbées, fi elles n'étoient pas foutenues en deffous par des barreaux de fer forgé *i i* (*Fig.* 2 & *6 Planche XIII*) dont nous parlerons dans peu; mais je ferai obferver ici qu'il faut que les plaques, ainfi que les barreaux *i i*, foient reçues à l'aife dans les feuillures; fans cela, comme la chaleur augmente leur étendue, ou elles écarteroient les murs, ou elles fe courberoient beaucoup. C'eft fur ces plaques de fer fondu, qu'on met le fable dans lequel on enfouit les bordages.

La *Figure* 1 (*Planche XIII*) eft une coupe longitudinale de l'étuve par la ligne ponctuée *A B* de la Figure 2.

d d, le mur de derriere de l'étuve.

C D, les deux fourneaux qui font féparés par le mur de refend *b* : on y voit leurs grilles & leurs cendriers.

F F, les deux tuyaux verticaux de cheminée pour la décharge de la fumée. *f*, le tuyau qui appartient au fourneau de la chaudiere.

I K, les potences pour aider à mettre les bois à l'étuve.

M, la coupe du réfervoir où l'on puife l'eau pour remplir la chaudiere.

Au deffous de *d d*, les barreaux de fer *i i* qui foutiennent les plaques de fer fondu *O* : il y en a deux files qui s'étendent de toute la longueur de l'étuve. D'abord on les faifoit en arcade; mais pour les rendre moins cheres, plus aifées à forger & plus folides, on les fait, comme on voit (*Fig. 6*), avec deux barreaux paralleles qu'on joint par des traverfes : c'eft ici où il eft très-important que les bouts foient à liberté dans la maçonnerie pour qu'ils puiffent reculer. Pour avoir négligé cette attention, j'ai vu les murailles des bouts de l'étuve renverfées, & les barreaux qui étoient très-forts, courbés comme des couleuvres.

On conçoit maintenant comment l'air chaud paffe des fourneaux *C D* fous les plaques *O*, pour s'échapper par les tuyaux de cheminée *F F*.

La *Figure* 3 (*Planche XIII*) repréfente la coupe tranfverſale de l'étuve par la ligne *A B* (*Fig.* 1).

a b & *c d*, la coupe des deux murs cotés des mêmes lettres (*Fig.* 2). Ils font la longueur de l'étuve.

h (*Fig.* 3), la coupe d'un des fourneaux.

i i, la coupe des plaques : on voit comme elles ſont engagées dans la maçonnerie & les files de barreaux qui les ſoutiennent.

G, le ſable dans lequel on enfouit les bordages. On met quelquefois deſſus un couvercle *k* pour retenir la chaleur : il eſt ſur-tout utile quand il pleut, pour empêcher que l'étuve ne ſoit refroidie.

H, coupe de la chaudiere montée ſur ſon fourneau avec le tuyau *f* pour la décharge de la fumée.

I, une potence vue de côté : on ſait que ſon uſage eſt d'é-lever les pieces peſantes pour les monter à l'étuve : cette po-tence roule ſur des tourillons. On voit un cordage qui eſt ſur la boîte d'une poulie mobile, & dont un bout ſe roule ſur le treuil *K*.

On attache la piece de bois aux garants de cette poulie mouflée.

Ceci bien entendu, on conçoit aiſément la façon de manœu-vrer cette potence tournante pour tranſporter les préceintes & bordages lourds ſur l'étuve.

La *Figure* 2 (*Planche XIV*) repréſente la coupe horizontale de l'étuve, à peu près comme à la figure 2 (*Planche XIII*) ; mais à laquelle les plaques de fonte *O* ſont en place.

a b c d, les murs qui ſont les deux grands côtés de l'é-tuve.

e g, les murs des bouts qui ſe joignent à ceux de côté.

CD, endroit où ſont les bouches des fourneaux.

FF, la coupe des tuyaux de cheminée pour la décharge de la fumée.

H, le fourneau ſur lequel eſt montée la chaudiere.

I K, les pieces qui ſoutiennent la potence pour élever les pieces lourdes.

Souvent aux deux bouts *e g* on place deux rouleaux très-commodes pour porter les bordages ſur le ſable, quand ils

T t ij

ne font pas affez pefants pour avoir recours aux potences : on les voit ponctués à la *Figure* 2 (*Planche XIII*).

Sur la *Planche XIII*, la *Figure* 4 repréfente une des plaques de fer fondu.

La *Figure* 5, une bande de fer forgé qu'on met fur le joint des plaques pour empêcher que le fable ne s'écoule.

La *Figure* 6 repréfente les barreaux de fer qui font deftinés à foutenir les plaques en deffous.

La *Figure* 7 eft une forte piece de fer forgé qu'on met à l'endroit où le tuyau horizontal fe joint au fourneau ; parce que fi cette partie étoit faite en brique, elle feroit bientôt endommagée par la violence du feu.

La *Figure* 8 eft une forte piece de fer forgé qui fupplée aux barres de fer longitudinales *i i* (*Fig.* 6) à la partie qui eft au-deffus des fourneaux.

La *Figure* 9 eft un des barreaux de fer qui forment la grille au-deffus du cendrier.

La *Figure* 10 repréfente deux roulettes jointes par un effieu : elles fervent à approcher les préceintes du fourneau.

Figure 11, *A B C* font des fourgons, & pelles pour le fervice des fourneaux.

Il faut de plus une pelle de fer large pour remuer le fable chaud, & des feaux pour arrofer le fable.

Quoiqu'on puiffe faire des étuves plus grandes & d'autres plus petites, il eft bon de mettre ici les principales dimenfions de celle que nous venons de repréfenter.

ARTICLE III. *Dimenfions principales de cette Étuve.*

LONGUEUR de dehors en dehors des murs, 41 pieds ; largeur en dedans des murs, 4 à 5 pieds ; épaiffeur des murs des côtés, 2 pieds 6 pouces ; épaiffeur des murs des bouts, 3 pieds. Les murs qui revêtiffent les fourneaux, ainfi que celui de refend qui les fépare, ont d'épaiffeur, 1 pied 4 ou 6 pouces.

La grandeur des fourneaux dans œuvre eft de 1 pied 10 pouces & la hauteur des fourneaux depuis la grille, 9 à 10 pouces. Les murs font élevés au-deffus des plaques, de 2 pieds 3 ou 4 pouces. Les tiges des cheminées s'élevent au-deffus des murs, de 16 pieds. L'ouverture intérieure des tuyaux des cheminées pour le paffage de la fumée, eft de 6 pouces.

En faifant le puits auprès de la chaudiere, on peut fe paffer du réfervoir *M*, qui a de longueur 16 pieds 6 pouces ; de largeur, 7 pieds 6 pouc. & de hauteur, 7 pieds 6 pouc. La chaudiere pour chauffer l'eau a environ 2 pieds de diametre fur une pareille profondeur.

Les barres de fer (*Fig. 6*) qui fupportent les plaques de fonte, ont $1\frac{1}{2}$ pouce en quarré fur 5 pieds 10 pouces de longueur. Les barres (*Fig. 9*) qui forment les grilles, ont 4 pieds 6 pouces de longueur fur 2 pouces quarrés. Les barres qui foutiennent les plaques au-deffus des feux, ont 7 pouc. de largeur, 3 pouces d'épaiffeur, & 10 pieds 8 pouces de longueur.

Les plaques de fer qui forment le feuil des portes des fourneaux, ont 5 pieds 10 pouces de longueur, 16 pouces de largeur, 2 pouces d'épaiffeur. Les plaques qui fupportent le fable, ont 4 pieds 6 pouc. de longueur, 2 pieds 3 pouc. de largeur, & 2 pouc. d'épaiffeur.

Les barres qui fupportent les plaques de fonte, ont 14 à 15 pieds de longueur, 2 pouces de largeur, $1\frac{1}{2}$ pouce d'épaiffeur. Les lattes de fer pour couvrir les joints des plaques de fonte, ont 4 pieds 6 pouces de longueur, $2\frac{1}{2}$ pouces de largeur, 5 à 6 lignes d'épaiffeur.

Avec les cotes que nous venons de rapporter, & en s'aidant de l'échelle qui accompagne les plans, je crois qu'on pourra facilement conftruire ces étuves ; mais il ne fera pas hors de propos de faire ici quelques réflexions fur leur conftruction.

Article IV. *Réflexions fur la conftruction de cette Étuve.*

On a fait quelques étuves où l'on avoit mis un fourneau à chaque bout de l'étuve, & les deux cheminées au milieu : mais

il eſt mieux de mettre les deux fourneaux au milieu , & les cheminées aux extrémités , comme nous l'avons repréſenté.

On a fait auſſi des étuves où , dans la longueur, il y avoit
trois fourneaux & trois cheminées ; mais on a reconnu que
deux fourneaux ſuffiſoient, d'autant qu'on place à peu près
ſur les fourneaux même la partie des bordages qui doit prendre
le plus de courbure.

On a fait auſſi des étuves doubles ; mais comme ce n'eſt
autre choſe que deux étuves appliquées l'une contre l'autre
ſuivant leur longueur, il ſeroit inutile d'en dire davantage.

On conçoit qu'il faut que l'étuve ſoit à portée des baſſins ou
des chantiers de conſtruction.

Si le niveau des eaux permettoit d'enterrer tout-à-fait l'é-
tuve, de ſorte que le ſable fût de niveau avec le terrein, le
ſervice en ſeroit plus commode ; mais ſi l'on ne peut pas enterrer l'étuve juſques au niveau des plaques, il faut eſſayer
qu'elles ne ſoient au-deſſus que de deux pieds, comme on le
voit dans les plans ; & on formera , aux bouts de l'étuve , des
plans inclinés par leſquels on montera les bordages ſur des rouleaux.

On pourroit établir les murs de l'étuve ſur des plate - formes de trois pouces d'épaiſſeur ; mais on eſſayera de les élever
ſur une fondation plus ſolide : car quoique les étuves ſoient des
bâtiments de peu d'apparence, elles ne laiſſent pas d'être peſantes à cauſe du fer & du ſable qui y entrent en aſſez grande
quantité ; & elles ont à ſouffrir des chocs aſſez violents à l'occaſion des pieces qu'on jette deſſus.

Quand on manquera de pierres , on pourra les bâtir avec de
la brique ; & on recouvrira les bords avec des pieces de bois,
ainſi que nous l'avons repréſenté ſur les plans. Mais quand on
aura de bonnes pierres , on fera bien de s'en ſervir, ſe contentant de revêtir l'intérieur avec un parement de brique, & on
carrelera l'intérieur des tuyaux rampants avec de la brique ſur
le champ.

Si l'on recouvroit les murs avec des tablettes de pierre , l'ouvrage en seroit bien plus solide, & on se passeroit des pieces de bois qu'on met pour prévenir la dégradation de la brique. Le tout doit être bâti avec du mortier de chaux & de sable, excepté les parements intérieurs, qui doivent être faits avec de la terre rouge, dont on se sert pour faire les fours & toutes les especes de fourneaux. On m'a dit qu'on faisoit en Angleterre cette partie avec du mortier de chaux & de sable, dans lequel on mêloit de la cendre de vieux bordages, qui ont été cloutés pour les défendre des vers à tuyau : je ne l'ai pas éprouvé.

On pratique ordinairement du côté des bouches des fourneaux un auvent destiné à mettre à couvert les ouvriers qui chauffent l'étuve, le bois qui sert à la chauffer, & quelques outils, & à recevoir le sable qu'on ôte de dessus les plaques pour arranger les bordages. Cet auvent, à la vérité, n'est pas sans inconvénients ; car quand l'étuve travaille, elle se trouve refroidie par l'eau de la pluie qui coule de l'auvent sur le sable, & quand elle ne travaille pas, cette eau rouille & pourrit les fers, & dégrade l'étuve. Mais on préviendroit cet inconvénient en faisant le mur de derriere de l'étuve de trois pieds d'épaisseur couvert de carreaux de pierre : les ouvriers marcheroient aisément sur cette banquette, sur laquelle on mettroit une partie du sable qu'on retireroit de l'étuve.

A l'égard du mur de devant, j'ajouterois à celui qui est représenté sur les plans cinq arcades, qui auroient trois pieds d'épaisseur par le haut : elles formeroient par dessus une terrasse plus large que celle de derriere, sur lesquelles on pourroit mettre une partie du sable qu'on tireroit de l'étuve, & sous les arcades on mettroit le bois, les outils, &c. A ces deux terrasses, on donneroit la pente en dehors pour que l'eau des pluies ne se rendît point sur le sable.

Pour que l'étuve soit plus seche, on forme le dessous des plaques par de petites arcades, sur lesquelles on fait un carrelage avec des briques de champ.

Il est clair que toute la chaleur des fourneaux doit passer du foyer dans le deffous des plaques, pour échauffer toute la longueur de l'étuve; ce qui doit produire une grande chaleur à l'endroit où les fourneaux communiquent fous les plaques. Il eft à propos de garnir cet endroit d'un bon lut, fans quoi on feroit expofé à de fréquentes réparations.

Il eft encore avantageux de ne pas pofer tout à fait de niveau le carrelage de briques qui eft fous les plaques, mais de le tenir de trois pouces plus haut du côté des cheminées que de celui des fourneaux; parce qu'en pofant les plaques de niveau, le tuyau rampant fe trouvera rétréci à mefure qu'il s'éloigne du fourneau, & l'étuve en fera chauffée plus également.

Une chofe très-importante feroit de veiller à la confervation des étuves quand elles ne fervent pas. Pour cela, au lieu de les laiffer expofées à toutes les injures de l'air, qui rouille & détruit les fers, je voudrois ôter le fable, & former fur l'étuve un petit toit avec des planches de bois commun, à moins qu'on ne trouvât plus à propos d'élever deffus un appentis à demeure, qui empêcheroit que les eaux pluviales ne dérangeaffent le fervice de l'étuve lorfqu'on voudroit l'employer.

Avant qu'on eût établi de grandes étuves dans les Ports, j'en avois fait faire une petite à Denainvilliers, pour exécuter les Expériences dont je vais rendre compte; je parlerai enfuite de la façon de fe fervir des grandes étuves & de leur avantage.

ARTICLE V. *Remarques fur le fervice de l'Étuve au fable.*

1°, En remuant le fable, on a foin de mettre celui de la fuperficie deffous, & celui du deffous deffus; on tranfporte le fable qui eft fur les fourneaux vers l'extrémité de l'étuve, & on le remplace par celui des extrémités.

2°, Toutes les fois qu'on découvre les bordages, on les arrofe arrosé d'eau bouillante, & on en verse encore quand le sable est remis sur les bordages.

3°, Il faut mettre, autant qu'on le peut, sur les fourneaux, la partie des bordages qui doit être la plus courbée, & y jetter plus d'eau bouillante qu'ailleurs.

4°, On peut mettre les uns sur les autres deux rangs de bordages ; mais on place au second rang les bordages qui ont moins besoin d'être chauffés ; ils se préparent à l'être plus parfaitement ; & en arrêtant la chaleur, ils font que ceux de dessous en reçoivent davantage.

5°, Il n'est pas possible de déterminer précisément le temps que les bordages doivent rester à l'étuve, puisque cela dépend de leur épaisseur, de leur longueur, du plus ou moins de courbure qu'on doit leur faire prendre, de la qualité du bois, de la vivacité du feu. Cependant lorsque les bordages ont 25 pieds de longueur, & qu'on ne doit pas leur faire prendre une courbure considérable, on peut compter qu'ils seront assez attendris en les laissant à l'étuve autant d'heures qu'ils ont de pouces d'épaisseur. Mais à mesure qu'on augmente leur courbure, il faut aussi les tenir plus long-temps à l'étuve : ce qui va, pour des bordages de 6 pouces d'épaisseur, jusqu'à 7 à 8 heures, & beaucoup plus long-temps quand on les laisse à l'étuve toute la nuit : car on réserve pour ce temps les bordages fort épais, & auxquels on veut faire prendre une grande courbure ; la chaleur qu'ils éprouvent la nuit étant foible, ne fait que les préparer à en recevoir une plus vive le lendemain.

6°. Il y a des bordages qui exigent tant de courbure, qu'il n'est pas possible de les attendrir assez par l'étuve pour les mettre en place ; tels sont les premiers & les seconds bordages au-dessous des préceintes de l'arriere, toutes les pointes de tour des premiers rangs des préceintes de la premiere, seconde & troisieme batterie : on ne peut se dispenser de les gabarier ; mais toutes les pieces de remplissage qui se mettent au dessous, peuvent être mises en place au moyen de l'étuve.

7°, On a soin de choisir des bordages longs pour mettre aux places où ils doivent prendre beaucoup de courbure ; &

V v

ſi pour la liaiſon des écarts, il faut employer de courts bordages, on a ſoin de les faire aboutir à l'endroit où eſt la plus grande courbure pour la partager ſur deux bordages.

8°, On peut, en variant l'obliquité des *virûres* de bordages, diminuer de leur courbure : c'eſt-là un point où l'attention du Conſtructeur ſe fait connoître.

9°, Par-tout où la courbure des bordages eſt un peu conſidérable, il faut les arrêter & les forcer de s'appliquer exactement ſur les membres au moyen de *bridolles* & de coins frappés à grands coups de maſſe ; car plus on met de bridolles, plus les bordages ſont exactement appliqués ſur les membres, & moins on court riſque de les rompre. Il eſt bon auſſi de laiſſer les bridolles en place juſqu'à ce que les bordages ou les préceintes ſoient refroidies ; ſans quoi ils pourroient ſe rompre une demi-heure après avoir été mis en place.

Planche XV, a a, Fig. 4, ſont les membres ; *b b b* repréſente le vaigrage ; *c c*, le bordage qu'on met en place ; *d d*, les clous qui l'arrêtent ſur les membres, *e* un palan qui ſert à faire force pour plier le bordage. On voit (*Fig.* 5) un Charpentier qui frappe les clous *d d*.

10°, Nous venons de parler de bridolles : l'uſage le plus ordinaire eſt de les placer comme le repréſente la *Figure premiere, Planche XV*. La bridolle *C* eſt retenue en *E* par un cordage qui la joint au membre, & en *D* par un autre cordage qui prend dans un taquet de fer *A*. En *F* ſont les coins qui ſerrent le bordage *G* contre le membre *HH*. Le défaut de cette bridolle eſt que, pour retenir le taquet de fer *A*, il faut enfoncer dans le membre, & ſouvent dans le bordage, ſix grands clous qu'il faudra arracher, & qui endommagent toujours le bois. On peut éviter cet inconvénient au moyen d'une cheville à boucle *A* (*Fig.* 2). *C* eſt une clavette qu'on frappe ſur une virole *D* en dedans du vaiſſeau. *E*, eſt la bridolle qui paſſe dans la boucle, & qui eſt arrêtée en haut par le cordage *F*. Les coins *G* ſerrent le bordage *H* contre le membre *B B*.

Il faut remarquer qu'on paſſe la cheville *A* par un des trous deſtiné à recevoir un gournable, ou une cheville qui doit traverser le bordage, le membre & le vaigrage, & qu'on ne remplit par un gournable que quand le vaisseau est presque fini, parce que la cheville à boucle peut servir au lieu de taquet pour monter les membres, les bordages, &c. & par son moyen on évite la dépense des clous & le tort qu'ils font au bois.

11°, Comme il faut entretenir le feu dans l'étuve tant que la construction dure, on ne doit point, pour ménager le bois, en faire usage lorsqu'on fait de légers radoubs, ou pour la construction des canots, chaloupes & autres petits bâtiments. Dans ce cas, on chauffe à feu nud sur des chenêts, ou bien dans l'étuve à la vapeur de l'eau, à moins que l'étuve au sable ne fût chauffée pour quelque construction : car en ce cas on en profite sans déranger le principal travail.

ARTICLE **VI.** *Expérience faite avec du bois de Chêne à demi-sec qu'on avoit conservé pendant trois ans sous un hangar, & qu'on mit dans l'Étuve au sable sans l'humecter.*

JE m'étois d'abord proposé de connoître si du bois médiocrement sec se dessécheroit parfaitement par la chaleur de l'étuve au sable, & si la diminution de poids ne se répareroit pas par l'humidité de l'air.

Je fis cette Expérience dans une petite étuve que j'avois fait construire à Denainvilliers, & qui, à la grandeur près, étoit telle que celle dont je viens de donner la description : elle n'avoit qu'un feu & une cheminée.

Je choisis, pour cette Expérience, des bois abattus depuis trois ans, & qui paroissoient assez secs pour être employés à toute sorte d'ouvrages de Charpenterie ; je les fis débiter, peser & numéroter avec les précautions que j'ai rapportées ci-dessus aux premieres Expériences des articles qui regardent la façon d'étuver à feu nud & à la vapeur de l'eau. Chaque piece étoit donc refendue en deux ; une moitié fut déposée sous le hangar & l'autre fut mife dans le fable chaud de l'étuve ; le fable, comme nous l'avons dit, étoit fec.

Avant d'être mis à l'étuve, le pied cube de ces bois pefoit 63 liv. 2 onc. 5 ½ gros.

§ 1. *Première Opération.*

On chauffa cette petite étuve, d'abord par un feu de fagots, & enfuite on y mit des bûches de hêtre ; car je voulois un feu de flamme, afin que l'opération allât plus vîte. La chaleur étoit prefque égale dans toute la longueur de l'étuve ; il eft vrai qu'il fe perdoit beaucoup de chaleur par le tuyau ; mais ce défaut venoit de la petiteffe de mon étuve. Celles des Ports étant plus de deux fois plus grandes, le courant d'air chaud ne peut être auffi rapide, & la chaleur y eft employée plus utilement ; je n'ai pas cru devoir omettre ces petites remarques : je reviens à mon Expérience.

Le feu fut continué pendant plus de trois heures & demie ; au bout de deux heures, je fis découvrir & retourner les madriers, mettant du côté des plaques la face qui étoit en deffus, pour que les deux faces fuffent chauffées également. Au bout de trois heures & demie, on ceffa de mettre du bois dans l'étuve.

Mais le fable étoit affez échauffé pour entretenir les pieces très-chaudes pendant deux heures & demic qu'elles en refterent recouvertes.

§ 2. *Seconde Opération.*

On les tira alors de l'étuve, & le pied cube de ces bois pefoit 60 liv. 10 onc. 5 ⅓ gros, le poids de chaque pied cube étant diminué de 2 liv. 8 onc. ce qui eft affez confidérable pour des bois abattus depuis trois ans. Il eft vrai qu'ils étoient reftés fous le hangar en bois quarré, & que je ne les avois fait débiter par les fcieurs de long, que quand je voulus les mettre à l'étuve : car on fçait que quand on refend en planches une vieille poutre, ces planches fe tourmentent & perdent de leur poids. De plus les moitiés que j'ai conservées sous le hangar, ont perdu de leur poids, quoiqu'elles n'eussent point été étuvées ; mais elles ont beaucoup moins perdu que celles qui avoient été étuvées. Ces bois, au sortir de l'étuve, étoient si chauds qu'on ne pouvoit les toucher sans se brûler. C'est en cet état que je les fis peser.

§ 3. TROISIEME OPÉRATION.

On les mit sous le hangar ; douze heures après, je les fis peser pour voir s'ils auroient aspiré l'humidité de l'air, comme cela arrive aux bois très-secs ; mais au contraire ils étoient plus légers : le pied cube ne pesoit plus que 59 liv. 12 onc. 2 $\frac{1}{3}$ gros. Ainsi chaque pied cube avoit encore perdu 14 onces, 2 $\frac{1}{4}$ gros du poids qu'il avoit au sortir de l'étuve.

Comme ces bois étoient pénétrés de chaleur jusqu'au centre, ils furent long-temps à se réfroidir, & la dissipation de l'humidité continua tant qu'ils furent chauds ; mais ayant remis ces bois sous le hangar pour les peser, vingt-quatre heures après, le pied cube pesoit 60 liv. 4 onc. c'est 7 onces 5 $\frac{1}{3}$ gros de l'humidité de l'air qu'ils avoient repris ; il est vrai que le jour qui précédoit cette pesée, fut pluvieux.

§ 4. QUATRIEME OPÉRATION.

Je fis remettre ces mêmes bois à l'étuve ; ils y passerent neuf heures, & de temps en temps on les retournoit comme on avoit fait la premiere fois.

Mon Expérience fut un peu dérangée : car il avoit plu, & le sable étoit humide : aussi au lieu de diminuer de poids, étant exposés à une chaleur aussi long-temps continuée, ils devinrent plus pesants, & au sortir de l'étuve le pied cube de ces bois pesoit 61 liv. 9 onc. 2 $\frac{1}{3}$ gros.

Il est vrai que cette humidité étant réduite en vapeurs, devoit se dissiper aisément : aussi ayant passé douze heures sous le hangar, le pied cube ne pesoit plus que 60 liv. 10 onc. 5 $\frac{1}{2}$ gros.

Douze heures encore après, 60 liv. 8 onc. & vingt-quatre heures encore après, 60 liv. 2 onc. $5\frac{1}{3}$ gros.

De sorte qu'ils étoient plus légers qu'ils ne l'avoient été avant que d'être étuvés pour la seconde fois ; & probablement on les auroit trouvé encore diminués de poids, si l'on avoit continué à les peser : car il est probable que par des temps secs, on les auroit trouvé revenus à 59 liv. 12 onc. 2 $\frac{2}{3}$ gros; peut-être même encore plus légers : car les vapeurs chaudes qui s'é-chappoient du sable, & qui entroient dans le bois, pouvoient bien avoir dissous une partie de la substance gélatineuse, ce qui l'auroit disposée à s'évaporer. Ces bois avoient un grand nombre de petites gerces & quelques fentes.

ARTICLE **VII**. *Expérience faite avec des Bois abattus de l'hiver précédent, & qui ont été étuvés dans le sable sec.*

VOYANT que la chaleur de l'étuve au sable avoit enlevé au bois sec le reste de son humidité, il me parut intéressant de savoir si elle pourroit pareillement enlever toute celle des bois verds & nouvellement abattus.

Dans cette vue, je fis débiter des bois abattus de l'hiver précédent, les réduisant aux mêmes dimensions que ceux de la précédente Expérience.

§ 1. PREMIERE OPÉRATION.

AVANT que de mettre ces bois à l'étuve, le pied cube pesoit 82 liv.

Après avoir passé cinq heures dans le sable chaud & sec, le pied cube pesoit 78 liv. 1 onc. 2 $\frac{2}{3}$ gros.

§ 2. SECONDE OPÉRATION.

ON les laissa au grand air pendant vingt-quatre heures : alors ils pesoient 76 livres 10 onces.

O N voit par cette Expérience, que la chaleur de l'étuve n'avoit pas pu, à beaucoup près, faire perdre à ces bois toute leur humidité; car s'ils avoient été auſſi ſecs que ceux que nous avons employés pour la précédente Expérience, le pied cube n'auroit dû peſer, à peu près, que 60 liv. 10 onces 5 $\frac{1}{3}$ gros.

Il ne faut pas oublier de faire remarquer qu'il ſortoit de l'étuve une odeur pénétrante, qui s'étendoit au loin.

§ 3. *T R O I S I E M E O P É R A T I O N.*

V I N G T - Q U A T R E heures après, le temps ayant été pluvieux, je fis encore peſer ces bois, qui étoient reſtés ſous un han-gar : le pied cube peſoit 76 liv. 10 onc. 5 $\frac{1}{3}$ gros.

Ainſi ces bois s'étoient un peu chargés de l'humidité de l'air; & il eſt ſingulier qu'ayant à perdre encore beaucoup de leur ſeve, ils aſpiraſſent l'humidité de l'air. Il me paroît probable que cela dépend de ce que la ſuperficie de ces bois s'étoit beaucoup deſſéchée ; & que cette ſuperficie ſe chargeoit de l'humidité de l'air. D'ailleurs il faut faire attention à l'élaſti-cité des fibres, qui n'ont pas été aſſez deſſéchées par la cha-leur de l'étuve pour perdre tout leur reſſort : car ce reſſort, en ſe rétabliſſant, aura pu pomper de l'air humide.

§ 4. *Q U A T R I E M E O P É R A T I O N.*

P O U R voir à quel point on pourroit deſſécher les bois verds par la chaleur de l'étuve au ſable, je les y remis comme la première fois, & je les y laiſſai plus de neuf heures : la chaleur qu'ils avoient éprouvée, étoit ſi conſidérable , qu'ils com-mençoient à ſe charbonner du côté des plaques; mais le temps étoit pluvieux & le ſable humide : ces bois ainſi chauffés juſ-qu'à griller, peſoient, au ſortir de l'étuve, (je parle toujours du pied cube) 71 liv. 12 onc. 5 $\frac{1}{3}$ gros.

Les voilà diminués de 4 liv. 13 onc. 2 $\frac{1}{3}$ gros, quoique ſû-rement ils euſſent aſpiré de l'humidité dont le ſable étoit humesté : ou au moins l'humidité de ce sable a fait obstacle au desséchement de ces bois.

§ 5. Cinquieme Opération.

On sait que cette humidité se dissipe aisément, & qu'elle entraîne même avec elle une portion de la seve ; c'est pourquoi ces bois ayant resté douze heures sous un hangar, ils ne pesoient plus que 71 liv.

Douze heures encore après, 70 liv. 10 onc. 5 $\frac{1}{3}$ gros.

Quarante-huit heures encore après, 70 liv. 8 onc.

Ainsi, quoique ces bois eussent été étuvés pendant quatorze heures à deux fois, & jusqu'à griller, ils n'avoient pas été autant desséchés que les bois qui étoient abattus depuis trois ans.

Sans doute qu'ils ont continué à se dessécher sous le hangar où on les a déposés ; mais comme ce n'étoit plus un effet de l'étuve, nous avons négligé de suivre plus loin cette Expérience.

Article VIII. *Expérience faite avec des Bois abattus depuis trois ans, & qui, après avoir été conservés ce temps sous un hangar aéré, ont été mis à l'Étuve au sable, & arrosés d'eau bouillante.*

Dans les Expériences précédentes, où nous avons chauffé les bois dans du sable sec, il ne s'agissoit que de les dessécher ; maintenant il est question de les attendrir, pour les mettre en état d'être pliés sans se rompre : c'est dans cette vue qu'on arrosoit le sable avec de l'eau bouillante.

Je pris pour ces Expériences des bois pareils à ceux de l'Article VI ; je les étuvai de même, à cela près que je les fis arroser pendant ce temps avec de l'eau bouillante.

§ 1. Premiere Opération.

Avant l'Expérience, les bois que j'employai pesoient le pied cube, 60 liv.

Je

Je les mis, comme pour l'Expérience précédente, paſſer cinq heures dans le ſable chaud, les retournant de temps en temps, & ôtant quelquefois le ſable de deſſus pour les arro-ſer plus exactement d'eau bouillante : ſur le champ on les recou-vroit de ſable.

Au ſortir de l'étuve, ils peſoient, (je parle toujours du pied cube) 60 liv. 10 onc. $5\frac{1}{3}$ gros.

Ainſi ils s'étoient chargés de 10 onc. $5\frac{1}{3}$ gros de l'eau bouil-lante dont on les arroſoit.

§ 2. SECONDE OPÉRATION.

VINGT-QUATRE heures après avoir été tirés de l'étuve, ils ne peſoient plus que 59 liv. 1 onc. $2\frac{2}{3}$ gros.

Ainſi ces bois, quoique ſecs & abattus depuis trois ans, avoient perdu de leur ſeve, 14 onc. $5\frac{1}{2}$ gros.

Il s'échappoit de l'étuve une odeur forte, qui ne pouvoit ve-nir que de l'évaporation d'une portion de la ſubſtance du bois, qui étoit diſſoute par l'eau dont on les arroſoit.

Vingt-quatre heures encore après, ils peſoient 59 liv. 5 onc. $2\frac{1}{1}$ gros.

Ainſi ils avoient aſpiré 4 onc. de l'humidité de l'air, parce que le temps étoit à la pluie.

§ 3. TROISIEME OPÉRATION.

POUR ſuivre cette Expérience comme les précédentes, je les remis paſſer encore neuf heures à l'étuve continuant de les arroſer & de les retourner de temps en temps.

Au ſortir, ils peſoient 62 liv. 8 onc.

Ainſi étant reſtés plus long-temps à l'étuve, ils ſe ſont plus chargés de l'eau dont on arroſoit le ſable.

§ 4. QUATRIEME OPÉRATION.

AYANT été mis ſous le hangar, douze heures après, ils ne

X x

pesoient plus que 61 liv. & douze heures encore après, 60 liv.

Ils auroient certainement perdu encore beaucoup de leur poids ; mais les voyant revenus à leur premier poids, j'ai cessé de les peser.

ARTICLE IX. *Expériences faites sur des Bois abattus de l'hiver précédent, mis à l'Étuve au sable & arrosés d'eau bouillante.*

MON intention, en exécutant cette Expérience, étoit de voir si les bois verds qu'on étuve dans le sable chaud arrosé d'eau bouillante, perdroient de leur seve, ou s'ils se chargeroient de l'eau dont on humectoit le sable. Pour cela, ayant disposé mes bois dans l'étuve, comme pour les précédentes Expériences, j'eus soin de les découvrir de sable toutes les demi-heures, de les retourner & de les arroser d'eau bouillante.

§ I. Premiere Opération.

CES bois pesoient, avant que d'être mis à l'étuve, 84 liv. 6 onces.

Après y avoir resté cinq heures, ils pesoient 83 liv. 5 onc. 2 $\frac{2}{3}$ gr.

Ainsi au lieu de se charger de l'humidité du sable, ils avoient perdu 1 liv. 6 $\frac{2}{3}$ gr. de leur seve. Je crois même qu'il s'étoit dissipé une plus grande quantité de leur seve, en même temps qu'ils avoient pris de l'eau dont on les arrosoit : car il sortoit de l'étuve une odeur pénétrante.

§ 2. Seconde Opération.

VINGT-QUATRE heures après les avoir tirés de l'étuve, ils ne pesoient que 81 liv. 5 onc. 2 $\frac{2}{3}$ gros.

On les pesa encore vingt-quatre heures après ; mais comme il pleuvoit beaucoup, ils n'avoient pas changé de poids.

§ 3. *TROISIEME OPÉRATION.*

ON les remit à l'étuve, où ils resterent plus de neuf heures : au sortir, ils pesoient 82 liv.

Cette augmentation de poids n'est pas, à beaucoup près, aussi considérable que celle que nous avons remarquée sur les bois secs ; & comme c'est une humidité étrangere qui est presque réduite en vapeurs, on devoit s'attendre qu'elle se dissiperoit promptement.

§ 4. *QUATRIEME OPÉRATION.*

AYANT passé vingt-quatre heures sous le hangar, le pied cube ne pesoit plus que 80 liv. 2 onces.

Et quarante-huit heures après, 76 liv. 10 onc. 5 $\frac{1}{3}$ gr.

Ces bois continuoient à diminuer très-sensiblement toutes les fois qu'on les pesoit.

ARTICLE X. *Expérience faite avec des Madriers de cœur de Chêne abattus l'hiver précédent, & étuvés au sable sans être arrosés.*

JE pris des pieces de bois abattus de l'hiver 1732. Je fis lever à la scie quatre dosses sur les quatre faces pour n'avoir que du bois de cœur; ce qui me procura un madrier qui avoit 6 pieds de longueur, 6 pouces de largeur & 3 d'épaisseur.

§ 1. *PREMIERE OPÉRATION.*

IL pesoit au commencement de l'Expérience, le 18 Juin 1734, 54 liv.

Il est bon de remarquer que ce madrier n'étoit pas de bonne qualité : il avoit à un bout quelques veines de bois blanc, & quelques-unes de bois rouge.

X x ij

On le mit dans le fable de l'étuve, où on le chauffa pendant cinq à fix heures fans l'humeéter avec de l'eau chaude ; l'ayant tiré du fable, il pefoit 51 liv. 3 onc.

Son poids étoit donc diminué de 2 liv. 13 onc.

§ 2. SECONDE OPÉRATION.

On le laiffa vingt-quatre heures au grand air : alors il pefoit 49 liv. 13 onc. 4 gr.

Vingt-quatre heures encore après, il pefoit 50 liv.

Ainfi fon poids étoit un peu augmenté, parce que l'air étoit fort humide.

§ 3. TROISIEME OPÉRATION.

On le remit paffer neuf à dix heures dans le fable de l'étuve : fa fuperficie étoit un peu grillée, & il pefoit 46 liv. 4 onc.

§ 4. QUATRIEME OPÉRATION.

Deux heures après avoir été tiré de l'étuve, il pefoit 45 liv. 12 onc.

Encore deux heures après, étant refté expofé au foleil, il pefoit 45 liv. 8 onc.

Enfin, encore quarante-huit heures après, il pefoit 45 liv. 6 onc.

Comme le fable n'avoit pas été humeété, ce madrier avoit beaucoup perdu de fa feve ; cependant il n'étoit pas parfaite-ment fec : car l'ayant pefé le 25 Oétobre 1742, il ne pefoit que 36 liv. 8 onc.

ARTICLE XI. *Expérience faite fur un Madrier pareil au précédent, mais abattu l'hiver 1732, & mis à fec dans l'Étuve au fable.*

§ 1. PREMIERE OPÉRATION.

AU commencement de Juin 1734, ce madrier pefoit 39 liv. 14 onc.

Ayant refté cinq heures dans le fable chaud & fec, il pefoit 38 liv.

§ 2. SECONDE OPÉRATION.

ÉTANT refté vingt-quatre heures au grand air, il pefoit 37 liv. 5 onc.

Ce jour-là étoit pluvieux.

§ 3. TROISIEME OPÉRATION.

ON le remit paffer neuf à dix heures dans le fable chaud : le fable ayant été mouillé par la pluie, au fortir, il pefoit 38 liv. 11 onc.

Ainfi il s'étoit chargé de l'humidité du fable.

§ 4. QUATRIEME OPÉRATION.

ON le tira de l'étuve ; douze heures après, il pefoit 38 liv.

Douze heures après, 37 liv. 14 onc.

Vingt-quatre heures après, 37 liv. 10 onc.

Ce madrier n'étoit cependant pas, à beaucoup près, deffé-ché : car le 25 Octobre 1742, il ne pefoit plus que 34 liv. 8 onc.

L'autre moitié de la même piece qui avoit été tirée du même arbre à côté du précédent, & qui pefoit au commencement de l'Expérience, 40 liv. 6 onc. ne pefoit, le 25 Octobre 1742, que 35 liv. 8 onc. ayant toujours refté fous le hangar fans avoir été étuvé.

La diminution qu'il a éprouvée eſt à peu près la même : car au commencement de l'Expérience, il peſoit 8 onc. de plus que celui qui a été étuvé ; & à la fin de l'Expérience, la ſupériorité de ſon poids étoit de 16 onc. la chaleur de l'étuve a apparemment diſſipé 8 onces de la ſubſtance du bois.

ARTICLE XII. *Expérience faite ſur un madrier de Chêne pareil à ceux dont on vient de parler ; mais abattu l'hiver précédent, & étuvé dans le ſable arroſé d'eau bouillante.*

§ 1. PREMIERE OPÉRATION.

CE madrier peſoit le 27 Juin 1734, 55 liv. 12 onc. 4 gros.

On le mit, comme les autres, paſſer cinq heures dans le ſable chaud, mais qu'on humectoit toutes les demi-heures avec de l'eau bouillante : au ſortir de l'étuve, il peſoit 55 liv.

Ainſi, quoique le ſable fût humecté, le madrier qui étoit verd, a perdu 12 onc. 4 gros de ſon poids.

§ 2. SECONDE OPÉRATION.

AYANT été vingt-quatre heures au grand air, il peſoit 53 liv. 8 onces.

Au bout encore de vingt-quatre heures de temps humide, ſon poids n'étoit pas changé.

§ 3. TROISIEME OPÉRATION.

ON le remit paſſer neuf à dix heures dans le ſable chaud qu'on arroſoit avec de l'eau bouillante ; étant tiré du ſable, il peſoit 54 liv.

Ainſi il s'étoit chargé d'une demi-livre d'eau.

§ 4. QUATRIEME OPÉRATION.

DOUZE heures après avoir été tiré du ſable, il peſoit 53 liv. 2 onc.

Ayant enfuite refté douze heures au foleil, il pefoit 52 liv. 9 onc. 4 gros.

Quarante-huit heures encore après, 50 liv.

Cette Expérience ayant été faite avec un madrier rempli de feve, j'ai voulu voir ce qui arriveroit à un pareil madrier qui feroit de plus ancienne coupe.

ARTICLE XIII. *Expérience faite avec un Madrier de mêmes dimenfions que le précédent, mais qui, après avoir été abattu l'hiver 1732, a été mis dans le fable chaud, & arrofé d'eau bouillante.*

CE Madrier de bois à demi fec, & de mêmes dimenfions que le précédent, pefoit au commencement de l'Expérience, le 18 Juin 1734, 37 liv. 8 onc.

§ 1. PREMIERE OPÉRATION.

APRÈS avoir refté cinq heures dans le fable chaud & humecté d'eau bouillante, il pefoit 38 liv.

§ 2. SECONDE OPÉRATION.

ÉTANT tiré de l'étuve, & ayant refté vingt-quatre heures au grand air, il pefoit 36 liv. 13 onc.

Vingt-quatre heures encore après, l'air étant fort humide, il pefoit 37 liv.

§ 3. TROISIEME OPÉRATION.

ON le remit à l'étuve, où il a refté neuf à dix heures, étant de temps en temps arrofé d'eau bouillante : au fortir, il pefoit 39 liv. 6 onc.

§ 4. QUATRIEME OPÉRATION.

DOUZE heures après être sorti de l'étuve, il pesoit 38 liv. 4 onc.

Douze heures encore après, étant resté au soleil, 37 l. 8 onc.

Quarante-huit heures encore après, 37 liv. 6 onc.

Enfin le 27 Octobre 1742, il ne pesoit plus que 33 l. 8 onc.

ARTICLE XIV. *Expérience faite sur quatre Madriers passés à l'Étuve au sable arrosés d'eau bouillante.*

QUATRE Madriers, entiérement semblables aux précédents pour le temps de leur abattage, furent numérotés I, II, III & IV.

N°. I, pesoit le 13 Juin 1735; . .	117 liv.	4 onc.
N°. II, ...	111	12
N°. III, ...	112	
N°. IV, ...	117	4

Les Madriers N°. III & IV, qui n'étoient point destinés à être mis à l'étuve, furent mis sous un hangar.

§ 1. PREMIERE OPÉRATION.

LES Madriers N°. I & II, furent enfouis dans le sable de l'étuve ; & on eut soin d'entretenir le feu sous les plaques, & d'arroser toutes les demi-heures le sable avec de l'eau bouillante.

On les tira de l'étuve au bout de huit heures.

N°. I, pesoit 118 liv. 4 onc. ainsi son poids étoit augmenté d'une livre.

N°. II, pesoit 113 liv. 12 onc. ainsi son poids étoit augmenté de deux livres.

§ 2. SECONDE OPÉRATION.

Le 26 Octobre 1742, le poids de ces quatre Madriers se trouva comme il suit, savoir ;

N°. I, étuvé	85 liv. 8 onc.
N°. II, étuvé	82 8
N°. III, non étuvé	83
N°. IV, non étuvé	86

On voit qu'il s'en faut de beaucoup que les Madriers I & II, eussent été complétement desséchés par la chaleur de l'étuve.

ARTICLE XV. *Expérience faite à Toulon, sur cinq Bordages d'Italie, de 10 pieds de longueur, 11 pouces de largeur, & 3 ½ d'épaisseur.*

§ 1. PREMIERE OPÉRATION.

Le 18 Août, N°. I, fut mis sous un hangar où il passoit beaucoup d'air : il pesoit 159 liv.

Le 9 Novembre, il pesoit 142 liv. il étoit diminué de 17 liv. Une fente de plus de 3 pieds de long, & ouverte de 6 à 7 lignes, traversoit toute l'épaisseur du bordage.

§ 2. SECONDE OPÉRATION.

N°. II, pesoit le 18 Août, 173 liv.
Il fut mis au soleil & au grand air.
Le 9 Novembre il pesoit 155 liv. Il étoit diminué de 18 liv.

§ 3. TROISIEME OPÉRATION.

N°. III, pesoit le 18 Août, 166 livres.
Ayant resté six heures dans l'étuve au sable, il pesoit

Y y

163 livres. Il n'étoit diminué que de 3 livres.

Il s'étoit formé une fente de 8 pouces de longueur par un bout, & de 3 lig. d'ouverture.

On le mit fous le hangar ; & le 9 Novembre il pefoit 145 liv. Son poids étoit diminué de 18 liv.

La fente qui s'étoit faite pendant qu'il étoit dans l'étuve avoit augmenté fous le hangar ; elle avoit un pouce d'ouverture, & traverfoit le madrier de part en part.

§ 4. *QUATRIEME OPÉRATION.*

LE madrier N°. IV, pefoit 168 livres.

Il fut mis à l'étuve le 18 Août ; on l'en tira fix heures après, il pefoit 166 liv. Il avoit perdu 2 liv. de fon poids.

Il étoit fendu à un bout de part en part, d'un pied de long ; la fente avoit un demi-pouce d'ouverture. On expofa ce madrier au foleil & au grand air jufqu'au 9 Novembre qu'il pefoit 149 liv. Son poids étoit diminué de 17 liv.

La fente avoit beaucoup augmenté à l'air.

ARTICLE XVI. *Expérience faite à Toulon fur fix pieces de Bois de 10 pieds de longueur, 12 pouces de largeur & 11 d'épaiffeur.*

§ 1. *PREMIERE OPÉRATION.*

LA piece N°. I, pefoit le 9 Août 1730, 686 liv.

On la mit dans l'eau de la mer, & le 9 Novembre elle pefoit 709 liv. Son poids étoit augmenté de 23 liv.

La piece N°. II, pefoit 670 liv.

Etant mife dans l'eau de la mer & retirée le 9 Novembre, elle pefoit 689 liv. Son poids étoit augmenté de 19 liv.

§ 2. *SECONDE OPÉRATION.*

LA piece N°. III, pefoit le 9 Août 711 liv.

ON la mit sous un hangar, & le 9 Novembre, elle pesoit 647 liv. Son poids étoit diminué de 64 liv.

Elle s'étoit fendue de part en part par un éclat considérable.

§ 3. TROISIEME OPÉRATION.

LA piece N°. IV, pesoit le 9 Août, 677 liv.

On l'exposa au soleil & au grand air : le 9 Novembre elle pesoit 619 liv. Son poids étoit diminué de 58 liv.

Elle étoit fendue à un bout en plusieurs rayons : il s'étoit formé un éclat à l'autre bout, & une fente à une des surfaces.

§ 4. QUATRIEME OPÉRATION.

LA piece N°. V, pesoit le 9 Août, 684 liv.

On la mit passer à l'étuve au sable depuis six heures du matin jusqu'au lendemain à la même heure : mais on n'avoit fait du feu dans l'étuve que jusqu'à six heures du soir ; on la retournoit sur les quatre faces, & on l'arrosoit de temps en temps d'eau chaude. Au sortir de l'étuve, elle pesoit 659 liv. Ainsi son poids étoit diminué de 25 liv.

Les angles étoient un peu grillés ; il s'étoit formé une fente diagonale de 8 pouces d'une longueur, de demi-ligne d'ouverture, & qui traversoit la piece. En tirant la piece de l'étuve, il sortit de cette fente la valeur d'un petit gobelet d'eau rousse très-âcre au goût ; il s'étoit fait une petite fente à l'autre bout, d'où il n'étoit rien sorti.

On la mit sous un hangar très-aéré, où elle resta jusqu'au 9 Novembre : alors elle pesoit 612 liv. Ainsi son poids étoit diminué de 47 liv. de ce qu'elle pesoit d'abord.

La fente qui avoit commencé à l'étuve, s'étoit beaucoup ouverte ; & il s'étoit formé de nouvelles fentes très-considérables.

§ 5. CINQUIEME OPÉRATION.

LA piece N°. VI, pesoit le 18 Août, 719 liv.

On la mit à l'étuve comme la précédente : au fortir elle pefoit 706 liv. Ainfi elle avoit perdu 13 liv. de fon poids.

Les angles étoient grillés : elle s'étoit fendue comme l'autre ; mais il n'en étoit forti que quelques gouttes de liqueur par un des bouts : cependant, par une fente, il en étoit forti plein une demi-coque d'œuf de liqueur.

On l'expofa au foleil & au grand air : le 9 Novembre, elle pefoit 639 liv. Ainfi fon poids étoit diminué de 67 liv. Un bout étoit fendu par rayons.

On peut remarquer que la piece N°. III, mife fous le han-gar, a plus perdu de fon poids que la piece N°. IV, qui avoit été mife au grand air : mais la piece N°. V, qui étoit fous le hangar, a moins perdu de fon poids que la piece N°. VI, qui étoit reftée à l'air : ce font des faits dont il feroit difficile de rendre raifon. Nous rapportons les faits comme nous les trouvons fur nos regiftres.

CHAPITRE VIII.

Des avantages que peuvent procurer les grandes Étuves dont nous venons de parler, & Réponfes aux objeclions qu'on a formées fur cet Établiffement.

CINQ Articles vont en même-temps expofer les avantages & répondre aux objeclions. Dans le premier, je prouverai que le chauffage de l'étuve ne coûte prefque rien ; ainfi je répondrai à l'objeclion qu'on a faite qu'elle occafionneroit une grande confommation de bois.

J'établirai dans le fecond, que le fervice de l'étuve n'em-ploie que très-peu de monde ; & n'exige point qu'on paffe la nuit dans l'Arcenal ; & par-là je répondrai à ceux qui ont exagéré les frais qu'exige le service de l'étuve, & qui ont dit avec raison qu'il étoit contraire à la bonne police qu'on passât la nuit dans l'intérieur de l'Arcenal.

On verra dans le troisieme, qu'en prenant les précautions convenables, on peut mettre les bordages en place sans courir risque de les rompre, l'étuve leur ayant donné la souplesse convenable.

Je ferai appercevoir en quatrieme lieu, que l'étuve procure une grande économie sur le bois; &, en cinquieme lieu, qu'il en résulte une meilleure liaison pour les vaisseaux; ce qui me donnera occasion de rapporter une Expérience qui prouve qu'on n'a point à craindre que les écarts larguent & s'ouvrent comme beaucoup l'avoient pensé.

A r t i c l e I. *Le chauffage de l'Étuve ne coûte presque rien.*

Il ne s'agit pas de chauffer vivement les bois pour les attendrir convenablement : il faut employer une chaleur modérée, & la continuer long-temps pour qu'elle pénetre jusqu'au centre de la piece sans en brûler la superficie. Ainsi on n'emploie point de bois de chauffage, ni même de gros copeaux; on ramasse & on conserve à couvert les vieilles étouppes que les calfats tirent des vaisseaux qu'on carene, ou de ceux qu'on radoube ou qu'on démolit; tous les bouts de cordages qu'on ne peut écharpir pour en faire de l'étouppe pour les calfats, les balayures de l'attelier où l'on écharpit les vieux cordages : on mêle avec cela de menus copeaux, même de la sciure de bois. On conserve le tout sous un appentis auprès de l'étuve : ces ordures, qui resteroient inutiles, suffisent presque pour échauffer entiérement l'étuve : seulement quand on est pressé, & quand on n'a pas le loisir de laisser long-temps le bois dans le sable chaud, on met quelques fagots de gros copeaux. Qu'on exagere tant qu'on voudra la valeur de ces matieres combustibles, on ne pourra pas la porter fort haut.

ARTICLE II. *On n'a pas besoin de passer la nuit dans l'Arcenal, & il faut peu de monde pour soigner l'Étuve.*

ON allume le matin un feu modéré dans les fourneaux de l'étuve & dans celui de la chaudiere ; on entretient ces feux dans cet état pendant toute la journée, pour bien échauffer le sable, qu'on remue de temps en temps, & qu'on arrose aussi de temps en temps avec de l'eau bouillante : deux hommes suffisent pour ce travail.

Le soir, quand le sable est ainsi bien échauffé, on en ôte une partie de dessus les plaques, n'en laissant que quatre à cinq pouces dessous les bordages qu'on y arrange à côté les uns des autres : il en pourroit tenir six, sept ou huit dans l'étuve dont j'ai donné les plans, quoiqu'elle soit simple.

Quand les bordages sont bien assis sur le sable chaud, on les arrose de quelques seaux d'eau bouillante, & on les recouvre de sable à l'épaisseur de 14 à 15 pouces : on l'arrose encore avec de l'eau bouillante.

Ce travail doit être exécuté avec quelque diligence : ainsi il faut du monde à proportion du nombre & de la grosseur des pieces qu'on doit mettre à l'étuve. Mais ce travail doit se faire le soir avant la retraite ; & quand il est fait, on remplit les fourneaux avec les ordures dont j'ai parlé. Elles ont l'avantage de ne se consumer que lentement, & de conserver long-temps le feu ; ce qui est sur-tout avantageux pour la nuit : car quand le soir on a bien rempli les fourneaux de ces balayures, on peut être assuré que l'étuve ne se morfondra pas, à moins qu'il ne survînt des pluies considérables, & les bois se disposeront dans le sable chaud à être mis en place le lendemain de bonne heure.

Nous avons supposé que c'étoit le soir qu'on mettoit les bois à l'étuve ; & c'est effectivement le temps le plus convenable pour les bordages épais, ou pour ceux qu'il faut beaucoup ployer, parce que, pendant la nuit, les bois se pénetrent de la chaleur & de l'humidité que leur communique le fable, fans qu'on foit obligé de veiller l'étuve. Les deux hommes qui en font particuliérement chargés, mettent une bonne quantité de poufliere dans les fourneaux : ils en ferment les portes ; ils jettent quelques feaux d'eau fur le fable ; ils rempliffent la chaudiere, & ils abandonnent l'étuve jufqu'au lendemain.

A l'ouverture de l'Arcenal, quand les Ouvriers y rentrent pour reprendre leur travail, on rétablit le feu dans les fourneaux, & on le rend plus ou moins actif fuivant que la befogne preffe, que les bordages ont plus d'épaiffeur, & qu'on doit leur faire prendre une plus grande courbure. Alors, au lieu de poufliere, on met dans les fourneaux quelques fagots de gros copeaux, ou, ce qui n'arrive que très-rarement, quelques bûches de bois fendu.

On a remarqué que, quand l'ouvrage preffe, on peut étuver les bois en les laiffant dans le fable précédemment échauffé autant d'heures qu'ils ont de pouces d'épaiffeur : trois heures pour un bordage de trois pouces, quatre heures pour un bordage de quatre pouces.

Cependant comme le temps qu'il faut laiffer les bois dans l'étuve dépend non feulement de l'épaiffeur des bordages, & de la courbure qu'on doit leur faire prendre, mais encore de la qualité des bois, (car il y en a qui s'attendriffent bien plus promptement que d'autres,) il faut que l'on s'accoutume à juger du temps qu'on doit les laiffer à l'étuve, mais il ne faut point ici de précifion ; les *à peu près* fuffifent, & fe trouvent aifément.

ARTICLE III. *En prenant les précautions convenables, on peut mettre les bordages en place fans courir rifque de les rompre.*

QUAND le Conftructeur juge que les bordages ou les préceintes font affez attendris, il fait ôter le fable, & découvrir promptement le bordage qu'il veut mettre en place ; il le fait porter au chantier de conftruction; & l'ayant élevé à la place qu'il doit occuper, il en arrête un des bouts avec un taquet fur un des membres (*Planche XV, a Fig. 5*). Il frappe un appareil à l'autre bout *b*, il fait haler fur cet appareil juf-qu'à ce que le bordage touche le membre fuivant, fur léquel il l'arrête encore avec un taquet. Il continue à faire travailler fur l'appareil pour faire porter le bordage fur le troifieme membre, où il l'arrête encore avec un taquet; ce qu'il conti-nue jufqu'à ce que le bordage ait pris la courbure des mem-bres, & qu'il foit en place.

C'eft en fuivant ces pratiques, que j'ai vu mettre en place des préceintes qui avoient 6 pouces d'épaiffeur, 10 pouces de largeur, & 25 ou 30 pieds de longueur, auxquelles on faifoit prendre une courbure de plus de 5 pieds fans qu'il s'en déta-chât un feul éclat.

Mais pour réuffir, il ne faut point fe preffer lorfqu'on met les bordages en place; il faut, au contraire, agir lentement, &, autant qu'on le peut, fans fecouffes; l'effentiel eft de les bien arrêter fur les membres, où on les fait toucher en les ferrant fortement avec des bridolles (*Fig. 1 & 2*) & des coins, pour les empêcher de s'éclater : car une préceinte de 6 pouces d'épaiffeur conferve pendant une heure & demie, ou même deux heures, affez de foupleffe pour fe prêter aux contours qu'on veut lui faire prendre.

Je ne dois point négliger d'avertir qu'un coup de hache ou d'erminette, même un trait de rouanne, fur la furface qui doit être convexe, fuffit pour que le bordage s'éclate en cet en-droit : ainfi il faut éviter de toucher à la furface qui doit faire l'extérieur de la courbe, mais donner toute la dégraiffe fur la face qui doit toucher aux membres, & former la partie concave de la courbe.

On fent bien que les bois fort chargés de nœuds font peu propres à être courbés; mais s'il fe trouvoit quelques nœuds un peu confidérables à la furface d'un bordage, on ne courra point rifque de le rompre, fi l'on met ce nœud du côté des membres, ou à la partie concave de la courbe : moyennant
ces

ces attentions, on aura peu à craindre d'éclater les préceintes & les bordages, qui s'appliqueront auffi exactement fur les membres que s'ils étoient de cire.

Je crois avoir fait voir que l'étuve au fable altere peu la qualité des bois ; que l'ufage en eft facile ; qu'elle n'occafionne qu'une très-petite confommation de bois ; qu'elle met à portée de faire une économie confidérable fur la main d'œuvre ; & que fon fervice n'exige point que des ouvriers paffent la nuit dans les Arcenaux. Nos Expériences ont fait connoître que les bois qu'on met à l'étuve fe chargent de l'humidité du fable qu'on a humecté ; mais on a vu que cette humidité étrangere fe diffipe promptement ; d'où l'on doit conclure qu'il faut fe preffer de mettre en place les bordages auffi-tôt qu'ils font tirés de l'étuve, afin de ménager l'humidité qui concourt, avec la chaleur, à les rendre fouples & capables de plier.

Il faut maintenant faire voir la grande économie que cette étuve produit fur les bois les plus rares.

Article IV. *Au moyen de l'Étuve, on peut faire une grande économie fur les Bois.*

Quand on manque d'étuve, on gabarie non feulement les préceintes, mais même les bordages de l'avant & de l'arriere : par cette pratique, on perd une énorme quantité de bois des plus rares par leur groffeur, leur figure & leur qualité. Ce travail exige une main d'œuvre des plus confidérables, qui eft employée à faire des copeaux ; & que réfulte-t-il de tout cela ? un bordage tranché & de mauvaife qualité. Je dis tranché, parce qu'il eft impoffible de trouver des plançons qui aient naturellement la courbure qu'exige le contour des membres ; ce qui jette dans la néceffité indifpenfable de former ces bordages aux dépens de très-groffes pieces. J'ajoute de mauvaife qualité, parce que les gros bois étant toujours altérés au cœur, les pieces qu'on tire de gros corps d'arbre font toujours mauvaifes. Rendons ceci fenfible par un exemple qui n'eft point une hypothèfe,

Z z

J'ai vu mettre à un vaiſſeau de la Compagnie des Indes une préceinte de bois droit de 30 ou 35 pieds de longueur ſur 7 pouces d'épaiſſeur : il eſt certain que ſi l'on n'avoit point eu d'étuve, on auroit été obligé de la faire de deux pieces de 18 pieds 6 pouces de longueur chacune ſur 12 à 13 pouces d'équarriſſage, à cauſe de leur écart & de leur bouge. Ainſi cette préceinte auroit conſommé 37 pieds cubes de gros bois, au lieu que celle qu'on a miſe en place au moyen de l'étuve n'a conſommé qu'un peu plus de 18 pieds 8 pouces de bois, ce qui fait une différence de moitié. Il faut joindre à cette économie celle de la main d'œuvre, qui, pour la piece gabariée, ſeroit plus du double de ce qu'elle a été pour celle qu'on a étuvée. Enfin il eſt certain que la préceinte d'une ſeule piece fait une liaiſon tout autrement bonne que celle qui auroit été de deux pieces.

Voila les avantages des étuves bien établis ; il ne nous reſte plus qu'à détruire une forte objection, qui, ſi elle avoit eu lieu, auroit cauſé bien de l'inquiétude aux Navigateurs.

ARTICLE V. *Les Bordages étuvés qu'on a mis en place avec force ne tendent point à ſe redreſſer.*

VOYANT combien on faiſoit force ſur le garant de la caliorne qu'on avoit frappé au bout des préceintes & des bordages qu'on mettoit en place, & imaginant que la piece faiſoit un pareil effort pour ſe redreſſer, on appréhendoit que dans les mouvements que les vaiſſeaux font à la mer, un clou ne vînt à manquer, & que le bordage ſe redreſſant par ſa force de reſſort, il n'en réſultât une voie d'eau à laquelle il n'auroit pas été poſſible de remédier. J'avoue que cette difficulté me frappa ; & pour ſavoir ce qui en étoit, je propoſai au ſieur Cambry, Conſtructeur de la Compagnie des Indes, de mettre en place une préceinte à une partie de l'avant où elle devoit prendre une courbure conſidérable. La préceinte fut miſe en place & retenue par des taquets ; elle y reſta vingt-quatre heures ; enſuite on rompit les taquets, & on deſcendit la préceinte ; je

mefurai la fleche de fa courbure, & je la fis mettre fur le
can : plufieurs jours après, elle avoit confervé toute fa courbure, & on la remit en fa place fur le vaiffeau fans employer
aucune manœuvre. Ainfi il eft prouvé que les fibres ligneufes
des pieces que l'on a courbées, après les avoir attendries par
le feu, affectent auffi puiffamment la nouvelle forme qu'elles
ont prife que fi elle leur étoit naturelle ; & comme elles ne
font point effort pour fe redreffer, on ne doit avoir aucune
inquiétude fur ce point.

E X P L I C A T I O N des Planches & des Figures du Livre troifieme.

L A maniere de chauffer les Bois fur des chenêts & à feu nud,
eft repréfentée fur la derniere Planche du Livre II.

P L A N C H E X I.

ELLE eft deftinée à faire connoître la façon d'attendrir les
bois par l'eau bouillante.

L A F I G U R E I. repréfente l'élévation de l'étuve vue par
le côté où font les bouches des fourneaux *F G H I.*

C D E F, des gradins pour monter fur l'étuve.

K, des chevres pour monter les préceintes fur l'étuve & les
defcendre dans l'eau.

Figure 2. Elle repréfente la même étuve à vue d'oifeau ; les
objets font repréfentés par les mêmes lettres qu'à la *Fig.* 1.

On voit de plus en *M M*, l'intérieur de la chaudiere qu'on
remplit d'eau, dans laquelle on met les bordages qu'on veut
attendrir.

La Figure 3 repréfente la même étuve coupée par la ligne
A B de la *Fig.* 2 ; & les différents objets qu'on apperçoit font
indiqués par les mêmes lettres qu'aux *Figures* 1 *&* 2. *N*, repré-

sente les couvercles qui couvrent la chaudiere *M* pour conferver la chaleur.

PLANCHE XII.

ELLE sert à faire connoître la disposition de l'étuve à la
vapeur de l'eau.

FIGURE 1. Elle représente l'élévation de cette étuve vue
suivant sa longueur.

G H, caisse qu'on fait assez longue pour qu'elle puisse contenir les bordages qu'on veut y attendrir.

H K K F, moises destinées à serrer les bordages qui forment cette caisse , & à porter les pieds *L L* qui soutiennent cette caisse à une hauteur proportionnée à l'élévation de
la chaudiere.

M , le terre-plein; on a ponctué la bouche du fourneau
qui est plus basse que le niveau du terrein.

D , le fourneau sur lequel est monté la chaudiere *C* ; *E* , est
son couvercle; *N* , le tuyau qui porte les vapeurs dans la
caisse.

O , la cheminée du fourneau.

La Figure 2 est la même étuve représentée à vue d'oiseau,
& toutes les parties en sont représentées par les mêmes lettres
qu'à la *Fig.* 1.

La Figure 3 est une coupe transversale par la ligne *A B* de
la *Figure* 1.

La Figure 4 est une coupe par la ligne *C D* de la *Figure* 1,
pour faire voir le coulisseau, ou la porte à coulisse *I*, qui sert
à fermer & à ouvrir le bout de la caisse.

P est un petit treuil qui sert à ouvrir ce coulisseau.

PLANCHES XIII & XIV.

ELLES représentent l'étuve au sable.

FIGURE 1 (*Planche XIV*) représente l'élévation de cette

étuve ; au‑deſſus de *C D* ſont les bouches des fourneaux.

b, cloiſon qui ſépare les deux fourneaux.

c d, le mur de devant de cette étuve.

I I, les potences qui ſervent à élever les préceintes qu'on veut mettre à l'étuve. *K*, les treuils qui ſont deſtinés au ſervice de ces potences.

F F, tuyaux des cheminées de ces fourneaux.

f, tuyau de la cheminée du petit fourneau de la chaudiere.

M, réſervoir d'eau pour remplir la chaudiere.

L, petite trappe qui eſt au‑deſſus de ce réſervoir.

La *Figure* 2 (*Planche XIV*) eſt la même étuve repréſentée à vue d'oiſeau.

a b, le mur de derriere de l'étuve ; *c d*, le mur de devant.

e g, les murs des bouts.

F F, les cheminées de l'étuve. *f*, la cheminée du petit fourneau de la chaudiere. *C D*, les endroits où ſont les bouches des fourneaux, & les degrés pour y deſcendre.

H, le fourneau ſur lequel eſt montée la chaudiere.

I K, les potences ou petites grues avec leur treuil.

M, le réſervoir d'eau avec ſa petite trappe *L*.

O, les plaques de fer ſur leſquelles on met le ſable.

P P, bandes de fer plat qui recouvrent les joints des plaques pour empêcher le ſable de paſſer entre ces plaques.

FIGURE *1* de la *Planche XIII;* coupe longitudinale de l'étuve par la ligne *A B* de la *Figure* 2.

d d, le mur de derriere de l'étuve.

a c, le terre-plein.

E E, carrelage de brique parallele aux plaques *O O*.

p p, les bandes de fer plat qui recouvrent les joints des plaques.

C D, l'intérieur des fourneaux ; *b*, la cloiſon qui les ſépare.

N N, les murs des bouts de l'étuve.

F F, les tiges des cheminées de l'étuve.

f, la tige du petit fourneau de la chaudiere.

M, le réfervoir où l'on met l'eau pour remplir la chaudiere.

La *Figure* 2 eft la même étuve repréfentée à vue d'oifeau,
ou une coupe horizontale immédiatement au-deffous des plaques *O O*, *Figure* 1.

a b, le mur de derriere.

c d, le mur de devant.

e f, les murs des bouts avec des rouleaux pour aider à mettre
les bois à l'étuve.

C D, l'intérieur des fourneaux où l'on voit les grilles fur
lefquelles on met le bois; *b*, cloifon qui fépare ces deux
fourneaux.

i i, bandes de fer repréfentées *Figure* 6, & qui fervent à
fupporter les plaques de fonte.

H, le fourneau fur lequel eft monté la chaudiere.

F F, la coupe des tuyaux des cheminées des fourneaux.

I K, la coupe des poteaux qui forment la potence ou petite
grue, & qui fervent à fupporter fon treuil.

Figure 3, la coupe tranfverfale de cette étuve par la ligne
A B de la *Figure* 1.

a b c d, la coupe des murs de devant & de derriere de
l'étuve.

G, le fable qui eft fur les plaques de fer fondu.

K, petit auvent qu'on pourroit mettre fur cette étuve
pour l'empêcher d'être refroidie par l'eau de la pluie.

H, la chaudiere; *f*, la tige de la cheminée de fon
fourneau.

I K, la petite grue avec fon treuil.

Figure 4, une des plaques de fer fondu; elle eft repréfentée trop épaiffe.

Figure 5, bandes de fer plat qui fe mettent fur les joints des
plaques.

Figure 6, barres qui fervent à fupporter les plaques; on les
voit en *i*, *Figure* 2.

Figure 7, fortes plaques de fer qu'on met de champ fur les côtés des fourneaux pour recevoir la grande action du feu.

Figure 8, grandes & fortes barres de fer forgé qui s'assemblent avec les barres *i*, pour supporter les plaques, & qu'on met immédiatement au-deſſus du feu.

Figure 9, barres de fer forgé, qui font la grille des fourneaux *C D*, *Figure 2*.

Figure 10, petites roulettes qui ſervent à approcher les bois de l'étuve.

Figure 11, *A B C*, rouable, fourgons & pelles qui ſervent pour gouverner le feu des fourneaux.

PLANCHE XV.

ELLE eſt deſtinée à faire comprendre comment on met en place les bois qui ont été chauffés aux étuves dont on vient de parler.

FIGURE I. *H*, un membre de vaiſſeau ; *I I*, les bordages qui le recouvrent ; *G F*, les bordages qu'on met en place.

D E, ce qu'on nomme une bridolle ; elle eſt attachée au bout *E* par un cordage au membre *H*, & par le bout *D*, à une crampe *A*, qui eſt clouée ſur le membre.

C, ſont des coins qu'on frappe entre la bridolle & le bordage pour le faire toucher exactement le membre *H* ; la crampe *A* eſt deſſinée à part avec les 6 clous qui ſervent à l'attacher.

La Figure 2 repréſente une bridolle diſpoſée différemment. Au lieu de la crampe *A* & du cordage *D Figure 1.* on ſe ſert pour aſſujettir le bas de la bridolle d'une cheville à boucle, *A I*, *Fig. 2* ; la cheville paſſe dans les trous que l'on fait pour aſſujettir les bordages & les vaigres ſur les membres au moyen des gournables ; au moyen de la clavette *C* & de la virolle *D*, la cheville eſt bien aſſujettie.

La Figure 3 repréſente une cheville à boucle ; *I*, repréſente la boucle avec l'organeau ; *C*, la clavette.

A la *Figure 4*, on voit un bordage *c f*, qui eſt attaché aux

membres par lé bout *f*; il est saisi par le bout *c* par un palan *e*, au moyen duquel on l'approche peu à peu des membres,
& à mesure que le bordage touche les membres, on les y attache avec des chevilles.

A la *Figure 5*, on voit cet appareil en place, & un Perceur
qui frappe un clou pour assujettir un bordage.

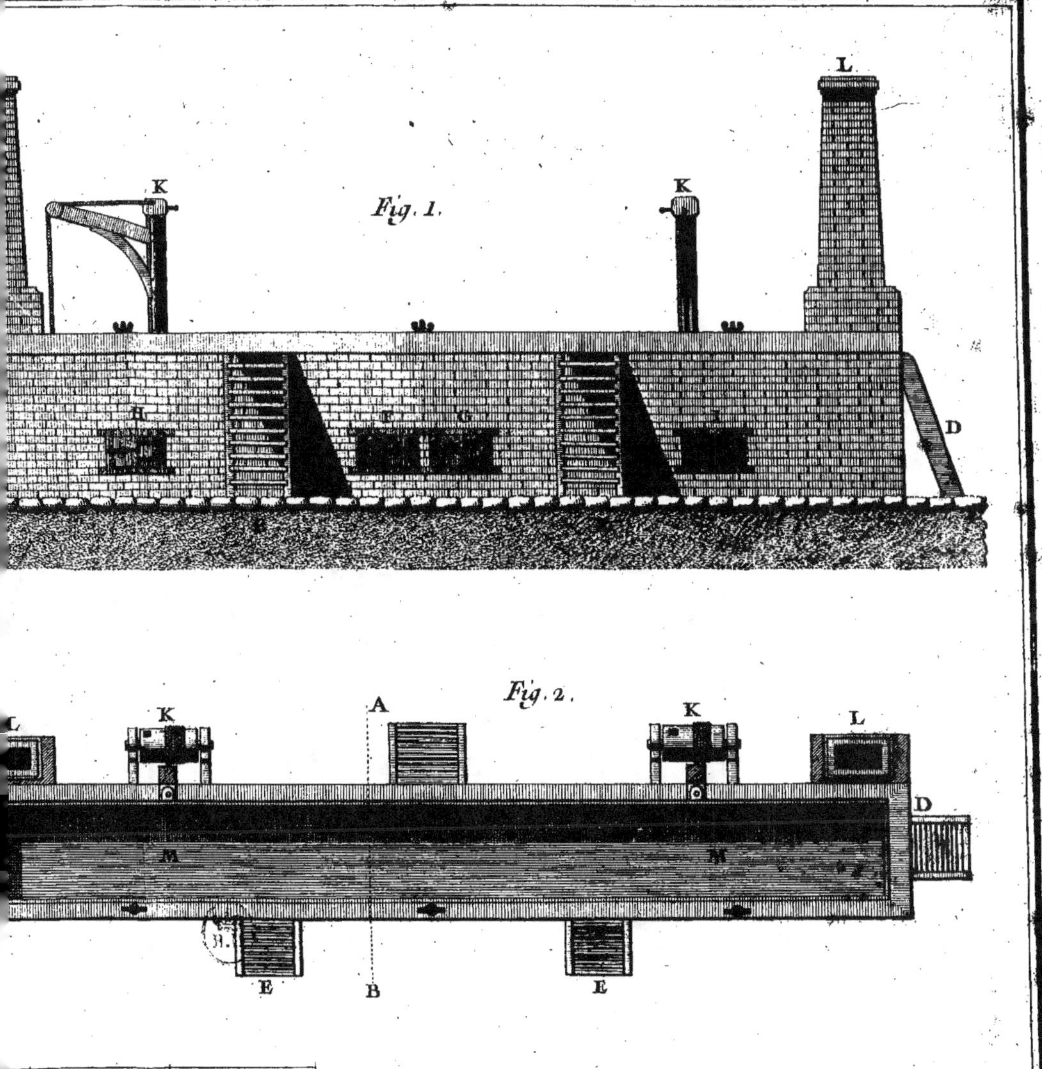
Fig. 1.
K
K
L
H
G
G
D
Fig. 2.
K
A
K
L
L
D
M
M
C
C
E
B
E

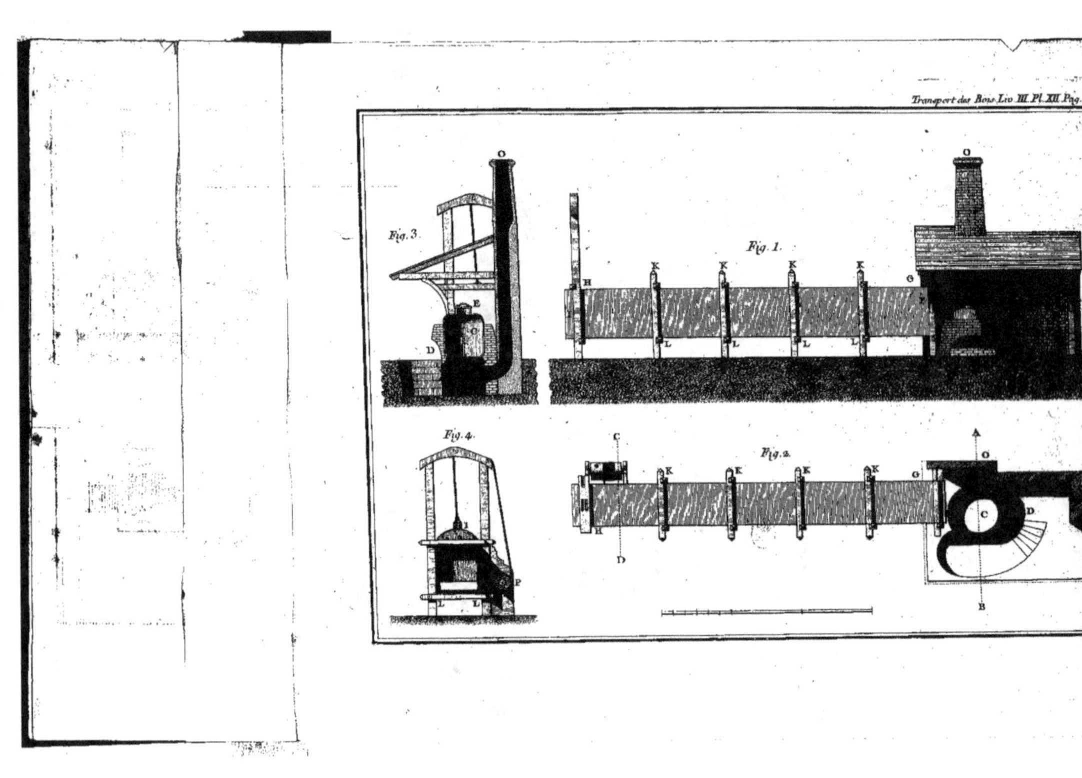

Transport des Bois. Liv. III. Pl. XII. Pag.
Fig. 3.
Fig. 1.
Fig. 4.
Fig. 2.

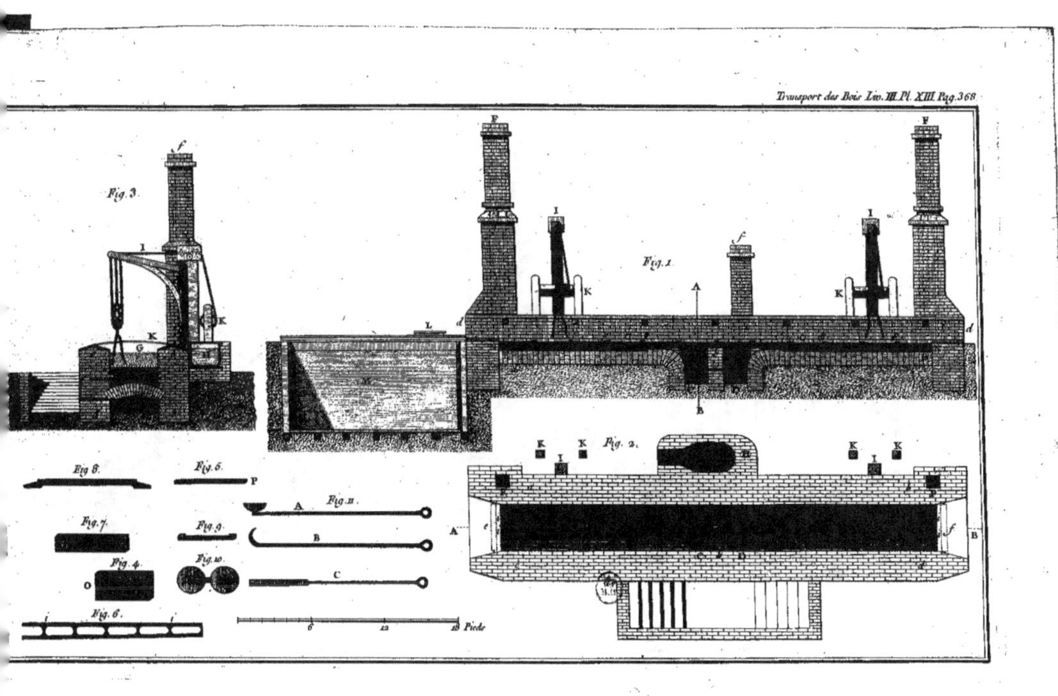
Fig. 3.
Fig. 1.
Fig. 2.
Fig. 8.
Fig. 5.
Fig. 7.
Fig. 9.
Fig. 4.
Fig. 10.
Fig. 6.
Fig. 11.
Pieds

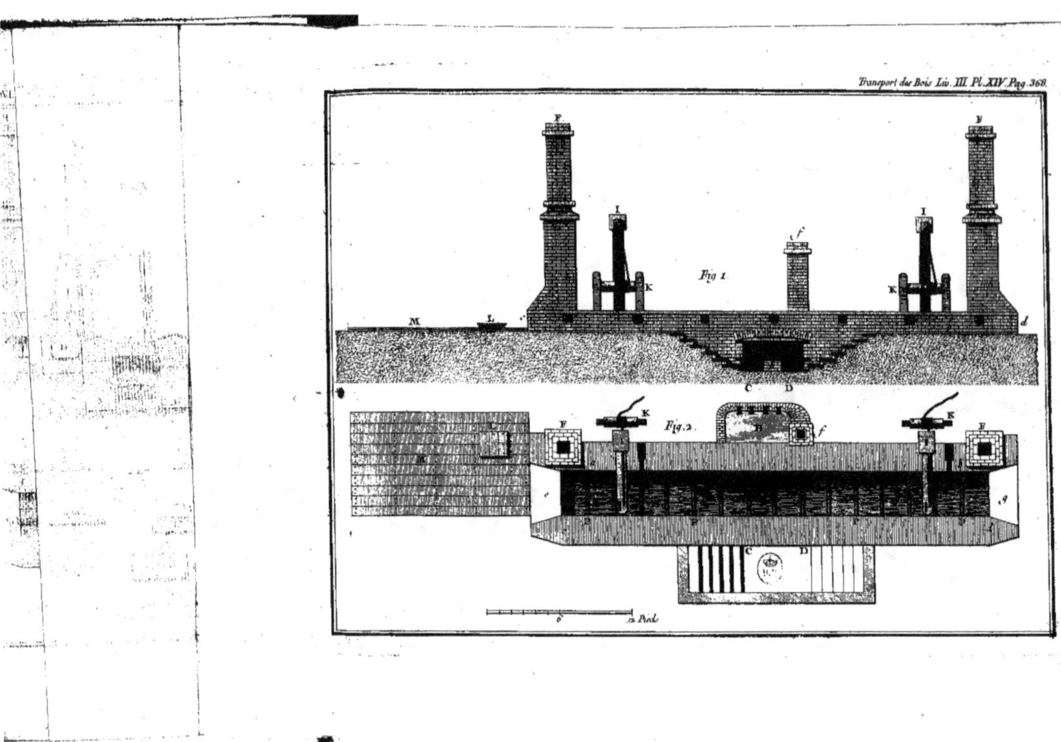

Transport des Bois Liv. III. Pl. XIV. Pag. 368.
Fig. 1.
Fig. 2.

Transport des Bois. Liv. III. Pl. XVI. pag. 368.
Fig. 6.
Fig. 3.
Fig. 1.
Fig. 2.
Fig. 4.

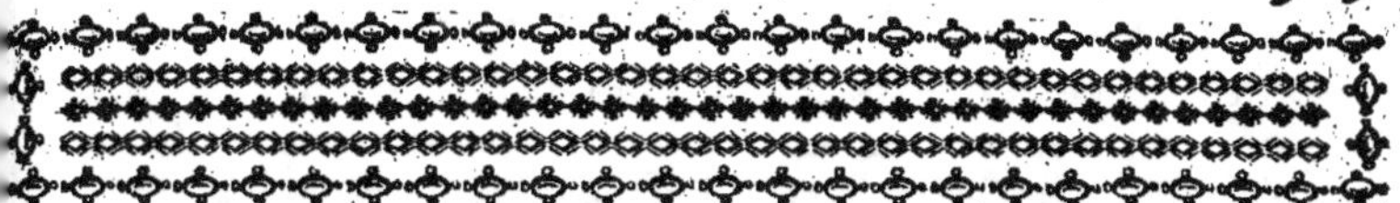

LIVRE QUATRIEME.

Des Bois deſtinés pour les Rames & les Mâtures ; & de la Conſervation des Mâts.

CE QUE nous avons dit juſqu'à préſent a ſon application aux bois qu'on emploie pour les Rames & pour les Mâtures, ces ſortes de bois exigent néanmoins des conſidérations particulieres que nous nous propoſons de développer dans ce quatrieme Livre, qui ſe diviſe ainſi naturellement d'abord en deux Chapitres ; nous y en ajouterons un troiſieme ſur la Conſervation des Mâts.

CHAPITRE PREMIER.

Des Bois deſtinés pour les Rames.

POUR faire de bonnes rames, il faut des bois qui ne ſoient pas peſants, qui ſoient bien de fil, qui n'aient pas de nœuds conſidérables, & qui ſoient pliants & élaſtiques. J'ai vu en Angleterre faire quelques rames pour des Canots avec le Chêne : mais ce bois, ſur-tout quand il eſt de bonne qualité, eſt trop peſant pour les grandes rames. J'ai encore vu employer en Provence, du bois de Pin au même uſage ; il a l'avantage d'être léger & pliant, ſur-tout quand c'eſt du Pin du Nord fort réſineux ; mais il devient caſſant en fort peu de temps, & je ne ſache pas qu'on en ait jamais employé pour de grandes rames.

A a a

Le Frêne eft ferme & pliant, puifqu'on en fait des arcs; & pour cette raifon, on en fait de bonnes rames pour les petits bâtiments; mais il eft trop pefant pour les grandes rames, telles que celles des Galeres.

Le Hêtre eft ferme, pliant & élaftique, tant qu'il conferve un peu de fa feve; car quand il eft extrêmement fec, il devient très-caffant. Les Menuifiers pour meubles en emploient beaucoup à Paris; & l'on voit des voitures dont les refforts font de bois de Hêtre. C'eft auffi le feul bois qu'on emploie en France pour les rames des Galeres; & il eft de bon fervice, quand il eft bien choifi, ainfi que je vais l'indiquer.

1°, Les Hêtres qui viennent dans des vallées humides, & dont le bois eft roux, perdent en très-peu de temps leur élafticité, & deviennent fort caffants. 2°, Ceux qui ont crû dans des terreins maigres, pierreux & fecs, ont leur bois de bonne qualité, mais peu propre pour être employé à faire des rames, parce qu'il eft rebours & tranché. 3°, J'en dis autant des arbres ifolés qui ont été battus par les vents, & qui ont prefque toujours de gros nœuds. 4°, On doit encore rejetter les arbres qui ont le fil très-tors, & qui, pour cette raifon, font peu propres pour la fente. 5°, Les meilleurs Hêtres pour les rames font ceux qui fe trouvent dans un très-bon fol, plus fec qu'humide, & dont le bois eft blanchâtre. 6°, Pour les raifons que je viens d'expofer, on doit donner la préférence aux Hêtres qui fe rencontrent dans des maffifs, en bon fol, qui ont crû avec force, qui ont bien filé fans produire beaucoup de groffes branches, & qui n'ont pas été expofés à être beaucoup fatigués par les vents. 7°, Le bois des vieux Hêtres n'eft pas auffi liant, que celui de ceux qui font plus jeunes; & il faut éviter d'employer ceux qui font en retour, & dont la cime eft morte ou malade. En voyant fendre de gros Hêtres, j'ai remarqué qu'il y avoit du bois roux vers le centre, fur-tout du côté des racines, & on voyoit des veines échauffées aux parties les plus voifines de l'écorce. Il eft fenfible que, pour éviter les défauts des arbres en retour, on doit préférer un arbre dont on ne pourra tirer que deux, trois ou quatre rames, à un plus vieux qui pourroit en fournir 6, 7 ou 8.

On doit donc choisir pour faire les grandes rames des Hêtres bien filés, qui aient peu ou point de nœuds : on les fend en deux, trois ou quatre, ou en un plus grand nombre de parties, suivant la grosseur des arbres, pour en faire ce qu'on nomme des *Estelles* ou *Atelles* ; c'est ainsi qu'on nomme les bois refendus qu'on destine à faire des rames.

Pour qu'un arbre soit propre à faire des rames, il doit avoir 46 à 48 pieds de longueur ; s'il n'avoit au pied que 2 pieds de diametre, on n'en pourroit tirer que deux estelles ; mais s'il avoit 2 pieds 7 à 8 pouces, on en tireroit 3 ou 4, pourvu toutefois qu'il eût un peu plus de 2 pieds à son petit bout. Quand l'arbre est abattu, on l'équarrit grossiérement ; puis on marque avec une ligne, ou un cordeau, la route que doit suivre la fente, & on fend l'arbre pour en tirer le nombre d'estelles qu'il peut fournir. On peut consulter, sur la façon de fendre ces arbres, ce que nous avons dit dans le *Traité de l'Exploitation des Bois, Livre IV, Chap. III, Art. VI, §. 3.*

Quand les arbres sont fendus, s'ils l'ont été en 3 ou 4, où en un plus grand nombre de parties, on emporte le bois du cœur, qui, formant un triangle, ne pourroit servir pour faire des rames ; par ce moyen on retranche, dans les gros arbres, la partie qui est communément la plus défectueuse, & l'on conserve le jeune bois qui est plus élastique que le vieux. Alors ces pieces peuvent être livrées dans les Ports pour estelles, supposé toutefois qu'elles aient les dimensions que nous allons rapporter ; mais auparavant il est bon de faire connoître les noms qu'on donne aux différentes parties d'une rame.

On nomme *la pelle*, ou *la pale d'une rame*, (*Planche XVI, Fig. 1.*) la partie qui est hors de la Galere, & dont le bout applati s'élargit en forme de pelle pour trouver un point d'appui dans l'eau, lorsqu'on présente le plat au fluide ; & quand on lui présente le tranchant, elle en sort aisément, & presque sans éprouver de résistance.

A a a ij

Ainsi la pelle de la rame est la partie comprise depuis le bout de la rame, jusqu'à l'endroit qui repose sur le bord de la Galère. On attache la rame à l'*Apostis*, qui est la piece de bois sur laquelle repose la rame au moyen d'un anneau de corde qu'on nomme l'*Estrope* : & par cette raison la partie de la rame qui repose sur l'apostis se nomme aussi l'*Estrope* ; & comme cette partie est exposée à de grands frottements, on la garnit de deux jumelles de bois de Chêne verd, qui ont 5 à 6 pieds de longueur ; on les nomme *Galavernes*.

On appelle *Tallar* la partie de la rame qui entre dans la Galere, ou qui est comprise depuis l'estrope jusqu'à son extrémité. Cependant on appelle encore *le genou d'une rame*, la partie du tallar qui répond aux genoux des Forçats quand ils voguent.

Les rames étant trop grosses pour être empoignées par les Forçats, on enchâsse à l'endroit de la rame qui se nomme *le Genou*, une piece de bois de Hêtre où il y a des ouvertures pour placer les mains des Forçats ; cette piece rapportée se nomme *la Manuelle*.

Maintenant qu'on sait les noms qu'on a coutume de donner aux différentes parties des rames, nous allons rapporter les dimensions que doit avoir chacune de ces parties.

Les rames des Galeres extraordinaires, Réales ou Patrones, doivent avoir du bout de la pale à l'estrope, 31 pieds, le reste 13 pieds 5 pouces, en tout 44 pieds 5 pouces ; c'est pourquoi on exige que les estelles aient 47 pieds de longueur : & comme la longueur des rames pour les Galeres Sensiles est de 38 pieds 4 pouces, on veut que les estelles aient 41 pieds de longueur.

La largeur de la pelle pour les Galeres extraordinaires, est de 7 pouces 4 lignes, & son épaisseur d'un pouce ; ainsi les estelles doivent avoir en cet endroit, 9 pouces de largeur sur 3 d'épaisseur. Les pelles pour les Galeres sensiles ont 7 pouces 3 lignes de largeur sur 10 lignes d'épaisseur, & l'on veut que l'estelle ait 8 pouces de largeur sur 2 $\frac{1}{2}$ d'épaisseur.

Le plat de la pelle étant excepté, on veut, pour les grandes

Galeres, réales & patrones, que les eſtelles aient depuis cette pelle juſqu'au tiers de la longueur, 6 pouces 6 lignes de diametre, pour être réduits à quatre pouces; depuis le tiers juſqu'à l'eſtrope, 7 pouces 6 lignes, pour être réduits à 6 pouces 2 lignes; & depuis l'eſtrope juſqu'au bout du genou, 9 pouces, pour être réduits à 7 pouces 3 lignes.

A l'égard des Galeres ſenſiles, les eſtelles doivent avoir depuis la pelle juſqu'au tiers, 6 pouces de diametre, pour être réduits à 3 pouces 8 lignes; du tiers à l'eſtrope, 7 pouces 6 lignes, pour être réduits à 6 pouces; & de l'eſtrope au bout du genou, 8 pouces, pour être réduits à 6 pouces $\frac{1}{2}$. Les avirons qu'on embarque ſur les vaiſſeaux ont à peu près 30 pieds de longueur; ceux pour les canots & chaloupes 15 ou 20 pieds: l'uſage eſt de diviſer la longueur de la rame en quatre, de donner un quart à la pale, un quart au genou, & les deux quarts reſtants pour l'entre-deux.

Comme le Hêtre eſt ſujet à être piqué des vers, & comme les gerces ſont à craindre pour les rames, il faut fendre le bois en eſtelles le plus promptement qu'il ſera poſſible; ce qui empêche qu'il ne ſe gerce; & on doit le tirer promptement des ventes & le mettre dans l'eau, puiſque, comme nous l'avons prouvé plus haut, c'eſt le meilleur moyen d'empêcher que le bois ne ſoit attaqué par les vers qui le moulinent. Mais un bois long-temps flotté devient caſſant; & comme les rames doivent être pliantes & élaſtiques, il ne faut pas les laiſſer long-temps dans l'eau; ainſi au bout de quelques mois, on doit tirer les eſtelles de l'eau, & les dépoſer ſous un hangar, ayant ſoin de les caler à pluſieurs endroits de leur longueur pour qu'elles ſe conſervent bien droites; & comme ce bois eſt pénétré de ſa ſeve & de l'eau dans laquelle on l'a mis flotter, il s'échaufferoit & pourriroit en peu de temps dans un lieu humide, ſi l'on ne faiſoit pas enſorte que l'air pût paſſer entre toutes les pieces. Il arriva dans un Port de Provence où j'étois, des eſtelles dont une partie ſe trouva altérée pour avoir été renfermée encore verte dans le bâtiment de tranſport; de ſix eſtelles qu'on travailla pour faire des rames à la réale, une étoit pourrie de presque la moitié de son épaisseur, & dans toute sa longueur, pendant que sur l'autre face le bois étoit sain. D'autres estelles avoient des veines échauffées en différents endroits.

Les Marchands féront bien de livrer leurs estelles le plus promptement qu'ils pourront, ayant grand soin de prévenir qu'elles ne s'échauffent dans les bâtiments de transport.

Comme on doit travailler les rames avant que le bois soit parfaitement sec, parce qu'on est obligé, pour les dresser parfaitement, de les gêner beaucoup dans des entailles qu'on fait à de grosses pieces de bois destinées pour cela : il est bon de les travailler aussi-tôt que les estelles sont livrées dans les Ports.

Quand les rames sont travaillées, on les arrange bien de niveau sur des chantiers qui soutiennent les rames en plusieurs endroits de leur longueur. On charge le premier lit par un second qui croise le premier ; ce que l'on continue jusqu'à ce qu'on ait empilé toutes les rames qui appartiennent à une Galere. Souvent, pour ménager la place, on les arrange les unes sur les autres, toutes suivant leur longueur ; & on met entre deux de fortes calles, ou de menues pieces de bois, ayant soin de bécheveter les rames, c'est-à-dire, qu'on fait en sorte que le gros bout d'un rang réponde à la pelle de l'autre.

Suivant ce que nous venons de dire, les rames s'échaufferoient dans un lieu humide, & elles deviendroient cassantes dans un lieu trop hâleux. Pour éviter les excès, il convient donc de les tenir dans un lieu frais & sec. Peut-être y auroit-il quelque avantage à les frotter avec quelques graisses pour empêcher les vers de les attaquer, & pour prévenir qu'elles ne se dessechent trop ; mais je ne l'ai point éprouvé.

On fait grand cas des rames rompues, pour en faire des brancards de Chaise de poste & de Cabriolet.

CHAPITRE II.

Des Bois destinés pour les Mâtures.

On sait que les *Mâts* pour les bâtiments de mer sont de longues pieces de bois posées verticalement, destinées à supporter les *Vergues*, autres pieces de bois qui sont suspendues aux mâts dans une situation horizontale, & sur lesquelles sont attachées les voiles. Quoique les vergues, relativement à leur position & à leurs usages, soient fort différentes des mâts, comme elles sont faites avec le même bois, on comprend ordinairement sous la dénomination de *Bois de mâture*, les pieces qui doivent servir à faire des vergues ainsi que des mâts, d'autant qu'on emploie les pieces de mâture, suivant leur grosseur ou leur longueur, à faire tantôt un mât & tantôt une vergue. On distingue seulement dans les arcenaux les pieces de mâture en *mâts*, en *matreaux*, & en *esparts doubles & simples*. Les plus grandes pieces sont rangées dans la premiere classe, les autres dans la seconde, & les plus petites dans la troisieme. Les mâts ont depuis 60 jusqu'à 80 pieds de longueur, & depuis 22 jusqu'à 28 palmes de diametre ; la palme a 13 lignes. Les matreaux ont depuis 40 jusqu'à 70 pieds de longueur, & seulement depuis 15 jusqu'à 22 & 24 pouces de diametre. Toutes les pieces moins considérables sont des esparts.

Quand un vaisseau démâté aborde une terre, il se remâte avec les bois qu'il rencontre dans le pays où il se trouve. Il n'importe de quelle espece il soit, pourvu que le bois soit sain, droit, point tranché, exempt de nœuds, & sur-tout qu'il ne soit point trop lourd, & qu'il puisse un peu plier sans se rompre. Entre ces mâtures prises par nécessité, il s'en rencontre quelquefois de fort bonnes ; ce qui prouve qu'on peut faire des mâts & des vergues avec plusieurs especes de bois.

Cependant l'ufage conftant de la plûpart des Puiffances de l'Europe, eft de faire tous les mâts & les vergues avec des bois de Pin & de Sapin : c'eft pourquoi nous ne parlerons ici que de ces deux genres d'arbre ; & comme il eft bon de ne les pas confondre, je vais en donner une defcription abrégée, renvoyant ceux qui defireront quelque chofe de plus précis, à ce que j'en ai dit dans le *Traité des Arbres & Arbuftes.*

Les *Pins* ont des feuilles menues, filamenteufes, plus ou moins longues fuivant les efpeces ; il fort de chaque bouton deux, trois, ou un plus grand nombre de ces feuilles filamenteufes : c'eft ce qui les diftingue des *Sapins,* qui ont leurs folioles plus ou moins étroites, dont chaque foliole eft unique, & rangée fur un filet commun comme les dents d'un peigne. Nous connoiffons beaucoup d'efpeces de Pins qui different les uns des autres par la longueur de leurs feuilles toujours filamenteufes ; par le nombre des feuilles qui fortent de chaque bouton ; aux uns il n'en fort que deux, à d'autres trois, à d'autres cinq, fix ou fept ; par la forme de leurs fruits, qui font quelquefois gros & arrondis, d'autres fois gros & terminés en pointe ; d'autres font fort petits, tantôt pointus & tantôt arrondis. La plûpart des Pins ont leurs fruits ou cônes formés d'écailles dures : cependant à quelques efpeces, ces écailles font comme membraneufes. Il y a entre toutes ces efpeces de Pins des différences très-fenfibles dans la qualité de leur bois : on donne la préférence, pour les mâtures, à ceux qui font fort réfineux. D'ailleurs quantité d'efpeces de Pins ne parviennent pas à une grandeur fuffifante pour fournir des mâts, & quelques-uns, quoique très-réfineux, ne peuvent pas pour ces raifons être employés à cet ufage.

Entre un nombre affez confidérable de Pins que je cultive, je crois que l'efpece la plus propre à faire des mâts, eft celle qu'on connoît fous le nom de *Pin d'Ecoffe,* qui me paroît la même que les Auteurs ont nommée *Pin de Genêve,* à en juger par des branches, des fruits & des femences que j'ai tirées de Riga. C'eft auffi cette efpece de Pin que toutes les Nations maritimes d'Europe tirent de ce pays pour faire la mâture de leurs

plus

plus gros vaiſſeaux. Suivant ce que je viens de dire, l'eſpece contribue beaucoup à la bonne ou à la mauvaiſe qualité des mâts : mais l'âge des arbres, la qualité du terrein où ils ont crû, ainſi que le climat, ſont auſſi des circonſtances très-importantes.

Les Pins, ainſi que les autres genres d'arbre, ne parviennent que peu à peu à leur état de perfection : leur bois n'acquiert que par degrés la dureté & la denſité dont il eſt capable. Les jeunes Pins n'ont pas leur bois auſſi pénétré de réſine que ceux qui ſont plus âgés : ceux-ci, pour cette raiſon, ſont moins ſujets à être piqués par les vers : les Pins trop vieux s'alterent comme les autres arbres par le cœur ; ce qui fait qu'il y a des mâts dont le bois eſt plus peſant au cœur qu'à la circonférence, & d'autres, au contraire, qui ont le bois de la circonférence plus peſant que celui du centre. Je rapporterai ailleurs le détail des Expériences que j'ai faites à ce ſujet, & je ferai voir, en parlant de la force des bois, qu'il eſt plus important pour un mât que ce ſoit le bois de la circonférence qui ait toute ſa bonne qualité, & qu'il n'eſt que peu affoibli par une légere altération dans le cœur. Cependant il faut éviter de prendre, pour les mâtures, des arbres en retour & morts en cime.

A l'égard du terrein, on ne trouve gueres d'aſſez grands arbres pour faire des mâts dans les terres très-maigres & arides ; & ceux qui ont crû dans des terres fort humides, ne ſont pas réſineux. Ainſi c'eſt comme pour les autres arbres, les bons fonds, plus ſecs qu'humides, qui fourniſſent les meilleures mâtures.

La bonté des Pins dépend principalement du climat où la forêt ſe trouve ſituée ; & généralement parlant, les pays les plus froids ſont ceux où cette eſpece de bois eſt de meilleure qualité, & où les arbres ſont les plus grands & les plus droits. C'eſt ce qui s'apperçoit aiſément en conſidérant la ſupériorité des mâts de Norwege ſur ceux qu'on trouve ailleurs : car les mâts que les Anglois, les Hollandois, les François tirent de Riga, & qu'on a cru long-temps être des Sapins, ſont des Pins

qui me paroiſſent, comme je l'ai déja dit, peu différents de
ceux d'Ecoſſe. La meilleure qualité des mâts qui ont crû
dans les pays très-froids, peut dépendre de ce que le ſuc
propre de ces bois étant une réſine qui ſe ſige par le froid,
& s'attendrit par la chaleur, cette ſubſtance réſineuſe s'accu-
mule en plus grande abondance dans les climats froids que
dans les pays chauds, où devenant plus fluide, elle eſt plus
diſpoſée à s'échapper ; & elle s'échappe en effet, puiſque quand
on entre, lorſqu'il fait chaud, dans un bois de Pin, on ſent
une odeur de réſine très-pénétrante : & lorſqu'on fait des in-
ciſions à des Pins pour en tirer la réſine, cette ſubſtance
coule d'autant plus abondamment que l'air eſt plus chaud.
Nous ne donnons ceci que comme une conjecture ; mais c'eſt
un fait que les Pins qui viennent du Nord ſont plus réſineux,
que ceux qui ont crû dans un climat plus tempéré. C'eſt encore un fait bien avéré, que leurs couches ſont plus minces
& plus rapprochées les unes des autres ; ce qui peut dépendre, ou de ce que dans ces climats froids les arbres croiſſent
lentement, ou de ce qu'étant d'une très-grande taille, la ſeve
qui doit ſe diſtribuer à un plus grand nombre de parties, ne
peut pas faire à chaque endroit des productions conſidérables:
mais comme ces couches ligneuſes ſont très-intimement liées
les unes aux autres, on regarde toujours d'un œil de préférence
les arbres qui ont leurs couches annuelles fort minces & très-
ſerrées les unes auprès des autres. Il eſt naturel de penſer
que le bois le plus ſerré eſt le plus fort, non ſeulement parce
qu'il y a dans un même eſpace plus de matiere réſiſtante,
mais encore parce que les parties fort réunies agiſſent plus
de concert pour réſiſter aux efforts.

A l'égard de l'abondance de la réſine, elle eſt avantageuſe,
non ſeulement parce qu'elle donne de la ſoupleſſe au bois,
mais encore parce qu'elle déplaît à pluſieurs inſectes qui attaquent plus volontiers les arbres pauvres de réſine, que ceux
qui en ſont abondamment pourvus. De plus on peut la regarder
comme un baume conſervateur qui réſiſte à la fermentation & à
la pourriture. Les Pins qui ont crû dans les climats très-froids,

réuniſſant tous ces avantages à un degré plus éminent que ceux qui ont pris leur accroiſſement dans un climat plus tempéré, il s'enſuit que dans les pays de montagne les Pins qui ſe trouvent ſur le côté de la montagne qui regarde le Nord, ſont meilleurs que ceux qui ont crû ſur le côté expoſé au Sud. Je parle ici des arbres qu'on deſtine à faire des mâts; car s'il étoit queſtion d'élever des Pins pour en retirer la réſine, je crois que l'expoſition du Sud ſeroit préférable.

Dans quelques lieux que ſoient ſituées les forêts de Pins, on ne peut deſtiner pour faire des mâts, que les arbres fort élevés, puiſque les grands mâts ont de 60 à 80 pieds de longueur: il faut que leur tige s'éleve bien droite; ſi elle faiſoit la couléuvre, on ne pourroit la redreſſer qu'aux dépens du bois; ce qui en trancheroit le fil, & en diminueroit beaucoup de la groſſeur: leur tige doit être bien arrondie, ſans cela on ſeroit obligé de beaucoup ôter de bois pour les rendre cylindriques. Il eſt encore néceſſaire qu'ils conſervent de la groſſeur à la cime, & c'eſt un avantage que le Pin a ſur beaucoup d'eſpeces d'arbres, que ſa tige approche plus d'être cylindrique que conique. Sans cette qualité, les arbres ne pourroient être réduits aux proportions qu'exige l'uſage auquel ils ſont deſtinés.

Les arbres chargés de branches, & par conſéquent de nœuds, forment un bois tranché qui court riſque de rompre ſous de foibles efforts; & les nœuds ſont d'autant plus à craindre, qu'ils ſe trouvent raſſemblés près à près à un même endroit.

Nous l'avons déja dit, les Pins qui ont des branches mortes à la cime, ſont ordinairement viciés dans le cœur, & affectés de tous les défauts des arbres qui ſont en retour.

Voila à peu près les indices qui peuvent faire augurer qu'un arbre ſur pied ſera propre à faire de bons mâts, ou qu'il n'eſt pas propre à cet uſage; & rarement ſommes-nous dans le cas de faire l'application de ce que nous venons de dire, puiſque preſque toutes les grandes mâtures ſe tirent du Nord. Ainſi il eſt plus important de détailler les attentions qu'il faut apporter pour faire de bonnes recettes.

En pliant & en tordant un copeau, on juge, s'il ne rompt

B b b ij

pas, que le bois est liant & flexible; & plus il est chargé de résine, meilleur il est. Il faut que les cercles annuels aient peu d'épaisseur, & qu'ils soient bien liés les uns aux autres. On doit examiner si, sur la coupe, tant au gros qu'au petit bout, le bois est d'une couleur brillante & uniforme : les endroits qui sont roux & ternes ou blancs, sont ordinairement vicieux. Enfin on doit être prévenu que ceux qui exploitent ces bois, ont grand soin de remplir de résine & de nœuds pris à d'autres arbres, les endroits où il se trouve des nœuds pourris. Pour découvrir cette fraude, il faut parer les nœuds à l'Erminette, & quelquefois les percer avec une tariere; il faut de même sonder les nœuds soupçonnés de pourriture.

Il est très-certain que les mâtures qu'on tire aujourd'hui du Nord, ne sont pas aussi résineuses que celles qu'on tiroit anciennement de ces mêmes pays. M'étant assuré de ce fait par la comparaison des bois de mâtures d'ancienne coupe que l'on conservoit depuis long-temps dans le port de Brest, avec celui qu'on fournissoit actuellement, M. le Comte de Maurepas jugea à propos d'envoyer à Riga le maître Mâteur de Brest, qui s'assura que les mâts de la derniere fourniture étoient de la meilleure qualité; & il attribue la différence qu'on remarquoit dans ces mâts, en les comparant avec ceux des anciennes fournitures, à ce que les coupes se font maintenant assez loin de la mer, ce qui oblige de les laisser un, & quelquefois deux hivers dans la neige, avant que de pouvoir les conduire au lieu de l'embarquement. Cette circonstance peut bien altérer la qualité des mâts. Peut-être aussi que les mâts qu'on abat présentement, ne sont pas dans un terrein aussi favorable à la qualité de ces bois, que ceux qu'on coupoit autrefois. Il pourroit bien arriver aussi que ceux qui exploitent ces forêts, laisseroient les bois au moins un été dans la forêt, afin qu'ayant perdu une partie de leur seve, ils fussent plus aisés à transporter; mais il est très-vraisemblable que ce retard n'est pas avantageux à la bonté des mâts.

On fait aussi des mâts avec des Sapins; & je crois que la plûpart des mâtures que les Anglois & les François ont tirées de leur sol, étoient de ce bois. Nous en cultivons dans nos jardins un affez grand nombre d'efpeces : fur quoi l'on peut confulter notre *Traité des Arbres & Arbuftes* au mot *Abies ;* mais les deux efpeces les plus communes dans nos montagnes font le Sapin à feuilles d'If, qui eft *le Sapin proprement dit,* & le Sapin à feuilles étroites qu'on appelle *lé Picea* ou *Epicia.* Ces arbres font prefque les feuls qu'on trouve dans la Zone glaciale & dans notre climat : ils fe plaifent fur le côté des montagnes qui regarde le Nord. Il s'en trouve de fort gros dans le Valais, dans la haute & la baffe Auvergne, dans les Pyrénées & ailleurs.

Il n'y a aucune comparaifon à faire entre les mâts de Sapin & ceux de Pin qui viennent de Riga. La plûpart des Pins ont leur bois fi rempli de réfine, que fi l'on fait une plaie à un Pin qui végete, il en coule de la réfine en abondance ; & c'eft ainfi qu'on ramaffe celle dont on fait ufage dans la Marine. Voyez *le Traité des Arbres & Arbuftes* au mot *Pinus.* Le Sapin n'eft pas, à beaucoup près, auffi réfineux ; il fe forme fur fon écorce des veffies qui fourniffent en petite quantité une térébenthine claire & coulante, & fon bois a toujours un caractere d'aridité que n'ont pas les bonnes efpeces de Pins, & fur-tout ceux qui viennent de Norwege ; car il m'a paru que leur bois eft toujours plus réfineux que celui des Pins qui ont crû en France, en Ecoffe & en Angléterre.

Il ne faut donc pas exiger que les mâts qu'on feroit avec du Sapin, foient auffi gras & auffi réfineux que ceux qui feroient faits avec du Pin ; il ne convient point, pour juger de la bonne qualité du bois de Sapin, de le mettre en comparaifon avec le bois de Pin ; ces deux bois ont des caracteres très-différents. Il s'agit de favoir fi le bois, réfineux ou non, peut faire de bons mâts.

Suivant des Expériences faites à Breft, fous les yeux de M. Hocquart, alors Intendant de la Marine, un pied cube de bois de Pin du Nord s'eft trouvé pefer 41 liv. 3 onc. & un pied cube de Sapin des Pyrénées, 37 liv. 9 onc. ainfi le Pin du Nord a pefé 3 liv. 10 onces de plus par pied cube que le Sapin des Pyrénées. Cette différence de poids eft peu confidérable :

encore faudroit-il favoir fi ces deux efpeces de bois étoient également fecs. Suivant la même épreuve faite à Breft, un pied cube de Sapin des Pyrénées, pris au petit bout d'un petit mât de 16 palmes, s'eft trouvé pefer une livre de moins que le pied cube pris au gros bout. Par des Expériences faites par M. de Roquefeuil, Lieutenant Général des Armées Navales, Commandant de la Marine, la différence de poids entre le bois du gros bout & celui du petit bout, eft beaucoup plus grande. Tous les deux fe font affurés que le Sapin fe charge de beaucoup plus d'eau que le Pin.

On mit un mât de Hune de ce Sapin des Pyrénées fur un vaiffeau de 64 canons qui alloit à S. Domingue; & il eft revenu fain & fauf dans le Port, quoiqu'il eût effuyé dans ce voyage des coups de vent affez confidérables. Effectivement en rompant plufieurs barreaux de Sapin, il nous a paru que ce bois étoit ferme, qu'il fupportoit un poids affez confidérable fans fe rompre; mais qu'il plioit peu fous la charge, & que fans annoncer qu'il alloit rompre, il caffoit net par éclats. Je parle du Sapin fec; car quand il eft humide, il plie, & eft fort élaftique. J'ai habité à Paris une maifon fort ancienne, dont les poutres, les folives, & une partie de la charpente, étoient de Sapin; tous ces bois paroiffoient encore fort bons. Cependant en général, le bois de Sapin eft plus fujet à être piqué des vers que celui de Pin; & n'ayant que peu de réfine, il perd plus promptement fon élafticité.

Nous croyons pouvoir conclure de tout ce qui vient d'être dit fur les bois de Pin & de Sapin, que les mâts de Pin du Nord font préférables à ceux de Sapin de France; mais qu'on peut économifer les Pins du Nord, en faifant avec le Sapin des mâts d'affemblage, comme grands mâts, mâts de mifaine, grandes vergues de mifaine, mâts & vergues d'artimon, vergues feches, jumelles de campagne, aiguilles pour la carene & pour la mâture de tous les petits bâtiments, des bordages, dits Pruffe & demi-Pruffé, pour le vaigrage, ainfi que pour border les petits bâtiments, des épontilles, des planches pour les emménagements & les foutes; mais pour les mâts de hune, ainsi que pour tous les mâts & vergues qui ne sont pas d'assemblage, je crois qu'on ne peut pas se passer de Pins du Nord.

On a coutume d'abattre les Pins & les Sapins pendant l'hiver, évitant les temps de forte gelée, parce qu'alors ils sont plus sujets à s'éclater ; on les abat au ras de terre le plus qu'il est possible, afin de profiter de toute la longueur des arbres : on retranche sur le champ les branches, & on ôte l'écorce, parce qu'il se forme, entre le bois & l'écorce, des vers qui ensuite pénetrent dans le bois & l'endommagent. Si les arbres sont sur la croupe d'une montagne, on a grande attention qu'ils tombent du côté de la montagne, afin que la chûte les endommage moins. Il faut essayer de les voiturer au lieu de leur destination le plus promptement qu'il est possible, & éviter qu'ils ne s'échauffent dans le transport. On a coutume, lors des recettes, de mesurer la grosseur des mâts, qui ont depuis 15 jusqu'à 25 palmes à 12 pieds du talon : la grosseur de ceux qui sont plus forts se prend à 15 pieds. Si l'aubier n'est pas pourri, on le laisse, il conserve le bois ; & on le compte au Marchand ; s'il est altéré, on le retranche, & le fournisseur perd cette soustraction.

On pense communément qu'aux Sapins c'est l'aubier qui est le meilleur, mais qu'au Pin c'est le bois qui est immédiatement sous l'aubier. Je n'ai pas été à portée de bien constater cette assertion ; mais j'apperçois qu'elle peut quelquefois être vraie, & se trouver d'autres fois en défaut, suivant l'âge & la vigueur des arbres.

Le nombre des bâtiments de mer, tant pour le commerce que pour la guerre, s'étant beaucoup multiplié en Europe, il s'en est suivi une grande consommation de mâts ; ce qui les rend beaucoup plus rares & plus chers qu'ils n'étoient autrefois : cette raison doit engager à conserver cette matiere précieuse avec toute l'attention possible. Nous nous proposons de faire sentir d'une façon générale quels sont les avantages des pratiques qui sont en usage dans les différents Ports pour conserver les mâts ; mais ces pratiques, que nous croyons avantageuses à tant d'égards, sont sujettes à des inconvénients auxquels il est bon de remédier ; c'eſt ce que nous tâcherons de faire appercevoir dans la ſuite de cet Ouvrage ; ainſi nous allons commencer par rendre compte des différents moyens qu'on emploie pour conſerver les mâts, & nous expoſerons les vues qu'on s'eſt propoſées en imaginant ces méthodes, & les avantages qu'on en retire. Nous rapporterons enſuite les défauts de ces méthodes & les moyens d'y remédier.

CHAPITRE III.

De la Conſervation des Mâts.

LES Pins qu'on emploie pour la mâture des vaiſſeaux, ont quelquefois leur bois ſi chargé de réſine, qu'on peut appercevoir la lumiere du ſoleil au travers d'une planche qui auroit près d'un demi-pouce d'épaiſſeur ; & dans les pays abondants en Pins, les Payſans s'éclairent la nuit avec des copeaux de Pin qui brûlent comme des flambeaux. C'eſt de l'abondance & de la bonne qualité de cette réſine, que dépend la perfection des bois qu'on deſtine aux mâtures.

Cette réſine eſt-elle dans un état de ſoupleſſe ? les mâts ſont élaſtiques, & de plus elle répand une odeur pénétrante qui écarte les ſcarabées qui produiſent ces petits vers qu'on nomme dans les Ports des *Cirons*, & que les Tonneliers appellent des *Artuiſons ;* en un mot, ces petits vers qui moulinent & piquent le bois. Au contraire cette réſine eſt-elle ſeche ? ce n'eſt plus un corps liant ; c'eſt une ſubſtance friable qui ſe réduit aiſément en pouſſiere ; & alors ayant peu d'odeur, les petits vers dont nous avons parlé, ſauront ſe nourrir de la partie ligneuſe qui eſt naturellement aſſez tendre, & les mâts ſeront vermoulus.

Il ſuit de ce que nous venons de dire, que la parfaite conſervation des mâts ſe réduit à les garantir d'être vermoulus, & à conſerver leur élaſticité. Il eſt naturel de penſer

qu'on

qu'on pourroit remplir ces deux objets en couvrant les mâts de quelque bitume, ou de quelque graiffe ; en un mot d'une efpece de vernis qui empêcheroit que les fcarabées, qui produifent les petits vers dont nous parlons, ne puffent dépofer leurs œufs fur la fuperficie des mâts, & qui en même-temps formât un obftacle à l'évaporation de l'humidité, & au deffèchement de la réfine.

C'eft bien auffi ce qu'on pratique pour conferver les mâts qui font travaillés : car comme la fuperficie des bois qui féjournent long-temps dans l'eau, eft toujours un peu endommagée, on feroit obligé de les réparer lorfqu'on viendroit à les tirer de l'eau, & l'on perdroit de leur groffeur. D'ailleurs comme la plûpart des mâts travaillés font de plufieurs pieces très-exactement affemblées, l'eau qui gonfleroit ces différentes parties pourroit les faire éclater, ou elles fe déjetteroient, & les affemblages ne feroient plus exacts.

On a donc coutume de démâter les vaiffeaux qui défarment ; & excepté les trois mâts majeurs, les autres font mis en chantier fous des halles qui les défendent des injures du temps, & on les enduit d'un mélange de gaudron & de graiffe qu'on fait fondre enfemble, ou on les couvre de fuif. On a même la précaution, dans les campagnes des pays chauds, de frotter les mâts de temps en temps avec quelque fubftance graffe. Malgré ces précautions, les mâts fe deffèchent ; ils deviennent caffants ; quelquefois ils font attaqués par les vers. C'eft ce qu'on obferve dans tous les Ports : nous n'avons cependant pas négligé de faire fur cela quelques Expériences ; il faut les rapporter.

Pour connoître la meilleure maniere de conferver ces bois précieux à la Marine, on prit douze pieces de mâtures qui venoient d'être débarquées. Six furent mifes dans l'eau fuivant l'ufage qu'on fuit ordinairement pour conferver les mâtures neuves ; les fix autres furent dépofées dans le Magafin où l'on conferve les mâtures travaillées ; trois de ces mâts furent couverts d'une couche de fuif, & les trois autres reftèrent dans leur état naturel.

Trois ans après, on employa ces mâts à une mâture neuve,

C c c

& voici les Obſervations qu'on eut occaſion de faire.

1°, Une groſſe piece qui étoit reſtée dans le Magaſin après avoir été frottée de ſuif, & qu'on travailla pour en faire un mât d'une piece, ſe trouva très-ſaine ; le bois en étoit d'une couleur avantageuſe & très-liant ; la réſine mieux conditionnée qu'aux autres pieces.

2°, Une piece qui étoit reſtée dans le même Magaſin ſans être couverte de ſuif, ſe trouva en bon état ; mais la réſine étoit moins onctueuſe que celle de la piece précédente. Leur bois étoit plus ferme que celui des pieces qui avoient été conſervées dans l'eau.

On crut remarquer que l'aubier de celles-ci étoit plus épais, & que l'eau qui agiſſoit ſur les couches extérieures du bois, diſſolvoit la réſine, & rendoit les couches extérieures blanches & ſemblables à l'aubier.

Toutes ces pieces de mâtures étoient à peu près auſſi fendues les unes que les autres. Mais quand, par des attentions particulieres à renouveller ſouvent ces couches de graiſſe, nous ſerions parvenus à conſerver en bon état quelques mâts, peut-on eſpérer qu'on apportera ces attentions à une proviſion de mâts qui ſont rangés les uns ſur les autres, & qu'il faudroit changer de place toutes les fois qu'on ſe propoſeroit de renouveller les enduits ? & ces attentions ſeroient encore bien moins praticables pour l'immenſe quantité de mâts non travaillés que l'on conſerve dans les Ports : il faudroit des hangars d'une grandeur immenſe ; le remuement des bois exigeroit des frais conſidérables, & le renouvellement des couches de matiere graſſe que l'air & la pouſſiere détruiſent, occaſionneroit une conſommation qui ſeroit onéreuſe. D'ailleurs il eſt toujours important, lorſqu'il s'agit de grandes opérations, d'éviter les ſoins journaliers & les aſſiduités : c'eſt donc avec raiſon qu'on n'emploie cette méthode que pour les mâts travaillés, & qu'on s'eſt déterminé à tenir dans l'eau les mâts de réſerve qui ne ſont pas travaillés.

On ſent bien déjà qu'en tenant ces bois ſous l'eau, on les préſerve de l'attaque des vers qui les moulinent ; effectivement, puifque ces vers font de nature à vivre dans l'air, il eſt certain qu'ils ne pourront endommager des bois qu'on tient ſubmergés, & cela eſt prouvé par les Expériences que j'ai rapportées dans le Livre troiſieme de ce Volume. Il eſt clair qu'à cet égard l'eau douce ſeroit auſſi bonne que l'eau ſalée de la mer ; mais je crois qu'il s'en faut de beaucoup qu'elle ſoit auſſi propre pour conſerver aux bois la ſoupleſſe & le reſſort, deux qualités très-importantes pour les mâts.

Il eſt vrai que l'eau douce empêchera le deſſéchement de la réſine : mais l'eau ſalée fera plus ; elle entretiendra dans les bois qui en auront une fois été pénétrés, une humidité conſidérable, que je regarde comme auſſi avantageuſe dans le cas dont il s'agit, qu'elle eſt pernicieuſe pour les membres des vaiſſeaux. Je fonde mon opinion ſur l'obſervation générale, que tous les corps ſpongieux qui ont une fois été pénétrés de l'eau de la mer, ne ſe deſſéchent jamais parfaitement ; & ſur quelques Expériences particulieres que je vais détailler.

Je pris dans une même piece de bois quatre ſoliveaux : j'en mis un flotter dans l'eau de la mer, un autre dans de l'eau douce, & je conſervai les autres ſous un hangar. Mes bois ayant ſéjourné aſſez de temps dans l'eau douce & dans l'eau ſalée pour en être intimement pénétrés, on les en retira, & on les mit ſous le hangar paſſer 8 à 10 mois : comme ces bois n'étoient pas de gros échantillon, ce temps étoit ſuffiſant pour les bien deſſécher : après ce temps je les fis refendre à la ſcie pour en former des barreaux qui avoient un pouce d'équarriſſage ſur 3 pieds de longueur. On remarqua en les travaillant que les bois qu'on avoit conſervés ſous le hangar, ainſi que ceux qui avoient été flottés dans de l'eau douce, étoient fort ſecs, au lieu que ceux qu'on avoit flottés dans l'eau ſalée, étoient très-humides.

On poſa ces barreaux par leurs extrémités ſur des treteaux, & on les chargea dans leur milieu juſqu'à les faire rompre : on remarqua que ceux qui avoient été pénétrés de l'eau de la mer, plioient beaucoup plus ſous le poids que les autres. Les bois qui ſont pénétrés de l'eau de la mer ne ſe deſſéchent donc que très-difficilement : ce qui dépend fans doute du bitume de la mer, & de fon fel qui attire continuellement l'humidité de l'air, puifque cette propriété de ces matieres falines & graffes fait que le fel gris de gabelle tombe en *deliquium* dans les falieres. Or cette humidité qui pourroit être nuifible aux membres des vaiffeaux, parce qu'ils font refferrés entre le bordage & le vaigrage, doit être avantageufe aux mâts qui étant toujours expofés au grand air, ne courent rifque que de fe trop deffécher.

Il paroît donc que l'ufage où font les Anglois, les Hollandois, les François, de conferver les mâtures dans l'eau falée de la mer, eft avantageux pour leur confervation. Examinons maintenant comment on s'y prend pour cela ; car il y a différents ufages établis dans les Ports.

La plus mauvaife pratique eft de jetter les mâts à l'eau, de les retenir avec des cordages pour empêcher que la marée ne les entraîne, & de les laiffer flotter fans autre précaution. Comme ces bois font légers, ils font aux trois quarts dans l'eau pendant qu'ils flottent d'un quart de leur diametre. Cette méthode eft affurément très-mauvaife : cependant on ne conferve pas autrement les efparts dans le Port de Breft ; mais elle eft encore plus vicieufe, quand ils font dans un endroit qui defféche à toutes les marées. Nous avons prouvé que l'alternative de fécherefſe & d'humidité altere prodigieufement les bois ; on s'en eft apperçu, & l'on a employé différents moyens pour les tenir toujours entiérement fubmergés.

Les bois de mâture étant beaucoup plus légers qu'un volume d'eau pareil à celui qu'ils occupent, ils tendent à gagner la fuperficie de l'eau avec une force pareille à l'excès du poids de l'eau fur celui du bois ; ainfi il faut, pour les tenir fous l'eau, employer une force fupérieure à celle qu'ils ont pour gagner la fuperficie, & l'on doit appliquer cette force à différents points de la longueur des mâts pour éviter qu'ils ne fe courbent trop. A Breft, on les enfouit dans la vafe d'une petite riviere ; & quoique la mer fe retire, l'humidité de la vafe empêche qu'ils ne fe deffechent. Le poids de la vafe ne les empê-

cheroit cependant pas de fe porter à la fuperficie, fi on ne
les affujettiffoit par des clefs qui aboutiffent à des files de
pilotis frappés dans le fond : mais les crûes de la petite riviere
& l'eau de la marée qui s'éleve & fe retire, dérangeant fréquemment ces vafes, on eft obligé d'entretenir au bord de
cette riviere beaucoup de journaliers pour remettre les vafes
fur les mâts.

A Toulon, on affujettit les mâts fous l'eau en les traverfant
avec de grandes caiffes qu'on remplit d'une affez grande quantité de pierres pour empêcher les mâts de fe porter à la fuperficie de l'eau ; & l'on multiplie affez les caiffes pour que les mâts
foient chargés en plufieurs endroits de leur longueur.

Ce moyen eft affez bon ; mais il exige un travail long,
pénible & embarraffant. Ajoutons à cela que comme ces caiffes
font grandes & en grand nombre, elles confomment beaucoup de bois, & exigent de fréquentes réparations. J'ai vu
faire à peu près la même chofe à Marfeille, où on chargeoit
les mâts des Galeres avec de vieux canons, ce qui fuffifoit
pour un petit nombre de mâts que l'on conſervoit dans un
chenal.

Le plus grand, le plus beau & le meilleur établiffement eft
celui de Rochefort : c'eft pourquoi nous allons le décrire en
détail.

Il y a à Rochefort trois foffes ou chenaux, dans lefquelles
l'eau falée de la Charente entre dans les temps de grande marée
à 4 ou 5 pieds de hauteur. Cette eau fe retireroit entiérement
aux baffes marées, fi l'on ne la retenoit avec des éclufes. Un
de ces chenaux (*Planche XVII, Fig.* 1) s'appelle *la Foffe noire*,
un autre (*Fig.* 2) *la Foffe de l'Iflot* ; elles ont une éclufe du côté
de la riviere ; le *Fer à cheval* (*Fig.* 3) ayant deux branches
à deux éclufes.

Toutes ces foffes font traverfées par des files de chevalets qui
s'étendent dans toute leur longueur : les mâts font rangés
entre ces chevalets, & ils font affujettis par des traverfins qui
font callés fous les chevalets. Ces idées générales vont devenir plus claires.

La *Foſſe noire* (*Fig.* 1), & celle *de l'Iſlot* (*Fig.* 2), ont chacune 280 toiſes de longueur ſur 9 de largeur. Il y a dans chacune 40 travées *A* qui ſont formées par 200 chevalets *b b b*; une rangée *C* de cinq chevalets fait ce qu'on appelle *une Ferme*, (*Planche XVIII*); cinq fermes font une travée *A*. Or comme on peut mettre entre chaque file de chevalets trois gros mâts, chaque travée en peut contenir 12, ſans compter les matreaux & les eſparts qu'on peut mettre au-deſſus ou entre les gros mâts; de ſorte que chacune des foſſes noire, ou de l'Iſlot, peut contenir 252 mâts de 80 pieds de long : mais comme tous les mâts ne ſont pas de cette longueur & groſſeur, chacune de ces foſſes pourroit contenir environ 420 mâts de 10 à 18 palmes.

A l'égard de la foſſe dite *le fer à cheval*, (*Planche XVII, Fig.* 3) comme elle a d'une écluſe à l'autre 400 toiſes de tour ſur 11 de largeur, elle contient 58 travées formées par 340 chevalets, qui ſont à 33 pieds de diſtance les uns des autres dans le ſens de la longueur de la foſſe, & à 8 pieds 6 pouces dans le ſens de la largeur : de ſorte que cette foſſe peut contenir 450 mâts de 80 pieds de long, & à peu près 520 mâts de moyenne proportion avec 400 matreaux ou eſparts. Il eſt encore bon de remarquer que cette foſſe a ſix rangs de chevalets, au lieu que les deux autres n'en ont que cinq. Nous avons parlé de travées, de fermes, de chevalets, de traverſins, d'écluſes; il faut définir ſéparément toutes ces choſes.

Pour ſe former une idée de ces foſſes, il faut s'imaginer un canal aſſez creux pour que l'eau de la marée y entre de 4 à 5 pieds, & tout entouré de berges de 10 à 12 pieds d'élévation. La partie de la berge qui eſt du côté de la rivière, & qui forme une chauſſée, eſt coupée pour recevoir une vanne *B* (*Pl. XVII.*) qui s'élève avec une vis, ce qui met en état de recevoir dans les foſſes l'eau de la marée montante, & de la laiſſer écouler quand elle ſe retire; & en fermant cette vanne avant que la marée monte, on peut tenir les foſſes à ſec lorſqu'on le juge à propos. Il n'y a qu'une vanne à la *foſſe noire* & à celle *de l'Iſlot*; & il y en a deux, une à chaque branche de la foſſe dite *le fer à cheval*.

On entre facilement les mâts dans les fosses lorsque la mer est haute; alors ils flottent, & on les hâle avec des cordelles. On en sort de même avec facilité ceux dont on a besoin. Il s'agit maintenant de les assujettir au fond de l'eau dans la fosse; c'est pour cet usage que sont faits les chevalets (*Planche XVIII, Fig.* 2 *&* 3. *& Pl. XIX, Fig.* 1 *&* 2.)

Nous avons dit que ces fosses contenoient sur leur longueur plusieurs travées; que chaque travée est composée de cinq fermes, & que chaque ferme contient cinq chevalets dans la fosse noire & dans celle de l'Islot, & six dans le fer à cheval qui est plus large.

Ces chevalets sont faits en bois de Chêne de 10 à 12 pouces d'équarrissage : ils sont formés de deux montants *A A*, *B B*, (*Planche XIX, Fig.* 1 *&* 2), qui ont 12, 13 à 14 pieds de longueur : à un pied ou un pied & demi de leur bout d'en bas, est assemblée une traverse ou entre-toise *C*, sur laquelle est établie une piece de Sapin *D*, qu'on nomme *le Gisant*, qui passe entre les deux jumelles *A B*, se repose sur l'entre-toise *C*, qu'elle croise à angle droit, enfile ainsi les cinq ou six chevalets qui font une ferme, & entre même dans les berges des deux côtés. Au-dessus de cette piece de Sapin, est une autre entre-toise *E*, qui est assemblée dans les deux jumelles : elle repose sur la piece de Sapin *D*, & elle l'empêche de monter à la superficie de l'eau, parce que le bas des chevalets jusqu'à la moitié de l'épaisseur des entre-toises *E E*, est renfermé dans une banquette de maçonnerie de 6 pieds de largeur, comme on le voit (*Fig.* 1 *&* 2). Cette maçonnerie forme par son poids une force supérieure à celle avec laquelle les mâts agissent pour gagner la superficie de l'eau. A quatre, cinq ou six pieds au-dessus de la maçonnerie est une entre-toise *F* assemblée dans les jumelles, ou qui porte un fort tenon qui glisse dans des rainures de trois pouces de largeur & de deux pieds de hauteur, pratiquées dans l'épaisseur de ces jumelles.

Ces jumelles, qui sont écartées l'une de l'autre de 12 à 15 pouces, sont liées à leur extrémité d'en haut par un chapeau

G, qui excede les jumelles de 5 à 6 pouces de chaque côté; Difons un mot de l'ufage de ces chevalets.

Quand la marée monte, on fait entrer les mâts dans les foffes à l'aide du flot, & on les difpofe par échantillon, les arrangeant entre les chevalets de forte que les gros fe trouvent avec les gros, & les petits avec les petits, à moins que ce ne foit des matreaux ou des efparts qu'on loge entre les gros mâts. On a foin que le milieu des gros mâts réponde à la ferme du milieu de chaque travée, & que le gros bout d'un mât réponde au petit bout d'un autre. Tout étant ainfi difpofé, on attend la baffe mer pour que les mâts fe raffeyent fur le fond des foffes. Lorfque les mâts *I* pofent fur ce fond, & que ces foffes font à fec, on paffe fur les mâts *I*, & entre les jumelles, des pieces de bois quarré *H* de 8 à 10 pouces d'équarriffage, qu'on affujettit avec l'étance *K*, qui porte d'un bout fur la piece *H* qu'on nomme *Traverfin*, & de l'autre fous l'entre-toife *F*. Quand cette entre-toife *F* eft à rainure, on la defcend jufques fur la piece *H*. Tout ceci étant exécuté, on ouvre les vannes, & bientôt les mâts font recouverts de 2 à 3 pieds d'eau.

Quand on veut retirer quelque mât, on décale la piece *H* lorfque la mer eft baffe; & quand elle remonte, les mâts qui ne font plus arrêtés flottent; on retire ceux dont on a befoin; on remet les autres entre les chevalets : quand la mer eft baffe, on les cale comme nous l'avons dit; & quand la mer eft haute, on fort des foffes les mâts dont on veut faire ufage.

Au moyen de ces foffes, de leurs éclufes & des chevalets, on peut mettre & tirer aifément les mâts des foffes, & les y faire entrer. Ils font très-bien affujettis fous l'eau; on peut, quand on le veut, les tenir à fec, & renouveller l'eau, fi l'on veut, à toutes les marées. Affurément cet établiffement eft des plus beaux; mais les chevalets font fujets à de fréquentes réparations qui occafionnent une grande confommation de bois & des dépenfes confidérables.

On fait que les bois qui font toujours fous l'eau y durent très-long-temps, ainfi que ceux qui font toujours au fec & à
l'abri;

l'abri : & qu'ils pourrriffent plus promptement quand ils font tantôt au fec & tantôt à l'eau. C'eft le cas où font les radiers des éclufes, & encore plus les chevalets.

La partie de ces bois qui ne deffeche pas, & qui devroit fubfifter très-long-temps, eft dévorée par les vers à tuyau qui percent les vaiffeaux, & qui ont occafionné des défordres fi confidérables dans les Digues de Hollande. Il ne faut donc pas être furpris de voir les éclufes & les chevalets exiger de fréquentes réparations.

A l'égard des éclufes on a remédié en grande partie à ces inconvénients en faifant les bajoyers en pierre : ils étoient anciennement en bois : il ne refte plus en bois que les radiers qu'il feroit poffible de faire auffi en pierre. Il n'eft pas auffi aifé de prendre un bon parti pour les chevalets : cet article eft cependant bien digne d'attention ; car fuivant le devis eftimatif que j'en ai fait, une travée coûte plus de mille écus & confomme beaucoup de bois, matiere abfolument néceffaire à la Marine, & qui devient de plus en plus rare.

Je crois me rappeller d'avoir vu dans quelques Ports d'Angleterre, qu'on avoit bâti fur des chenaux des arcades en maçonnerie, qui fervoient à retenir, au moyen d'étances, les mâts au fond de l'eau. Affurément, en fuivant cette méthode, on remédieroit à tous les inconvéniens dont nous avons parlé ; & fi on fe rencontroit dans des circonftances où le fol fût bon pour affeoir des fondations, & où les matériaux fuffent communs, on pourroit n'être pas effrayé de ce que coûteroient ces arceaux, d'autant que le chenal n'étant point embarraffé par des chevalets, pourroit être beaucoup plus étroit, ou tenir une plus grande quantité de mâts.

Autant que je puis me rappeller la conftruction de ces arceaux, il faut fe former l'idée de petits ponceaux détachés les uns des autres, & on fait enforte que le milieu des mâts foit fous chaque arceau. Mais fans abandonner entiérement la difpofition des fermes de Rochefort, j'ai cru qu'on pouvoit avec peu de dépenfe les rendre moins fujettes à réparations. L'épreuve en a été faite avec fuccès, quoiqu'on n'ait pas donné

D d d

à ce nouvel établissement une solidité suffisante, parce qu'il n'étoit question que d'une épreuve.

Il faut conserver les chevalets tels qu'ils sont pour toute la partie renfermée dans la maçonnerie. Les deux montants ou jumelles *A B* (*Planche XVIII, Fig. 2 & 3*) sont coupés immédiatement au-dessus de l'entre-toise *E*. On conserve cette entre-toise, ainsi que celle marquée *C* & la piece de Sapin *D*. Il n'y a point à craindre que ces bois pourrissent, ni qu'ils soient endommagés par les vers, parce qu'ils sont toujours à l'humidité, & qu'ils sont renfermés dans un massif de maçonnerie. A la tête de chacune des jumelles *A* & *B*, sont de forts étriers de fer *L L*, qui portent à leur milieu un œil dans lequel entre comme le corps d'un verrou *P P*, qui est aux angles *M* & *N* du triangle de fer *M N O*. En *O* est un fort crochet qui entre dans les maillons de la chaîne *Q*, qui passe par dessus les mâts *I*, & n'a de longueur que la moitié de la distance qu'il y a d'un chevalet à un autre. Comme cette distance est de 9 à 10 pieds, il suffit que chaque bout de chaîne ait 5 à 6 pieds de longueur, & ces bouts de chaîne sont terminés par un crochet pour les arrêter dans un maillon de l'autre chaîne. Les mâts sont ainsi retenus sous l'eau ; mais comme on entre les mâts dans les fosses lorsque la mer est haute, on n'appercevroit point la tête des chevalets, & on auroit peine à les arranger, si l'on ne marquoit pas avec de mauvais esparts, qui font l'effet de balise, les chevalets du commencement & de la fin de chaque travée. Il seroit peut-être encore plus commode d'avoir autant de petites bouées qu'il y a de chaînes, pour qu'elles indiquent où sont les chaînes qu'on pourroit retirer en hâlant sur une corde qui répondroit à la bouée de chaque bout de chaîne. Cette opétion étant faite, on laissera venir l'eau dans les fosses, on fera entrer les mâts dans ces fosses ; & ayant laissé retirer l'eau jusqu'à ce qu'il n'y en ait plus que ce qu'il en faut pour qu'ils flottent, on fermera la vanne, & on arrangera les mâts à peu près dans la situation où ils doivent rester, se contentant de jetter les chaînes sur les mâts pour les empêcher de se déranger.

Ce travail étant fini, on mettra les fosses à sec pour laisser les mâts fe raffeoir fur le fond : alors on accrochera les chaînes les unes avec les autres, & le travail fera fini ; à la premiere marée, on laiffera entrer l'eau dans les foffes.

Quand on voudra retirer un mât, après avoir mis les foffes à fec, on décrochera les chaînes qui le retiennent, on jettera cès chaînes fur les mâts de la même travée qui doivent refter en place. On laiffera entrer l'eau dans les foffes, & l'on retirera le mât avec d'autant plus de facilité que les foffes n'étant plus embarraffées par les chevalets, elles ne feront plus qu'un étang. Enfin on remettra encore les foffes à fec pour accrocher les chaînes fur les mâts voifins de celui qu'on aura retiré. Faifons appercevoir les principaux avantages des fermes difpofées comme nous venons de l'expliquer.

1°, La premiere conftruction confommera beaucoup moins de bois, & fera moins difpendieufe. 2°, Si les foffes étoient garnies de chevalets comme le font celles de Rochefort, on pourroit fe fervir de la partie des chevalets qui entre dans la maçonnerie en rognant les jumelles à cette hauteur, comme on le voit (*Planche XVIII. Fig. 2 & 3*). 3°, Comme les bois ne s'alterent point dans l'eau, & comme la maçonnerie les mettra à couvert des vers, la partie de ces chevalets qui eft en bois ne pourrira jamais. On fait d'ailleurs, par beaucoup d'Expériences, que les fers durent long-temps dans l'eau de la mer lorfqu'ils font rarement expofés à fe deffécher : ainfi ces chevalets exigeront peu de réparations, d'autant qu'ils ne feront point expofés à être heurtés par les mâts, qui ébranlent les chevalets dont la tête s'éleve au-deffus de l'eau.

Nous convenons qu'on n'éprouvera plus de difficultés à arranger les mâts avec les chaînes que lorfque les chevalets qui furpaffent la fuperficie de l'eau, mettent à portée de les difpofer entre les têtes de ces chevalets ; mais l'économie qu'on a fait appercevoir, doit faire paffer fur ces difficultés. Nous allons parler d'un autre inconvénient plus confidérable, qu'on a eu occafion de remarquer dans plufieurs grands Ports.

On a confervé long-temps des mâts dans les foffes de Rochefort fans qu'on fe fût apperçu que les vers aquatiques, ces vers qui dévorent les digues de Hollande & nos vaisseaux, y eussent fait aucun dommage ; mais enfin ils en ont pris possession, & pendant bien des années les radiers, les fermes & les mâts ont servi de retraite à ces insectes, qui auroient enfin tout dévoré si l'on n'y avoit remédié.

En supposant que ces vers soient d'origine étrangere, & que ce soit le commerce des grandes Indes qui ait favorisé leur transport, il faut qu'ils se soient bien accommodés de notre climat pour s'être multipliés sur nos côtes au point où ils le sont aujourd'hui. Ils ne sont cependant pas en aussi grande quantité par-tout. Il n'y en a que peu dans la vieille Darce de Toulon, tandis que la Darce neuve en est remplie. Une partie du Port de Marseille en est presque exempte ; on n'en a vu que très-peu dans les bois des Galeres, au lieu qu'il y en a dans la partie de ce même Port où sont les vaisseaux Marchands. Il n'y en a point dans le Port de Rochefort, & ce n'est que depuis environ 40 ans qu'on s'est apperçu qu'ils faisoient du désordre dans les fosses où l'on conserve les mâts.

Vers l'année 1727, on s'apperçut presque tout à coup que les vers dont nous parlons commençoient à endommager les mâts qui étoient dans les fosses. M. de Barailh en avertit la Cour ; & pour arrêter ce désordre, il fit ôter les mâts des fosses, les fit distribuer dans des chenaux d'eau presque douce le long de la riviere. Il fit ôter la vase qui s'étoit amassée dans les fosses, & après avoir paré le pied des chevalets à l'erminette, il les fit couvrir de gaudron auquel on mit le feu, & par dessus une nouvelle couche de gaudron. L'intention de M. Barailh, en faisant ôter les vases, étoit de détruire la semence vermineuse qu'il croyoit être en grande abondance dans la vase. En faisant, pour ainsi dire, caréner le pied des chevalets, il espéroit attaquer les vers dans leur retranchement. En couvrant d'une couche de brai ces fermes ainsi chauffées, il comptoit empêcher que de nouveaux vers ne s'y logeassent. Nous ferons voir dans la suite qu'il se trompoit ; que la semence vermineuse n'étoit point dans la vase. On ne pouvoit pas douter qu'en brûlant la superficie du bois où étoient les vers, ceux de ces infectes qui ressentoient l'ardeur du feu ne dussent périr ; mais il est probable que cette chaleur n'agissoit pas bien avant dans des bois pénétrés d'eau salée, & qui par leur position ne permettoient pas de porter le feu où les vers étoient en plus grande quantité : plusieurs Expériences nous ont fait connoître que la couche de gaudron qu'on mettoit au pied des fermes, & qui s'appliquoit mal sur du bois mouillé, ne formoit qu'un foible obstacle à l'introduction de nouveaux vers. Quoi qu'il en soit, comme dans de pareilles circonstances il n'y a rien de pire que de rester dans l'inaction, M. de Barailh fit exécuter toutes ces opérations avec beaucoup d'ardeur, & les mâts furent remis dans les fosses. On ordonna seulement aux gardiens de renouveller l'eau des fosses le plus fréquemment qu'ils pourroient, imaginant que cela pourroit être encore contraire à la multiplication de ces insectes.

Il est bon de remarquer, (car c'est un fait dont nous ferons usage dans la suite) qu'on fut très-surpris de trouver tous les vers morts dans les mâts qu'on tiroit des chenaux.

Quoique les principes qui guidoient M. de Barailh dans ses opérations fussent faux, ils ne laisserent pas d'avoir quelque succès ; car sans savoir précisément à laquelle de ces opérations on en étoit redevable, on fut presque débarrassé de cet insecte pendant plusieurs années : mais au commencemont de 1736, l'allarme recommença, plusieurs mâts se trouverent très-endommagés par les vers ; & les radiers, ainsi que les fermes, en étoient criblés.

On exécuta alors tout ce qu'avoit fait M. de Barailh, excepté qu'au lieu de mettre les mâts dans les chenaux, la plupart furent tirés à terre ; mais ce ne fut pas avec autant de succès qu'en avoit eu M. de Barailh ; les vers reparurent bientôt. Peut-être s'étoient-ils beaucoup plus multipliés ; peut-être aussi que M. de Barailh avoit été favorisé par la saison : car on sait que tous les insectes se montrent très-abondants pendant plusieurs années, & que tout d'un coup ils disparoissent presqu'entiérement. Les Auteurs qui ont écrit des vers à tuyau pensent qu'il en est ainsi de ces insectes ; & je reçus il y a quelques années une lettre de Hollande, dans laquelle un voyageur éclairé me marquoit que les vers dont il s'agit, y faisoient moins de dommage qu'ils n'avoient fait les années précédentes. Quoi qu'il en soit, quand on s'appercevoit que les vers endommageoient les mâts, on les tiroit des fosses; on les étendoit au bord de la riviere où le soleil les faisoit fendre. Pour éviter cet inconvénient, on les remettoit dans les fosses, d'où on les retiroit quand on s'appercevoit que les vers les endommageoient de nouveau; & cette manœuvre répétée, qui occasionnoit de grands frais, nuisoit beaucoup aux mâts. M. le Comte de Maurepas instruit de tous ces faits, & concevant que les moyens qu'on employoit tendoient à la destruction d'un grand approvisionnement de mâts du Nord d'une excellente qualité, me chargea d'aller à Rochefort, & me recommanda d'examiner avec toute l'attention dont je serois capable, s'il ne seroit pas possible de trouver un remede à ce mal, qui étoit des plus fâcheux.

Au Printemps de l'année 1738, quand j'arrivai à Rochefort, les vers se montroient en plus grand nombre que jamais dans les fosses; j'allai souvent, avec les principaux Officiers du Département, visiter les fosses; & en faisant parer à l'erminette différents mâts, nous trouvâmes que les vers avoient principalement attaqué le bois tendre; de sorte que la cime des gros mâts étoit plus endommagée que le pied, où la trace des vers se trouvoit principalement dans l'aubier : rarement le cœur étoit endommagé, apparemment parce qu'on ne leur avoit pas donné le temps d'y pénétrer : car il est certain qu'à la longue ils auroient tout piqué. Mais ils commencent par attaquer le bois qui est moins dur & moins résineux : c'est pour cette raison que nous trouvâmes que les esparts étoient plus endommagés que les mâts.

Nous remarquâmes encore que la partie des mâts qui reposoit sur la vase, & celle du dessus étoient moins endommagées que les côtés.

Nous trouvâmes les radiers des écluses, & le pied des chevalets si remplis de vers, que presque par-tout la somme des espaces occupés par les vers surpassoit de beaucoup celle où les bois étoient restés sains & entiers. Comme les vannes & empellements étoient à sec depuis quelque temps, nous ne trouvâmes que des trous de vers & point d'insectes.

Nous visitâmes les chevalets ; & ayant fait démolir un peu de la maçonnerie, nous ne trouvâmes point de vers à la partie qui étoit toujours recouverte de vase, ou engagée dans la mâçonnerie. Il y avoit beaucoup de vers à la partie qui étoit toujours submergée, & point à celle qui étoit toujours hors de l'eau.

En faisant ces observations, chacun prétendoit appercevoir que l'origine des vers dépendoit de telle ou telle circonstance ; les uns croyoient qu'ils se trouvoient en abondance dans les fosses, parce qu'étant à l'entrée de la riviere, l'eau saumâtre leur étoit favorable : d'autres imaginoient que la semence vermineuse se conservoit dans la vase ; d'autres prétendoient que les vers sortoient des radiers pour entrer dans les mâts, & qu'on en seroit exempt si on bannissoit des fosses les chevalets & les radiers : quelques-uns pensoient avoir remarqué qu'une eau courante étoit contraire aux vers : il paroissoit à d'autres qu'il falloit s'occuper de trouver un vernis qui empêchât les vers de pénétrer dans le bois. Je crus donc qu'il convenoit d'examiner séparément la valeur de ces idées.

M. le Comte de Maurepas ayant bien voulu, à ma sollicitation, charger M. Dumesnil Rolland, alors Lieutenant de Port, de m'aider dans cette recherche, nous crûmes qu'il falloit commencer par s'assurer s'il y avoit des endroits de la côte qui fussent exempts des attaques de ces insectes. Voici ce qui résulta d'un examen exact. Il ne s'est trouvé aucun ver dans le Port, ni le long de la riviere au-dessus du Port, dans tous les chenaux qui y aboutissent, soit que l'eau y fût courante ou dormante, comme cela arrive dans quelques chenaux dont l'entrée est fermée par une écluse.

Il y a encore au-dessous du Port un espace assez considérable de la riviere qui est exempt de vers, puisqu'il ne s'est trouvé aucun ver dans les membres du *Fougueux*, Vaisseau du Roi, qui échoua il y a plus de 30 ans sur un écueil de la riviere presque vis-à-vis Soubife. A foixante toifes au-deffous du *Fougueux*, un Pilote dragua, à peu près dans le même temps, deux pieces de bois de Chêne de 30 pieds de long, qui probablement étoient depuis bien long-temps au fond de l'eau : elles fe trouverent exemptes de la plus legere attaque de vers ; toutes les balifes, les perches des pêcheurs & les pieux fe trouverent abfolument fains jufqu'à une petite diftance au-deffus des foffes.

Mais voici une obfervation qui mérite attention, & dont nous efpérons dans la fuite tirer des conféquences avantageufes pour la confervation des mâts. On trouva dans le lit de la riviere, prefque vis-à-vis les foffes, des pieux qui n'étoient point du tout piqués des vers, pendant que les pilotis de l'ancien radier extérieur de la foffe de l'Iflot, de même que les reftes de ceux qui étoient ci-devant à l'entrée des autres foffes, en étoient remplis, quoique ces bois fuffent fubmergés du même montant que les perches. Ce fait paroît fi fingulier qu'on feroit porté à douter de l'exactitude de l'obfervation : déja quelques-uns en concluoient que la fource des vers étoit dans ces foffes même. Nous aurions fort fouhaité que cela eût pu être, puifque nous ferions parvenus à les détruire en tenant les foffes un temps affez confidérable à fec pour faire périr tous les vers : mais les obfervations que nous allons rapporter prouvent inconteftablement le contraire ; & pour appercevoir la caufe phyfique de ce fait, il faut être inftruit de quelques circonftances particulieres qui dépendent de la fituation du terrein.

Le reflux de la marée eft confidérable à cet endroit de la riviere ; cette eau qui remonte contre le courant naturel de la riviere eft fort falée, au lieu que l'eau qui coule dans le lit, lorfque la marée eft retirée, eft prefque douce. Or les foffes aux mâts, de même que les radiers qui font à leur entrée, ne peuvent, à caufe de leur élévation, recevoir que de l'eau falée qui vient par la marée qui y refte dans de petites mares, au lieu que les perches exemptes de vers étant plus baffes, fe trouvent, lorfque la mer eft retirée, dans une eau prefque douce. Or il commence a être prouvé par les obfervations faites le long de la riviere, que les vers ne peuvent fubfifter
dans

dans l'eau douce ; & nous le démontrerons d'une façon incontestable. Ce fait si singulier étant vu de près n'offre donc rien que de très-naturel. Je reviens à l'examen de la riviere au-dessous des fosses dans la rade & le long de la côte.

Les deux balises qui sont entre l'isle Madame & l'isle Daix, sur la Mouchere & la Sabliere, étoient remplies de vers. A la partie du Nord-Ouest de l'isle Daix, on trouva une piece de Sapin plantée au plus bas de la mer, elle étoit absolument détruite par les vers. A la Rochelle, dans une espece de fosse aux mâts, appellée par les gens du pays *un Abbateau*, il y avoit 60 ou 80 mâts entiérement rongés par les vers. Au-dessus de cette fosse, il y en a une autre qui n'en est séparée que par une chaussée, & qui se trouva exempte de vers. Cette fosse plus élevée ne peut recevoir l'eau de la mer que cinq ou six mois de l'année par des intervalles qui dépendent des marées plus ou moins rapportantes : le reste de l'année cette fosse ne recevant que l'eau des pluies qui y arrive en assez grande abondance par des ravines qui y aboutissent, & qui ne suffisent pas pour y entretenir l'eau, elle reste de temps en temps à sec ; quelquefois elle est remplie d'une eau douce ou presque douce : voilà à quoi on peut attribuer la privation des vers.

Les vaisseaux échoués qui forment la digue de la Rochelle, la balise qui marque l'entrée du chenal, les falcines même étoient criblées de vers. Une carcasse qui subsiste depuis long-temps à Enande, & une autre qui est sur l'écueil nommé *Lavardin*, les défenses qui sont à l'entrée du Port de S. Martin, de l'isle de Ré, tous ces bois sont remplis de vers. Il n'est donc pas douteux que ces insectes se trouvent en grande abondance au bas de la riviere, dans la rade & le long de la côte. Ainsi ce n'est point un insecte qui ne subsiste que dans les fosses aux mâts, & qui ne se plaise que dans l'eau dormante : on apperçoit encore que l'eau salée est celle qui lui plaît le plus. Pour en être encore plus certain, je convins avec M. Dumesnil qu'on renouvelleroit les balises qui marquent les écueils & qui étoient remplies de vers ; & qu'en les conduisant à la remorque derriere une chaloupe, on les déposeroit en différents endroits de

E e e

la riviere, pour examiner comment les vers se comporteroiént dans ces différentes positions.

Ayant enlevé quelques copeaux à une de ces balises qu'on avoit remorquée jusques vis-à-vis l'entrée du Port, on trouva que les tuyaux de la superficie qui étoient remplis de vers en partant de la rade, étoient vuides, apparemment parce que l'eau douce avoit déja agi sur eux ; mais en hachant plus profondé-ment, on trouva les trous remplis de vers. On mit quelques-uns de ces vers sur du papier ; ils s'y dessécherent : on en mit dans de l'eau douce, ils s'y fondirent en très-peu de temps, & de-vinrent comme un mucilage qui nâgeoit à la surface ; & il n'é-toit resté intact que le casque de la tête. On en mit dans l'eau salée ; ils noircirent d'abord auprès de la tête, & ils ne se fon-dirent pas comme dans l'eau douce. Ils furent racornis par le vinaigre, & on en conserva dans de l'eau de vie, la bouteille étant bien bouchée.

Cette piece resta à l'air ; on en amarra une au milieu de la riviere vis-à-vis l'avant-garde ; une autre fut déposée dans un chenal où l'eau est saumâtre, parce qu'il ne reçoit l'eau qu'à la haute mer : une autre vis-à-vis le Fougueux, & une autre au-dessous des fosses aux mâts & de la fontaine Lupin. Les vers qui avoient été déposés vis-à-vis l'avant-garde, & qui de l'eau de mer se trouvoient transportés dans l'eau douce, pé-rirent les premiers ; ils étoient fondus, & on ne trouvoit dans les tuyaux que le casque.

A la piece qui étoit à terre, les vers qui avoient conservé leur eau, à cause de la disposition des tuyaux, étoient encore existants : les autres étoient pourris. Dans le chenal d'eau sau-mâtre, les vers devinrent bientôt mollasses ; mais ils n'avoient pas été détruits aussi promptement que dans l'eau douce.

Les balises qui avoient été déposées le long de la riviere n'ayant pû être visitées que 15 jours après, les vers étoient entiérement détruits vis-à-vis le Fougueux ; quelques-uns existoient encore vis-à-vis les fosses aux mâts ; mais tous étoient en très-bon état au-dessous de la fontaine Lupin, où l'eau est toujours salée.

S'il y a moins de vers dans la vieille Darce de Toulon que

dans la nouvelle, c'eſt qu'il ſe rend beaucoup d'eau douce dans cette vieille Darce; & il y auroit encore moins de vers, ſi l'on fermoit la communication de cette Darce avec la nouvelle. Si dans le Port de Marſeille, il y a moins de vers du côté où l'on amarre les galeres, que dans la partie du Port où ſont les vaiſſeaux Marchands; c'eſt qu'il ſe rend des eaux douces & des égoûts de ſavonnerie dans cette partie, & que n'y ayant point de marée dans la Méditerranée, le mélange de l'eau douce avec l'eau ſalée ſe fait plus lentement que dans les Ports de l'Océan.

S'il n'y a point de vers dans le Port de Rochefort, & ſi les vaiſſeaux qui y entrent chargés de vers, ſont bientôt délivrés de ce fléau; c'eſt parce qu'à la mer baſſe, les vaiſſeaux ſe trouvent dans l'eau douce.

On a encore pris des bois remplis de vers; & les uns ont été retenus couchés ſur la vaſe, les autres y ont été enterrés verticalement comme des pieux: au bout de quelques jours, tous les vers étoient pourris à la partie qui étoit recouverte de vaſe, pendant que ceux qui étoient au-deſſus de la vaſe & dans l'eau ſalée, étoient très-vivants. Il eſt donc certain que la vaſe préſerve les mâts d'être endommagés par les vers, & qu'elle n'en contient pas une ſource intariſſable, comme pluſieurs le penſoient. Par conſéquent on fait bien d'enfouir à Breſt les mâts dans la vaſe.

Feu M. Boyer, Conſtructeur des Vaiſſeaux du Roi à Toulon, m'a aſſuré qu'il avoit vu en quelques endroits, &, ſi je ne me trompe, dans la Biſcaye, conſerver les mâts dans le ſable imbibé d'eau ſalée. Il eſt fâcheux que cette méthode ſoit difficile à pratiquer, & qu'elle exige beaucoup de frais pour tirer les mâts de ce ſable. Mais il eſt très-évidemment prouvé que les vers ne peuvent ſubſiſter dans l'eau douce; que cette eau eſt pour eux un poiſon plus efficace que l'air : d'où l'on peut conclure qu'on détruiroit les vers des foſſes, ſi l'on y introduiſoit de l'eau douce, & M. Dumeſnil a prouvé que cela étoit poſſible; mais outre que l'exécution de ce projet exigeroit beaucoup de dépenſe, il y auroit à craindre que l'eau douce ne fût pas auſſi propre à la confervation des mâts que l'eau falée pour les raifons que nous avons rapportées plus haut. Auffi M. Dumefnil ne propofoit-il que de mettre de temps en temps l'eau douce dans les foffes; & affurément on feroit parvenu à préferver les mâts d'être attaqués par les vers fans beaucoup altérer leur qualité. Mais comme le canal qu'il auroit fallu faire pour prendre l'eau de la riviere affez haut pour qu'elle fût douce, & la conduire aux foffes, auroit été confidérable, nous avons efpéré qu'en étudiant avec plus de foin la maniere dont les vers attaquent les bois, nous pourrions découvrir un moyen de les détruire avec moins de frais; nous avons donc entrepris de nouvelles Expériences qu'il faut rapporter.

On a planté tous les quinze jours deux pieux dans un endroit où nous étions certains qu'il y avoit beaucoup de vers; & toutes les fois qu'on plantoit de nouveaux pieux, on examinoit fi ceux qui avoient été mis en place auparavant, étoient attaqués par les vers; par cette épreuve, que nous avons continuée une année entiere, nous avons très-évidemment reconnu que les vers n'attaquoient point les bois en Janvier, en Février, en Mars, en Avril & en Mai; ils ont commencé à les attaquer en Juin, encore plus fenfiblement en Juillet & en Août, & ils ont ceffé vers la mi-Septembre; en Octobre, Novembre & Décembre, plus de ravage.

Il eft à propos d'être prévenu que la faifon où les vers commencent & où ils finiffent d'endommager les bois, varie fuivant la température de l'air chaud ou froid; de forte que dans des climats plus chauds que Rochefort, en Provence, par exemple, & en Italie, ils peuvent commencer à attaquer les bois dès la fin d'Avril, & continuer jufqu'au commencement d'Octobre, pendant qu'à Breft le temps du défordre commence plus tard & finit plutôt. Quoi qu'il en foit, ayant reconnu que l'on n'avoit rien à craindre des vers à Rochefort pendant huit mois, je propofai à M. de Maurepas d'ordonner qu'on rétabliroit les éclufes, & que pendant les quatre mois critiques on donneroit ordre au gardien de tenir tous les huit jours, d'une marée à l'autre, les foffes à fec; après quoi on remettroit l'eau

dans les foſſes. Les mâts ſe couvrent naturellement d'une couche de limon aſſez mince : c'eſt apparemment ſur cette couche
que ſe dépoſe le frai de ces vers, qui d'abord n'eſt qu'un glaire
très-délié : un coup de ſoleil, une riſée de vent, une petite
pluie, ſuffiſent pour faire périr cette ſemence vermineuſe ſans
que le hâle puiſſe agir ſur les mâts & les endommager, parce
que la ſéchereſſe ne pourroit en un auſſi court eſpace de temps
agir que ſur le limon, ou ſur les premieres couches d'aubier.
Les ordres furent donnés & exécutés ; & étant retourné deux
ans après à Rochefort, je trouvai les mâts abſolument exempts
de vers, excepté au fond du fer à cheval qui ne deſſéchoit pas
& où il reſtoit une lame d'eau d'environ 6 pouces d'épaiſſeur :
la partie des mâts qui reſtoit mouillée par cette eau, étoit
attaquée des vers pendant que le reſte en étoit exempt, ainſi
que tous ceux de la foſſe noire & de l'Iſlot, de même que ceux
des deux branches du fer à cheval. Je ne ſai pas ſi on a ſuivi
aſſidument cette méthode ; mais il eſt très-bien prouvé que ſans
occaſionner aucune dépenſe, elle a fourni pendant pluſieurs
années un très-bon moyen de conſerver les mâts.

Nos Expériences prouvent encore que la méthode qu'on ſuit
à Breſt eſt fort bonne. A l'égard de Toulon, je voudrois qu'on
établît des foſſes dans des eſpeces de marais qui ſont derriere
la vieille Darſe, & qu'on y conduiſit aſſez d'eau douce pour
affoiblir la ſalûre de l'eau, & la rendre pernicieuſe pour ces
inſectes ; ce qui ſeroit facile, non-ſeulement parce qu'il y a
beaucoup d'eau douce aux environs de Toulon ; mais encore
parce qu'on pourroit profiter des ravines conſidérables qui viennent des montagnes.

A l'égard des mâts travaillés, j'ai déja dit qu'il ne convenoit
pas de les mettre dans l'eau, & tout ce qu'on peut faire de
mieux, eſt de les mettre en chantier ſous des hangars frais &
ſecs, & de les couvrir d'une couche de graiſſe qu'il faut renouveller de temps en temps.

J'ai fait beaucoup d'Expériences pour reconnoître ce qu'on
pourroit eſpérer des vernis, eſpalmes ou corrois, pour défendre
les bois de l'attaque des vers. La moindre couche réſineuſe n'eſt

point attaquée par les vers, & elle garantit les bois qui en font recouverts, pourvu qu'elle les couvre exactement par-tout ; mais ils favent s'introduire par la moindre fente, par le moindre éclat ; & les mouvements du vaiffeau, l'abordage des canots & chaloupes, le frottement du cable en occafionnent néceffairement, & en occafionneroient quand ces enduits feroient durs comme du fer : d'ailleurs il y en a qui fe réduifent en terre à force de refter dans l'eau. On trouvera dans le Livre fuivant des Expériences qui ont encore rapport aux mâts, & qui prouvent la vérité de plufieurs chofes que nous avons avancées dans celui-ci.

EXPLICATION *des Planches & des Figures du Livre quatrieme.*

PLANCHE XVI.

LA FIGURE 1 repréfente deux rames, l'une *A* vue par le tranchant, & l'autre *B* par le plat de la pelle. *f g* eft la longueur de la rame. En *g* eft la poignée par laquelle le principal rameur, qu'on nomme *Vogue avant*, la faifit pour voguer ; *e* eft la manuelle que faififfent les rameurs ; *d* eft le corps de la rame vis-à-vis la manuelle ; *c c* font les jumelles qu'on met pour empêcher que la rame ne s'ufe à fon point d'appui ; *b d* eft ce qu'on nomme le *genou* ; *a* eft la pelle.

La *Figure* 2 repréfente une vergue formée de quatre pieces affemblées les unes avec les autres. *Figure* 3, *a b* font les deux bouts de cette vergue. On les voit affemblées l'une avec l'autre à la *Fig.* 4 ; & les endents qu'on apperçoit depuis *c* jufqu'en *d* font recouverts par la jumelle *Fig.* 5, de telle forte que les endents qui engrenent les uns dans les autres empêchent les pieces *a b Fig.* 3 de fe féparer.

P L A N C H E *XVII.*

L A **F I G U R E** *1* repréſente la foſſe noire.
La Figure 2 eſt la foſſe de l'Iſlot.
La Figure 3 eſt celle du fer à cheval. *A* repréſente les travées qui ſont compoſées de cinq fermes *c*, qui chacune ſont
formées de cinq chevalets *b*. B repréſente l'endroit où ſont les
portes d'écluſe pour recevoir l'eau dans les foſſes, & la retenir à volonté.

P L A N C H E *XVIII.*

L A **F I G U R E** *1* repréſente une travée plus en grand.
CC ſont autant de fermes compoſées chacune de cinq che-
valets *b*, qu'on voit repréſentés en grand ſur la *Planche XIX.*
La Figure 2 repréſente un chevalet compoſé de deux jumelles
A B, & qui eſt coupé à la hauteur de la maçonnerie en *P P.*
C repréſente l'entre-toiſe d'en-bas ſur laquelle repoſe la piece
de Sapin, ou le *giſant D. E* eſt l'entre-toiſe qui eſt placée au-
deſſus du *giſant. L P M N O* repréſente la ferrure qui ſert à
retenir les chaînes *Q*, qui aſſujettiſſent le mât *I.*
La Figure 3 repréſente le même chevalet vu dans un autre
ſens, & les différentes pieces ſont indiquées par les mêmes
lettres.

P L A N C H E *XIX.*

C E T T E Planche repréſente les chevalets tels qu'ils ont été
établis dans les foſſes de Rochefort.

F I G U R E *1. A A*, *B B*, ſont les deux montants ou jumelles.
C, l'entre-toiſe d'en-bas. *D*, la piece de Sapin, ou le *giſant. E*,
l'entre-toiſe d'en-haut qui eſt placée au-deſſus du *giſant.* Toutes
ces pieces ſont renfermées dans un maſſif de maçonnerie. *I*, le
mât qui repoſe ſur cette maçonnerie. *H* eſt une piece de bois
quarrée qu'on nomme *Traverſin*, qui aſſujettit les mâts ſous

l'eau. *K* eſt une étance qui s'appuie par ſon bout d'en-haut ſous l'entre-toiſe *F*, & par ſon bout d'en-bas ſur le traverſin *H*. *G* eſt un chapeau qui lie la tête des jumelles, & les défend d'être pénétrées par l'eau de la pluie.

La Figure 2 repréſente la même ferme vue dans un autre ſens, & les objets ſont indiqués par les mêmes lettres.

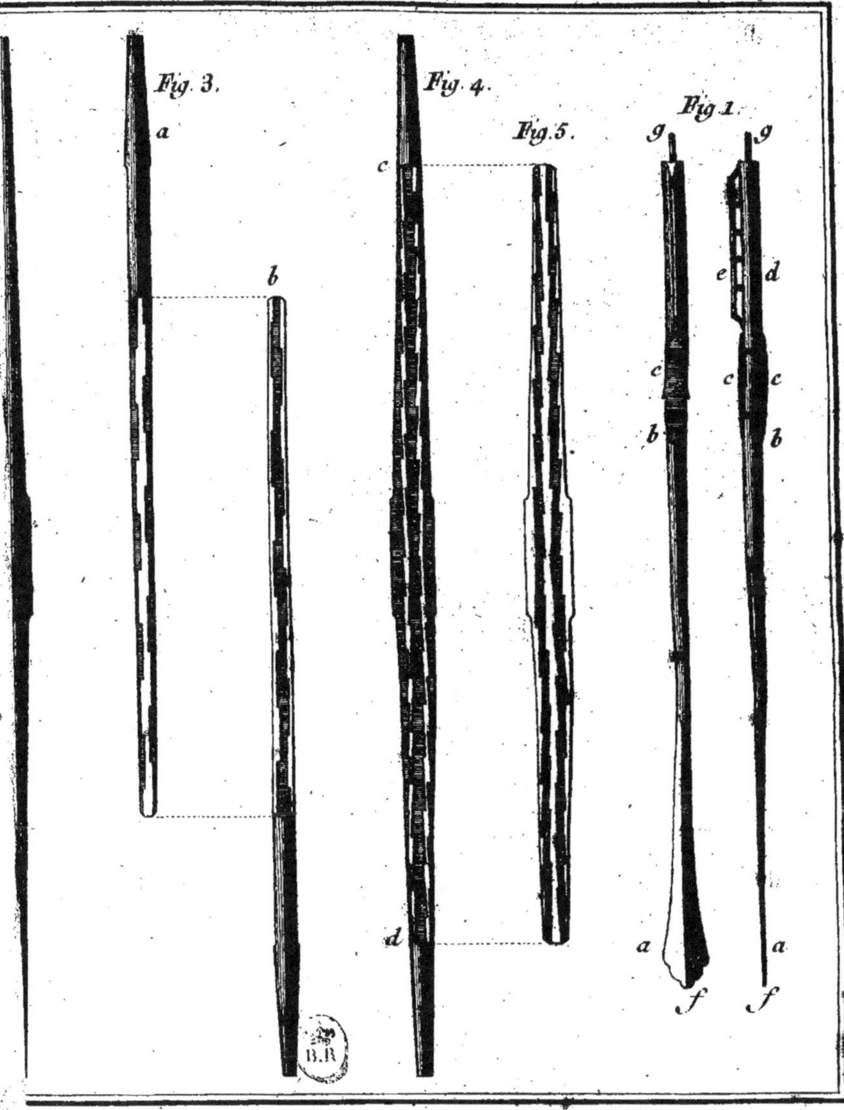
Fig. 3.
a
b
Fig. 4.
c
d
Fig. 5.
Fig. 1.
g
g
e
d
c
c
c
b
b
a
a
f
f

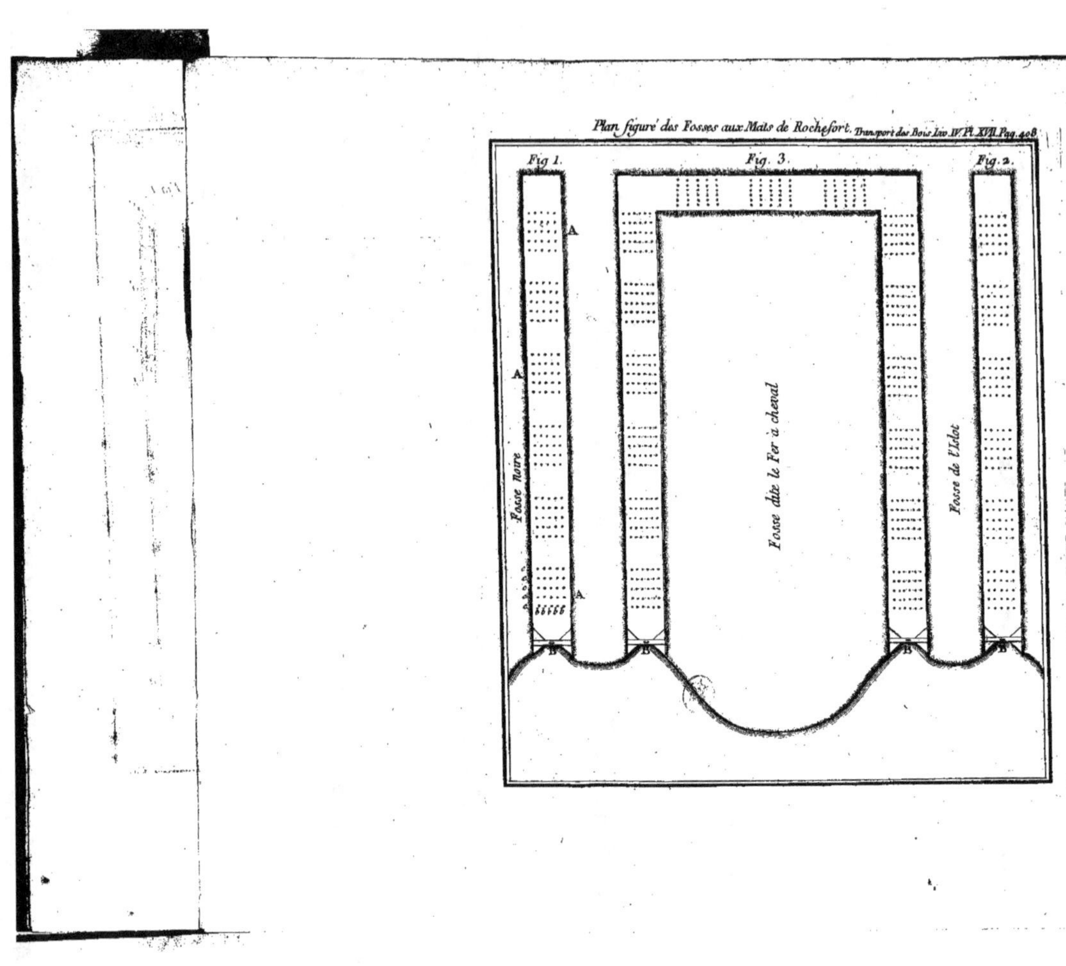

Plan figuré des Fosses aux Mats de Rochefort. Transport des Bois Liv. IV. Pl. XVII. Pag. 408
Fig. 1.
Fig. 3.
Fig. 2.
Fosse Noire
Fosse dite le Fer à cheval
Fosse de l'Islot
A
A
A
B
B
B
B

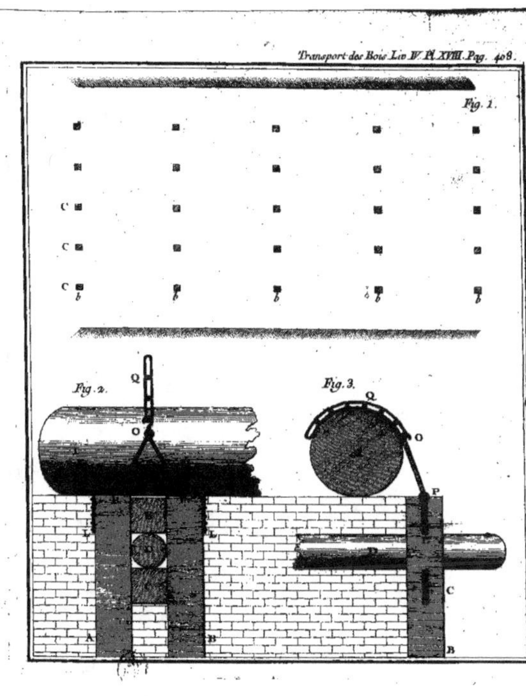
Fig. 1.
C
C
C
b
Fig. 2.
Q
O
L
L
A
B
Fig. 3.
Q
O
P
D
C
B

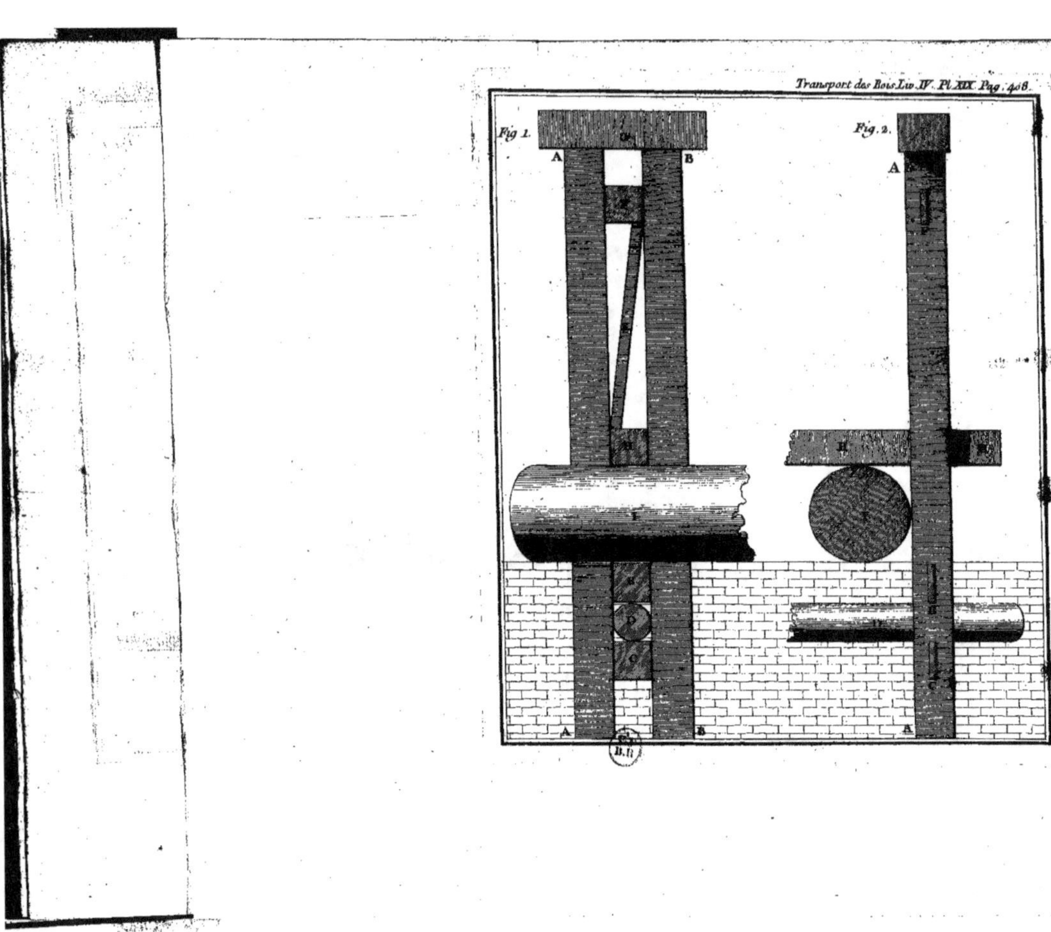

Transport des Bois Liv. IV. Pl. XIX. Pag. 468.
Fig 1.
Fig. 2.
A
B
A
A
B
A

LIVRE CINQUIEME.

De la Force des Bois, soit d'une piece, soit d'assemblage, les uns & les autres de différentes grosseurs.

Nous avons principalement porté nos vues dans les Livres précédents sur la pesanteur des bois; & il est sensible que les bois les plus pesants ayant plus de matiere résistante dans un même espace, doivent être les plus forts & les meilleurs. Nous avons cependant dit que cela ne pouvoit être que lorsque les matieres qui augmentent le poids sont capables d'agir de concert avec le reste de la masse pour rendre le tout plus résistant; & le contraire arrive souvent, comme le prouvent quelques-unes de nos Expériences. Un soliveau qui sort de l'eau est plus pesant qu'un soliveau qui est sec : cependant il est moins dur; on le coupe, on le scie plus aisément; il est moins fort; il plie sous un poids que l'autre soutient. Une des qualités du bois qui indique le mieux sa bonté semble donc consister dans sa force : cette regle, quoique généralement vraie, souffre cependant quelques exceptions relativement à l'usage qu'on veut faire des bois; puisque nous avons dit plus d'une fois que certains bois légers, tendres & assez fragiles, le Cédre, le Génévrier, le Cyprès, résistent beaucoup plus long-temps à la pourriture, que des bois plus pesants tels que le Chêne, le Hêtre, &c. Mais il n'en est pas moins vrai que, pour quantité de services, les bois les plus forts sont les meilleurs; & quand il s'agira de comparer des bois d'un même genre, la regle souffrira encore moins d'exceptions : on pourra dire que toute chose étant égale d'ailleurs, la force est à peu près proportionnelle à la pesanteur. Cela posé, il est clair qu'il n'y a que des Expériences

Fff

exactes, & exécutées avec tout le soin possible, qui puissent déterminer le degré de force qui appartient à chaque nature de bois ; & ce sera le plus ou le moins de force, qui fera juger de leur bonne ou de leur mauvaise qualité. Car assez souvent pour les charpentes, les constructions, les machines, on tire avantage de la force du bois, leur principal usage étant de supporter des fardeaux. Nous avons déja eu recours à la méthode de faire rompre des barreaux pour reconnoître leur force, particuliérement dans ce Volume, Livre II, Chap. V. Art. X. Mais dans ce Livre V, nous nous occuperons uniquement de la Force des Bois.

Avant que d'entamer le détail de nos Expériences, il est bon de faire connoître les précautions que nous avons prises pour les rendre fort exactes (*).

(*) Tout ce qui a trait à la force des bois, est trop intéressant à la Marine, au Génie, à l'Architecture civile, pour que je puisse négliger de suivre toutes les vues qui me paroissoient y avoir rapport : aussi ai-je exécuté à Denainvilliers quantité d'Expériences sur cette matiere. Mais de temps en temps je me trouvois en défaut : je manquois de quelque qualité de bois, qui, pour certains objets, me paroissoit plus avantageuse que les autres : un Ouvrier très-adroit m'étoit absolument nécessaire ; je m'en étois procuré un, ainsi que quantité de petits ustensiles dont on sent le besoin quand on opere ; j'en avois une provision : mais comme tous ces secours se trouvent dans les Ports mieux que par-tout ailleurs, je profitai d'un séjour que je fis à Marseille pour mettre mes Expériences en train. Il est vrai que pour les conduire aussi loin que je le désirois, il auroit fallu y séjourner bien long-temps, ce qui m'étoit impossible. Heureusement M. d'Héricourt, alors Intendant des Galeres, sentit l'utilité de mes recherches au point d'y prendre un intérêt singulier, d'adopter en quelque façon mon travail, & d'en protéger efficacement l'exécution. M. Garavaque, Ingénieur de la Marine, qui étoit plein de sagacité, d'intelligence, d'exactitude, & doué d'une patience à toute épreuve, fut chargé de présider à l'exécution de mes Expériences.

M. Déïdier, sous-Constructeur des Galeres, en qui se trouvoit une adresse & une précision qui n'a point d'égal, fut chargé de faire lui-même tous les barreaux que nous imaginerions, & dont nous desirions éprouver la force. M. d'Héricourt nous destina un lieu commode & sûr pour l'exécution de nos Expériences. C'étoit à moi de profiter de circonstances aussi heureuses : combien ai-je éprouvé de fois qu'elles se rencontrent rarement ! Nous conférâmes sur ce qu'il y avoit à faire : nous convînmes des Expériences qu'il falloit exécuter ; mais lorsque nous étions en train d'opérer, je reçus ordre de me rendre au Port de Bouc. Je fus donc obligé d'abandonner la suite du travail à M. Garavaque, & de le mettre sous la protection de M. d'Héricourt, me proposant, aussi-tôt que je serois quitte de ma tournée, d'exécuter des Expériences de mon côté. J'ai cru que cette Note étoit convenable pour témoigner ma reconnoissance à ceux qui ont bien voulu venir à mon secours, & pour qu'on sçût qu'on pouvoit avoir autant de confiance aux Expériences exécutées à Marseille, qu'à celles que j'ai faites moi-même.

CHAPITRE PREMIER.

Précautions pour rendre les Expériences exactes.

ON A VU dans la *Physique des Arbres* que leur tronc est formé par un nombre de couches ligneuses qui sont jointes les unes aux autres par un tissu plus rare. Ces couches (*Pl. XX. fig.* 1) font des orbes concentriques qui indiquent à peu près l'accroissement de chaque année; comme les couches intermédiaires qui joignent ces couches ligneuses sont plus rares & moins fortes que les couches ligneuses, on peut les considérer dans un corps d'arbre, comme des tuyaux qui seroient mis les uns dans les autres, & qui seroient réunis par une espece de colle. Ceci bien entendu, il est sensible que si on leve une planche dans le sens *A E*, (*Fig.* 1) cette planche sera formée comme d'un nombre de petites planches collées les unes sur les autres, & qui sont désignées par les traits qui sont entre *A* & *E*. Maintenant si l'on forme avec cette planche un barreau comme *F*, qui est représenté plus en grand en *G* & en *H*, il est sensible qu'on peut regarder ces barreaux comme étant composés de plusieurs petites planches collées les unes sur les autres; & nous prouverons dans la suite que le même barreau, posé comme *H*, ou *h* sera, par cette seule raison, plus fort que s'il étoit posé comme *G* ou *g*. Nous avons fait attention à cette circonstance, & on verra que dans toutes nos Expériences nous avons posé les couches dans un sens vertical; mais on apperçoit aisément qu'elle ne mériteroit aucune attention, si l'on faisoit rompre des arbres de brin ronds ou quarrés, comme on le voit par la seule inspection de la Figure 1.

Nous avons prouvé, par un très-grand nombre d'Expériences, que quand les arbres sont vigoureux, & qu'ils végetent encore avec force, c'est le bois du cœur qui est le plus dense; &

que dans les gros arbres qui commencent à entrer en retour, le bois du cœur est souvent plus léger que la couronne qui est entre le cœur & la circonférence, de sorte que le bois acquiert peu à peu sa densité, & qu'il la perd peu à peu quand il a passé le terme de cette plus grande densité. On verra que dans nos Expériences, nous avons eu égard à toutes ces circonstances; & encore, autant que cela a été possible, au terrein où les bois ont crû, à leur degré de sécheresse, &c. On verra, pour le dire en un mot, que nous n'avons négligé aucuns des détails que l'exactitude la plus grande pouvoit prescrire.

Je vais commencer par rapporter quelques discussions théoriques, qui rendront plus sensibles ce que nous aurons à dire dans la suite.

CHAPITRE II.

Réflexions sur la résistance des fibres ligneuses d'où résulte la Force des Bois.

GALILÉE s'étant proposé de connoître le rapport qu'il y a entre la force directe ou absolue des corps, & leur force transversale ou respective, a supposé que dans un corps qu'on surcharge, les fibres rompoient dans un même instant.

MM. Mariotte & Leibnitz s'étant apperçu qu'il n'y avoit point de corps, si roide qu'il fût, fût-ce du verre, qui ne s'étendît un peu avant de rompre, ils ont compris cet élément essentiel dans leurs problêmes.

Il sembloit alors que ces illustres Mathématiciens avoient épuisé cette matiere : aussi MM. Varignon & Parent adopterent-ils leurs principes. Cependant M. Bernoulli a prouvé qu'il y avoit dans un corps prêt à se rompre, dans une poutre, par exemple, des fibres qui étoient en contraction & d'autres en dilatation : des confidérations différentes de celles de M. Bernoulli m'ont amené à le penfer de même , & m'ont fait naître l'idée de quelques Expériences qui feront le fujet de ce Chapitre. Je voudrois, en fuppofant la théorie de M. Bernoulli, en venir tout de fuite au détail de mes Expériences : mais j'ai cru ne pouvoir pas faire fentir leur utilité fans rapporter quelques réflexions qui les ont précédées, ou qui me les ont fait imaginer.

Je confidere d'abord la piece de bois *a b* (*Pl. I, fig.* 2) comme étant formée de deux parallélipipedes *a* & *b* , unis par leur bafe en *f*. Je fuppofe enfuite un point d'appui en *c*, & deux puiffances appliquées, l'une en *d*, & l'autre en *e*, qui tendent à faire baiffer ces deux parties des parallélipipedes.

Il eft clair que *d e* venant à baiffer, les bafes des parallélipipedes fe fépareront au point *f*, mais qu'elles refteront unies au point *c*.

Maintenant, fans rien changer à la premiere fuppofition, je demande qu'on imagine ces deux parallélipipedes parfaitement durs, & qu'il y a en *f* (*Fig.* 3) un lien qui les unit.

Dans cette fuppofition, les puiffances *d e* tendront à rompre le lien *f* par les bras du levier *e f*, *d f* : les bafes des parallélipipedes s'appliqueront exactement l'une contre l'autre ; & à caufe de la dureté qu'on leur fuppofe, le point d'appui s'étendra dans toute la bafe *c f* des parallélipipedes.

Mais les fibres ligneufes font extenfibles : faifons donc une autre fuppofition. Imaginons (*Figure* 4) que les deux mêmes parallélipipedes, au lieu d'être retenus par le lien *f*, (*Figure* 3) que nous avons fuppofé inextenfible, le font par une multitude de refforts qui font tous également dilatables. Affurément quand les puiffances *d e* viendront à agir, tous les refforts entreront en dilatation, mais dans une proportion telle que ceux qui feront les plus éloignés du point *c* feront les plus dilatés, & ceux qui feront les plus proches de ce point, le feront infiniment peu, comme on le voit (*Figure* 5). En un mot ces refforts feront dans un degré de dilatation proportionel à leur éloignement du point *c*. Il faut remarquer de plus que les puiffances *d e* agiffent fur les refforts par les bras de levier, *d g* & *e h*, que les bafes des parallélipipedes *a b* s'appuient l'une contre l'autre au point *c* qui eft le point d'appui, & que les leviers de réfiſtance s'étendent du point *c* au point *g*, & du point *c* au point *h*, de forte que les refforts agiffent d'autant plus puiffamment pour réſiſter aux puiffances *d e*, qu'ils font plus éloignés du point *c*.

Si l'on étoit bien fûr que les fibres ligneufes réſiſtent d'autant plus qu'elles font plus allongées par la tenſion, comme un reffort qui fait d'autant plus d'effort pour revenir à fon point qu'il eſt plus tendu ; s'il étoit bien prouvé que le *maximum* de la réſiſtance des fibres ligneufes eſt le point où elles font prêtes à fe rompre ; il feroit certain que ce feroit la fibre repréfentée par le reffort *g h*, (*Figure 5*) qui réſiſteroit le plus aux puiffances *d e*, tant à caufe de fa fituation à l'extrémité des leviers de réſiſtance *c g*, *c h*, que parce que c'eſt elle qui eſt dans la plus grande tenſion.

Mais il eſt conſtant, par l'Expérience, qu'une fibre qui a été peu allongée, revient à peu près à fon premier état lorfqu'elle a été rendue à elle-même, & qu'elle conferve une partie de cet allongement lorfqu'elle a été tendue jufqu'à un certain point. On en voit un exemple dans une verge de bois, qui revient dans fon premier état quand elle a été légérement pliée ; & qui conferve une partie de la courbure qu'on lui a fait prendre, quand elle a été beaucoup pliée. La fibre *g h* pourroit donc avoir perdu fa réaction lorfque les autres fibres moins tendues jouiroient encore de cette propriété.

D'ailleurs fi l'on pouvoit comparer une fibre ligneufe à un fil de métal tendu, il eſt fûr que ce fil perd de fa groffeur à mefure qu'il s'allonge, & que plus il diminue de groffeur, plus il s'affoiblit : ainfi il pourroit bien être qu'une fibre ligneufe trop tendue ne feroit plus dans l'état de fa plus grande réſiſtance ; & fi cela eſt, on ne peut plus décider laquelle des fibres qui font diſtribuées depuis *c* jufqu'à *g*, & depuis *c* jufqu'à *h*, eſt capable de cette plus grande réſiſtance.

Nous avons fuppofé jufqu'à préfent que nos parallélipipedes

étoient parfaitement durs : le bois ne l'est pas, & ses fibres sont extensibles & compressibles même dans le sens de leur lon- gueur. Pour mieux faire comprendre ma pensée, je vais faire encore une supposition différente des précédentes.

Il faut pour cela imaginer les deux parallélipipedes *a b* écar- tés l'un de l'autre, comme on le voit (*Figure 6*), & joints par des ressorts semblables que je suppose indifférents à se contra- cter ou à se dilater. Assurément quand les puissances *d e* agi- ront pour abaisser les extrémités *a* & *b*, les ressorts qui sont vers *c* se contracteront, & ceux qui sont vers *f* se dilateront : c'est à peu près ce qui arrive à un morceau de cire molle, que l'on plie : car l'effet de la condensation se fait appercevoir à l'in- térieur de la courbe par le boursouflement de la cire, & la di- latation paroît à l'extérieur par l'applattissement de cette cire, comme on le voit (*Figure 7*).

Il y a donc des fibres qui sont en condensation, & d'autres qui sont en dilatation ; & il me paroît que la somme des fibres qui sont en dilatation & en condensation dans un morceau de bois qu'on charge, varie suivant que les fibres sont plus dilata- bles que compressibles ; ou le contraire : de sorte que si les fi- bres étoient plus contractibles qu'extensibles, il y auroit beau- coup de fibres en condensation, & peu en dilatation ; & au contraire si les fibres étoient plus extensibles que compressi- bles, il y auroit beaucoup de fibres en dilatation, & peu en condensation.

Certainement pour calculer avec quelque précision la force des bois, il seroit fort utile de pouvoir distinguer, ne fût-ce qu'à peu près, la somme des fibres qui sont en condensation d'avec celle des fibres qui sont en dilatation : ou bien de con- noître quelle proportion il y a entre la compressibilité des fi- bres ligneuses & leur dilatabilité. Ce sont-là des choses de fait, qui ne peuvent pas être éclaircies par la théorie : il faut avoir recours aux Expériences.

Quantité de Physiciens ont fait des recherches dont on peut tirer un grand parti pour connoître la force des bois : mais j'ai considéré la chose sous un autre point de vue, & j'ai exécuté des

Expériences qui me paroiſſent avoir encore un rapport plus direct à la queſtion dont il s'agit. Avant que de les rapporter, je dois faire remarquer une circonſtance qui eſt de grande conſéquence dans l'occaſion préſente.

Dans la ſuppoſition que j'ai faite en dernier lieu (*Figure* 6) lorſque les puiſſances *d e* agiront, les reſſorts qui ſont vers *c* entreront en condenſation pendant que ceux qui ſont vers *f* feront en dilatation. Donc les reſſorts *f* tendront par leur réaction à rapprocher les parallélipipedes, pendant que les reſſorts *c* tendront auſſi par leur réaction à les écarter. Donc ſi l'on diviſoit les parallélipipedes par la ligne ponctuée *a b*, (*Pl. XXI*, *fig.* 8) ſuppoſant que les portions *d e* ne fuſſent jointes aux portions *l m* que par une ſubſtance viſqueuſe capable de céder à l'action des reſſorts, ces deux portions *d e* & *l m* gliſſeroient l'une ſur l'autre ; ce gliſſement eſt ſenſible dans un jeu de carte qu'on plie, dans des planches poſées de plat & chargées (*Figure* 9). J'ai quelquefois vu la même choſe arriver dans mes Expériences, quand j'ai fait rompre des barreaux de Chêne bien durs & bien ſecs : ces barreaux réſiſtoient long-temps ſans plier ; & avant que de rompre à la partie convexe au point *f*, (*Fig.* 10) il ſe détachoit à la partie concave un grand éclat *c* qui gliſſoit, & auſſi-tôt le barreau rompoit. Pour rendre ceci ſenſible, je ſuppoſe la piece (*Figure* 11) formée de quatre planches *a b c d*. Quand on chargera cette piece, elle ſe courbera pour prendre la forme de la piece (*Fig.* 9). Les planches *a*, *b*, *c*, *d* ne prendront pas une pareille courbure. La courbure de la planche *a* ſera plus conſidérable que celle de la planche *b* ; & la planche *d* aura moins de courbure que toutes les autres. Or les pieces qui ſont à l'intérieur de la courbe *a*, ſe raccourciſſent moins que les pieces *d* qui ſont à l'extérieur. Ce raccourciſſement inégal fait que les planches doivent gliſſer les unes ſur les autres ; & plus il y aura d'obſtacle à ce gliſſement, plus la piece chargée aura de force. Ainſi la cohéſion des couches ligneuſes contribue beaucoup à la force des pieces de bois que l'on charge : c'eſt par le défaut de cette force de cohéſion que quatre planches *a b c d* poſées de plat (*Figure* 12) ont bien moins de force que les

mêmes

mêmes planches *a b c d* posées de champ (*Planche XXI ; fig* 13) :
car assurément si ces quatre planches étoient réunies par une colle
qui fût aussi forte que les fibres ligneuses qui les unissoient avant
qu'on les eût séparées, la piece auroit une force égale étant chargée dans un sens ou dans un autre. Cette observation prouve
qu'il y a, dans une piece de bois qu'on charge, une assez grande
quantité de fibres en condensation, & que la force de cohésion
des fibres ligneuses les unes avec les autres, influe beaucoup
sur la force des bois ; de sorte qu'une piece de bois formée de
fibres ligneuses très-fortes, mais qui seroient peu adhérentes
les unes aux autres, pourroit rompre sous un poids que suppor-
teroit une piece dont les fibres seroient plus foibles, mais
mieux unies les unes aux autres. Enfin, on voit que dans certains cas les fibres qui sont en condensation souffrent beaucoup,
puisque ce sont elles (*Figure* 10) qui ont rompu les premieres.
Je ne prétends pas dire que la force des fibres longitudinales
soit inutile pour la résistance d'une piece de bois que l'on charge ; mais je n'examine pour le présent que ce qui résulte
de la force de cohésion pour la résistance de cette piece :
nous examinerons dans la suite ce qui regarde la force des fibres
tirées suivant leur longueur.

On voit par ce que nous venons de dire, la justesse de la remarque que nous avons faite au commencement de ce Livre,
savoir que si l'on met en charge un barreau de cartelage (qu'on
suppose n'être point tranché) dans le sens où les couches annuelles se trouvent à plat, ce barreau (*Figure* 12) sera moins
fort que si l'on avoit placé les couches annuelles verticalement,
(*Figure* 13) : ce qui vient de ce que la force de cohésion des
couches ligneuses n'est pas si grande que la force même des fibres qui forment ces couches.

D'après ces observations, on conçoit que le barreau (*Fig.* 11)
étant chargé par les deux extrémités, les couches *a* sont en
refoulement pendant que les couches *d* du même barreau sont
en tension : mais jusqu'à quelle hauteur les fibres sont-elles en
contraction, & où commence la tension ? la contraction s'étend-
elle jusqu'à la couche *b* ou la couche *c* ? en un mot, à quel

G g g

point finit la contraction & où commence la tenfion?

Il n'eft pas douteux que le point qui partage les fibres qui font en tenfion de celles qui font en contraction, eft variable : nous avons déja dit qu'il devoit changer fuivant que les fibres étoient plus ou moins extenfibles & plus ou moins contractibles. J'ajoute que la fomme des fibres en tenfion remonte à mefure que la piece plie : mais auffi à mefure que la piece plie, la tenfion de la couche *d* (*Figure* 11) augmente. Ainfi quoiqu'il parût d'abord que la piece qui auroit plié, feroit plus forte, parce que le nombre des fibres qui font en tenfion augmente : cependant elle eft affoiblie parce que la tenfion des fibres eft inégale, & la couche *d* (*Figure* 11) étant plus tendue que les autres, elle eft furchargée, & elle rompt. Il en eft bientôt de même de la couche *c*, puis de la couche *b*; & dans un inftant tout le barreau fera rompu.

Voyant bien clairement cette tenfion & cette compreffion; voici le raifonnement que je fis : Toutes les fibres qui font en condenfation ne fervent qu'à s'appuyer les unes les autres : d'où il fuit que fi, dans le barreau (*Figure* 14) qu'on fuppofe chargé en *d* & en *e*, les fibres qui font en compreffion s'étendent jufqu'au point *g*, qui eft le tiers de l'épaiffeur de la piece, je puis fcier cette piece jufqu'en *g* fans qu'elle en foit affoiblie, pourvu que je rempliffe le trait de la fcie par un morceau de bois dur qui ferve d'appui aux fibres que j'ai coupées. Deux chofes me confirmoient dans cette penfée :

1°, J'avois remarqué en rompant des barreaux de Chêne que le moindre nœud qui étoit à la partie convexe du barreau l'affoibliffoit beaucoup, au lieu qu'un gros nœud qui étoit à la partie concave, ne diminuoit point fa force.

2°, Dans les Expériences que j'avois faites pour plier les bois qui avoient été chauffés à l'étuve, j'avois remarqué qu'un fimple coup d'erminette fur la partie convexe des bordages les faifoit éclater, au lieu que des traits de fcie donnés de diftance en diftance fur la partie concave, faifoient que les pieces plioient plus aifément. Tout ceci fouffrira moins de difficulté quand on connoîtra nos Expériences : il faut donc en commencer le détail.

ARTICLE I. *Préparations pour les Expériences qui vont suivre.*

JE choisis du Saule préférablement à d'autres especes de bois, 1°, parce qu'il me parut qu'il étoit d'une densité plus uniforme que le Chêne, l'Orme, &c. les cercles qui distinguent la crûe des années, étant moins sensibles dans le Saule que dans les autres especes de bois que je viens de nommer.

2°, Le bois de Saule est liant, sans être fort dur ; & ces deux qualités m'ont paru favorables au dessein que je me proposois.

3°, J'avois à ma disposition quantité de Saules de même âge, de même grosseur, abattus dans le même temps, & également secs : toutes conditions essentielles pour mes Expériences ; & il ne m'étoit d'aucune utilité d'avoir des bois très-difficiles à rompre.

Je choisis donc dans beaucoup de jeunes Saules des bouts de 3 pieds de longueur, qui fussent droits & à peu près de la même grosseur, afin que le cœur de l'arbre se trouvât au centre des barreaux. J'en fis faire 24 barreaux qui avoient 3 pieds de longueur sur un pouce & demi d'équarrissage : je fis marquer le milieu de chaque barreau d'un trait de compas.

Comme il m'étoit important de connoître quel poids il falloit pour rompre ces barreaux dans leur entier, je les faisois porter de chaque bout de trois quarts de pouces sur deux forts treteaux bien solides. Je passois ces barreaux dans une boucle de fer que je mettois précisément sur le trait du compas qui marquoit le milieu, & cette boucle soutenoit une caisse dans laquelle on mettoit les poids. Je supprime le détail de quantité de précautions d'où dépendoit l'exactitude de mes opérations, parce que je les ai rapportées ailleurs.

G g g ij

ARTICLE II. *Suite d'Expériences qui prouvent qu'une partie des fibres d'une piece qu'on charge, est en condensation, pendant que l'autre partie est en dilatation.*

§ I. PREMIERE EXPÉRIENCE *pour reconnoître la force de six barreaux entiers.*

N°.	Force.	
1	530	
2	563	
3	529	Force moyenne, 524 liv. $\frac{1}{6}$.
4	413	
5	559	
6	555	

Le barreau N°. 4 avoit un petit défaut.

REMARQUE.

AYANT reconnu par cette Expérience que la force moyenne de ces barreaux étoit de 524 liv. $\frac{1}{6}$, je dis : Si la somme des fibres qui sont en compression dans les barreaux de cette grosseur & de cette espece de bois s'étendent jusqu'au $\frac{1}{3}$ de leur épaisseur, je puis scier en dessus le tiers de l'épaisseur de ces barreaux sans les affoiblir, pourvu que je remplisse le trait de la scie avec une petite planche de bois qui supplée à ce que la scie a emporté, en fournissant un point d'appui au bois qui est des deux côtés du trait de la scie.

Je sciai donc deux barreaux du tiers de leur épaisseur (*Planche XXI, fig.* 15); je remplis le trait un peu à force avec une petite planche de Chêne bien sec; & les ayant fait rompre comme ceux qui étoient entiers, voici quelle fut leur force.

§ 2. SECONDE EXPÉRIENCE *pour connoître la force des barreaux fciés en deffus d'un tiers de leur épaiffeur.*

N°.   Force.

1 . . . . . 571 }
2 . . . . . 531 } Force moyenne; 551 liv.

REMARQUE.

QUOIQU'IL y eût un petit défaut au barreau N°. 2, ces barreaux fciés du tiers de leur épaiffeur, ont fupporté 27 liv. de plus que ceux qui étoient entiers.

Le fuccès de cette Expérience m'engagea à tenter fi les fibres qui étoient en compreffion n'excéderoient pas le tiers de l'épaiffeur de ces barreaux ; ainfi j'en fciai deux de la moitié de leur épaiffeur : voici quelle fut leur force.

§. 3. *TROISIEME EXPÉRIENCE pour connoître la force des barreaux fciés en deffus de la moitié de leur épaiffeur.*

N°.   Force.

1 . . . . . 575 }
2 . . . . . 509 } Force moyenne, 542 liv.

REMARQUE.

LE N°. 2 rompit net ayant un petit nœud caché à fa partie inférieure. Le N°. 1 éclata fous le poids de 575 liv. & plia au point qu'il échappa de deffus les fupports : étant tiré de la boucle, il refta courbé ; & comme il n'étoit pas entiérement rompu, je le forçai en fens contraire pour le redreffer : alors il y avoit plus d'une ligne & demie entre la planchette & les bords de la fente qui avoit été faite par la fcie. Cet élargiffement vient-il de la compreffion du coin, ou de la compreffion des fibres du barreau qui avoient été comprimées, ou de l'allongement des fibres qui avoient été en dilatation ? j'essaierai dans la suite d'éclaircir cette question.

Mais indépendamment des réflexions que je viens de faire, tant à l'égard du N°. 2 qui avoit un nœud caché, que du N°. 1 qui n'a fait qu'éclater, les deux barreaux sciés jusqu'à la moitié de leur épaisseur ont supporté 18 liv. de plus que ceux qu'on avoit laissés dans leur entier.

Je croyois être bien fondé à penser que si je sciois de pareils barreaux au-delà de la moitié de leur épaisseur, je les affoiblirois beaucoup : néanmoins pour avoir quelque chose de plus que des soupçons, j'en fis scier six aux trois quarts de leur épaisseur : voici quelle a été leur force.

§ 4. *QUATRIEME EXPÉRIENCE pour connoître la force des barreaux qui seroient sciés aux trois quarts de leur épaisseur.*

N°.	Force.	
1	 555	
2	 529	
3	 576	Force moyenne, 530 liv. $\frac{2}{3}$
4	 535	
5	 576	
6	 413	

REMARQUE.

Il est bon de faire remarquer que la petite planche qui remplissoit le trait de la scie du barreau N° 1, n'étoit pas à force, de sorte que ce barreau, avant que d'être chargé, étoit parfaitement droit, au lieu que la plupart des autres avoient été obligés de prendre une petite courbure, parce que la planchette étoit entrée un peu à force. Si ces planchettes avoient été en forme de coin & mises plus à force, il est probable que les barreaux auroient porté un plus grand poids, tant à cause de la compression des fibres du barreau, que parce que le levier de résistance auroit été augmenté.

Le N°. 2 n'a pas rompu fous le poids de 529 liv. que nous avons marqué : il a feulement éclaté, & enfuite plié affez pour échapper de deffus les fupports. Je voulus m'affurer fi dans cet état il pourroit encore fupporter quelques poids ; & comme le trait de la fcie étoit fort élargi, je le remplis d'une planchette en forme de coin qui étoit plus épaiffe. Alors étant chargé de 413 liv. il plia beaucoup : il éclata encore, & échappa de deffus les points d'appui fans rompre.

Il reftoit peu de fibres entieres : néanmoins ayant encore rempli l'ouverture par un coin plus gros que la feconde fois, je le chargeai de 380 liv. & il rompit entiérement, un filet de bois gros comme le petit doigt, & long de près de 8 pouces, s'étant tiré tout entier d'un des morceaux.

On voit, par cette Expérience, que les fibres ligneufes qui font tirées fuivant leur longueur, font capables d'une grande réfiftance quand elles font bien de fil.

On en a tous les jours une preuve fenfible à laquelle on ne fait peut-être pas affez d'attention : les cerceaux des futailles qui ne font prefque que de l'aubier, réfiftent à de violents coups de maillets qui les forcent d'avancer fur un plan qui eft très-peu incliné, ou plutôt fur un conoïde qui fait l'effet d'un coin très-aigu.

Cette derniere Expérience me fit foupçonner que mes barreaux réfifteroient encore plus fi je les déchargeois avant qu'ils euffent éclaté, pour remplir l'ouverture par un coin plus gros, & qui occuperoit la place que la preffion avoit élargie.

Dans cette vue, je chargeai le barreau N°. 3 de 435 liv., poids que je favois qu'il fupporteroit aifément. Je le déchargeai pour fubftituer à la premiere planchette un coin plus gros ; & en cet état il ne rompit que fous le poids de 576 liv. comme je l'ai marqué.

Si je l'avois déchargé à plufieurs reprifes pour y mettre de plus gros coins à mefure que le bois fe feroit comprimé, je crois qu'il auroit fupporté un plus grand poids : car il eft plus que probable, que s'il étoit poffible d'augmenter la groffeur des coins à proportion que l'ouverture augmenteroit, ou par le re-

foulement des fibres qui font en compreſſion, ou par l'allongement de celles qui font en dilatation, les barreaux ſupporte-
roient un poids très-conſidérable.

Le N°. 4 a été rompu tout ſimplement, ſans le décharger.

A l'égard du N°. 5, on a ſeulement eu la précaution de
mettre la petite planche en coin & à force.

Enfin on avoit intention de rompre le N°. 6 avec les mêmes
précautions qu'on avoit priſes pour le N°. 3 : mais il éclata
ſous le poids de 413 liv. à cauſe des défauts qu'il renfermoit
intérieurement ; & l'on conçoit que le moindre défaut eſt de
grande conſéquence pour un barreau qui ne réſiſte que par la
tenſion d'un plan de fibres qui n'a que $4\frac{1}{2}$ lig. d'épaiſſeur.

Malgré cela, & en comprenant même le N°. 6 avec les autres, on voit que la force moyenne de ces barreaux ſciés aux
trois quarts, excede de 6 livres celle de ceux qui étoient entiers ; & quand on ſuppoſeroit les forces moyennes pareilles,
mes Expériences prouveroient toujours que les fibres qui ſont
en condenſation s'étendent bien avant dans une piece de bois
qu'on veut faire rompre.

Ce ſeroit avancer une propoſition bien révoltante que de
dire qu'on fortifiera une piece de bois, qu'on la rendra capable de ſupporter un plus grand fardeau, en la ſciant de la
moitié, même des trois quarts de ſon épaiſſeur ; c'eſt néanmoins
ce qu'annoncent mes Expériences. Mais de plus, il eſt aiſé de
faire voir que cela doit être ainſi : car je crois que cette augmentation de force dépend d'une petite circonſtance que j'ai
déja indiquée : la voici expoſée plus clairement.

Le trait de la ſcie g (*Pl. XXI*, *figure 15*) fait une ouverture
qui eſt égale en haut & en bas : je la remplis par une planchette
qui eſt un peu en forme de coin : je force un peu par ce coin les
fibres qui ſont à la partie ſupérieure du barreau ; je mets donc
le principal point d'appui à l'extrémité du levier de réſiſtance ;
ce qui doit déja un peu augmenter la force.

Si je force le coin, je refoule les fibres qui doivent être en
contraction : j'empêche le barreau de plier autant qu'il le feroit
ſans cette compreſſion : je fais que les fibres qui ſont en dilatation,

ration, font tirées plus directement, qu'elles approchent plus d'une tenfion égale, & par-là je rends mon barreau capable d'une plus grande réfiftance.

Si je décharge mon barreau pour mettre un coin plus gros, je multiplie les avantages dont je viens de parler, & j'augmente encore la force de mon barreau.

ARTICLE III. *Où l'on effaie de connoître fi l'élargiffemént de l'entaille vient de la tenfion ou du refoulement des fibres ligneufes.*

J'AI dit que le trait de la fcie s'élargiffoit par l'allongement des fibres qui font en dilatation, & beaucoup plus encore par le refoulement des fibres qui font en condenfation : je vais rapporter les raifons qui me le font penfer; & pour m'expliquer clairement je fuppofe les deux parallélipipedes *a b*, (*Pl. XXI, figure* 16) parfaitement durs, & un peu écartés l'un de l'autre : je les joins par un lien ductile *c*, une lame de plomb, par exemple : je remplis l'efpace qui eft entre les deux parallélipipedes par une petite planche, que je fuppofe incompreffible. Il eft clair que quand les puiffances *d e* agiront, le lien *c* s'étendra : les parties des parallélipipedes qui font voifines du lien, s'écarteront du coin pendant que la partie inférieure des bafes s'appliquera fur le coin. Si l'on releve les bouts *a b* des parallélipipedes, pour les remettre de niveau comme ils étoient d'abord, les bafes qui ne fe feront point comprimées, deviendront paralleles : l'ouverture fera feulement plus large : c'eft ce qui eft peu arrivé à nos barreaux.

Faifons maintenant une autre hypothèfe : fuppofons que le lien *c* (*Figure* 16) ainfi que le coin, font incompreffibles, & que les parallélipipedes le font. Il eft clair que quand les puiffances *d e* abaifferont les bouts *a b* des parallélipipedes, la partie fupérieure de la bafe des parallélipipedes reftera appliquée fur le coin, pendant que les parties inférieures fe contracteront : & fi l'on remet les parallélipipedes dans une fituation hori-

H h h

zontale, l'ouverture fera évafée par en bas comme défignent les lignes ponctuées *f g*. C'eft ce qui eft arrivé aux barreaux de mes Expériences : d'où je conclus que l'élargiffement du trait de fcie vient principalement du refoulement des fibres. J'ai fait à ce fujet quelques Expériences ; il faut les rapporter.

J'ai mis le lien *c* de fer plat qui avoit la largeur du barreau : cette bande de fer avoit 8 pouces de long fur 3 lig. d'épaiffeur, & je l'affujettis avec deux vis. Le barreau étoit fcié, fous cette bande de fer, des trois quarts de fon épaiffeur : il porta 608 liv.

Un autre barreau ajufté de même, porta plus de 623 liv.

On ajufta un autre barreau de même, excepté qu'en le chargeant, on mit la barre en deffous ; il rompit fous 413 liv.

Un autre tout pareil, & chargé de même, rompit auffi fous 413 liv. les vis s'étant rompues. Ainfi le barreau de fer qui étoit en dilatation, n'a pas autant réfifté que les fibres ligneufes.

Comme les vis avoient rompu, je crois que les barreaux auroient mieux réfifté fi la bande de fer avoit été de toute leur longueur, & attachée avec un plus grand nombre de vis. On voit qu'on fortifie confidérablement les brancards des équipages par des bandes de fer ; & je me rappelle que le Maître Mâteur de Breft, nommé *Barbé*, propofa, en 1748, de fortifier de même les mâts des vaiffeaux : je pourrai en parler dans la fuite.

Je ne m'en fuis pas tenu aux Expériences dont je viens de parler : j'en ai encore fait plufieurs autres avec des différences qui les rendent intéreffantes ; ainfi je vais les rapporter.

§ 1. *EXPÉRIENCES faites avec des barreaux fciés à différentes profondeurs.*

Les barreaux dont je me fervis, étoient de bois de Pin du Nord : ils avoient trois pieds de longueur, 15 lig. d'épaiffeur, & 7 lig. de largeur.

Pour reconnoître l'élafticité & la force des barreaux entiers, on en fit rompre deux que nous défignâmes par les lettres *A* & *B*, (*Planche XXII*, *figure* 17.)

Le barreau *A* étant chargé de 50 l. plia de 6 lignes : étant chargé de 75 l. il plia de 9 ½ lignes : étant chargé de 150 l. 8 onc. il plia de 26 lig. & rompit.

Le barreau *B* étant chargé de 50 l. plia de 7 lignes : étant chargé de 75 l. il plia de 10 lignes : étant chargé de 138 l. 10 ⅓ onc. il plia de 24 lig. & il rompit sous le poids.

Ainsi la force moyenne de ces barreaux est de 144 liv. 9 onces ¼.

On prit trois autres barreaux de mêmes dimensions que les premiers ; mais on les scia en quatre endroits d'un tiers de leur épaisseur, (*Figure* 18) : nous les désignâmes par les lettres *C, D, E.* Après avoir rempli les traits de la scie avec de petites planches de bois dur ; on les fit rompre.

C, étant chargé de 50 liv. plia de 8 ½ lignes : étant chargé de 75 l. plia de 15 lignes : étant chargé de 142 l. 2 onc. il plia de 31 ½ lig. & rompit.

D, étant chargé de 50 l. plia de 8 ½ lignes : étant chargé de 75 l. plia de 13 ½ lignes : étant chargé de 134 l. plia de 30 ½ lig. & rompit.

E, étant chargé de 50 l. plia de 10 ¼ lignes : étant chargé de 75 l. plia de 16 ½ lignes : étant chargé de 120 l. 4 onc. plia de 29 ½ lig. & rompit.

La force moyenne de ces trois barreaux est donc de 132 liv. 2 onc.

Trois autres barreaux désignés par les lettres *F, G, H,* (*Figure* 19) étoient tout à fait semblables aux précédents, excepté que les traits de scie s'étendoient jusqu'à la moitié de leur épaisseur.

F, étant chargé de 50 l. plia de 8 ¼ lignes : étant chargé de 75 l. plia de 13 ¾ lignes : étant chargé de 158 l. 10 ½ onc. plia de 29 ½ lig. & rompit.

G, étant chargé de 50 l. plia de 9 ¼ lignes : étant chargé de 75 l. plia de 14 ½ lignes : étant chargé de 134 ¼ l. plia de 30 ½ lig. & rompit.

H, étant défectueux, rompit sous un très-petit poids, sans qu'on eût pu mefurer ni fa force, ni la quantité dont il avoit plié.

La force moyenne des deux autres barreaux *F, G*, étoit de 146 liv. 7 ¼ onc.

Trois autres barreaux (*Figure* 20), défignés par les lettres *I, K, L*, étoient femblables aux précédents, à cela près que les traits de fcie s'étendoient jufqu'aux deux tiers de leur épaiffeur.

I, défectueux, étant chargé de 50 l. plia de 10 lignes : étant chargé de 75 liv. plia de 15 ¼ lig. & rompit lorfqu'on le chargeoit de 110 liv.

K, étant chargé de 50 l. plia de 9 ½ lignes : étant chargé de 75 l. plia de 13 ¾ lignes : étant chargé de 147 l. 8 ½ onc. plia de 34 ½ lig. & rompit.

L, étant chargé de 50 l. plia de 8 lignes : étant chargé de 75 l. plia de 13 lignes : étant chargé de 126 l. 6 onc. plia de 36 ½ lig. & rompit.

La force moyenne de ces deux barreaux étoit donc de 136 liv. 15 ¼ onc.

RÉSUMÉ

A ces Expériences les barreaux entiers *A, B,* (*Figure* 17) ont porté 144 liv. 9 ¼ onc.

Les barreaux *C, D, E,* (*Figure* 18) fciés en quatre endroits au tiers de leur épaiffeur, ont porté 132 liv. 2 onces.

Les barreaux *F, G,* (*Figure* 19) fciés en quatre endroits à la moitié de leur épaiffeur, ont porté 146 liv. 7 ¼ onc.

Les barreaux *K, L,* (*Figure* 20) fciés en quatre endroits aux deux tiers de leur épaiffeur, ont porté 136 liv. 15 ¼ onc.

§ 2. *EXPÉRIENCES à peu près de même genre que les précédentes.*

ON rompit encore un barreau au milieu duquel on avoit fait une entaille *a b,* (*Figure* 21) d'un pied de longueur & d'un demi-pouce de profondeur, qu'on remplit avec un morceau de bois de Chêne : il porta 509 liv.

Un pareil barreau, qui n'avoit été entamé que d'un quart de pouce de profondeur, porta 554 liv. & un barreau entier, de mêmes dimensions, porta 576 liv. quelque chose de moins.

REMARQUES.

Après ce que nous avons dit au sujet des premieres Expériences, nous devons nous borner à l'exposition des faits ; & ayant donné une idée de notre façon de considérer la résistance des fibres ligneuses, je puis entrer dans le détail de nos Expériences : je vais commencer par rapporter celles que nous avons faites pour connoître la force absolue de quelques bois, principalement du Chêne.

CHAPITRE III.

Examen de la force de quelques bois de Chêne de différentes qualités.

On a vu dans ce Traité, qu'il y a des bois qui different beaucoup entr'eux par leur pesanteur spécifique. Ici, nous nous proposons de connoître quelle est la force des bois de Chêne de différentes qualités.

Article I. *Préparation pour parvenir à faire cette comparaison avec exactitude.*

On a fait faire de petits barreaux de bois qu'on a pris dans différentes pieces, & l'on a eu attention qu'ils fussent de trèségales dimensions. On a chargé ensuite tous ces barreaux les uns après les autres : ils étoient soutenus par leurs deux extrémités : on les a fait rompre en fournissant peu à peu des poids qui étoient suspendus à leur milieu.

Voici les diverses especes de Chênes qu'on a fait rompre, & la note des poids qu'ils ont soutenus.

ARTICLE II. *Expériences sur des bois de Chêne de différentes qualités.*

§ 1. PREMIERE EXPÉRIENCE.

Chêne de Provence abattu en 1732, jeune Bois.

LES barreaux provenoient de la moitié d'un petit billon qui avoit resté 10 mois sous un hangar, ensuite 17 mois dans un Magasin. Ils avoient 3 pieds de long, un pouce en quarré ; & le pied cube de ce bois sec pesoit 54 liv. 1 onc.

```
1 Barreau a rompu
   sous . . . 250 l.  ⎫
2 . . . . . . 180      ⎬ Force moyenne, 215 l.
3 * à 60 liv.         ⎪
mais on le sup-       ⎪
pose à . . . . 215   ⎭
            ─────
             645
```

* Ce barreau étant tranché par une gerçure, on a suppléé à sa force en prenant la force moyenne, qui est de 215 livres, des deux autres barreaux en qui on n'a point reconnu de défaut.

§ 2. SECONDE EXPÉRIENCE.

BARREAUX provenants de l'autre moitié du même billon, mais qui avoit resté 10 mois dans l'eau de la mer, pendant que son égal ci-deſſus étoit ſous le hangar, & enſuite 17 mois dans le même Magaſin.

<pre>
1 Barreau a rompu
  ſous . . . . 180 liv. ⎫
2 210   ⎬ Force moyenne 195 liv.
3 * ſous 140, par   ⎪
ſuppoſition 195   ⎭
                    ─────────
                      585.
</pre>

* Ce barreau étant tranché par une fente, on a ſuppléé à ſa force en prenant la force moyenne de la ſomme des deux autres.

REMARQUE.

ON voit par cette Expérience que le bois de Chêne de Provence perd environ un tiers de ſa force lorſqu'il a ſéjourné 10 mois dans la mer; car la force moyenne de la moitié de la piece qui n'a point touché à l'eau, eſt de 215 liv., & celle de ſon égale, qui a reſté 10 mois dans la mer, n'eſt que de 195 liv.

§ 3. TROISIEME EXPÉRIENCE.

Autre Chêne de Provence.

BARREAUX provenants de la moitié d'une piece qui a reſté 10 mois ſous un hangar, & enſuite qu'on a miſe 17 mois dans l'eau douce, & qu'on a laiſſé ſécher parfaitement. Le pied cube de ce bois ſec peſoit 54 liv. 1 onc.

<pre>
1 Barreau a rompu
  ſous . . . . . . 200 liv. ⎫
2 175   ⎬ Force moyenne, 175 liv.
3 150   ⎭
                 ─────────
                   525.
</pre>

§ 4. QUATRIEME EXPÉRIENCE.

BARREAUX provenants de l'autre moitié de la piece ci-deſſus, mais qui a reſté 10 mois dans l'eau de la mer, & qui a été plongée enſuite, avec ſon égale, dans l'eau douce, où elle a reſté 17 mois, & qu'on a laiſſé ſécher parfaitement.

```
1 Barreau a rompu
    ſous . . . . . . . 150 liv. ⎫
2 . . . . . . . . . . 180      ⎬  Force moyenne, 143 l. 5 on. 5/11
3 . . . . . . . . . . 100      ⎭
    ─────────────────
           430.
```

REMARQUE.

CES Expériences confirment ce qu'on a établi précédemment, ſavoir, que le bois qui a ſéjourné dans l'eau de la mer perd de ſa force, qu'il en perd encore plus quand il a été pénétré d'eau douce, & beaucoup plus encore quand il a été ſucceſſivement dans l'eau de la mer & dans l'eau douce. En effet on voit 1°, que le bois de Chêne de Provence qui a toujours été ſous le hangar, a ſoutenu 215 livres : 2°, que celui qui a ſéjourné dans l'eau de la mer, n'a ſoutenu que 195 livres : 3°, que celui qui a été pénétré d'eau douce, avoit encore moins de force n'ayant ſoutenu que 175 livres : 4°, & enfin que celui qui après avoir été pénétré d'eau de mer, a été enſuite dans l'eau douce, s'eſt trouvé le plus foible, n'ayant ſupporté que 143 liv. 5 onces ½. Si l'on s'en tenoit à cette ſuite d'Expériences, on pourroit conclure, que pour conſerver au bois toute ſa force il ne doit point être mis dans l'eau de la mer, & encore moins dans l'eau douce ; mais il ne faut pas perdre de vue ce que nous avons dit plus haut ſur la Conſervation des Bois, & ſur les altérations qu'ils éprouvent ſous les hangars & à l'air. Nous ne répéterons point ici les Expériences ci-devant faites, qui ont rapport à

ce

ce que nous difons au fujet de l'eau, parce qu'elles ont été détaillées dans le corps de cet Ouvrage : nous nous réduifons feulement à rapprocher ce qui a été établi par nombre d'Expériences, & qui a le plus de rapport avec celles que nous venons d'expofer, favoir :

1°, Que le bois dans l'eau de la mer augmente fon poids, quoiqu'on ait employé toute forte de moyens pour le rendre parfaitement fec.

2°, Que le féjour qu'il fait dans l'eau de la mer ne l'empêche point de fe gercer, puifqu'on a reconnu qu'au moment qu'il eft forti de l'eau, les fentes paroiffent, & que dans cinquante jours au plus, il perd dans l'air toute l'eau qu'il a pu prendre, même par un féjour de dix-fept mois : or, en rapprochant ces premieres Expériences de celles-ci, où l'on voit que le même bois dans l'eau a perdu la moitié de fa force, on peut conclure, comme nous l'avons déja fait, que pour conferver au bois toute fa force, il ne doit point être mis dans l'eau douce, encore moins dans l'eau de la mer.

§ 5. CINQUIEME EXPÉRIENCE.

Chêne de Provence, abattu en 1732, & qui n'a point été dans l'eau.

Poids d'un pied cube fec, 57 livres 15 onces.

1 Barreau a rompu fous . . . . 262 liv.	
2 225	Force moyenne, 255 l. 4 onc.
3 269	
4 265	
1021.	

REMARQUES.

CES barreaux ont rompu par longs éclats : le bois en étoit fouple fous l'outil, pliant, léger, veine fine, couleur blanchâtre. On remarquera que ce bois eſt encore plus fort que celui de la premiere Expérience :

Que ces barreaux provenoient d'un billon de moyen âge, & que les autres provenoient d'un jeune arbre.

§ 6. *SIXIEME EXPÉRIENCE.*

Chêne de Provence, abattu en 1732, & qui n'a point touché à l'eau.

Poids d'un pied cube ſec, 81 liv. 6 onc.

1 Barreau a rompu
    ſous . . . . 275 liv.
2 287
3 297
4 286
       ——————
      1145.

} Force moyenne, 286 l. 4 onc.

REMARQUES.

CES quatre barreaux ont rompu par longs éclats, & avec grand bruit : ils ont beaucoup plié avant que de rompre. Le bois en étoit dur, fort peſant, de couleur brune & vive, les veines groſſes. La piece entiere étoit fort gercée, enſorte qu'on a eu de la peine à trouver ces quatre barreaux bien ſains ; le bois étoit fort luiſant dans la fracture.

Ce bois étoit encore plus fort & plus nerveux que celui de l'Expérience ci-deſſus : auſſi étoit-il plus peſant.

§ 7. Septieme Expérience.

Chêne de Provence, abattu en 1732, & qui n'a point touché à l'eau.

Poids d'un pied cube sec, 72 liv. 15 onc.

1 Barreau a rompu
sous . . . . 125 liv.
2 210
3 175
4 198
———————
708.

} Force moyenne, 177 liv.

Remarques.

Ces quatre barreaux ont rompu sans bruit, & presque tous net comme un navet. Le bois étoit pesant, de couleur brune & terne, les fibres séparées les unes des autres, & toutes remplies entre deux d'une matiere grenue, comme de la sciure de bois. Il paroît surprenant que du bois de la même coupe que ceux de la 3e. & 4e. Expérience, soit de moitié plus foible que ceux-là. Cette piece paroissoit de même nature & qualité que les autres. Cet arbre étoit peut-être dans une exposition différente de ceux qui ont fourni les autres pieces. Mais on a vu, lorsqu'il s'agissoit d'examiner quelle étoit la meilleure saison pour abattre les arbres, que dans le même terrein & la même exposition, il y a des Chênes de même âge, qui sont beaucoup plus tendres, plus légers & plus disposés à se pourrir les uns que les autres.

§ 8. HUITIEME EXPÉRIENCE.

Chêne du Comtat d'Avignon, abattu en 1736.

Poids d'un pied cube, 76 liv. 14 onc.

1 Barreau a rompu
   fous . . . . 187 liv.
2 200
3 186
4 150
}Force moyenne, 180 l. 12 on.

723.

REMARQUES.

CES quatre barreaux ont rompu fans bruit, en navet, fans éclats; la couleur étoit brune & fombre, les veines groffes, les fibres extrêmement diftantes les unes des autres, & toutes remplies entre deux de cette même matiere grenue femblable à la fciure de bois, mais plus gros grains que ci-deffus.

Il eft à remarquer que ce bois fi foible & fi mal tiffu, étoit néanmoins fort beau à l'œil, de belle forme, le bois fort net & fans defaut fenfible : mais il étoit de plus nouvelle coupe & pas auffi fec.

§ 9. NEUVIEME EXPÉRIENCE.

Même Chêne du Comtat.

1 Barreau a rompu
   fous . . . . 250 liv.
2 160
3 150
4 137
}Force moyenne, 174 l. 4 onc.

697.

REMARQUE.

On a reconnu dans ce bois-ci toutes les mêmes qualités que ci-deſſus.

§ 10. DIXIEME EXPÉRIENCE.

Même bois du Comtat.

1 Barreau a rompu
   ſous . . . . 187 liv.
2 160
3 190   } Force moyenne, 180 l. 12 on.
4 186
      ____
      723.

REMARQUES.

Tous les barreaux provenants de bois du Comtat d'Avignon ont rompu de la même façon, & étoient tous de la même qualité, & fort approchants du bois de la 5e. Expérience, qui étoit de Provence.

On a reconnu que tous les billons qu'on a fait refendre étoient extrêmement tendres ſous la ſcie.

On ſait que la Forêt d'où on les a tirés eſt expoſée au Nord, & que la plûpart étoient dans des vallons privés de la préſence du ſoleil.

Tous ces barreaux ont été pris de trois courbants de différents âges, & de différents abattages; néanmoins on trouve,

1°, Qu'ils étoient tous également foibles, ou à peu de choſe près, & beaucoup plus que ceux de Provence, à l'exception de ceux de la 5e. Expérience.

2°, Que cependant le bois en étoit très-beau à l'œil, & preſque ſans nœuds; ce qui fait ſoupçonner que leur mauvaiſe qualité dépendoit de la ſituation & de l'expoſition où ils avoient crû : car nous avons dit en ſon lieu qu'on trouvoit de beaux arbres dans

des vallons ombragés, mais que leur bois étoit tendre & de
médiocre qualité. J'en dis autant de ceux de Provence, qui ont
servi pour la 5e. Expérience : ils faisoient l'admiration de ceux
qui ne jugent du mérite des bois que par leur forme extérieure.

§ 11. *Conséquences des précédentes Expériences.*

On voit par toutes les Expériences que nous venons de rapporter,

1°, Que les bois de Chêne de Provence sont très-inégaux en
force, & conséquemment très-différents aussi dans le tissu de
leurs fibres, & la nature de leur seve : ce qui doit influer sur
leur durée.

2°, Que les bois abattus dans le Comtat d'Avignon, qui
étoient très-beaux à l'œil, de grande taille, sans nœuds & d'un
tissu uni, se sont néanmoins trouvés très-foibles en comparaison de ceux de Provence. Nous avons prouvé ailleurs que les
terreins qui sont les plus propres pour former de beaux arbres, ne sont pas ceux qui les donnent de la meilleure qualité:
ce qui fait que dans les pays de montagnes, on peut trouver
des bois de qualité fort différentes.

Je vais placer ici quelques Expériences sur la force des bois,
qui m'ont été remises par M. Cossigny, qui a été long-temps Directeur des fortifications à l'Isle de France.

CHAPITRE IV.

Examen de la Force de quelques Bois de l'Isle de France, fait par M. COSSIGNY, Directeur des Fortifications de Besançon, & Correspondant de l'Académie Royale des Sciences.

ARTICLE I. *Premiere suite d'Expériences.*

UNE petite solive de 18 pouces de longueur & d'un pouce en quarré, bien serrée par ses deux bouts.

I. EXPERIENCE.

Bois puant.

1 Solive	909 liv.
2.	1009
3.	959
Force totale.	2877
Force moyenne. . . .	959

II.

Bois de Natte.

1 Solive	1109 liv.
2.	1009
3.	1152
Force totale.	3270
Force moyenne. . . .	1090

III.

Bois Colophone.

1 Solive	959 liv.
2.	909
3.	884
Force totale	2752
Force moyenne . . .	917 liv. 5 onc.

IV. EXPERIENCE.

Tacamahaca.

1 Solive	959 liv.
2.	959
3.	939
Force totale.	2857
Force moyenne . . .	952 liv. 5 onc.

V.

Bois blanc dit de Violon.

1 Solive	459 liv.
2.	459
3.	409
Force totale	1327
Force moyenne. . . .	442 liv. 5 onc.

VI.

Bois de Pomme.

1 Solive	1056 liv.
2.	909
3.	871
Force totale	2836
Force moyenne . . .	945 liv. 5 onc.

VII. EXPERIENCE.

Chêne d'Europe.

1 Solive	. . . . .	909 liv.
2.	. . . .	784
3.	. . . .	784
Force totale	. . . .	2477
Force moyenne	. . .	825 liv. 10 on.

VIII. EXPERIENCE.

Sapin d'Europe.

1 Solive	. . . . . .	559 liv.
2.	. . . .	683
3.	. . . .	899
Force totale	. . . .	2141
Force moyenne	. . .	713 liv. 10 on.

ARTICLE II. *Seconde suite d'Expériences.*

SOLIVE de 18 pouces de longueur & d'un pouce sur 8 lignes & demie de grosseur, posées de champ, fortement serrées par les deux bouts.

I. EXPERIENCE.

Bois puant.

1 Solive	. . . . .	959 liv.
2.	. . . .	895
Force totale	. . . .	1854
Force moyenne	. . .	927 liv.

II.

Bois de Natte.

1 Solive	. . . . .	995 liv.	4 onc.
2.	. . . .	1128	4
Force totale	. . . .	2123	8
Force moyenne	. . .	1061	12

III.

Tacamahaca.

1 Solive.	. . . . .	709 liv.	4 onc.
2.	. . . .	788	4
Force totale.	. . . .	1497	8
Force moyenne	. . .	8	12

IV. EXPERIENCE.

Bois blanc dit de Violon.

1 Solive	. . . . .	359 liv.
2.	. . . .	361
Force totale	. . . .	720
Force moyenne	. . .	360

V.

Chêne d'Europe.

1 Solive	. . . . .	809 liv.	4 onc.
2.	. . . .	734	4
Force totale	. . . .	1543	8
Force moyenne	. . .	771	12

VI.

Sapin d'Europe.

1 Solive	. . . . .	559 liv.	
2.	. . . .	459	4
Force totale	. . . .	1018	4
Force moyenne	. . .	509	2

ARTICLE

ARTICLE III. *Troisieme suite d'Expériences.*

BARREAUX ronds, faits au tour, de 18 pouces de longueur & d'un pouce de diametre.

I. EXPERIENCE.

Bois puant.

1 Barreau bien serré par les deux bouts.
. . . . 722 liv. ¾
2. 770
3. 760   ¼
Force totale 2253
Force moyenne 751

II.

Bois de Natte.

1 Barreau. . . . . 1251 liv. ¼
2. 1153   ¼
3. 959   ¼
Force totale . . . 3364   ¼
Force moyenne. . . 1121   6 on. ⅔

III.

Colophone.

1 Barreau . . . . . 499 liv. 4 onc.
2. 561
3. 550
Force totale . . . 1610   4
Force moyenne . . . 536   12

IV. EXPERIENCE.

Tacamahaca.

1 Barreau. . . . . 759 liv. 12 onc;
2. 759   4
3. 709   4
Force totale . . . 2228   4
Force moyenne. . . 742   12

V.

Chêne d'Europe.

1 Barreau . . . . . 609 liv. 4 onc;
2. 759   4
3. 709   12
Force totale . . . 2078   4
Force moyenne . . . 692   12

VI.

Sapin d'Europe.

1 Barreau . . . . . 670 liv. 4 onc;
2. 546   12
3. 384   4
Force totale . . . 1601   4
Force moyenne . . . 533   12

Kkk

ARTICLE IV. *Quatrieme suite d'Expériences.*

BARREAUX faits au tour, de 3 pieds de longueur, un pouce de diametre par un bout horizontalement, l'autre bout en l'air.

I. EXPERIENCE.			III. EXPERIENCE.		
Bois de Natte.			*Tacamahaca.*		
1 Barreau.	84 liv.	4 onc.	1 Barreau.	57 liv.	4 onc.
2.	54	4	2.	53	4
Force totale.	138	8	Force totale. . . .	110	8
Force moyenne . . .	69	4	Force moyenne. . .	55	4
II.			IV.		
Chêne d'Europe.			*Sapin d'Europe.*		
1 Barreau.	51 liv.	4 onc.	Deux épreuves égales.		
2.	42	4	Force moyenne. . . .	27 liv.	4 onc.
Force totale. . . .	93	8			
Force moyenne. . . .	46	12			

Différence de la force des solives de même longueur, dont le quarré de leur épaisseur seroit à peu près le double du quarré de leur base, ou comme 7 est à 5, les solives posées de champ & bien serrées par les deux bouts.

	Force quarrée moyenne.		Force moyenne de champ.		Différence.	
	liv.	onc.	liv.	onc.	liv.	onc.
1. Bois puant . . .	959		927		32	
2. Bois de Natte .	1090		1061	12	28	4
3. Tacamahaca . .	952	5	748	12	203	9
4. Bois blanc . . .	442	5	360		82	5
5. Chêne d'Europe.	825	10	771	12	53	14
6. Sapin d'Europe.	713	10	509	2	204	8

Différence de la force des solives de même longueur & d'un pouce quarér, à celle des barreaux ronds faits au tour, d'un pouce de diametre serrés par les deux bouts.

	Force moyenne des Bois quarrés.		Force moyenne des Bois rondins.		Différence.	
	liv.	onc.	liv.	onc.	liv.	onc.
1. Bois puant . . .	959		751		208	
2. Bois de Natte .	1090		1121	6	31	6.
3. Tacamahaca . .	952	5	742	12	209	9.
4. Chêne d'Europe.	825	10	692	12	132	14.
5. Sapin d'Europe.	713	10	533	12	179	14.

Fin des Expériences de M. Coffigny.

CHAPITRE V.

Dans lequel on se propose d'examiner si dans les Mâts du Nord le bois de la circonférence est plus ou moins fort que celui du centre ; si les fentes diminuent beaucoup la force des Pieces, & si le bois sec est aussi fort que le bois un peu humide.

JE vais maintenant rapporter les Expériences que nous avons faites sur des bois ronds de Pin du Nord : elles fourniront la preuve de plusieurs choses que j'ai avancées dans le Livre précédent au sujet des Bois de mâture ; & de plus, elles nous mettront en état de décider deux questions importantes.

Nous avons dit que, dans les Pins qui servent pour faire les mâts des gros vaisseaux, & qu'on tire du Nord, le bois du cœur étoit moins fort que celui de la circonférence : nos Expériences en fourniront une preuve complette.

De plus les Pins fe gercent & fe fendent en fe féchant : il nous a paru intéreffant de connoître s'ils étoient beaucoup affoiblis par les fentes, ou fi, comme quelques-uns le croient, les fentes longitudinales influent peu fur la force des mâts. J'avoue qu'il n'y a gueres de proportion entre la maffe & la fomme des fentes de nos petits rondins comparés à la maffe & à la fomme des fentes des gros mâts : mais comme il n'eft pas poffible de rompre d'auffi groffes pieces, il a fallu tirer le plus d'éclairciffements qu'on a pu de nos petites Expériences ; & je crois que l'on conviendra que nous avons apporté toutes les attentions poffibles à leur exécution. Ceci nous conduira à découvrir fi le bois fec eft auffi fort que le bois un peu humide.

Nous nous étions encore propofé de connoître par des Expériences, fi en frettant des mâts fendus avec des cercles de fer, on les fortifieroit : nous avons fait dans cette vue plufieurs Expériences ; mais comme elles ne nous ont rien appris de pofitif, & fur quoi on puiffe compter, nous n'en ferons aucune mention.

ARTICLE I. *Suite d'Expériences pour connoître, à l'égard des Pins du Nord, dans quelle partie du tronc le bois a le plus de force ; & quel eft l'affoibliffement que les gerces & les fentes caufent aux pieces de Mâture.*

COMME le mérite des Expériences que nous allons rapporter dépend de leur grande exactitude, il faut commencer par faire connoître les précautions que nous avons prifes pour parvenir à la plus grande précifion.

§. 1. *Préparation pour rendre les Expériences exactes.*

LA *Figure 22* (*Pl. XXII.*) repréfente l'aire de la coupe d'un bout de Pin du Nord dont on fait les mâtures : ce morceau avoit

trois pieds de longueur, ayant été coupé au gros bout d'un mât
d'environ 20 pouces de diametre au milieu de sa longueur. Ce
mât avoit resté environ 8 ou 10 ans dans l'eau de la mer,
comme on les tient ordinairement dans les Ports jusqu'à ce
qu'on les mette en œuvre; de sorte que ce bout qui en a été
coupé, étoit tellement pénétré d'eau de mer, qu'on a été obligé
de le laisser un temps assez considérable sous un hangar avant que
de le débiter, afin qu'il se desséchât assez pour être travaillé.
On tira de ce bout de mât (*Fig.* 22) 112 petits rondins de 3
pieds de longueur chacun, & d'un pouce un quart de diametre,
comme je vais l'expliquer.

Après avoir fait raboter l'aire de la coupe, on la divisa
à peu près en huit parties égales, en traçant à la main six
cercles qui avoient pour centre le cœur de l'arbre, & la circonférence passoit par les points de division A, B, C, D, E,
en suivant, non la circonférence d'un cercle parfait, mais la
trace des cercles annuels de végétation, afin que les rondins
pris dans chacun des espaces A, B, C, D, E, fussent parfaitement égaux en qualité, en âge & en dimensions, en un mot
à tous égards.

On marqua ensuite à la main dans chaque espace le plan de
tous les rondins avec une lettre, pour les reconnoître après
qu'ils seroient séparés de la piece, & savoir la place qu'ils oc-
cupoient dans le tronc de l'arbre.

On n'a point tiré de rondin dans l'espace G, parce que le
bois, à cet endroit, étoit de l'aubier extrêmement ramolli par
l'eau de la mer, & il avoit une couleur fort différente du bois
de l'intérieur. A l'égard de l'espace F, qui étoit tout à fait dans
le cœur de l'arbre, on n'a pu en tirer aucun rondin, parce
que tous les traits de la scie qui s'entrecoupoient dans le centre avoient emporté presque tout le bois compris dans ce dernier espace. Ainsi on n'a pu avoir de piece de comparaison
que du bois compris dans les orbes A, B, C, D, E.

On conçoit, par la façon dont cette piece de bois a été
débitée, que tous les rondins marqués aux mêmes lettres
étoient de même qualité, de même âge, & parfaitement pa-

reils à tous égards. On en a donc tiré 112 rondins, qui ont fourni autant de pieces de comparaiſon.

Nous avons cru très-important d'employer pour toutes nos Expériences des bois qui fuſſent de même qualité, de même âge, & qu'il y eût dans les pieces comparées même nombre de couches annuelles : ce qui nous a déterminé à les faire la plûpart avec du Pin du Nord, dont les couches ſont droites, uniformes, très-aiſées à diſtinguer. Chaque billon pouvoit fournir le nombre de pieces que nous voulions mettre en comparaiſon : par exemple, dans le billon (*Figure* 22) on pouvoit avoir 8 barreaux tirés de l'orbe *E*, dont l'âge, la ſomme des cercles annuels, & la qualité du bois étoient auſſi ſemblables qu'il eſt poſſible de ſe le procurer : & lorſqu'on a employé des pieces armées, toutes les pieces d'armures étant priſes dans le même orbe, étant de même groſſeur & longueur, ne différoient que par la façon de les aſſembler. On a enſuite peſé toutes les pieces quand elles ont été travaillées. Avec ces attentions, il y a lieu de croire qu'en les chargeant avec des poids connus, & dans des intervalles de temps égaux, prenant un réſultat moyen entre ceux de pluſieurs pieces, répétant les mêmes épreuves avec des barreaux pris dans l'orbe *B* ou dans l'orbe *C*, on peut eſpérer d'avoir de juſtes objets de comparaiſon, & de pouvoir opérer avec toute l'exactitude poſſible. Nous avons auſſi eu l'attention, tant pour les pieces ſimples que pour celles d'aſſemblage, de mettre toujours les couches dans une ſituation perpendiculaire, comme *BB* (*Figure* 24), & jamais comme *A A*, encore moins comme *C C* même figure.

Il faut rapporter maintenant les précautions que nous avons priſes pour exécuter les Expériences qui doivent faire connoître quel eſt l'affoibliſſement que les fentes peuvent occaſionner, & ſi le bois du centre eſt de même force que celui de la circonférence.

Avant que de faire rompre tous ces rondins ſous des poids connus, on a fait des fentes artificielles à huit rondins marqués chacun d'une lettre différente ; & en ayant trouvé qui étoient fendus naturellement en quelques endroits, on leur a fait d'au-

tres petites fentes artificielles, qui ont assez bien réussi au moyen
d'un outil fait exprès ; de sorte qu'on a eu huit rondins marqués de chaque lettre, avec des fentes naturelles ou artificielles qui pénétroient presque jusqu'au centre du rondin, pour
être comparés avec pareil nombre marqué des mêmes lettres,
qui n'avoient point de fentes.

Pour faire rompre tous les morceaux de bois dont nous voulions éprouver la force, nous les avions scellés (*Fig.* 25, *Pl. XXIII.*)
par un de leurs bouts dans une muraille *A*, & nous suspendions à
l'autre bout une caisse *B* dans laquelle on mettoit les poids jusqu'à ce qu'il y en eût assez pour les faire rompre. Mais cet
appareil n'ayant pas réussi, parce que le scellement s'affaissoit,
& que le bois s'endommageoit sur le point d'appui, nous
essayâmes de coucher la piece *b b*, qu'on vouloit éprouver,
sur un établi *a a* (*Figure* 26). Nous posions sur la piece *b b* un
fort listeau *c c* qu'on retenoit avec des valets *d d*. Un foible barreau couché sur la table de l'établi, & désigné par la ligne
ponctuée *f f*, servoit à reconnoître la courbure qu'il pren-
droit avant que de rompre. A un des bouts *b* du barreau qu'on
vouloit éprouver, étoit suspendue une caisse *e* dans laquelle
on mettoit suffisamment de poids pour faire rompre le barreau, & le fil à-plomb *g g* servoit à reconnoître le raccourcissement du barreau. Cette disposition ne nous ayant pas encore procuré l'exactitude que nous desirions, nous essayâmes
de faire reposer les deux bouts des barreaux sur deux forts treteaux, & de les charger par leur milieu. Il se présenta deux
inconvéniens : l'un étoit que quelques barreaux se déversoient
d'un côté ou d'un autre ; l'autre, qu'en mettant des poids à
la main dans la boîte, il se faisoit une secousse. Enfin, il nous
parut avantageux de fournir les poids peu à peu, & dans des
intervalles de temps égaux. Ce qui nous détermina à avoir recours à l'établissement représenté par la *Figure* 27. *A* est une
caisse suspendue à la piece qu'on chargeoit. *B*, deux forts
listeaux qui laissoient entre eux un espace dans lequel on mettoit la piece qu'on vouloit rompre ; ils servoient à l'empêcher
de se déverser. *D* est un magasin de plomb en grenaille fine

avec fon canal en entonnoir, qui répondoit dans la caiffe *A* pour augmenter peu à peu par cette grenaille la charge qu'on vouloit donner au barreau. *E* eft une petite porte à couliffe qu'on pouvoit ouvrir & fermer à fouhait, de façon qu'elle fourniffoit une livre de poids par feconde. *F*, deux forts treteaux fur lefquels repofoit par les bouts la piece qu'on vouloit rompre. *G*, forte planche attachée fur les treteaux avec quatre vis *C* pour les rendre encore plus folides. *H* eft un entonnoir de cuir qui fert à conduire la grenaille dans la caiffe. *I*, petit gradin pour élever la caiffe de la grenaille. Il eft évident que par cette difpofition tous les barreaux étoient chargés peu à peu dans un même intervalle de temps jufqu'à ce qu'ils rompiffent, & qu'il étoit aifé, au moyen des lifteaux *B B*, de connoître la courbure qu'ils prenoient. On pouvoit, au moyen de la porte à couliffe *E*, interrompre l'écoulement de la grenaille, pour laiffer quelque temps le barreau fous une même charge : car un poids qui ne fait pas rompre un barreau fur le champ, le rompt fouvent quelque temps après, fans être plus confidérable. C'eft avec cet ajuftement que nous avons fait toutes nos Expériences.

§ 2. *Première Expérience fur huit Barreaux cotés* E
à la Figure 22, Planche XXII.

Après avoir fait toutes ces préparations avec la précifion la plus exacte, on commença à faire rompre les rondins *E* (*Figure 22*) en les faififfant par un bout féulement dans un trou fait à une muraille (*Fig. 25, Pl. XXIII*), parce que les mâts font ainfi retenus par un de leurs bouts. Mais voyant que cette façon de rompre ces rondins étoit difficile à exécuter & peu exacte, parce qu'en pliant beaucoup, le poids échappoit, & qu'elles fe coupoient à fleur de l'arrête du point d'appui, les cinq premiers barreaux qu'on fit rompre font regardés comme inutiles. Ajoutons que deux fe trouverent trop défectueux pour être rompus; ainfi des huit rondins tirés de la zone *E*, il n'en refta qu'un qu'on pût rompre étant foutenu par fes deux bouts.

Voici cependant les poids qui ont fait rompre les cinq rondins
qui

qui ont été fixés par une de leurs extrémités, & qui avoient tous 16 couches annuelles.

N°. I a rompu fous 39 livres.
II.   44.
III.   51.
IV.   63.
V.   44.

La force de celui qui étoit foutenu par fes deux bouts, s'eft trouvée de 267 livres.

§. 3. SECONDE EXPÉRIENCE, *fur feize Rondins* D (Fig. 22), *dont huit avoient des fentes qui entroient jufqu'au centre, & huit étoient fans fentes. Tous avoient* 17 *cercles annuels.*

1 Rondin D fans fentes .	337 liv.	1 Rondin D avec fentes.	300 liv.
2.	349	2.	274
3.	260	3.	252
4.	310	4.	271
5.	320	5.	389
6.	394	6.	320
7.	325	7.	267
8.	335	8. il a rompu par un petit nœud vers le milieu.	260
	2630 liv.		2333
Force moyenne.	328 12 on.	Force moyenne.	291 liv. 10 on.

§. 4. TROISIEME EXPÉRIENCE, *fur feize Rondins* C, *huit fans fentes & huit avec des fentes. Tous avoient* 20 *cercles annuels.*

1 Rondin C fans fentes. Cette piece s'eft féparée en feuillets fous le poids de 192 liv. avant que de caffer. Et pour cette raifon on n'a pas compris fa force avec les autres.

2. . . . . 355 liv.
3. 345
4. 355
5. 300
6. 377
7. 335
8. On n'a point compris fa force, parce que les couches fe font féparées fous le poids de 250 liv. avant que de fe rompre.

2067
Force moyenne. . . . 344 liv. 8 on.

1 Rondin C avec fentes.	290 liv.	6.	300	
2.	297	7.	355	
3.	274	8.	352	
4.	305		2173	
5 non comprise, parce qu'elle s'est feuilletée étant chargée de 200 liv.		Force moyenne	310 l. 7 on.	

§. 5. QUATRIEME EXPÉRIENCE, sur seize Rondins B, huit sans fentes & huit avec des fentes.

1 Rondin B sans fentes.	345 liv.	1 B avec fentes artificielles {	335 liv.
2.	355	2. {	310
3.	355	3. {	325
4.	355	4. {	348
5.	358	5. {	351
6.	330	6 avec fentes naturelles. {	335
7.	337	7. {	320
8.	335	8. {	345
	2770		2669
Force moyenne.	346 liv. 4 o.	Force moyenne.	333 l. 10 on.

§. 6. CINQUIEME EXPÉRIENCE, sur seize Rondins A, huit sans fentes & huit avec des fentes.

1 A sans fentes.	310 liv.	1 A avec fentes.	335 liv.
2.	386	2.	330
3.	367	3.	350
4.	377	4.	367
5.	357	5.	300
6.	345	6.	287
7.	394	7.	300
8.	350	8.	340
	2886		2609
Force moyenne.	360 l. 12 on.	Force moyenne.	326 liv. 2 on.

§. 7. RECAPITULATION des Forces moyennes.

Nombre des Cercles de végétation.

		liv.	onc.		liv.	onc.	diff.
34	A Sans fentes	360	12.	Avec fentes	326	2	$\frac{1}{11}$
32	B Sans fentes	346	4.	Avec fentes	333	10	$\frac{1}{26}$
30	C Sans fentes	344	8.	Avec fentes	310	7	$\frac{1}{10}$
22	D Sans fentes	328	12.	Avec fentes	291	10	$\frac{1}{9}$
18	E Sans fentes *	267					

* La force de cette pièce n'entre point en comparaison, parce qu'elle a été la seule cassée étant appuyée par une de ses extrémités.

ARTICLE II. *Expérience faite dans les mêmes vues que les précédentes, & pour connoître de plus si le bois sec est aussi fort que le bois un peu humide.*

VINGT mois après avoir fait cette suite d'Expériences, on fit rompre de la même façon 40 autres Rondins qui avoient été tirés dans le même temps d'un autre bout de mât de même longueur & à peu près de même grosseur, & arrondis précisément au même diametre que les premiers, mais qui étoient beaucoup plus secs lorsqu'on les rompit.

Voici le détail des forces de ces Rondins.

§. 1. PREMIERE EXPÉRIENCE, *sur huit Rondins E, qui avoient 18 cercles de végétation.*

1.	. . . .	285 liv.
2.	. . . .	265
3.	. . . .	265
4.	. . . .	265
		1080
Force moyenne.	. . . . .	270

} Les quatre autres avoient des défauts qui les ont fait rompre par 200 à 220 livres, ce qui fait qu'on n'en a pas tenu compte.

§. 2. SECONDE EXPÉRIENCE, *sur huit Rondins D, qui avoient 18 cercles annuels.*

1.	. . . .	275 liv.	6.	. . . .	330 liv.
2.	. . . .	265	7.	. . . .	295
3.	. . . .	250	8.	. . . .	260
4 rompu par un nœud. . .					1960
5.	. . . .	285	Force moyenne.	280

§. 3. TROISIEME EXPÉRIENCE, *sur huit Rondins C, qui avoient 20 cercles annuels.*

1.	. . . .	275 liv.
2.	. . . .	245
3.	. . . .	300
4.	. . . .	300
5.	. . . .	310
8.	. . . .	310
		1740
Force moyenne.	. . . .	290

} Les Rondins 6 & 7 s'étant partagés au cœur avant que de rompre, n'étant chargés que de 160 livres, on ne les a pas compris.

§. 4. QUATRIEME EXPÉRIENCE, sur huit Rondins B, qui avoient 33 cercles annuels.

1. . . . . 300 liv.	8. 310
2. 300	‾‾‾‾
3. 300	2120
5. 300	Force-moyenne. . . . 302 l. 13 on.
6. 300	Le N°. 4 s'étant séparé par feuillets avant
7. 310	que de rompre, n'étant chargé que de
	245 livres, on n'en a pas tenu compte.

§. 5. CINQUIEME EXPÉRIENCE, sur huit Rondins A, qui avoient 30 cercles annuels.

1. . . . . 330 liv.	6 il avoit du bois d'aubier 240
2. 300	7. 280
3. 310	8. 280
4. 280	‾‾‾‾
5. 280	2060
	Force moyenne. . . . 294 l. 4 on.

§. 6. TABLE des Forces moyennes des Bois secs.

	liv.	onc.	DIFFERENCES liv.	onc.
A avec 30 cercles de végétation...	294	4	 8	9
B. . . . . 33 cercles.	302	13	 12	13
C. . . . . 20 cercles.	290		 10	
D. . . . . 18 cercles.	280		 10	
E. . . . . 18 cercles	270			

§. 7. TABLE des Forces moyennes de tous les Barreaux qui n'avoient point de fentes, mais qui étoient plus ou moins secs, énoncés dans la Table de l'Art. I, §7, & de l'Art. II, § 6.

	liv.	onc.	FORCES MOYENNES liv.	onc.	DIFFERENCES liv.	onc.
A. Premiere Expérience.	360	12	327	8		
A. Seconde Expérience.	294	4			 3	
B. Premiere Expérience.	346	4	324	8		
B. Seconde Expérience.	302	13			. . . . . . 7 . . 4	
C. Premiere Expérience.	344	8	317	4		
C. Seconde Expérience.	290				. . . . . . 12 . . 14	
D. Premiere Expérience.	328	12	304	6		
D. Seconde Expérience.	280				. . . . . . 35 . . 14	
E. Premiere Expérience.	267		268	8		
E. Seconde Expérience.	270					

Article III. *Conséquences qu'on peut tirer de ces Expériences.*

En comparant, dans chacune de ces Expériences, les forces moyennes de tous les rondins marqués des mêmes lettres, avec les forces de ceux des différentes lettres, & les différents rapports qu'elles ont entr'elles, eu égard à la partie du tronc dans lequel ces rondins ont été pris : confidérant d'ailleurs le rapport de ces mêmes forces avec le nombre des cercles de végétation de l'arbre qui font dans chaque rondin : comparant de plus les forces moyennes des rondins dans la première fuite d'Expériences avec celles des rondins dans la feconde fuite, eu égard à l'état du plus ou du moins de féchereffe des mêmes rondins lorfqu'ils ont été rompus, il réfulteroit de toutes ces comparaifons bien des conféquences curieufes & même utiles : mais comme ces comparaifons font aifées à faire, & comme notre but principal en faifant ces Expériences fur des bois de Pin du Nord, qu'on emploie pour les mâtures, a eu deux principaux objets, dont le premier regarde le rapport des forces dans les pieces de mâture lorfqu'elles font gercées ou fendues par deffféchement, avec la force de celles qui ne le font point, & le fecond eft de favoir dans quelle partie du tronc le bois a le plus de force, felon qu'il eft plus ou moins éloigné du cœur de l'arbre ; on a cru devoir s'arrêter à ces deux objets. Les faits étant ici bien conftatés, chacun pourra, fuivant l'exigence des cas, combiner différemment les réfultats. Quant à ce qui regarde les fentes & les gerces, on verra, par la comparaifon que nous allons donner des forces moyennes des trente-deux rondins qui ont été fendus, avec la force d'un pareil nombre d'autres rondins qui n'avoient aucune fente, jufqu'où va la diminution de force que les gerces caufent à une piece de mâture ; bien entendu cependant que les petites fentes que nous avons faites à nos barreaux de petite folidité, ne font pas exactement comparables aux fentes d'un gros mât. Quoi qu'il en foit, voici l'extrait des comparaifons.

La somme des forces moyennes de tous les rondins sans fentes, qui est de 345 livres, comparée avec la somme des forces moyennes des rondins fendus, qui est de 316 livres, fait une différence de 29 livres, à l'avantage des rondins qui ne sont point fendus, dont le rapport est comme 1 à 12.

D'où il suit qu'une piece de mâture qui est gercée & fendue par desséchement perd environ un onzieme ou un douzieme de la force qu'elle auroit eue si elle eût été saine & sans fentes. Car les rondins fendus de cette Expérience, de même que ceux qui ne l'étoient point, ont été rompus très-exactement de la même façon ; & ils étoient parfaitement égaux en qualité & en dimension, comme il a été montré plus haut. Voilà pour les fentes & les gerces.

A l'égard du second objet, qui regarde la force du bois selon la place qu'il occupe dans les différentes parties du tronc, on trouve dans l'exposé de la premiere & de la seconde Expérience la solution de cette question.

Cependant avant que d'entrer dans la comparaison des forces de ces deux Expériences, on doit observer que les rondins E (premiere Expérience) ne doivent point entrer en comparaison avec les autres rondins qui les suivent, parce qu'ils ont été rompus au commencement étant appuyés sur une seule extrémité, & plantés dans un mur, ce qui est défectueux pour les raisons que nous avons rapportées plus haut ; il n'en est pas de même pour les rondins D, ainsi que pour tous les autres qui les suivent, parce qu'ils ont été rompus étant appuyés sur leurs deux extrémités.

Faisons maintenant la comparaison des forces moyennes des 32 rondins A, B, C, D qui étoient sans fentes.

La force moyenne des rondins D, qui est de 328 livres 12 onces, (prise à la Table, Art. I, § 7, pag. 452.) comparée à celle des rondins C, qui est de 344 livres 8 onces, fait une différence de 15 livres 12 onces à l'avantage des rondins C sur D. Donc, par cette comparaison, l'avantage de la force est pour le bois qui s'éloigne du cœur de l'arbre.

Comparant ensuite la force moyenne des rondins C, qui est

de 344 livres 8 onces, avec celle des rondins *B*, qui eſt de 346 livres 4 onces, on trouve une autre différence d'une livre 12 onces à l'avantage des rondins *B*. Donc, l'avantage de la force ſe trouve encore pour le bois qui s'éloigne du cœur.

Comparant enfin la force moyenne des rondins *B*, qui eſt de 346 livres 4 onces, avec celle des rondins *A*, qui eſt de 360 livres 12 onces, on trouve encore une autre différence de 14 livres 8 onces à l'avantage des rondins *A* ſur les rondins *B*. Donc, dans cette Expérience, comme dans les autres, l'avantage de la force ſe trouve conſtamment pour le bois qui s'éloigne du cœur.

D'où l'on pourroit conclure que dans une groſſe piece de mâture qui auroit, comme celle-ci, environ 260 cercles annuels de végétation, & conſéquemment environ 260 ans d'âge, le bois qui eſt le plus près du cœur eſt le plus foible, & qu'il devient fort de plus en plus à meſure qu'il s'en éloigne.

Mais avant que de ſuivre plus loin le réſultat des comparaiſons de cette premiere Expérience, il eſt bon de voir les rapports des forces moyennes des 40 autres rondins qui ont été tirés d'une autre piece de mâture, différente de la premiere en âge & en groſſeur, leſquels rondins ont été travaillés préciſément de même diametre que les premiers, & ont été rompus de la même façon, enforte qu'ils ne différoient des premiers que parce qu'ils étoient plus ſecs, leur force ayant été éprouvée vingt mois après. Voici donc la comparaiſon des forces moyennes des quarante autres rondins de Pin du Nord, provenants d'une piece de mâture qui avoit 210 cercles annuels de végétation, & dont, par conſéquent, l'âge étoit à peu près de 210 ans.

La force moyenne des rondins *E*, qui eſt, dans cette ſeconde Expériene, (Voyez la Table Art. II, §6) de 270 liv. comparée à celle des rondins *D*, qui eſt de 280 livres, fait une différence de 10 livres à l'avantage des rondins *D* ſur *E*. Donc l'avantage de la force eſt pour le bois qui s'éloigne du cœur, de même que dans la premiere ſuite d'Expériences.

Comparant enfuite la force moyenne des rondins *D*, de 280 livres, avec les rondins *C*, qui eft de 290 livres, il y a une autre différence de 10 livres à l'avantage des rondins *C* fur les rondins *D*. Donc l'avantage de la force eft encore ici pour le bois qui s'éloigne du cœur.

Remontant vers l'écorce pour comparer les rondins *C*, dont la force moyenne eft de 290 livres, avec celle des rondins *B*, qui eft de 302 livres 13 onces, on trouve une différence de 12 livres 13 onces à l'avantage de *B* fur *C*. Donc l'avantage de force, dans cette Expérience, comme dans la première, eft toujours pour le bois qui s'éloigne du cœur.

Continuant de comparer les rondins *B*, dont la force eft de 302 livres 13 onces, avec les rondins *A*, dont la force n'eft que de 294 livres 4 onces, on trouve un défavantage de force en *A*, & l'avantage dans les rondins *B* fur les rondins *A*, de 8 livres 9 onces, duquel on rendra raifon dans un moment. Cependant au lieu de conclure pour ces derniers rondins, comme nous avons conclu pour les autres, que la plus grande force du bois fe trouve toujours dans celui qui va en s'éloignant du cœur, on conclura feulement que la plus grande force réfide dans l'orbe compris de *A* à *B*, ce qui fait environ la troifieme partie extérieure du rayon, ou du demi-diametre du tronc.

A l'égard de la variété qu'on vient de trouver dans les forces des derniers rondins *A* & *B* de cette feconde Expérience, dans laquelle on a vu que *B* eft plus fort que *A*, & dans la premiere au contraire que *A* eft plus fort que *B*, apparemment qu'un de ces arbres étoit parvenu au *maximum* de fon accroiffement, au lieu que l'autre profitoit encore. Le nombre des cercles de végétation qui font le corps de ces rondins pourroit bien encore en être la caufe ; car on voit dans l'expofé de la premiere Expérience, que les rondins *A* avoient 34 cercles annuels, & les rondins *B* n'en avoient que 32, quoique toutes ces pieces fuffent très-exactement de même diametre : & par l'expofé de la feconde Expérience, que les rondins *A* n'avoient que 30 cercles de végétation, & les rondins *B* 33. Comme il paroît que la force de ces rondins fuit à peu près la propor-

tion

tion du nombre des cercles annuels, il s'enfuivroit qu'à diametre égal, une piece de Pin du Nord qui auroit une plus grande quantité de cercles annuels de végétation, feroit plus forte, & conféquemment de meilleure qualité, qu'une autre de même diametre qui en auroit moins. Cette remarque, digne d'attention, juftifie l'ufage où l'on eft de donner la préférence aux pieces de mâtures dont les couches font minces.

Comparons maintenant la fomme des forces moyennes des deux Expériences.

La fomme des forces moyennes de tous les rondins *E*, qui eft de 268 livres 8 onces, comparée à celle des rondins *D*, qui eft de 304 livres 6 onces, fait une différence de 35 livres 14 onces à l'avantage de *D* fur *E*. Donc l'avantage de la force fe trouve dans le bois qui s'éloigne du cœur.

Comparant enfuite la même fomme des forces des rondins *D* avec *C*, on y trouve une différence de 12 livres 14 onces à l'avantage de *C*. Donc l'avantage de la force fe trouve toujours pour le bois qui s'éloigne du cœur.

Comparant de même *C* avec *B*, il y a une différence de 7 livres 4 onces à l'avantage de *B*. Donc l'avantage de la force eft encore ici pour le bois qui s'éloigne du cœur.

Comparant enfin *B* avec *A*, on y trouve encore une différence de 3 livres à l'avantage de *A* fur *B*. Donc l'avantage de la force fe trouve conftamment pour le bois qui s'éloigne du cœur.

Donc il eft prouvé, par ces deux Expériences, qu'aux Pins du Nord dont on fait les mâtures des grands vaiffeaux, qui ont environ 220 années, & qui ont féjourné dans l'eau de la mer long-temps avant que d'être façonnés & mis en œuvre, le bois qui a le moins de force eft celui qui eft le plus proche du cœur; & qu'à mefure qu'il s'en éloigne, il a plus de force.

On doit remarquer, dans ces deux Expériences, que le bois de Pin du Nord perd confidérablement de fa force par la trop grande féchereffe : car on voit que la fomme moyenne de toutes les forces de tous les rondins de là derniere fuite d'Expériences, (qui étoient beaucoup plus fecs que ceux de la premiere,

M m m

ayant été rompus une année & demie après les premiers,) laquelle somme est de 287 livres 6 onces, étant comparée à la somme des forces moyennes de la premiere Expérience, qui est de 345 livres 1 once, il y a une différence de 57 livres 11 onces en diminution de force que l'évaporation de la seve a causée.

Il suit des Expériences que nous venons de rapporter 1°, que le Pin du Nord perd environ une sixieme partie de sa force par une trop grande sécheresse, qu'on fait très-bien de tenir les bois dans l'eau pour prévenir leur desséchement, & qu'il faut essayer de conserver un peu d'humidité aux mâts qui sont travaillés, & qu'on ne peut tenir dans l'eau, en mettant quelque enduit gras sur toute leur surface, & tenant ensuite ces bois ainsi enduits dans des lieux frais, peu aérés & cependant secs.

2°, Que dans ces gros Pins, le bois qui a le plus de force, est celui qui en divisant le diametre de l'arbre du centre vers la circonférence jusqu'à l'aubier inclusivement en six parties égales, se trouve dans la cinquieme partie : mais on conçoit que cela est sujet à varier suivant bien des circonstances.

3°, Il résulte de nos Expériences, que les fentes ont causé à nos petits barreaux une diminution de force de 30 livres, ce qui n'est qu'environ un onzieme de la force des rondins qui n'avoient point de fentes.

On s'est apperçu que les Expériences que nous venons de présenter ont un rapport direct aux mâts : ainsi elles sont liées avec l'objet qui nous a occupés dans le Chapitre second du Livre précédent. Il nous a encore paru intéressant de savoir, à solidité égale, lesquels avoient plus de force, des bois ronds ou des bois quarrés : ce sera cet objet qui nous occupera principalement dans le Chapitre suivant. Nous y examinerons aussi quelle sera la courbure que ces bois prendront sous différentes charges.

CHAPITRE VI.

*Expériences pour connoître, dans les Barreaux
d'une seule piece, quel est le rapport de la
force absolue des Barreaux d'une même longueur & d'un même volume, dont les uns
seroient ronds, & les autres équarris; &
de plus quelle est la courbure que les uns &
les autres prennent, étant chargés de différents poids, jusqu'à celui qui peut les faire
rompre.*

ARTICLE I. *Préparation.*

ON A FAIT six Barreaux de Pin du Nord, chacun de 3
pieds de longueur, dont trois ont été équarris, & réduits à
10 $\frac{1}{4}$ lignes de hauteur sur 7 $\frac{1}{4}$ lignes de largeur : trois autres
ont été arrondis, & on leur a donné 9 $\frac{1}{4}$ lignes de diametre,
ensorte que l'aire de la base des rondins étoit égale à l'aire
du parallélogramme de la base des parallélipipedes ou barreaux
quarrés.

Avant que de faire plier & rompre ces barreaux, on s'est assuré de la parfaite égalité de leur volume, en les pesant les uns
après les autres; & quand on trouvoit une différence dans
le poids, (différence toujours peu considérable, parce que
tous ces barreaux avoient été travaillés avec beaucoup de
soin,) on les réduisoit au même poids en rabotant très-déli-
catement les plus pesants, & en les présentant dans la balance
à chaque coup de rabot.

Pour observer avec exactitude la courbe qu'ils prendroient
sous différents poids, on fixoit verticalement derriere le bar-

M m m ij

reau qu'on chargeoit, une feuille d'un fort carton fin, qui étoit attaché à un chaffis de Menuiferie; ce carton étant tout près du barreau dont on éprouvoit la force, on traçoit avec un crayon bien pointu (le barreau fervant de regle) la courbe qu'il prenoit étant chargé de différents poids : & afin d'avoir exactement la longueur des ordonnées de cette courbe, on avoit eu l'attention de tracer une ligne droite *A D*, (*Pl. XXIV*, *Fig.* 1) qui repréfentoit le barreau avant qu'il fût chargé, fur laquelle on avoit abaiffé les verticales *A B*, *a b*, *a b*, *a b*, &c. qui divifoient en cinq parties égales la moitié *A D* de la longueur du barreau. Chacune de ces parties *A*, *a*, *a*, *a*, &c. furent encore divifées en quatre parties égales par d'autres verticales, & chacune de ces parties en vingt-cinq autres parties égales : ainfi la moitié *A D* du barreau fe trouvoit divifée en cinq cent parties égales, au moyen defquelles on mefuroit très-exactement l'abaiffement des différentes parties des barreaux fous différentes charges.

Article II. *Premiere fuite d'Expériences faites fur des Barreaux ronds.*

On chargea le barreau rond, N°. 1, de 25 livres; & l'ayant laiffé paffer 5 minutes fous cette charge, on traça fur le carton la courbe *B b b D* : mais comme à caufe de la figure cylindrique de ce barreau, le crayon varioit, la courbe ne pouvoit pas être tracée avec précifion; ce qui nous fit prendre le parti de nous contenter, pour les rondins, de ne prendre que la valeur de la plus grande ordonnée *A B*.

§ 1. Premiere Expérience.

Le barreau rond, N°. 1, étant chargé de 25 livres, la fleche *A B* avoit 5 lignes de longueur; étant chargé de 50 livres, elle avoit 10 $\frac{1}{4}$ lignes; étant chargé de 75 livres, elle avoit 17 lignes; étant chargé de 85 livres, 23 $\frac{1}{4}$ lignes; chargé de 100 livres, toujours ayant refté en charge 5 minutes, elle

avoit 25 lignes ; ayant ajouté une livre, elle fut de 29 lignes ;
& le rondin rompit sous le poids de 101 liv. 2 onc.

§ 2. SECONDE EXPÉRIENCE.

BARREAU rond, N°. 2, chargé de 25 livres, plia de 6 lignes ; chargé de 50 livres, plia de 10 $\frac{1}{2}$ lignes ; chargé de 75 livres, plia de 17 lignes ; chargé de 85 livres, plia de 23 lignes $\frac{1}{4}$; chargé de 100 livres, toujours au bout de 5 minutes, plia de 30 $\frac{1}{2}$ lignes, & rompit avant les 5 minutes : c'est pourquoi on n'estima sa force qu'à 85 livres.

§ 3. TROISIEME EXPÉRIENCE.

BARREAU rond, N°. 3, chargé de 25 livres, plia de 5 $\frac{3}{4}$ lignes ; chargé de 50 livres, plia de 10 $\frac{1}{2}$ lignes ; chargé de 75 livres, plia de 23 $\frac{1}{4}$ lignes ; chargé de 100 livres, plia de 30 $\frac{1}{2}$ lignes ; & ayant rompu avant les cinq minutes, on fixa sa force à 88 liv. 3 onc.

ARTICLE III. *Seconde suite d'Expériences faites avec des Barreaux quarrés.*

NOUS allons entrer dans de plus grands détails pour les barreaux quarrés numérotés 4, 5 & 6, afin qu'ayant un plus grand nombre d'ordonnées, on puisse mieux connoître la courbe qu'ils ont prise sous différents poids.

§ 1. PREMIERE EXPÉRIENCE.

BARREAU quarré, N°. 4, chargé de 25 livres : l'ordonnée 1, 18 $\frac{2}{3}$ lignes ; l'ordonnée 2, 18 $\frac{1}{2}$ lignes ; l'ordonnée 3, 18 lignes ; l'ordonnée 4, 17 $\frac{2}{3}$ lignes ; l'ordonnée 5, 17 $\frac{1}{3}$ lignes ; l'ordonnée 6, 16 $\frac{1}{6}$ lignes ; l'ordonnée 7, 16 $\frac{1}{3}$ lignes ; l'ordonnée 8, 15 $\frac{1}{6}$ lignes ; l'ordonnée 9, 15 $\frac{1}{3}$ lignes ; l'ordonnée 10, 14 $\frac{2}{3}$ lignes ; l'ordonnée 11, 14 lignes ; l'ordonnée 12, 13 lignes ;

l'ordonnée 13, 12 lignes; l'ordonnée 14, 11 lignes; l'ordonnée 15, 10 lignes; l'ordonnée 16, 9 lignes; l'ordonnée 17,
8 lignes; l'ordonnée 18, 6 $\frac{2}{3}$ lignes; l'ordonnée 19, 5 lignes;
l'ordonnée 20, 4 $\frac{1}{3}$ lignes; l'ordonnée 21, 3 $\frac{1}{3}$ lignes.

Le même barreau, N°. 4, chargé de 50 livres : l'ordonnée
1, 29 lignes; l'ordonnée 2, 28 $\frac{1}{2}$ lignes; l'ordonnée 3, 28 li-
gnes; l'ordonnée 4, 27 $\frac{1}{4}$ lignes; l'ordonnée 5, 27 lignes; l'or-
donnée 6, 26 $\frac{1}{3}$ lignes; l'ordonnée 7, 25 $\frac{1}{4}$ lignes; l'ordonnée 8,
24 $\frac{1}{3}$ lignes; l'ordonnée 9, 23 $\frac{1}{4}$ lignes; l'ordonnée 10, 22 $\frac{1}{2}$ lignes; l'ordonnée 11, 21 lignes; l'ordonnée 12, 19 $\frac{1}{3}$ lignes;
l'ordonnée 13, 18 $\frac{1}{3}$ lignes; l'ordonnée 14, 16 $\frac{2}{3}$ lignes; l'ordonnée 15, 15 lignes; l'ordonnée 16, 13 $\frac{1}{2}$ lignes; l'ordonnée
17, 12 lignes; l'ordonnée 18, 10 $\frac{1}{3}$ lignes; l'ordonnée 19, 8
$\frac{1}{2}$ lignes; l'ordonnée 20, 7 lignes; l'ordonnée 21, 5 lignes.

Le même barreau, N°. 4, chargé de 75 livres : l'ordonnée
1, 44 lignes; l'ordonnée 2, 43 $\frac{1}{2}$ lignes; l'ordonnée 3, 43 li-
gnes; l'ordonnée 4, 42 lignes; l'ordonnée 5, 41 lignes; l'or-
donnée 6, 40 lignes; l'ordonnée 7, 39 lignes; l'ordonnée 8,
37 $\frac{1}{2}$ lignes; l'ordonnée 9, 36 lignes; l'ordonnée 10, 34 lignes; l'ordonnée 11, 32 lignes; l'ordonnée 12, 30 lignes;
l'ordonnée 13, 28 lignes, l'ordonnée 14, 25 $\frac{1}{2}$ lignes; l'ordonnée 15, 23 lignes; l'ordonnée 16, 20 $\frac{1}{2}$ lignes; l'ordonnée 17,
18 lignes; l'ordonnée 18, 15 $\frac{1}{4}$ lignes; l'ordonnée 19, 12 $\frac{1}{2}$ lignes; l'ordonnée 20, 9 $\frac{3}{4}$ lignes; l'ordonnée 21, 7 lignes.

Le même barreau, N°. 4, chargé de 100 livres : l'ordonnée 1, 50 $\frac{1}{3}$ lignes; l'ordonnée 2, 50 lignes; l'ordonnée 3,
49 $\frac{2}{3}$ lignes; l'ordonnée 4, 48 $\frac{1}{3}$ lignes; l'ordonnée 5, 47 $\frac{1}{3}$ lignes; l'ordonnée 6, 46 lignes; l'ordonnée 7, 44 $\frac{1}{3}$ lignes;
l'ordonnée 8, 42 $\frac{1}{3}$ lignes; l'ordonnée 9, 40 $\frac{1}{3}$ lignes; l'ordonnée 10, 38 $\frac{1}{3}$ lignes; l'ordonnée 11, 36 lignes; l'ordonnée 12,
33 $\frac{1}{2}$ lignes; l'ordonnée 13, 31 lignes; l'ordonnée 14, 28 $\frac{1}{2}$ lignes; l'ordonnée 15, 26 lignes; l'ordonnée 16, 23 lignes;
l'ordonnée 17, 20 lignes; l'ordonnée 18, 17 lignes; l'ordonnée 19, 14 lignes; l'ordonnée 20, 11 lignes; l'ordonnée 21,
7 $\frac{1}{4}$ lignes.

§ 2. SECONDE EXPÉRIENCE.

LE barreau quarré, N°. 5, & semblable au précédent, étant chargé de 25 livres : l'ordonnée 1, 22 $\frac{2}{3}$ lignes; l'ordonnée 2, 22 $\frac{1}{3}$ lignes; l'ordonnée 3, 22 lignes; l'ordonnée 4, 21 $\frac{1}{2}$ lignes; l'ordonnée 5, 21 lignes; l'ordonnée 6, 20 $\frac{1}{2}$ lignes; l'ordonnée 7, 20 lignes; l'ordonnée 8, 19 $\frac{1}{2}$ lignes; l'ordonnée 9, 19 lignes; l'ordonnée 10, 18 lignes; l'ordonnée 11, 17 lignes; l'ordonnée 12, 15 $\frac{2}{3}$ lignes; l'ordonnée 13, 14 $\frac{1}{2}$ lignes; l'ordonnée 14, 13 $\frac{1}{2}$ lignes; l'ordonnée 15, 12 $\frac{1}{3}$ lignes; l'ordonnée 16, 11 lignes; l'ordonnée 17, 9 $\frac{1}{2}$ lignes; l'ordonnée 18, 8 $\frac{1}{3}$ lignes; l'ordonnée 19, 7 lignes; l'ordonnée 20, 5 $\frac{1}{2}$ lignes; l'ordonnée 21, 4 lignes.

Le même barreau, N°. 5, étant chargé de 50 livres : l'ordonnée 1, 32 $\frac{2}{3}$ lignes; l'ordonnée 2, 32 $\frac{1}{3}$ lignes; l'ordonnée 3, 32 lignes; l'ordonnée 4, 31 $\frac{1}{2}$ lignes; l'ordonnée 5, 31 lignes; l'ordonnée 6, 30 lignes; l'ordonnée 7, 29 lignes; l'ordonnée 8, 28 lignes; l'ordonnée 9, 27 lignes; l'ordonnée 10, 25 $\frac{2}{3}$ lignes; l'ordonnée 11, 24 $\frac{1}{3}$ lignes; l'ordonnée 12, 23 lignes; l'ordonnée 13, 21 $\frac{1}{2}$ lignes; l'ordonnée 14, 19 $\frac{1}{3}$ lignes; l'ordonnée 15, 18 lignes; l'ordonnée 16, 16 lignes; l'ordonnée 17, 14 lignes; l'ordonnée 18, 12 lignes; l'ordonnée 19, 9 $\frac{1}{2}$ lignes; l'ordonnée 20, 7 $\frac{1}{2}$ lignes; l'ordonnée 21, 5 $\frac{1}{2}$ lignes.

Le même barreau, N°. 5, chargé de 75 livres : l'ordonnée 1, 47 lignes; l'ordonnée 2, 46 $\frac{1}{2}$ lignes; l'ordonnée 3, 46 lignes; l'ordonnée 4, 45 $\frac{1}{2}$ lignes; l'ordonnée 5, 45 lignes; l'ordonnée 6, 43 $\frac{1}{2}$ lignes; l'ordonnée 7, 42 lignes; l'ordonnée 8, 40 $\frac{1}{2}$ lignes; l'ordonnée 9, 39 lignes; l'ordonnée 10, 37 lignes; l'ordonnée 11, 35 lignes; l'ordonnée 12, 32 $\frac{1}{2}$ lignes; l'ordonnée 13, 30 lignes; l'ordonnée 14, 27 $\frac{1}{3}$ lignes; l'ordonnée 15, 25 $\frac{1}{3}$ lignes; l'ordonnée 16, 22 $\frac{2}{3}$ lignes; l'ordonnée 17, 20 lignes; l'ordonnée 18, 17 lignes; l'ordonnée 19, 14 lignes; l'ordonnée 20, 11 lignes; l'ordonnée 21, 7 $\frac{1}{2}$ lignes.

Le même barreau, N°. 5, chargé de 100 livres : l'ordonnée 1, 54 lignes ; l'ordonnée 2, 53 lignes ; l'ordonnée 3, 52 lignes ; l'ordonnée 4, 51 lignes ; l'ordonnée 5, 50 lignes ; l'ordonnée 6, 48 ⅓ lignes ; l'ordonnée 7, 46 ⅓ lignes ; l'ordonnée 8, 44 ⅔ lignes ; l'ordonnée 9, 43 lignes ; l'ordonnée 10, 40 ⅔ lignes ; l'ordonnée 11, 38 ⅓ lignes ; l'ordonnée 12, 36 lignes ; l'ordonnée 13, 33 lignes ; l'ordonnée 14, 30 ½ lignes ; l'ordonnée 15, 27 ½ lignes ; l'ordonnée 16, 24 ½ lignes ; l'ordonnée 17, 21 ½ lignes ; l'ordonnée 18, 18 ½ lignes ; l'ordonnée 19, 15 lignes ; l'ordonnée 20, 12 lignes ; l'ordonnée 21, 9 lignes.

§ 3. TROISIEME EXPÉRIENCE.

LE barreau N°. 6, pareil aux précédents, étant chargé de 25 livres : l'ordonnée 1, 24 ⅔ lignes ; l'ordonnée 2, 24 ⅓ lignes ; l'ordonnée 3, 24 lignes ; l'ordonnée 4, 23 ½ lignes ; l'ordonnée 5, 23 lignes ; l'ordonnée 6, 22 ½ lignes ; l'ordonnée 7, 22 lignes ; l'ordonnée 8, 21 ½ lignes ; l'ordonnée 9, 21 lignes ; l'ordonnée 10, 20 lignes ; l'ordonnée 11, 19 lignes ; l'ordonnée 12, 17 ½ lignes ; l'ordonnée 13, 16 lignes ; l'ordonnée 14, 14 ½ lignes ; l'ordonnée 15, 13 ⅓ lignes ; l'ordonnée 16, 11 ½ lignes ; l'ordonnée 17, 9 ½ lignes ; l'ordonnée 18, 8 ⅓ lignes ; l'ordonnée 19, 7 lignes ; l'ordonnée 20, 5 ½ lignes ; l'ordonnée 21, 4 lignes.

Le même barreau, N°. 6, chargé de 50 livres : l'ordonnée 1, 37 lignes ; l'ordonnée 2, 36 ½ lignes ; l'ordonnée 3, 36 lignes ; l'ordonnée 4, 35 ½ lignes ; l'ordonnée 5, 34 ½ lignes ; l'ordonnée 6, 33 ½ lignes ; l'ordonnée 7, 32 ½ lignes ; l'ordonnée 8, 31 ¼ lignes ; l'ordonnée 9, 30 lignes ; l'ordonnée 10, 28 ½ lignes ; l'ordonnée 11, 27 lignes ; l'ordonnée 12, 25 ¼ lignes ; l'ordonnée 13, 23 ½ lignes ; l'ordonnée 14, 21 ½ lignes, l'ordonnée 15, 19 ½ lignes ; l'ordonnée 16, 17 ¼ lignes ; l'ordonnée 17, 15 lignes ; l'ordonnée 18, 12 ½ lignes ; l'ordonnée 19, 10 lignes ; l'ordonnée 20, 7 ½ lignes ; l'ordonnée 21, 5 ½ lignes.

Le même barreau, N°. 6, étant chargé de 75 livres : l'ordonnée

donnée 1, 56 $\frac{1}{3}$ lignes; l'ordonnée 2, 56 $\frac{1}{2}$ lignes; l'ordonnée 3, 56 lignes; l'ordonnée 4, 54 $\frac{1}{2}$ lignes; l'ordonnée 5, 53 lignes; l'ordonnée 6, 51 $\frac{1}{2}$ lignes; l'ordonnée 7, 50 lignes; l'ordonnée 8, 48 lignes; l'ordonnée 9, 46 lignes; l'ordonnée 10, 43 $\frac{1}{2}$ lignes; l'ordonnée 11, 41 lignes; l'ordonnée 12, 38 $\frac{1}{4}$ lignes; l'ordonnée 13, 35 $\frac{1}{2}$ lignes; l'ordonnée 14, 32 $\frac{1}{2}$ lignes; l'ordonnée 15, 29 $\frac{1}{2}$ lignes; l'ordonnée 16, 26 lignes; l'ordonnée 17, 22 $\frac{1}{2}$ lignes; l'ordonnée 18, 18 $\frac{1}{4}$ lignes; l'ordonnée 19, 16 lignes; l'ordonnée 20, 12 $\frac{1}{2}$ lignes; l'ordonnée 21, 9 lignes.

Ce même barreau, N°. 6, fut chargé de 100 livres : mais on ne put mesurer sa courbure, parce qu'il rompit avant que les 5 minutes fussent écoulées.

ARTICLE IV. *Conséquences des Expériences précédentes.*

En comparant les deux plus forts barreaux quarrés des Expériences précédentes avec les deux plus forts de ceux qui étoient ronds, on voit que les plus forts barreaux quarrés, quoique de même solidité que les ronds, ont environ un quarantieme de supériorité sur les ronds, & que les barreaux ronds, qui étoient plus foibles que les quarrés, ont plus plié sous la charge : d'où l'on peut conclure qu'à masse & à solidité égales, il est plus avantageux d'employer des bois quarrés que des ronds. La raison de la foiblesse des bois ronds, par comparaison aux quarrés, devient sensible quand on fait attention à ce que nous avons dit sur les fibres qui sont en dilatation & en condensation ; & elle le sera encore plus lorsqu'on aura connoissance des Expériences que nous rapporterons dans la suite à l'occasion des barreaux armés.

N n n

CHAPITRE VII.

Expériences pour connoître dans les Barreaux simples, ou d'une seule piece, quelle est leur force & la courbure qu'ils prennent étant chargés de différents poids, soit qu'on emploie des Barreaux d'une même largeur & de différentes épaisseurs, soit qu'on emploie des Barreaux d'une même épaisseur & de différentes largeurs.

Pour se former une idée de la force des bois d'après les principes que nous avons établis, il faut, en supposant qu'il n'y a que la lame *a a*, (*Pl. XXIV. fig.* 2) qui soit en tension, concevoir que les puissances *b b* agissent par le levier *d e*, pour rompre la lame *a a*; le point d'appui est en *e*, & l'autre bras du levier, que je nomme *de résistance*, est *e c* : d'où l'on doit conclure que plus le bras du levier *d e* sera long, & celui *e c* court, plus les forces *b* auront de puissance pour rompre la lame *a a*. Suivant cette supposition, il seroit aisé de calculer la force des bois de différentes dimensions : mais quand j'ai mis le point d'appui en *e*, c'est une pure supposition. C'en est encore une, que de dire que c'est la lame *a a*, qu'il faut rompre : nous avons suffisamment prouvé que la somme des fibres en contraction s'étend fort avant dans un barreau qu'on veut rompre, & que le point d'appui est incertain & variable. Nous avons donc cru qu'il falloit avoir recours à des Expériences : nous allons en rapporter que nous avons exécutées avec l'attention la plus scrupuleuse.

ARTICLE I. *Préparation.*

ON a fait un nombre de barreaux de Pin du Nord, qui avoient tous 3 pieds de longueur. Neuf de ces barreaux (*Figure* 3) avoient leur base *A B* de 8 lignes de large chacun; mais leur hauteur *B C* étoit inégale : ainsi trois cotés *D*, avoient 4 lignes de hauteur; deux cotés *E*, 8 lignes; deux cotés *F*, 12 lignes ; & deux cotés *G*, 16 lignes. Tous ces barreaux avoient donc 3 pieds de longueur, 8 lignes de largeur; mais leur épaisseur, ou leur hauteur, varioit depuis 4 lignes jusqu'à 16. Ils avoient tous été pris dans une même zone ; & les couches ligneuses ont toujours été posées verticalement comme le désignent les hachures.

On fit dix autres barreaux (*Fig.* 4) qui avoient tous 8 lignes de hauteur ; mais la largeur de leurs bases étoit inégale : savoir, deux cotés *H*, avoient 4 lignes de largeur; deux cotés *I*, 8 lignes; deux cotés *K*, 12 lignes ; & deux cotés *L*, 16 lignes. On a eu l'attention de prendre tous ces barreaux dans une même zone, & on a observé que les couches annuelles fussent toujours placées perpendiculairement comme le représentent les hachures (*Fig.* 3 & 4).

Les bases sont dessinées de grandeur naturelle aux *Figures* 3 & 4. On n'a pas cru devoir faire ces barreaux d'un plus gros volume ; parce que, pour parvenir à une plus grande précision, il falloit que les couches ligneuses des barreaux à bases égales *F G* ne fussent pas si courbes par comparaison à celles des barreaux *K L*. On les a fait rompre. Voyons quelle a été leur force, & de combien ils ont plié.

ARTICLE II. *Barreaux de largeur égale,*
& de hauteurs inégales.

LE barreau *D* 1 étant chargé de 3 livres, plia de $6\frac{1}{4}$ lignes ; chargé de 5 livres, plia de 11 lignes; chargé de 10 livres, rompit par un défaut dans le bois, qui d'ailleurs étoit un peu tranché. On n'en a tenu aucun compte.

D 2, chargé de 3 livres, plia de 5 lignes; chargé de 5 livres, plia de 8 lignes; chargé de 24 liv. 14 onces, plia de 60 lignes, & rompit.

D 3, chargé de 5 livres, plia de 9 lignes; chargé de 10 livres, échappa de deſſus les ſupports. On le remit en Expérience, & étant chargé de 20 livres 14 onces, il plia de 70 lignes, & rompit.

La force moyenne des barreaux *D* 2 & *D* 3 étoit donc de 22 liv. 14 onc.

E 1, chargé de 10 livres, plia de 4 lignes; chargé de 15 livres, plia de 6 lignes; chargé de 25 livres, plia de 10 $\frac{1}{2}$ lignes; chargé de 63 liv. 10 onces, rompit.

E 2, chargé de 10 livres, plia de 3 lignes; chargé de 15 livres, plia de 5 lignes; chargé de 25 livres, plia de 9 lignes, & rompit ſous le poids de 66 liv. 14 onc.

Ainſi la force moyenne des barreaux *E* 1 & *E* 2 étoit de 65 livres 4 onces.

F 1, chargé de 25 livres, plia de 3 lignes; chargé de 50 livres, plia de 5 $\frac{1}{2}$ lignes; chargé de 75 livres, plia de 8 lignes; chargé de 100 livres, plia de 11 lignes; chargé de 144 liv. 12 onces, plia de 22 lignes, & rompit.

F 2, chargé de 25 livres, plia de 3 lignes; chargé de 50 livres, plia de 6 lignes; chargé de 75 livres, plia de 9 lignes; chargé de 100 livres, plia de 12 lignes; chargé de 148 liv. 8 onces, plia de 23 lignes, & rompit.

La force moyenne des deux barreaux *F* eſt donc de 146 liv. 10 onces.

G 1, chargé de 25 livres, plia d'une ligne; chargé de 50 livres, plia de 2 lignes; chargé de 75 livres, plia de 3 lignes; chargé de 100 livres, plia de 4 $\frac{3}{4}$ lignes; chargé de 150 livres, plia de 8 lignes; chargé de 200 livres, plia de 14 lignes; chargé de 215 livres 3 onces, rompit.

G 2, chargé de 25 livres, plia d'une ligne; chargé de 50 livres, plia de 2 $\frac{1}{2}$ lignes; chargé de 75 livres, plia de 4 lignes; chargé de 100 livres, plia de 6 lignes; chargé de 150 livres, plia de 10 lignes; chargé de 200 livres, plia de 14 lignes; chargé de 181 livres 9 onces, plia de 16 lignes, & rompit.

Ce barreau étoit un peu tranché, & ne rompit pas au milieu. La force moyenne de ces deux barreaux *G* étoit donc de 198 livres 6 onces.

Article III. *Barreaux de hauteur égale, & de largeurs inégales.*

H 1, chargé de 3 livres, plia d'une ligne $\frac{1}{4}$; chargé de 5 livres, plia de 2 $\frac{1}{2}$ lignes; chargé de 10 livres, plia de 5 lignes; chargé de 15 livres, plia de 7 lignes; chargé de 20 livres, plia de 9 lignes; chargé de 47 livres 12 onces, plia de 25 lignes, & rompit.

H 2, chargé de 3 livres, plia d'une ligne $\frac{1}{4}$; chargé de 5 livres, plia de 3 $\frac{1}{4}$ lignes; chargé de 10 livres, plia de 6 $\frac{3}{4}$ lignes; chargé de 15 livres, plia de 10 $\frac{1}{4}$ lignes; chargé de 37 liv. 7 onces, plia de 29 lignes, & rompit.

H 3, chargé de 3 livres, plia d'une ligne; chargé de 5 livres, plia de 2 lignes; chargé de 10 livres, plia de 5 lignes; chargé de 15 livres, plia de 7 $\frac{1}{2}$ lignes; chargé de 20 livres, plia de 10 $\frac{1}{4}$ lignes, & rompit.

La force moyenne de ces trois barreaux *H* étoit donc de 27 liv. 7 onces.

I 1, chargé de 5 livres, plia d'une ligne $\frac{1}{4}$; chargé de 10 livres, plia de 3 lignes; chargé de 15 livres, plia de 4 $\frac{1}{4}$ lignes; chargé de 20 livres, plia de 6 lignes; chargé de 25 livres, plia de 8 $\frac{1}{4}$ lignes; chargé de 63 livres 3 onces, plia de 30 lignes, & rompit.

I 2, chargé de 5 livres, plia d'une ligne $\frac{1}{2}$; chargé de 10 livres, plia de 3 lignes; chargé de 15 livres, plia de 5 lignes; chargé de 20 livres, plia de 7 lignes; chargé de 25 livres, plia de 9 $\frac{1}{4}$ lignes; chargé de 57 liv. 9 onces, plia de 27 lignes, & rompit.

La force moyenne de ces deux barreaux *I* étoit donc de 60 liv. 6 onces.

Il est bon de remarquer qu'à ces deux barreaux *I*, les couches ligneuses étoient dans une situation horizontale, pour les
distinguer des barreaux *E* qui étoient de même équarriffage ;
& l'on voit qu'ils ont été moins forts de 4 liv. 14 onces.

K 1, chargé de 25 livres, plia de 6 lignes ; chargé de 50 livres, plia de 12 lignes ; chargé de 75 livres, plia de 19 lignes ; chargé de 96 livres 13 ½ onces, plia de 34 lignes, &
rompit.

K 2, chargé de 25 livres, plia de 6 lignes ; chargé de 50 livres, plia de 12 ½ lignes ; chargé de 75 livres, plia de 21 lignes ; chargé de 95 livres, plia de 37 lignes, & rompit.

K 3, chargé de 25 livres, plia de 5 lignes ; chargé de 50
livres, plia de 11 lignes ; chargé de 75 livres, plia de 16 lignes ; chargé de 101 liv. 12 onces, plia de 30 lignes, &
rompit.

La force moyenne de ces trois barreaux *K*, étoit donc de
97 liv. 13 ¾ onces.

L 1, chargé de 25 livres, plia de 5 lignes ; chargé de 50 livres, plia de 11 lignes ; chargé de 75 livres, plia de 16 lignes ; chargé de 113 livres, plia de 36 lignes, & rompit.

L 2, chargé de 25 livres, plia de 4 lignes ; chargé de 50 livres, plia de 9 lignes ; chargé de 75 livres, plia de 14 lignes ;
chargé de 121 livres 13 onces, plia de 34 lignes, & rompit.

La force moyenne des deux barreaux *L* étoit donc de 117
livres 6 ½ onces.

A r t i c l e **IV.** *Récapitulation & comparaison de
la force des barreaux de même maſſe, qui ne différoient que par leur poſition ſous la charge.*

H & *D*, 32 lignes de solidité : *H* a porté 42 livres, &
D, 22 livres 14 onces.

E & *I*, tous deux 64 lignes de solidité, même équarriffage ;
la seule différence consistoit en ce que à *E* les couches annuelles étoient verticales, & à *I*, elles étoient horizontales. Pour

cette raison, *E* a porté 65 liv. 4 onces, & *I* seulement 60 liv. 6 onces.

F & *K*, tous deux 96 lignes de solidité : *F*, qui étoit sur le champ, a porté 146 liv. 10 onces, & *K*, qui étoit sur le plat, n'a porté que 97 liv. 13 $\frac{1}{4}$ onc.

G & *L*, tous deux ayant 128 lig. de solidité : *G* a porté 198 liv. 6 $\frac{1}{2}$ onces, & *L*, qui étoit chargé sur le plat, n'a porté que 117 liv. 6 $\frac{1}{2}$ onces.

En examinant les bouts rompus, on a cru pouvoir distinguer les fibres qui en rompant ont souffert une compression, de celles qui ont souffert une dilatation : & si cette distinction est juste, la ligne de séparation a paru, dans toutes les pieces, être au-dessous du milieu de la hauteur de la piece environ d'une demi-ligne, ou d'une ligne, ou au plus d'une ligne & demie ; mais jamais au milieu. Cependant nous ne donnons point cette observation comme exacte.

ARTICLE V. *Autres Expériences faites dans les mêmes vues que les précédentes, pour connoître, dans les barreaux de même volume, quelle est la forme d'équarrissage qui les rend capables d'une plus grande résistance.*

ON a fait 20 barreaux de même longueur, & qui portoient tous 100 lignes de base, mais qui avoient différents équarrissages. Pour abréger, je ne rapporterai que les forces moyennes, & je ne parlerai point de leur courbure.

Quatre barreaux qui avoient 10 lig. de hauteur & 10 lig. de largeur, ont porté 131 liv.

Quatre barreaux qui avoient 12 lig. de hauteur sur 8 $\frac{1}{3}$ lig. de largeur, ont porté 154 liv.

Quatre barreaux qui avoient 14 lig. de hauteur & 7 $\frac{1}{7}$ lig. de largeur, ont porté 164 liv.

Quatre barreaux qui avoient 16 lig. de hauteur & 6 $\frac{1}{4}$ lig. de largeur, ont porté 180 liv.

Quatre barreaux qui avoient 18 lig. de hauteur & 5 ½ lig. de largeur, ont porté 243 liv.

Ces Expériences, comme les précédentes, font voir que les forces des barreaux font à peu près en même raifon que leur hauteur.

ARTICLE VI. *Expériences pour connoître quelle eſt la force d'un barreau d'une piece, comparé à un autre qui feroit formé de trois planches collées les unes fur les autres, & chargées de champ.*

VOYANT, par les Expériences que nous venons de rapporter, qu'une piece méplate eſt beaucoup plus forte quand on la charge fur fon roide, que quand elle l'eſt fur fon plat, nous nous fommes propofés de comparer la force d'un barreau qui feroit d'une feule piece avec la force d'un autre barreau, de pareilles dimenfions, qui feroit formé par trois planches collées les unes fur les autres. Dans cette vue, nous avons fait faire deux barreaux qui avoient 3 pieds de longueur aa, 9 lignes de largeur DE, & 18 lignes de hauteur FD : un (*Fig.* 2) étoit d'un feul morceau, & l'autre (*Figure* 5) étoit formé de trois planches A, B, C, collées les unes fur les autres. Pour connoître quelle étoit la force de ces deux barreaux, nous les avons fait rompre, & nous avons obfervé de combien ils plioient étant chargés de 25 livres, puis de 50, puis de 75, &c. jufqu'à les faire rompre. Voici le détail de nos Obfervations.

§ 1. *Elaſticité & force d'un Barreau d'une piece, & des dimenſions que nous venons de rapporter.*

CHARGÉ de 25 livres, il plia d'une demi-ligne; chargé de 50 livres, il plia d'une ligne; chargé de 75 livres, il plia de 1 ⅓ ligne; chargé de 100 livres, il plia de 2 ½ lignes; chargé de 125 livres, il plia de 3 lignes; chargé de 150 livres, il plia

de

de $3\frac{1}{3}$ lignes; chargé de 175 livres, il plia de $4\frac{1}{4}$ lignes; chargé de 200 livres, il plia de $4\frac{3}{4}$ lignes; chargé de 225 livres, il plia de $5\frac{1}{4}$ lignes; chargé de 250 livres, il plia de $5\frac{1}{2}$ lignes; chargé de 275 livres, il plia de $6\frac{1}{4}$ lignes; chargé de 300 livres, il plia de 7 lignes; chargé de 325 livres, il plia de 8 lignes; chargé de 350 livres, il plia de 9 lignes; chargé de 370 liv. 12 onces, il plia de 11 lignes, & rompit.

§ 2. *Elasticité & force d'un Barreau formé de trois planches collées les unes sur les autres, & posées de champ, ayant les mêmes dimensions que la piece précédente.*

CHARGÉ de 25 livres, il plia de deux tiers de lignes; chargé de 50 livres, il plia de $1\frac{1}{4}$ ligne; chargé de 75 livres, il plia de $2\frac{1}{4}$ lignes; chargé de 100 livres, il plia de 3 lignes; chargé de 125 livres, il plia de $3\frac{1}{3}$ lignes; chargé de 150 livres, il plia de $4\frac{2}{3}$ lignes; chargé de 175 livres, il plia de $5\frac{1}{4}$ lignes; chargé de 200 livres, il plia de $5\frac{1}{4}$ lignes; chargé de 225 livres, il plia de $6\frac{1}{4}$ lignes; chargé de 250 livres, il plia de $7\frac{1}{4}$ lignes; chargé de 275 livres, il plia de 10 lignes; chargé de 300 livres, il plia de 11 lignes, & ce barreau rompit sans que les planches se fussent séparées en aucune façon : elles étoient aussi exactement jointes les unes aux autres, aux endroits où elles n'étoient point rompues, que si elles eussent été d'un seul morceau. On peut remarquer que comme ces planches étoient de champ, elles ne faisoient point effort pour glisser comme elles auroient fait, si elles avoient été posées de plat. Je suis fâché que nous n'ayons pas fait rompre un pareil barreau en le chargeant de plat; mais ce barreau de planches est de 70 liv. 12 onc. plus foible que celui qui étoit entier : ce qui peut dépendre de ce que les fibres avoient été tranchées par la scie de long, lorsqu'on les avoit réduites en planches.

ARTICLE VII. *Expériences faites pour éprouver la force des Barreaux d'une seule piece, & de même équarriſſage, mais de différentes longueurs.*

ON a fait 6 barreaux de Pin du Nord (*Pl. XXIV*, *fig.* 6) de 7 ½ lignes de largeur, & de 10 ½ lignes de hauteur; mais de trois longueurs différentes, ſavoir:

Deux barreaux marqués *D*, qui avoient en longueur 45 fois leur hauteur, ce qui faiſoit 3 pieds 3 pouces 4 ½ lignes.

Deux autres barreaux marqués *E*, qui avoient un cinquiemé moins de longueur que les premiers, ou 36 fois leur hauteur, ce qui faiſoit 2 pieds 7 pouces 6 lignes.

Deux autres barreaux marqués *F*, qui avoient un cinquieme moins de longueur que les ſeconds, ou 28 fois ⅘ leur hauteur, ce qui faiſoit 2 pieds 1 pouce 2 lig.

D 1, chargé de 25 livres, plia de 4 ½ lignes ; chargé de 50 liv. plia de 9 ½ lignes; chargé de 75 liv. plia de 16 lignes ; chargé de 100 liv. plia de 16 lignes, & rompit étant chargé de 122 liv. 5 onc.

D 2, chargé de 25 livres, plia de 4 ½ lignes ; chargé de 50 liv. plia de 10 ½ lignes ; chargé de 75 liv. plia de 16 lignes, chargé de 100 liv. plia de 28 lignes, & rompit.

La force moyenne de ces deux barreaux étoit donc de 111 liv. 2 ½ onces.

E 1, chargé de 25 livres, plia de 2 lignes ; chargé de 50 liv. plia de 4 ½ lignes ; chargé de 75 liv. plia de 7 lignes ; chargé de 100 liv. plia de 10 lignes ; chargé de 125 liv. plia de 15 lignes; chargé de 145 liv. rompit.

E 2, chargé de 25 livres, plia de 1 ¾ lignes ; chargé de 50 liv. plia de 4 ½ lignes ; chargé de 75 liv. plia de 6 ¾ lignes ; chargé de 100 liv. plia de 10 lignes ; chargé de 146 liv. 12 onc. plia de 26 lignes, & rompit.

Ainſi la force moyenne de ces deux barreaux *E* eſt de 145 liv. 14 onces.

F 1, chargé de 25 livres, plia de trois quarts de ligne ; chargé de 50 liv. plia de 2 ¼ lignes; chargé de 75 liv. plia de 4 lignes; chargé de 100 liv. plia de 5 lignes; chargé de 125 liv. plia de 9 lignes; chargé de 184 liv. plia de 50 lignes, & rompit.

F 2 ayant des défauts confidérables, on n'a pas tenu compte de fa force, & nous comptons pour la force des barreaux F 2 celle de F 1, qui eft de 184 liv. 5 onc.

Force moyenne de ces barreaux.

D, 111 liv.   2 onces & demie.
E, 145   14
F, 184   5

R E M A R Q U E.

La force de ces barreaux eft à peu près en raifon de leur longueur : il nous a femblé qu'on pouvoit appercevoir, après la rupture, les fibres qui avoient été en compreffion, & les diftinguer de celles qui avoient été en dilatation. Si cela eft, la ligne de féparation s'eft conftamment trouvée un peu au-deffous de la moitié de l'épaiffeur des barreaux.

ARTICLE VIII. *Expériences faites dans les mêmes vues que les précédentes.*

CES Expériences font une répétition des précédentes, excepté que les barreaux ont été rompus étant affujettis fur un établi (*Pl. XXIII, fig. 26*). On a mefuré la longueur des barreaux depuis *c* jufqu'à *b* ; ils avoient tous un pouce d'équarriffage ; mais les fix barreaux cotés *A* avoient 3 pieds 10 pouces de longueur, & les fix barreaux cotés *B* n'avoient qu'un pied 11 pouces de longueur.

A 1 a rompu étant chargé de 51 livres : fon raccourciffement, à compter de la ligne *g g*, a été de 15 lignes.

A 2 a rompu étant chargé de 45 livres.

A 3 a rompu étant chargé de 47 livres : fon raccourciffement a été de 18 lignes.

O o o ij

A 4 ayant plié de 11 lignes, a rompu chargé de 45 livres : son raccourcissement a été de 9 lignes.

A, 5 ayant plié de 7 lignes, a rompu chargé de 58 livres : son raccourcissement ayant été de 21 lignes.

A 6 ayant plié de 11 lignes, a rompu chargé de 47 livres : son raccourcissement a été de 14 lignes.

B 1 étant chargé de 50 livres, a plié de 2 lignes ; a rompu étant chargé de 105 livres, s'étant raccourci de 11 lignes.

B 2 étant chargé de 50 livres, a plié de 3 lignes ; a rompu étant chargé de 131 livres, s'étant raccourci de 11 lignes.

B 3 étant chargé de 50 livres, a plié de 3 lignes ; a rompu étant chargé de 112 livres, s'étant raccourci de 9 lignes.

B 4 étant chargé de 50 livres, a plié de 5 lignes ; a rompu étant chargé de 110 livres, s'étant raccourci de 15 lignes.

B 5 étant chargé de 50 livres, a plié de 3 lignes ; a rompu étant chargé de 104 livres, s'étant raccourci de 7 lignes.

B 6 étant chargé de 50 livres, a plié de 3 lignes ; a rompu étant chargé de 112 livres, s'étant raccourci de 12 lignes.

Nous avons dit plus haut que cette façon d'éprouver la force des barreaux est incertaine.

CHAPITRE VIII.

Des Barreaux d'assemblage qu'on nomme Armés.

APRÈS avoir rapporté quantité d'Expériences qui établissent 1°, Quelle est la force des bois de Chêne de différentes qualités, & de plusieurs especes de bois des Isles, d'après les Expériences de M. de Cossigny :

2°, Quelle est la force du bois de Sapin du Nord, pris au centre de l'arbre, & à différentes distances jusqu'à l'aubier :

3°, Quelle est la force des barreaux de même solidité ; les uns ronds, les autres quarrés :

4°, Quelle eft la force des barreaux quarrés de même longueur, & de pareille folidité, mais de différents équarriffages:

5°. Quelle eft la force des barreaux de même équarriffage
& de différentes longueurs.

Après avoir rapporté toutes les Expériences que nous avons
faites fur des barreaux d'une piece, il étoit très-intéreffant de
connoître quelle eft la force des barreaux d'affemblage, ou
de plufieurs pieces, puifqu'on en fait ufage dans les Architec-
tures Civile, Navale & Militaire, où l'on appelle les pieces
d'affemblage des *poutres*, ou des *baux armés*. Nous nous fommes donc propofés de connoître, par des Expériences exécutées avec foin, quelle eft la force de ces pieces d'affemblages,
comparée avec la force des pieces qui font d'un feul morceau.

Il eft bon, avant d'entrer en matiere, de fe rappeller d'abord
les Expériences que nous avons imaginées & exécutées pour
faire concevoir l'idée que nous avions prife fur la diftinction
des fibres qui, dans une piece que l'on charge, font en compreffion ou en dilatation. Il faut fe rappeller, 1°, Qu'ayant fait
rompre des barreaux entiers, leur force moyenne s'eft trouvée de 144 livres.

2°, Que des foliveaux de même folidité que nous avions
fciés du tiers de leur épaiffeur, le trait de la fcie étant rempli par une planche de bois dur, ont porté 132 livres.

3°, Que de pareils barreaux, fciés de la moitié de leur épaiffeur, ont porté 136 livres.

4°, Enfin que des barreaux fciés des deux tiers de leur épaiffeur, ont encore porté 136 livres.

Et je prends ici les Expériences les moins favorables : car
ayant rempli le trait de fcie avec des coins qui étoient un
peu à force, mes barreaux fe font trouvés en état de fupporter
un poids beaucoup plus confidérable que les barreaux entiers.

Nous avons donc prouvé, par raifonnement & par Expériences, premiérement, que dans une poutre qui eft foutenue
par fes extrémités, & chargée à fon milieu, il y a des fibres qui font en condenfation, & d'autres en dilatation.

Secondement, que fouvent la fomme des fibres qui font

en condenſation eſt beaucoup plus conſidérable que la ſomme des fibres qui ſont en dilatation.

Troiſiémement, que le rapport de la ſomme des fibres qui ſont en condenſation à la ſomme des fibres qui ſont en dilatation, eſt variable ſuivant différentes cauſes phyſiques : ſavoir, 1°, la diſpoſition que les fibres ont à ſe condenſer ou à s'étendre ; 2°, la force propre des fibres de différents bois ; 3°, le degré de courbure que les pieces de bois prennent ſous la charge, &c.

Quatriémement, que la force des fibres ligneuſes qui ſont comprimées dans le ſens de leur longueur, ainſi que celle des mêmes fibres qui ſont tirées ſuivant cette même direction, eſt très-conſidérable.

Cinquiémement, que la force des pieces de bois ſeroit des plus grandes, ſi les fibres qui les compoſent n'étoient ni compreſſibles ni dilatables.

Sixiémement, que la force de ces pieces dépend encore beaucoup de la cohérence des fibres & des couches ligneuſes les unes avec les autres.

J'ai déja annoncé que ces connoiſſances devoient jetter un jour ſur la force des pieces différemment armées : je me propoſe maintenant de faire l'application de ces principes pour connoître, par Expérience, quelle eſt la meilleure maniere d'armer les poutres, les baux, &c.

On eſt d'abord étonné de voir qu'en ſciant une piece de bois du quart, & encore mieux de la moitié, même des trois quarts de ſon épaiſſeur, elle ſoit au moins auſſi forte que ſi elle étoit entiere. Mais quand on ſait que les baux de pluſieurs pieces ſont au moins auſſi forts que ceux qui ſont d'un ſeul morceau, on conçoit que leur force dépend de la même cauſe qui produit la force de nos barreaux ſciés en deſſus.

Dans la façon d'armer la plus commune, la piece *A* (*Pl. XXIV, fig.* 7 *&* 8) qu'on nomme *la Meche*, eſt d'un ſeul morceau, & les deux pieces *B B*, qu'on nomme les *Armures* ou les *Jumelles*, ſe joignent exactement au milieu en *D*, & s'appuyent bout à bout l'une contre l'autre. On fait, par Expérience, que ces baux font au moins auffi forts que ceux d'une piece : ils font cependant comme fciés en *D*, fuivant l'ufage ordinaire, des deux cinquiemes de l'épaiffeur de la piece *E D*. Le foin que l'on a de faire enforte que les pieces *B B* fe butent en *D*, équivaut au coin de bois fec que nous avons mis dans le trait de fcie de nos barreaux, & les endents *c c c* empêchent que les pieces ne gliffent l'une fur l'autre ; c'eft en quoi confifte la force des poutres armées.

Tous les gros mâts font faits de pieces d'affemblage. Les jumelles font jointes avec la meche par des endents, comme on le voit au Livre précédent (*Pl. XIV*, *fig.* 3 *&* 4). On a voulu imiter cet affemblage pour les baux (*Pl. XXIV*, *fig.* 9). *A* eft la meche qui a, fi l'on veut, 11 pouces de largeur & 13 pouces d'épaiffeur : *B B* font des jumelles, ou armures latérales, de 3 pouces d'épaiffeur, & dont la largeur eft égale à la hauteur du bau ou de la poutre : le côté du bau fe préfente comme la *Figure* 10.

On fait auffi des baux de deux pieces pofées à côté l'une de l'autre, comme on le voit dans la *Figure* 11, où le bau eft repréfenté vu par fa face de deffus, ou par fa face de deffous : les deux pieces *A* & *B*, pofées à côté l'une de l'autre, forment des écarts qui s'étendent depuis *C* jufqu'à *D*.

On a fait encore des baux de trois pieces, tels que celui de la *Figure* 12, qui eft vu par la face de deffus, ou par celle de deffous.

Enfin on en a encore fait avec des bordages pofés de champ & endentés les uns dans les autres, comme le font les jumelles des mâts avec leurs meches. Ceux-là different peu du barreau formé de trois planches collées les unes fur les autres, dont nous avons éprouvé la force.

Ayant fait exécuter avec du bois de noyer toutes ces efpeces d'armures, & ayant chargé les barreaux d'un poids affez confidérable, non pas cependant fuffifant pour les faire rompre ; le barreau d'une piece fut celui qui perdit le premier fa *tonture*, ou la courbure qu'on a coutume de lui donner ; & celui qui eft repréfenté (*Figures* 7 *&* 8), ainfi que celui qui étoit formé de quatre bordages pofés de champ, & joints les uns aux autres par des endents, fléchit moins que les autres.

Mais nous avons fait des Expériences avec plus de foin : il faut les rapporter ; & comme les barreaux (*Figures* 7 *&* 8) me paroiffent mieux armés que les autres, c'eft de ceux-là que je vais d'abord parler.

Toutes les Expériences dont nous allons donner le détail ont été faites avec du Pin du Nord, en prenant toutes les précautions que nous avons rapportées au commencement de ce Livre, pour que les barreaux fuffent les plus femblables qu'il feroit poffible : ainfi nous ne répéterons point ce que nous avons dit.

Nous avons donc cru devoir commencer par examiner la façon d'armer les poutres & les baux (*Figures* 7 *&* 8) parce qu'elle nous a paru la plus fimple, une des plus parfaites, & la plus ufitée. Or, fuivant les principes que nous avons établis au commencement de ce Livre, les fibres qui font vers K font en condenfation, pendant que celles qui font vers E font en dilatation. Ceci bien entendu, on conçoit que les deux pieces d'armures qui s'appuient bout à bout, forment un bon point d'appui en D, capable de réfifter auffi bien à la condenfation que fi elles n'en étoient qu'une, pourvu toutefois qu'elles foient bien ferrées l'une contre l'autre ; & fi cela n'étoit pas, il faudroit chaffer entre elles un coin qui augmentât la preffion, comme on l'a fait aux barreaux coupés par un trait de fcie. A cet égard la poutre armée doit donc être auffi forte que fi elle étoit d'une feule piece : c'eft une conféquence directe de ce que j'ai établi plus haut.

Les fibres qui font vers E entrent en tenfion : c'eft pourquoi la piece A, qui fait l'office de tirant, eft d'un feul morceau dans toute la longueur de la poutre ou du bau. Et comme les Expériences que j'ai rapportées plus haut, prouvent que la fomme des fibres qui font en condenfation eft communément plus grande que celle des fibres qui font en dilatation, en faifant voir qu'un barreau fcié aux deux tiers de fa hauteur n'eft point affoibli, on doit en conclure que la piece A fera affez forte fi elle s'étend à la moitié de l'épaiffeur de la poutre.

Il

Il suit de ces considérations que la poutre armée doit être aussi forte que si elle étoit d'une seule piece. Mais ces deux éléments ne renferment pas toutes les circonstances qui doivent concourir pour rendre une poutre très-forte. Nous avons prouvé que la cohérence des couches ligneuses est une condition très-importante : ainsi pour que la poutre armée dont il s'agit, soit aussi forte que si elle étoit d'une piece, il faut que les pieces d'armure BB (*Pl. XXIV, fig.* 7) soient aussi intimement jointes à la meche A que si le tout étoit d'un seul morceau : il faut que BB ne puisse glisser sur A. Les endents $c\,c\,c$, &c. sont bien propres à produire cet effet ; & plus ils seront profonds, plus la cohérence des pieces sera grande : mais en augmentant la profondeur des endents, on tranche d'autant plus les fibres de la piece A ; on la rend donc moins capable de résister à la dilatation : ce qui fait appercevoir que pour donner à la poutre, ainsi armée, toute la force possible, il faut que les endents aient une profondeur déterminée, de maniere que la cohérence des armures avec la meche soit suffisamment grande sans trop affoiblir la piece A. Nous avons cherché à déterminer par des Expériences ce point avantageux : mais il y a bien d'autres choses à connoître. Il faut examiner s'il y a à gagner en donnant aux poutres armées, ou aux baux, une convexité, ou un bouge $F\,M$, qu'on nomme *la Tonture* ; & pour rendre cette Expérience exacte, il ne faut pas charger tout d'un coup les pieces du poids qui doit les faire rompre : il faut les laisser supporter quelque temps leur fardeau, afin de s'assurer si elles seront long-temps en état de conserver leur tonture. J'ajoute qu'il faut, pour parvenir à une plus grande économie des bois longs qui sont les plus rares, essayer de faire les meches, ainsi que les jumelles d'empature, d'un plus grand nombre de pieces courtes ; il faut examiner comment, & à quel endroit se fait la rupture, &c. Nous allons suivre séparément ces différents objets, consultant toujours l'Expérience.

P p p

Article I. *Préparation pour les Expériences.*

Avant que de faire des pieces armées de plusieurs façons diffé-rentes, dans la vue de parvenir à faire avec plusieurs pieces courtes empatées ou assemblées les unes avec les autres, les poutres des bâtiments civils, les baux & les quilles des bâ-timents de mer, &c. sans perdre de la force qu'elles ont quand elles sont d'une seule piece ; nous avons fait faire des barreaux de Pin du Nord, donnant la préférence à ce bois parce qu'il nous a paru d'un tissu plus uniforme que tous autres : de plus, pour avoir des bois plus comparables eu égard à la qualité, à l'âge, à l'exposition, & dont chaque morceau fût composé d'un pareil nombre de couches ligneuses, nous les avons tirés d'un même billon ; nous les avons pris d'un même côté comme *A* (*Pl. XXII, fig.* 22), à une même distance du cœur, comme de l'orbe *B*, ou de l'orbe *C* ; enfin toutes les pieces, tant des meches que des armures, ont toujours été assemblées dans un même sens, les couches ligneuses étant dans une situation perpendiculaire relativement à la di-rection du poids qui les chargeoit comme *E* & *F* (*Pl. XXIV, fig.* 13). Je passe rapidement sur toutes ces attentions ; il me suffit de rappeller ce que j'en ai dit fort au long au commen-cement de ce Livre.

Voici la méthode qu'on a suivie pour faire les barreaux ar-més avec exactitude.

La piece inférieure *A B* (*Pl. XXV, fig.* 17) étoit parfaite-ment droite & de fil pour qu'elle ne fût pas tranchée ; on y fai-soit les endents *F.G* & *f g*, &c. plus ou moins profonds sui-vant les vues qu'on se proposoit. On la courboit ensuite, en la faisant plier sur une calle *K L*, qu'on faisoit plus ou moins épaisse suivant qu'on vouloit que la courbure fût plus ou moins considérable. On l'arrêtoit par les extrémités *A B* sur la table d'un établi *P Q* ; ensuite on traçoit les endents des pieces d'armure en les appliquant sur le côté de la piece courbé, après quoi on creusoit les endents en suivant le trait. Les en-dents étant exactement faits, on assembloit les pieces d'armures

fur la meche ; on les arrêtoit avec des clous , & tout cela étoit
affez exactement exécuté pour que la piece armée parût être
d'un feul morceau. Quand on la détachoit de deffus l'établi ,
elle fe redreffoit fort peu.

Article II. *Expériences pour connoître la force
de reffort & la force abfolue des Barreaux armés,
comparées à celles des Barreaux qui font d'une feule
piece.*

Nous avons fait faire quatre barreaux droits (*Pl. XXIV,
fig.* 14) tout d'une piece , & qui n'étoient point armés : ils
avoient 7 $\frac{1}{2}$ lignes de largeur , 15 lignes de hauteur : on les a
numérotés *A , B , C , D.*

A , chargé de 80 livres, a plié de 5 lignes $\frac{1}{4}$; & a rompu ,
étant chargé de 196 livres 7 onc.

B , chargé de 80 livres, a plié de 5 lignes ; & a rompu ,
étant chargé de 186 livres.

C , chargé de 80 livres , a plié de 5 $\frac{1}{2}$ lignes ; & a rompu ,
étant chargé de 182 livres 15 onc.

D , chargé de 80 livres, a plié de 6 $\frac{1}{2}$ lignes ; & a rompu ,
étant chargé de 160 livres.

La force moyenne de ces barreaux s'eft donc trouvée de
181 livres 5 onces.

Ayant reconnu la force des barreaux d'une piece , nous avons
fait faire quatre autres barreaux armés ; mais ils étoient tout
droits (*Figure* 15) , & on avoit obfervé de ne leur donner aucun
bouge , afin qu'ils fuffent plus comparables aux barreaux d'une
feule piece. La meche , ainfi que les pieces d'armures, avoient
chacune 7 $\frac{1}{2}$ lignes d'épaiffeur non compris les endents ; ainfi les
deux faifoient un barreau de 15 lignes de hauteur , les endents
avoient 2 lignes de profondeur. Ces barreaux furent numérotés
E , F , G , H.

E , chargé de 80 livres , plia de 5 $\frac{1}{2}$ lignes ; & rompit ,
étant chargé de 118 liv. 13 onc.

F , chargé de 80 livres , plia de 5 $\frac{1}{4}$ lignes ; & rompit ,
étant chargé de 126 livres 4 onc.

G, chargé de 80 livres, plia de 4 $\frac{1}{4}$ lignes; & rompit, étant chargé de 99 livres 7 $\frac{1}{2}$ onces.

H, chargé de 80 livres, plia de 6 $\frac{1}{2}$ lignes; & rompit, étant chargé de 160 livres.

La force moyenne de ces barreaux s'est donc trouvée de 126 livres 2 onces.

Conséquences des précédentes Expériences.

LES pieces armées ont donc moins plié sous la charge, que celles qui étoient entieres : cependant elles se sont trouvé plus foibles. Il est vrai qu'elles étoient droites, & que les pieces armées sont ordinairement courbes. D'ailleurs nous ignorions alors bien des choses qui importent à la force des pieces armées : nous nous proposâmes donc de mettre en comparaison des barreaux qui auroient une pareille courbure.

ARTICLE III. *Expériences pour mettre en comparaison deux Barreaux auxquels on avoit fait trois traits de scie pour leur faire prendre une courbure pareille à celle de deux pieces armées à l'ordinaire qu'on vouloit leur comparer.*

Nous désirions avoir des bois courbes ; mais nous ne voulions pas qu'ils fussent tranchés : c'est pourquoi nous fîmes faire deux petits barreaux de 3 pieds de longueur, 7 $\frac{1}{2}$ lign. de largeur *g h*, & 15 lign. de hauteur *g i*, (*Pl. XXV, fig.* 1). On fit à la partie supérieure trois traits de scie *e b f*, de 6 lignes de profondeur, & on les remplit avec des coins qu'on força assez pour faire prendre à ces barreaux une courbure dont la fleche étoit *c d* : ces deux barreaux furent numérotés *A* & *B*.

A, chargé de 90 livres, plia de 12 lignes ; & étant chargé de 151 livres 14 onces, il rompit.

B, chargé de 90 livres, plia de 12 lignes ; & étant chargé de 165 livres 4 onces, il rompit.

Ainsi la force moyenne de ces deux barreaux étoit de 158 livres 9 onces.

On a répété cette Expérience sur deux autres barreaux : leur force moyenne a encore été de 158 liv.

Nous fîmes faire deux barreaux armés à l'ordinaire (*Figure* 2) qui avoient , comme les autres, 7 $\frac{1}{2}$ lignes de largeur K H, & 15 lignes de hauteur K I : les endents avoient deux lignes de profondeur. Les deux armures E , B , avoient 6 lignes de hauteur comme les traits de scie *e b f* (*Figure* 1). Ils furent numérotés C, D ; & la fleche de leur courbure C D , étoit égale à *c d*.

C , étant chargé de 77 livres , plia de 12 lignes ; & étant chargé de 111 livres 12 onces, il rompit.

D , étant chargé de 72 livres , plia de 12 lignes ; & étant chargé de 104 livres 12 onces, il rompit.

La force moyenne de ces barreaux étoit donc de 108 liv. 4 onces.

Deux barreaux tout pareils, excepté que les endents n'avoient que 1 $\frac{1}{2}$ lign. de profondeur, n'ont eu de force moyenne que 108 livres.

Conséquences des Expériences précédentes.

On voit que les barreaux sciés en dessus (*Figure* 1) , se sont trouvés de 50 livres 5 onces plus forts que ceux qui étoient armés , & de 32 livres 7 onces plus forts que les barreaux entiers & droits de l'Expérience précédente (*Pl. XXIV*, *fig.* 14). Nous avons dit que la profondeur des endents devoit beaucoup influer sur la force des pieces armées : c'est ce que nous allons examiner dans l'article suivant.

ARTICLE IV. *Expériences pour connoître quelle doit être la profondeur des endents, afin que les pieces armées soient capables d'une plus grande résiſtance.*

Nous avons cru, pour les raiſons que nous avons déja rapportées, qu'il étoit néceſſaire de connoître d'abord quelle doit être la profondeur des endents *b c* (*Pl. XXV*, *fig.* 3) relativement à la groſſeur des pieces *F E* & *G K*, pour les rendre capables de la plus grande force à groſſeur pareille. Car en ſuppoſant des poutres armées de même longueur, & de même équarriſſage, nous avons penſé, pour les raiſons que nous avons rapportées, que des endents plus ou moins profonds devoient influer ſur la force & le reſſort des pieces armées.

Pour nous en éclaircir, nous avons fait faire douze barreaux armés, de 3 pieds de longueur, de 15 lignes de hauteur *K F* (*Figure 3*) & de 9 lignes de largeur *I K*. Chaque barreau étoit formé de trois pieces : la meche *E F* avoit toute la longueur du barreau, & étoit de même longueur que les deux armures ou jumelles *G H* & *K H* : à quatre de ces barreaux armés, les endents avoient une ligne de profondeur : à quatre autres, les endents avoient 2 lignes ; & enfin à quatre autres, les endents avoient $2\frac{1}{2}$ lignes.

Nous avons fait prendre à la meche, ou à la piece *E F*, une courbure telle que la fleche *D C* (*Figure* 2) avoit 12 lignes de longueur. Les pieces d'armures *G H*, *K H*, ont été aſſemblées ſur la piece *E F*, comme nous l'avons expliqué plus haut. On a enſuite cloué, les unes aux autres ces pieces aſſemblées, avec des clous faits exprès d'égale groſſeur, & qu'on a mis à des diſtances pareilles. Quand les barreaux, ainſi armés, ont été mis en liberté, ils ſe ſont redreſſés au plus d'une ligne, de ſorte que la fleche *C D* avoit, à très-peu près, 11 lignes de longueur.

Voici quelle a été leur force.

§ 1. *Pieces dont les endents avoient une ligne de profondeur.*

N°. 1 . . . . . 220 liv.
  2 235
  3 235
  4 225
}Force moyenne, 228 liv. 12 onc.

§ 2. *Pieces dont les endents avoient deux lignes de profondeur.*

N°. 1 . . . . . 180 liv.
  2 195
  3 185
  4 122
}Force moyenne, 170 liv. 8 onc.

§ 3. *Pieces dont les endents avoient deux lignes & demie de profondeur.*

N°. 1 . . . . . 215 liv.
  2 195
  3 215
  4 160
}Force moyenne, 196 liv. 4 onc.

A*RTICLE* V. *Expériences pour connoître dans les poutres armées, quelle doit être la profondeur des endents, relativement au volume du bois qu'on veut employer.*

L*ES* Expériences dont nous allons rendre compte, ont été faites avec plus de précautions que les précédentes, & avec du bois de Chêne. Nous suppofons ici qu'on a trois pieces de bois d'un même équarriffage : une *E F* (*Figure* 4) pour faire la meche, & deux *G H*, *K H*, pour faire les armures. Il s'agit de favoir fi en joignant ces trois pieces, il fera avantageux de faire les endents plus ou moins profonds. En augmentant la profondeur des endents, on augmente l'engrenage des pieces,

& l'on préfente plus de furface à la fomme des fibres qui font
en contraction : il fera prouvé dans la fuite que ce point eft
très-avantageux. Mais on diminue d'autant l'épaiffeur *A H* de
la piece ; ce qui doit l'affoiblir. Les Expériences que nous allons
rapporter, font pour décider quelle doit être la jufte profondeur
des endents lorfque l'équarriffage des pieces eft donné. On a
donc pris 28 barreaux de bois de Chêne dans un même billon
& dans un même orbe : ils avoient 3 pieds de longueur, 12
lignes de hauteur, & 10 lignes de largeur : ayant été affem-
blés les uns fur les autres, ils ont fait 14 barreaux armés, qui,
deux à deux, ont été entaillés à différentes profondeur pour
faire les endents plus ou moins confidérables.

§ 1. *P R E M I E R E   E X P É R I E N C E.*

A deux barreaux, les endents *b c* (*Figure 3*) avoient demi-ligne de profondeur : leur hauteur totale *A H* étoit de
23 lignes.

L'un de ces barreaux, N°. 1, étant chargé de 300 livres,
plia de 9 lignes ; & rompit, étant chargé de 375 livres.

L'autre barreau, N°. 2, étant chargé de 300 livres, plia
de 10 lignes ; & rompit, étant chargé de 350 livres.

La force moyenne de ces barreaux qui étoient endentés
d'$\frac{1}{24}$, étoit donc de 362 $\frac{1}{2}$ livres.

§ 2. *S E C O N D E   E X P É R I E N C E,*

Un barreau, N°. 3, dont les endents étoient d'une ligne,
& l'épaiffeur *A H* de 22 lignes, étant chargé de 300 livres,
plia de 5 lignes ; & rompit, étant chargé de 500 livres.

Un barreau femblable, N°. 4, étant chargé de 300 livres,
plia de 5 lignes ; & rompit, étant chargé de 475 livres.

La force moyenne de ces deux barreaux, qui étoient endentés d'$\frac{1}{12}$, étoit donc de 487 $\frac{1}{2}$ livres.

§ 3.

§ 3. TROISIEME EXPÉRIENCE.

UN barreau, N°. 5, dont les endents étoient d'une $\frac{1}{8}$ ligne, & l'épaiffeur $A H$ de 21, étant chargé de 300 livres, plia de 5 lignes ; & rompit, étant chargé de 580 livres.

Un barreau femblable, N°. 6, étant chargé de 300 livres, plia de 5 lignes ; & rompit, étant chargé de 602 liv.

La force moyenne de ces deux barreaux, qui étoient endentés d'un huitieme, étoit donc de 591 liv.

§ 4. QUATRIEME EXPÉRIENCE.

UN barreau, N°. 7, dont les endents étoient de 2 lignes, & l'épaiffeur $A H$ (*Fig.* 4) de 20 lignes, étant chargé de 300 livres, plia de 5 $\frac{1}{2}$ lignes ; & rompit, étant chargé de 604 liv.

Un barreau femblable, N°. 8, étant chargé de 300 livres, plia de 6 $\frac{1}{2}$ lignes ; & rompit, étant chargé de 550 liv.

La force moyenne de ces deux barreaux, qui étoient endentés d'un fixieme, étoit donc de 577 liv.

§ 5. CINQUIEME EXPÉRIENCE.

UN barreau, N°. 9, dont les endents étoient de 2 $\frac{1}{2}$ lignes, & l'épaiffeur $A H$ de 19 lignes, étant chargé de 300 livres, plia de 6 $\frac{1}{4}$ lignes ; & rompit, étant chargé de 545 liv.

UN barreau femblable, N°. 10, étant chargé de 300 livres, plia de 6 $\frac{1}{2}$ lignes ; & rompit, étant chargé de 555 liv.

La force moyenne de ces deux barreaux, qui étoient endentés d'un cinquieme, étoit donc de 550 liv.

§ 6. SIXIEME EXPÉRIENCE.

UN barreau, N°. 11, dont les endents étoient de 3 lignes, & l'épaiffeur $A H$ (*Pl. XXV. fig.* 4) de 18 lignes, étant

Q q q

chargé de 300 livres, plia de $5\frac{1}{3}$ lignes; & rompit, étant chargé de 575 livres.

Un barreau semblable, N°. 12, étant chargé de 300 livres, plia de 6 lignes; & rompit, étant chargé de 500 liv.

La force moyenne de ces deux barreaux, qui étoient endentés d'un quart, étoit donc de $537\frac{1}{2}$ livres.

§ 7. SEPTIEME EXPÉRIENCE.

Un barreau, N°. 13, dont les endents étoient de $3\frac{1}{2}$ lignes, & l'épaisseur $A\,H$ de 17 lignes, étant chargé de 300 livres, plia de $5\frac{2}{3}$ lignes; & rompit, étant chargé de 575 liv.

Un barreau semblable, N°. 14, étant chargé de 300 livres, plia de $5\frac{1}{3}$ lignes, & rompit, étant chargé de 537 livres.

La force moyenne de ces deux barreaux, qui étoient endentés d'un tiers, étoit donc de 556 livres.

§ 8. Remarques sur les Expériences précédentes.

Les Expériences que nous venons de rapporter, & particuliérement la seconde suite, peuvent servir à résoudre le problême qu'on s'étoit proposé : savoir, Ayant des pieces d'un équarrissage fixe, quelle doit être la profondeur des endents pour que ces pieces étant assemblées les unes avec les autres par des endents, il en résulte une piece armée la plus forte qu'il est possible? & comme les barreaux qui ont été entaillés d'une ligne & demie ont été les plus forts & les moins pliants, il paroît résulter de cette grande Expérience qu'ayant à armer une poutre, le point le plus avantageux est de faire les endents de la huitieme partie de la hauteur des pieces, & qu'on pourroit régler la profondeur des endents à la septieme partie de la hauteur.

Il est sensible que dans les Expériences que nous venons de rapporter, les barreaux qui avoient été préparés pour faire les armures & les meches, ayant été travaillés sur de semblables dimensions, les pieces armées avoient d'autant moins d'épaisseur que les endents avoient plus de profondeur ; de forte que fi les barreaux armés devenoient plus forts par l'augmentation des endents, ils devenoient plus foibles par la diminution de leur épaisseur. Nos Expériences devoient nous indiquer le point où une de ces caufes prédominoit fur l'autre, & cette connoiffance peut être très-avantageufe dans la pratique ; mais elles ne donnent aucune idée de la profondeur qu'on doit donner aux endents pour faire une poutre armée d'une même épaisseur qu'une qui feroit d'une piece, & déterminer dans ce cas quelle doit être la profondeur des endents. On confomme alors plus de bois, puifqu'il faut prendre les endents aux dépens des pieces qu'on affemble : mais il eft très-intéreffant de favoir quelle profondeur il faut donner aux endents pour fe procurer une poutre d'un équarriffage donné comme 18 ou 20 pouces, &c.

Notre intention étant donc que tous les barreaux euffent une même épaisseur, nous avions débité les morceaux de bois qui devoient former les barreaux armés de plus en plus épais, à proportion que les endents devoient être plus profonds ; mais comme nous voulions que tous ces barreaux fuffent pris dans un même orbe, également éloigné du cœur de l'arbre, nous ne pûmes nous en procurer que de quoi faire fix barreaux armés.

ARTICLE VI. *Autre fuite d'Expériences fur des Barreaux armés & endentés à différentes profondeurs.*

§ 1. *Pieces dont les endents avoient une ligne de profondeur.*

$$\left.\begin{array}{l} 1 \ldots 154 \text{ liv. } 10 \text{ on.} \\ 2 \ldots 191 \qquad\quad 8 \end{array}\right\} \text{Force moyenne, } 173 \text{ liv. } 1 \text{ once.}$$

§ 2. *Pieces dont les endents avoient deux lignes de profondeur.*

$$\left.\begin{array}{l} 1 \ldots 198 \text{ liv. } \quad 1 \text{ on.} \\ 2 \ldots 172 \end{array}\right\} \begin{array}{l} \text{Force moyenne, } 185 \text{ livres une} \\ \text{demi-once.} \end{array}$$

§ 3. *Pieces dont les endents avoient deux lignes & demie de profondeur.*

```
1 . . . 169 liv.   6 on. }
2 . . . 199 . . . 14     } Force moyenne ; 184 liv. 10 onc.
```

§ 4. *Remarques sur les Expériences précédentes.*

SUIVANT ces Expériences, il paroîtroit que les barreaux dont les endents étoient les plus profonds, ont été les plus forts; mais n'ayant pas trouvé les différences assez considéra-bles, nous avons cru devoir les répéter plus en grand.

ARTICLE VII. *Autre suite d'Expériences sur des Barreaux armés qui avoient des endents de différentes profondeurs.*

NOUS avons fait faire neuf barreaux armés, semblables à ceux de l'Expérience précédente; mais on a de plus observé combien il falloit de poids pour faire plier de 6 lignes les différents barreaux.

§ 1. *Barreaux dont les endents avoient une ligne de profondeur.*

Poids qui ont fait plier les pieces de 6 lignes.		*Poids qui les ont fait rompre.*		
liv.		liv. onc.		
1 85	}	1 . . 176 2	}	
2 65	} Poids moyen, 75 liv.	2 . . 143 13	} Force moyenne, 157	
3 75		3 . . 151 13	} livres 4 onces.	

§ 2. *Barreaux dont les endents avoient deux lignes de profondeur.*

Poids qui ont fait plier les pieces de 6 lignes.		*Poids qui les ont fait rompre.*		
liv.		liv. onc.		
1 119	}	1 . . 189 2	}	
2 110	} Poids moyen, 104 l.	2 . . 179 10	} Force moyenne, 179	
3 . . . 83		3 . . 170 4	} livres 10 onces.	

§ 3. Barreaux dont les endents avoient deux lignes & demie de profondeur.

Poids qui ont fait plier les pieces de 6 lignes.		Poids qui les ont fait rompre.		
liv.		liv. onc.		
1 . . . 102		1 . . 172 3		
2 . . . 115 } Poids moyen, 109 l.		2 . . 184 8 } Force moyenne, 187 livres 5 onces.		
3 . . . 110		3 . . 205 5		

§ 4. Remarques fur les Expériences précédentes.

Nous avons dit pourquoi nous nous abftenions de conclure des premieres Expériences, que les pieces peu endentées étoient les plus fortes, quoique nous ayons vu que celles qui n'étoient endentées que d'une ligne & demie, avoient plus porté que celles qui étoient endentées de trois lignes, parce qu'il étoit fenfible que les pieces qui étoient plus minces, devoient être les moins fortes.

Mais dans les dernieres Expériences où toutes les pieces avoient une même épaiffeur, on peut remarquer :

1°, Que la force des barreaux dont les endents étoient de deux lignes, ou de deux lignes & demie, a été à peu près égale.

2°, Que la force des barreaux endentés de deux lignes, eft plus grande de 11 livres 15 onces 4 gros, que celle des barreaux dont les endents n'avoient qu'une ligne de profondeur ; d'où l'on peut conclure, qu'à volume égal, les plus profonds endents ont procuré plus de force que ceux qui étoient moins confidérables.

On voit fur-tout par la derniere fuite d'Expériences, qui a été exécutée avec tout le foin poffible, Que la force moyenne des barreaux dont les endents étoient d'une ligne, a été de 157 livres 4 onces.

Que celle des barreaux dont les endents étoient de deux lignes, a été de 179 livres 10 onces.

Que celle des barreaux dont les endents étoient de deux

lignes & demie , a été de 187 livres 5 onces.

Donc les barreaux endentés de deux lignes , ont eu un avantage de 22 livres 6 onces fur ceux dont les endents ont été d'une ligne ; & les barreaux qui ont été endentés de deux lignes & demie , ont eu 7 livres 11 onces .d'avantage fur ceux qui n'étoient endentés que de 2 lignes.

Cette augmentation de force eft à peu près proportionnelle à la profondeur des endents : & l'on voit de plus que les pieces qui avoient des endents plus profonds ont moins plié fous la charge que les autres.

Quelque concluantes que foient les Expériences que nous venons de rapporter, l'objet eft fi important pour les pieces qu'on fait de plufieurs morceaux endentés les uns dans les autres, que nous avons jugé à propos de la répéter d'une autre façon.

Article VIII. *Autres Expériences dans lefquelles on a fait les endents des Barreaux de différentes profondeurs.*

On a fait quatre barreaux d'affemblage d'égales dimenfions , à l'exception de la profondeur des endents : les voici.

A deux barreaux cotés *A* , la profondeur des endents *c d* · (*Pl. XXV. fig.* 4) étoit, favoir *a* d'une ligne & demie ; *b*, de 2 lignes & demie ; *c*, de 3 lignes & demie ; *d*, de 4 lignes & demie. En additionnant toutes ces fommes , la coupure verticale étoit de 12 lignes.

Aux deux barreaux *B* (même figure) la profondeur de tous les endents *c d* étoit d'une ligne , & la fomme de toutes les coupures perpendiculaires étoit de 6 lignes.

Il eft bon de remarquer que les premiers endents *a* de la piece *A* (*Figure* 4) n'ayant qu'une ligne de profondeur, cette partie de ces barreaux étoit auffi forte que la même partie des barreaux *B* , & c'eft à cet endroit que les pieces rompent ordinairement.

La force moyenne des deux barreaux *A* , a été de 256 liv. 12 onces.

Et la force moyenne des deux barreaux B, a été de 242 liv. 7 $\frac{1}{2}$ onces.

Ce qui fait voir que dans ces Expériences, comme dans les précédentes, les barreaux A, dont les endents étoient plus profonds, ont été de 14 livres 4 $\frac{1}{2}$ onces plus forts que les barreaux B, dont les endents étoient moins profonds.

L'objet que nous traitons nous a paru si intéressant, que nous n'avons point balancé d'exécuter une autre suite d'Expériences à dessein de connoître la juste proportion qu'on doit donner à la profondeur des endents, pour avoir la plus grande force relativement à l'épaisseur des bois.

ARTICLE IX. *Suite d'Expériences faites avec du bois de Chêne, pour connoître quelle profondeur il faut donner aux endents, relativement à la grosseur des pieces.*

NOUS avons jugé que les endents devoient être plus ou moins profonds suivant la grosseur des pieces ; & comme il nous parut convenable de faire ces Expériences avec du bois de Chêne, nous fîmes préparer 14 barreaux de Chêne pris dans un même plançon, à une pareille distance du cœur de l'arbre, & qui contenoient tous à peu près un pareil nombre de couches annuelles. Ils avoient chacun 3 pieds de longueur, 10 lignes de hauteur & 10 de largeur. On fit faire avec ces morceaux de bois bien choisis :

Deux barreaux dont les endents avoient 3 $\frac{1}{2}$ lignes de profondeur en BC, & il restoit en AB & en DC, 6 $\frac{1}{2}$ lignes de bois ; conséquemment l'épaisseur de la piece entiere AD étoit de 16 $\frac{1}{2}$ lignes.

Deux autres barreaux avoient les endents BC de 3 lignes de profondeur, & il restoit 7 lignes en AB & en CD : ainsi l'épaisseur de la piece entiere étoit de 17 lignes.

Deux autres barreaux avoient les endents de 2 lignes & demie de profondeur ; il restoit 7 lignes & demie en AB & en CD,

& la hauteur de la piece étoit de 17 lignes & demie.

Deux autres avoient les endents BC de 2 lignes de profondeur ; il reſtoit 8 lignes en AB & en CD, & la hauteur de la piece étoit de 18 lignes.

Deux autres barreaux avoient des endents CB d'une lig. & demie de profondeur : il reſtoit en AB & en CD 8 lignes & demie ; & par conſéquent l'épaiſſeur AD du barreau étoit de 18 $\frac{1}{2}$ lignes.

Deux autres barreaux avoient les endents BC d'une ligne de profondeur : il reſtoit 9 lignes en AB & en CD; & ainſi la piece entiere étoit de 19 lignes.

Enfin deux autres barreaux avoient les endents BC d'une demi-ligne de profondeur : il reſtoit 9 $\frac{1}{4}$ lignes en AB & en CD; ainſi l'épaiſſeur de la piece entiere étoit de 19 $\frac{1}{2}$ lignes.

§ 1. PREMIERE EXPÉRIENCE.

LE barreau N°. 1 , ayant des endents d'une demi-ligne de profondeur, qui eſt un vingt-quatrieme de ſa hauteur S, étant chargé de 300 liv. plia de 9 lignes ; & rompit, étant chargé de 375 livres.

Le barreau ſemblable N°. 2 , étant chargé de 300 livres, plia de 10 $\frac{1}{2}$ lignes ; & rompit, étant chargé de 350 liv.

La force moyenne de ces barreaux étoit donc de 362 liv. & demie.

§ 2. SECONDE EXPÉRIENCE.

LES barreaux ayant des endents d'une ligne de profondeur, ce qui fait un douzieme de leur hauteur.

N°. 1 chargé de 300 livres, plia de 5 lignes ; & rompit, étant chargé de 500 livres.

N°. 2 chargé de 300 livres, plia de 5 lignes; & rompit, étant chargé de 475 livres.

La force moyenne de ces barreaux étoit de 487 $\frac{1}{2}$ liv.

§ 3.

§ 3. TROISIEME EXPÉRIENCE.

LES barreaux ayant des endents d'une ligne & demie de profondeur, ce qui fait un huitieme de leur hauteur.

N°. 1 chargé de 300 livres, plia de 5 lignes; & rompit, étant chargé de 580 livres.

N°. 2 chargé de 300 livres, plia de 5 lignes; & rompit, étant chargé de 602 liv.

La force moyenne de ces barreaux étoit de 591 liv.

§ 4. QUATRIEME EXPÉRIENCE.

LES barreaux ayant des endents de 2 lignes de profondeur, ce qui fait un sixieme de leur hauteur.

N°. 1 chargé de 300 livres, plia de $5\frac{1}{2}$ lignes; & rompit, étant chargé de 604 liv.

N°. 2 chargé de 300 livres, plia de $6\frac{1}{2}$ lignes; & rompit, étant chargé de 550 liv.

La force moyenne de ces barreaux étoit de 577 liv.

§ 5. CINQUIEME EXPÉRIENCE.

LES barreaux ayant des endents de $2\frac{1}{2}$ lignes de profondeur, ce qui fait à peu près un cinquieme de leur hauteur.

N°. 1 chargé de 300 livres, plia de $6\frac{1}{2}$ lignes; & rompit, étant chargé de 545 livres.

N°. 2 chargé de 300 livres, plia de $6\frac{1}{2}$ lignes; & rompit, étant chargé de 555 livres.

La force moyenne de ces barreaux étoit de 550 liv.

§ 6. SIXIEME EXPÉRIENCE.

LES barreaux ayant des endents de 3 lignes de profondeur, ce qui fait un quart de leur hauteur.

N°. 1 chargé de 300 livres, plia de $5\frac{1}{4}$ lignes; & rompit, étant chargé de 575 liv.

N°. 2 chargé de 300 livres, plia de $6\frac{1}{4}$ lignes; & rompit, étant chargé de 500 liv.

La force moyenne de ces barreaux est de $537\frac{1}{2}$ liv.

Rrr

§ 7. *Septieme Expérience.*

LES barreaux ayant des endents de 3 $\frac{1}{2}$ lignes de profondeur, ce qui fait à peu près un tiers de leur hauteur.

N°. 1 chargé de 300 livres, plia de 6 lignes; & rompit, étant chargé de 575 livres.

N°. 2 chargé de 300 livres, plia de 6 $\frac{1}{2}$ lignes; & rompit, étant chargé de 537 liv.

La force moyenne de ces barreaux est de 556 liv.

§ 8. *Conséquences des Expériences précédentes.*

Ces Expériences font voir :

1°, Qu'il y a une proportion déterminée pour donner aux endents des armures une profondeur qui rende les pieces armées capables de la plus grande résistance.

2°, Que les deux barreaux dont les endents n'avoient qu'une demi-ligne de profondeur, ont été les plus foibles, savoir 362 $\frac{1}{2}$ liv. quoiqu'ils eussent 6 lignes de plus en hauteur AD, que la derniere paire qui a eu 213 $\frac{1}{2}$ liv. plus de force que la premiere paire.

3°, Que les endents augmentent la force des armures à mesure qu'ils ont plus de profondeur, jusqu'à ce qu'elles parviennent à peu près à la huitieme partie de l'épaisseur de la piece. Passé ce terme, les pieces deviennent d'autant plus foibles, à mesure qu'on augmente la profondeur des endents. Car la plus grande force s'est trouvée à la troisieme paire, dont les endents avoient en profondeur la huitieme partie de la hauteur EG de la piece armée (*Planche XXV*, *fig.* 3 ou 4).

4°, Que toutes les pieces armées de cette Expérience, excepté la premiere paire, étant chargées de 300 livres, qui est plus de la moitié du poids qui les a fait rompre, n'ont plié, sous cette charge, que de la quatrieme partie de l'épaisseur entiere de la piece : ce qui prouve qu'une piece armée est encore bien forte quand la charge la fait plier du quart de toute sa hauteur AC, (*Figure* 8).

5°, Comme les Expériences font voir que pour procurer aux pieces plus de réfiftance, les endents des armures ne doivent pas être moindres de la huitieme partie de la hauteur de la poutre qu'on veut former de plufieurs pieces d'affemblage, ni excéder la fixieme partie, on pourroit établir pour regle qu'elles doivent être de la feptieme partie.

Article X. *Réfultat des Expériences que nous avons faites pour connoître s'il étoit à propos de beaucoup multiplier le nombre des endents.*

Il eft fenfible que fi l'on faifoit à la partie *AB* ou *BH* (*Fig.* 5) des endents fort longs, il y auroit trop peu de points d'appui pour réfifter au refoulement des fibres qui font en condenfation lorfque les pieces font chargées; & que fi l'on multiplioit trop les endents, ils pourroient fe détacher, comme *DBA* (*Fig.* 10), & cela nous eft arrivé plufieurs fois. Nous avons conclu de plufieurs Expériences, qu'il falloit donner aux parties *AB* ou *BH* (*Fig.* 5) au moins 22 fois la profondeur *HI* des endents.

Ayant établi par nombre d'Expériences quelles doivent être la longueur & la profondeur des endents, pour que les pieces armées foient les plus fortes qu'il eft poffible, nous nous fommes propofés d'examiner quelle doit être la proportion entre les pieces d'armure & la meche, ou la piece qu'on arme.

Article XI. *Expériences pour connoître quelle épaiffeur relative on doit donner aux meches & aux pieces d'armures.*

§ 1. *Premiere fuite d'Expériences.*

On a fait fix barreaux armés comme les précédents, avec du Chêne de Bourgogne. Tous étoient d'une même longueur, d'une même épaiffeur & d'une même largeur. Mais à deux, *A* & *B*, on a donné aux armures $7\frac{1}{2}$ lignes de hauteur, & à la

R r r ij

meche, 8 $\frac{1}{2}$ lignes : à deux autres, *C* & *D*, on a donné aux armures 8 lignes de hauteur, & aussi 8 lignes à la meche : enfin aux deux autres, *E* & *F*, 8 $\frac{1}{2}$ lignes de hauteur aux armures, & 7 $\frac{1}{2}$ lignes à la meche.

Le barreau *A* étant chargé de 200 livres, plia de 11 lignes; & rompit, étant chargé de 340 livres 12 onces.

B, chargé de 200 livres, plia de 13 lignes; & rompit, étant chargé de 294 livres 5 onces.

Leur force moyenne étoit donc de 317 livres 8 onces.

C, chargé de 200 livres, plia de 9 lignes; ayant perdu son bouge, il rompit, étant chargé de 344 liv.

D, chargé de 200 livres, plia de 11 lignes; & rompit, étant chargé de 300 livres.

Leur force moyenne étoit donc de 322 livres.

E, chargé de 200 livres, plia de 11 $\frac{1}{2}$ lignes; & rompit, étant chargé de 320 livres.

F, chargé de 200 livres, plia de 11 $\frac{1}{2}$ lignes; & rompit, étant chargé de 300 livres.

Leur force moyenne étoit donc de 310 livres.

§ 2. *Seconde suite d'Expériences.*

A, armé au tiers de son épaisseur, étant chargé de 100 livres, plia de 13 $\frac{1}{2}$ lignes; & rompit, étant chargé de 123 livres.

B, de même armé au tiers de son épaisseur, étant chargé de 100 livres, plia de 13 lignes; & rompit, étant chargé de 134 liv. 3 onc.

Ainsi la force moyenne de ces deux barreaux étoit de 228 liv. 9 $\frac{1}{2}$ onc.

C, armé à moitié de son épaisseur, étant chargé de 100 livres, plia de 14 $\frac{1}{2}$ lignes; & rompit, étant chargé de 134 liv. 10 onc.

D, de même armé à la moitié de son épaisseur, étant chargé de 100 livres, plia de 17 lignes; & rompit, étant chargé de 126 livres une once.

Ainfi la force moyenne de ces deux barreaux étoit de 130 liv. 5 $\frac{1}{2}$ onc.

E, armé aux deux tiers de fon épaiffeur, étant chargé de 100 livres, plia de 15 lignes; & rompit, étant chargé de 126 livres 3 onces.

F, de même armé aux deux tiers de fon épaiffeur, étant de 100 livres, plia de 13 lignes; & rompit, étant chargé chargé de 141 livres 4 onces.

Ainfi la force moyenne de ces deux barreaux étoit de 133 livres 12 $\frac{1}{2}$ onces.

§ 3. *Troifieme fuite d'Expériences.*

Six barreaux de 16 lignes de hauteur.

Deux barreaux dont l'armure avoit 6 lignes de hauteur & la meche 10 lignes; leur force moyenne fut de 261 livres 14 onces.

Deux barreaux dont l'armure avoit 8 lignes de hauteur & la meche pareillement 8 lignes; leur force moyenne fut de 287 livres 6 onces.

Enfin deux barreaux dont l'armure avoit 10 lignes de hauteur & la meche 6 lignes; leur force moyenne fut de 248 liv.

§ 4. *Quatrieme fuite d'Expériences.*

On fit encore fix barreaux.

A deux, l'armure avoit 7 lignes d'épaiffeur & la meche 9; leur force moyenne fut de 287 livres 5 onces.

A deux autres, l'armure, ainfi que la meche, avoient 8 lignes de hauteur; leur force moyenne fut de 301 liv. 12 $\frac{1}{2}$ onc.

Enfin aux deux autres, l'armure avoit 9 lignes de hauteur & la meche 7 lignes; leur force moyenne fut de 219 liv. 5 $\frac{1}{2}$ onc.

§ 5. *Cinquieme fuite d'Expériences.*

On fit de plus fix autres barreaux.

A deux barreaux, l'armure avoit 6 $\frac{1}{2}$ lignes d'épaiffeur, & la meche 8 $\frac{1}{2}$ lignes ; leur force moyenne fut de 303 livres 3 onces.

A deux autres, l'armure avoit 7 $\frac{1}{2}$ lignes de hauteur, & la meche de même ; leur force moyenne fut de 310 liv. 3 onc.

Enfin à deux autres, l'armure avoit 7 lignes de hauteur, & la meche 8 lignes ; leur force moyenne fut de 262 liv. 11 $\frac{1}{2}$ onc.

Nota que nous avons répété toutes les Expériences dont nous venons de parler fur des pieces endentées, comme le repréfente la *Figure* 7 ; *EF*, la largeur des entailles ; *G E*, le bois qui reftoit entre les entailles ; *I H*, la profondeur des entailles : & les réfultats des Expériences ont été à peu près les mêmes.

§ 6. *Sixieme fuite d'Expériences.*

PREMIERE EXPÉRIENCE.

DEUX barreaux dont les armures avoient 6 lignes d'épaiffeur, & les meches 10 lignes ; force moyenne 261 liv. 14 onc.

Deux barreaux dont les armures avoient 8 lig. d'épaiffeur, & les meches de même 8 lignes ; force moyenne 287 livres 6 onces.

Deux barreaux dont les armures avoient 10 lig. d'épaiffeur, & les meches 6 lignes ; force moyenne 248 liv.

SECONDE EXPÉRIENCE.

DEUX barreaux dont les armures avoient 7 lignes d'épaiffeur, & les meches 9 lignes ; leur force moyenne 287 liv. 5 onc.

Deux barreaux dont les armures avoient 8 lignes d'épaiffeur, & les meches de même 8 lignes ; leur force moyenne 301 liv. 12 onces.

Deux barreaux dont les armures avoient 9 lignes d'épaiffeur, & les meches 7 lignes ; leur force moyenne 219 liv. 5 onc.

TROISIEME EXPÉRIENCE.

DEUX barreaux dont les armures avoient 6 $\frac{1}{2}$ lig. de hauteur, & les meches 8 $\frac{1}{2}$ lignes; leur force moyenne a été de 303 liv. 3 onces.

Deux barreaux dont les armures avoient 7 $\frac{1}{2}$ lignes de hauteur, & les meches de même 7 $\frac{1}{2}$ lignes; leur force moyenne a été de 310 livres 3 onces.

Deux barreaux dont les armures avoient 7 lignes de hauteur, & les meches 8 lignes; leur force moyenne a été de 262 livres 11 onces.

QUATRIEME EXPÉRIENCE.

DEUX barreaux dont les armures avoient 7 $\frac{1}{2}$ lignes de hauteur, & les meches 8 $\frac{1}{2}$ lignes; leur force moyenne a été de 317 liv. 8 onc.

Deux barreaux dont les pieces d'armures avoient 8 lignes, & les meches aussi 8 lignes d'épaisseur; leur force moyenne a été de 322 liv. 4 onc.

Deux barreaux dont les pieces d'armures avoient 8 $\frac{1}{2}$ lignes, & les meches 7 $\frac{1}{2}$ lignes de hauteur; leur force moyenne a été de 310 livres.

Voilà bien des faits qu'on peut combiner par le calcul, & nous aurions volontiers épargné ce soin au Lecteur, si nous n'étions pas forcé d'abréger, pour ne point trop grossir ce Volume; nous nous bornerons donc à tirer de toutes ces Expériences quelques conséquences générales.

§ 7. Conséquences qu'on peut tirer des Expériences précédentes.

IL paroît, par ces Expériences, que les plus forts barreaux ont été ceux où les pieces d'armure avoient la même hauteur que les meches, & que les plus foibles étoient ceux où les armures avoient moins de hauteur que les meches.

Nous avons exécuté de pareilles Expériences fur des barreaux plus forts ; mais comme le réfultat a été à peu près pareil, nous n'en parlerons point. Nous allons rapporter les
Obfervations que nous avons faites fur la façon dont ces barreaux ont rompu.

ARTICLE XII. *Obfervations fur la façon dont les Barreaux ont rompu.*

EN examinant avec attention tous les barreaux rompus,
nous avons apperçu que c'eft toujours la meche qui rompt, au
milieu & au-deffous de la réunion des deux armures, à l'endroit *C G F* (*Figure 6*) ; aux uns, les éclats s'étendoient du côté
droit, & aux autres du côté gauche. On voyoit encore que les
endents fouffrent une grande contraction : on l'appercevra encore mieux par les détails où nous allons entrer.

Aux barreaux dont les endents n'avoient qu'une demi-ligne
de profondeur, les endents, tant des armures que de la meche,
fe font refoulés, les pieces ont gliffé les unes fur les autres,
& la meche a rompu au milieu, (*Figure 8*).

Aux barreaux dont les endents avoient une ligne de profondeur, les endents fe font emportés d'un côté feulement.
A (*Figure 9*) s'eft plus déchiré que *B* ; *B*, plus que *C* ; & *C*,
plus que *D* : l'autre côté de la piece eft refté dans fon état naturel, les endents étant feulement un peu refoulés.

Aux barreaux dont les endents avoient une ligne & demie
de profondeur, les endents fe font refoulés d'un côté feulement ; à l'autre côté *E D*, (*Pl. XXV. figure* 10) ils font reftés
dans leur état : le premier endent *A B C* s'eft détaché tout
entier fuivant le fil du bois.

Aux barreaux dont les endents avoient deux lignes de profondeur, les endents fe font moins refoulés, mais toujours
d'un même côté *A*, (*Figure* 11) : ils ont rompu au milieu de
la meche, où les fibres fe font arrachées par filaments.

Aux barreaux dont les endents avoient $2\frac{1}{2}$ lignes de profondeur, les endents n'ont point éprouvé de refoulement fenfible

fible (*Figure* 12) : ils ont rompu au milieu par grands filaments.

Aux barreaux dont les endents avoient 3 lignes de profondeur, il n'y a point eu de refoulement ; mais un endent *A B C*, (*Figure* 13) s'eft détaché en entier : la meche a rompu au milieu par filaments.

Aux barreaux dont les endents avoient $3\frac{1}{2}$ lignes de profondeur, les endents (*Figure* 14) font reftés dans leur entier : la meche a rompu au milieu & par filaments ; mais comme elle étoit mince, elle n'a pas porté un auffi grand poids que les autres.

On voit dans les endents l'effet de la compreffion des fibres, & dans les meches les effets d'une grande tenfion ; étant forcées d'obéir à cette puiffance, elles ont rompu, comme on le voit (*Figure* 15). Ces réflexions nous ont engagé à faire encore les Expériences fuivantes.

ARTICLE XIII. *Expériences pour connoître l'effet de la contraction des fibres qui font en refoulement.*

§ 1. *Premiere fuite d'Expériences.*

Nous avons pris fix barreaux armés (*Figure* 16).

Deux, Nᵒˢ. 1 & 2, étoient armés au tiers, de forte que l'armure *A B* avoit $4\frac{1}{3}$ lignes de hauteur, & la meche *C D* $8\frac{1}{3}$ lig.

Deux, Nᵒˢ. 3 & 4, étoient armés à moitié, de forte que l'armure *A B* avoit $6\frac{1}{2}$ lig. de hauteur, & la meche *C D* auffi $6\frac{1}{2}$ lig.

Deux, Nᵒˢ. 5 & 6, étoient armés aux deux tiers, de forte que l'armure *A B* avoit $8\frac{2}{3}$ lig. de hauteur, & la meche *C D* $4\frac{1}{3}$ lig.

Les endents avoient 2 lig. de profondeur, & la hauteur totale *A C* des barreaux étoit de 13 lig. non compris la profondeur des endents.

Comme nous favions que ces barreaux devoient porter aux

environs de 130 livres, nous les chargeâmes peu à peu de 100 livres; puis nous ôtâmes les poids pour mesurer ce que chaque barreau avoit perdu de sa courbure, étant chargé de ce poids.

N°. 1 avoit perdu $4\frac{1}{4}$ lignes; N°. 2, $3\frac{1}{2}$ lignes; N°. 3; $3\frac{1}{4}$ lignes; N°. 4, $4\frac{1}{3}$ lignes; N°. 5, $2\frac{1}{2}$ lignes; N°. 6, $2\frac{1}{2}$ lignes.

On voit, par cette Expérience, que les pieces dont les endents étoient moins considérables, ont plus perdu de leur courbure; & si le N°. 4 s'est un peu éloigné de cette regle, il faut faire attention, pour cette Expérience comme pour toutes les autres, que malgré la grande adresse de celui qui travailloit les barreaux, il étoit presque indispensable que quelques-uns fussent moins exactement travaillés que les autres.

§ 2. Seconde suite d'Expériences.

Nous ne prîmes qu'un seul barreau, & nous le chargeâmes d'un même poids; mais pendant différents intervalles de temps.

Ce barreau (*Figure 19*) avoit 3 pieds de longueur $A\,B$, 7 lig. de largeur $B\,C$, & 14 lig. de hauteur totale $C\,D$. Les pieces d'armure $D\,B$ ayant 6 lignes d'épaisseur, & la meche $B\,C$ ayant pareillement 6 lignes; les endents $F\,G, f\,g$, &c. avoient 2 lignes de profondeur.

Première Expérience.

Ce barreau étoit appuyé par ses extrémités, on le chargea dans le milieu; & pour le faire plier jusqu'à la ligne droite $A\,B$ (*Fig.* 17), il fallut le charger de 90 livres: ainsi ce poids le fit plier de $L\,K$ égal à $7\frac{1}{2}$ lig. L'ayant déchargé tout de suite, on n'apperçut aucun dommage sensible: mais ayant mesuré sa courbure, elle étoit diminuée d'une demi-ligne.

On le chargea du même poids; & on le laissa chargé pendant 24 heures: au bout de ce temps, il se trouva avoir plié de 10 lig. Etant déchargé, sa courbure étoit diminuée de 2 lig.

On le chargea du même poids ; & 48 heures après, il avoit plié de 10 ½ lig. L'ayant déchargé, sa courbure étoit diminuée de 2 ½ lig.

On le chargea du même poids ; & l'ayant laissé en charge pendant 8 jours, il avoit plié de 10 ¾ lignes : après l'avoir déchargé, il avoit perdu 2 ¾ lignes de sa courbure.

On le chargea de nouveau de 90 livres, & au bout d'un mois il avoit plié de 12 ¼ lignes ; étant déchargé, il avoit perdu 4 lignes de sa courbure.

En le visitant, on remarqua que la jointure *H I* (*Fig.*) 17) étoit fort élargie ; & les fibres, de part & d'autre de ce joint, étoient refoulées : les deux endents *G g* étoient un peu refoulés ; les autres ne l'étoient presque point, & les suivants point du tout.

Seconde Expérience.

On remit ce barreau à sa premiere courbure en le tenant assujetti sur la cale *K L* (*Fig.* 17) ; alors la jointure *H I* parut beaucoup plus élargie : on introduisit dans ce joint un coin de bois dur, & l'ayant remis en liberté, il conserva sa premiere courbure égale à 7 ½ lig.

On le chargea de nouveau de 90 livres : il plia sous ce poids comme la premiere fois, jusqu'à perdre toute sa courbure, qui étoit de 7 ½ lig. L'ayant laissé en charge pendant une demi-heure, & l'ayant ensuite déchargé, il avoit perdu une lig. de sa courbure.

On le chargea encore du même poids de 90 livres ; & 24 heures après, il avoit plié de 10 lignes ; étant déchargé, il avoit perdu 2 lig. de sa courbure.

On le chargea encore de 90 livres ; & un mois après, il avoit plié de 13 lig. étant déchargé, il avoit perdu 3 ½ lig. de sa courbure.

Après toutes ces épreuves, la jointure *H I* s'étoit encore un peu ouverte, le bois s'étoit refoulé, & le coin ne tenoit presque plus. On remarqua que les fibres s'étoient refoulées à la partie supérieure en *M M M*, où il s'étoit formé un

S s s ij

petit bourrelet, comme un repliement des fibres les unes contre les autres.

On n'apperçut aucun dommage à la partie inférieure, ſinon que les endents depuis *N* juſqu'à *O* étoient un peu refoulés, & les autres point du tout.

TROISIEME EXPÉRIENCE.

COMME ce barreau ne pouvoit être d'aucune utilité dans cet état, on coupa l'armure en *N* & en *O* (*Fig.* 17), & cette partie *N O* faiſoit le tiers de la longueur du barreau. Alors le barreau ſe redreſſa preſqu'entiérement : il reſta ſeulement un peu de courbure vers les extrémités à cauſe des endents *T T T*, &c. qui étoient reſtés en place.

On remit le barreau ſur la cale *K L*, pour lui faire reprendre ſa premiere courbure, & on ajuſta dans la place *N O* un morceau d'armure *V* (*Fig.* 18). On ajuſta enſuite deux autres pieces ſemblables *E F*, *F G*, qui avoient la même largeur *B C* que le barreau.

Il faut concevoir que la piece *N O* avoit ſa hauteur *C E* égale à la hauteur *E D* de la *Figure* 17 : la ſeconde piece *E F* avoit 3 lignes de plus d'épaiſſeur que *C E* ; & la troiſieme *F G* avoit 6 lignes plus de hauteur que *C E*.

Ces trois pieces étoient ſi exactement travaillées, qu'en les mettant en place, & les preſſant fortement contre la meche, le barreau prenoit préciſément ſa premiere courbure 7 ½ lig.

On s'étoit abſtenu de clouer ces morceaux d'armure ſur la meche, afin de pouvoir les changer à volonté.

On mit la premiere piece *N V O* (*Fig.* 18) à l'endroit *N O* (*Figure* 17) ; on la lia fortement avec de la ficelle ſur la meche *A B* ; on la chargea enſuite de 90 livres : mais ce poids n'ayant pas été ſuffiſant pour la faire plier de 7 ½ lignes, ou de toute ſa courbure, on fut obligé d'ajouter des poids juſqu'à 120 liv.

Alors on ôta cette premiere piece *N V O* ; & l'on mit à la place la ſeconde 2 *E*, qui avoit 3 lignes d'épaiſſeur de plus ;

on la lia à la meche avec de la ficelle ; & pour faire perdre
au barreau fa courbure, il fallut le charger de 140 liv.

Enfin on ôta encore ce fecond morceau d'armure, on y
fubftitua le troifieme *3 F;* & pour faire perdre au barreau
fa courbure, il fallut le charger de 170 liv.

Si l'on fait attention que le barreau a été de 30 livres plus
fort lorfqu'on a eu fubftitué la piece *N V O* (*Figure* 18) à la
piece *N O* (*Fig.* 17), quoique la piece qu'on avoit ajoutée
ne fût pas plus forte que celle qu'on avoit retranchée, on
eft difpofé à en conclure que les armures faites de trois pieces
feroient plus fortes que celles de deux. Ce fait, qui met en
état de fubftituer des bois courts à des bois longs, nous a
paru affez intéreffant pour nous déterminer à nous en affurer
par des Expériences particulieres que nous rapporterons dans
la fuite ; mais il faut auparavant faire quelques réflexions fur
les Expériences précédentes.

§ 3. *Remarques fur l'action des fibres ligneufes lorfque les Barreaux armés font chargés.*

PAR la conftruction du barreau armé qui a été chargé de 90
livres pendant différents intervalles de temps, on conçoit qu'é-
tant appuyé par fes extrémités, & chargé dans le milieu, les fibres de la partie fupérieure, ou des armures, ont entré en
contraction à mefure que le barreau a plié fous la charge, &
tous les joints fe font comprimés pendant que les fibres qui
compofoient la partie inférieure, ou la meche, étoient toutes
en tenfion. Ces vérités ont été démontrées au commencement
de ce Livre ; & les Expériences que nous venons de rapporter les mettent dans une entiere évidence.

Effectivement puifque ce barreau, chargé de 90 livres à
différentes reprifes, & pendant des intervalles de temps inégaux, perd une portion de fa courbure lorfqu'on l'a déchargé,
s'approchant de la ligne droite à chaque reprife, & toujours
relativement au temps que le barreau a demeuré chargé,
il faut que les fibres ligneufes, qui par la rencontre des endents

entretiennent cette courbure, perdent de leur reſſort à meſure que le barreau perd de la ſienne. Sont-ce les fibres qui ſont en contraction, ou celles qui ſont en dilatation, qui ſouffrent cette perte ? Nous avons déja diſcuté cette queſtion ; mais les Expériences que nous venons de rapporter, nous engagent à y revenir, parce qu'elles fourniſſent de nouvelles preuves de ce que nous avons avancé.

On a vu que notre barreau ayant demeuré pendant deux mois chargé de 90 livres, a plié de 12 $\frac{1}{2}$ lignes, & qu'étant déchargé il avoit perdu 4 lignes de ſa courbure. La jointure *H I* (*Fig.* 17) fut trouvée beaucoup élargie ; on a rempli cette ouverture avec une nouvelle piece d'armure qui l'a remis au degré de courbure que le barreau avoit perdu. Dans cet état, il a été chargé une ſeconde fois de 90 livres pendant les mêmes intervalles de temps, & à chaque repriſe il s'en eſt ſuivi les mêmes effets qu'à la premiere épreuve.

La nouvelle piece d'armure qu'on a introduite dans l'ouverture du joint, ayant rendu au barreau la force qu'il avoit perdue par la premiere épreuve, ceci eſt exactement pareil à ce qui eſt arrivé à nos barreaux ſciés. Le coin que nous avons mis dans le trait de la ſcie a bien pu réparer le refoulement des fibres qui étoient en contraction ; mais il n'a rien pu produire ſur celles qui étoient en dilatation. On a donc lieu de penſer que ces fibres n'avoient point été affoiblies dans la premiere épreuve, puiſqu'à l'aide du coin, ou du morceau d'armure, le barreau a ſoutenu dans la ſeconde épreuve, & dans les mêmes circonſtances, la même charge qu'à la premiere. Donc, ce barreau qui étoit près de rompre, ayant plié de 12 $\frac{1}{2}$ lignes à la premiere épreuve, n'a été dans cet état que par le défaut du reſſort des fibres contractées qui s'étoient refoulées & racourcies dans tous les endroits où elles ſe touchoient.

Nous ſommes donc diſpoſés à conclure de cette derniere Expérience, comme nous l'avons déja fait plus haut, que les barreaux armés perdent principalement leur force par le défaut du reſſort des fibres qui ſont en contraction, leſquels ſe refoulent mutuellement aux points de leur contact, & que les fibres en dilatation influent peu dans le cas dont il s'agit.

Cette conséquence paroît confirmée par la troisieme épreuve, lorsqu'après avoir coupé la partie *N O* (*Figure* 17) qui avoit été refoulée pendant la seconde épreuve, on a vu ce même barreau rétabli par le morceau d'armure *N O* (*Figure* 18), & sa force beaucoup augmentée par le morceau *G* 3. Ces morceaux d'armure n'ont fait, comme les coins, que remplacer les fibres qui étoient refoulées aux points de contact. Car si, par supposition, les fibres en dilatation avoient perdu par la premiere opération un peu de leur force, il est évident que cette meche, après tant d'épreuves, n'auroit pas soutenu un poids près du double des premieres sans avoir plié davantage : d'où l'on peut conclure que les fibres qui sont en dilatation, s'affoiblissent peu jusqu'au moment de leur rupture.

On pourroit croire cependant que les fibres qui entrent en dilatation, pourroient bien avoir acquis par la tension un peu de longueur, & qu'elles auroient contribué par-là en quelque chose à l'ouverture du joint *H I* (*Fig.* 17). Nous avons pensé au commencement de ce Livre, que cet allongement pouvoit avoir lieu, mais que son effet étoit beaucoup moins sensible que la contraction des fibres qui sont en condensation : cependant si on se rappelle que quand, à la troisieme Expérience, on a mis en place à l'endroit *N O* (*Figure* 17) la piece d'armure *G* 3 (*Fig.* 18), elle a aussi précisément rempli l'espace *N O*, que les pieces 2 *F* & 1 *E*, (*Figure* 18), de sorte que la courbure du barreau étoit toujours 7 $\frac{1}{2}$ lignes ; il est clair que cela n'auroit pas été, si les fibres qui étoient en tension s'étoient allongées, puisque les trois pieces d'armure 1 *E*, 2 *F* & 3 *G*, étoient de même longueur.

Il paroît donc assez bien prouvé par ces trois Expériences :

1°, Que les fibres ligneuses des barreaux armés qui ont formé la meche, & qui ont été fortement tendues au point d'être près de rompre, n'ont été ni allongées ni affoiblies sensiblement, jusqu'à ce qu'elles aient eté rompues.

2°, Que les fibres des armures qui sont comprimées, se refoulent, qu'elles perdent une partie de leur longueur & le ressort qui pourroit les rétablir.

Cela prouve que dans les pieces armées, il faut donner aux endents affez de profondeur pour augmenter la furface des parties qui s'appuient les unes fur les autres, toujours relativement à la réfiftance des fibres qui font en tenfion ; & cette conféquence s'accorde à merveille avec le réfultat des Expériences que nous avons faites pour connoître la profondeur qu'on devoit donner aux endents dans les barreaux armés. Aux uns, les endents n'avoient qu'une ligne & demie de profondeur ; aux autres, $2\frac{1}{2}$ lignes ; aux autres, $3\frac{1}{2}$ lignes, & aux autres, &c.

Voyant que nos barreaux armés rompoient toujours au-deffous des armures & au milieu des meches, nous foupçonnâmes que l'augmentation de force du barreau (*Figure* 17) par l'addition des pieces d'armure 2 *F* & 3 *G* de la *Figure* 18, pouvoit venir de ce que ces pieces étoient plus épaiffes que la premiere piece *N V O*; nous imaginâmes de fortifier ces barreaux armés ainfi que nous allons l'expliquer.

ARTICLE XIV. *Expériences pour s'affurer fi l'on peut augmenter la force des Barreaux armés en mettant une petite engraiffe fur la réunion des deux armures.*

LA force moyenne des barreaux armés *A B* (*Figure* 19), de 3 pieds de longueur, de 7 lignes de largeur & de 12 lignes de hauteur, dont les endents ont $1\frac{1}{2}$ ligne de profondeur, a été reconnue être de 108 livres.

Nous avons fait faire deux barreaux pareils armés *A & B* (*Fig.* 19); & fur la jonction *b* des deux pieces d'armure, nous avons fait mettre une petite planche *a e c* qui eft ponctuée fur la *Figure* 19 : elle avoit $1\frac{1}{2}$ ligne d'épaiffeur en *e*, & finiffoit à rien du côté *a* & du côté *c* ; la force moyenne de ces deux barreaux a été de 127 livres ; c'eft-à-dire, de 19 livres plus forte que celle des autres barreaux : je l'attribue à ce que la petite planche *a e c* faifoit que la charge étoit diftribuée fur

une

une plus grande longueur du barreau. Il faut voir maintenant si l'on peut augmenter la force des barreaux en faisant les armures de trois pieces au lieu de deux.

Article XV. *Comparaison des Barreaux armés à l'ordinaire, dont l'armure n'est que de deux pieces, avec des Barreaux dont l'armure est de trois pieces.*

Nous avons encore éprouvé la force de deux barreaux armés dont la meche ou le tirant $A B$ (*Pl. XXV*, *fig.* 19) étoit d'une piece, & l'armure $E D$, de deux pieces $a c$. Ces barreaux avoient 3 pieds de longueur $A B$, 16 lignes de hauteur $C D$, & 8 lignes d'épaisseur $E F$; leur force moyenne s'est trouvée de 357 livres.

Deux barreaux de pareilles dimensions, mais dont l'armure étoit formée de trois pieces C, D, E, (*Figure* 20), ont rompu étant chargés de 304 livres. C'est 53 livres moins que ceux dont l'armure étoit de deux pieces.

Cette différence de ce qu'on a vu, Art. XIII, vient de ce que dans cette derniere Expérience, outre la compression des endents $h h$, il s'en est fait en F & en G, au lieu qu'à l'Article XIV, les pieces qu'on substituoit à la piece $N O$ (*Figure* 17) remplissoient le vuide que la compression précédente avoit occasionné : & je crois que si l'on avoit chassé des coins dans les joints $F G$ de la *Figure* 20, ces barreaux auroient été plus forts que ceux de la *Figure* 19 ; mais nous reviendrons sur ce point.

Article XVI. *Récapitulation de ce qui a été traité dans ce Chapitre.*

Nous avons comparé, dans le Chapitre septieme, la force des barreaux simples, & faits d'un seul morceau, avec la force des barreaux pareils, mais qu'on avoit sciés à leur partie supérieure de plusieurs traits de scie, qu'on avoit ensuite remplis avec une planche mince de bois sec.

Ttt

Nous avions employé ce moyen pour prouver que dans un barreau que l'on charge, il y a des fibres qui font en compreſſion pendant que d'autres font en dilatation ; il nous a paru convenable de répéter ces mêmes Expériences dans ce huitieme Chapitre, pour nous mettre en état de faire mieux comprendre en quoi conſiſte la force des barreaux armés.

Nous avons donc éprouvé la force de ces barreaux fciés, & nous l'avons comparée, tant à la force des barreaux ſimples qu'à celle des barreaux armés, ou formés de différentes pieces aſſemblées les unes avec les autres par des endents. Mais il eſt évident qu'il doit y avoir un point le plus avantageux pour faire les endents plus ou moins profonds. Il eſt ſenſible que ſi l'on ne les faiſoit pas aſſez profonds, la quantité des fibres qui font refoulées étant peu conſidérable, & ne pouvant pas réſiſter à la compreſſion, les barreaux ſe courberoient, & romproient bientôt. Mais ſi l'on faiſoit les endents très-profonds, on diminueroit la ſomme des fibres qui font en dilatation ; ce qui pourroit affoiblir encore les barreaux. Il y a donc en ceci un *maximum* à obſerver : comme l'Expérience ſeule peut le faire connoître, nous l'avons cherché par cette voie, & l'objet nous a paru aſſez intéreſſant pour être étudié avec attention ; c'eſt pourquoi nous avons beaucoup multiplié les Expériences. En les exécutant, nous avons remarqué qu'il y avoit des endents qui éclatoient, ce qui nous a fait deſirer de ſavoir quelle largeur il falloit donner aux endents. Il eſt clair qu'en multipliant beaucoup les endents, on augmente la ſomme des ſurfaces qui font en contraction, de même que quand on les fait plus profonds ; mais auſſi les endents ayant moins de ſoutien , ils font plus expoſés à éclater. Nous avons donc fait des Expériences pour ſavoir s'il étoit avantageux, ou non, de multiplier le nombre des endents. Nous avons encore fait des Expériences pour connoître ſi les barreaux armés étoient en état de ſupporter long-temps un fardeau conſidérable dont on les laiſſeroit chargés.

Après ces recherches, il ne nous reſtoit plus, pour acquérir toutes les connoiſſances qu'on pouvoit deſirer ſur les barreaux armés, que d'examiner si l'on pouvoit conserver leur force en les faisant d'un plus grand nombre de pieces; dans toutes les Expériences que nous avons faites jusqu'à présent, la meche, ou le tirant, étoit toujours d'un seul morceau, & les armures étoient de deux pieces. Il est évident que si l'on pouvoit, sans inconvénient, faire les armures de quatre ou cinq pieces, & les meches de trois, on se mettroit dans le cas très-avantageux de pouvoir employer des bois courts pour faire de grandes poutres. Il est vrai que par ces assemblages, on augmenteroit la consommation du bois & la main d'œuvre; mais, enfin, avec des bois courts & menus on feroit son ouvrage, ce qui ne seroit pas possible quand on manque de bois longs & de gros équarrissage.

Ayant remarqué que les barreaux rompoient par le milieu des tirants, au-dessous de la réunion des armures, nous avons fait des Expériences pour connoître si l'on augmenteroit leur force en mettant une petite semelle de bois non endentée qui couvriroit la réunion des armures : l'effet de cette semelle n'a pas été fort avantageux, parce que n'étant point endentée avec les armures, elle ne les a point empêché de glisser, & elle n'a produit aucun effet relativement à la condensation ni à la dilatation des fibres. Le Chapitre suivant est destiné à examiner si l'on peut, sans inconvénient, augmenter le nombre des pieces pour la meche, ou pour les armures.

CHAPITRE IX.

Des Armures variées de différentes façons.

Pour assembler les pieces armées, on peut faire les endents comme autant de plans inclinés (*Pl. XXV. fig. 5*) : jusqu'à présent nous n'avons presque parlé que de ceux-là. Ou bien on peut faire les endents comme autant de dés (*Fig. 7 même Planche*) :

c'eft de cette façon qu'on affemble les mâts, ainfi que nous l'avons repréfenté dans le quatrieme Livre. Comme nous aurons à parler des uns & des autres, nous appellerons les uns (*Pl. XXVI, fig* 1) *Endents obliques A C; &* les autres, *Endents en dés* (*Figure* 2).

ARTICLE I. *Expérience fur des Barreaux armés de deux pieces avec des endents obliques.*

POUR connoître laquelle de ces deux armures feroit préférable, nous avons fait faire deux barreaux armés à l'ordinaire à endents obliques (*Figure* 1) ; ils avoient de longueur chacun 3 pieds, *A D*, 16 lignes, de hauteur *A B*, & 8 lignes de largeur *B C;* ils étoient formés de trois pieces : la meche *A D* d'une piece, les armures *C* & *E* de deux pieces. Ces barreaux armés avoient 11 lignes de courbure *F G*. Un de ces barreaux étant chargé de 200 livres, plia de 7 lignes, & l'autre, de 7 $\frac{1}{2}$ lignes.

Leur force moyenne étoit de 357 livres.

ARTICLE II. *Expérience fur des Barreaux armés de deux pieces avec des endents en dés.*

NOUS fîmes faire deux autres barreaux de mêmes dimenfions que les précédents, & qui n'en différoient que par la forme des endents, qui étoient en dés (*Figure* 2). Etant chargés de 200 livres, ils plierent l'un & l'autre de 8 lignes ; & leur force moyenne fe trouva de 372 $\frac{1}{4}$ livres.

ARTICLE III. *Conféquences des Expériences précédentes.*

LES barreaux dont les endents étoient en dés (*Figure* 2), fe font donc trouvés de 15 livres 4 onces plus forts que ceux (*Figure* 1) dont les endents étoient obliques. Cependant c'eft cette derniere façon de faire les endents (*Figure* 1) qui eft d'ufage pour faire des poutres & des baux armés ; & notre

Expérience eft favorable à la façon d'affembler les mâts : car elle differe peu de la *Figure* 2. La fupériorité de cet affemblage fera confirmée par d'autres Expériences.

Article IV. *Expérience fur un Barreau armé de trois pieces, avec des endents obliques.*

Pour connoître s'il feroit poffible de faire des barreaux armés avec un plus grand nombre de pieces fans perdre beaucoup fur leur force, nous avons fait faire un barreau (*Figure* 3) à endents obliques tout à fait femblable à celui de la *Figure* 1 ; la meche *AD* étoit d'une piece ; mais les pieces d'armure *B E*, étoient de trois pieces, *H, I, K,* & la courbure étoit de 10 lignes. Etant chargés de 200 livres, l'un & l'autre ont plié de 11 lignes ; & leur force moyenne s'eft trouvée de 304 $\frac{1}{2}$ livres.

Article V. *Conféquences de l'Expérience précédente.*

On voit que ce barreau eft de 67 $\frac{1}{4}$ livres plus foible que celui dont les armures n'étoient que de deux pieces (*Fig.* 1).

Article VI. *Expériences fur des Barreaux armés de trois pieces, avec des endents en dés.*

Nous nous proposâmes enfuite d'éprouver quelle feroit la force des barreaux dont les armures feroient pareillement de trois morceaux, mais dont les endents feroient en dés (*Fig.* 4).

Nous fîmes donc faire deux barreaux tout à fait femblables aux précédents, & qui n'en différoient qu'en ce que les endents étoient en dés au lieu d'être obliques.

Ces barreaux étant chargés de 200 livres, plierent de 9 lignes ; & leur force moyenne fe trouva de 373 $\frac{1}{2}$ livres.

ARTICLE VII. *Conséquences de l'Expérience précédente.*

Ces barreaux se sont trouvés de 69 livres plus forts que ceux de la *Figure 3* ; d'une livre $\frac{1}{4}$ plus forts que ceux de la *Figure 1* ; & de $16\frac{1}{2}$ livres plus forts que ceux de la *Figure 2* ; ce qui est encore à l'avantage des endents en dés, & de l'assemblage des mâts.

Mais il est bon de remarquer qu'à la circonstance près de la forme des endents, les uns obliques, les autres en dés, tous les barreaux, dont nous venons de parler, devroient être à peu près de même force, si les endents étoient faits dans les uns & dans les autres avec une pareille exactitude, puisque les pieces d'armures qui sont en contraction s'appuient bout à bout les unes contre les autres, & font toutes l'effort de bois debout : mais après ce que nous avons dit à l'occasion des barreaux sciés d'une partie de leur épaisseur, on apperçoit que si ces pieces n'étoient pas exactement jointes les unes aux autres, elles plieroient beaucoup, &, pour cette raison, les barreaux seroient très-affoiblis. Ceci bien entendu, on voit qu'on peut, sans beaucoup perdre de la force des barreaux, faire les pieces d'armure de plusieurs morceaux, comme de deux, trois, ou un plus grand nombre, pourvu que le contact soit bien exact. Examinons maintenant si l'on peut faire aussi les meches de plusieurs pieces : car jusqu'à présent nous les avons toujours faites d'un seul morceau.

ARTICLE VIII. *Expérience sur des Barreaux à meche de deux pieces & des endents en dés.*

Dans cette vue, nous fîmes faire des barreaux dont les pieces d'armure (*Figure 5*) étoient aux uns de deux pieces, & aux autres de trois $H\,I\,K$; & la meche étoit de deux pieces $A\,G$, $D\,G$: les endents étoient en dés, & la courbure de ces barreaux étoit de 11 lignes. Etant chargés de 200 livres, ils plierent de 12 lignes ; & leur force moyenne se trouva de $218\frac{1}{2}$ livres.

Article IX. *Observations sur l'Expérience précédente.*

Ces barreaux étoient très-foibles, puisque leur force moyenne a été de 155 livres moindre que celle des barreaux repréfentés par la *Figure* 4 ; & il ne faut pas en être furpris, parce que nous avions mis l'affemblage des deux pieces de la meche au milieu, précifément à l'endroit où toutes les meches rompent, & il n'étoit pas naturel de penfer que deux endents *G* pourroient autant réfifter à la tenfion que les fibres continues. Ces réflexions nous engagerent à faire d'autres barreaux, dont les uns feroient de 5 pieces (*Figure* 6), deux, *B E*, pour l'armure, & trois pour la meche, *A F D* ; d'autres de fix pieces, trois, *H I K*, pour l'armure, & trois, *A F D*, pour la meche (*Figure* 7) ; & de ceux-ci les uns étoient à endents obliques (*Figure* 7), & les autres à endents en dés (*Figure* 8).

Article X. *Expériences fur des Barreaux à meche de trois pieces, & des endents obliques & en dés.*

Les barreaux de cinq pieces (*Figure* 6), qui avoient dix lignes & demie de courbure, étant chargés de 200 livres, ont plié de 9 lignes ; & leur force moyenne s'eft trouvée de 285 livres. Ces barreaux n'étoient donc pas auffi forts que ceux de 4 pieces (*Figure* 4) ; il s'en falloit 88 $\frac{1}{2}$ livres : mais ils étoient de 66 $\frac{1}{2}$ livres plus forts que ceux de 5 pieces (*Figure* 5).

Les barreaux de fix pieces à endents obliques (*Figure* 7), étant chargés de 200 livres, plierent de 14 lignes ; & leur force moyenne fe trouva de 252 $\frac{1}{2}$ livres, c'eft-à-dire, de 33 $\frac{1}{2}$ livres moins forts que les barreaux de 5 pieces (*Figure* 6).

Des barreaux (*Figure* 8) tout-à-fait pareils aux précédents, armés auffi de fix pieces, mais dont les endents étoient en dés, étant chargés de 200 livres, plierent de 11 lignes ; &

leur force moyenne se trouva de 280 livres, ou de 27 $\frac{1}{2}$ livres plus forts que ceux de la *Figure* 7.

ARTICLE XI. *Conséquences des Expériences précédentes.*

Il est assez bien prouvé par les Expériences que nous venons de rapporter :

1°, Que les endents en dés sont très-bons, & un peu meilleurs que ceux qui sont obliques : ce qui doit faire penser avantageusement de la façon d'assembler les mâts.

2°, Qu'on affoiblit peu, ou point, les pieces armées en multipliant les pieces d'armure, pourvu que les assemblages soient bien faits, & que les bouts des pieces s'appuient bien les unes contre les autres. Car plus on multiplie les pieces, plus il y a à craindre le refoulement qui résulte de la pression ; c'est pourquoi il faut les mettre à force le plus qu'il est possible : alors elles résistent comme le bois de bout, & elles sont capables d'une très-grande résistance.

3°, Il y a plus d'inconvénient à faire de plusieurs morceaux les meches, ou tirants, parce que, dans ce cas, l'effort en dilatation ne s'opere que sur les endents, qui ne peuvent être beaucoup multipliés, comme on le voit par l'inspection des *Figures* 6, 7 & 8 : mais cet assemblage est préférable à celui de la *Figure* 5, qui est le plus mauvais de tous.

Nous avons encore varié les assemblages, comme on le verra par les Expériences que nous allons rapporter.

CHAPITRE

CHAPITRE X.

Continuation des Expériences sur les Barreaux armés de différentes façons.

Nous avons fait faire des barreaux droits ; ils avoient tous 4 pieds de longueur *P O* (*Figure 9*), 14 lignes de hauteur *N O*, 10 lignes de largeur *M N*.

Article I. *Expérience sur des Barreaux droits, de trois pieces avec des endents obliques.*

Nous fîmes faire deux barreaux armés à l'ordinaire de trois morceaux (*Figure 9*), la meche ou tirant *Q N*, d'une seule piece, l'armure de deux morceaux *P & O*, les endents obliques, assemblés droits & sans courbure : étant chargés de 200 livres, ils plierent de 31 $\frac{1}{2}$ lignes ; & leur force moyenne se trouva de 240 livres.

Article II. *Expérience sur des Barreaux droits, de deux pieces avec des endents en dés.*

Ayant reconnu, par les Expériences que nous venons de rapporter, quelle étoit la force des barreaux de trois morceaux assemblés à l'ordinaire, & des dimensions que nous avons marquées, nous fîmes faire des barreaux de mêmes dimensions, formés de deux pieces qui avoient toute la longueur des barreaux (*Figure* 10) : ces deux pieces placées à côté l'une de l'autre, savoir *P O* & *Q M*, étoient assemblées dans le sens vertical avec des endents en dés, comme le font les mâts : étant chargés de 200 livres, ils plierent de 31 $\frac{1}{2}$ lignes ; & leur force moyenne se trouva de 212 $\frac{1}{2}$ livres, étant

V v v

de 28 livres moindre que celle du barreau de l'Article précédent. On appercevra que cela doit être, si l'on fait attention au sens dans lequel ce barreau a été chargé, parce que, à la partie inférieure où les fibres sont en dilatation, il n'y avoit, à cause des endents, que la moitié de la somme des fibres qui résistassent à la tension : cela s'apperçoit à la seule inspection de la figure.

ARTICLE III. *Expérience sur des Barreaux droits, dont les meches étoient de quatre pieces.*

Nous fîmes encore faire des barreaux armés dont les meches ou tirants *C F D E*, (*Figure* 11) étoient formés de quatre pieces, savoir, deux pieces, *C E* & *I H*, assemblées de plat l'une contre l'autre, avec des endents en dés coupés verticalement comme le représente la *Figure* 10 : & ces deux pieces, *C E* & *I H*, étoient chacune formées de deux pieces *D E* & *I K*, (*Figure* 11 & 12), qui avoient chacune un tiers de la longueur de la piece *C E*.

Ces barreaux étant chargés de 200 livres, plierent de 31 lignes ; & leur force moyenne se trouva à peu près de 205 livres. Je dis, à peu près, parce qu'un de ces barreaux s'étant jetté sur le côté, perdit un peu de sa force. Quoi qu'il en soit, ils étoient de 35 livres moins forts que les barreaux armés à l'ordinaire ; ce qui peut venir en partie de la raison que nous avons rapportée dans l'Article précédent, & en partie de ce qu'en multipliant les assemblages, il se rencontre nécessairement des défauts qui affoiblissent les barreaux. Mais je suis persuadé que ces défauts seroient moins sensibles si l'on éprouvoit la force de plus gros barreaux ; & il y a lieu d'être étonné que ces barreaux, formés d'un aussi grand nombre de différentes pieces, se soient trouvés aussi forts. Sans les réflexions que nous avons mises à la fin de l'Article II, on pourroit être étonné de voir que les barreaux (*Figure* 10) qui n'étoient formés que de deux morceaux dont les endents étoient en dés assemblés verticalement, n'aient pas été les plus forts.

ARTICLE IV. *Expérience fur des Barreaux courbes, dont la meche étoit d'une piece.*

Je fis faire deux barreaux (*Figure* 13) dont la meche étoit d'une piece, & les armures de deux ; la courbure *B D* étoit de 8 lignes, & les endents étoient obliques fuivant l'ufage ordinaire.

Etant chargés de 100 livres, ils plierent de 10 $\frac{1}{4}$ lignes ; leur force moyenne fe trouva de 149 livres 12 onces.

Ayant répété cette épreuve fur trois barreaux de pareilles dimenfions, leur force moyenne fe trouva de 148 livres 8 onc.

ARTICLE V. *Expérience fur des Barreaux courbes, dont la meche étoit de trois pieces.*

Nous fîmes faire deux autres barreaux de mêmes dimenfions ; mais la meche *A C* (*Figure* 14) étoit de trois pieces ; étant chargés de 100 livres, ils plierent de 6 lignes ; & ils rompirent, étant chargés de 127 livres 13 onces : ainfi ils étoient de 21 livres 15 onces plus foibles que les précédents.

Ayant répété cette Expérience fur trois autres barreaux de mêmes dimenfions, & dont les meches étoient auffi de trois pieces ; leur force moyenne fe trouva de 140 livres ; & fi l'on compare la force des 6 barreaux qui ont fervi à répéter l'Expérience, on appercevra que la différence en force n'eft que d'un vingtieme.

Je foupçonnai que je les rendrois plus forts fi je pouvois augmenter les empatures *E E,* (*Figure* 14).

ARTICLE VI. *Expérience fur des Barreaux à fortes empatures.*

Dans cette vue nous fîmes faire deux autres barreaux

(*Figure* 15) qui étoient courbes par deſſus, *E F e*, & droits par deſſous *A C B* : la meche, ou la piece de deſſous, étoit de trois pieces *A*, *C*, *B* ; & par cette diſpoſition, nous étions en état de multiplier les endents, & de les faire dans les pieces *A* & *B*. A un de ces barreaux, les armures étoient de trois morceaux *E*, *F*, *e* ; & à un autre, cette armure n'étoit que de deux pieces *E F*, *F e*, ce qui, comme on l'a vu, eſt aſſez indifférent.

Ces barreaux de 5 & 6 pieces étant chargés de 100 livres, plierent de 6 ½ lignes ; & leur force moyenne ſe trouva de 129 livres 6 onces. Ces barreaux n'étoient donc que d'une livre 9 onces plus forts que ceux de l'Article précédent.

ARTICLE VII. *Remarques ſur les Expériences précédentes.*

TOUTES ces pieces ayant été déchargées lorſqu'elles avoient été chargées de 75 livres, les pieces de l'Article I n'avoient rien perdu de leur courbure, quoiqu'elles euſſent plié ſous ce poids de plus de 9 lignes ; & ayant enſuite été rechargées, elles rompirent tout d'un coup ſous le poids marqué ci-deſſus.

Les pieces de l'Article II ayant été pareillement déchargées du poids de 75 livres, avoient perdu près d'une demi-ligne de leur courbure, & la piece rompit dans le milieu, le reſte n'ayant ſouffert aucun dommage.

Enfin les pieces de l'Article III plierent beaucoup avant de rompre.

Il eſt bon de remarquer, à l'occaſion de ces Expériences, qui ont été faites avec beaucoup de préciſion, tant pour l'égalité du bois que pour l'exactitude des aſſemblages, ſur-tout celles qui ſont marquées comme répétition dans les Articles IV & V, que les baux des vaiſſeaux & les poutres des bâtiments étant deſtinés preſque aux mêmes uſages ; ſavoir, les baux pour ſupporter le poids énorme de l'artillerie qui eſt ſur les ponts, & les poutres pour ſoutenir des planchers ſouvent très-étendus, chargés t aô t de cloiſons, tantôt de marchandiſes pefantes, comme le bled, ou de beaucoup de monde. Mais dans tous ces cas, la charge ne devant être jamais assez considérable pour les faire rompre, on pourroit, sans aucun risque, lorsqu'on manque de bois longs, faire des poutres armées de plusieurs pieces assemblées les unes avec les autres, puisqu'on voit dans les Articles IV & V que les barreaux armés à l'ordinaire, avec les tirants d'une seule piece, ont plié davantage sous la charge que ceux dont le tirant étoit de trois pieces, & que ceux-ci n'ont, du côté de la force, qu'environ un vingtieme de moins; ce *deficit*, probablement, ne se trouveroit pas si l'on faisoit les armures avec des bois moins compressibles.

Dans l'exposé que nous avons fait de nos dernieres Expériences, je me suis borné, pour abréger, à ne rapporter que la force moyenne de deux, de trois, ou d'un plus grand nombre de barreaux; & comme nous y avons compris les forts & les foibles, il en a résulté un tableau vrai, qui met en état de connoître l'usage qu'on peut faire des pieces de construction & de charpente différemment armées. Cependant il nous a paru convenable de mettre en comparaison la force & l'élasticité de deux barreaux choisis les plus forts, chacun dans leur espece, mais pris l'un & l'autre dans une même suite d'Expérience.

Le barreau que je nommerai A, avoit le tirant, d'une seule piece, & il a rompu sous le poids de 245 livres.

Le barreau que je nommerai B, qui avoit le tirant ou la meche de quatre pieces, a rompu sous le poids de 220 liv.

Ces barreaux étoient assemblés avec des endents en dés, ou coupés verticalement : au barreau B, les allonges de la meche empatés avoient chacun un quart de la longueur du barreau. Au reste les barreaux A & les barreaux B étoient précisément de même longueur, de même largeur, de même épaisseur, & de même qualité de bois, de sorte qu'ils ne différoient l'un de l'autre que par le tirant, qui à l'un A, étoit d'une piece, & à l'autre B étoit de quatre.

En comparant la force de ces deux barreaux, on voit que le barreau B est à 25 livres près aussi fort que le barreau A, & cette différence répond à peu près à un dixieme; ce qui n'est pas fort considérable.

En comparant enfuite l'élafticité de ces deux barreaux, on a trouvé que le barreau *A* a plié de 3 ½ lignes, étant chargé de 25 livres ; & de 6 ¼ lignes, étant chargé de 50 livres.

Le barreau *B* a plié de 4 lignes fous le même poids de 25 livres, & il a fallu 50 livres de poids pour le faire plier de 7 lignes.

La roideur du barreau *B* eft donc à peu près pareille à celle du barreau *A*.

Si nous les confidérons chargés de 100 livres, le barreau *A* a plié de 12 ½ lignes, & le barreau *B* de 14 lignes. Le barreau *B* chargé de ce grand poids ne différoit point confidérablement du barreau *A*, & il n'y avoit aucune défunion apparente dans les affemblages.

En fuivant cette comparaifon jufqu'à la rupture de l'un & l'autre barreau, on voit que le barreau *A* a plié de 37 lignes, & a rompu étant chargé de 245 livres ; que le barreau *B* n'a plié que de 33 lignes, étant chargé de 212 livres, & qu'il a plié de 35 lignes, étant chargé de 220 livres, poids qui l'a fait rompre.

Le barreau *B*, ainfi que fes femblables, a rompu au milieu de la meche comme le barreau *A*, fans que les empatures des extrémités aient paru dérangées ; elles font même toujours reftées unies : ce qui peut fournir une grande reffource quand on manque de bois longs, & qu'on fe trouve dans le cas d'avoir befoin de grandes pieces, puifqu'il eft prouvé que par des affemblages bien faits, on peut faire des poutres & des baux qui, à un dixieme près, feroient auffi forts que ceux d'une feule piece : & je ferai remarquer que fi je mets en comparaifon deux barreaux qui fe font trouvés les plus forts, je les ai pris dans une même fuite d'Expériences, fans chercher dans les autres fuites des faits qui auroient été plus avantageux aux barreaux armés.

CHAPITRE XI.

Conséquences & applications utiles des connoiſſances qu'on a acquiſes ſur la Force des Bois.

On pourroit nous reprocher 1°, d'avoir fait toutes nos Expériences ſur des barreaux, & de ne les avoir pas étendues à des chevrons, ou des ſoliveaux ; 2°, de n'avoir pas établi une théorie fondée ſur le grand nombre d'Expériences que nous avons faites.

Pour ce qui regarde ce dernier reproche, il eſt vrai que je me ſuis borné à la ſimple expoſition des faits, & à jetter les fondements d'une théorie qui pourra être utile. Ce ſont des données dont je pourrai faire uſage dans la ſuite, ſi d'autres travaux me permettent d'achever l'édifice que j'ai commencé : ſi, au contraire, d'autres occupations ne me permettent pas de me livrer à ce travail, du moins quelques Théoriciens pourront travailler à mettre en œuvre des matériaux que je n'ai amaſſés qu'avec beaucoup de peine. D'ailleurs, comme la multiplicité dés faits donne lieu de faire un grand nombre de combinaiſons, j'ai cru devoir éviter de traiter un objet qui auroit beaucoup augmenté ce volume, dont l'étendue excede déja les bornes que je m'étois propoſées. Quoique j'aie eſſayé de le reſtreindre le plus qu'il m'a été poſſible ; cependant je n'ai pas négligé de faire appercevoir d'une façon générale les applications utiles qu'on peut faire des réſultats de nos Expériences.

A l'égard de l'autre reproche qu'on pourroit nous faire ſur ce que nous nous ſommes bornés à faire rompre des barreaux, nous avons déja eu occaſion, dans le cours de cet Ouvrage, de faire remarquer que ſi, en faiſant des Expériences en grand, on apperçoit des différences plus ſenſibles, cet avantage eſt compenſé par l'exactitude & la précision qu'on peut mettre en exécutant des Expériences en petit ; ce qui n'est point praticable pour des Expériences en grand. Il faut, pour faire une juste comparaison entre des bois de différents échantillons, que les pieces dont on veut comparer la force, soient de même âge, prises dans un même terrein, à une même exposition, abattues dans le même temps, parvenues à un égal degré de sécheresse, ayant un même nombre de couches annuelles, qu'on place toujours dans un même sens quand on veut faire rompre les pieces. Or toutes ces choses ne péuvent s'observer dans différents arbres, qui, comme nous l'avons prouvé ailleurs, sont souvent de qualités fort différentes, quoiqu'abattus les uns à côté des autres dans une même vente ; au lieu que nous avons rempli toutes ces conditions, en mettant en comparaison des barreaux pris dans un même arbre, à une pareille distance du centre, & avec toutes les précautions que nous avons rapportées au commencement de ce Livre. Quand on doit faire rompre de grosses pieces, il faut remuer des poids très-considérables ; & quelques précautions que l'on prenne, il en résulte nécessairement des secousses qui influent sur l'exactitude de l'Expérience ; au lieu que par l'écoulement de notre grenaille de plomb qui tomboit comme d'un sablier, la charge augmentoit insensiblement & sans aucune secousse, dans des temps égaux. En un mot, les Expériences en petit m'ont mis à portée d'opérer avec des précisions qui sont impraticables pour les Expériences en grand ; & je crois que l'on conviendra que nous n'avons rien négligé pour donner à nos Expériences la plus grande exactitude.

Malgré cela, il ne sera peut-être pas possible d'établir, d'après nos Expériences, une théorie rigoureusement exacte sur la force des bois de toutes sortes de grosseur, & de dresser des tables qui aient une précision mathématique : cependant cela n'empêchera pas qu'elles ne soient utiles pour la pratique : je le prouve.

Quoique les Expériences des Physiciens qui se sont appliqués avant nous à établir la force des bois, n'ayent assurément

ment

ment pas été faites avec la même précision que les nôtres , & qu'il en ait résulté des théories vicieuses , elles n'ont cependant pas été inutiles. On peut convenir qu'elles n'ont fourni que des à peu près , si l'on veut même , fort éloignés du vrai ; mais il vaut mieux être conduit par des regles d'approximation plus ou moins éloignées , que de s'abandonner tout à fait au hazard. Quand on a des observations directes , on fait bien d'en profiter : par exemple , un Constructeur qui sait , par des épreuves souvent répétées , qu'un bau de tel équarrissage & de tant de longueur , peut porter l'artillerie dont il sera chargé , ce Constructeur fera bien de partir de là pour fixer la grosseur des baux du vaisseau qu'il construit. Mais quand de pareilles observations lui manqueront , il pourra avoir recours à des théories , choisissant celles qui pourront lui fournir une plus grande approximation ; & il courra d'autant moins de risque d'éprouver quelqu'accident fâcheux , que nous avons prouvé qu'afin qu'une piece de bois résiste long-temps au poids dont elle est continuellement chargée , il ne faut lui donner à supporter que la moitié , ou au plus les deux tiers du poids qui la fait rompre.

La rareté des bois nous mettant souvent dans la nécessité d'employer des bois courts pour faire de longues pieces , qu'il est très-difficile , ou même impossible de trouver , nous nous sommes beaucoup appliqués à faire connoître comment on pouvoit faire des poutres & des baux de plusieurs pieces , & quelle est leur force par comparaison aux baux ou aux poutres d'un seul morceau.

Dans toutes ces Expériences , nous avons toujours eu soin de nous renfermer dans un même équarrissage pour les bois armés , ou non armés , que nous mettions en comparaison : car si nous nous étions permis d'augmenter l'épaisseur de nos barreaux armés , nous les aurions rendu infiniment plus forts : ce qui deviendra sensible par des exemples que nous rapporterons.

X x x

ARTICLE I. *Moyens de fortifier les pieces de Charpente par des Décharges.*

QUAND les Charpentiers mettent en place une poutre *A B* (*Pl. XXVII*, *fig.* 1) qui a beaucoup de portée, ils la fortifient quelquefois par ce qu'ils nomment *une Décharge*. Ce font deux fortes membrures *C*, *D*, dont les bouts *E*, *F*, font reçus dans des entailles faites à la poutre pour que ces membrures ne puiffent reculer ; elles arcboutent l'une contre l'autre en *G*, & elles font liées à la poutre par un boulon de fer *G H*, qui la traverfe. Il eft fenfible que ces décharges, qui font l'effet de bois debout, s'appuient d'autant plus l'une contre l'autre, que la poutre eft plus follicitée par la charge à plier. Ces décharges font très-bonnes quand elles font dans un galetas où il n'y a point d'inconvénient qu'elles foient apparentes ; mais fi elles font dans des appartements, comme on eft obligé de charger les planchers de 7 à 8 pouces pour qu'elles ne paroiffent pas, elles font, à caufe de cette énorme charge, peu avantageufes.

Quelquefois on lie les poutres par des étriers & tirants de fer aux arbalêtriers de la charpente, ce qui les fortifie beaucoup.

Pour faire au-deffus d'un bûcher, un plancher qui devoit être chargé d'un très-grand poids, nous mîmes à l'ordinaire les poutres *A*, *B*, (*Figure* 2) qui n'étoient pas très-fortes ; mais à 1 pied ou 18 pouces au-deffous, nous en mîmes une plus foible, parce qu'elle ne devoit faire que l'office d'un tirant : nous ajoutâmes les fortes membrures *C*, *D*, qui étoient reçues en *E* & en *F* dans des entailles, & qui arcboutoient en *G* & en *H*, contre la femelle *G H*. On voit que les décharges *C*, *D*, qui foutiennent la poutre font leur effort en bois debout, ce qui rend ces planchers prefqu'auffi forts que des voûtes. Auffi quoique ce plancher conftruit de cette façon, ait été chargé d'un très-grand poids, il n'a point du tout fléchi.

L'écrou eft la piece des preffoirs à étau qui fouffre le plus :

on la fait ordinairement avec une grosse piece d'Orme , qui a
11 pieds de longueur *A B* (*Figure* 3), 22 pouces d'épaiſſeur *B C*, & au plus 24 pouces de largeur *C D*. Elle a à
chaque bout *E*, *E*, une entaille qui a 14 pouces de profondeur pour embraſſer le collet des jumelles ; & au milieu en *F*,
un trou d'un pied de diametre, dans lequel ſont formés les
pas de l'écrou. Ainſi au milieu *F*, il ne reſte au plus que 6 pouces d'épaiſſeur de bois, ſur quoi il faut rabattre les défournis
& flaches qui ſont toujours aux angles, ainſi que l'aubier qui
en peu de temps tombe en pourriture.

Pour fortifier les écrous, qui ſont des pieces cheres , & qui
rompent fréquemment , on met ordinairement deſſus deux
pieces courbes qu'on nomme *Solles torſes*, *G*, *G* (*Figure* 4).
Ces pieces ſont naturellement courbes, & on les poſe de plat
ſur la partie de l'écrou qui excede le trou : elles ſont jointes
à la tête des jumelles comme l'écrou. On les lie l'une à l'autre
par deux bandes de fer *H*, *H*, & elles ont 7 à 8 pouces d'é-
quarriſſage. Leur courbure fait que la vis paſſe entre-deux :
mais comme elles ſont poſées de plat ſur l'écrou, elles ne
le fortifient pas beaucoup. Car il eſt ſenſible que quand l'écrou
plie au milieu , les ſolles torſes, à cauſe de leur courbure,
font effort pour tourner ſur les points *G* comme ſur leur axe :
elles fortifient donc peu l'écrou, & elles fatiguent beaucoup
la tête des jumelles. Comme malgré ces ſolles torſes, il nous
arrivoit fréquemment que nos écrous rompoient, nous avons
imaginé de les fortifier par des pieces droites & des décharges,
comme on le voit (*Figure* 5) ; & depuis ce temps il ne nous a
pas rompu un ſeul écrou. Nous poſons ſur l'écrou, aux deux
côtés de la vis *I* (*Figure* 4) deux pieces de bois droites *K*, *K*,
de 6 ou 8 pouces d'équarriſſage, & au-deſſus une pareille piece
L L, qui eſt éloignée de la piece *K K* de 10 à 12 pouces.
Entre ces deux pieces paralleles , nous mettons les deux
Guettes M, *M*, qui ont 5 pouces d'équarriſſage ; elles ſont
reçues par leur bout d'en haut dans des entailles faites en *N N*
à la piece *L L*, & par l'autre bout dans des entailles *O O* faites
à la piece *K K*. Ces guettes réſiſtent ſuivant leur longueur :

X x x ij

tout l'effort fe fait fur les entailles *N N*, & la tête *S S* des jumelles n'eft point fatiguée. On conçoit que quand on met en *P* des coins pour que le milieu de la piece *K K* appuie exactement fur l'écrou, il eft prodigieufement fortifié ; de forte que, comme je l'ai déja dit, aucun de nos écrous n'a rompu depuis que nous avons fait ufage de ces décharges. On voit en *Q Q* des mortaifes pour recevoir des paumelles qui lient enfemble la décharge du devant du preffoir, qui eft repréfentée dans la *Figure* 5, avec celle de derriere qu'on n'a point figurée. *R* eft le corps des jumelles, qui a 15 pouces d'équarriffage, & *S S* eft la tête de ces mêmes jumelles.

On fait un fréquent ufage des décharges dans les charpentes ; & les trois exemples que nous venons de donner, fuffifent pour faire concevoir qu'on peut en retirer de grands avantages, qui dépendent des mêmes principes que nous avons établis en parlant des poutres armées.

Nous revenons aux armures pour faire appercevoir le grand avantage qui peut en réfulter lorfqu'on fait les employer avec intelligence.

ARTICLE II. *Moyens de fortifier les Mâts.*

Nous avons déja fait obferver que l'affemblage des mâts de plufieurs pieces eft comparable à celui des barreaux armés, les jumelles étant affemblées très-artiftement avec la meche par des endents en dés.

Nous avons prouvé que dans une piece que l'on charge, une partie des fibres eft en dilatation & une autre en condenfation; & qu'il ne faut point perdre de vue ce principe pour faire de bonnes pieces d'affemblage. Dans nos barreaux, nous avons toujours eu grande attention que les endents des armures fuffent difpofés de façon qu'ils puffent réfifter à la compreffion; & ceux de la meche, ou du tirant, de maniere qu'ils fuffent en état de réfifter à la tenfion : c'eft fur ce feul principe que roule toute la théorie des pieces armées, ou faites de plufieurs pieces d'affemblage.

On voit que les Charrons, pour donner de la force aux brancards des Berlines, qui font prefque toujours de bois tranché, font mettre deffus & deffous des bandes de fer plat liées l'une à l'autre par des boulons rivés ou à vis, qui traverfent le brancard. Une de ces bandes réfifte à la compreffion pendant que l'autre réfifte à la tenfion : d'où il réfulte que les brancards font capables d'une grande réfiftance.

Le fieur Barbé, Maître Mâteur de Breft, qui s'eft diftingué dans fon état, propofa, vers l'année 1748, un moyen de rendre les mâts capables d'une plus grande réfiftance : ce moyen nous a paru fondé fur de bons principes ; & comme on n'y a pas porté affez d'attention, nous allons effayer de rendre les idées de l'Auteur le plus clairement qu'il nous fera poffible.

Un des plus fâcheux accidents qui puiffent arriver à un vaiffeau, eft d'être démâté : fi c'eft dans un combat, il eft forcé de fe rendre ; fi c'eft pendant une tempête, il court rifque de fe perdre, fur-tout s'il n'eft pas fort éloigné des côtes ; & dans l'un & l'autre cas, il perd prefque toujours beaucoup de monde.

Les démâtements font occafionnés ou par les boulets de l'ennemi qui coupent les mâts, ou par les violents mouvements de tangage, fur-tout lorfque précédemment un vaiffeau a perdu une partie des manœuvres qui l'affujettiffent, comme Aubans, Galaubans, Etais, &c.

Le fieur Barbé propofa un fupplément de liaifons dans les mâts d'affemblage, qui fans augmenter leur groffeur, & fans les rendre beaucoup plus pefants, les rendroit capables d'une plus grande réfiftance, foit dans le cas d'une groffe mer, foit dans celui d'un combat.

Tous les mâts d'affemblage font compofés de jumelles qui s'affemblent fur une meche, ou les unes avec les autres, par des endents qui ont au moins 3 ou 4 pouces de largeur, & un pouce & demi de profondeur. Il s'agit, fuivant le fieur Barbé, d'encaftrer entre chaque rang d'endents, à la partie où les mâts font les plus fujets à rompre, des bandes de fer de 15,

20 ou 30 pieds de longueur fur 3 pouces de largeur, & 3 à 4 lignes d'épaiffeur, ainfi qu'on le voit (*Figure* 6).

Le fieur Barbé infifte fur l'obftacle que ces bandes de fer feroient aux boulets pour traverfer les mâts; & après ce que nous avons dit fur les fibres qui font en condenfation & en dilatation, on conçoit que ces mâts doivent être beaucoup plus forts que les autres.

Un grand mât de 104 pieds de longueur & de 33 pouces de diametre, eft eftimé pefer 24682 livres; & l'addition de 12 bandes de fer de 30 pieds de longueur chacune fur 3 pouces de largeur & 3 lignes d'épaiffeur, n'augmentera ce poids que de 1380 livres, qui ne feroient pas un objet confidérable. J'au-rois defiré qu'on eût éprouvé cette idée fur quelque mât de beaupré, celui-ci étant la clef de tous les mâts, & rompant plus fréquemment que les autres.

Je vais terminer ce Livre par l'expofition d'une application des plus heureufe & de plus utile qui ait été faite des armu-res, ou des affemblages, au moyen des endents.

ARTICLE III. *Moyens de conferver aux Galeres leur Tonture par des Armures.*

LES œuvres mortes des vaiffeaux relevent à l'avant & à l'arriere, & les Galeres font encore plus gondolées; c'eft pourquoi nous nous attacherons à parler principalement de ces bâtiments pour examiner ce qui leur fait perdre leur ton-ture, & ce qu'on pourroit faire pour la leur conferver; car ce relévement de l'avant & de l'arriere, ce gondolement s'appelle *la Tonture d'une Galere*.

Quand un bâtiment de mer, foit Vaiffeau, foit Galere, a baiffé de l'avant & de l'arriere, quand il a perdu fon gondo-lement ou fa tonture, on dit qu'il eft *arqué*, ou qu'il a *chûté*. Alors la quille des Vaiffeaux, qui étoit fur le chantier une ligne droite *A B* (*Figure* 7), devient concave comme *C D*; & la quille des Galeres, qui étoit convexe comme *A B* (*Figure* 8), devient concave comme *C D*.

La tonture qu'on donne aux œuvres mortes des Vaisseaux ne les empêche pas de s'arquer; elle fait seulement qu'ils paroissent moins arqués qu'ils ne le sont effectivement. Il n'en est pas de même de la courbure qu'on donne à la quille des Galeres; nous pensons qu'en employant les moyens que nous proposerons d'après M. Garavaque, cette courbure peut empêcher que les Galeres ne s'arquent.

On sait que les Galeres ne périssent pas tant par la destruction de leur bois, que parce qu'elles perdent leur tonture, ou le gondolement qu'on leur avoit donné en les construisant. Il est certain que les Constructeurs portent trop loin ce gondolement pour les œuvres mortes, puisqu'une Galere neuve, qui a toute sa tonture, est moins bonne pour la vogue, qu'une Galere qui a perdu une partie de son gondolement. Il faut que les rames des extrémités aillent chercher l'eau trop bas lorsque les Galeres sont neuves, & qu'elles ont tout leur gondolement. Les Constructeurs ne l'ignorent pas; mais comme ils savent que leurs Galeres chûteront infailliblement, ils croient devoir relever plus qu'il ne faut l'avant & l'arriere. Si par les moyens que nous proposerons, on prévient que les Galeres n'arquent, on pourra se dispenser de porter le gondolement à l'excès. Au reste ceci ne regarde que les œuvres mortes; & il est d'expérience qu'un bâtiment dont la quille a la forme de *C D* (*Figure* 8), navigue mal, & sous voile, & à la rame; la forme de toutes les lignes d'eau étant changée, & la courbure faisant au milieu de la Galere un remoux qui rallentit sa marche. Enfin il en résulte tant d'inconvénients, que la plupart des Galeres sont condamnées pour ce seul défaut, quoique leurs bois soient encore très-sains.

Les Constructeurs, persuadés de ce que nous venons d'avancer, ont cherché les moyens de conserver aux Galeres qu'ils construisoient leur tonture; mais pour cela il faut connoître la cause du mal : nous allons l'exposer le plus succinctement qu'il nous sera possible.

Les causes qui font arquer les Galeres sont 1°, la forme même des Galeres; 2°, la maniere dont elles sont amarrées dans le Port ; 3°, l'arrimage ou la diftribution de la charge dans la Galere ; 4°, la qualité des bois qu'on emploie pour les conftruire ; 5°, le défaut dans les liaifons & l'affemblage des pieces qui les compofent. Ce font là autant de caufes qui concourent pour faire arquer les Galeres.

Je commence par ce qui regarde la figure généralement obfervée pour les Galeres : ce font des bâtiments extrêmement longs : ils ont leur plus grande largeur vers le milieu ; leurs extrémités font très-pincées & fort relevées.

Le déplacement d'eau, & par conféquent la pouffée verticale de ce fluide, eft donc très-inégalement diftribuée dans toute la longueur des Galeres. Il n'y auroit pas grand mal à cela, fi le poids de la coque & la charge étoient tellement diftribués que les poids fuffent dans chaque point de la longueur de la Galere, proportionnels au déplacement d'eau ; qu'il y eût peu de poids où il y auroit peu de déplacement d'eau, & plus de poids où le déplacement d'eau feroit confidérable ; mais c'eft tout le contraire. L'artillerie, le corps-de-garde, les foldats qui s'y raffemblent, l'éperon, les ancres, les cables ; tout cela forme un poids confidérable fur l'avant qui déplace peu d'eau. L'arriere, qui eft auffi très-pincé, eft chargé de la chambre de poupe, du gaveon, du timon, d'une quantité de menuiferie & de fculpture, tant pour l'ornement de la poupe, que pour placer les timoniers, d'une bonne partie de la compagne, des meubles des Officiers, des timoniers, &c. On voit, par cet expofé, que la proue & la poupe font proportionellement beaucoup plus chargées que le milieu, qui feroit cependant plus en état qu'aucun autre endroit de fupporter de grands fardeaux.

Il faut donc concevoir qu'il y a à l'avant & à l'arriere, des puiffances toujours agiffantes en ces endroits pour les faire baiffer, tandis qu'au milieu la pouffée verticale de l'eau fait continuellement effort pour foulever cette partie. Cette feule confidération fait appercevoir que les Galeres doivent s'arquer tôt ou tard. On a tenté de rendre les Galeres moins fujettes à s'arquer en baiffant un peu les façons de l'avant &

de

de l'arriere, & en renflant ces parties d'une petite quantité; mais on a prétendu que par ces changements, les Galeres qui devenoient plus propres à porter la voile, étoient plus lourdes à la rame. Y avoit-il en cela de la prévention ? c'est sur quoi je n'ose prononcer. Mais par les causes que je viens d'exposer, les Galeres doivent arquer dans un bassin d'eau dormante, & elles souffrent infiniment plus quand elles sont agitées par la lame.

Voici une autre circonstance qui doit les faire arquer encore bien plus promptement dans le Port. Il est vrai que quand les Galeres sont défarmées, elles sont déchargées d'une partie des poids de l'avant & de l'arriere, comme les canons, les ancres, les cables, &c. mais ces parties restent nécessairement chargées de poids dont on ne peut les soulager. A quoi il faut ajouter qu'elles sont amarrées dans le Port, savoir, par l'arriere à deux organeaux *c*, *d* (*Figure 9*), qui sont sellés sur le quai plusieurs pieds au-dessous de l'endroit d'où sortent les cables d'amarrage; & les amarres de l'avant tiennent à des ancres *a*, *b*, qui sont beaucoup plus basses que les organeaux. Ainsi les quatre points d'amarrage, *a*, *b*, *c*, *d*, tirent en bas les deux extrémités de la Galere, & la forcent de s'arquer; ces efforts augmentent beaucoup quand l'eau est agitée, & encore plus quand elle s'éleve dans le Port; car quoiqu'il n'y ait point de marée dans la Méditerranée, les vents du large font souvent élever la mer dans le Port de Marseille. En voici quelques exemples assez remarquables.

Le 12 Mai 1718, à neuf heures du matin, par un beau temps calme, les eaux sortirent du nouvel Arcenal avec autant de rapidité que le courant de la Seine, & dans l'espace de trois quarts-d'heure elles baisserent de 21 pouces; elles resterent à ce point jusqu'à une heure & demie : à 5 heures du soir, elles rentrerent presque avec la même vîtesse, & elles s'éleverent de 29 pouces dans l'espace de 2 heures.

Le 4 Octobre 1719, à 2 heures après midi, les eaux s'éleverent en 40 minutes de 14 pouces au-dessus de leur hauteur ordinaire : à cinq heures elles commencerent à se retirer lentement,

Y y y

& le lendemain à 7 heures du matin, elles avoient diminué de 23 pouces.

Tout cela n'égale pas le phénomene de Marseille, arrivé le 29 Juin 1725, que M. Gerbié, Professeur d'Hydrographie à Marseille, rapporte dans une Dissertation insérée dans les Mémoires de Littérature & d'Histoire, *Tome II, page 56.*

Ces especes de fausses marées qui paroissent occasionnées par les différents vents du large, qui tiennent la mer plus ou moins haute sur les côtes septentrionales du golfe de Lion où se trouve Marseille, arrivent assez souvent, & quelquefois plusieurs jours de suite. Dans ces circonstances, les Galeres s'élevent avec tant de force qu'on a vu rompre les cordages & les ancres d'amarrage ; & l'on conçoit que ces accidents qui se répetent souvent, sont capables de précipiter la chûte des Galeres. Poury remédier, on a ordonné aux Cômes de faire larguer les amarres quand la mer s'éleve : mais cela ne s'exécute pas avec assez d'attention. On a proposé de soutenir les cables par des chevalets formés par des pilotis; mais ce moyen a paru trop embarrassant. L'expédient le plus efficace qu'on ait employé, a été de charger de lest le milieu des Galeres.

Il est évident que dans l'arrimage, on doit avoir une singuliere attention à mettre les plus grands poids à la partie de la Galere qui déplace le plus d'eau : c'est dans cette vue qu'on a plusieurs fois proposé de mettre le paillot à la place de la compagne, & la compagne à la place du paillot. L'assujettissement qu'on se fait à suivre les anciens usages, a toujours fait un obstacle à ce changement qui nous paroît très-raisonnable.

Il n'est pas douteux que pour qu'une Galere conserve sa tonture, il faut que les Constructeurs donnent toute leur attention à ce que les empatures, les assemblages, les endentures & les joints soient si bien faits, que toutes les parties, exactement liées les unes avec les autres, ne fassent qu'un même corps. Dans le temps que j'étois à Marseille, on ne pouvoit leur rien reprocher sur ce point. Les uns, comme je l'ai dit, ont tenté d'allonger un peu la quille, & de diminuer le porte-à-faux de l'éperon ; d'autres ont tenté d'augmenter un peu la force des membres : mais on n'a pas remarqué que ces changements qu'on ne pouvoit pas porter fort loin, aient beaucoup diminué la chûte des Galeres.

Il est d'expérience que les Menuiseries qui sont faites avec du bois verd, se démentent : les bois se tourmentent ; les joints s'ouvrent. La même chose arriveroit aux Galeres qui doivent être travaillées avec beaucoup de précision. Lorsque j'étois à Marseille, M. d'Héricourt, Intendant des Galeres, avoit en Magasin des bois de différentes qualités, auxquels on donnoit le temps de se sécher en les tenant sous des hangars plus ou moins aérés ; & rarement on étoit dans le cas de mettre en place des pieces nouvellement abattues. Si les bois étoient tourmentés, on pouvoit leur donner la tonture qu'ils devoient avoir. Certainement toutes ces attentions prolongeoient la durée des Galeres ; cependant elles chûtoient encore assez promptement.

Enfin, feu M. Garavaque, Ingénieur de la Marine, qui avoit travaillé avec moi sur l'effet des pieces armées, imagina un nouvel assemblage qui a eu un succès étonnant : je vais l'expliquer : il démontre complétement que les armures bien entendues peuvent être employées très-avantageusement.

Les Constructeurs, pour empêcher les Galeres d'arquer, donnent à la quille *A B C* (*Figure* 10) une courbure en dehors ; ils la fortifient par une contrequille ; & ils donnent au coursier *D E* une courbure plus forte que celle de la quille, espérant par-là donner plus de force à la quille pour conserver sa tonture. Les extrémités de la quille & de la contrequille aboutissent aux rodes de poupe & de proue *A G, C H,* & les extrémités des coursiers répondent aux jougues de l'avant & de l'arriere *D E.* Les épontilles *F F* sont distribués dans toute la longueur de la Galere : ils s'appuient sur la quille & sous le coursier. Les Constructeurs comptent qu'en réunissant ainsi ces deux principales pieces, leurs forces agissent de concert pour résister à l'impulsion de l'eau ; mais cela n'empêche pas que la quille & le coursier ne perdent assez promptement leur courbure : ce qui doit être, 1°, parce que ce n'est pas l'impulfion de l'eau qui fait chûter ou arquer les Galeres ; mais au contraire cet accident vient, comme nous l'avons dit plus haut, de ce que l'avant & l'arriere ne font point foutenus par l'eau, & font chargés de poids confidérable.

2°, On conçoit que la quille ne peut perdre fa courbure fans augmenter de longueur ; ainfi, fi les rodes de poupe & de proue étoient liés par de longues pieces de bois ou de fer, qui s'étendroient d'un bout à l'autre de la Galere, comme le repréfente la ligne ponctuée *G H*, il en réfulteroit une très-bonne liaifon que le courfier ne peut produire, non-feulement parce qu'il ne s'étend pas de toute la longueur de la Galere, & qu'il fe termine aux jougues *D E*, mais encore parce qu'é-tant courbe, il obéit aux efforts de la quille, & fe redreffe comme elle. A l'égard des épontilles *F*, ils entretiennent la quille & le courfier à une pareille diftance refpective ; mais ils ne s'oppofent point du tout à ce que ces deux parties fe redreffent de concert.

M. Garavaque s'eft propofé de mettre la quille & le cour-fier en état de ne jamais perdre leur premiere courbure. Par les raifons qui ont été rapportées plus haut, il eft prouvé que ce qui oblige la quille à fe redreffer, eft que fon milieu eft follicité à remonter par la preffion verticale de l'eau, pen-dant que fes extrémités font portées à s'abaiffer, foit parce qu'elles ne font pas fuffifamment foutenues par l'eau, foit parce que ces parties font chargées de grands poids : mais ce redref-fement ne peut fe faire, comme nous l'avons déja dit, que la ligne courbe ne devienne plus longue : il fuit delà que fi l'on fait des endents *A A A* (*Figure* 11) fur la contrequille, qu'on ajoute deffus une autre piece forte *B B B*, qui ait des endents faits en contre-fens de ceux de la piece *A A A*, & que ces endents s'affemblent bien exactement les uns dans les autres ; la contrequille ainfi armée ne pouvant s'allonger, elle s'oppofera à ce que la quille perde fa tonture.

C C eft la quille qui eft courbe (*Figure* 11), elle eft for-mée de plufieurs pieces, comme on le voit en *E* : ces pieces font jointes les unes aux autres par des écarts. Cette quille

eſt échancrée aux endroits *D* pour recevoir la moitié de l'é-
paiſſeur des madiers qui tiennent lieu des varangues des vaiſſeaux. *A A* ſont les pieces de contrequille qui ſont auſſi
échancrées en deſſous, pour recevoir l'autre moitié de l'é-
paiſſeur des madiers. Il faut d'abord remarquer que ces membres encaſtrés de la moitié de leur épaiſſeur dans la quille,
& de l'autre moitié dans la contrequille, font l'effet des endents d'une armure ; mais comme les Galeres ſont fort longues
par comparaiſon à l'épaiſſeur de la quille, cette ſeule liaiſon ne
ſuffiroit pas pour l'empêcher de s'arquer. C'eſt pourquoi M.
Garavaque a fait des endents à la partie ſupérieure de la
contrequille *A A*, pour recevoir l'armure *B B*. On apperçoit
aiſément qu'en continuant ces endents & cette armure dans
toute la longueur de la contrequille, les extrémités de la
quille & de la contrequille ne pourront s'abaiſſer, parce que
la ligne qu'elles doivent ſuivre pour s'abaiſſer eſt la verticale
B D (*Figure* 12), & qu'elles ne peuvent parvenir à former une
ligne droite *C C*, ſans s'allonger de la quantité *D C*; à quoi s'op-
poſent les endents de l'armure de la contrequille, qui ſont
un effort de bois debout.

On aura ſoin que les pieces de la contrequille doublent les
écarts de la quille, & autant que faire ſe pourra, que les
écarts de l'armure ne ſe rencontrent point ſur ceux de la
contrequille.

On voit un exemple de ces empatures (*Figure* 13). Il doit
y avoir au moins quatre pieds de *C* en *D*, & on pratiquera ſur
chacune des empatures des endents de rencontre *E E E*.

Ce qui vient d'être dit de la quille, peut s'appliquer au courſier *D E* (*Fig.* 10), qui ne perd ſa premiere courbure qu'à meſure
que le milieu de la quille s'éleve & fait élever les épontilles *F F F*,
&c. qui forcent le milieu du courſier de s'élever auſſi. Mais
en faiſant au courſier des endents comme à la quille, & mettant deſſus une piece d'armure, il ne s'agira plus que de lier
fortement les extrémités du courſier avec la quille, pour que
ces deux pieces agiſſent de concert pour s'oppoſer à la chûte
des Galeres ; & la force du courſier aura d'autant plus de

puiſſance qu'il eſt plus élevé au-deſſus de la quille : car on ſait que la force des pieces de même épaiſſeur & de même longueur, mais de différente hauteur, augmente à peu près en raiſon du quarré des hauteurs.

Etant convaincu de l'efficacité de cette bonne liaiſon, on pourroit diminuer de la courbure du courſier ; & la ligne de vogue relevant moins de l'avant & de l'arriere, il s'enſuivroit que ces Galeres neuves ſeroient meilleures que les autres pour la vogue : nous en avons dit la raiſon plus haut.

Enfin M. Garavaque étant très-perſuadé de la bonté de ſon projet, demanda qu'il lui fût permis d'armer la quille & le courſier d'une Galere arquée & hors de ſervice. M. d'Héricourt en fit la propoſition à M. le Comte de Maurepas ; j'y joignis mes ſollicitations ; & M. le Comte de Maurepas ayant agréé le projet de M. Garavaque, on lui donna une Galere dont les bois étoient bons, mais qui étoit hors de ſervice, parce qu'elle étoit fort arquée : cette Galere fut miſe dans un baſſin de conſtruction ; on l'échoua ſur des tins qui lui firent reprendre ſa tonture. M. Garavaque arma, comme nous venons de l'expliquer, & la contrequille & le courſier : cette Galere fut miſe à flot ſans perdre autant de ſa tonture que les Galeres neuves ; elle ſe comporta bien à la mer dans une campagne qu'on lui fit faire ; & de retour dans le Port, elle avoit très-peu perdu de ſa tonture.

L'empreſſement qu'on avoit de viſiter la quille de cette Galere, fit qu'on la mit à la bande ayant preſque toute ſa charge : cette imprudence fit rompre une raie de courſier ; mais cet accident, qui n'augmenta pas ſenſiblement ſa chûte, fit ſeulement appercevoir le grand effort que faiſoient les armures pour ſoutenir dans ſa tonture une Galere qui avoit chûté, & qui, pour cette raiſon, étoit privée de toutes ſes autres liaiſons.

Cette épreuve, dont le ſuccès fut complet, eſſuya quelques contradictions ; c'eſt le ſort de toutes les nouvelles inventions : cependant on convint qu'en armant la quille & le courſier des Galeres neuves, on prolongeroit leur durée ; &

le sieur Reynoard le Cadet, Constructeur des Galeres, en ayant une à construire, joignit aux armures du coursier la précaution de tellement endenter les vaigres, ou, en terme de Galeres, les pieces qui forment *les fourrures*, qu'elles s'armoient & se soutenoient les unes les autres.

La *Figure* 14 représente les fourrures comme on les posoit; & la *Figure* 15, les mêmes fourrures comme les avoit placées M. Reynoard.

Assurément cet assemblage est fort bon, quoiqu'il ne s'oppose pas autant à la chûte des Galeres que l'armure de la contrequille & du coursier; principalement parce que ces fourrures ne sont pas placées dans l'axe de la Galere, & qu'elles font une espece d'enveloppe convexe, qui, pour cette raison, peut s'approcher de l'axe lorsqu'elles ont à supporter des efforts considérables. Mais l'Expérience de M. Garavaque fait appercevoir le grand avantage qu'on peut tirer des armures dans beaucoup de circonstances.

Article IV. *Application de ces principes aux Vaisseaux.*

Pour indiquer d'une façon générale comment on pourroit appliquer aux Vaisseaux les assemblages que nous venons d'indiquer pour les Galeres, je ferai remarquer qu'il faut empêcher que les Vaisseaux n'arquent, ou que leur quille $A\,B$ (*Figure* 7) ne devienne concave comme la ligne ponctuée $C\,D$. Pour y parvenir, il faut considérer le Vaisseau comme ne faisant qu'un tout, & regarder la quille comme étant en condensation, & les illoires comme étant en dilatation : partant de ces principes, armer & la quille & les illoires comme il convient, & sur-tout essayer de lier les illoires avec l'étrave & l'étambot. Je passe légérement sur ce point, parce que j'en ai déja parlé dans le *Traité d'Architecture Navale*, & que ce que je viens de dire sur les Galeres a une grande application à ce qui regarde les Vaisseaux.

Mais de plus, il faut faire ensorte que les côtés des Vaisseaux confervent la forme que le Conftru¢teur leur a donnée.

On peut regarder les baux des Vaiffeaux comme autant de poutres qui foutiennent la charge qui eft fur les ponts, & particuliérement l'artillerie, qui étant fur les ailes, tend à faire ouvrir le corps des Vaiffeaux en faifant redreffer les baux *A B C* (*Figure* 16). En ce cas, il fuffiroit de joindre aux courbes qui lient les bouts des baux aux membres, de fimples armures, comme on le voit (*Figure* 16). Mais on peut regarder les baux comme devant réfifter de plus à l'effort que les membres font pour fe rapprocher, foit à caufe de l'effort que font les aubans de bas-bord & de tribord qui tendent à rapprocher les côtés du Vaiffeau de fon axe, foit à caufe de la preffion de l'eau qui agit dans le même fens, foit à caufe de l'effort que le Vaiffeau fait continuellement pour baiffer de l'avant & de l'arriere : car on apperçoit que cet effort tend à faire rapprocher les bords du Vaiffeau l'un vers l'autre. Il n'y a que la réfiftance des baux *A B C* qui s'y oppofe ; & comme ces baux font courbes, les extrémités *A* & *C* tendroient à augmenter la courbure *A B C* du bau : fi cela eft, les armures ordinaires deviendront tout-à-fait inutiles, parce que dans cette dire¢tion de bas en haut, les endents des armures tendroient à s'ouvrir & à s'écarter, n'étant faites que pour réfifter à la charge du plancher dont la dire¢tion eft de haut en bas. Mais ce n'eft là qu'une fuppofition ; il faudroit examiner fi dans les Vaiffeaux arqués, la tonture des baux eft plus grande qu'elle ne l'étoit lors de la conftru¢tion : en attendant que cet article foit conftaté, je penfe que le grand poids de l'artillerie prédomine fur les autres caufes. Néanmoins s'il étoit bien vrai que le bouge des baux augmentât, il faudroit les armer auffi en fens contraire, ou, encore mieux, faire les endents des armures en dés, parce que ces endents s'oppofent prefque également à ce que la tonture augmente ou qu'elle diminue.

EXPLICATION

EXPLICATION des Planches & des Figures du Livre cinquieme.

PLANCHE XX.

LA FIGURE *I* repréfente l'aire de la coupe d'un tronc d'arbre où les couches annuelles font marquées par des cercles concentriques, ce qui fait voir qu'une planche qui feroit levée dans le même fens que $A\,E$, pourroit être regardée comme formée de plufieurs planches pofées les unes fur les autres, & collées enfemble. Il en eft de même d'un barreau qui eft repréfenté plus en grand en $G\,H$ & en $g\,h$, & il eft prouvé que ce barreau fera plus fort étant pofé comme on le voit en H ou en h, que comme en G ou en g.

La Figure 2 eft un barreau, mais que l'on confidere comme formé de deux parallélipipedes $a\,f$, $b\,f$, appuyés l'un contre l'autre par leurs bafes $c\,f$: on imagine en c un point d'appui & deux forces $e\,d$ appliquées aux deux extrémités $b\,a$; on examine ce qui doit réfulter de l'effet de ces deux forces $e\,d$.

La Figure 3 repréfente un barreau pareil, formé auffi de deux parallélipipedes a & b, & chargé des poids $e\,d$, mais qui font unis à leur bafe par un lien f.

La Figure 4 repréfente les mêmes parallélipipedes dont les bafes fe touchent encore ; mais au lieu d'être liés par un lien qu'on fuppofe incapable de prêter, ils le font par des reftorts f diftribués dans toute la hauteur des parallélipipedes.

La Figure 5 fait appercevoir ce qui arrivera dans cette fuppofition, quand les poids $e\,d$ agiront fur les extrémités $a\,b$. Tous les reftorts entreront en dilatation, mais inégalement ; ceux $g\,h$ feront fort dilatés, & ceux qui feront vers c ne le feront prefque pas.

A la Figure 6 la fuppofition eft changée : les bafes du parallélipipede $a\,b$ font écartées l'une de l'autre, & liées par des

Z z z

reſſorts *f c* qu'on ſuppoſe indifférents à ſe dilater & à ſe con-
tracter : dans ce cas, les uns entreront en dilatation & les
autres en contraction.

On voit cet effet *Figure* 7, en pliant un bâton de cire
molle par l'applatiſſement qui ſe fait en *f*, & le bourſoufle-
ment qu'on voit en *c*.

PLANCHE XXI.

La Figure 8 ſert à faire appercevoir qu'on peut remarquer cet
effet dans le barreau que nous avons ſuppoſé (*Figure* 6), & on
peut remarquer de plus que les reſſorts *f* qui entrent en dilatation tendent à rapprocher les parties *a d* & *b e* du point *f*,
pendant que ceux qui ſont en condenſation tendent à éloigner
les parties *l a* & *m b* du point *c*; & ſi ces parallélipipedes
étoient partagés en deux par la ligne ponctuée *a b*, ces deux
parties gliſſeroient l'une ſur l'autre.

Ce gliſſement eſt ſenſible à la *Figure 9* où l'on ſuppoſe des
planches *a*, *b*, *c*, *d*, couchées les unes ſur les autres, & chargées par les extrémités.

C'eſt encore à cauſe de la contraction des fibres qu'on voit
quelquefois dans un barreau ſec & de bon bois qu'on rompt,
qu'il ſe détache d'abord un éclat *f* à la partie concave de la
piece *Figure* 10.

La Figure 11 repréſente quatre planches *a b c d*, poſées les
unes ſur les autres, & l'on apperçoit ſenſiblement qu'elles ſeront moins fortes étant poſées de plat *Figure* 12, qu'étant poſées de champ *Figure* 13.

Les Figures 14 & 15 repréſentent des barreaux entiers
qu'on a ſciés en *g*, les uns du tiers, les autres de la moitié
de leur épaiſſeur, & on a rempli le trait de ſcie avec une
petite planche de bois ſec pour connoître combien il y a de
fibres en condenſation, & combien il y en a en dilatation.
Il eſt bon de remarquer qu'à la Figure 14 le point d'appui eſt
ſuppoſé en *f*, & les poids en *d* & en *e*, au lieu qu'à la Figure 15 les points d'appui ſont en *a* & en *b*, & la charge au
point *g*; c'eſt ainſi qu'on a fait toutes les Expériences.

La Figure 16 repréfente deux parallélipipedes *a* & *b*, entre lefquels on a mis une petite planche de bois fec *c*, & là eft fuppofé le point d'appui; les poids font en *d* & en *e*. Il y a un lien en *h h*; quand les poids ont fait leur effet, & quand on décharge la piece pour la redreffer, la compreffion de la piece fait que la fente s'eft ouverte comme le repréfentent les lignes ponctuées *f g*.

PLANCHE XXII.

La Figure 17 repréfente un barreau entier; on en a fait rompre plufieurs pour connoître leur force.

La Figure 18 eft un barreau de mêmes dimenfions, mais fcié en quatre endroits *a*, *b*, *c*, *d*, du quart de fon épaiffeur.

Le barreau *Figure 19* étoit fcié de la moitié de fon épaiffeur; & le barreau *Figure 20* étoit fcié des deux tiers de fon épaiffeur. Ayant rempli les traits de fcie avec des planches minces, on les fit rompre pour éprouver leur force.

La Figure 21 repréfente un pareil barreau, auquel on avoit rapporté à la partie qui entre en condenfation un morceau de bois dur *a b*.

La Figure 22 repréfente l'aire de la coupe d'un tronçon de mât qu'on voit en perfpective *Figure 23*. On a divifé ce tronçon par fept cercles concentriques qu'on a eu foin de faire fuivre dans les cercles annuels; & dans les cercles, on a pris 8 rondins *E*, 16 rondins *D*, 24 rondins *C*, 32 rondins *B*, & 32 rondins *A*. On n'en a point fait avec l'orbe *G*, parce que ce n'étoit que de l'aubier, & les traits de fcie multipliés ont empêché qu'on n'en prît en *F*; il eft clair qu'en mettant en comparaifon des rondins, ou des barreaux du même orbe, on les avoit auffi comparables qu'il eft poffible, tant à l'égard de la nature du bois, qu'à l'égard de l'âge, du degré de fécherefse, &c.

On a eu attention, quand on a chargé les barreaux ou fimples ou armés pour les faire rompre, de mettre toujours les couches ligneufes dans un fens vertical, comme il eft repréfenté en *B B Figure 24*, & jamais comme en *A A* ni comme en *C C*.

Z z z ij

PLANCHE XXIII.

La Figure 25 repréſente comment nous comptions d'abord faire rompre nos barreaux en les ſcellant dans un mur *A*, & en les chargeant de poids qu'on mettoit dans la caiſſe *B*.

Ayant reconnu que cette méthode étoit défectueuſe, nous en avons enſuite fait rompre pluſieurs ſur un établi de Menuiſier *Figure* 26. *a a* repréſente cet établi ; *b b*, le barreau dont on vouloit éprouver la force ; *c c*, une regle qui le recouvroit ; *d d*, des valets qui ſervoient à aſſujettir le barreau ; *ff*, une regle mince qui ſervoit à meſurer ſa courbure ; *g g*, un fil à plomb qui faiſoit connoître de combien il ſe raccourciſſoit ; *e*, la caiſſe où l'on mettoit les poids.

N'ayant pas encore été ſatisfaits de cet établiſſement, nous avons employé pour preſque toutes nos Expériences la machine repréſentée à la *Figure* 27.

A, la caiſſe où l'on mettoit les poids ; *B B*, deux fortes regles entre leſquelles on mettoit le barreau qu'on vouloit rompre ; *C C*, forte planche attachée avec des vis aux treteaux *F* pour les rendre plus ſolides, & pour porter le gradin *G*. Sur la planche *I* étoit la trémie *D*, qui étoit remplie de fines dragées de plomb. On voit en *E* une petite porte à couliſſe qu'on ouvroit ou qu'on fermoit, pour qu'il ne coulât qu'une certaine quantité de plomb dans un temps donné. Ce plomb ſe rendoit par la chauſſe *H* dans la caiſſe *A*, ce qui faiſoit que le poids augmentoit peu à peu & ſans ſecouſſes.

PLANCHE XXIV.

LA FIGURE 1 repréſente un carton diviſé en 500 parties égales par des lignes verticales. On le poſoit derriere le barreau qu'on chargeoit ; & en traçant avec un crayon la courbe que prenoit le barreau ſous différents poids, on connoiſſoit les ordonnées de ces différentes courbes.

La Figure 2 repréſente un barreau d'une piece ; *a a* eſt ſa longueur ; *D E*, ſa largeur, & *F D*, ſon épaiſſeur ou ſa hauteur.

La Figure 3 D,E,F,G repréſente le bout des barreaux qui avoient tous une même largeur *A B*, & différentes épaiſſeurs *B C.*

La Figure 4 H,I,K,L repréſente le bout des barreaux qui avoient tous une même épaiſſeur *B C*, mais différentes largeurs *A B.*

La Figure 5 repréſente un barreau de mêmes dimenſions que celui de la Figure 2, mais qui eſt formé de trois planches *A B C* collées les unes aux autres.

Après avoir éprouvé la force des barreaux de même longueur & de différent équarriſſage, je me ſuis propoſé d'éprouver la force des barreaux d'un pareil équarriſſage, mais de différente longueur comme *D , E , F Fig. 6.*

Les Figures 7 & 8 repréſentent des barreaux armés. *A* eſt la meche; *B B*, les armures; *c c c*, les endents. La ligne ponctuée *M* marque la tonture ou la courbure de ce barreau.

La Figure 9 repréſente un barreau armé comme le ſont les mâts d'aſſemblage. *A*, la meche; *B B*, les jumelles. On voit ce barreau par deſſus, & la *Figure 10* le repréſente vu par le côté. On peut faire les jumelles d'une ſeule piece ou de deux, comme on le voit en *a.*

La Figure 11 repréſente un barreau aſſemblé par des écarts. La face *A A* eſt le deſſus; l'écart s'étend de *C* en *D*, & il y a un endent en *E.*

La Figure 12 repréſente un barreau de trois pieces aſſemblées par des écarts qui s'étendent de *A* en *B*; *c c* eſt une des faces verticales.

La Figure 13 eſt deſtinée à faire voir que dans tous ces cas on a eu l'attention de mettre perpendiculairement les couches ligneuſes.

La Figure 14 repréſente un barreau entier; on en a rompu pluſieurs pour conſtater la force des barreaux entiers.

La Figure 15 repréſente un barreau d'aſſemblage ou armé, de mêmes dimenſions que le barreau *Figure 14*; mais contre l'uſage ordinaire, on ne lui a point donné de bouge ou de tonture : on l'a fait tout droit, ce qui n'eſt pas avantageux à ſa force.

La Figure 1 repréſente un barreau qu'on a ſcié en trois endroits *e*, *b*, *f*, à ſa partie ſupérieure, & l'on a mis dans les traits de la ſcie des coins pour faire prendre au barreau une courbure pareille à celle des barreaux armés.

La *Figure* 2 eſt un barreau armé à l'ordinaire, de mêmes dimenſions que celui *Figure* 1; *L K*, ſa longueur; *K H*, ſa largeur; *H I*, ſa hauteur; *D C*, ſon bouge ou ſa tonture; *L K*, la meche; *G G*, les armures; *c c c*, les endents.

La *Figure* 3 eſt un barreau tout ſemblable au précédent repréſenté dans la Figure 2. *E F*, la meche; *G H*, *K H*, les armures; *b c*, les endents qui ont différentes profondeurs, les uns ayant une ligne, les autres deux lignes, les autres deux lignes & demie.

La *Figure* 4 eſt un barreau pareil au précédent, dont tous les endents étant pris aux dépens des pieces, les barreaux étoient d'autant moins épais que les endents étoient plus profonds. *E F*, la meche; *G H*, *K H*, les armures; *A H*, l'épaiſſeur totale du barreau; *c d*, les endents.

La *Figure* 6 repréſente un barreau armé comme les précédents, & qui a rapport à l'Article IX, ce qu'il eſt bon de faire remarquer, parce que dans le diſcours on a oublié de renvoyer à la Figure 6. Outre cela on indique les endents par *B C* grandes lettres, au lieu qu'ils doivent l'être par *b c* petites lettres. *g k*, les armures; *e f*, la meche; *b c*, les endents; *A B*, l'épaiſſeur des armures; *C D*, l'épaiſſeur de la meche; *A D*, l'épaiſſeur totale.

La *Figure* 5 eſt un morceau de meche deſſiné plus en grand que les Figures précédentes, afin de faire mieux appercevoir la forme des endents; *A B*, & *B H* marquent la longueur des endents; *H I*, la profondeur des endents; *C D*, la hauteur ou l'épaiſſeur de la meche.

La *Figure* 7 repréſente les endents différemment taillés qu'à la Figure 5. *G E* eſt la partie ſaillante; *E F*, la partie creuſe ou enfoncée; *I H*, la profondeur des endents qui ſont taillés perpendiculairement à la face *K L*, au lieu qu'à la Figure 5 la coupe eſt oblique.

On voit à la *Figure 8* que la rupture de la meche s'eſt faite en *B G*, & que les endents *B C*, *F G*, ſe ſont comprimés, refoulés & émouſſés; la jonction *A* des armures s'eſt ouverte.

A la Figure 9, la meche a rompu en *F G*, les endents du côté de *E* ſe ſont un peu refoulés, & ceux *A B C D* ſe ſont comme déchirés, *A* plus que *B*, *B* plus que *C*, & *C* plus que *D*.

A la Figure 10, la rupture de la meche a été en *D C*; les endents *D E* ſont reſtés dans leur entier; les endents *B F* ſe ſont un peu refoulés, & l'endent *B C A* s'eſt détaché en entier ſuivant le fil du bois.

Au barreau *Figure 11*, la meche a rompu par grands filaments en *B C*; il n'y a point eu de refoulement aux endents du côté *B D*, un peu à ceux du côté *A E*.

Au barreau *Figure 12*, la meche a rompu au milieu par grands filaments, & l'on n'a point apperçu de refoulement aux endents. On n'en a point apperçu non plus au barreau *Figure 13*; mais un endent *B C* s'eſt détaché en entier.

Au barreau *Figure 14*, la meche a rompu par grands filaments, & on n'a point apperçu de refoulement aux endents. La *Figure 15* eſt deſtinée à faire mieux appercevoir comment les meches rompoient.

La Figure 16 repréſente un barreau armé. *A B*, les deux pieces d'armure; *G G*, les clous qui joignoient l'armure à la meche; *E F*, les endroits où l'on a ſcié l'armure pour lui ſubſtituer d'autres pieces.

La Figure 19 eſt encore un barreau armé. *A B* eſt ſa longueur; *B C*, la largeur du barreau; *C D*, ſa hauteur ou ſon épaiſſeur; *F G* ou *f g*, la profondeur des endents; *L K*, la fleche ou la courbure du barreau. La ligne ponctuée *a b c* marque une petite engraiſſe, ou une petite planche courbe qu'on a quelquefois miſe en cet endroit pour que le poids ne portât pas ſur un ſeul endroit, & qu'il ſe diſtribuât dans une certaine étendue.

La Figure 17 ſert à faire voir comment on s'y eſt pris pour que tous les barreaux euffent une courbure pareille. *P Q*, une forte piece de bois quarré ; *K L*, une calle de bois qui déterminoit la courbure qu'on vouloit faire prendre au barreau ; on pofe le milieu *I* de la meche fur le morceau de bois *K L* ; puis forçant fur les extrémités *A B*, on lui donne la courbure *A K B*, & l'on arrête fermement les extrémités *A B* de la meche fur la piece de bois *P Q*. La meche étant en cette fituation, on forme les endents *T T, M, I, g G, T*, &c. & pofant deffus les armures *N I, M O, f F*, on trace & on taille les endents de rencontre des armures, & on les affujettit avec des clous femblables à *G G Figure* 16. On voit en *M M* un pli que les fibres comprimées par la charge avoient fait en cet endroit, & *N O* marque le morceau d'armure qu'on a emporté pour y en fubftituer un autre de la *Figure* 18.

Cette *Figure 18 N O* ou 1 *C* eft un morceau d'armure deffiné un peu en grand. Il doit être mis à la place de *N O Figure* 17 qu'on a retranché, comme on l'a dit dans le difcours. *B C* eft la largeur de cette enture ; *C E*, fon épaiffeur. 2 *F*, 1 *C* eft un morceau d'enture plus épais que *C E* de la quantité *E F*, qu'on a mis enfuite à la place de *C* 1. 1 *C* & 3 *G* repréfentent un autre morceau d'armure, qu'on a mis enfuite à la place du précédent 1 *C*, 2 *F*. On voit dans l'ouvrage, que le barreau a été d'autant plus fort, qu'on a mis la portion d'armure *Figure* 18 plus épaiffe.

La Figure 20 repréfente un barreau dont la meche *A B* eft d'une piece ; l'armure *C D E*, de trois morceaux ; *F G*, les endroits où ces morceaux d'armure s'arcboutent ; *h, h, h*, les endents.

P L A N C H E XXVI.

LA FIGURE 1 eft un barreau armé à l'ordinaire avec des endents obliques. *A D*, la meche ; *B E*, les armures ; *B C*, l'épaiffeur du barreau ; *F G*, la fleche de la courbure.

La Figure 2 eft un barreau femblable à celui de la Figure premiere. *A D*, la meche ; *B E*, les armures ; *F G*, la fleche ; mais à celui-ci les endents étoient en dés.

Figure

Figure 3, barreau à endents obliques. *A D*, la meche d'un morceau; *B E*, l'armure de trois pieces *HIK*.

Figure 4, barreau tout semblable au précédent, excepté que les endents sont en dés. *A D*, la meche d'une piece; *B E*, les armures de trois pieces *H I K*.

Figure 5, barreau de cinq pieces avec des endents en dés. *A D*, la meche de deux pieces étant jointe par un écart en *G*.

Figure 6, barreau de cinq pieces avec des endents en dés. *A F D*, la meche qui est de trois pieces; *B E*, les armures qui font de deux pieces; *G G*, les écarts.

La Figure 7 est un barreau de six pieces avec des endents obliques. *A F D*, la meche qui est de trois pieces; *H I K*, l'armure aussi de trois pieces; *G G G*, les écarts.

Figure 8, barreau de six pieces avec des endents en dés. *A F D*, la meche qui est de trois pieces; *H I K*, l'armure qui est de trois pieces; *G G G*, les écarts.

La Figure 9 est un barreau à endents obliques armé à l'ordinaire, mais sans courbure. *Q M N*, la meche d'une piece; *P O*, les deux armures séparées de la meche.

Figure 10, barreau formé de deux pieces posées de champ avec des endents en dés. *Q M*, une de ces pieces; *P O*, l'autre piece.

Figure 11, barreau à endents obliques & qui n'a point de tonture. Il y a deux pieces d'armure *L M*; la meche est formée de quatre pieces, savoir, *C F D* & *D E*, *D K H* & *I D*; les empatures sont en *D*.

Figure 12, barreau droit avec des endents en dés; savoir, *i k*, *k l* & *c d*, *d e*.

Figure 13, barreau courbe avec des endents obliques de trois pieces armé à l'ordinaire. *C A*, la meche d'une piece; *E F*, l'armure de deux morceaux; *B D*, la fleche de la courbe; *a c*, épaisseur totale du barreau.

Figure 14, barreau de pareilles dimensions que le précédent, & dont les endents étoient obliques; mais la meche *A C* étoit de trois pieces *A B C*; les écarts de la meche étoient en *E*.

Figure 15, barreau à endents obliques. A quelques-uns l'armure étoit de deux pieces *E F*, *F e* ; & à d'autres de trois *E F e*. Cette armure étoit courbe ; la meche, qui étoit droite par deſſous, étoit formée de trois pieces *A C B*.

P L A N C H E *X X V I I*.

LA FIGURE *1* repréſente une poutre *A B* qui eſt forti-fiée par une décharge ; les deux pieces *C D* s'arcboutent en *G*, & ſont retenues dans les entailles *E F*; *G H* eſt un boulon de fer qui lie les décharges avec la poutre.

A la Figure 2 , la poutre *A B* eſt fortifiée en deſſous par le tirant *I K* & les décharges *C D*, qui ſont reçues dans des entailles *E F* qui ſont faites au tirant *I K*, & ces décharges *C D* arcboutent par leur autre extrémité contre la piece *G H*.

La Figure 3 eſt un écrou de preſſoir ; *A B*, ſa longueur ; *A C*, *B C*, ſon épaiſſeur ; *C D*, ſa largeur ; *E E*, les entailles pour embraſſer les jumelles ; *F* le trou dans lequel ſont for-més les pas de l'écrou. Ces écrous ſont très-ſujets à rompre en *G* ; pour les fortifier, on a coutume de mettre ſur la face ſupérieure les pieces courbes *G G Figure 4*, entre leſquelles paſſe la vis *I*: *H H* ſont des bandes de fer qui lient l'une à l'au-tre les pieces courbes *G G* qu'on nomme *Solles torſes* ; ces ſolles torſes ne fortifient pas beaucoup les écrous, il vaut mieux, *Fi-gure 5*, coucher ſur l'écrou *A B*, aux deux côtés de la vis, les pieces droites *K K* ; à un pied où dix-huit pouces au-deſſus, on ajoute les pieces *L L*, & entre elles deux, les décharges *M M* qui ſont reçues dans les entailles *N N* de la piece ou ti-rant *L L*, & dans les entailles *O O* de la piece *K K* ; il faut que cette piece appuie fortement ſur l'écrou au point *P*: *Q Q*, ſont des mortaiſes pour recevoir des paumelles qui lient les piecés que nous venons de repréſenter avec de pareilles pieces qui doivent être à la face poſtérieure de l'écrou ; *R S* repréſente la tête des jumelles.

La Figure 6 repréſente la coupe d'un mât d'aſſemblage for-tifié par des bandes de fer, comme l'a propoſé le ſieur Barbé, Maître Mâteur du Roi à Breſt. *A*, la meche ; *B*, les jumelles ;

c c c, les bandes de fer qu'a proposé le sieur Barbé.

Figure 7, la ligne *A B* représente la quille d'un Vaisseau neuf; & la ligne ponctuée *C D*, la quille d'un Vaisseau arqué.

Figure 8, la ligne *A B* représente la quille d'une Galere qui a sa tonture; & la ligne *C D*, la quille d'une Galere qui a chûté ou qui est arquée.

La Figure 9 sert à donner l'idée de l'amarrage d'une Galere dans le Port; *a b* sont des ancres d'amarrage qui répondent à l'avant de la Galere; *c d*, des organeaux scellés au quai, & qui assujétissent la poupe de la Galere.

La Figure 10 représente la coupe d'une Galere. *A B C*, la quille; *D E*, le coursier; *A G*, *C H*, les rodes de proue & de poupe; *F F F*, les épontilles.

Figure 11; *c c c*, les pieces de quille; *E E*, les bouts de ces différentes pieces; *D D D*, la coupe des madiers qui sont entaillés de la moitié de leur épaisseur dans la quille, & de l'autre moitié dans la contrequille *A A A*. On voit en *F F* les écarts qui joignent les unes aux autres les pieces de contrequille; *B B* est l'armure de la contrequille.

La Figure 12 sert à faire voir que la quille d'une Galere, représentée par *B B*, ne peut perdre sa tonture pour devenir comme *c c*, sans qu'elle augmente de longueur, à quoi s'opposent les endents des armures.

La Figure 13 représente comment on forme les écarts avec des endents, & comment on peut, par ce moyen, faire des tirants de plusieurs pieces.

Nota. *Nous n'avons éprouvé la force des Barreaux d'assemblage qu'en les chargeant dans leur milieu, comme le font les poutres des bâtiments; cependant si l'on avoit besoin de tirants qui eussent une grande longueur, on pourroit les former de plusieurs pieces assemblées bout-à-bout par des écarts & des endents, comme l'a fait fort heureusement feu M. Pitrou, Inspecteur Général des Ponts & Chaussées, pour relier le Pont d'Orléans. Voyez le Recueil in-folio des différents Projets d'Architecture de cet Auteur, imprimés en 1756.*

La Figure 14 repréſente des vaigres ou fourrures de Galeres, comme on les poſoit avant le ſieur Reynoard, qui a joint à l'armure du courſier & de la quille la diſpoſition des vaigres, comme on le voit *Figure 15.*

La Figure 16 ſert à faire comprendre un raiſonnement qui eſt dans le Mémoire ſur l'armure des baux.

FIN.

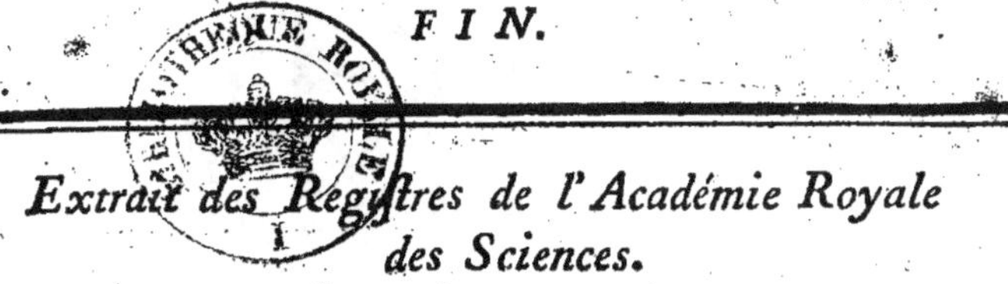

Extrait des Regiſtres de l'Académie Royale des Sciences.

Du dix-huit Janvier 1767.

Messieurs DE JUSSIEU, DEPARCIEUX & BÉZOUT, qui avoient été nommés pour examiner le huitieme & dernier Volume du *Traité complet des Bois & Forêts*, par M. DUHAMEL, en ayant fait leur rapport, l'Académie a jugé cet Ouvrage digne de l'impreſſion ; en foi de quoi j'ai ſigné le préſent Certificat. A Paris, le 30 Janvier 1767.

GRANDJEAN DE FOUCHY,
Secretaire perpétuel de l'Académie Royale des Sciences.

On trouvera le Privilege à la fin du ſecond Volume du *Traité de l'Exploitation des Bois.*

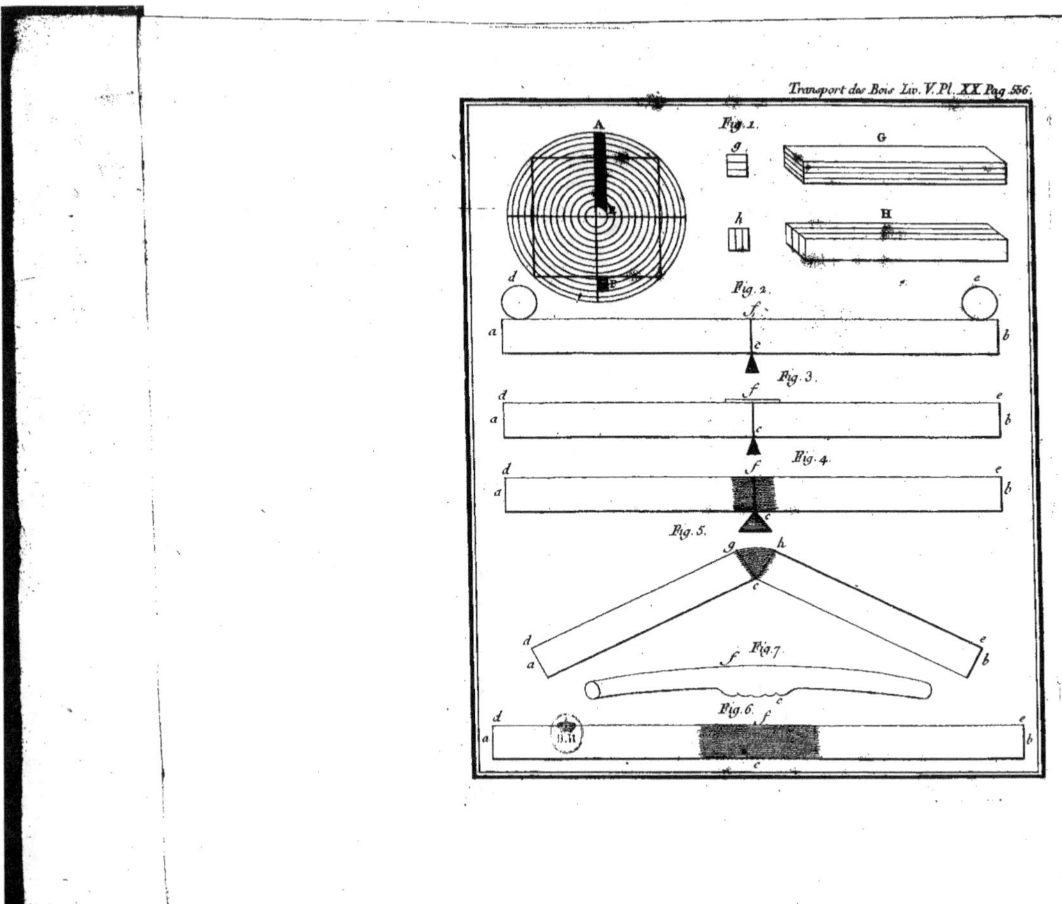
Fig. 1.
A
g
G
h
H
d
e
Fig. 2.
f
a
c
b
Fig. 3.
d
f
e
a
c
b
Fig. 4.
d
f
e
a
c
b
Fig. 5.
g
h
c
d
e
a
b
Fig. 7.
f
c
Fig. 6.
d
f
e
a
c
b

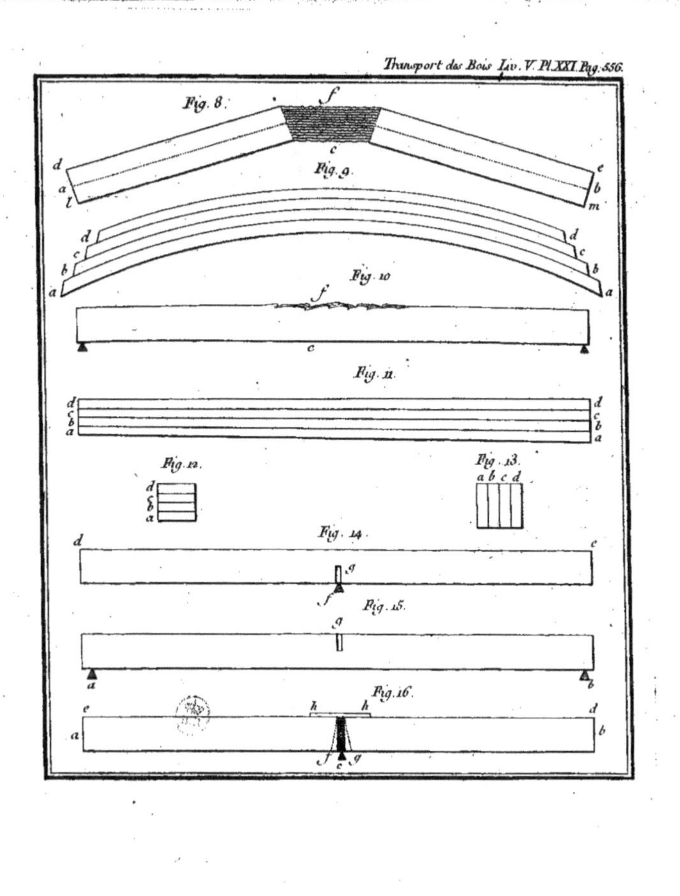

Transport des Bois Liv. V. Pl. XXI. Pag. 556.
Fig. 8.
Fig. 9.
Fig. 10.
Fig. 11.
Fig. 12.
Fig. 13.
Fig. 14.
Fig. 15.
Fig. 16.

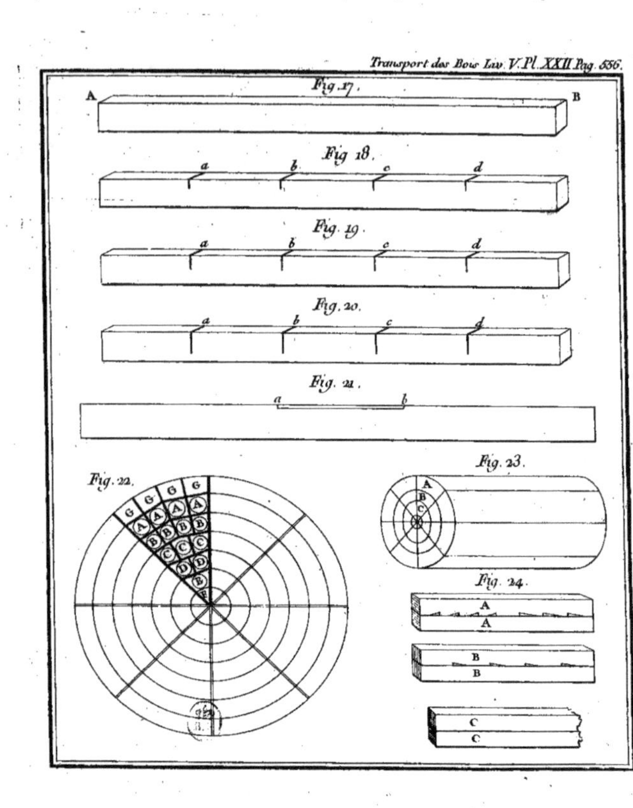
Fig. 17.
A
B
Fig. 18.
a
b
c
d
Fig. 19.
a
b
c
d
Fig. 20.
a
b
c
d
Fig. 21.
a
b
Fig. 22.
G G G G
A A A
A B B
B B C
C C D
D D
E
Fig. 23.
A
B
C
Fig. 24.
A
A
B
B
C
C

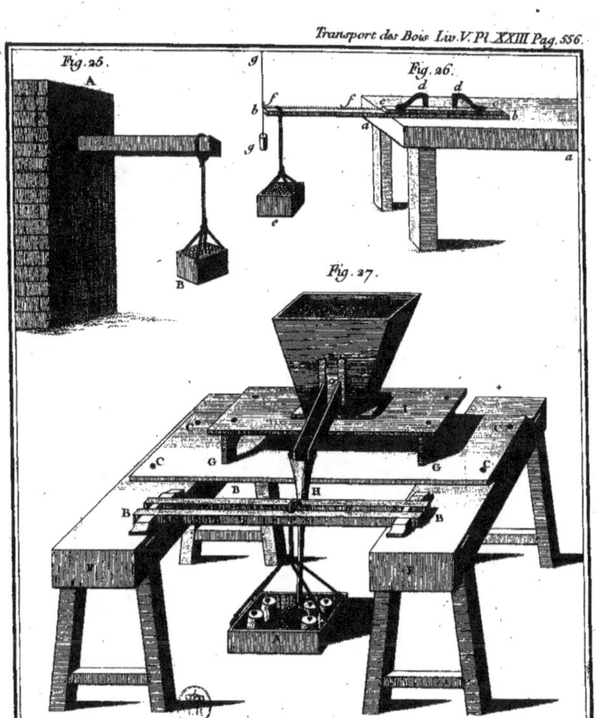

Transport des Bois. Liv. V. Pl. XXIII. Pag. 556.
Fig. 25.
Fig. 26.
Fig. 27.
A
B
C
G
H
B
F
a
b
d
e
f
g

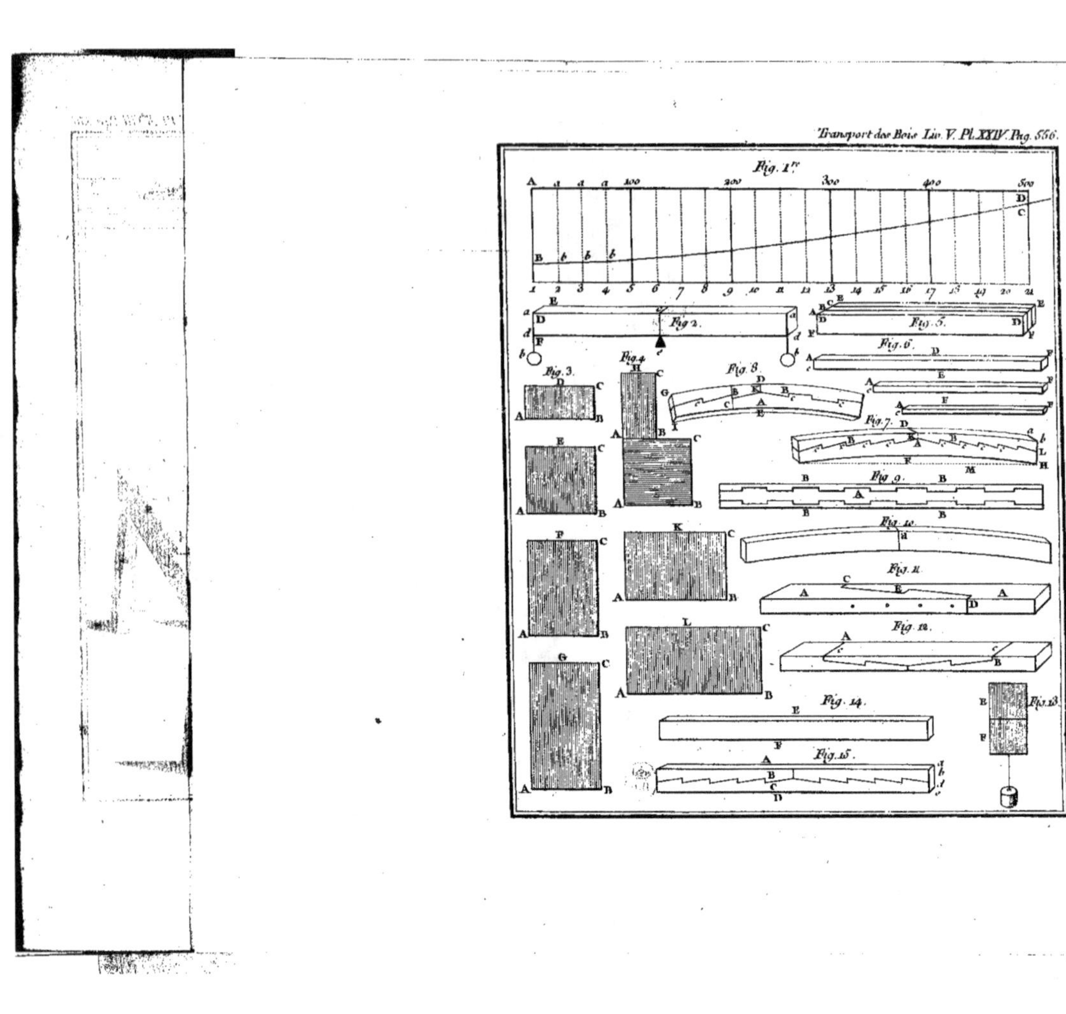

Transport des Bois. Liv. V. Pl. XXIV. Pag. 556.
Fig. 1.er
Fig. 2.
Fig. 5.
Fig. 6.
Fig. 3.
Fig. 4.
Fig. 8.
Fig. 7.
Fig. 9.
Fig. 10.
Fig. 11.
Fig. 12.
Fig. 14.
Fig. 13.
Fig. 15.

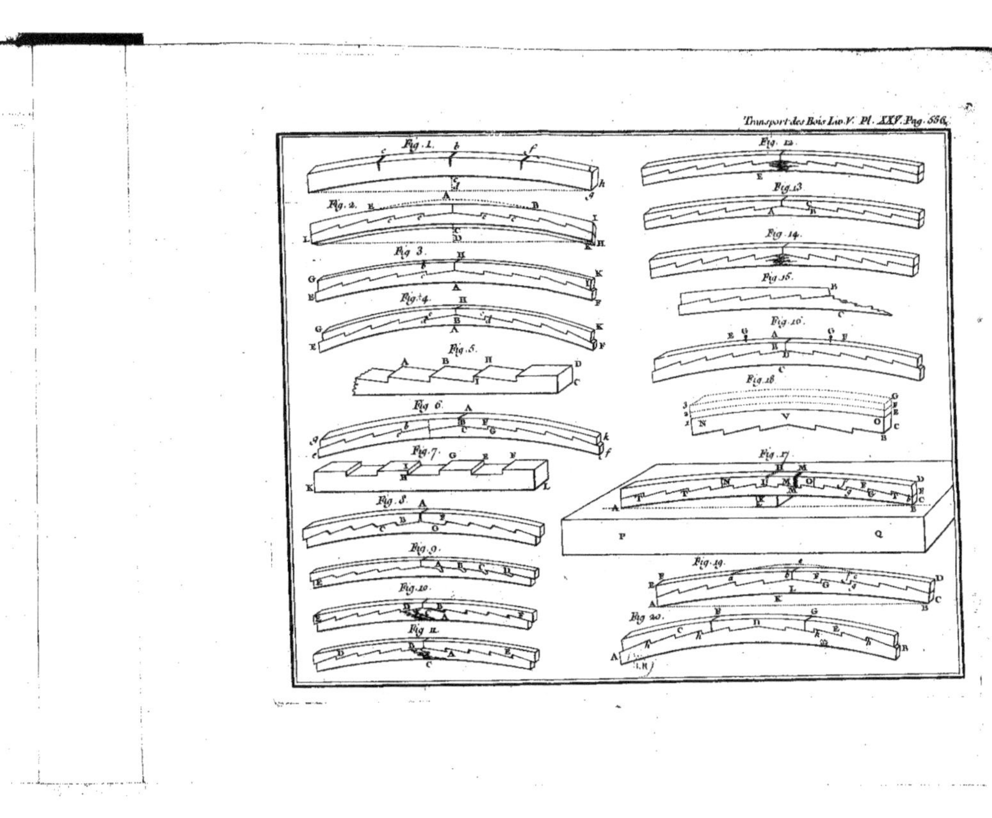
Fig. 1.
Fig. 2.
Fig. 3.
Fig. 4.
Fig. 5.
Fig. 6.
Fig. 7.
Fig. 8.
Fig. 9.
Fig. 10.
Fig. 11.
Fig. 12.
Fig. 13.
Fig. 14.
Fig. 15.
Fig. 16.
Fig. 17.
Fig. 18.
Fig. 19.
Fig. 20.

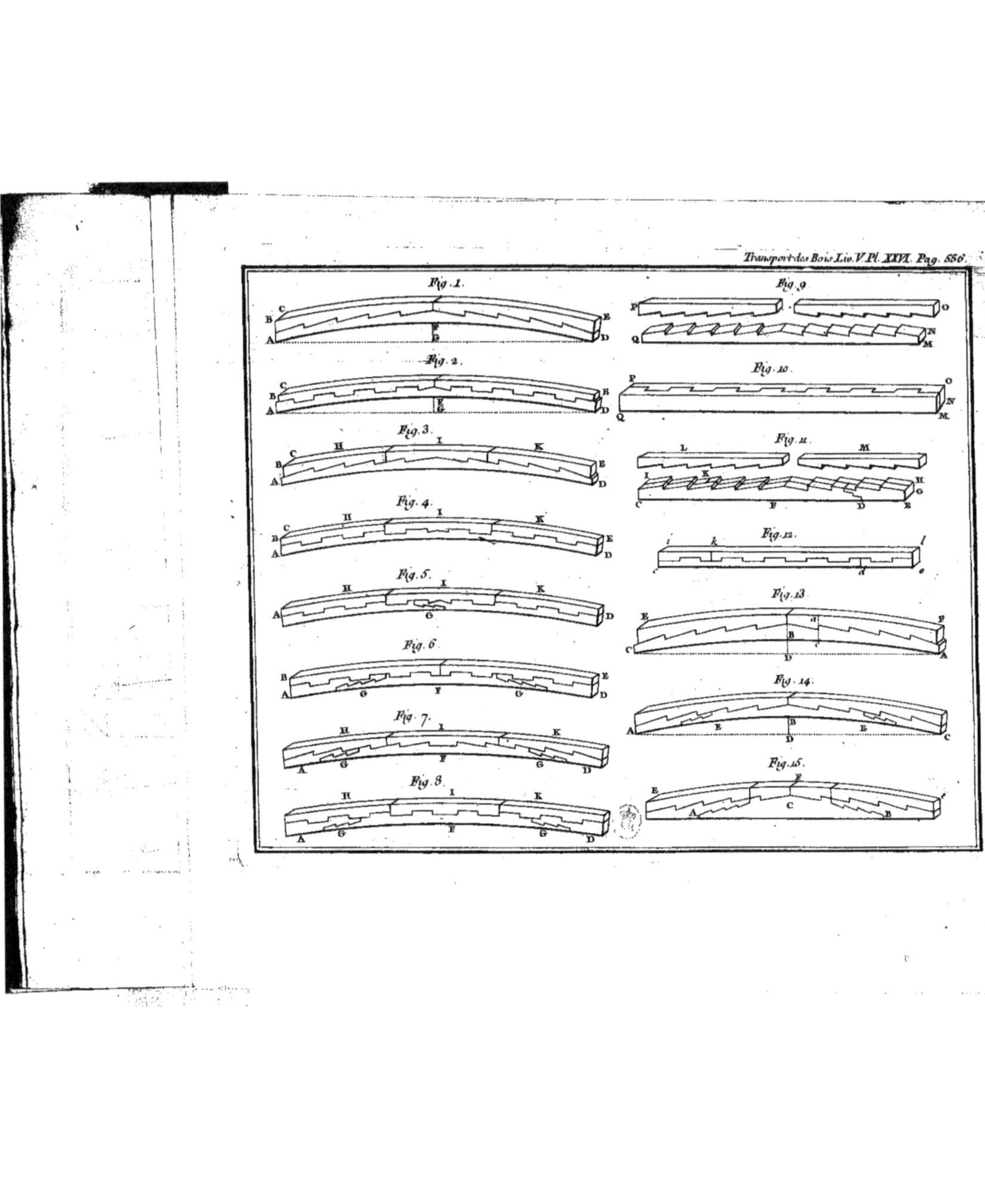

Transport des Bois Liv. V. Pl. XXVI. Pag. 556.
Fig. 1.
Fig. 9.
Fig. 2.
Fig. 10.
Fig. 3.
Fig. 11.
Fig. 4.
Fig. 12.
Fig. 5.
Fig. 13.
Fig. 6.
Fig. 14.
Fig. 7.
Fig. 15.
Fig. 8.

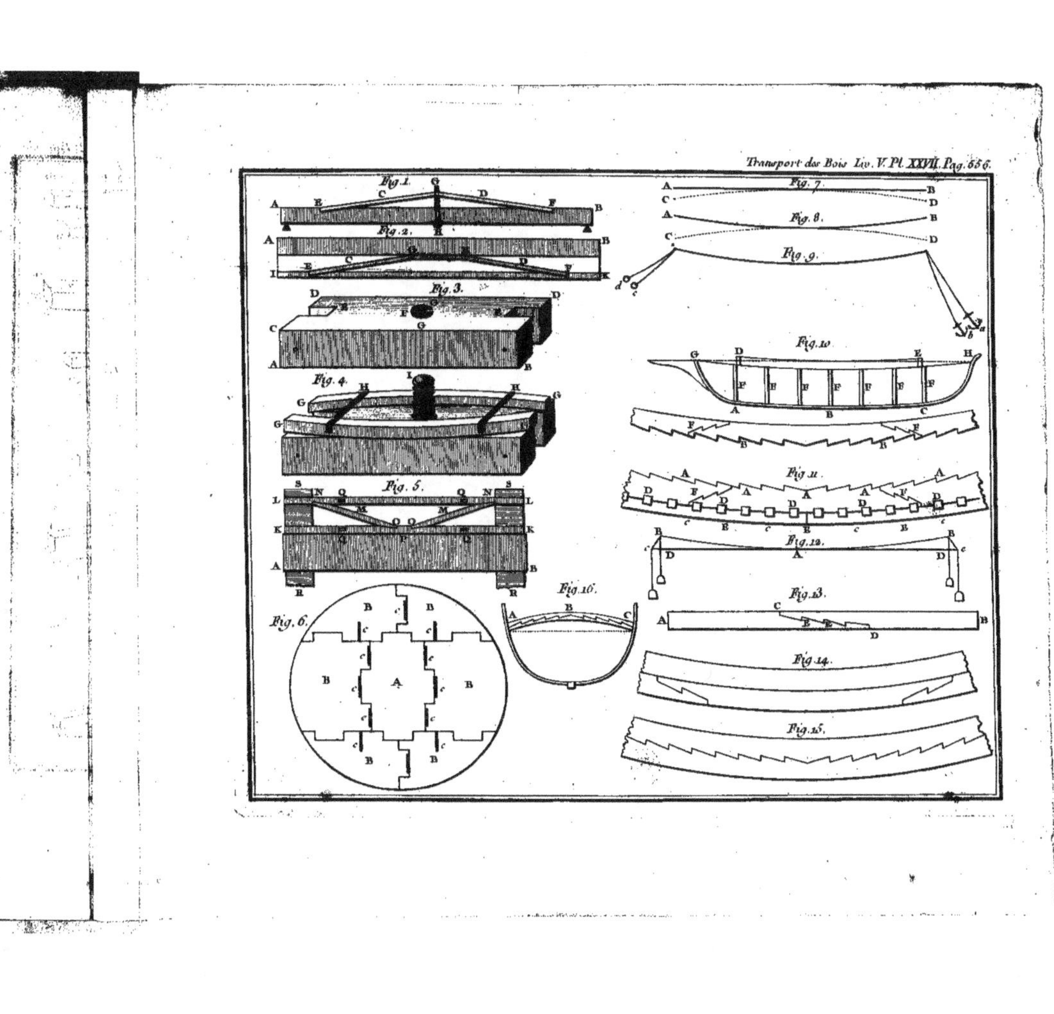

Transport des Bois Liv. V. Pl. XXVII. Pag. 656.
Fig. 1.
Fig. 2.
Fig. 3.
Fig. 4.
Fig. 5.
Fig. 6.
Fig. 7.
Fig. 8.
Fig. 9.
Fig. 10.
Fig. 11.
Fig. 12.
Fig. 13.
Fig. 14.
Fig. 15.
Fig. 16.